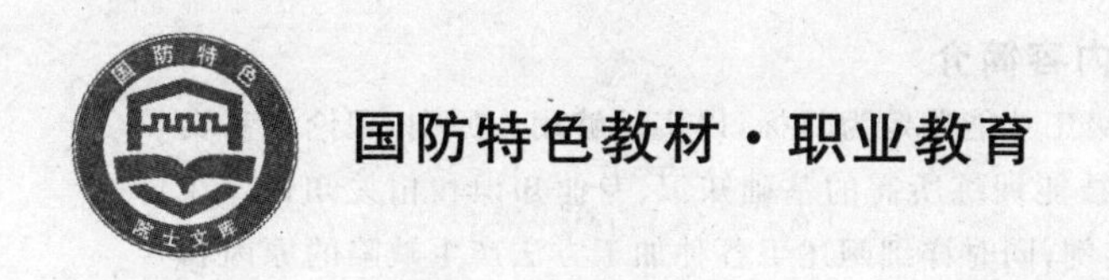

机械加工实训教程

主编　周　文
主审　郭桂萍

北京航空航天大学出版社
北京理工大学出版社　哈尔滨工业大学出版社
哈尔滨工程大学出版社　西北工业大学出版社

内容简介

本书以国家职业标准为依据，以通过中级工技能鉴定为目标，以实用够用为原则，理论联系实际，系统介绍了中级钳工、车工、铣工和磨工技能训练所需的基础知识、专业知识和相关知识。在专业知识中每一个训练单元都安排了练习实例，同时详细阐述了各种加工方法产生缺陷的原因和防止措施。每个工种都设计了综合训练，包括综合练习题和中级工技能鉴定模拟题。

全书共7章，第1章至第3章的准备知识、常用量具和工程材料为基础知识，第4章至第7章分别为钳工、车工、铣工、磨工技能训练的专门工艺，辅以图表系统介绍和展示了技能训练的过程和方法以及训练目标和测试手段。

本书可作为高等职业院校机械工程、机电工程和机械制造专业学生进行技能训练的专用教材，也可作为本科院校相关专业实践性教学教材，还可作为相关工种中级工技能鉴定的训练资料。

图书在版编目(CIP)数据

机械加工实训教程/周文主编．—北京：北京航空航天大学出版社，2010．3

ISBN 978－7－81124－826－5

Ⅰ．机…　Ⅱ．周…　Ⅲ．机械加工—高等学校：技术学校—教材　Ⅳ．TG506

中国版本图书馆CIP数据核字(2009)第114561号

机械加工实训教程

周　文　主编

郭桂萍　主审

责任编辑　董　瑞

*

北京航空航天大学出版社出版发行

北京市海淀区学院路37号(100191)　发行部电话：010－82317024　传真：010－82328026

http://www.buaapress.com.cn　E-mail:bhpress@263.net

涿州市新华印刷有限公司印装　各地书店经销

*

开本：787×960　1/16　印张：25.25　字数：566千字

2010年3月第1版　2011年10月第2次印刷　印数:4 001~7 000册

ISBN 978-7-81124-826-5　定价：45.00元

前言

本书是高等职业教育“十一五”国防特色规划教材。

高等职业教育重在对学生职业能力的培养和训练，一直以来，制造类高职毕业生多数都在生产一线从事技能工作，如果他们能掌握一门或者两门职业技能，那必将对科研生产和个人发展起到相当重要的作用。能否成为一个称职的操作人员，在一定程度上取决于在校打下的基础。高职学生的观察能力、分析能力、模仿能力和接受能力都较强，并且善于思考，在操作训练中掌握某项基本技能很容易，但高职高专的实训教材多数都是认识性实习内容，不太适合系统的技能训练，本书正是针对高职教育的培养目标和高职学生的特点而编写的。

本书包含钳工、车工、铣工和磨工四个工种的实训内容，是严格按照训练机械加工技术工人的方法和基本规律组织的，具体内容是按照国家相关工种中级工职业技能鉴定标准编写的。以实用、够用为原则，编者力图将工艺理论与实际操作结合在一起，并多以图表展示，文字通俗，直观明了，易读易懂。既适合教师教学指导，也适合学生自我实践。

本书共7章，由四川航天职业技术学院副教授周文主编。第1章由国防企业刘占栋（工程师）、鲁文鑫和四川航天职业技术学院周文编写；第2章由河南工业职业技术学院彭巍（实验师）编写；第3章由九江职业技术学院陈忠林（副教授）编写；第4章由四川航天职业技术学院罗清（一级实习指导教师）、周文、刘增华（讲师）编写；第5章由四川航天职业技术学院周文编写；第6章由九江职业技术学院郑光华（教授）编写；第7章由张家界航空职业技术学院田正芳（工程师）编写。本书由四川航天职业技术学院郭桂萍副教授审稿。

在编写过程中，得到了各参编院校和工厂的大力支持，在此一并表示感谢。由于编者水平有限，书中的疏漏之处，恳请读者批评指正。

编　者

2009年9月

前 言

目　录

第 1 章　机械加工实训准备知识 …… 1

1.1　课程介绍 …… 1

1.1.1　教学内容 …… 1

1.1.2　教学目标 …… 1

1.2　安全文明生产和职业道德 …… 1

1.2.1　机械加工实训准备知识 …… 1

1.2.2　相关工种安全操作规程 …… 9

1.2.3　安全用电常识 …… 13

第 2 章　常用量具及使用方法 …… 16

2.1　游标卡尺 …… 16

2.1.1　游标卡尺的结构和刻线原理 …… 16

2.1.2　数显式游标卡尺 …… 18

2.1.3　游标卡尺的使用方法 …… 19

2.2　千分尺 …… 21

2.2.1　千分尺的种类 …… 21

2.2.2　千分尺的刻线原理和读数方法 …… 23

2.2.3　千分尺的使用 …… 25

2.3　机械式测微表 …… 27

2.3.1　百分表 …… 27

2.3.2　内径百分表 …… 30

2.3.3　杠杆百分表 …… 33

2.4　万能角度尺 …… 36

2.4.1　Ⅰ型万能角度尺 …… 36

2.4.2　Ⅱ型万能角度尺 …… 38

2.5　塞尺、刀口形直尺、直角尺 …… 39

2.5.1　塞　尺 …… 39

2.5.2　刀口形直尺 …… 40

2.5.3　直角尺 …… 42

2.6 极限量规…… 45
2.7 量 块…… 52
2.8 正弦规…… 55
2.9 量具的保养与维护…… 59
2.9.1 游标卡尺的保养及维护…… 59
2.9.2 千分尺的保养及维护…… 60
2.9.3 百分表的维护和保养…… 60
2.9.4 万能角度尺的维护和保养…… 61

第3章 机械工程材料 …… 62

3.1 机械工程材料分类…… 62
3.2 常用金属材料…… 62
3.2.1 金属材料的分类…… 62
3.2.2 金属材料牌号及识别…… 65
3.2.3 金属材料的性能…… 68
3.3 机械工程材料的应用…… 74
3.3.1 金属材料的应用…… 74
3.3.2 非金属材料的应用…… 79
3.3.3 常用复合材料的应用…… 81

第4章 钳工实训 …… 82

4.1 钳工实训教学要求…… 82
4.2 钳工的工作性质和基本内容…… 82
4.3 划 线…… 83
4.3.1 划线操作训练的基本要求…… 83
4.3.2 划线工具…… 83
4.3.3 划线方法…… 87
4.4 錾 削…… 90
4.4.1 錾削实训教学的技能目标…… 90
4.4.2 錾削实训的相关知识准备…… 90
4.4.3 錾削操作方法…… 91
4.4.4 练习实例…… 93
4.5 锯 割…… 94
4.5.1 锯割实训教学的技能目标…… 94

4.5.2　锯割工具……94
4.5.3　锯割的操作方法……96
4.5.4　练习实例……98
4.6　锉　削……98
4.6.1　锉削操作训练的技能目标……98
4.6.2　锉削加工的准备知识……98
4.6.3　锉削方法……100
4.6.4　练习实例……103
4.7　孔加工……104
4.7.1　孔加工操作训练的技能目标要求……104
4.7.2　孔加工设备及工具……104
4.7.3　麻花钻的刃磨……107
4.7.4　钻孔方法……109
4.7.5　钻孔的常见缺陷及产生原因……112
4.7.6　扩孔、锪孔及铰孔方法……112
4.7.7　练习实例……116
4.8　攻螺纹和套螺纹……117
4.8.1　攻螺纹和套螺纹操作训练基本要求……117
4.8.2　螺纹基本知识……117
4.8.3　攻螺纹和套螺纹工具……117
4.8.4　攻螺纹方法……119
4.8.5　套螺纹方法……120
4.8.6　攻螺纹和套螺纹的常见缺陷及产生原因……121
4.8.7　练习实例……121
4.9　矫正与弯曲……122
4.9.1　矫正与弯曲操作技能训练目标……122
4.9.2　矫正方法……122
4.9.3　弯曲方法……123
4.10　刮削与研磨……125
4.10.1　刮　削……125
4.10.2　研　磨……129
4.11　综合训练……131
4.11.1　综合练习题……131
4.11.2　技能鉴定模拟题……132

4.12 装配基础……………………………………………………………… 136
4.12.1 装配操作训练基本要求……………………………………………… 136
4.12.2 装配概述……………………………………………………………… 137
4.12.3 装配方法……………………………………………………………… 138
4.12.4 组件装配……………………………………………………………… 139
4.12.5 拆卸的基本方法……………………………………………………… 146

第5章 车工实训……………………………………………………………… 151

5.1 车工实训教学要求 ……………………………………………………… 151
5.2 车削加工的工作性质和基本内容 ……………………………………… 151
5.2.1 车削加工的工作性质 ……………………………………………… 151
5.2.2 车削加工的基本内容 ……………………………………………… 152
5.3 车 床 ……………………………………………………………………… 153
5.3.1 车床的类型 ………………………………………………………… 153
5.3.2 国产CA6140型卧式普通车床 …………………………………… 153
5.3.3 车床操纵练习 ……………………………………………………… 158
5.4 车 刀 ……………………………………………………………………… 162
5.4.1 车刀材料 …………………………………………………………… 162
5.4.2 车刀几何参数及其选择 …………………………………………… 163
5.4.3 切削用量及其合理选择 …………………………………………… 168
5.4.4 正确使用冷却润滑液 ……………………………………………… 172
5.4.5 车刀的刃磨 ………………………………………………………… 174
5.4.6 车刀的安装 ………………………………………………………… 181
5.5 车外圆、车平面、车台阶、钻中心孔…………………………………… 182
5.5.1 操作训练基本要求 ………………………………………………… 183
5.5.2 准备知识 …………………………………………………………… 183
5.5.3 车削方法和操作要领 ……………………………………………… 188
5.5.4 工件缺陷及预防措施 ……………………………………………… 194
5.5.5 练习实例 …………………………………………………………… 195
5.6 切槽和切断 ……………………………………………………………… 195
5.6.1 操作训练基本要求(包括端面槽) ………………………………… 195
5.6.2 准备知识 …………………………………………………………… 196
5.6.3 车削方法和操作要领 ……………………………………………… 198
5.6.4 工件缺陷及预防措施 ……………………………………………… 200

5.6.5　练习实例 …… 200
5.7　在车床上加工孔和内沟槽 …… 201
5.7.1　操作训练基本要求(孔加工包括钻、镗、铰孔) …… 201
5.7.2　准备知识 …… 201
5.7.3　加工方法和操作要领 …… 205
5.7.4　工件缺陷及预防措施 …… 207
5.7.5　练习实例 …… 208
5.8　车削圆锥面 …… 209
5.8.1　操作训练基本要求 …… 209
5.8.2　准备知识 …… 210
5.8.3　车削方法和操作要领 …… 210
5.8.4　圆锥面的检测 …… 213
5.8.5　工件缺陷及预防措施 …… 214
5.8.6　练习实例 …… 214
5.9　车削螺纹 …… 216
5.9.1　操作训练基本要求 …… 216
5.9.2　准备知识 …… 216
5.9.3　螺纹车刀刃磨及其安装 …… 217
5.9.4　车削方法和操作要领 …… 220
5.9.5　工件缺陷及预防措施 …… 226
5.9.6　练习实例 …… 227
5.10　车削偏心工件 …… 228
5.10.1　操作训练基本要求 …… 228
5.10.2　准备知识 …… 228
5.10.3　车削方法和操作要领 …… 229
5.10.4　练习实例 …… 233
5.11　成形面车削和表面修饰 …… 233
5.11.1　操作训练基本要求 …… 233
5.11.2　准备知识 …… 234
5.11.3　车削方法和操作要领 …… 234
5.11.4　练习实例 …… 236
5.12　综合训练 …… 237
5.12.1　综合练习题 …… 237
5.12.2　技能鉴定模拟题 …… 237

第6章 铣工实训 …… 243

6.1 铣工实训的教学要求 …… 243
6.2 铣工加工的工作性质和基本内容 …… 243
6.3 铣床及其附件 …… 246
6.3.1 铣 床 …… 246
6.3.2 铣床的主要附件 …… 248
6.4 铣 刀 …… 250
6.4.1 铣刀的种类 …… 250
6.4.2 铣刀的安装 …… 251
6.5 工件的装夹 …… 252
6.5.1 工件直接装夹在铣床工作台上 …… 252
6.5.2 工件装夹在机用平口钳中 …… 253
6.5.3 工件装夹在角铁上 …… 253
6.5.4 工件装夹在回转工作台上 …… 253
6.5.5 工件装夹在万能分度头上 …… 253
6.5.6 工件安装在专用夹具上 …… 255
6.6 铣削用量的选择 …… 255
6.6.1 铣削用量选择的原则 …… 255
6.6.2 铣削用量选择步骤 …… 256
6.7 铣床的操作练习 …… 257
6.7.1 铣床电器部分操作 …… 258
6.7.2 主轴、进给变速操作 …… 258
6.7.3 工作台部分进给操作 …… 259
6.7.4 机动进给停止挡铁的调整 …… 260
6.7.5 工作台锁紧手柄使用 …… 261
6.7.6 铣床的日常维护保养 …… 261
6.7.7 铣床的润滑 …… 261
6.8 铣削平面 …… 263
6.8.1 操作训练基本要求 …… 263
6.8.2 准备知识 …… 263
6.8.3 铣削方法和操作要领 …… 264
6.8.4 工件缺陷及预防措施 …… 266
6.8.5 练习实例 …… 267

6.9　铣台阶面和切断 …… 270
6.9.1　操作训练基本要求 …… 270
6.9.2　准备知识 …… 270
6.9.3　铣削方法和操作要领 …… 272
6.9.4　工件缺陷及预防措施 …… 273
6.9.5　台阶铣削练习实例 …… 274
6.10　铣沟槽 …… 278
6.10.1　操作训练基本要求 …… 278
6.10.2　准备知识 …… 278
6.10.3　铣削方法和操作要领 …… 279
6.10.4　工件缺陷及预防措施 …… 284
6.10.5　练习实例 …… 285
6.11　孔加工 …… 287
6.11.1　操作训练基本要求 …… 287
6.11.2　准备知识 …… 287
6.11.3　孔加工方法和操作要领 …… 291
6.11.4　工件缺陷及预防措施 …… 294
6.11.5　练习实例 …… 295
6.12　铣曲面 …… 296
6.12.1　操作训练基本要求 …… 297
6.12.2　准备知识 …… 297
6.12.3　铣削方法和操作要领 …… 299
6.12.4　工件缺陷及预防措施 …… 300
6.12.5　练习实例 …… 300
6.13　铣花键 …… 301
6.13.1　操作训练基本要求 …… 301
6.13.2　准备知识 …… 301
6.13.3　铣削方法和操作要领 …… 302
6.13.4　工件缺陷与预防措施 …… 304
6.13.5　练习实例 …… 305
6.14　综合训练 …… 308
6.14.1　综合练习题 …… 308
6.14.2　技能鉴定模拟题 …… 310

第7章 磨工实训 …… 318

7.1 磨工实训教学要求 …… 318

7.2 磨削加工的工作性质和基本内容 …… 318

7.2.1 磨削加工的工作性质 …… 318

7.2.2 磨削加工的基本内容 …… 318

7.3 磨 床 …… 319

7.3.1 磨床的类型 …… 319

7.3.2 磨床及其主要部件的功用 …… 320

7.3.3 磨床的润滑和保养 …… 321

7.4 砂 轮 …… 322

7.4.1 砂轮的种类及合理选择 …… 322

7.4.2 砂轮的安装 …… 328

7.4.3 砂轮的修整 …… 328

7.5 切削液 …… 329

7.5.1 切削液的种类及其作用 …… 329

7.5.2 切削液的正确使用 …… 330

7.6 磨削用量的选择 …… 331

7.6.1 磨削用量的基本概念 …… 331

7.6.2 磨削用量的基本参数及选择 …… 331

7.7 磨床的操纵练习 …… 333

7.7.1 操作步骤 …… 333

7.7.2 注意事项 …… 336

7.8 外圆磨削 …… 336

7.8.1 操作训练基本要求 …… 336

7.8.2 准备知识 …… 337

7.8.3 磨削方法和操作要领 …… 338

7.8.4 工件缺陷及预防措施 …… 340

7.8.5 练习实例 …… 340

7.9 内圆磨削 …… 343

7.9.1 操作训练基本要求 …… 343

7.9.2 准备知识 …… 344

7.9.3 磨削方法和操作要领 …… 348

7.9.4 工件缺陷及预防措施 …… 349

7.9.5　练习实例 …… 350
7.10　圆锥面磨削 …… 351
7.10.1　操作训练基本要求 …… 351
7.10.2　外圆锥面磨削 …… 352
7.10.3　圆锥孔磨削 …… 354
7.10.4　工件缺陷及预防措施 …… 355
7.10.5　练习实例 …… 355
7.11　平面磨削 …… 356
7.11.1　操作训练基本要求 …… 356
7.11.2　准备知识 …… 357
7.11.3　磨削方法和操作要领 …… 359
7.11.4　工件缺陷、产生原因及预防措施 …… 362
7.11.5　练习实例 …… 363
7.12　无心外圆磨削 …… 364
7.12.1　操作训练基本要求 …… 364
7.12.2　准备知识 …… 364
7.12.3　磨削方法和操作要领 …… 367
7.13　特殊零件表面磨削 …… 368
7.13.1　操作训练基本要求 …… 368
7.13.2　细长轴的磨削 …… 369
7.13.3　薄壁和薄片件的磨削 …… 372
7.13.4　偏心工件的磨削 …… 376
7.13.5　磨削实例 …… 378
7.14　综合训练 …… 379
7.14.1　综合练习题 …… 379
7.14.2　技能鉴定模拟题 …… 381
参考文献 …… 388

第1章　机械加工实训准备知识

1.1　课程介绍

1.1.1　教学内容

本课程包含7个方面的教学内容：准备知识、量具使用、工程材料、钳工实训、车工实训、铣工实训和磨工实训。前3章每一个工种都要安排学习；后4章按工种教学。4个工种教学内容结束后，都安排了综合训练题和初、中级工技能鉴定模拟题，这些模拟题几乎都是参照初、中级工鉴定标准设制的。指导老师可以根据教学的具体情况增加难度或重新命题。

1.1.2　教学目标

钳、车、铣、磨四个工种均按中级工为训练目标。各工种实训结束，可用本工种模拟题严格检验并以此成绩衡量学生实训是否合格。

1.2　安全文明生产和职业道德

1.2.1　机械加工实训准备知识

1. 技术安全教育

(1) 安全生产的基本术语

安全——安全就是免遭不可承受危险的伤害。无危则安、无损则全。

安全生产——安全生产是为使生产过程在符合物质条件和工作秩序下进行，防止发生人身伤亡和财产损失等生产事故，消除或控制危险、有害因素，保障人身安全与健康，设备和设施免受损坏，环境免遭破坏的总称。

安全生产管理——针对生产过程中的安全问题，运用有效的资源，发挥人的智慧，通过人的努力，进行有关决策、计划、组织和控制等活动，实现生产过程中人、机、环境的和谐即优化匹配。包括安全生产法制管理、行政管理、监督检查、工艺技术管理、设备设施管理、作业环境管理及工作条件管理等。

危险——危险是与安全相对立的一种事故潜在状态。系统中存在导致发生不期望后果的可能性超过了人们的承受程度、超过人体组织可接受范围的能量都称为危险。

隐患——隐患就是潜藏着的祸患。人、机、环境本质安全化系统中被削弱的环节和可导致事故发生的人的不安全行为、物的不安全状态、管理上的缺陷都是事故隐患。

事故——安全生产事故就是生产中，造成疾病、伤害、财产损失或其他损失的意外事件。

风险——危险的可能性或发生一定程度损失的可能性。用于描述未来的随机事件。

违章——违背(或破坏)了人、机、环境匹配的规则称为违章。

本质安全——本质安全指设备、设施或技术工艺含有内在的能够从根本上防止发生事故的功能。本质安全的安全功能具有即使操作失误，也不会发生事故或伤害的功能；或者设备、设施或技术工艺本质具有防止人的不安全行为的功能。

以人为本——从人的特点或实际出发，一切制度、政策措施要体现人性，要尊重人权，不能超越人的发展阶段，不能忽视人的需要，充分发挥人的主观能动性。一切管理活动都是以人为本展开的，人既是管理的主体，又是管理的客体，每个人都处在一定的管理层面上，离开人就无所谓管理。

故障、失误是随机的；危险是可知的；事故是可以避免的。

(2) 安全生产要素

安全生产要素包括人、机、料、法、环境、信息、能量。

人——管理者、作业者。

机——机器、设备、工具、器材。

料——材料、原料、药剂。

法——方法、工艺、操作规程。

环境——采光、空气、温湿度、噪声、振动。

信息——计量显示、信号反馈、状态报告、问题了解、上级要求、下级需求。

能量——动力输供、动力转换、工艺技术条件、释放规律。

(3) 企业需要建立的安全生产规章制度

企业的安全生产规章制度直接与操作者有关，制度的种类很多，不同作业性质的企业的类似制度其内容也有所不同，但基本的应包括安全生产教育与培训制度、安全生产奖惩考核制度、事故管理及责任追究制度、特种作业人员培训考核和特种设备安全管理制度、女工劳动保护管理制度、劳动保护用品采购和发放管理制度、车间(班组)安全生产管理制度、各工种安全操作规程等。

(4) 从业人员的权利和义务

《中华人民共和国安全生产法》第六条规定：生产经营单位的从业人员有依法获得安全生产保障的权利，并应当依法履行安全生产方面的义务。

① 获得安全保障、工伤保险和民事赔偿的权利。

② 得知危险因素、防范措施和事故应急措施的权利。

③ 对本单位安全生产的批评、检举和控告的权利。

④ 拒绝违章指挥和强令冒险作业的权利。

⑤ 紧急情况下的停止作业和紧急撤离的权利。

⑥ 遵章守法、服从管理的义务。

⑦ 正确佩戴和使用劳动防护用品的义务。

⑧ 接受安全培训，掌握安全生产技能的义务。

⑨ 发现事故隐患或者其他不安全因素及时报告的义务。

(5) 生产现场违章行为表现

违章——违背人、机、环境匹配的规则称为违章。生产现场违章行为表现很多，例如：

① 设备转动部位防护罩(栏)缺损或未关好就开车操作。

② 检修带电设备时，在配电开关处不断电或不挂警示牌。检修高压线路和电器不停电、不验电、不挂接地线。进入机械设备内检修运转部分不设人监护或未采取重复断开动力源的措施。开动不明情况的电源或动力开关、闸、阀。带电拉高压开关，不使用合格的绝缘棒和绝缘手套。

③ 任意拆除设备上的安全、照明、信号、防火、防爆装置和警示标志、显示仪表。

④ 任意开动非本工种设备。开动被查封设备。设备上有安全装置，但开车操作时不使用。超限(如载荷、速度、压力、温度、期限等)使用设备。特种作业非持证者独立进行操作。非特种作业者从事特种作业。

⑤ 危险作业未经技术安全部门审批和无监护人。使用未经审批的临时电源线。

⑥ 非岗位人员任意在危险、要害、动力站房区域内逗留。

⑦ 高处作业，任意往地面上扔东西。

⑧ 留超过颈部的长发，不戴工作帽、不将头发全置于帽内，穿高跟鞋进入生产现场。操作旋转机床设备时，散开衣襟，戴围巾、头巾、穿裙子、系领带等。加工过程有颗粒物件飞溅的场合不带防护眼镜。

⑨ 高处作业穿硬底鞋；电气作业不穿绝缘鞋；焊工作业不穿鞋盖；赤膊、穿背心浇铸炽热金属液；潮湿地面、容器内或金属构架内使用非双重绝缘的电动工具作业等。

⑩ 旋转机床切削时，戴手套操作。

⑪ 焊、割未经完全清洗和充分通风的盛装过易燃易爆物品的密封容器和管道。

⑫ 在禁火区内抽烟或动火。在明火和高温度飞溅物的场所穿化纤料服装。在易燃、易爆场所穿钉子鞋和化纤料服装。

2. 军工企业保密教育

军工企业保密教育非常重要。大到一个国家、政党，小到一个单位、家庭、个人，出于自身利益(如战胜对方、发展壮大自己等)的需要，以及其他种种原因，不能公开或不能无限地让外界知悉的事项(秘密)，需要在一定时间内加以保护和隐蔽，这种行为一般称之为“保密”。而政党和国家、企业的秘密则需要一定的组织机构、人员来管理，在一定的理论、方针指导下，以法规、制度和措施保证其运行的安全，这就是“保密工作”。

(1) 法律、法规知识

国家有安全法,企业有保密规定。我国在1993年2月22日制定和通过了《中华人民共和国国家安全法》。

(2) 国家秘密、商业秘密、工作秘密

国家秘密——是指关系国家的安全和利益,依照法定程序确定,在一定时间内只限一定范围的人员知悉的事项。

商业秘密——是指不为公众所知悉、能为权利人带来经济效益、具有实用性并经权利人采取保密措施的技术信息和经营信息。

工作秘密——是指单位工作人员除了保守秘密之外,还要承担保守公务活动中不得公开扩散的事项及一旦泄露会给本机关、单位的工作带来被动和损害的事项。

(3) 涉密人员应当履行的保密义务和责任

凡因工作需要,合法接触和知悉秘密的人员都应属于涉密人员。涉密人员自己发生泄密事故时,必须立即采取补救措施并及时向所在机关、单位报告,不得隐瞒。发现他人违反保密规定,泄露秘密时,必须立即予以制止,并及时报告保密工作部门和有关机关。

(4) 日常保密管理工作

1) 计算机管理

保密单位的计算机分为涉密计算机、上网计算机、非涉密计算机、便携式计算机四种。其中,涉密计算机实行专人专机专用,严禁上网;上网计算机严禁处理涉密事项,发布信息必须经过批准;便携式计算机不准存储任何涉密内容等。

2) 涉密载体管理

制作、传递、使用、保存、复印、销毁涉密文件、程序或其他信息必须经主管领导批准。

3) 电话、传真机的管理

严禁在无技术加密措施的传真机、电传机等通信设备上传送秘密信息;严禁在无技术加密措施的有线、无线通信中涉及国家秘密事项。

(5) 涉密人员十不准

涉密人员十不准:不准泄露工作中知悉的国家秘密和商业秘密;不准将涉密移动介质接入互联网或在非涉密计算机上使用;不准在互联网和家用计算机上处理、传输秘密事项和工作信息;不准私自复制、录制、拍摄、打印、收藏秘密;不准在普通邮局、国际互联网、公众信息网、明码电报传递秘密;不准在普通传真机以及使用普通电话(含手机)传递秘密;不准在非保密本上记录国家秘密;不准携带涉密载体出入与工作无关场所;不准在公开宣传报道、私人通信中涉及秘密;不准擅自带外来人员进入涉密场所。

(6) 涉密人员十做到

涉密人员十做到:做到不该说的秘密不说;做到不该问的秘密不问;做到不该看的秘密不

看；做到不该记录的秘密不记录；做到不擅自接受媒体采访；做到涉密载体复印、传递履行审批手续；做到借阅涉密资料及时归还；做到不擅自对外提供涉密资料；做到不在非保密场所谈论涉密事项；做到发现他人违反保密规定的行为，及时制止并举报。

3. 企业管理基本知识

管理是为实现预定目标而组织和使用人力、物力、财力等各种物质资源的过程。一般来说，管理的基本要素包括人、财、物、信息、时间、机构和章法等。前五项是管理内容，后两项是管理手段。基本要素中的人既是被管理者，又是掌握管理手段的管理者，是身兼二职的。人有巨大的能动性，是现代化管理中最为重要的因素。

管理的基本原理就是研究如何正确有效地处理上述要素及其相互关系，以达到管理的基本目标。

(1) 系统原理

所谓系统，就是由若干相互作用又相互依赖的部分组合而成，具有特定的功能，并处于一定环境中的有机整体。

系统原理则是人们在从事管理工作时运用系统的观点、理论和方法对管理活动进行充分的分析，以达到管理的优化目标，即从系统论的角度来认识和处理管理中出现的问题。系统原理是现代管理科学中的一个最基本的原理。

例如，安全管理系统是企业管理系统的一个子系统，其构成包括各级专、兼职安全管理人员，安全防护设施设备，安全管理与事故信息，安全管理的规章制度，安全操作规程以及企业中与安全相关的各级职能部门及人员，其主要目标就是为了防止意外的劳动耗费，保证企业系统经营目标的实现。

(2) 人本原理

人本原理就是在管理活动中必须把人的因素放在首位，体现以人为本的指导思想。

为了发挥人本原理的作用，充分调动人的积极性，就必须贯彻实施能级原则、动力原则和激励原则。

能级原则就是按层次用人，使之人尽其才，各尽所能，按能取酬。

动力原则就是指管理必须有强大的动力，而且要正确地运用动力，才能使管理运动持续而有效地进行下去，即管理必须有能够激发人的工作能力的内容。

激励原则就是以科学的手段激发人的内在潜力，充分发挥出积极性和创造性。在管理中利用某种外部诱因的刺激，调动人的积极性和创造性。

运用激励原则，要采用符合人的心理活动和行为活动规律的各种有效激励措施和手段，并且要因人而异，科学合理地采取各种激励方法和激励强度，从而最大限度地发挥出人的内在潜力。

(3) 弹性原理

所谓弹性原理，是指管理是在系统外部环境和内部条件千变万化的形势下进行的，管理必须要有很强的适应性和灵活性，才能有效地实现动态管理。

在应用弹性原理时，第一要正确处理好整体弹性与局部弹性的关系，即处理问题必须在考虑整体弹性的前提下进行。

4. 职业道德基础

（1）职业道德的特征与作用

1）职　业

人们为了自身的生存和社会的发展，长期从事某种专门的社会工作，承担一定的社会职责，并以此作为自己获取生活资料的主要手段，这种社会工作称为职业。职业是社会分工的产物，是人获得社会承认的正式身份。职业活动是人生历程中的重要内容，是人生精力旺盛时期的主要活动，职业活动既是人的谋生手段，又是个人创造人生价值的空间、方式和主要途径。

2）道　德

道德就是做人的规矩。“道”主要是指人们行事时应遵循的规范准则。“德”与“得”相通，有德才会有得，“德”主要的是指对“道”的心得，即对行为规范准则的理解和把握。道德是由一定的社会经济关系决定的，以善恶为评价标准，依靠社会舆论、传统习惯和人们的信念来维系的行为规范和原则的总和。

3）道德与法

法是由国家制定或认可的，由国家强制力保证实施的，由物质生活条件决定的，掌握国家政权的统治阶级的意志；法是规定人们在社会关系中的地位、权利和义务，确认、维护和发展有利于统治阶级的社会关系和社会秩序的规范系统。

法的作用注重宏观事实，即以事实为依据；道德的作用更注重人的主观情感，即晓之以理，动之以情。

法以国家强制力保证实施（有法必依，执法必严，违法必究），强调必须做什么，严禁做什么。道德则是以非强制力、非制度化等手段来调节人们的行为规范，强调应该或不应该做什么。违法要受法律制裁，违反道德要受良心和舆论的谴责。

道德与法相辅相成，互相补充。法律管不到的范围，必须由道德去规范；道德解决不了的问题，则可能更适用法律去规范。法律是道德的延伸。

4）职业道德

职业道德是指从事一定职业劳动的人们基于职业特点所应遵循的特定的行为规范。不同的职业有不同的特点，亦有不同的行为规范。如教师有教无类，法官秉公执法，官员公正廉洁，商人诚实守信，医生救死扶伤，工人质量安全等。

5）职业道德的特征

① 职业性。职业道德必须通过从业者在职业活动中来体现，主要体现在从事工作的人群中，其适用范围最为广泛。

② 普通性。职业道德具有从业者共同遵守基本职业道德行为规范的普通性特征。

2001 年 10 月，中共中央印发的《公民道德建设实施纲要》明确提出“爱岗敬业、诚实守信、办事公道、服务群众、奉献社会”是从业人员职业道德规范的主要内容，所有从业者都应该自觉遵守。

每一个职业都有明确规定的职业纪律和规章制度。每一个从业者都必须在法律规定的范围之内从事工作。因此，“遵纪守法”是从业者应该共同遵守的职业道德规范。

除此之外，职业道德的普遍性特征还表现在全世界的所有从业者都应共同遵守的职业道德规范。如通过医疗职业体现的人道主义、救死扶伤的精神。白求恩对医术精益求精，对工作极端负责的精神；英国护士南丁格尔对每一个病人都热心服务的精神等。可见，基本职业道德规范具有普遍性的特征。

③ 鲜明的行业性和多样性。职业道德是与社会职业分工紧密联系的，各行各业都有适合自身行业特点的职业道德规范。如从事信息安全职业的人员确保信息安全是其主要的职业道德规范，教师是以有教无类、为人师表、教书育人的高度示范性为其主要行为规范，产业工人是以注重产品质量和效益为其主要行为规范，服务业人员以其热情周到为其主要行为规范等。正因为职业道德具有行业特征(目前全国约有 2 000 多种职业)，职业道德就表现出形式多样化特征。

④ 自律性(具有自我约束控制的特征)。从业者通过对职业道德的学习和实践，产生职业道德的意识、觉悟、良心、意志、信念、理想，逐渐修养成较为稳固的职业道德品质。之后，又会在工作中形成行为上的条件反射，自觉地选择好的有利于社会、有利于集体的行为，这种自觉就是通过自我内心职业道德意识、觉悟、信念、意志、良心的主观约束控制来实现的。“干一行爱一行”及“工厂是我家，人人都爱它”这些口号完全出自于内心，并主动化为外显的行动。

⑤ 他律性。他律性即舆论影响的特征(舆论即众人言论)。从业人员在职业生涯中，随时都受到所从事职业领域的职业道德舆论的影响。在其职业领域范围，人们形成了较固定的评估标准：谁是谁非、谁优谁次、谁好谁差等。可以有效地促进人们自觉遵守职业道德，实现互相监督，“好的”交口称赞，“坏的”人人喊打。

⑥ 继承性和相对稳定性。职业道德反映职业关系时往往与社会风俗、民族传统相联系，许多职业道德跨越了国界和历史时代作为人类职业精神文明传承了下来，如“诚信”、“敬业乐业”、“互助与协作”、“公平”等。除此之外，职业道德在反映职业理想时，往往与社会环境(政治、法律、经济环境)和家庭环境相联系。如“将门虎子”、“书香门第”、“医学世家”等，这就是它的继承性。从业者通过学习和修养，一经形成良好的职业道德品质，这种“品质”一般不会轻易改变，这就是它的相对稳定性。

⑦ 较强的实践性。职业道德必须通过职业的实践活动，在行为中表现出来，并且接受行业职业道德的评估和自我评价，是一个理论与实践的紧密结合体。学习职业道德是为了更好的实践。如服务业要求的“礼貌之声”的规范，其必须化为从业人员实际行动，才会让消费者感到温馨、热情。

6）职业道德的社会作用

职业道德在社会主义道德体系中占有重要地位，建立和完善科学的职业道德体系，在社会从业人员中开展职业道德教育，培养良好的职业道德品质，意义重大，作用明显，其具体作用如下：

① 规范全社会职业秩序和劳动者的职业行为，没有规矩，不成方圆。

② 提高劳动的质量、效益和确保职业安全卫生。

③ 提高劳动者的职业素质。职业素质包括德育素质、基本文化素质、专业知识和技术技能素质、身心健康素质等。

④ 促进企业文化建设。

⑤ 促进良好社会道德风尚的形成。良好的社会主义道德风尚离不开职业道德建设，良好的职业道德促进良好的社会道德风尚的形成。如雷锋全心全意为人民服务的精神，影响了几代人；中国奥运冠军顽强拼搏精神；任长霞秉公办事，主持正义，服务群众精神；中国载人航天精神等。这些都激励着广大人民群众在自己的工作岗位上为社会作贡献，都对整个社会形成良好道德风尚起到了极好的示范作用。

（2）职业道德规范

1）爱岗敬业

爱岗敬业是社会主义职业道德所提倡的首先规范，是职业道德建设的首要环节，是各项事业成功的基础。不敬业、不爱岗就会导致事业的失败。正如古代思想家荀子所说："百事之成也，必在敬之；其败也，必在慢之"。

爱岗就是热爱自己的本职工作。敬业就是以一种恭敬严肃的态度来对待自己的职业，自觉履行对社会和他人的职业义务和道德责任。

爱岗与敬业相辅相成。从业人员没有对所从事的工作的热爱，就不可能做到忠于职守。但仅有对工作的热爱之情，没有勤奋踏实的行为，就不可能做出任何成绩，热爱本职工作就是一句空话。

2）诚实守信

诚实守信是职业道德的根本，是永不过时的行为准则，人无信不立，职业无信也不立。

诚实就是为人真诚、坦率、光明磊落、讲真话、不作假、不隐瞒事实、不欺骗他人。守信就是讲信用、讲信誉、信守承诺，忠实于自己承担的义务，答应了别人的事一定做到。

诚实守信是古今中外都十分推崇的美德。如"诚信为本"、"操守为重"之说，又在现代经济生活中被视为竞争的信条。

3）办事公道

办事公道是职业道德的基本准则。办事公道就是不以貌取人，要一视同仁，热情服务。

4）服务群众

服务群众是社会主义道德的核心，是社会主义国家一切职业活动的出发点和归宿，是职业道德的灵魂。

服务群众就是要求每一个职业工作者时时刻刻为群众着想，急群众所急，忧为群众所忧，乐为群众所乐，真心诚意地做好服务工作。

5）奉献社会

奉献社会是社会主义职业道德的特有规范，是最高要求，也是为人民服务和集体主义精神的最好体现。即在本职工作中，努力为社会多作贡献，为社会整体利益和长远利益不惜牺牲个人利益。

(3) 产业技术工人职业道德行为规范

爱岗敬业、忠于职守；诚实守信、宽厚待人；办事公道、服务群众；以身作则、奉献社会；勤奋学习、开拓创新；精通业务、技艺精湛；讲究质量、注重信誉；遵纪守法、文明安全；团结协作、互帮互助；艰苦奋斗、勤俭节约；完成任务、增产高效。

1.2.2 相关工种安全操作规程

1. 钳工安全操作规程及砂轮机安全操作规程

(1) 钳工安全操作规程

① 操作者应熟悉本工种的设备、工具的性能和结构等。

② 工作前先检查工作场地及工具是否安全，若有不安全之处及损坏现象，应及时清理和修理，并安放妥当。

③ 使用錾子，首先应将刃部磨锋，尾部毛头磨掉，錾切时严禁錾口对人，并注意铁屑飞溅方向，以免伤人，使用锤子首先要检查锤子柄是否松脱，并擦净油污。握锤子的手不准戴手套。

④ 使用锉刀必须带锉刀柄，操作中除锉圆面外，锉刀不得上下摆动，应重推，轻拉回，保持水平运动，锉刀不得沾油，存放时不得互相叠放。

⑤ 使用扳手要符合螺母的要求，站好位置，同时注意旁人，以防扳手滑脱伤人，扳手不允许当锤子使用。

⑥ 使用电钻前，应检查是否漏电（如有漏电现象应交电工处理），并将工件放稳，人要站稳，手要握紧，两手用力要均衡并掌握好方向，保持钻杆与被钻工件面垂直。

⑦ 使用台虎钳，应根据工件精度要求加放钳口铜，不允许在钳口上猛力敲打工件，扳紧台虎钳时，用力应适当，不能加加力杆，台虎钳使用完毕，须将台虎钳打扫干净，并将钳口松开。

⑧ 使用卡钳测量时，卡钳一定要与被测工件的表面垂直或平行。

⑨ 游标卡尺、千分尺等精密量具，测量时均应轻而平稳，不可在毛坯等粗糙表面上测量，不许测量仍在发热的工件，以免卡脚摩擦损坏。

⑩ 使用千分表时，应使表与表架在表座上相当稳固，以免造成倾斜和动摆。

⑪ 使用水平仪时，要轻拿轻放，不要碰击，接触面未擦净前，不准将水平仪摆上。

⑫ 攻螺纹与铰孔时，丝锥与铰刀中心均要与孔中心一致，用力要均匀，并按先后顺序进行，攻、套螺纹时，应注意反转，并根据材料性质，必要时加润滑油，以免损坏板牙和丝锥，铰孔

时不准反转，以免刀刃崩坏。

⑬ 刮研时，工件应放置平稳，工件与标准面相互接触时应轻而平稳，并且不使棱角接触与碰击，以免损坏表面。刮研工件边缘时，刮刀方向应与边缘成一定的角度。

⑭ 锡焊时，被焊接部位应进行仔细的清洁处理，然后加热到焊料的熔化温度，速度要快，以免表面产生氧化物。焊好的物件应逐步冷却，浇轴承合金应严格按其工艺规程进行。

⑮ 工件热装时，油温应低于油的闪点 20℃，被加热工件不得接触油箱底，应加垫东西或悬吊起来。加热时不允许有大火苗，同时应有防火措施。

⑯ 检修设备时，首先必须切断电源。拆卸修理过程中，拆下的零件应按拆卸程序有条理地摆放，并做好标记，以免安装时弄错。拆修完毕要认真清点工具、零件，以防丢失，严防工具、零件掉入转动的机器内部。经盘车后方可进行试车，办理移交手续。

⑰ 设备在安装和检修过程中，应认真作好安装和检修的技术数据记录，如设备有缺陷，或进行了技术改进，应全面做好处理缺陷或改进的详细施工记录。

⑱ 在工作中，发生故障或运转异常现象，应停车排除或协同维修人员共同解决。

⑲ 工作完毕后，收放好工具和量具、擦洗设备、清理工作台及工作场所，精密量具应仔细擦净，存在盒子里。

(2) 砂轮机安全操作规程

① 操作者应熟悉设备的性能、结构等，方能进行操作。

② 操作前应检查砂轮机是否能正常工作，玻璃侧挡板是否齐全。

③ 操作前应注意砂轮转向是否与外壳标注的箭头方向一致。

④ 操作前应把玻璃侧挡板拨至左砂轮机的左方和右砂轮机的右方，打开墙上电源开关。

⑤ 工件对砂轮正面用力不能过大，防止砂轮在高速运转过程中崩裂，以免伤人。

⑥ 操作砂轮机时，操作者应站在砂轮机侧前方，工件应正对砂轮的正下方，用力握紧工件，以免滑落。

⑦ 应注意消防工作，防止工件飞溅的火星引发火情。

⑧ 严禁戴手套，女工应戴安全帽，须戴防护眼镜。操作者不能从砂轮的侧面打磨工件。

⑨ 严禁在砂轮上打磨非金属材料、软金属材料，以防砂轮表面堵塞。

⑩ 电动机声音不正常时，应立即关闭电源，请专业人员检查，经专业维修人员同意后，方可再次使用。

⑪ 发生事故后，立即关闭电源，组织有关人员对伤者进行救护。

⑫ 工作结束时应关闭开关，切断动力电源；应保持工作场地整洁。

(3) 钻床安全操作规程

① 操作者应熟悉设备的性能、结构等，方能进行操作。

② 操作前应检查钻床是否能正常工作，有无警示标记。

③ 操作前应注意钻床的带转向是否与外壳标注的箭头方向一致。

④ 钻头、工件应夹紧，工件表面应垂直于钻头。

⑤ 加工孔的大小应与钻床的转速成反比——孔大，钻床转速低；孔小，钻床转速高。

⑥ 操作者向下使力不能过大，应视加工对象而定，以免钻头卡在工件里。

⑦ 应注意消防工作，防止钻屑飞溅，引发火情。

⑧ 应注意带的松紧程度，以免带打滑。

⑨ 严禁戴手套，女工应戴安全帽，操作者应站在钻床的正前方。

⑩ 严禁手握工件，以免钻头带走工件，引发事故。

⑪ 遇到电动机声音不正常时，应立即关闭电源，请专业人员进行检查，经专业维修人员同意后，方可再次使用。

⑫ 发生事故后，立即关闭电源，组织有关人员对伤者进行救护。

⑬ 工作结束时应关闭开关，切断动力电源；应保持工作场地整洁，离开工作场地应关灯，关好门窗。

2. 车工安全操作规程

① 操作者应熟悉设备的性能、结构等。

② 工作前应严格按照润滑规定加油，保持油量适当，油路畅通，油标（窗）醒目，油杯、油线、油毡等清洁。

③ 检查各操作手柄是否可靠。

④ 开车低速空运转 3～5 min，确认各部运转正常后再开始工作。

⑤ 刀具装卡要正确紧固，伸出部分一般不得超过刀具厚度的 3 倍，垫片要平直，大小相同，刀杆下部一般不超过两片，上部应垫一片。

⑥ 在主轴、尾座锥孔安装工装、刀具，其锥度必须相符，锥面应清洁无毛刺，顶夹工件时，顶尖套筒伸出量一般不得大于套筒直径的两倍。使用中心架和靠模时，要经常检查其与工件接触面及润滑情况。

⑦ 装卸重工件和卡盘时，要合理选用方法和吊具，并在导轨面垫木板保护。

⑧ 加工铸件时，应将冷却液擦拭干净，加工完后要把床面导轨和各滑动面的铁屑和粉末清扫干净。

⑨ 切削刀具未脱离工件时不得停车。

⑩ 车床在运转中，操作者不得离开。如需离开必须停车关闭电源。重新开动车床时，需先检查各部手柄位置及工件无松动后方准开车。

⑪ 严禁超负荷、超性能使用。

⑫ 车削中，禁止用钝刀具进行切削。

⑬ 车床上禁止放置任何工具、工件及杂物，工具应放置在工具箱或工具盘上。

⑭ 车床各部调速、紧固等手柄、手轮禁止用金属物敲打或悬挂多余物。

⑮ 装卡工件必须平衡、牢固,不准在车床上敲击校直工件等。

⑯ 禁止开车变速及旋转方向(低速车螺纹除外),并不得用反车制动或用正反车装卸卡盘。

⑰ 工件旋转时,禁止戴手套。

⑱ 在工作中,发生故障或运转异常现象,应停车排除或协同维修人员共同解决。

⑲ 工作完毕,卸下刀具、顶卡等,将各操作手柄(开关)置于空挡(零位),拖板移至尾座端,关闭电源,检查清扫设备,做好日常保养,保证设备整洁、完好。

3. 铣工安全操作规程

① 操作者应熟悉设备性能、结构等。

② 操作前检查主轴、滑座、升降台、走刀机构、各手柄位置是否正常。

③ 工作前应严格按润滑规定加油,并保持油量适当,油路畅通,油标(窗)醒目,油杯、油线、油毡等清洁。

④ 开车空运转 3～5 min,确认各部运转正常,方能开始工作。

⑤ 正确安装刀具,铣刀必须装夹牢固,螺栓螺母不得有滑开或松动现象,换刀杆时必须将拉杆螺母拧紧,刀杆锥面及锥肩平面清洁无毛刺,锥度必须相符,经常检查刀具的紧固及磨损情况。

⑥ 铣削过程中刀具未退离工件前,不得停车,遇有紧急情况需停车时应将刀具退离工件。

⑦ 工作中经常注意运转情况,保持各互锁、限位、进给等机构准确可靠。

⑧ 工作台纵向工作时应将横向和垂直方向锁紧;横向工作时应将纵向和垂直方向锁紧。

⑨ 工作台安装附件如分度头、台虎钳等,要轻取轻放,以免碰伤台面。

⑩ 严禁超性能、超规格和超负荷运转。

⑪ 工作台面禁止堆放杂物。

⑫ 禁止采用机动方法对刀或上刀,不准在工作台面上敲打和校正工件。

⑬ 运转中禁止变速和测量工件等。

⑭ 各安全防护装置不得任意拆卸。

⑮ 机床发生故障或不正常现象时,应立即停车排除。

⑯ 工作完毕,应将工作台移至中间位置,各操作手柄(开关)置于空挡(零位),切断电源,清扫设备,保证设备整洁、完好。

4. 磨工安全操作规程

① 操作者应熟悉设备的性能、结构、特点、传动系统。

② 检查各操作手柄、砂轮、油压表等装置是否完好、可靠。

③ 开机前严格按润滑规定加油,保证油量、油质良好。

④ 开车空运转 3～5 min,确保各部运转无误,方能开始工作。

⑤ 装放工件时必须有加工过的基准面,安放工件后应检查磁盘吸附是否牢靠,并加上合适靠铁,底面较小的工件要放在抗磁圈上,台面上要放专用挡板,磨斜度时使用斜铁或小台虎

钳均应夹牢工件。

⑥ 开动砂轮时应把液压传动开关手柄放在空挡上，调整手柄放在低速位置，砂轮快速移动手柄放在后退位上。

⑦ 开始工作，砂轮与工件接触要缓慢，使砂轮本身逐渐升温，以免发生破裂等。工件磨好后，电磁盘断电方能拆卸工件，工作中工件未离开砂轮时不准停车。

⑧ 安装砂轮时应在砂轮与法兰盘之间加垫合适的纸垫，并均匀牢固地夹紧，再通过静平衡，然后运转未发现异样方能投入使用，合理选用磨削量。

⑨ 工作时应保持液压系统的正常工作压力，防止空气进入，且注意不使冷却液混入油压系统。

⑩ 使用工作台变速手轮时，必须放在应有的位置，以免损坏传动齿轮。

⑪ 严禁超性能、超规格和超负荷使用。

⑫ 严禁在磁盘上敲打或校直工件。

⑬ 严禁手持金刚石修整砂轮。

⑭ 禁止毛坯磨削。

⑮ 发现操纵手轮、手闸、变速手柄失灵时，不得用力扳动；发现运转异常、轴承或油压高热、砂轮运转不正常时，必须停机协同维修工检修。

⑯ 工作完毕，先关闭冷却液，将砂轮空转使其干燥，并将各手柄放在非工作位置，切断电源，再清扫砂轮罩内外污垢，保持砂轮及机床各部的环境卫生，保证机床整洁、完好。

1.2.3　安全用电常识

电能的开发和利用给人类的生产和生活带来巨大变革，极大地促进了社会进步和文明。然而与此同时，在电能传递和转换过程中，也可能发生安全事故，造成人身伤亡和财产损失。

1. 电气基本知识

电流通过人体，会引起人体的生理反应及机体的损坏，导致发麻、刺痛、压迫、打击等感觉，还会令人产生痉挛、血压升高、昏迷、心律不齐、窒息、心室颤动等症状，严重时导致死亡。

电流对人体伤害的程度与通过人体电流的大小、电流通过人体的持续时间、电流通过人体的途径、电流的种类等多种因素有关。通过人体的电流愈大，人体的生理反应愈明显，伤害愈严重；通过人体电流的持续时间愈长，愈容易引起心室颤动，危险性就愈大；电流通过人体的部位不同，导致的生理反应不同，其中以心脏伤害的危险性最大；100 Hz 以上交流电流、直流电流、特殊波形电流也都对人体具有伤害作用，其伤害程度一般较工频电流为轻。

电气事故具有危害大、危险直观识别难、涉及领域广、防护研究综合性强等特点。根据电能的不同作业形式，分为触电事故（其中又分为电击和电伤）、静电危害事故、雷电灾害事故、电磁场危害和电气系统故障危害事故等。

触电事故的分布规律在一定条件下也会发生变化。例如，对电气操作人员来说，高压触电事故反而比低压触电事故多。上述规律对于电气安全检查、企业电气设备使用、电气安全措施制定等工作提供了重要的依据。

2. 电击防护

(1) 直接接触防护

直接接触防护措施及含义如表 1-1 所列。

表 1-1 直接接触防护措施及含义

防护措施	含义
绝缘	利用绝缘材料包围或隔离带电体，是防止直接电击的最基本手段。工程上绝缘材料一般是指电阻率大于 10^7 Ω·m 的材料
屏护	采用遮拦、护罩、护盖、箱匣等手段把危险的带电体隔离开，防止人触及或接近。屏护分为屏蔽和障碍(或称阻挡物)两种，二者的区别在于后者只能防止人体无意识触及或接近带电体，而不能防止人有意识的移开、绕过或翻越障碍物触及或接近带电体。因此，前者是一种完全防护，后者是一种不完全防护
安全间距	指带电体与地面之间，带电体与其他设备之间保持必要的安全距离，防止发生电击或设备受损。如输电线路与地面的距离、线路之间、线路与管道之间等都要保持足够的安全距离
限制放电能量	通过保护装置自动断开电源，可以有效防止电击造成的后果
特低电压限值	在一些特殊环境或场所，将电压控制在特低电压限值以下，可有效防止直接电击

(2) 间接接触防护

间接接触防护措施及含义如表 1-2 所列。

表 1-2 间接接触防护措施及含义

防护措施	含义
自动断开电源	通过漏电保护器、过载保护器等对发生故障的线路或设备自动断电。自动断开电源是防止间接电击的基本手段
保护接地	将设备外壳与大地做电气连接，发生碰壳事故后，保护接地一方面可以降低设备外壳电压，分担人体电流，同时为漏洞保护装置提供较大的驱动电流
等电位连接	把建筑物内的外露可导电部分通过导体连接在一起，降低由于某一外露带电体带电后与周围带电体的电压。等电位连接是对自动断开电源和保护接地安全性的进一步提高，在前两者保护失效的情况下，等电位连接的作用尤为重要
双重或加强绝缘	在设备基本绝缘的基础上，增加一层绝缘或对基本绝缘加强，可以更有效地防止绝缘失效造成间接电击
电气隔离	通过隔离变压器形成与周围其他电气回路、设备以及大地之间绝缘的独立回路。此外，为防止电气隔离回路与其他回路或大地发生意外导通，一般要限制回路长度不超过 500 m，回路电压不超过 500 V
特低电压限值	在一些特殊环境或场所，将电压控制在特低电压限值以下，可有效防止间接电击
不导电场所	构造一个环境，在该环境中，人所触及的物体或都是绝缘的，或与大地无电气连接，或人不能触及两个以上外露导电体。总之，在这样的环境中，故障电流无法通过人体形成回路，这种防止间接电击的场所就是不导电场所

3. 工厂安全用电常识

① 要想保证工厂用电的安全，电风扇、手电钻等移动式用电设备就一定要安装漏电保护开关。漏电保护开关要经常检查，每月试跳不少于一次，如有失灵立即更换。保险丝烧断或漏电保护开关跳闸后要查明原因，排除故障后才可恢复送电。

② 不能用铜线、铝线、铁线代替保险丝，空气开关损坏后立即更换，保险丝和空气开关的大小一定要与用电容量相匹配，否则容易造成触电或电气火灾。

③ 用电设备的金属外壳必须与保护线可靠连接，单相用电要用三芯电缆连接，三相用电的用四芯电缆连接。保护在户外与低压电网的保护中性线或接地装置可靠连接。保护中性线必须重复接地。

④ 电缆或电线的驳口或破损处要用电工胶布包好，不能用医用胶布代替，更不能用尼龙纸等包扎。禁止用电线直接插入插座内用电。

⑤ 电器通电后发现冒烟、发出烧焦气味或着火时，应立即切断电源，切不可用水或泡沫灭火器灭火。

⑥ 不要用湿手触摸灯头、开关、插头、插座和用电器具。开关、插座或用电器具损坏或外壳破损时应及时修理或更换，未经修复不能使用。

⑦ 电线不能乱拉乱接，禁止使用多驳口和残旧的电线，以防触电。

⑧ 电炉、电烙铁等发热电器不得直接放在木板上或靠近易燃物品，对无自动关闭的电热器具用后要随手关电源，以免引起火灾。

⑨ 工厂内的移动式用电器具，如落地式电风扇、手提砂轮机、手电钻等电动工具都必须安装使用漏电保护开关实行单机保护。

⑩ 发生触电事故时，在保证救护者本身安全的同时，必须首先设法使触电者迅速脱离电源，然后进行以下抢救工作：

- 解开妨碍触电者呼吸的紧身衣服。
- 检查触电者的口腔，清理口腔的黏液，如有假牙，则取下。
- 立即就地进行抢救，如呼吸停止，采用口对口人工呼吸法抢救，若心脏停止跳动或不规则颤动，可进行人工胸外挤压法抢救。决不能无故中断抢救。

如果现场有不止一位救助者，则还应立即进行以下工作：

- 提供急救用的工具和设备。
- 劝退现场闲杂人员。
- 保持现场有足够的照明和保持空气流通。
- 向领导报告，并请医生前来抢救。

实验研究和统计表明，如果从触电后 1 min 开始救治，则 90%可以救活；如果从触电后 6 min开始抢救，则仅有 10%的救活机会；而从触电后 12 min 开始抢救，则救活的可能性极小。因此，当发现有人触电时，应争分夺秒，采用一切可能的办法救人。

⑪ 电气设备的安装、维修应由专业持证电工负责。

第2章 常用量具及使用方法

生产的机械零件是否合格，离不开两个重要的保障环节：一是生产过程的技术环节；二是生产过程的检测环节。其中检测环节是对零件是否合格的最后判定。所谓检测就是严格按照图样要求用量具对零件进行精确测量，因此量具在检测过程中起着决定性作用。

量具是以固定形式复现量值的计量器具。量具的种类很多，生产中常用的有游标卡尺、千分尺、百分表和万能角度尺等。

2.1 游标卡尺

游标卡尺属卡尺类计量器具，是一种结构简单、比较精密的量具，可以直接测量出工件的外径、内径、长度和深度等尺寸，其基本结构如图2-1所示。卡尺类计量仪包含有游标卡尺、数显卡尺、数显高度尺和数显角度尺等。图2-1所示游标卡尺是使用最为广泛的Ⅰ型游标卡尺，它由主尺和副尺组成。主尺与固定量爪制成一体，副尺和活动量爪制成一体并能在主尺上滑动，副尺也称为游标。

游标卡尺有三种测量精度：0.02 mm、0.05 mm、0.10 mm，常用的是精度为0.02 mm的游标卡尺。

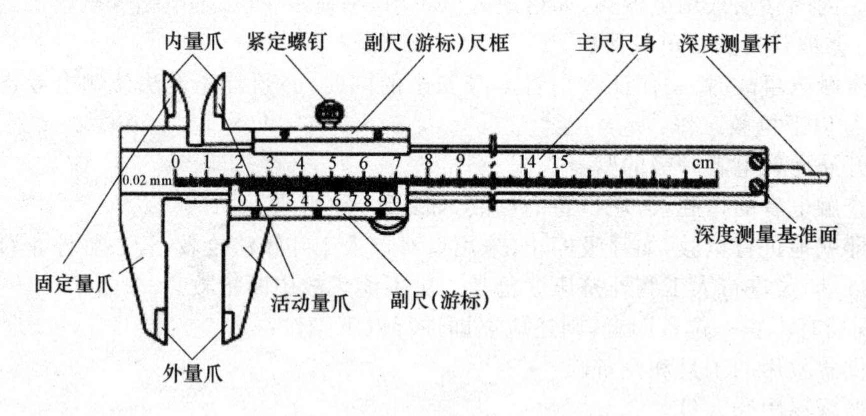

图2-1 Ⅰ型游标卡尺

2.1.1 游标卡尺的结构和刻线原理

1. Ⅰ型游标卡尺

Ⅰ型游标卡尺有0～125 mm，0～150 mm，0～300 mm三种规格。当拉动游标时，两个量爪做相对移动而分离，测量面之间的大小即为所测量的尺寸，其数值从主尺和游标尺上读出。

固定卡爪和活动卡爪组成外量爪，用于测量各种外尺寸。刀口形内量爪用于测量深度不大于 12 mm 的孔直径和各种内尺寸。深度测量杆设置在主尺尺身的背面，与副尺(游标)尺框固定在一起并能随尺框在主尺尺身背面的导槽内滑动，用于测量各种深度尺寸；测量时，尺身深度测量面(主尺右端面)是测量的基准，滑动副尺使深度测量杆的右端接触被测要素的底面，可以测量台阶和沟槽的深度(或高度)尺寸。

使用游标卡尺必须正确读取其数值，得出正确的测量结果。游标卡尺的读数是由两部分组成的：主尺上精确读出毫米单位的整数，毫米的小数部分需从游标上读取。游标读数值分 0.10 mm、0.05 mm、0.02 mm 三种，虽然其精确度不同，但读数原理是一样的。

(1) 0.10 mm 游标卡尺

游标卡尺的主尺和副尺(游标)之间的读数关系是利用主尺刻度间距与游标刻度间距差来确定的。通常，主尺上的刻度间距为 1 mm，如果将主尺上的 9 格(即 9 mm)与游标上的 10 格相对齐，则游标上的刻度间距就等于 0.9 mm，这样主尺与游标的每一格差值为 1－0.9＝0.1 mm，这个差值就是游标每一格所代表的数值，也就是游标卡尺的读数值。如图 2－2(a)所示。当把游标的"0"刻度线与主尺的"0"刻度线对齐时，游标的第 1 条刻度线与主尺的第 1 条刻度线相差 0.1 mm，与第 2 条刻度线相差 0.2 mm，第 3 条刻度线相差 0.3 mm…与第 10 条刻度线相差 1 mm。因此，游标相对主尺每移动 0.1 mm，它上面就有一条刻度线与主尺上的某一刻度线对齐。图 2－2(b)所示正说明了这个问题。将主尺固定不动，当游标向右移动 0.1 mm 时，游标的第 1 条刻度线与主尺上的第 1 条刻度线对齐；移动 0.2 mm 时，游标的第 2 条刻度线与主尺的第 2 条刻度线对齐(不计零线)，依次下去，当游标移动 1 mm 时，游标的第 10 条刻度线与主尺的第 10 条刻度线正好对齐。这就是 0.10 mm 游标卡尺的读数原理。图 2－2(b)所示的游标卡尺读数为 0.1 mm。

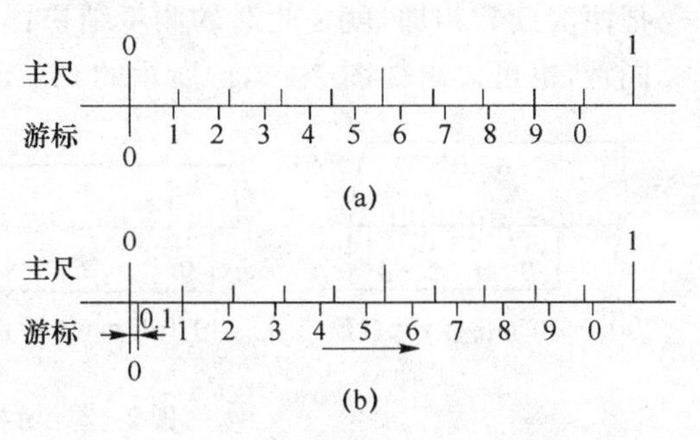

图 2－2 游标卡尺读数原理

(2) 0.05 mm 游标卡尺

如以上道理，0.05 mm 的游标卡尺是将主尺上的 19 格(即 19 mm)与游标上的 20 格相对齐，使每格的差值为 0.05 mm(即(20－19)/20＝1/20＝0.05)，所以它的读数值为 0.05 mm。

(3) 0.02 mm 游标卡尺

0.02 mm 游标卡尺是将主尺上的 49 格(即 49 mm)与游标上的 50 格相对齐，则每格的差值为 0.02 mm(即(50－49)/50＝1/50＝0.02)，故这种游标卡尺的读数值为 0.02 mm。

在以上原理的基础上，有的游标卡尺也采用了其他刻线方法，如主尺上的刻线间距不变，放大游标的刻线间距等。但无论如何，由于游标卡尺受结构原理的局限，它的最小读数值只能达到 0.02 mm。

2. 游标卡尺的读数方法

① 先从主尺上读出毫米(mm)整数。游标“0”线在主尺多少毫米之后，主尺读数就是多少毫米。

② 再在游标上找到与主尺上某刻度线对得最齐的那条刻度线，用“游标读数值×刻度线数”即得到毫米小数值。如 0.02 mm 的游标卡尺，其游标第 13 条线与主尺某线对齐，此时的游标读数即为 0.02 mm×13＝0.26 mm。

③ 最后把两次读得的数相加，就是被测工件尺寸。

以图 2－3 所示为例说明游标卡尺的读数方法。

图 2－3(a)所示是 0.02 mm 游标卡尺的读数示例。

整数部分：主尺上位于游标“0”线左面的最后 1 条刻度线，其读数为 57 mm。

小数部分：从游标“0”线之后的第 1 条刻度线计起，正好是第 10 条刻度线(即 10 个刻度间距)与主尺某线对齐，所以这时的小数值应为 0.02 mm×10＝0.20 mm。

把上面的两次读数相加，就是该尺此时的测量结果，即 57 mm＋0.20 mm＝57.20 mm。

图 2－3(b)所示是 0.05 mm 游标卡尺的读数示例。整数是 39 mm，游标上的第 2 条刻度线与主尺上的一条刻度线对齐，这时的小数值是 0.05 mm×2＝0.10 mm。

把两次读数相加，就是此时的测量结果：39 mm＋0.10 mm＝39.10 mm。

同理，也可读出如图 2－3(c)所示的 0.1 mm 游标卡尺的尺寸数值为 17.6 mm。

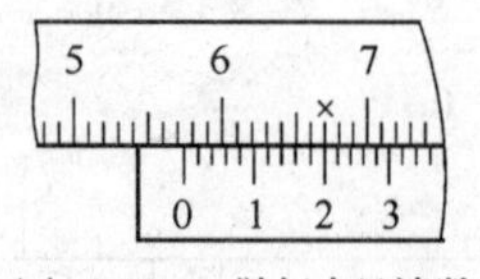

(a) 0.02 mm游标卡尺读数

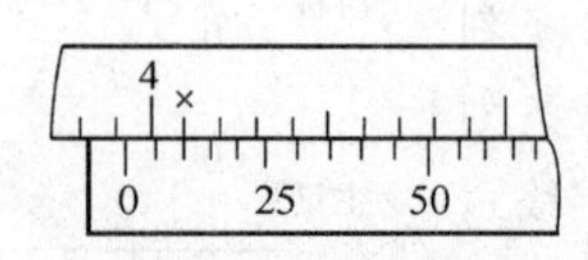

(b) 0.05 mm游标卡尺读数

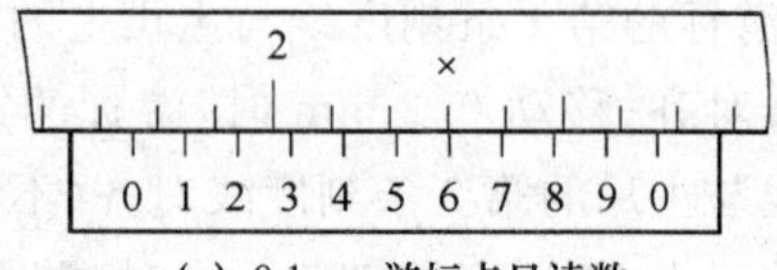

(c) 0.1 mm游标卡尺读数

图 2－3　游标卡尺读数示例

游标卡尺在读数时，还须注意下列问题：

① 在读小数位时，如果游标上没有一条刻度线与主尺上的刻度线完全对齐，则以相对对得较齐的那条刻度线来作为游标的读数依据。

② 读数时，要平拿卡尺，使眼睛视线垂直尺面，以减小读数误差。

③ 读数时，要注意主尺、游标的单位。即主尺表示毫米(mm)的整数部分，游标表示毫米(mm)的小数部分。

2.1.2　数显式游标卡尺

数显式游标卡尺是利用电子测量、数字显示原理，对两测量面相对移动分隔的距离进行读数的测量器具。数显式游标卡尺是机—电结合的新技术产品，结构简单，使用方便，读数直观、准确、迅速，是普通游标量具无法实现的。

数显式游标卡尺由三部分组成，图 2-4所示是Ⅰ型数显式卡尺的结构，除此外还有Ⅱ、Ⅲ、Ⅳ型数显式游标卡尺。

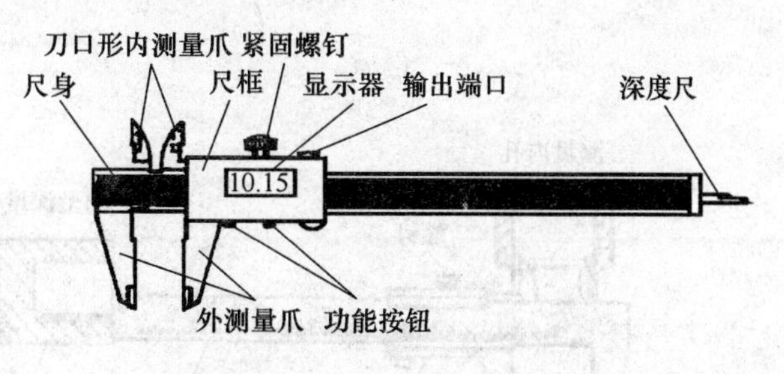

图 2-4　Ⅰ型数显示游标卡尺

2.1.3　游标卡尺的使用方法

游标卡尺的使用正确与否，不仅会影响测量精度，而且会影响游标卡尺自身的精度保持和使用寿命。所以，在使用时要注意操作方法的正确性。

1. 游标卡尺的合理选用

在使用游标卡尺之前，要首先搞清测量对象的特征，如被测尺寸的大小、公差、表面粗糙度等，然后选择相应的游标卡尺进行测量。表 2-1所列是不同读数值的游标卡尺宜于测量的公差等级。

表 2-1　适合游标卡尺测量的公差等级

游标读数值	被测工件的公差等级
0.02	IT11～IT16
0.05	IT12～IT16
0.10	IT14～IT16

2. 游标卡尺的正确使用

(1) 检查外观质量和校对“0”位

在使用游标卡尺前必须检查它是否在检定周期内，如果在检定周期内，再检查其外观和各部位的相互作用，经检查合格后再校对其“0”位是否正确。

(2) 使用方法

Ⅰ型卡尺的主要用途如图 2-5 所示。正确使用游标卡尺要注意以下几点：

① 小型游标卡尺和大型游标卡尺的操作方法。用小型游标卡尺测量小工件如图 2-6(a)所示。测量较大工件时，需用双手操作游标卡尺，如图 2-6(b)所示。

② 测量外尺寸的操作方法如图 2-7 所示。

③ 测量内尺寸的操作方法如图 2-8 所示。

④ 测量深度的操作方法如图 2-9 所示。

⑤ 测量时，要注意选择量爪的适当位置进行测量，如图 2-10(a)所示。一般情况下，不使用刀口部位测量。

⑥ 对于比较长的被测件，为了得到较为准确的测量结果，需在工件上多选几个位置进行测量。

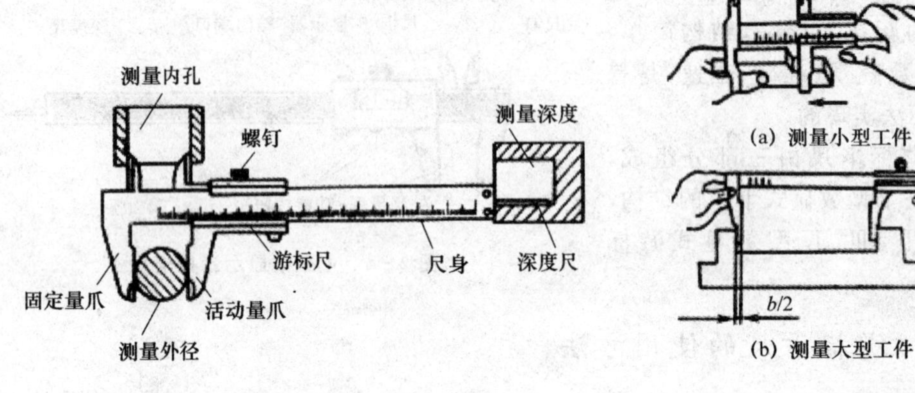

图 2-5 Ⅰ型游标卡尺的主要用途

图 2-6 卡尺应用示例

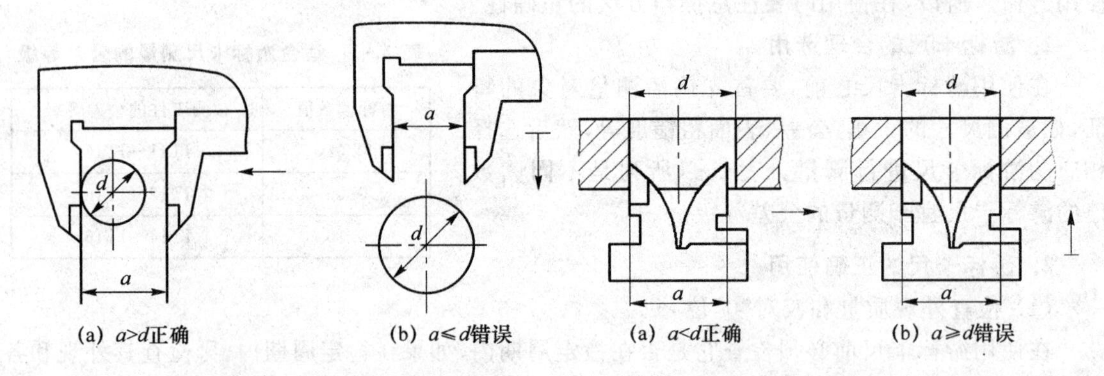

(a) $a>d$正确　(b) $a\leqslant d$错误

图 2-7 用Ⅰ型卡尺测外尺寸的正误示例

(a) $a<d$正确　(b) $a\geqslant d$错误

图 2-8 用Ⅰ型卡尺测量内尺寸的正误示例

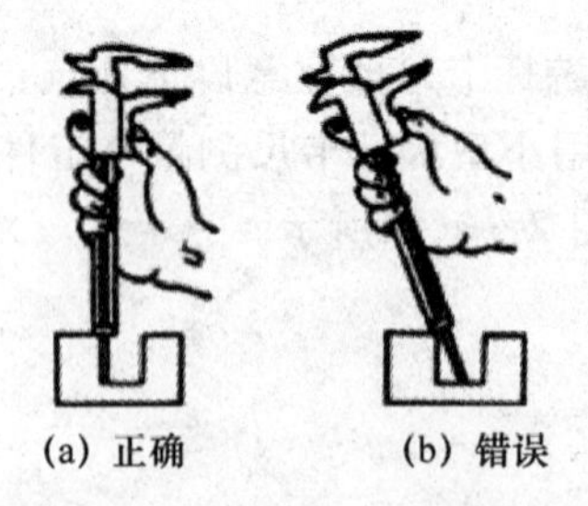

(a) 正确　(b) 错误

图 2-9 用Ⅰ型卡尺测量深度

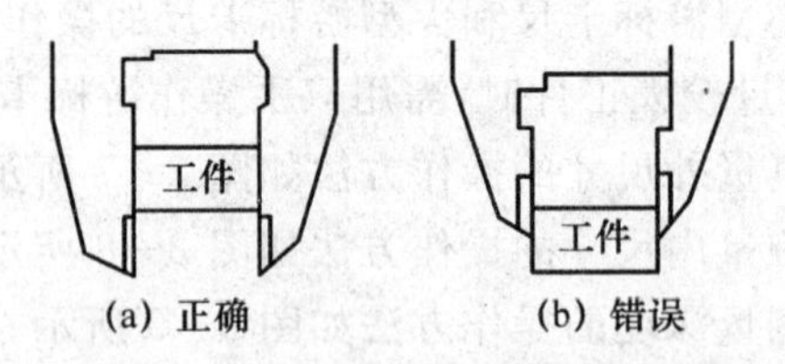

(a) 正确　(b) 错误

图 2-10 游标卡尺的正确使用方法

3. Ⅱ型和Ⅲ型游标卡尺简介

Ⅱ型和Ⅲ型游标卡尺分别如图 2-11 和图 2-12 所示。与Ⅰ型游标卡尺不同的主要是量爪的形状。

Ⅱ型和Ⅲ型游标卡尺有微动装置，没有深度测量杆。

Ⅲ型游标卡尺的测量范围有0～500 mm和0～1 000 mm,有的可达0～2 000 mm,甚至更大。将测量范围大于500 mm的游标卡尺称为大型游标卡尺,大型游标卡尺一般采用Ⅲ型游标卡尺的结构。

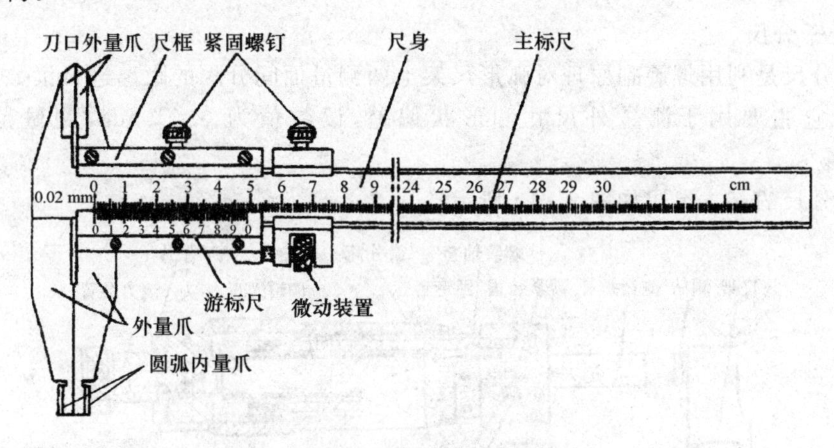

图2-11　Ⅱ型游标卡尺

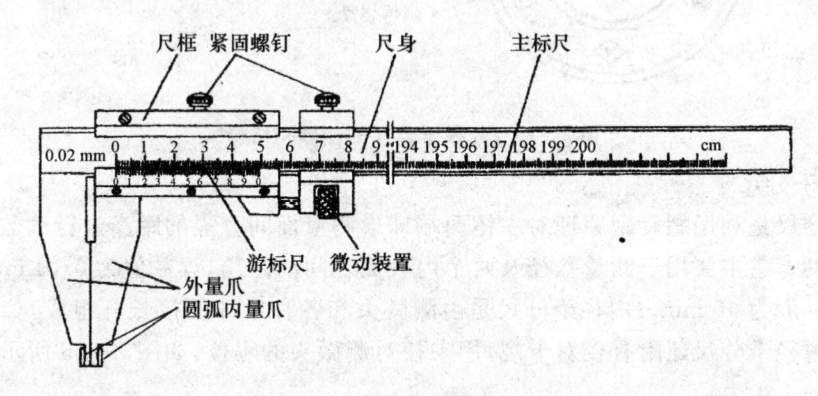

图2-12　Ⅲ型游标卡尺

除上述几种游标卡尺外,还有专门测量深度的游标卡尺和测量高度的游标卡尺,分别称为深度游标卡尺和高度游标卡尺,其中高度游标卡尺通常还可用作划线工具。

2.2　千分尺

2.2.1　千分尺的种类

千分尺类量具的测量精度比游标类量具高,是机械制造中最常用的较精密量具之一。它的测量精度一般为0.01 mm,测量范围分0～25 mm、25～50 mm、50～75 mm、75～100 mm

等。每隔 25 mm 为一档规格。

千分尺类量具根据用途的不同,可分为外径千分尺、内径千分尺、内测千分尺、深度千分尺等。

1. 外径千分尺

外径千分尺是利用螺旋副原理对弧形尺架上两测量面间分隔的距离进行读数的通用长度测量工具。它主要用于测量外尺寸和形状偏差,读数值为 0.01 mm,测量范围最大可达1 000 mm。

外径千分尺的基本组成如图 2-13 所示。

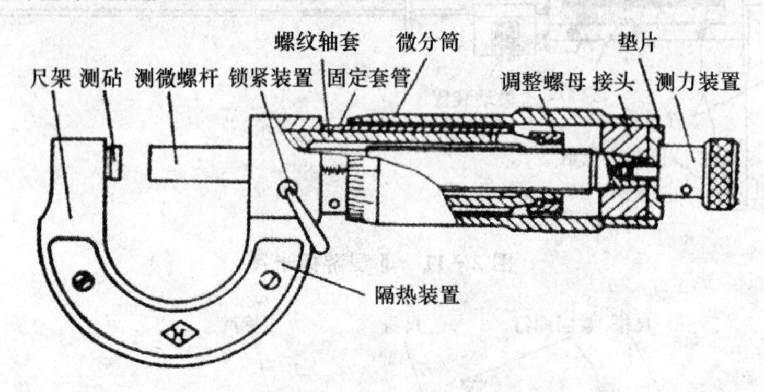

图 2-13 外径千分尺的外形和结构

2. 内径千分尺

内径千分尺是利用螺旋副原理对主体两端球形测量面间分隔的距离进行读数的通用内尺寸的测量工具。它主要用于测量孔径及两个内表面之间的距离,读数值为 0.01 mm,测量内尺寸的最小值一般为 40 mm。内径千分尺是由测微头和各种尺寸的接长杆组成,如图 2-14 所示。成套的内径千分尺还附有校对卡规,用来校对测微头的零位,如图 2-15 所示。

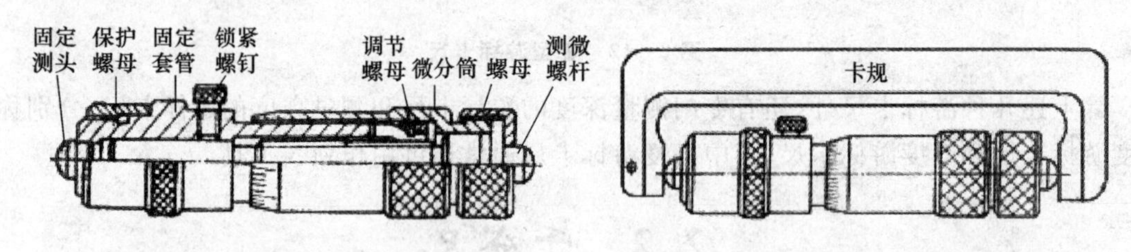

图 2-14 内径千分尺的外形及结构　　图 2-15 用卡规校对内径千分尺零位

3. 内测千分尺

内测千分尺又称带量爪内径千分尺。它主要用于内尺寸的测量,如直接测量工件的沟槽宽度及内孔直径等。

内测千分尺的测量范围有 5～30 mm、25～50 mm、…、175～200 mm 几种。其读数值为

0.01 mm，示值误差不大于±0.008 mm。常用的有 5～30 mm、25～50 mm 两种。

如图 2-16 所示，内测千分尺由测力装置、锁紧装置、测微头和两个柱面形量爪组成。

内测千分尺的读数方法与外径千分尺相同，但其测量方向和读数方向均相反。

4. 深度千分尺

深度千分尺又称测深千分尺，它是一种用途与深度游标卡尺相同，但其测量公差等级比深度游标卡尺高的测量工具。最大测量范围为 150 mm，读数值为 0.01 mm。

深度千分尺的组成如图 2-17(a)所示。深度千分尺一般都带有几种不同长度的测量杆，以供测量不同尺寸时选用。深度千分尺的结构和读数方法与外径千分尺基本相同，不同之处在于测量底板代替尺架及测砧。测量底板是测量时的基准面，并与测量杆的轴线垂直。测量杆有固定式和可换式两种，使用可换式测量杆可以扩大测量范围。可换式测量杆一般有 5 根，每根递增尺寸为 25 mm，最大测量范围为 150 mm。测量杆的测量面有球面和平面两种，根据用途予以更换。测量杆的顶部与测微螺杆端部弹性连接或者螺纹连接。成套的深度千分尺还附有圆筒式校正规（如图 2-17(b)所示），供深度千分尺使用前校正零位。

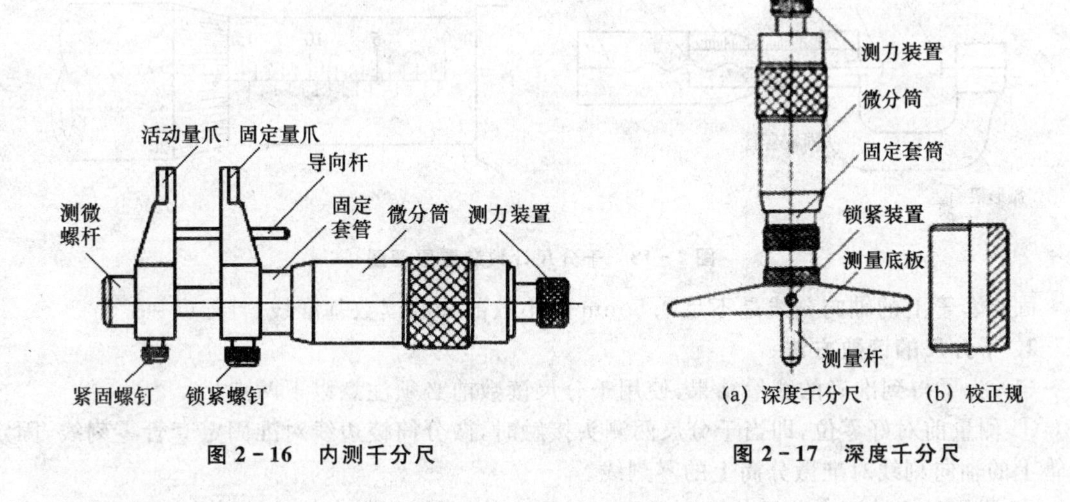

图 2-16　内测千分尺　　图 2-17　深度千分尺

2.2.2　千分尺的刻线原理和读数方法

1. 千分尺的刻线原理

千分尺类量具都是应用螺旋副转动原理，借助测微螺杆与螺旋轴套作为一对精密螺纹耦合件，将回转运动变为直线运动后，从固定套和微分筒所组成的读数机构上读得长度尺寸。其数学表达式为

$$L=\frac{\varphi}{2\pi}P$$

式中：L——测微螺杆移动距离，mm；

φ——测微螺杆旋转角度，rad；

P——测微螺杆的螺距，mm。

千分尺的读数机构是采用螺旋读数装置，该装置由带有螺母的固定套管和带有测微螺杆的微分筒所组成，如图 2-18 所示。

螺杆能在固定螺母中旋转，从而使螺杆相对于螺母产生轴向移动。螺杆和微分筒相连，另一端即为活动测头。螺母固定在固定套管上，固定套管又通过弧形架与固定测头相连，这样螺杆的轴向移动量就是固定测头与活动测头的相对位移量。固定套管刻有轴向刻线，作为微分筒读数的基准线，轴向刻线上下方各刻有 25 个分度线，每刻线间距为 1 mm。上、下两排刻线起始位置错开 0.5 mm。这样，刻度可读出 0.5 mm。微分筒的棱边线作为整数的读数基准线，其锥面圆周上刻有 50 个等分刻度，螺杆的螺距为 0.5 mm。因此，当微分筒带动螺杆旋转一周时，螺杆轴向移动 0.5 mm。照此，如果微分筒旋转一个刻度(即 1/50 周)，则测头间的相对位移量为0.5 mm/50=0.01 mm，所以千分尺的刻度值(也是测量精度)为 0.01 mm。

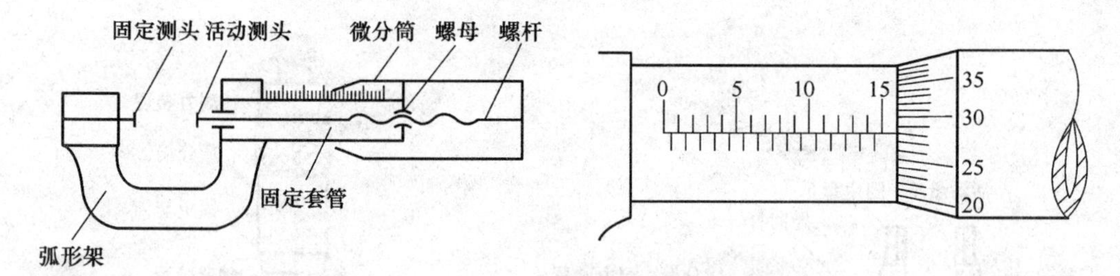

图 2-18　千分尺计数装置原理图

固定套管上的轴向刻线是不足 0.5 mm 的小数部分的读数基准线。

2. 千分尺的读数方法

(1) 为了得到准确的测量结果，使用千分尺读数前必须注意以下两点：

① 测量前对好零位，即当千分尺两测头接触时，微分筒棱边线对准固定套管零刻线，固定套管上的轴向刻线对准微分筒上的零刻线。

② 测量时旋转测力装置使两测量头与被测工件接触，不得直接旋转微分筒。

(2) 读数方法步骤如下：

① 先读出固定套筒上露出刻线的整毫米数和半毫米数。

② 看准微分筒哪一格与固定套管上的轴向刻线对准，读出小数部分。小数部分就是微分筒上与固定套管轴向刻线对齐的那个刻度乘以 0.01 mm 得到的数值。例如，微分筒上第 18 个刻度与固定套管上的轴向刻线对齐，则小数部分为 0.01 mm×18=0.18 mm。

③ 将整数(毫米和半毫米)部分与小数部分相加，即为被测工件的尺寸。图 2-19(a)、(b)的读数分别为 14.10 mm、15.78 mm。

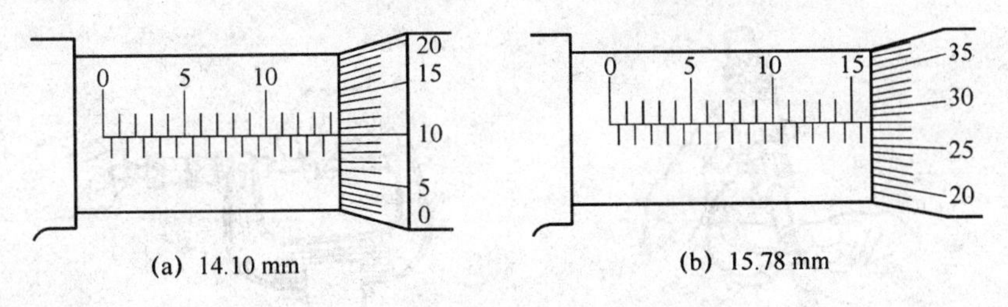

(a) 14.10 mm　　(b) 15.78 mm

图 2-19　千分尺读数原理和读数示例

2.2.3　千分尺的使用

1. 外径千分尺的使用方法

使用外径千分尺测量工件时，一般应按下列步骤进行：

(1) 根据被测尺寸的大小和公差等级选择不同级别的外径千分尺。选用不同精度级别的外径千分尺时，可参阅表 2-2。

表 2-2　千分尺的选用

外径千分尺精度级别	被测尺寸公差等级	
	适用范围	合理使用范围
0 级	IT6～IT16	IT6～IT7
1 级	IT7～IT16	IT7～IT9
2 级	IT8～IT16	IT9～IT10

(2) 用前检查和调整零位。外径千分尺在测量前，必须校对其零位。对于测量范围为 0～25 mm 的外径千分尺，校对零位时应旋转测力装置，使两测头接触；对于测量范围大于 25 mm 的外径千分尺，应在两测头之间放置尺寸为其测量下限的量棒进行测量。当微分筒锥面的端面与固定套管横刻线的右边缘相切，或离刻线不大于 0.1 mm，压线不大于 0.05 mm，同时微分筒上“0”刻线对准固定套管上轴向刻线时，即为调零正确，可以进行测量。

(3) 外径千分尺的持握方法如下：

1) 单手握尺

图 2-20 所示是单手握尺测量工件的操作方法：右手大拇指和食指捏住并旋转微分筒，小指和无名指勾住尺架并压向手心，左手拿住被测工件。也可用右手无名指夹住千分尺尺架，食指和拇指旋动测力装置。

2) 固定测量

固定测量通常是把千分尺固定在某一支架上(如台虎钳)，左手捏住工件、右手旋动测力装置，如图 2-21 所示。采用此种方法测量小工件比单手握尺好掌握。

3) 双手握尺

图 2-22 所示是双手握尺测量工件的操作方法。握尺姿势虽不尽相同，但左手握尺架，右手旋转微分筒或测力装置却是其共同的。图 2-22(a)所示为把工件放在平板上进行测量的操作方法；图 2-22(b)所示为在车床上对工件进行测量的操作方法。

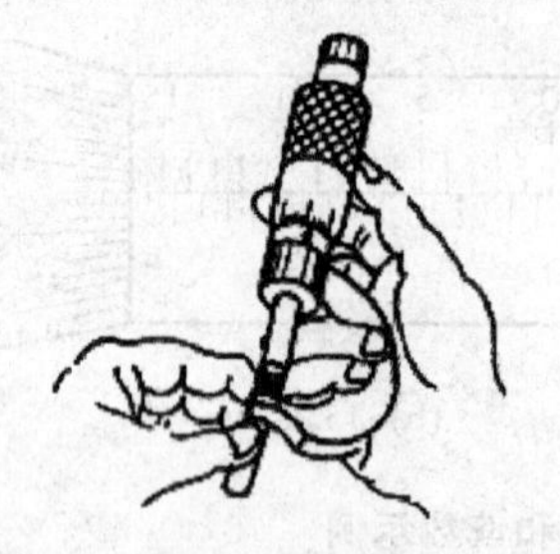

图 2-20 单手握尺测量法

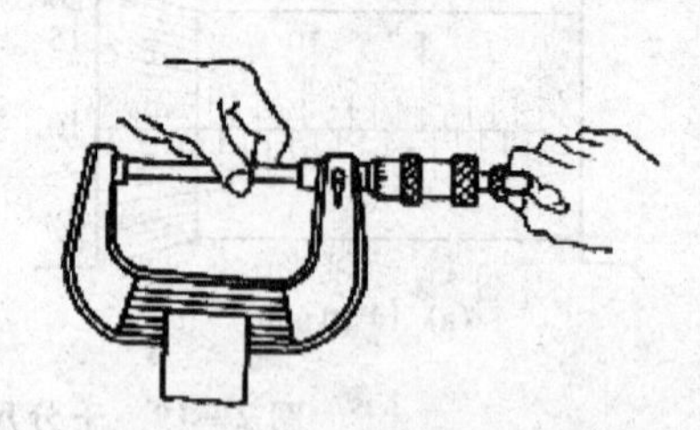

图 2-21 固定测量法

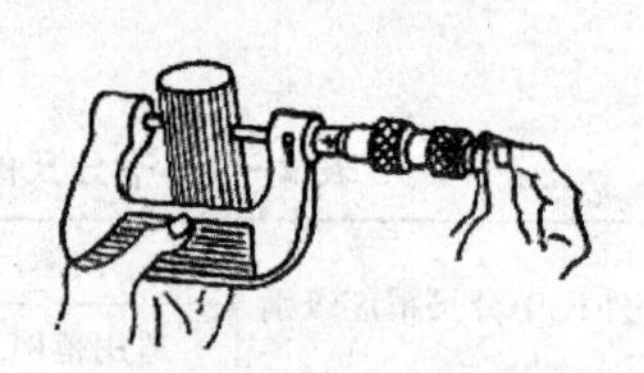

(a) 在平板上测量工件

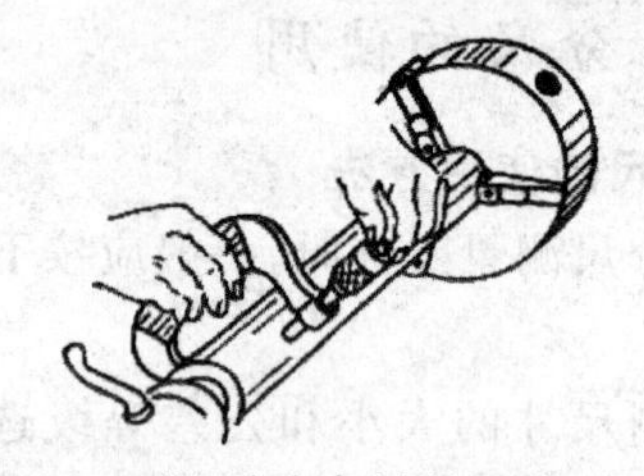

(b) 在车床上测量工件

图 2-22 双手握尺的测量方法

2. 使用外径千分尺测量工件时的注意事项

① 如图 2-23 所示，测量时，测头的轴线方向要与工件被测长度方向一致，不要歪斜。

② 如图 2-24 所示，测量时测头与工件不能局部接触。

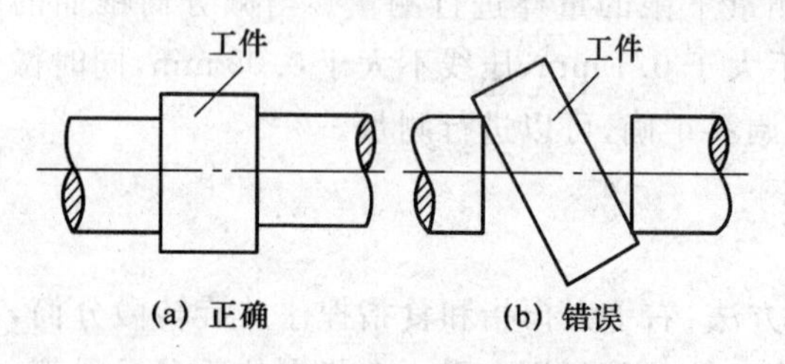

图 2-23 轴径测量的位置

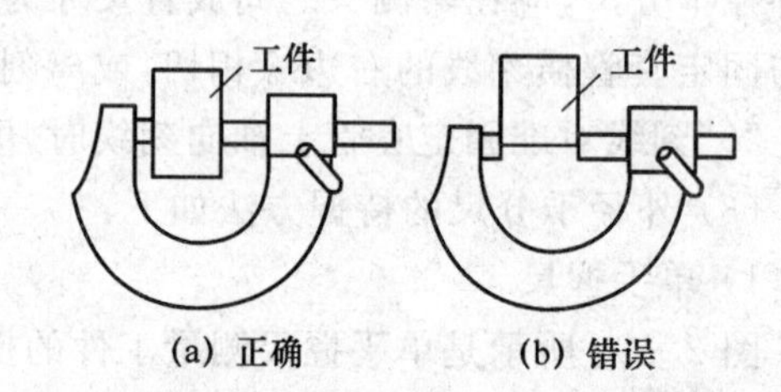

图 2-24 测量头与工件接触时的位置

③ 测量时，工件要处于静态，不要在工件转动或加工时测量。否则，易使测头磨损，测量杆扭曲变形，甚至折断。

④ 为使测量更为准确，在同一位置可反复测量几次，取其平均值为测量值。

⑤ 为了保护两测量面，延长外径千分尺的寿命，被测工件要求表面粗糙度 R_a 不大于3.2 μm。

⑥ 不允许用千分尺测量较高温度的工件。

⑦ 不准在千分尺固定套筒与微分筒之间加进酒精、煤油、柴油、普通机油和凡士林。不准把千分尺浸泡在上述油类和冷却液里，如沾到上述油类，要用汽油洗干净。

⑧ 为防止千分尺测杆弯曲变形及测量面互相撞击,不许晃、转、乱放千分尺。

⑨ 用完后,须清除测量面污物,并加专用机油保护,然后平整地放入盒内。

2.3　机械式测微表

机械式测微表主要应用于长度尺寸的相对测量及对形状和位置公差的测量。它具有重量轻、携带方便、测量精度高、使用中不需附加其他能源等特点。

机械式测微表的种类较多,按其用途可分为百分表、内径百分表、杠杆百分表等。

2.3.1　百分表

1. 百分表的结构

百分表是一种利用机械传动系统,把测杆的直线位移转变为指针在表盘上角位移的长度测量工具,其外形如图2-25所示。百分表的读数精度可达0.01 mm,用它可以检查机床或零件的精确程度,也可用来调整加工工件装夹位置偏差。

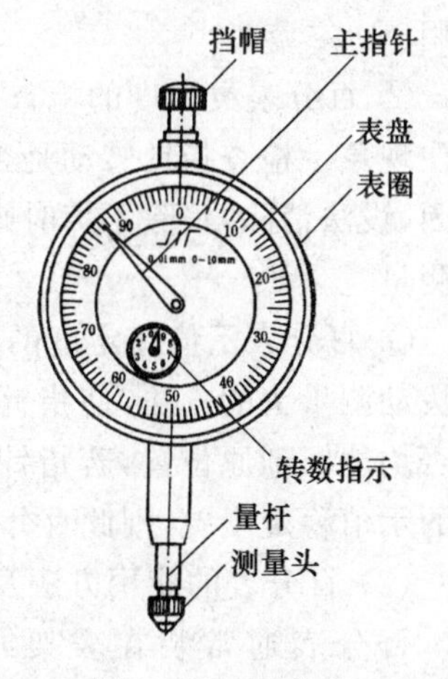

图2-25　百分表

百分表的测量范围一般有0～3 mm、0～5 mm和0～10 mm三种。百分表的测量范围是指测杆能上下移动的最大距离。

测量时,在表位相对固定的情况下,表头滑过工件表面,由于工件表面表现出的误差迫使量杆伸缩并带动主指针转动,从而在表盘上就可读出百分表的测量值,即工件表现出的误差值。主指针在表盘上转过的圈数可从转数指示盘上读出。

量杆上升或下降1 mm时,主指针恰好转动一圈。由于表盘上共有100个分度,所以主指针每转一个分度(格)就代表量杆移动1/100 mm,即0.01 mm。

2. 百分表的读数方法

由百分表的结构及其工作原理可知,在测量中,主指针只要转动,转数指针也必然随之转动。两者的转数关系为:主指针转一圈,转数指针相应地在转数指示盘上转一格,且百分表的分度值为0.01 mm。因此,毫米读数可从转数指针转过的分度中求得,毫米的小数部分可从主指针转过的分度中求得。当测量偏差值大于1 mm时,转数指针与主指针的起始位置都应记清。小公差值的测量则不必看转数指针。

百分表读数的计算方法:读数=分度值×分度数。例如,百分表指针转过10个分度,其读

数为

$$分度值\times分度数=0.01\ mm\times10=0.1\ mm$$

读百分表时，要顺着光线，正对刻度盘，视线与表面垂直，避免因视觉误差造成不必要的测量误差。

3. 百分表的使用方法

百分表的使用及注意事项包括下列内容。

(1) 用前检查

使用百分表前，应先对其进行检查，看是否有失准或其他缺陷存在，以免测量中造成疏忽误差，或者因百分表发生故障而测量中断。用前检查一般应有如下几项：

① 百分表外观的检查。检查表蒙是否破裂，表蒙与表圈的贴合是否松动。如发现有影响指针转动的部位，则不能使用；检查测量头，挡帽与量杆的结合情况。如遇测量头螺杆或者挡帽螺杆松动，应旋紧后再使用；检查测量头是否有锈斑等。若存在上述缺陷，应设法处理后再使用。

② 百分表灵敏度的检查。检查量杆在套筒内上下移动是否灵活，是否间隙过大，是否有卡住现象。检查指针转动是否灵活，是否有摩擦现象，是否有跳动现象。如有上述缺陷应查明原因，设法消除，消除不掉时则不能使用。检查刻度盘转动是否松紧适度，过松或过紧都不利于测量。

③ 百分表示值稳定度的检查。百分表示值稳定度的检查可采用提起挡帽 1～2 mm 或者用拨动测量头的方法，使指针反复转动几次，观看指针是否均能回到原位置，若指针不能返回原位，表明百分表的示值稳定度差，则此百分表不能使用。

(2) 百分表的使用方法及注意事项

百分表通常装在表架或专用检验工具上使用。图 2-26所示为常见的百分表在磁性表架上的装夹方法。使用时表架与支撑平面相贴，旋动底座开关，使底座带磁，表架与支撑表面紧紧吸合。当需要脱开时，开关旋回原来位置，底座脱磁，表架可任意挪动。百分表装夹在表架上，靠调整螺钉的作用，上下、前后、左右等任一方向均可调节，使用十分方便。

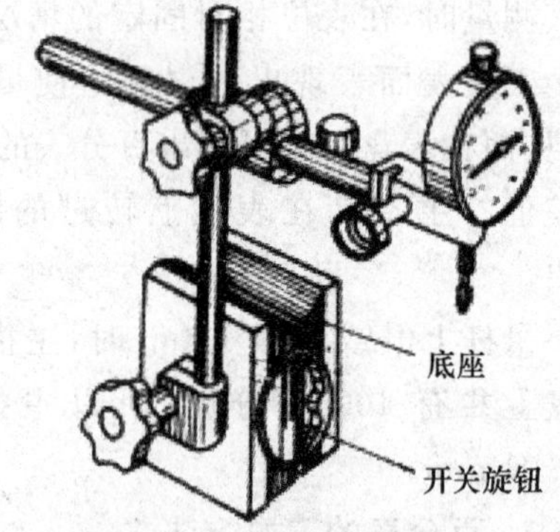

图 2-26 百分表装夹方法

在百分表的使用中，不论被测零件的几何形状如何，都有一些共同遵循的规则，归纳起来有：

① 测量头与被测零件的接触方法。测量头与零件接触时，应将量杆上移 0.5～1 mm(即主指针顺时针转动 0.5～1 圈)后，方可将百分表紧固。其目的：一是测量时可保持一定的起始测力；二是测量中既能读出正数也可显示负数。如图 2-27 所示，用手捏住挡帽，将量杆提起，

主指针转动 0.5～1 圈(即量杆上移 0.5～1 mm)后，测量头底面与被测部位应在同一平面内。

测量头与被测零件表面的接触方法，应按图 2－28(a)所示先提测量头高于被测面 0.2～1 mm，再将工件推至测量头下方，然后把量杆缓缓落下，进入测量状态。千万不可像图 2－28(b)所示那样，将零件硬性推入测量头下方。

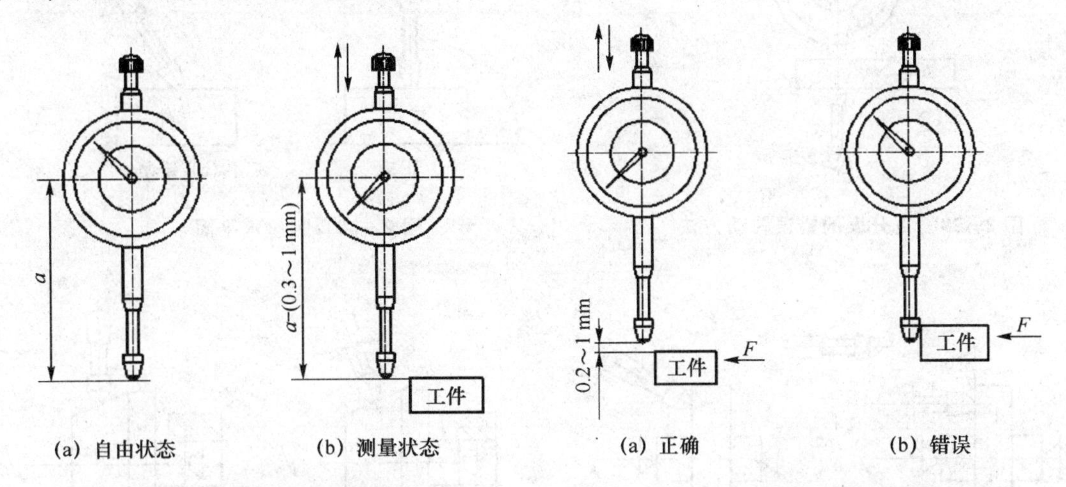

(a) 自由状态　(b) 测量状态

图 2－27　测杆上移操作方法

(a) 正确　(b) 错误

图 2－28　测量头与工件的接触方法

② 对"0"位的操作方法。待百分表按上述方法装夹完毕后，可旋转刻度盘，使主指针与代表"0"位的那一刻线重合，即对"0"位。校对"0"位时，可仿照图 2－27 所示的方法，将量杆轻轻提起再放下，这样重复进行几次，如果主指针每次都能与"0"位线重合，说明"0"位对好，可以进入测量。否则应重新校对"0"位。如果百分表"0"位不稳定，则该表暂不能使用，需要校正。

测量时也可以不必先对"0"位，指针原来指在什么地方，就以该处为测量的起始位置。

③ 夹紧力的确定。百分表装夹在表架上，夹紧力应以用手轻轻拨动百分表无松动为宜。夹紧力过小，测量中百分表易松动，达不到测量的目的；夹紧力过大，下套筒变形，影响量杆上下移动的灵活性。同时还应注意，百分表一旦紧固，不应再进行转动。图 2－29 所示是百分表夹紧后的错误转动方法。

④ 百分表对被测要素的垂直原则。百分表在其测量过程中，不论被测表面几何形状如何，百分表的测量头始终应与被测要素保持垂直，以避免较大的测量误差。

- 测量水平面。测量面与面的平行度，一般是放在平板上用百分表进行测量的。百分表的使用方法如图 2－30 所示。
- 测量端平面。端面圆跳动是测量端平面的典型例子，百分表的使用方法如图 2－31 所示。
- 测量圆锥体或斜面。若被测表面为圆锥体，图样中又对其斜向圆跳动有公差要求时，应测量斜向圆跳动，其百分表的使用方法如图 2－32 所示。

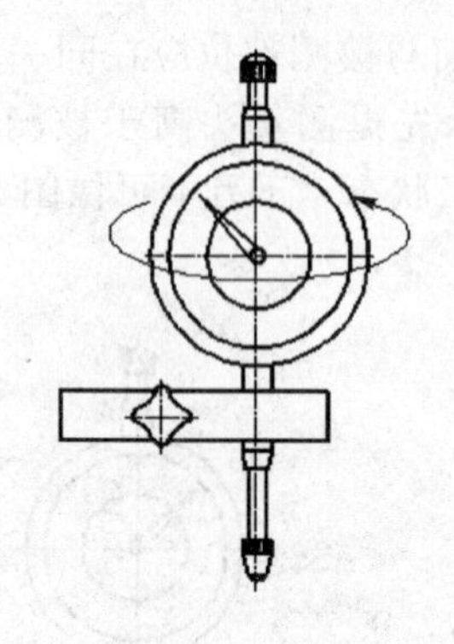

图 2-29 百分表的错误转动方法

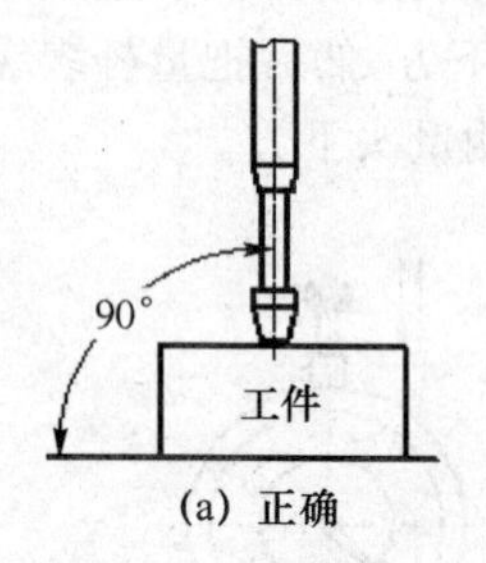

(a) 正确

(b) 错误

图 2-30 测量水平面

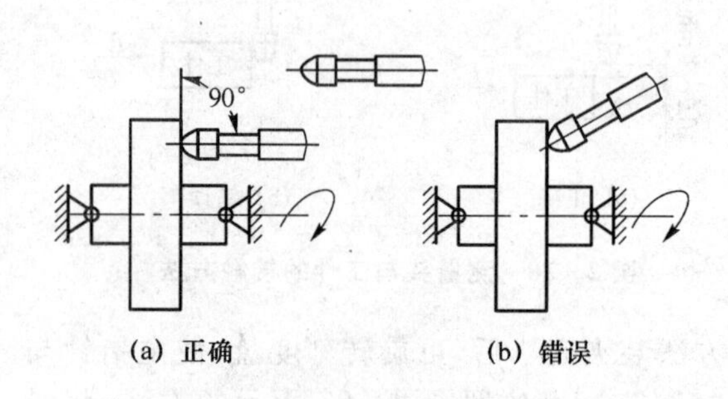

(a) 正确　　(b) 错误

图 2-31 测量端面跳动

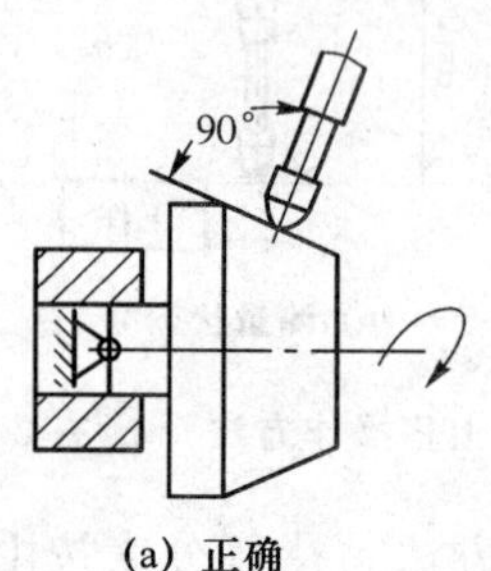

(a) 正确

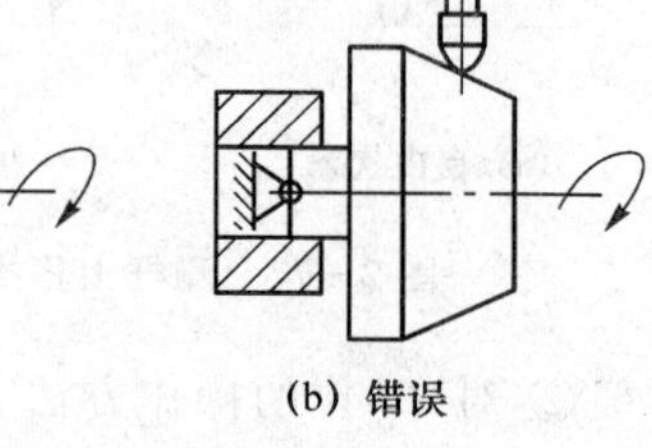

(b) 错误

图 2-32 测量锥体圆跳动

⑤ 粗糙度对百分表测量的影响。表面粗糙度 R_a 大于 12.5 μm 时，不宜使用百分表。因其表面太粗糙，量杆升降范围太大，使用百分表不但达不到测量效果，反而会损坏测量头。

⑥ 测量头与零件被测表面不得涂油，以免发生微量滑动，更不得夹有硬物，影响测量结果。

⑦ 百分表使用的始终，应轻拿轻放，严禁强烈震动或冲击。

2.3.2 内径百分表

1. 内径百分表的结构

内径百分表是一种将活动测头的直线位移，通过机械传动转变为百分表指针的角位移，并由百分表进行读数的内尺寸测量工具。它的读数值为 0.01 mm，测量范围为 6～450 mm。在对深孔尺寸的测量中，使用内径百分表比用内径千分尺更为方便，但其示值误差比内径千分尺大。

内径百分表的结构，按其传动方式分有杠杆传动式(如图 2-33 所示)和楔形传动式(如图 2-34所示)两种；按其是否有定位装置又可分为带定位护桥内径百分表和不带定位护桥内径百分表。

2. 内径百分表的工作原理

(1) 带定位护桥内径百分表的结构及其工作原理

带定位护桥内径百分表护桥的形式，有图 2－33 所示结构的，也有带弹簧片定位结构的。本书以图 2－33 所示结构内径百分表为例具体作以下介绍。

图 2－33 所示内径百分表由普通百分表和测量表架组合而成。百分表的下套筒插入直管的圆孔内，紧固螺钉通过弹性卡头将百分表固定。百分表的测量头与活动杆始终接触。活动杆弹簧不仅起到控制测量力的作用，同时又通过活动杆、传动杆、摆块推活动测头向右移。测量工件尺寸时，活动测头推摆块顶传动杆移动，由活动杆推动百分表测量头，使百分表的指针转动，指示出读数。可换测头的螺杆旋入主体一端的螺纹孔内，锁紧螺母起防止可换测头松动的作用。导向套的螺杆旋入主体另一端的螺孔内，它的内孔供活动测头左右滑动，外圆凸台防止定位护桥弹出。同时，固定在导向套上的导向销穿在活动测头凸台的方槽内，防止活动测头转动。

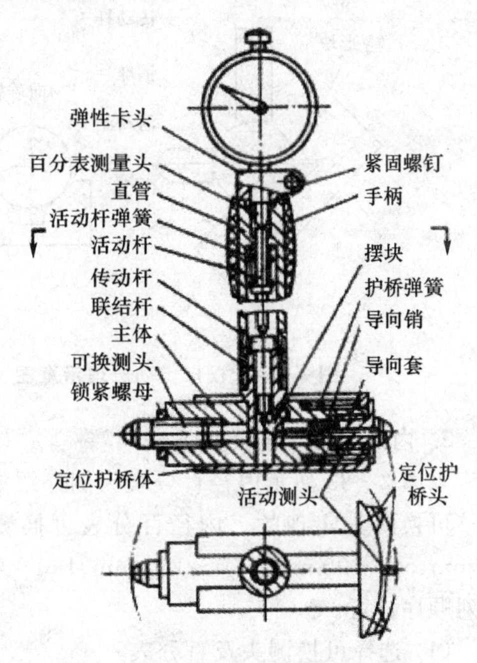

图 2－33　带定位护桥的内径百分表结构

套在直管上的手柄是操作者的手握部位，它用绝缘材料制成，一是防止因人体温度的传递造成温度误差，二是起到安全保护作用。

定位护桥体套在主体上，护桥弹簧使其始终处于向右移动的趋势。定位护桥体上的两个定位护桥头对称于活动测头，以保证活动测头和可换测头的轴线正好处于被测孔的直径位置。

因摆块两接触点对回转中心始终是等距离的，所以活动测头和传动杆移动的距离相等。显然，当活动测头测量尺寸发生变化时，可通过其传动机构直接显示出读数来。

由于此传动机构中摆块相当于一个杠杆，所以此内径百分表的传动方式称为杠杆传动式。测量范围一般为 35～450 mm。

带定位护桥内径百分表也有采用楔形传动系理制成的，传动机构中以钢珠代替摆块，其原理如图 2－34 所示。测量时活动测头推钢珠沿 V 形块斜面上移，通过传动杆使百分表指针转动。同时，传动杆在弹簧力的作用下，又可通过钢珠推活动测头移动。此传动机构的内径百分表主要用于较小尺寸孔径的测量，测量范围一般为 18～35 mm。

(2) 不带定位护桥内径百分表的结构及其工作原理

图 2－35 所示为不带定位护桥的内径百分表，它借助于可换测头的弹性变化，通过传动杆使百分表指针转动，指示出读数。此种内径百分表主要用于小孔直径的测量，测量范围一般为

6～18 mm。

可换测头与传动杆相接触部分的锥角 α 为一定值，即 $\alpha=53°8'$。此角度可保证测头与测杆移动的距离相等。

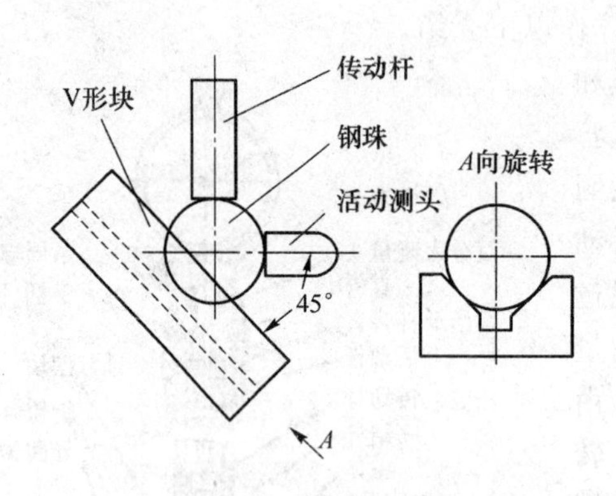

图 2－34 楔形传动原理示意图

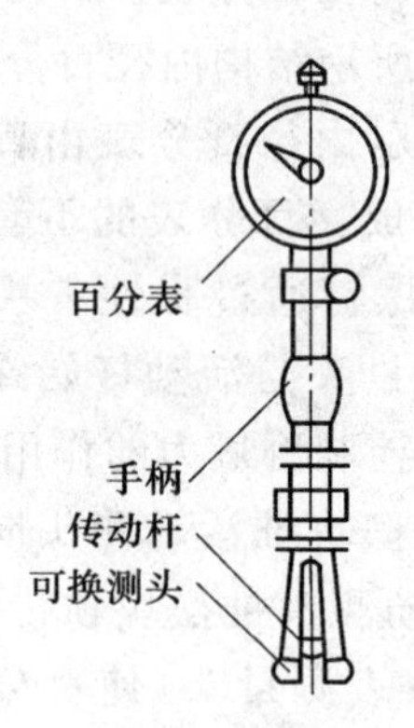

图 2－35 不带定位护桥百分表

3. 内径百分表的使用方法

以图 2－33 所示内径百分表为例介绍如下：使用内径百分表测量零件尺寸是通过更换或调整可换测头实现的。内径百分表可换测头有 6～10 mm、10～18 mm、18～35 mm、35～50 mm、50～100 mm、100～160 mm、160～250 mm、250～450 mm 等几种，其使用方法一般按下列顺序进行。

(1) 选择可换测头及百分表

根据被测孔径尺寸，选取相应规格的可换测头。根据被测零件尺寸的公差等级，选取相应精度等级的百分表。和内径百分表相配套的百分表应符合一级精度百分表的要求。

(2) 装夹百分表及可换测头

将选好的可换测头旋入主体的螺孔内，使两端点的距离大于被测孔径尺寸 0.5～1 mm，然后锁紧可换测头。再将所选百分表装在测量表架的弹性卡头中，使百分表的指针转过一周后，将其锁紧。这时按动活动测头，使指针转动大约 180°，然后松开活动测头，看指针是否回到原来位置，以检查内径百分表的灵敏度及稳定情况。同时注意清洁，如有灰尘、油污，应用软布擦净。

(3) 内径百分表的校对

内径百分表装夹好后，应用相应的标准环规或外径千分尺校对百分表的“0”位，其具体方法如下：

① 右手握手柄，左手压缩定位护桥，先把活动测头放入标准环规孔内，再放入可换测头，然后放松定位护桥，使定位护桥测头与标准环规内壁接触。此时测杆应与标准环规孔壁垂直。

② 如图 2－36 所示，内径百分表放入标准环规内孔后，来回摆动内径百分表，其最小值即为孔的直径。转动百分表刻度盘，使指针与“0”刻度线重合，即校对好“0”位。此时内径百分表

从标准环规内取出。没有标准环规时，可用外径千分尺校对“0”位。其方法是选择相应的外径千分尺，调整好尺寸，并将其固定。外径千分尺两测杆端面的距离相当于标准环规的孔径，其操作方法可参照用标准环规校对“0”位的方法进行。

(4) 测量零件孔径的操作方法

测量零件孔径的操作方法与校对“0”位的操作方法相同。此时百分表指示的数有三种情况：指针正好与“0”刻度线重合时，被测零件尺寸与标准环规孔径相等；指针顺时针方向偏离“0”位时，被测零件孔径小于标准环规的孔径；指针逆时针方向偏离“0”位时，被测零件孔径大于标准环规的孔径。百分表偏离“0”位的指数就是被测尺寸与标准环规之差。其读数值计算方法同本章百分表一节。

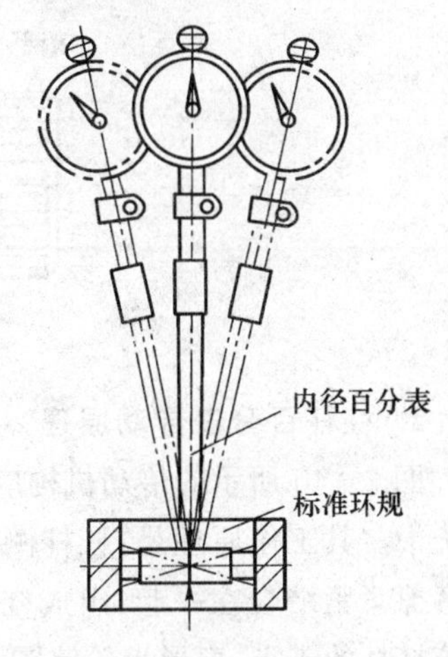

图2-36　内径百分表“0”位校对

2.3.3　杠杆百分表

1. 杠杆百分表的结构

杠杆百分表是把杠杆测头的位移，通过机械传动系统，转变为指针在表盘上的角位移，沿表盘圆周上有均匀的刻度，读数值为0.01 mm的一种长度测量工具。杠杆百分表的测量范围有0～0.8 mm及0～1 mm两种。在使用中，工人又称它为靠表。

杠杆百分表具有体积小、使用灵活、杠杆测头的测量方向可以改变、可以伸入小孔、凹槽中进行测量等优点。因此，杠杆百分表常用于机床上校正工件的安装位置及使用百分表难以测量的小孔、凹槽、孔距、坐标尺寸等。

杠杆百分表按其结构形式可分为正面式杠杆百分表、侧面式杠杆百分表和端面式杠杆百分表。其中，使用较多的是正面式杠杆百分表和端面式杠杆百分表。杠杆百分表的外形如图2-37、图2-38、图2-39所示。

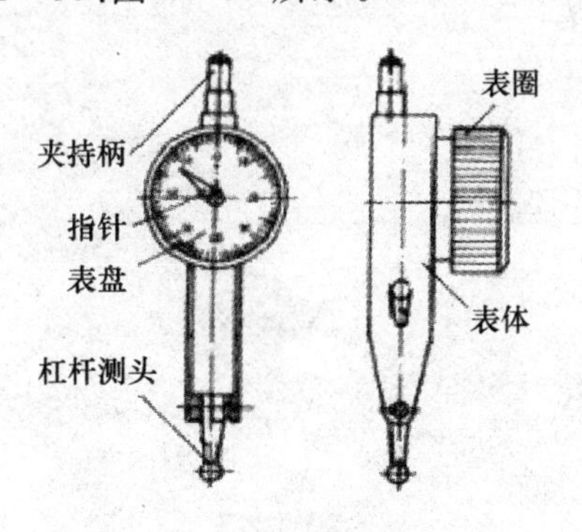

图2-37　正面式杠杆百分表

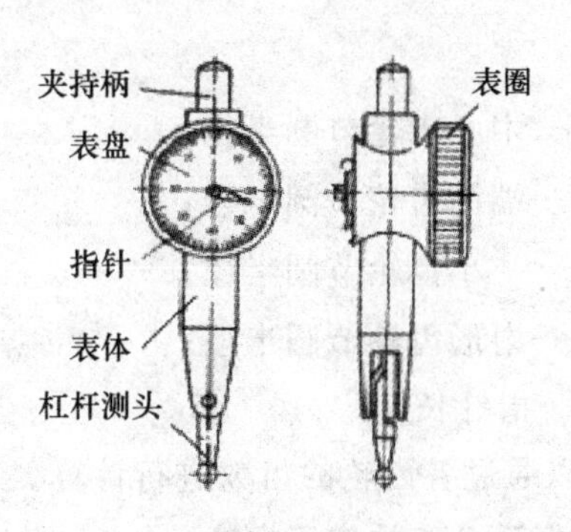

图2-38　侧面式杠杆百分表

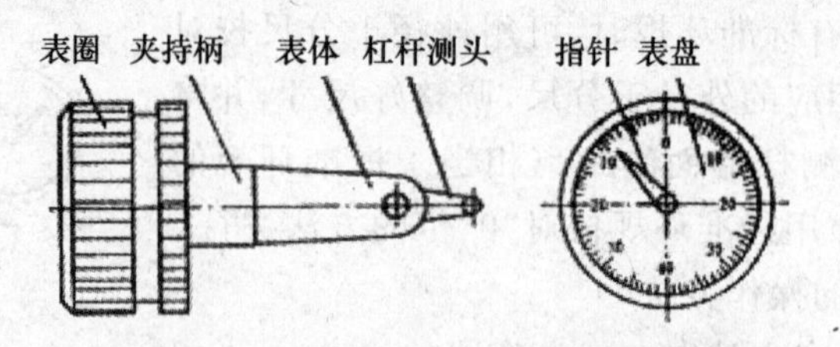

图 2-39 端面式杠杆百分表

2. 杠杆百分表传动原理

图 2-40 所示的传动机构广泛应用于杠杆百分表传动系统中。其工作原理是:杠杆测头和扇形齿轮相配合部分靠摩擦紧紧结合在一起,组成杠杆齿轮机构。枢轴的中心为该杠杆的支点,扇形齿轮节圆半径为杠杆长臂,杠杆测头的中心至支点的长度 l 为杠杆短臂。当杠杆测头与工件接触产生位移时,杠杆即绕其支点摆动,此时与扇形齿轮相啮合的小齿轮跟随转动,同时带动端面齿轮连同中心齿轮及固定在中心齿轮轴上的指针一起回转,在表盘上指示出读数。当需要改变杠杆测头的方向时,只要扳动固定在表壳侧面的换向器,在钢丝和销钉的作用下,即可使杠杆测头接触点变换 180°,由正面测量变成反面测量。中心齿轮借助游丝所产生的扭矩使传动系统中的齿轮副均为单向啮合,以消除啮合间隙引起的误差。表圈由一弹簧片压紧在托架上,进行"0"位调整时,转动表圈,可带动表盘一起转动。

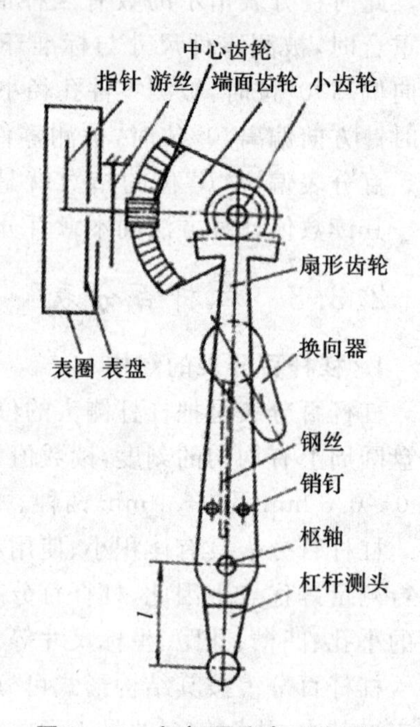

图 2-40 杠杆百分表工作原理

杠杆百分表总传动比的计算公式为

$$i=\frac{r_8 r_6 L}{r_7 r_5 l}$$

式中:r_5——中心齿轮节圆半径;

r_6——端面齿轮节圆半径;

r_7——小齿轮节圆半径;

r_8——扇形齿轮节圆半径;

L——指针长度。

也可以通过各齿轮的齿数进行计算。

3. 杠杆百分表的使用方法

(1) 杠杆百分表的装夹方法及其装夹机构

杠杆百分表通常是安装在专门的表架上使用的。如图2-26所示的磁性表架，将杠杆百分表的夹持柄固定在其装夹机构中，便可进行测量。除此之外，经常使用的装夹机构中还有如下几种：

① 图2-41所示是一种较为简单的装夹机构。使用时，将杠杆百分表夹持柄插入螺钉的圆孔内，旋紧螺母，即可实现连接。装夹柄与弹性卡头通过枢轴相配合，旋松螺母，弹性卡头可调整角度。同时，装夹体也可绕自己的轴线转动，从而把杠杆百分表固定在所需要的位置。旋紧螺母，整个可调装置则被固定。

② 图2-42是杠杆百分表装夹机构的又一种形式，螺钉与衬套的V形槽垂直，并从衬套的圆孔内穿过。杠杆百分表的夹持柄插入螺钉的圆孔内，旋紧螺母，此装夹机构即可紧固。

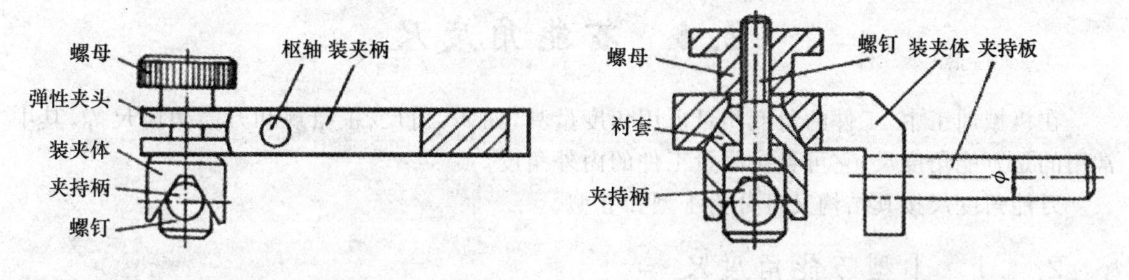

图2-41　杠杆百分表装夹机构(一)

图2-42　杠杆百分表装夹机构(二)

③ 图2-43是杠杆百分表装夹机构的另一种形式，装夹机构由夹持板、弹簧、螺钉和圆球组成。圆球在两夹持板的中间，并与装夹柄相配合，杠杆百分表插入夹持板圆孔内，旋紧螺钉即可夹紧。

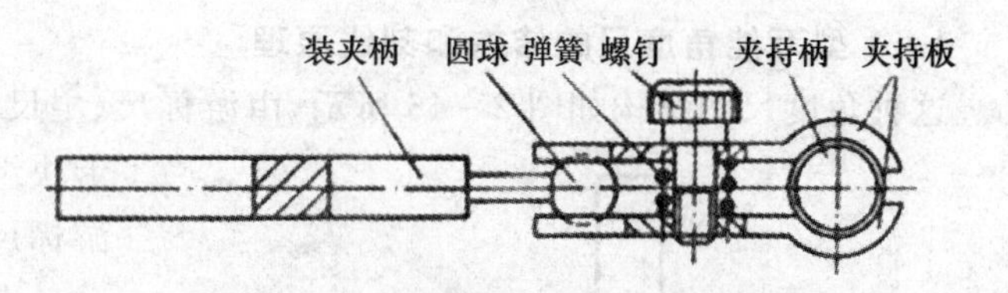

图2-43　杠杆百分表装夹机构(三)

(2) 杠杆测头的正确位置

杠杆测头与扇形齿轮为摩擦结合，扳转杠杆测头，可使其在垂直平面内作180°转动，如图2-44所示。测量时，应使杠杆测头的轴线与杠杆测头和被测表面相接触处的法线垂直，如图2-45所示。

(3) 校对"0"位

杠杆百分表的杠杆测头与被测表面接触时，应把指针调到测量范围的中间位置再固定，然后转动表盘，使"0"刻度线与指针重合。对好"0"位后，即可进行测量。读数值的计算方法同百分表。

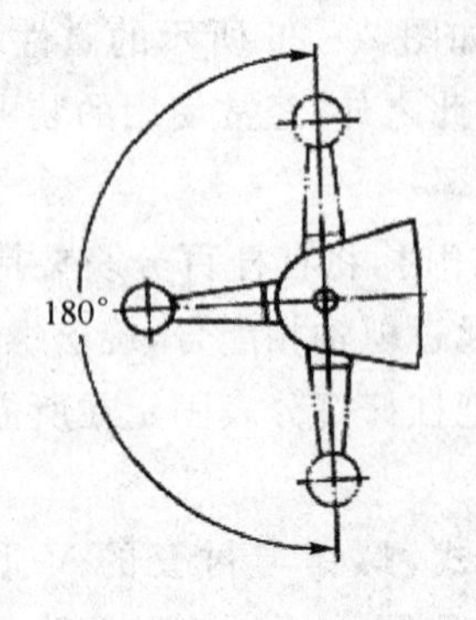

图 2-44 杠杆测头的转动范围

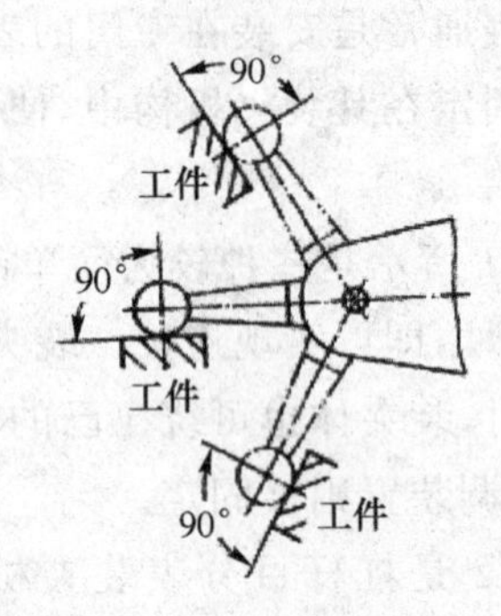

图 2-45 杠杆测头的正确位置

2.4 万能角度尺

在机械加工中,工件的角度测量需用角度量具,如90°角尺、正弦规和万能角度尺等,其中常用的是万能角度尺,它可直接测量工件的内外角度。

万能角度尺按其结构又可分为Ⅰ型和Ⅱ型。

2.4.1 Ⅰ型万能角度尺

Ⅰ型万能角度尺的测量范围为0°～320°,分度值有2′和5′两种。

1. Ⅰ型万能角度尺的结构和刻线原理

这种角度尺的结构如图2-46所示,由游标尺、主尺、基尺、扇形板、制动头、直尺、直角尺、卡块组成。基尺固定在扇形板上,扇形板和游标尺固定在一起,并可与主尺作相对运动。卡块可以把直角尺或直尺固定在扇形板上,直尺卡块可以把直尺固定在直角尺上。在游标尺的背面有一小齿轮,用于微量调整游标尺和主尺的相对位置。拧紧制动头上的螺母,可使扇形板固定在主尺上。

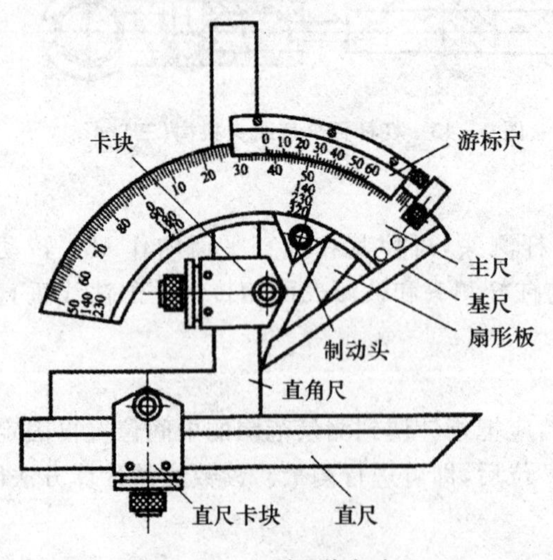

图 2-46 Ⅰ型万能角度尺

Ⅰ型万能角度尺的刻线原理与游标卡尺相似,现以读数值为2′的万能角度尺为例说明如下:

主尺上朝向中心方向均匀刻有120条划线,每相邻两条刻线之间的夹角为1°。在游标尺上也均匀地刻有30个格,即30个分

度。这 30 格的总角度为 29°,所以游标尺每格的角度为

$$\frac{29^\circ}{30}=58'$$

主尺一格与游标尺一格之间相差为

$$1^\circ-\frac{29^\circ}{30}=60'-58'=2'$$

同理,分度值 5′的万能角度尺,游标尺的 1 格比主尺的 1 格角度值小 1°/12,即 5′。

2. 万能角度尺的使用方法和注意事项

① 用前检查。先检查各运动部件是否灵活,制动是否可靠,然后检查“0”位是否准确。擦干净基尺和直尺的测量面,使基尺与直角尺及直尺接触于一点,再转动小齿轮,使基尺与直尺测量面相互严密接触,直到无光隙可见为止,看游标尺的“0”线与主尺的“0”线是否对齐。如果两条“0”线对齐,且游标尺的末端刻线与主尺的相应刻线对齐,说明“0”位准确。如“0”位不准,就必须调“0”位。

② 校对“0”位。校对“0”位是先把游标尺背面的两个螺钉松开,移动游标尺使它的“0”线与主尺的“0”线以及末端刻线和主尺相应的刻线对齐,然后再拧紧螺钉,再对“0”位,直至“0”位准确为止。

③ 角度尺与工件的接触方法。测量时,松开制动头上的螺母,移动主尺做初调,再转动游标尺背后的手轮作精细调整,直到角度尺的两测量面与工件被测部位密切接触为止,然后拧紧制动头上的螺母,即可进行读数。

④ 内角值的计算方法。在测量内角时,应注意被测内角的测量值应为 360°减去万能角度尺上读出的数值。例如,某一内角在万能角度尺上的读数为 306°24′,而零件角度应为

$$360^\circ-306^\circ24'=53^\circ36'$$

⑤ 在工件全长上测量时的注意事项。如需在工件全长上测量时,应分别测其几处,千万不可将角度尺在工件上来回推拉,以防测量面的磨损和划伤。

⑥ 测量完毕后,应松开各紧固件,取下可换尺(直尺、角尺),用汽油把角度尺清洗干净,用纱布擦干并涂上防蚀剂,装入盒内。

⑦ 测量方法举例。

测量 0°～50°范围内的角度时,将被测部位放于基尺和直尺的工作面之间,其方法如图 2-47所示,测量结果可以从主尺上直接读出。

测量 50°～140°范围内的角度时,在扇形板上装上直尺、用基尺和直尺的工作面与工件被测部位接触进行测量。其方法如图 2-48 所示。

图 2-47　Ⅰ型万能角度尺使用方法(一)

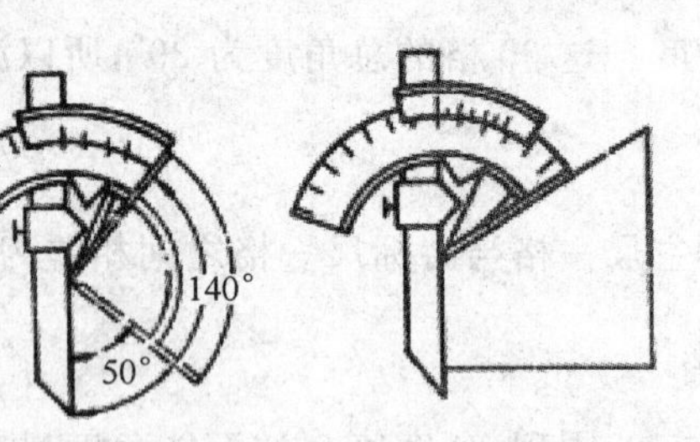

图 2-48　Ⅰ型万能角度尺使用方法(二)

测 140°～230°范围内的角度时，应把直角尺装在扇形板上，并使直角尺的短、长边之交线与基尺尖端对齐，用直角尺和基尺的工作面与工件被测部位接触进行测量，其方法如图 2-49 所示。

测 230°～320°范围内的角度时，将直尺和直角尺全取下，用基尺和扇形板的工作面与工件被测部位接触进行测量，其方法如图 2-50 所示。

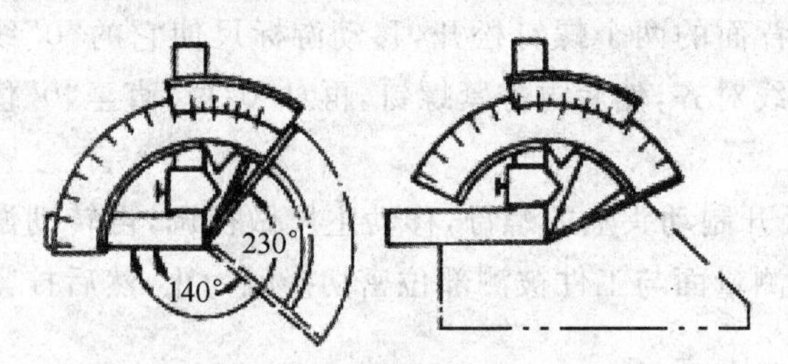

图 2-49　Ⅰ型万能角度尺使用方法(三)

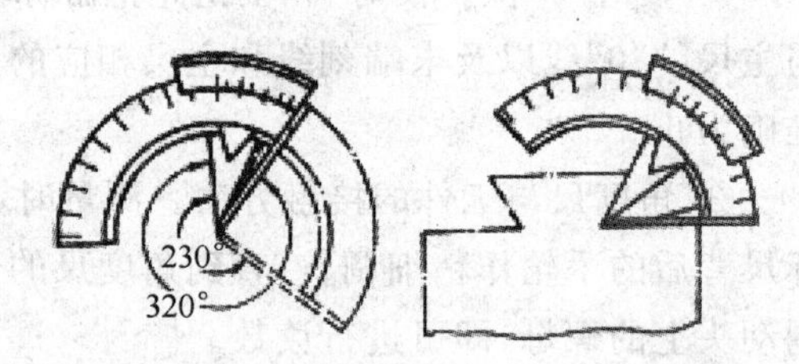

图 2-50　Ⅰ型万能角度尺使用方法(四)

2.4.2　Ⅱ型万能角度尺

Ⅱ型万能角度尺的测量范围为 0°～360°，分度值为 5′。

1. Ⅱ型万能角度尺的结构

Ⅱ型万能角度尺的结构如图 2-51 所示，在圆盘形主尺上对称地刻有 4 段 0°～90°的分度，并与基尺固定为一体。主尺内装有小圆盘，其上刻有游标分度。直尺上有槽，用以插入卡块的凸形块，当转动卡块时，直尺被凸块牢固地压在小圆盘的切面上，从而与小圆盘一起相对于主尺旋转。为了读数方便，测量时可用制动头把小圆盘紧固在主尺上。

Ⅱ型万能角度尺的读数原理和读数方法与Ⅰ型万能角度尺相同。

2. Ⅱ型万能角度尺的使用方法

Ⅱ型万能角度尺基尺的左右面、直尺的上下面及附加尺的长侧面均为测量面，使用时装上直尺，松开制动头，转动直尺，根据被测角的大小，确定用基尺和直尺的某个测量面与被测工件接触，以测得不同角度。

在测小角度时，可在基尺上固定附加直尺，以代替基尺的作用。使用示例如图 2－52 所示。

由于直尺较长且仅靠卡块的凸形面压紧，使用时一定要适当用力，以免卡块磨损或破坏。

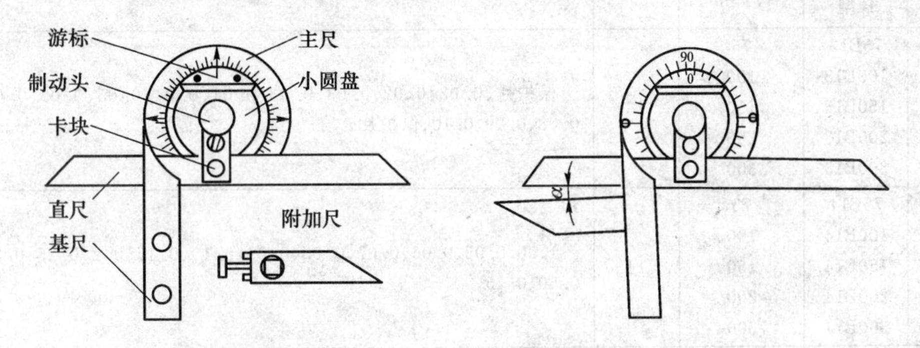

图 2－51　Ⅱ型万能角度尺　　　图 2－52　用附加直尺测量小角度

2.5 塞尺、刀口形直尺、直角尺

2.5.1 塞　尺

塞尺又称厚薄规或间隙规，主要用于检验相邻两表面之间的间隙。塞尺与平尺及等高垫块配合使用，还可检验工作台台面的平面度。塞尺的外形如图 2－53 所示。

1. 塞尺的构造与用途

塞尺是一种薄片式量具，它由一组不同厚度的薄片组成，每个薄片均有较精确的厚度，其厚度系列有 0.02、0.03、0.04、…、0.15、0.20、0.25、…、1.00 mm 共 31 片。

塞尺是成组供应的，成组塞尺的组别标记、塞尺片的长度、片数、厚度以及组装顺序如表 2－3所列。每片塞尺上都标有该片的厚度。

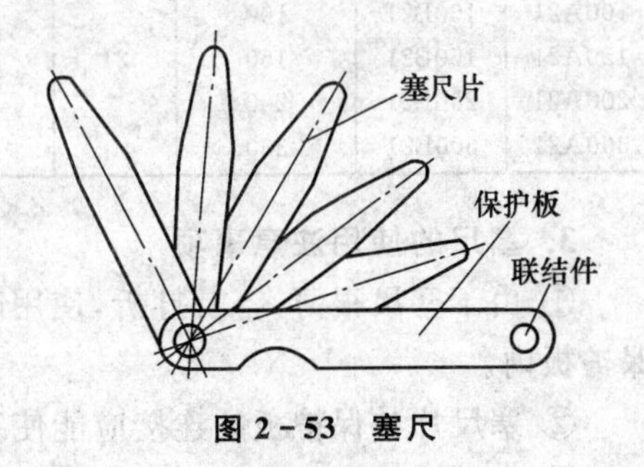

图 2－53　塞尺

2. 塞尺的使用方法

使用前，先用细棉纱软布或绸布将塞尺擦拭干净，测量时，应先用较薄的一片塞尺插入被测间隙内，若有间隙，则依次挑选较厚的插入，直至恰好塞进且不松不紧，这时，如果换用比该片略厚一点的塞尺就不能插入，则该片塞尺的厚度即为被测间隙的尺寸。若没有所需厚度的塞尺，可取若干片塞尺相叠代用，被测间隙即为各片塞尺尺寸之和，但误差较大。

表 2-3 塞尺的组装顺序

组别标记		塞尺片长度/mm	片数	塞尺片厚度及组装顺序
A型	B型			
75A13 100A13 150A13 200A13 300A13	75B13 100B13 150B13 200B13 300B13	75 100 150 200 300	13	保护片、0.02、0.02、0.03、0.03、0.04、0.04、0.05、0.05、0.06、0.07、0.08、0.09、0.10、保护片
75A14 100A14 150A14 200A14 300A14	75B14 100B14 150B14 200B14 300B14	75 100 150 200 300	14	1.00、0.05、0.06、0.07、0.08、0.09、0.10、0.15、0.2、0.25、0.30、0.40、0.50、0.75
75A17 100A17 150A17 200A17 300A17	75B17 100B17 150B17 200B17 300B17	75 100 150 200 300	17	0.50、0.02、0.03、0.04、0.05、0.06、0.07、0.08、0.09、0.10、0.15、0.20、0.25、0.30、0.35、0.40、0.45
75A20 100A20 150A20 200A20 300A20	75B20 100B20 150B20 200B20 300B20	75 100 150 200 300	20	1.00、0.05、0.10、0.15、0.20、0.25、0.30、0.35、0.40、0.45、0.50、0.55、0.60、0.65、0.70、0.75、0.80、0.85、0.90、0.95
75A21 100A21 150A21 200A21 300A21	75B21 100B21 150B21 200B21 300B21	75 100 150 200 300	21	0.50、0.02、0.02、0.03、0.03、0.04、0.04、0.05、0.05、0.06、0.07、0.08、0.09、0.10、0.15、0.20、0.25、0.30、0.35、0.40、0.45

3. 塞尺的使用注意事项

① 由于塞尺很薄，容易打折，使用时应特别小心，使用后应在表面涂以防锈油，并收回到保护板内。

② 塞尺片与保护板的连接应能使塞尺片围绕轴心平滑地移动，不得有卡滞或松动现象。

③ 塞尺片的测量精确度一般为 0.01 mm。

2.5.2 刀口形直尺

刀口形直尺是用透光法和痕迹法检查精密平面直线度和平面度的。其精度等级有 0 级和 1 级。根据形状不同，刀口形直尺分为刀口尺、三棱尺、四棱尺三种，其外形如图 2-54、图 2-55、图 2-56 所示。刀口形直尺的工作面有 $R0.1 \sim 0.2$ mm 的棱边（又名刀口）。

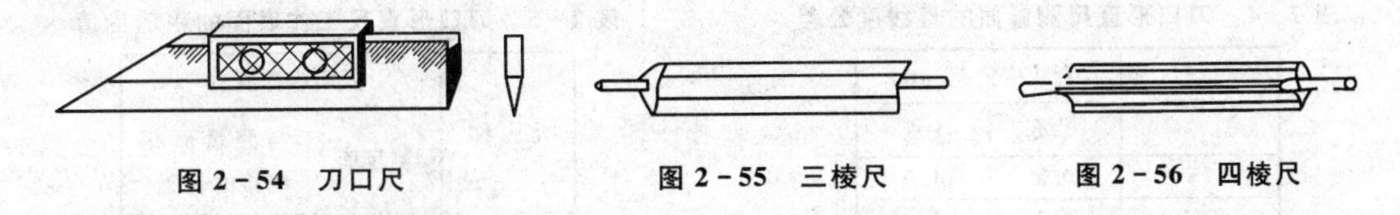

图 2 - 54　刀口尺　　图 2 - 55　三棱尺　　图 2 - 56　四棱尺

1. 刀口形直尺的使用方法及其注意事项

(1) 刀口形直尺的使用方法

用刀口形直尺检查工件的方法如图 2 - 57 所示，检查时，刀口形直尺的工作面紧靠被测表面，在平行于工件棱边方向和沿对角线方向，透过明亮而均匀的光源，观察工件表面与直尺之间的漏光缝隙大小，来判断工件的表面是否平直。图 2 - 57(a)所示为用刀口尺单方向检查平面，图 2 - 57(b)所示为从各个方向检查零件的表面。

(2) 刀口形直尺的使用注意事项

① 刀口形直尺棱边易受损伤，因此使用时不得碰撞，应确保棱边的完整性。

② 测量前应检查直尺的测量面，特别靠棱边部位，不得有划伤、碰伤、锈蚀等缺陷。使用时手应握持绝热板或两端手柄，以避免温度不均产生的变形，并防止手汗造成工作面锈蚀。

③ 刀口尺、三棱尺工作面是其棱边，四棱尺一般使用其平面而不是棱边。用刀口尺和三棱尺测量工件直线度都可以时，一般用刀口尺而不用三棱尺。

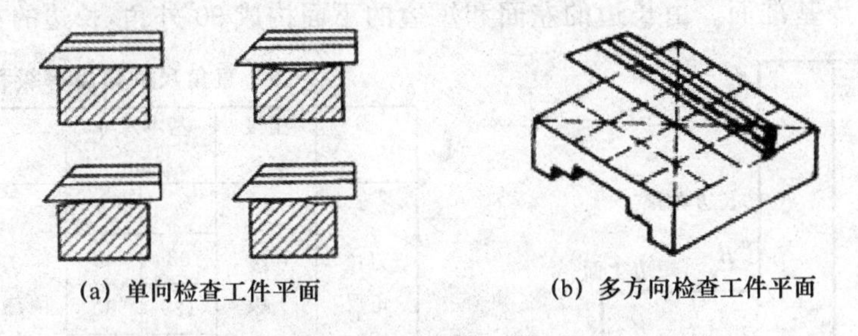

(a) 单向检查工件平面　　(b) 多方向检查工件平面

图 2 - 57　用刀口形直尺检查工件

2. 刀口形直尺的技术要求(摘自 GB/T 6091—2001)

① 刀口形直尺测量面的直线度公差不大于表 2 - 4 的规定。

② 刀口形直尺的测量面及其相邻接表面的表面粗糙度 R_a 值应不大于表 2 - 5 的规定。

③ 刀口形直尺测量面的圆弧半径应不大于 0.2 mm。

④ 刀口尺尖端处允许倒钝。

⑤ 刀口形直尺的外部表面不应有明显缺陷，非工作面要求有防锈措施。

⑥ 刀口尺应装有绝热护板，三棱尺、四棱尺应带手柄。

⑦ 刀口形直尺应经稳定性处理。

⑧ 刀口形直尺应去磁。

表 2-4 刀口形直尺测量面的直线度公差

L/mm	直线度公差/μm	
	0 级	1 级
75	0.5	1.0
125	0.5	1.0
200	1.0	2.0
300	1.5	3.0
400	1.5	3.0
500	2.0	4.0

表 2-5 刀口形直尺工作表面的粗糙度值

名 称	表面粗糙度 R_a	
	测量面	与测量面相邻接的表面
刀口尺	0.040	0.630 0.160
三棱尺		
四棱尺		

2.5.3 直角尺

直角尺又称 90°角尺，实际使用中也称弯尺、靠尺。它具有结构简单，使用方便等特点。常用于划线、直角的测量、装配中垂直度的检查等场合。

1. 直角尺的结构形式和精度等级

国家标准 GB/T 6092—2001 中把 90°角尺分为六种形式，即圆柱角尺、刀口矩形角尺、矩形角尺、三角形角尺、刀口角尺、宽座角尺。本书只对其中最常用的宽座角尺和刀口角尺作一介绍。如图 2-58 所示，其结构形式都是由长边 h 和短边 l 组成，长边的左右面称为测量面，短边的上下面称为基准面。由长边的左面和短边的下面构成 90°外角，长边的右面和短边的上面构成 90°内角。

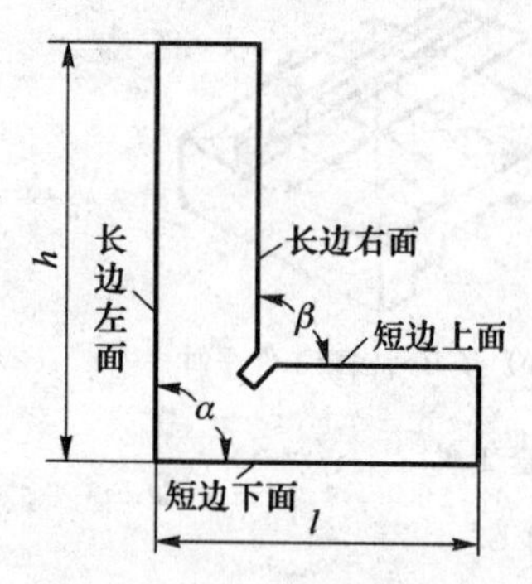

图 2-58 直角尺

直角尺的精度等级分为 00 级、0 级、1 级、2 级四个级别，00 级精度最高，其余依次降低。其用途 00 级和 0 级用于精密量具的检定；1 级用于精密工具的制造；2 级用于一般工件的划线和检验。

直角尺的精度等级和基本尺寸如表 2-6

表 2-6 直角尺的精度等级和基本尺寸

型 式	精度等级	基本尺寸/mm		说 明
刀口角尺	0 级 1 级	h	l	刀口角尺应带有隔热板
		63	40	
		125	80	
		200	125	
宽座角尺	0 级 1 级 2 级	h	l	允许制成整体式结构，但基面仍应为宽形基面。0 级宽座角尺仅适用于整体式结构
		63	40	
		125	80	
		200	125	
		315	200	
		500	315	
		800	500	
		1 250	800	
		1 600	1 000	

所列。

2. 直角尺的使用方法及其注意事项

(1) 使用方法

使用直角尺测量工件时,可将工件按图 2-59 所示的方法放置于平板上,然后将直角尺的基面在平板上慢慢移动,使测量边靠紧工件的测量部位,观察工件与直角尺测量面的光隙大小,判断被测角相对于 90°的偏差。如果最大光隙在测量面的顶端,如图 2-59(a)所示,说明被测角小于 90°;如果最大光隙在测量面的底端,如图 2-59(b)所示,说明被测角大于 90°;如果光隙均匀分布或无光透过,则说明被测量角等于 90°,如图 2-59(c)所示。

在实际使用的图样上,直角的偏差一般用垂直度表示,如果要知道工件的垂直度具体数值,可用塞尺测量最大光隙处。如图 2-59(a)所示,直角尺的边长为 400 mm,用塞尺测得 $CD=0.68$ mm,该工件的垂直度为

$$\frac{0.68}{400}=\frac{0.17}{100}$$

如果要求出此工件的实际角度值,可由上述数据利用三角函数求得。

设
$$\angle CBD=\alpha$$

则
$$\tan\alpha=\frac{CD}{BD}=\frac{0.68}{400}=0.0017$$

查三角函数表得
$$\alpha=6'$$

工件的实际角度值为
$$\angle ABC=90°-6'=89°54'$$

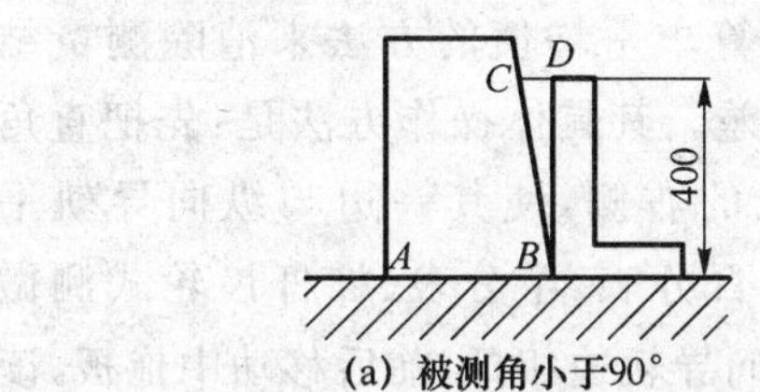

(a) 被测角小于90°

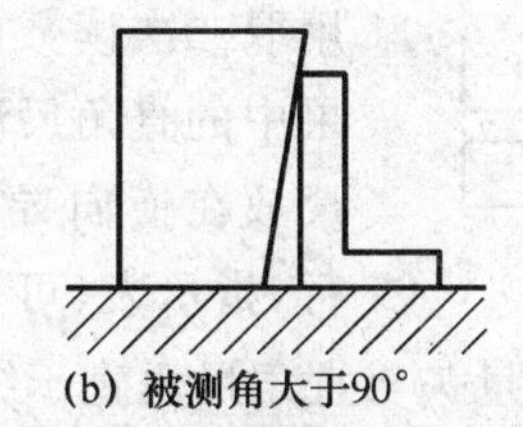
(b) 被测角大于90°

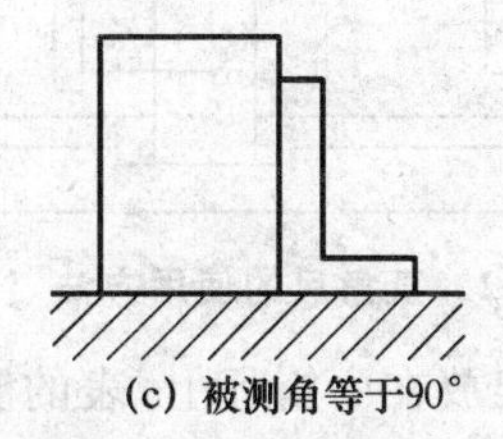
(c) 被测角等于90°

图 2-59　直角尺使用方法(一)

图 2-60 所示为用直角尺测量工件的另一种方法。图 2-60(a)所示是用直角尺测量工件的外角。图 2-60(b)是利用直角尺测量工件的内角。不论测量内角还是外角,测量时都应先将直角尺的基面与工件上的基面完全贴合,然后观察角尺的测量面与工件之间的光隙位置和大小,从而判断被测角相对于 90°的偏差。

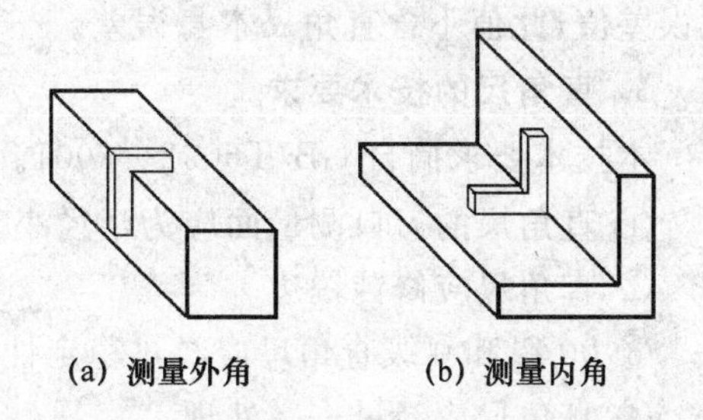
(a) 测量外角　(b) 测量内角

图 2-60　直角尺的使用方法(二)

(2) 注意事项

① 使用前应先检查工件被测量面和边缘处是否有碰伤,并将工件和直角尺擦干净。

② 使用时，要避免直角尺的尖端边缘与工件表面相碰，以防把工件或直角尺碰伤。

③ 测量中应注意直角尺的安放位置。图 2-61 所示为直角尺测量工件时安放方法正误比较，其中图 2-61(a)、(c)为正确的使用方法；图 2-61(b)、(d)为错误的使用方法。

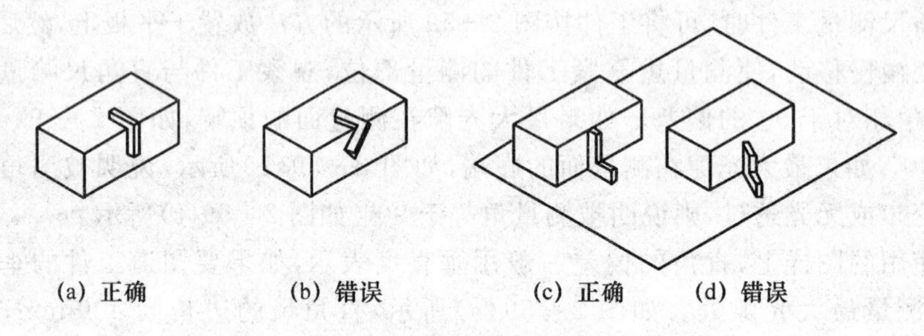

图 2-61 直角尺的位置

④ 在使用和放置工作边较长的直角尺时，应注意防止工作边的弯曲和变形，搬动时不许提长边，应一手托短边，一手扶长边。用完后不能把直角尺倒放。

⑤ 为测得精确的测量结果或在直角尺精度不能满足测量精度要求的情况下，测量时应把直角尺翻转 180°再测量一次，取两次读数的算术平均值为其测量结果，以消除直角尺本身的误差，具体做法举例如下：

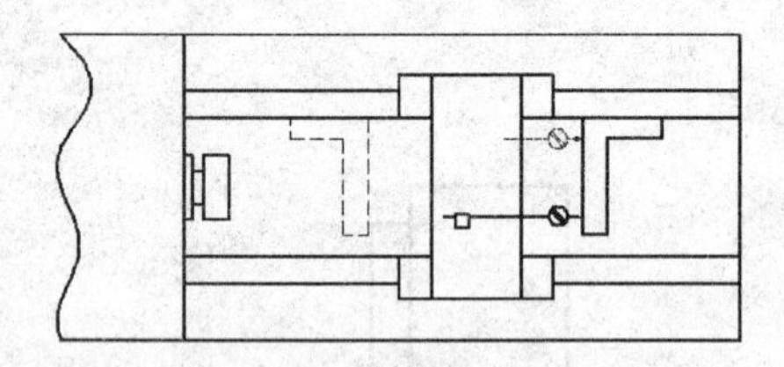

图 2-62 直角尺的使用方法（三）

如图 2-62 所示，要测量车床的纵横向导轨的垂直度，在直角尺精度不能满足测量要求时，现采用取二次读数的算求平均值的方法来消除测量结果中的直角尺误差。其具体操作方法是：先把直角尺放在横向导轨的右侧，使其一边与纵向导轨平行，指示表（可用百分表、千分表、杠杆齿轮式测微仪等）的支架放在中拖板上，表的测量头与直角尺垂直于纵向导轨边相抵，前后移动中拖板，读取指示表在一定测量距离内的示值改变量 Δ_1，然后再把直角尺放在横向导轨的左侧，如图 2-62中虚线所示，再读取指示表的改变量 Δ_2，取 Δ_1 与 Δ_2 之差的 1/2，即为纵横向导轨的垂直度误差值，此值不含直角尺本身误差。

3. 直角尺的技术要求

本技术要求摘自 GB/T6092—2001。

① 直角尺的刀口测量面应为半径小于或等于 0.2 mm 的圆弧面。

② 直角尺应修钝锐边。

③ 00 级和 0 级直角尺应经过稳定性处理。

④ 直角尺应经过去磁处理。

⑤ 直角尺的外部表面不得有明显的外观缺陷和锈迹。

⑥ 刀口尺和宽座角尺应具有足够的刚度。

⑦ 非整体式宽座角尺的长边与短边的连接应可靠,不允许有松动和脱落现象。

⑧ 直角尺的测量面应有足够的强度。

2.6　极限量规

1. 光滑极限量规的基本知识

光滑极限量规(简称量规)是没有刻度的专用定值检验工具。它分孔用极限量规和轴用极限量规两种,其工作部分的外形与被检验对象相反。例如,检验孔的极限量规为塞规,可以认为是按照一定尺寸精确制成的轴;检验轴的极限量规为环规或卡规,可认为是按照一定尺寸精确制成的孔。

量规一般都是成对使用的,分别称为通规和止规。当通规和止规制造成一体时,通规也称之为通端,止规也称之为止端,如图2-63所示,表达了通规、止规与被检尺寸之间的相互关系。通规的作用是防止工件尺寸超出最大实体尺寸(MMS);止规的作用是防止工件尺寸超出最小实体尺寸(LMS)。使用量规检验工件时,如果通规能通过,止规不能通过,则说明该被检验尺寸是合格的,否则就不合格。

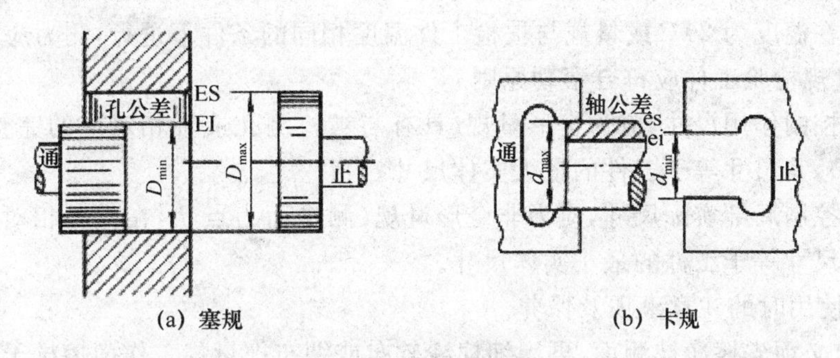

(a) 塞规　(b) 卡规

图2-63　光滑极限量规

(1) 光滑极限量规的分类

1) 按用途分类

根据用途不同,量规可分为工作量规、验收量规和校对量规三种。

① 工作量规。工作量规是操作者在生产中直接用来检查工件用的量规。其通规代号为T;止规代号为Z。

② 验收量规。验收量规为检验部门或用户代表用来验收成品的量规。其通规代号为YT;止规代号为YZ。

③ 校对量规。校对量规是在制造量规时或检验使用中的量规是否已经超过磨损极限时所用的量规。校对量规一般有三种:“校-通”、“校-止”、“校-损”。“校-通”的全称是工作通规

的校对通规，用于检查轴用工作量规的最大实体尺寸（即最小极限尺寸），它的代号为 TT；“校-止”的全称是工作止规或验收止规的校对通规，用于检查轴用工作止规或验收止规的最大实体尺寸（即最小极限尺寸），它的代号为 ZT；“校-损”的全称是工作通规或验收通规的磨损校对止规，用于检查轴用工作通规或验收通规的磨损极限尺寸，它的代号为 TS。

2）按结构形式分类

根据结构形式不同，量规的种类很多，其内容将在本节塞规、环规和卡规里详细介绍。

3）按接触性质分类

根据检验时接触性质的不同，可分为点接触式量规（如用球端杆规检验孔、卡规检验轴）、线接触式量规（如用非全形塞规检验孔）和面接触式量规（如用圆柱塞规检验孔、环规检验轴）。

(2) 量规公差

为了便于加工，量规制造时必须给予一定的公差，这个公差称为制造公差。量规制造公差一般只有工件公差的 1/11～1/3。量规尺寸公差 T 和通规尺寸公差带的中心距工件最大实体尺寸的距离 Z，按 GB1957—81《光滑极限量规》中的规定，读者可查阅有关资料，本书不再详细介绍。

(3) 量规的使用条件和原则

1）测量的标准条件

测量时应在温度为 20℃或量规与被检工件温度相同的条件下进行，测力应为零。

2）使用量规检验工件应符合泰勒原则

通规用于控制作用尺寸，应为全形量规（具有与被检测孔或轴相对应的完整表面，且长度等于配合长度），其尺寸等于工件的最大实体尺寸。

止规用于控制局部实际尺寸，应为非全形量规（测量面为点状，在直径相对两端点上与工件相接触），其尺寸等于工件的最小实体尺寸。

(4) 量规使用时的注意事项及保养

① 使用前必须先擦净被测面，再用细棉纱软布或绸布把量规工作面擦拭干净。

② 对所选用的量规，使用前应用相应的校对量规或同一规格的千分尺校对，看是否符合所要求的公差等级。

③ 使用时，必须轻拿轻放，不准随意丢掷，不准碰击工作面，不允许在工件运动状态下进行检验。

④ 检验应在量规自重的作用下进行，不允许施加过大的力，硬推硬卡；不允许边推边旋转；更不允许敲打量规强迫进入工件。

⑤ 实际工作中，同一个工件用不同的合格量规检验时，可能会出现不同的结果，只要其中任一个量规检验合格，就应该认为该工件是合格的。

⑥ 当量规不符合泰勒原则时，例如通规制成不全形轮廓（片状），止规制成全形轮廓（圆柱形），这时必须从工艺上采取措施，限制工件的形状误差，保证不致影响配合要求。

⑦ 使用量规检验完一批工件后,应用棉纱或软布把量规擦拭干净,并涂上防锈油,放进盒内保管。如长期不用,应放在日光照射不到、温度变化小、通风良好的地方,或交计量室由专人保管。

(5) 量规的技术要求

本技术要求摘自 GB 1957—81《光滑极限量规》。

① 量规的测量面不应有锈迹、毛刺、黑斑、划痕等明显影响外观和影响使用质量的缺陷。其他表面不应有锈蚀和裂纹。

② 塞规的测头与手柄的连接应牢固可靠,在使用过程中不应松动。

③ 量规可用合金工具钢、碳素工具钢、渗碳钢及其他耐磨材料制造。

④ 钢制量规测量面的硬度应为 HRC 58～65。

⑤ 量规测量面的表面粗糙度应按表 2-7 的规定。

⑥ 量规应经过稳定性处理。

表 2-7　量规测量面的表面粗糙度

工作量程	工件基本尺寸/mm		
	至 120	大于 120～315	大于 315～500
	表面粗糙度 R_a(不低于)/μm		
IT6 级孔用量规	0.025	0.050	0.100
IT6 至 IT9 级轴用量规　IT7 至 IT9 级孔用量规	0.050	0.100	0.20
IT10 至 IT12 级孔轴用量规	0.100	0.20	0.40
IT13 至 IT16 级孔轴用量规	0.20	0.40	0.40

2. 塞　规

塞规是测量孔径的专用量具,它结构简单,使用方便,尤其在对尺寸的批量检查中得到广泛应用。它宜于检测尺寸的公差等级,一般为 IT6～IT16。

(1) 塞规的结构形式

本书以双头锥柄圆柱塞规为例做具体介绍。双头锥柄圆柱塞规的外形结构如图 2-64 所示,主要由通端、手柄、止端三个部件构成。通端和止端是通过锥度为 1∶50 的锥柄与手柄装配在一起的。手柄上的楔孔(或楔槽)是用于拆卸通端用的。手柄上都刻有供选用不同尺寸和公差等级用的标记,例如,手柄中部有“20H7”字样,表示该塞规用于检测基本尺寸为20 mm、基本偏差为 H、公差等级为 IT7 的孔。标记为“0”的一端表示该端的量规为通规,限制孔的最小极限尺寸为20 mm;标记为“+0.024”的一端表示该端的量规为止规,限制孔的最大极限尺寸为 201.024 mm。

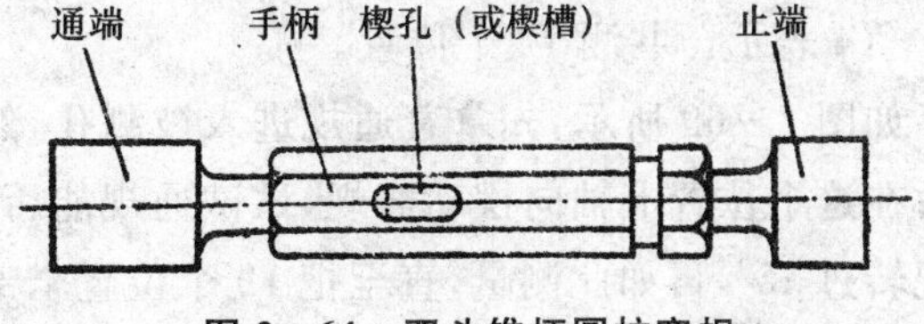

图 2-64　双头锥柄圆柱塞规

(2) 塞规的使用方法

首先根据被测孔的基本尺寸和公差选用相应的塞规。这里主要根据使用时接触性质的不同分别将其使用方法介绍如下：

1) 双头针式塞规、双头锥柄圆柱塞规、双头套式圆柱塞规等全形面接触式塞规的使用

这类塞规的操作方法如图 2－65 所示，先用通端测量工件尺寸，右手握塞规的手柄部位，将通规轴线对准被测孔的轴线，使两轴线在一条直线上，然后将塞规轻轻推进被测孔内。在推进过程中，要注意手感和用力的均衡。通规如能顺利通过，反过头来，再按上述方法试试止规能否进入被测孔，如果不能进入，则说明被测孔是合格的。否则，被测孔为不合格。

2) 单头非全形塞规、双头非全形塞规等线性接触式塞规的使用

这类塞规的使用方法和前述塞规的使用方法基本相同，不同之处在于第一次测量通规如能顺利通过，需依次将孔径相间 45°均匀分布的 4 个直径位置测量完毕，4 个直径位置的分布如图 2－66 所示。如果每个直径位置都能通过，再用同样的方法试试止规能否进入 4 个均匀分布的位置。如不能进入，则被测工件为合格品，否则为不合格品。

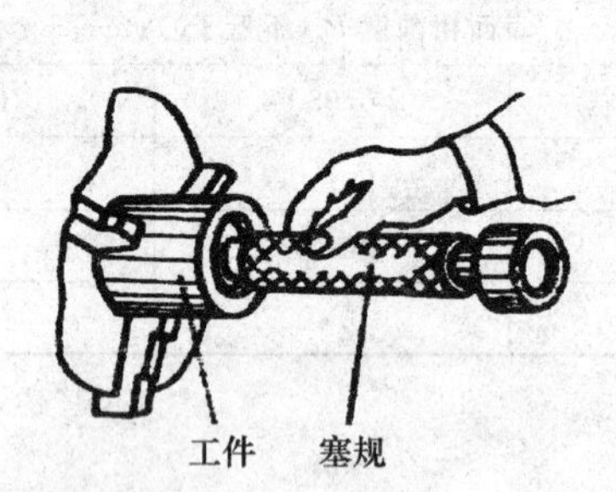

图 2－65 塞规的使用方法示例

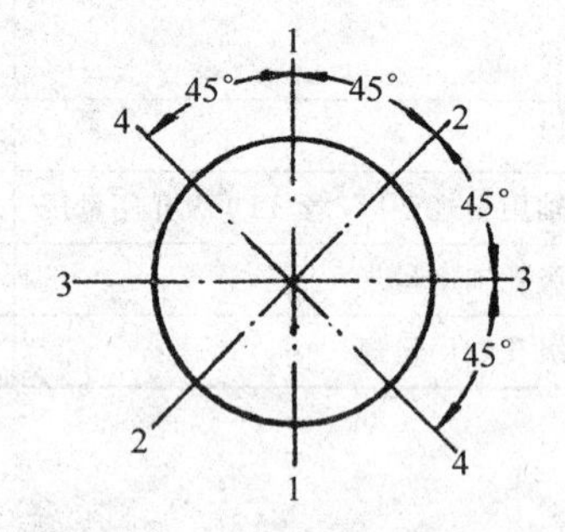

图 2－66 被测孔的 4 个直径位置

3) 球端杆规点接触式塞规的使用

球端杆规的工作尺寸是它的总体长度，通规与止规都是杆状整体结构。但止规在结构形式上有一环槽，以此把通规、止规区分开，如图 2－67 所示。

图 2－68 所示为被测工件孔，在其两端和中部取 3 个截面，分别用 $A1—A1$、$A2—A2$、$A3—A3$ 表示。而每个断面上需测 4 个均匀分布的位置，分别用 $X1—X1$、$X2—X2$、$X3—X3$、$X4—X4$ 表示。共测 12 个位置。

如图 2－69 所示，先拿着通规进入被测孔，然后放正通规，使通规轴线与孔轴线接近垂直，然后在这个位置上轴向摆动通规，试试通规能否自由摆动。如能摆动，说明通规通过。然后将通规转过 45°，再如此测量，直至把 12 个位置全部测量完毕，如都能通过，再按照使用通规的方法用止规进行测量，如果止规都通不过，说明该被测孔是合格的。

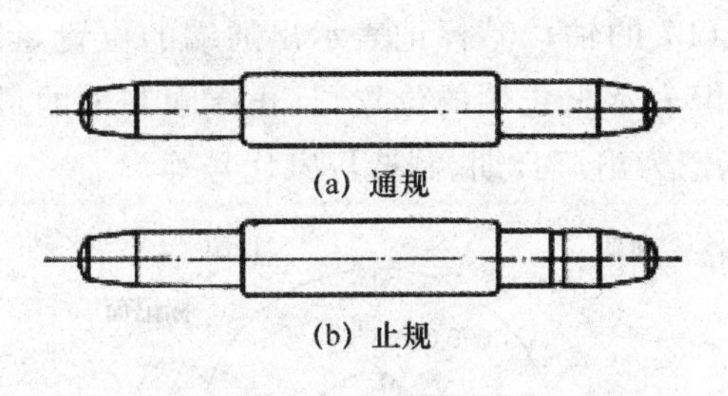

图 2-67　球端杆规

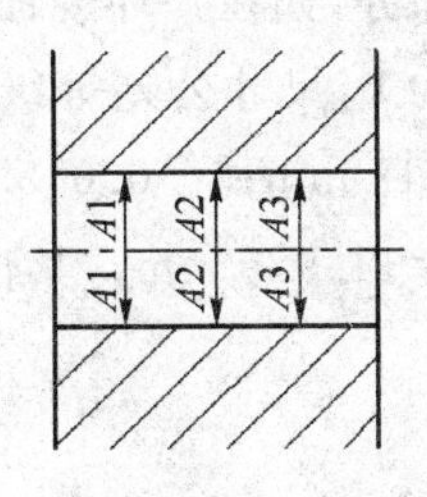

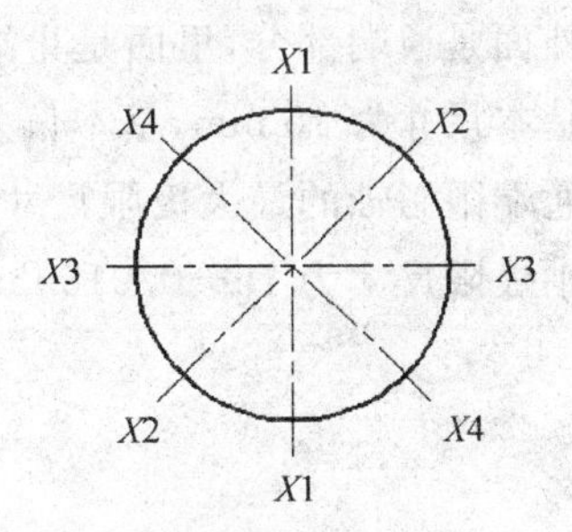

图 2-68　被测孔的断面及其位置分布

(3) 塞规的维护

① 打磨毛刺。使用 1000 号金刚砂研磨过的天然油石作为打磨的工具，方法是：一边旋转塞规，一边用天然油石在塞规工作面上轻轻地来回滑动，直至消去毛刺为止。

② 去锈。若遇塞规工作面生锈，表面出现氧化物时，将会严重影响检查准确度，修理时可按上述打磨毛刺的方法打磨掉突起部分。

③ 消除标记面的脏物。由于油的污染，标记面上字、符号看不清楚时，可使用研磨剂（矾土或氧化铬等）擦拭，其方法是：将研磨剂和机油涂在标记处，使用皱纹纸来回用劲擦即可。

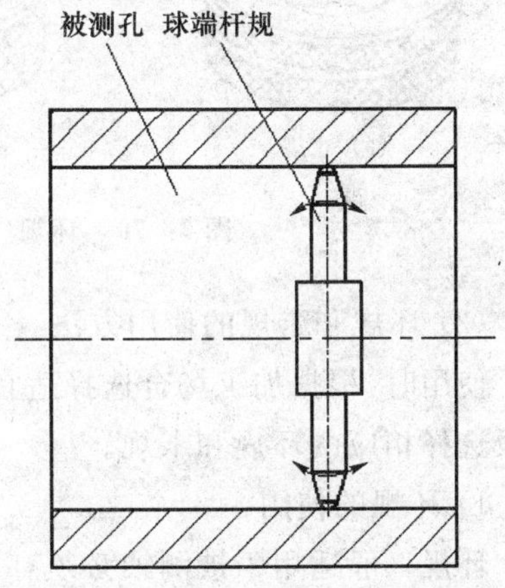

图 2-69　球端杆规的使用方法

3. 环规和卡规

环规和卡规都是轴用极限量规，主要用于测量公差等级为 IT6～IT16 的轴或其他外表尺寸。卡规检验使用效率高，应用比较广泛，尤其是对大批量工件的检验。而环规因其检验效率低，且不能检验正在顶尖上加工的零件及曲轴等，所以应用范围受到一定的限制。

(1) 卡规和环规的结构形式

本书以环规和单头双极限卡规为例做具体介绍。

图 2-70 所示为环规的结构形式。环规的通规和止规一般都是成对的，为便于区分，其工作面的轴向长度通规比止规长，且止规外圆柱面上有一环槽（如图 2-70(a)所示），而通规无此类沟槽（如图 2-70(b)所示）。在环规端面上都有供选择的标记，如标有“6h7Z”字样，表示其环规是用于测量基本尺寸为 6 mm，基本偏差为 h，尺寸公差等级为 IT7 的轴。“Z”为止规代号。其他标记还有出厂日期，制造厂家代号等。

图 2-71 所示为单头双极限卡规，它的通端 1 与止端 2 均制造在一头，且用一沟槽隔开，

外面是通端部分，里面是止端部分，如在一环规面上标有“15h7”字样，表示该卡规是用于测量基本尺寸为15 mm，基本偏差为h，尺寸公差等级为IT7的轴；“0”标记表示出通端的位置，且通端限制轴的最大极限尺寸为15 mm；“－0.015”标记表示出止端的位置，且止端限制轴的最小极限尺寸为15－0.015 mm＝14.985 mm。其他标记为出厂日期、制造厂家代号等。

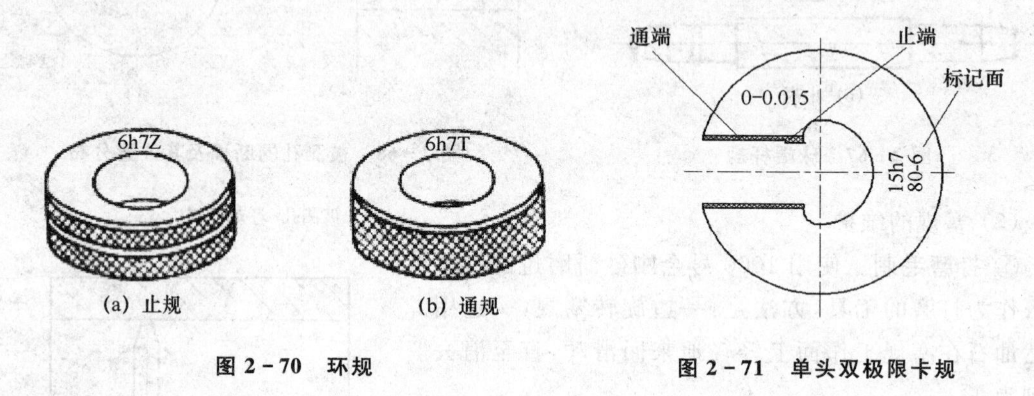

(a) 止规 (b) 通规

图2－70 环规

图2－71 单头双极限卡规

(2) 环规和卡规的使用方法

使用时，根据加工场合选择适宜于用环规还是卡规，然后再根据被测轴的基本尺寸和公差等级选择相应的环规和卡规。

1) 环规的使用

环规一般适用于被测轴必须有一端允许环规进入的场合。

① 被测工件垂直放置时环规的使用方法。如图2－72(a)所示，轴是垂直放置。先拿起通规，将通规孔轴线对准被测轴轴线，手只起支撑作用，让环规在自重的作用下向下移动，试试通规能否进入被测轴，并在没有阻力的情况下自由通过被测轴。在环规向下运动时，注意将环规放正，不能倾斜，否则环规会卡住，如能通过，再拿起止规，用同样的方法试试止规能否进入被测轴，如不能则说明该被测轴是合格的。

② 被测工件水平放置时环规的使用方法。如图2－72(b)所示，轴是水平放置着。测量时，先将通规轴线对准被测轴轴线，轻轻地沿轴线方向推动通规，试试环规能否进入被测轴。如能通过，并在没有阻力情况下完全通过，再拿起止规，用同样的方法试试止规能否进入被测轴，如不能进入，则该被测轴为合格。

2) 卡规的使用

在实际生产中，使用卡规不可能把被测轴的各处都检测到，只能选择几个具有代表性的断面进行检测。如图2－73所示，一般在轴的两端和中间选择3个断面，分别用$A1—A1$、$A2—A2$、$A3—A3$表示；每个断面上需测4个相间45°均匀分布的位置，分别用$X1—X1$、$X2—X2$、$X3—X3$、$X4—X4$表示，共测12个位置，只要这12个位置都符合通规通过、止规止住的原则，就说明工件是合格的。下面以单头双极限卡规和双头卡规为例来做具体介绍。

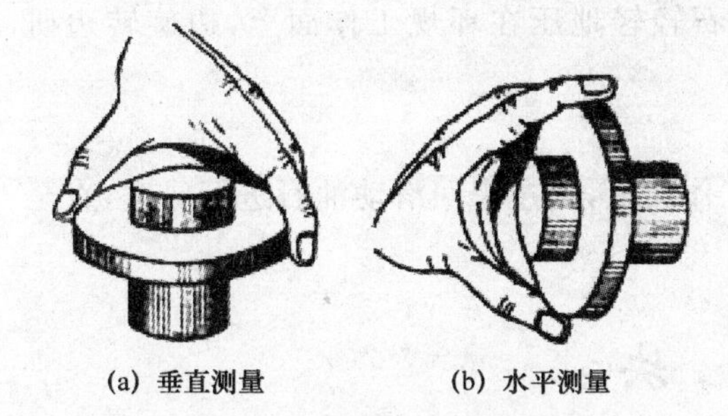

图 2-72　环规的使用方法示例

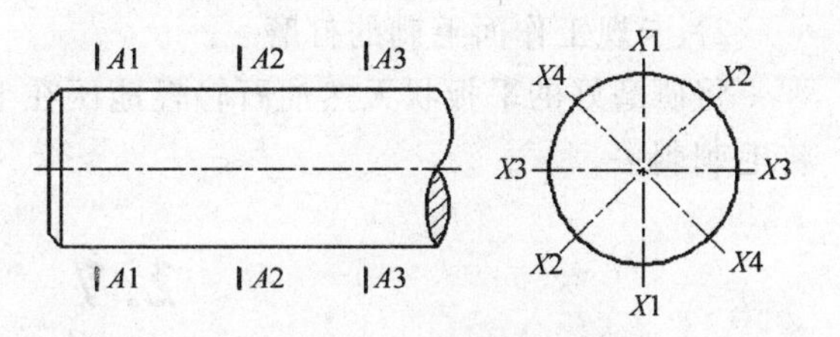

图 2-73　卡规测量轴径位置分布

① 单头双极限卡规的使用方法。如图 2-74 所示，选择离轴一端面较近的一处作为断面 A1—A1 进行测量，将卡规孔对准这个断面轻轻地移进，在移动过程中卡规要轻微地轴向摆动，以使卡规能够放正，试试通端能否通过轴；如能通过，则继续移进卡规，直到止端部分接触到轴，试试止端能否通过轴，如不能通过，则说明这个位置的直径尺寸在允许的公差范围内。然后将轴转过 45°，像第一次那样使用卡规测量，直到把 12 个位置都测量完毕，都符合通规通过、止规止住的原则，则该被测轴是合格的。如果出现有一位置通规通不过或止规能通过，则该轴不合格。

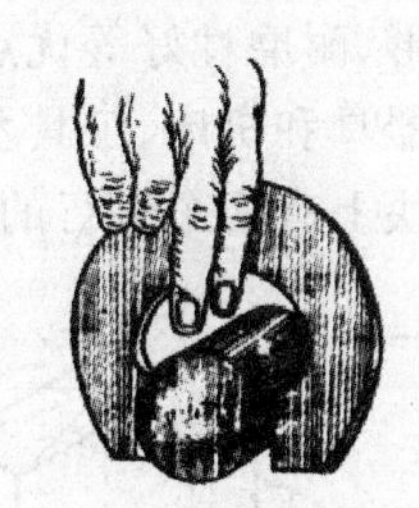

图 2-74　单头双极限卡规的使用方法示例

② 双头卡规的使用方法。如图 2-75 所示，先将通规孔对准离被测轴一轴面较近的一处作为 A1—A1 断面，轻轻地向轴移动卡规。在移动过程中，先轻微地轴向摆动一下卡规，使卡规放正，试试通规能否通过被测轴。如能通过，退出卡规，将被测轴转过 45°，像第一次那样测量，直至把 12 个位置都测量完毕。如都能通过，反过卡规，将止端对准轴的 A1—A1 断面，轻轻地移进卡规，注意放正，试试止端能否通过被测轴。如不能通过，则将被测轴转 45°，按照同样方法使用，直至把 12 个位置都测量完毕，且都不能通过，则该被测轴为合格品。否则，则该被测轴即为不合格品。

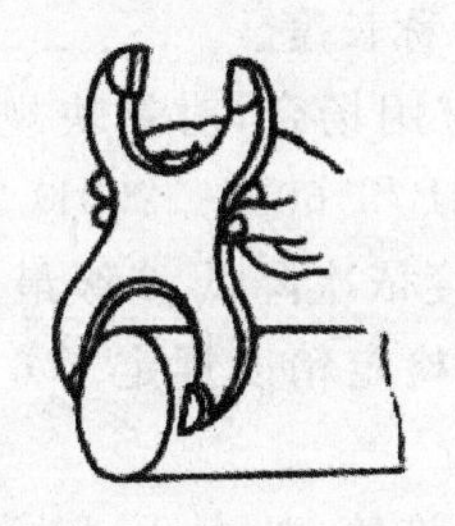

图 2-75　双头卡规的使用方法示例

通过以上使用可知，单头双极限卡规与双头单极限卡规相比，具有使用方便，测量效率高等优点。

(3) 环规和卡规的维护

1) 打磨环规工作面的毛刺

① 所用天然油石的制作。把 1000 号金刚砂和机油均匀地堆放在研磨平板上，然后将圆

柱形油石在研磨平板上旋转着进行均匀地研磨,直至整个圆柱面光滑为止。

② 打磨工作面的毛刺。将研磨好的圆柱形油石轻轻地压在环规工作面上,边旋转边研磨,同时转动环规,直到消去毛刺。

2)卡规工作面毛刺的打磨

将研磨好的平板状天然油石轻轻地压在卡规工作面上,通过来回滑动油石进行研磨,直至将毛刺刺去。

2.7 量　块

量块又称块规,是没有刻度的平面平行端面量具,用特殊合金钢制成,具有线膨胀系数小、不易变形、耐磨性好等优点。量块的应用颇为广泛,除了作为量值传递的媒介以外,还用于调整计量器具和机床、工具及其他设备,也用于直接测量工件。

量块上有两个平行的测量面,通常制成长方形六面体,如图2-76所示。量块的两个测量面极为光滑、平整,具有研合性。这两个测量面间具有精确尺寸。量块一个测量面上的一点至与此量块另一测量面相研合的辅助体表面之间的垂直距离称为量块长度。量块一个测量面上任意一点的量块长度称为量块任意点长度 L_i。量块一个测量面上中心点的量块长度称为量块中心长度 L。量块测量面上最大与最小量块长度之差称为量块长度变动量,量块上标出的尺寸称为量块标称长度。

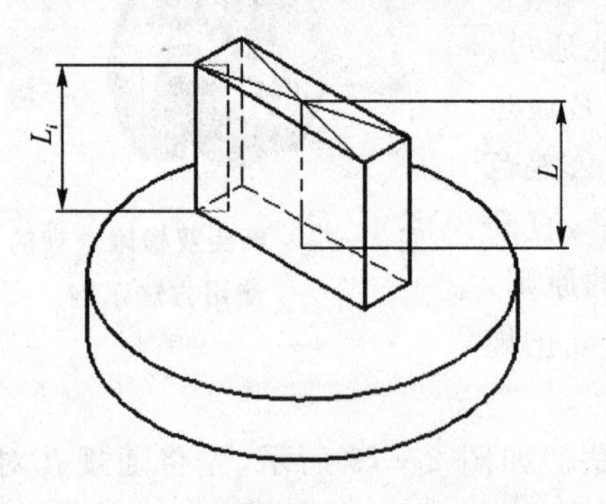

图2-76　量块及相研合的辅助体

为了满足各种不同的应用场合,对量块规定了若干精度等级。国家标准GB/T 6093—2001《量块》对量块的制造精度规定了5级:0、1、2、3和K级。其中,0级最高,精度依次降低,3级最低,K极为校准级。国家计量局标准JJG100—81《量块检定规程》对量块的检定精度规定了6个等级,即1、2、3、4、5、6等,精度依次降低,其中1等最高,6等最低。

量块分"级"的主要依据是量块长度极限偏差和长度变动量的允许值(如表2-8所列)。量块分"等"的主要依据是中心长度测量的极限偏差和平面平行性允许偏差(如表2-9所列)。

量块按"级"使用时,应以量块的标称长度作为工作尺寸,该尺寸包含了量块的制造误差。量块按"等"使用时,应以经过检定后所给出的量块中心长度的实际尺寸作为工作尺寸,该尺寸排除了量块制造误差的影响,仅包含检定时较小的测量误差。因此,量块按"等"使用的测量精度比按"级"使用的高。

表 2-8　各级量块的精度标准(摘自 GB/T 6093—2001)　μm

标称长度/mm	00 级		0 级		1 级		2 级		(3)级		标准级 K	
	①	②	①	②	①	②	①	②	①	②	①	②
～10	0.06	0.05	0.12	0.10	0.20	0.16	0.45	0.30	1.0	0.50	0.20	0.05
>10～25	0.07	0.05	0.14	0.10	0.30	0.16	0.60	0.30	1.2	0.50	0.30	0.05
>25～50	0.10	0.06	0.20	0.10	0.40	0.18	0.80	0.30	1.6	0.55	0.40	0.06
>50～75	0.12	0.06	0.25	0.12	0.50	0.18	1.00	0.35	2.0	0.55	0.50	0.06
>75～100	0.14	0.07	0.30	0.12	0.60	0.20	1.20	0.35	2.5	0.60	0.60	0.07
>100～150	0.20	0.08	0.40	0.14	0.80	0.20	1.60	0.40	3.0	0.65	0.80	0.08

注:①为量块长度的极限偏差(±)。
②为长度变动量允许值。

表 2-9　各等量块的精度标准(摘自 JJG100—81)　μm

标称长度/mm	1 等		2 等		3 等		4 等		5 等		6 等	
	①	②	①	②	①	②	①	②	①	②	①	②
～10	0.05	0.10	0.07	0.10	0.10	0.20	0.20	0.20	0.5	0.4	1.0	0.4
>10～18	0.06	0.10	0.08	0.10	0.15	0.20	0.25	0.20	0.6	0.4	1.0	0.4
>18～35	0.06	0.10	0.09	0.10	0.15	0.20	0.30	0.20	0.6	0.4	1.0	0.4
>35～50	0.07	0.12	0.10	0.12	0.20	0.25	0.35	0.25	0.7	0.5	1.5	0.5
>50～80	0.08	0.12	0.12	0.12	0.25	0.25	0.45	0.25	0.8	0.6	1.5	0.5

注:①为中心长度测量的极限误差(±)。
②为平面平行性允许偏差。

每块量块只有一个确定的工作尺寸。为了满足一定尺寸范围内的不同尺寸的需要,可以将量块组合使用。根据 GB/T 6093—2001 的规定,我国生产的成套量块有 91 块、83 块、46 块、38 块等几种规格。各种规格量块的级别、尺寸系列、间隔和块数如表 2-10 所列。

表 2-10　成套量块尺寸表(摘自 GB/T 6093—2001)

套　别	总块数	级　别	尺寸系列/mm	间隔/mm	块　数
1	91	00,0,1	0.5		1
			1		1
			1.001,1.002,…,1.009	0.001	9
			1.01,1.02,…,1.49	0.01	49
			1.5,1.6,…,1.9	0.1	5
			2.0,2.5,…,9.5	0.5	16
			10,20,…,100	10	10

续表 2-10

套 别	总块数	级 别	尺寸系列/mm	间隔/mm	块 数
2	83	00,0,1 2,(3)	0.5		1
			1		1
			1.005		1
			1.01,1.02,…,1.49	0.01	49
			1.5,1.6,…,1.9	0.1	5
			2.0,2.5,…,9.5	0.5	16
			10,20,…,100	10	10
3	46	0,1,2	1		1
			1.001,1.002,…,1.009	0.001	9
			1.01,1.02,…,1.09	0.01	9
			1.1,1.2,…,1.9	0.1	9
			2,3,…,9	1	8
			10,20,…,100	10	10
4	38	0,1,2 (3)	1		1
			1.005		1
			1.01,1.02,…,1.09	0.01	9
			1.1,1.2,…,1.9	0.1	9
			2,3,…,9	1	8
			10,20,…,100	10	10

使用量块时，为了减少量块组合的累积误差，应尽量减少使用的块数。选取量块时，从消去组合尺寸和最小尾数开始，逐一选取。例如，从 83 块一套的量块中选取尺寸为 36.375 mm 的量块组，则可分别选用 1.005 mm、1.37 mm、4 mm、30 mm 四块量块。

量块的结构很简单，但它的尺寸精度很高，使用中和使用后应按以下几点对量块进行保养：

① 只允许量块用于检定计量器具、精密测量、精密划线和精密机械的调整，不允许用于测量粗糙或不清洁表面，以防划伤。

② 为了防止锈蚀，不允许用手直接接触量块的工作面，严禁用沾汗、水的手接触量块。使用时，应该用竹夹子夹取或戴上清洁的白细纱手套。

③ 为了减少磨损，拼凑量块组时，应在量块的两端工作面上加保护块，并使其刻字面朝外。在研合量块时，应该在研合面上放些航空汽油。

④ 使用完毕，把量块放在航空汽油中洗干净，然后用绸子或干净柔软的漂白细布擦净，涂以不含水分并不带酸性的防锈油，放入盒内固定位置，置于干燥清洁的地方。严禁使量块受压和磕碰、划伤测量面。不同盒(套)的和不同等级别的量块、销规严禁混淆。

⑤ 量块不能剧烈磕碰，因为剧烈的磕碰会使量块表面损坏，也会使量块内部应力改变而

发生变形。

⑥ 量块要远离磁场,防止被磁化。被磁化的量块会吸附磁铁性粉末,给表面的清理带来困难,以致损伤量块的测量面。

⑦ 为保证国家的长度量值的统一,要按期检定量块,没有条件的,要送上级的法定计量机构检定。检定周期视使用情况而定。检定后重新定等,该报废的坚决报废,不能使用废量块。

另外,需要特别指出两点:

① 量块对环境温度变化很敏感,它们的尺寸是指在标准温度(20℃)、室内湿度不超过60%下给出的尺寸。当温度变化时,尺寸也发生变化。为了减少温差引起的测量误差,使用量块的环境温度应与检定该量块的环境温度一致。其次,不要把量块长时间拿在手里,防止人的体温对量块尺寸的影响。

② 为了防止变形,在检定、使用和存放量块时要注意量块的姿势,特别是大尺寸量块。标称尺寸大于100 mm的量块都刻有支承标记和开有连接孔。放置量块时,要将支点放在支承标记下面。图2-77所示是放置量块的正确和错误的姿势。图2-77(a)所示的各种放置姿势是正确的,图2-77(b)所示的各种放置姿势是错误的。

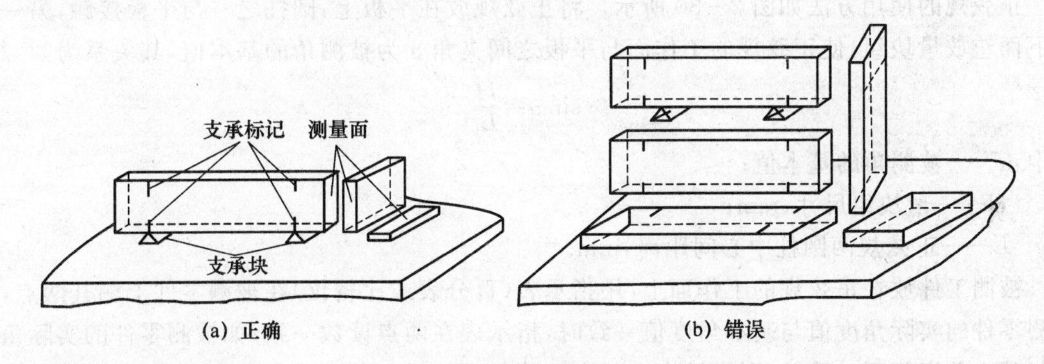

图2-77　放置量块的姿势

2.8　正弦规

正弦规是根据正弦函数原理,利用量块使之倾斜一定角度的检测定位工具。它具有对较小的角度能达到较高的测量精度的特点。

1. 正弦规的结构

正弦规的结构如图2-78所示。被测工件放在主体的工作面上,在主体的下方,有两个直径相等的圆柱。为便于被测工件在正弦规的主体上定位和定向,主体上装有前挡板和侧挡板。

根据两圆柱中心矩 L 和主体工作面宽度 B,正弦规有宽型和窄型之分,具体规格如

表 2-11所列。

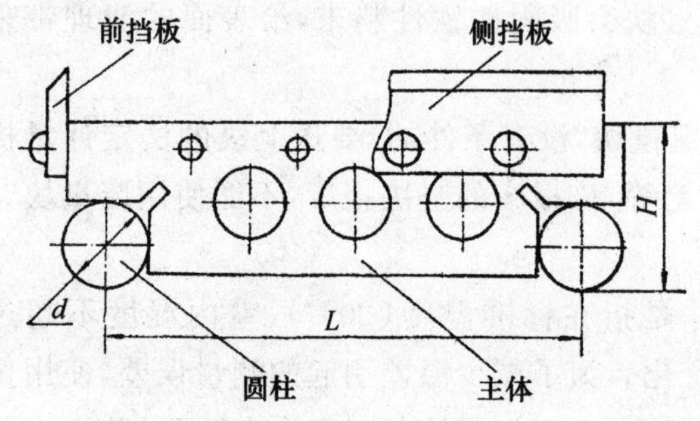

图 2-78 正弦规

表 2-11 正弦规的形式

正弦规形式	L	B	d	H
宽 型	100	80	20	40
	200	150	30	65
窄 型	100	25	20	30
	200	40	30	55

根据特殊需要，正弦规可制成图 2-79 所示的四方形正弦规，它具有 4 个直径和中心矩都相等的圆柱。安装工件的工作面在侧面，其上有用以工件定位的孔和加紧元件，这种正弦规可用来测量圆周上的两孔间任意大小的夹角。

2. 正弦规的使用方法

正弦规的使用方法如图 2-80 所示。将正弦规放在平板上，圆柱之一与平板接触，另一圆柱下面垫放量块组，使正弦规的工作面与平板之间夹角 α 为被测角的基本值，其关系为

$$\sin\alpha=\frac{H}{L}$$

式中：α——被测角的基本值；

H——量块组尺寸，mm；

L——正弦规两圆柱中心间距离，mm。

被测工件放在正弦规的工作面上，用指示表（百分表或比较仪）在被测零件上测其两点，当被测零件的实际角度值与基本角度值一致时，指示表在两点读数一致；如被测零件的实际角度值与基本角度值不一致时，则指示表在两点的读数不一致。指示表两点的示值差与测量时两点距离的比值，即为零件的实际角度值与基本角度值的差（单位为弧度）。

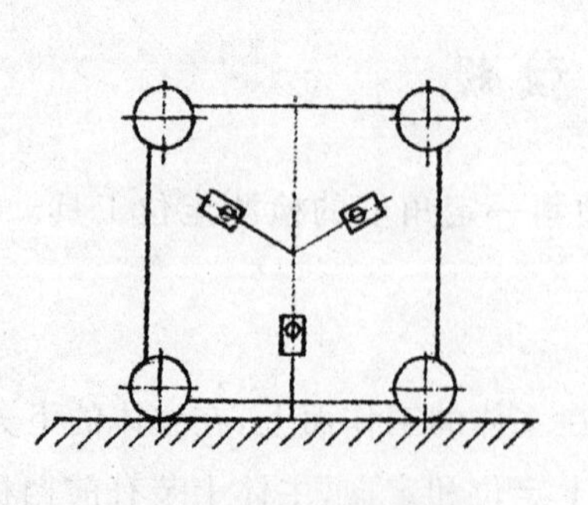
图 2-79 四方形正弦规

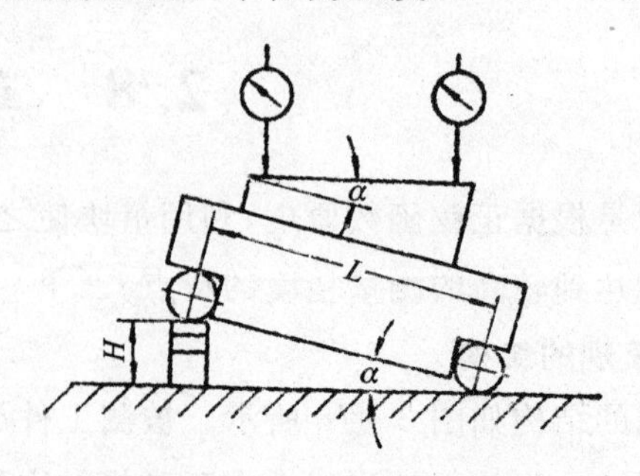

图 2-80 正弦规的使用

(1) 圆锥锥角 α 的测量

如图 2-81 所示,用正弦规检测圆锥锥角时,先由被检圆锥的基本锥角按 $H=L\sin\alpha$ 算出量块组高度 H;然后在正弦圆柱之一下垫放量块组,此时正弦规主体工作面与平板倾斜角 α,放上圆锥后,再用指示表分别测量圆锥上 a、b 两点,由 a、b 两点读数之差 n 对 a、b 两点间距离之比值可求得锥度误差 Δc,并计其正负号。

$$\Delta c=\frac{n}{l}(\mathrm{rad})$$

锥度误差乘以弧度对秒的换算关系后,即可得到锥角误差,即

$$\Delta\alpha=\Delta c\times 2\times 10^5(")$$

(2) 用正弦规检测圆锥大小端直径

图 2-82 所示为利用正弦规和一个附加圆柱,测量圆锥小端直径。量块组尺寸 H 由圆锥锥角 α 求得,即

$$H=L\sin\alpha$$

也可由圆锥的锥度计算,设圆锥的锥度为 C,则

$$H=\frac{4LC}{C^2+4}$$

式中:L——正弦规两圆柱的中心距,mm;

C——圆锥锥度。

例如,已知锥度 $C=1:20$,$L=100$ mm

$$H=\frac{4\times 100\times\frac{1}{20}}{\left(\frac{1}{20}\right)^2+4}\mathrm{mm}=\frac{20}{4.0025}=4.997\ \mathrm{mm}$$

附加圆柱直径 d_0,由下式计算:

$$d_0=\frac{d}{\tan\frac{\alpha}{2}+\cos\frac{\alpha}{2}}$$

式中:d——被测锥体小端直径的基本值;

α——被测锥体的锥角。

按图 2-82 所示安放好正弦规、量块组、圆锥,附加圆柱的母线与圆锥小端端面接触,用指示表测量 a、b 两点的高度,指示表在两点的读数差即为被测小端直径对基本直径的偏差。偏差的正负由 a、b 两点的位置高低而定。

圆锥大端直径的检验方法与小端直径检测方法相同。

(3) 用正弦规测量内锥锥角

用正弦规检测内圆锥的锥角 α 时,先根据圆锥的斜角 $\beta\left(\frac{\alpha}{2}\right)$ 求得垫放量块组尺寸。把被

测内锥放在正弦规的工作面上，用指示表先后分别测量斜角 β_1 和 β_2。图 2-83 所示为测量 β_1 时的位置。测量 β_2 时，放置在正弦规上的内圆锥不动，把量块组垫放到另一圆柱下面即可。这样可避免因辅助测量基准的误差而影响测量精度。内圆锥锥角的误差为两斜角误差之和。

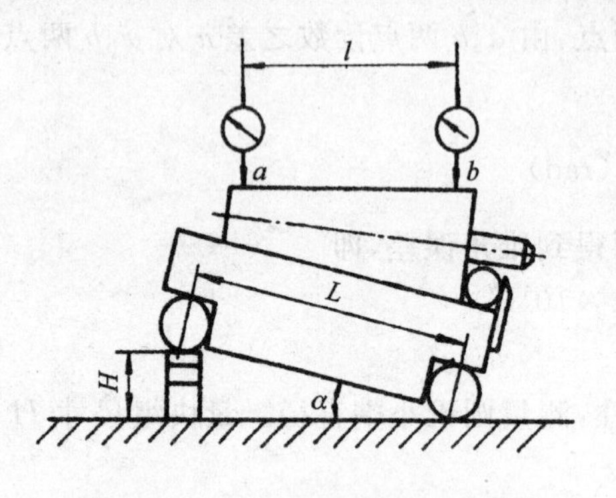

图 2-81 用正弦规测圆锥锥角

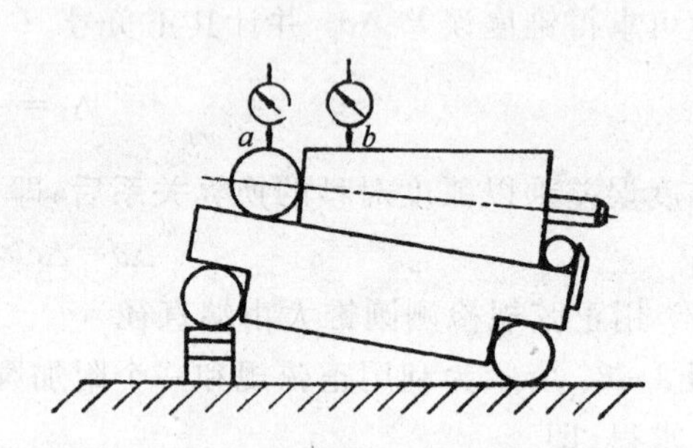

图 2-82 用正弦规检测圆锥小端直径

(4) 用四方形正弦规检测圆周上两孔间的夹角

图 2-84 所示是用四方形正弦规检测工件圆周上孔 1 与孔 2 之间的夹角 α。检测时在孔 1 和孔 2 内分别装入相应的检验棒 1 和 2，先将棒 1 调至与平板平行，即孔 1 轴线与正弦规的 A、B 两圆柱中心的连线垂直。再将正弦规翻转，并在正弦规圆柱 A 与平板之间垫放量块组，量块组的尺寸应使棒 2 与平板平行。根据所垫量块的尺寸求出角 γ，此角即孔 2 轴线与 A、B 两圆柱中心连线的夹角。这样由孔 1 轴线、孔 2 轴线及 A、B 两圆柱中心的连线组成直角三角形，从而求得

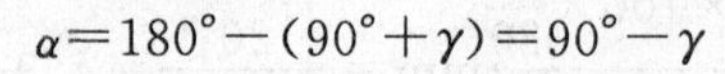

$$\alpha = 180° - (90° + \gamma) = 90° - \gamma$$

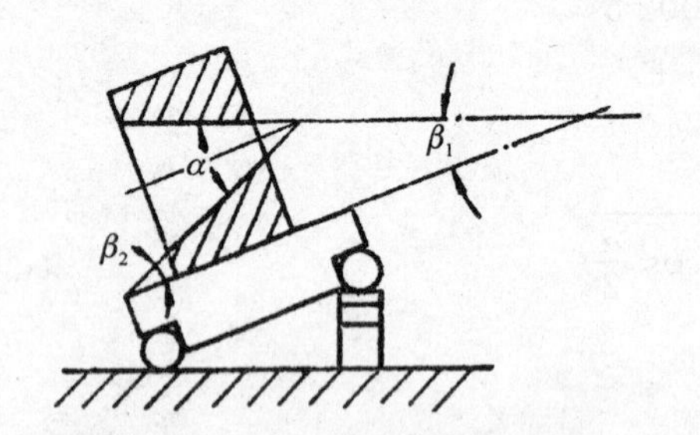

图 2-83 用正弦规测量内锥锥角

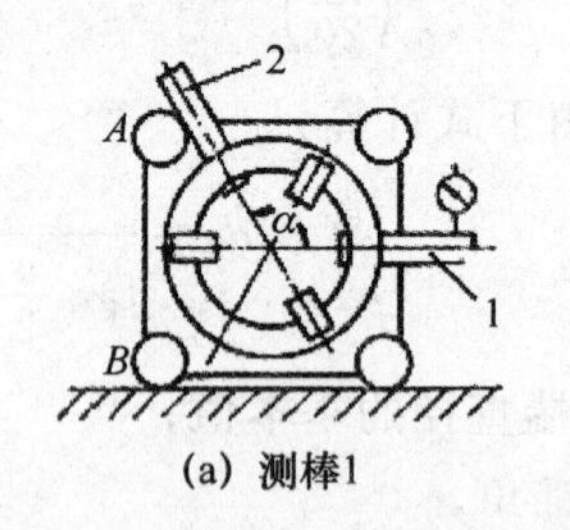

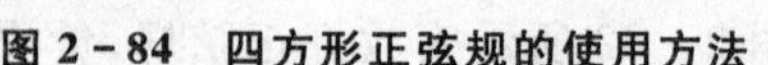

图 2-84 四方形正弦规的使用方法

3. 正弦规的维护、保养及注意事项

① 使用正弦规，应根据测量精度选取与其相应精度的平板、量块和指示表配合使用。

② 不能用正弦规测量粗糙件，被测工件表面不应有毛刺、研磨剂、灰屑等脏物，不应带有磁性。

③ 正弦规不应在平板上来回拖动，以免圆柱磨损，降低精度。

④ 从正弦规的原理可知，被测角必须正确地安放在与正弦圆柱轴线垂直的平面内，否则将会增大测量误差，因此测量时一定要使工件与侧挡板良好接触。

测量圆锥零件时，以圆锥母线与侧挡板接触定位，被测角不能处于与正弦规圆柱轴线垂直的平面内。因此，圆锥如以侧挡板定位，所垫量块尺寸 H 应为

$$H=2L\tan\beta\sqrt{1-\tan^2\beta}$$

式中：β ——圆锥工件斜角。

为解决圆锥工件的测量问题，特制图 2-85 所示的正弦规，此正弦规工作面上带有顶尖座，用以圆锥工件定位。用此种方式定位要注意所垫量块尺寸 H 不应按圆锥锥角计算，应以斜角计算。

⑤ 为提高正弦规的测量精度，可根据被测角 α 的大小不同，采取相应措施如下：

- 当角 α 较小时，应选用高精度的指示表，也可采用图 2-86 所示的方法，在正弦规的两圆柱下分别垫放量块组进行两次测量，取两次结果的平均值。
- 当角 α 较大时，应选用较高精度的量块，并选用 $L=200$ mm 的正弦规。

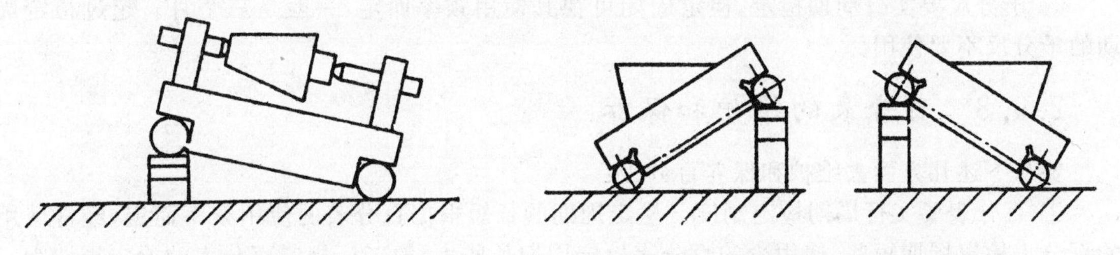

图 2-85　带顶尖座的正弦规　　　图 2-86　提高正弦规测量精度的方法

2.9　量具的保养与维护

2.9.1　游标卡尺的保养及维护

应从以下几方面去保养游标卡尺：

① 游标卡尺要保持清洁卫生，使用时不要沾上尘灰和金属粉末等。使用完毕后，要及时用软布擦干净，松动紧固螺钉，在测量面上涂防锈油，放入盒中，且不要将测量面相接触。

② 不要用油石、砂纸等硬质东西擦游标卡尺。使用中放置游标卡尺时，要注意将尺面朝上平放。当发现“0”位不准及其他异常时，及时送往计量部门校检，非计量人员严禁拆卸、改装、修理量具。

③ 游标卡尺要存放在清洁、干燥、无震动、无腐蚀的地方，不要放在火炉边、太阳下、风口及高温的地方，也不要放在强磁场附近，以免影响测量精度。

④ 不要用手经常触摸游标卡尺的测量面，以防污染及受蚀。

⑤ 不准把卡尺的测量爪尖作划针、圆规或螺钉旋具(改锥)使用;不准把卡尺当作钩子、卡板或其他工具使用。

2.9.2 千分尺的保养及维护

正确保养千分尺不仅能保持其精度,而且能延长其使用寿命。

① 使用千分尺要轻拿轻放,不得使硬物磕碰千分尺。如果万一磕碰了千分尺,则要立即检查其外观质量、各部分的相互作用和校对"0"位,如果发现有不合格项,应送到计量部门检修。

② 不准用油石和砂纸等硬物磨或擦千分尺的测量面与测微螺杆。

③ 不允许把千分尺浸泡在水中、冷却液或油类等液体中,也不许在千分尺的固定套筒和微分筒之间注入煤油、酒精、机油、柴油或凡士林等。如果千分尺被水和机油等上述油类浸入,可以用航空汽油冲洗,然后在测微螺杆的螺纹部分和其他活动部位放少许润滑油。

④ 千分尺用完后要用软质干净棉丝擦干净,然后放人其盒内固定位置,放在干燥的地方保存。长期存放时,可在测微螺杆上涂防锈油,两测量面不要接触。

⑤ 千分尺要实行周期检定,检定周期可视其使用频率而定,一般是三个月。超过检定周期的千分尺不要使用。

2.9.3 百分表的维护和保养

要从下述几方面去维护和保养百分表:

① 百分表要实行周期检定制度。检定周期的长短根据百分表的使用频率而定,经常使用的百分表检定周期短些,使用少的百分表检定周期长些,一般工厂规定百分表的检定周期为三个月。经检定合格的百分表要发给检定证书(检定合格证),或者在百分表背面贴上标志说明检定日期和到期日期。经检定不合格的要修复,修复不了的则报废。

② 防止碰撞百分表。使用中要轻拿轻放,不得碰撞百分表的任何部位。万一百分表被碰撞,应送到计量部门检定。不用时,不要过多地拨动测头使表内机构做无效运动,这样可延长百分表的使用寿命。不要使百分表受剧烈震动。

③ 不准把百分表浸入油、水、冷却液或其他液体内,灰尘大的地方不要使用百分表,以防尘土进入百分表内,而加速表内零件的磨损。现在有防尘结构的百分表。

④ 不使用时,应让百分表的测量杆自由放松,使表内机构处于自由状态,以保持其精度。

⑤ 百分表用毕后,要将百分表的各部位擦净放入其盒内保存,但不得在测量杆上涂防锈油等粘性大的油脂。百分表应放在干燥、无磁性的地方保存。

⑥ 百分表架用毕后也要擦净保存,当不用百分表时,可以稍微松开表架上装夹百分表轴套的手轮。

⑦ 非检定修理百分表的专业人员,严禁拆卸百分表。

2.9.4　万能角度尺的维护和保养

应从以下几方面去保养万能角度尺：

① 使用前要用干净棉丝擦净万能角度尺的各个工作面和被测量面，然后轻轻地把万能角度尺的工作面放在被测部位上，要轻拿轻放万能角度尺。万能角度尺的工作面（测量面）的表面粗糙度 R_a 值应不大于 0.2 μm，所以不能用它去测量表面粗糙度 R_a 值大于 0.2 μm 的表面，防止万能角度尺的测量面加速磨损。

② 使用中不得过快、过猛地转动直尺。

③ 用毕万能角度尺要用棉丝将各部位擦净，放入盒内置于干燥而没有酸气的地方保存。

④ 要定期对万能角度尺进行检定。

第3章　机械工程材料

3.1　机械工程材料分类

机电工程的各类产品大多是由种类繁多、性能各异的工程材料通过加工制成的零件构成的。工程材料一般分为金属材料、非金属材料以及复合材料三大类。金属材料分为黑色金属和有色金属两类。黑色金属指钢和铸铁，有色金属包括钢铁以外的金属及其合金。非金属材料是指除金属材料和复合材料以外的所有固体材料，包括高分子材料、陶瓷材料等。

3.2　常用金属材料

机械制造工业常用的金属材料分为黑色金属材料和有色金属材料两大类。黑色金属指钢和铸铁；有色金属则包括钢铁以外的金属及其合金。

3.2.1　金属材料的分类

金属材料有钢和铸铁。钢是指以铁为主要元素，碳的含量在2.11%以下，并含有其他元素的材料。其品种多、规格全、性能好、价格低，并且可用热处理的方法改善性能，所以是机械工业中应用最广的材料。根据国家标准GB/T13304—1991《钢分类》规定，钢按化学成分可分为非合金钢(碳钢)、低合金钢和合金钢三类；按用途又可分为结构钢、工具钢和特殊性能钢；按用途可以分为建筑及工程结构用钢、机械结构用钢、工具钢、特殊钢，如不锈钢、耐热钢等。

1. 非合金钢

非合金钢又称碳钢，是指碳的质量分数小于或等于2.11%，并含有少量硅(Si)、锰(Mn)、磷(P)、硫(S)等杂质元素的铁碳合金。碳钢按用途分为碳素结构钢和碳素工具钢；按质量分为普通质量碳钢、优质碳钢和特殊质量碳钢(主要按钢中P、S的质量分数划分)三大类。

(1) 普通碳素结构钢

普通碳素结构钢是对生产过程中控制质量无特殊规定的一般用途的(非合金钢)碳钢。该类钢通常不进行热处理而直接使用，因此只考虑其力学性能和有害杂质的质量分数，不考虑碳的质量分数。

(2) 优质碳素结构钢

优质碳素结构钢按冶金质量分为优质钢、高级优质钢(A)、特级优质钢(E)。优质碳素结构钢按碳的质量分数又可分为低碳钢($w_C \leqslant 0.25\%$)、中碳钢($w_C = 0.25\% \sim 0.60\%$)和高碳钢

($w_C=0.60\%\sim0.75\%$)。

(3) 碳素工具钢

碳素工具钢的碳质量分数 $w_C=0.65\%\sim1.35\%$。

(4) 铸　钢

铸钢的碳质量分数 $w_C=0.15\%\sim0.60\%$。

(5) 易切结构钢

在碳钢的基础上,加入一种或几种合金元素,改善其切削性能,以适应切削加工自动化、高速化和精密化的需要。常加入的合金元素有硫(S)、磷(P)、铅(Pb)、钙(Ca)、硒(Se)和碲(Te)等。

2. 合金钢

在碳钢基础上有目的地加入一种或几种合金元素所形成的铁基合金,称为低合金钢或合金钢。通常加入的合金元素有硅(Si)、锰(Mn)、铬(Cr)、镍(Ni)、钼(Mo)、钨(W)、钒(V)和钛(Ti)等。通常低合金钢中加入合金元素的种类和数量较合金钢少。合金钢按合金元素的质量分数分为低合金钢、合金结构钢、合金工具钢和特殊性能钢。

(1) 低合金结构钢

低合金结构钢是在低碳钢的基础上加入少量合金元素,且合金元素总含量小于5%而得到的钢。

(2) 合金结构钢

在碳素结构钢的基础上加入合金元素而得到的钢为合金结构钢。合金结构钢根据性能和用途,可分为合金渗碳钢、合金调质钢、合金弹簧钢和滚动轴承钢等。

1) 合金渗碳钢

合金渗碳钢碳的质量分数 $w_C=0.12\%\sim0.25\%$,主要的合金元素为Cr、Ni、Mn、W、Mo、V和Ti等合金元素。

2) 合金调质钢

在中碳钢的基础上加入少量合金元素,经调质处理后再使用的钢为合金调质钢。这类钢碳的质量分数 $w_C=0.25\%\sim0.50\%$,主要加入合金元素为Mn、Si、Cr、Ni和硼(B)等。

3) 合金弹簧钢

合金弹簧钢碳的质量分数 $w_C=0.45\%\sim0.75\%$,主要合金元素为Si、Mn、W、V和Cr等合金元素。

4) 滚动轴承钢

滚动轴承钢碳的质量分数 $w_C=0.90\%\sim1.10\%$,一般加入0.40%~1.65%的Cr元素。

(3) 合金工具钢

合金工具钢根据应用不同分为刃具钢、量具钢和模具钢。刃具钢又分为低合金刃具钢和高速钢。低合金刃具钢主要是含Cr的钢,而高速钢是一种含W、Cr和V等合金元素较多的钢。模具钢又分为冷作模具钢、热作模具钢和塑料模具钢。

（4）特殊性能钢

特殊性能钢常用的有不锈钢、耐热钢和耐磨钢。不锈钢的主要合金元素是 Cr 和 Ni。GB/T1220－1992《不锈钢棒》的不锈钢有 64 个牌号。按其组织特性分为马氏体不锈钢、铁素体型不锈钢、奥氏体-铁素体型不锈钢、奥氏体型不锈钢、沉淀硬化型不锈钢等五类。耐热钢常在钢中加入较多的 Cr、Si、Al 和 Ni 等合金元素。GB/T1221—1992《耐热钢棒》的耐热钢有 40 个牌号，其中有 18 个牌号也作为不锈钢使用。耐热钢按组织特征可分为奥氏体型、铁素体型、马氏体型和沉淀硬化型四类。按抗氧化性和热强性分为抗氧化钢和热强钢两类。耐磨钢其碳的质量分数 $w_C=0.9\%\sim1.3\%$、锰的质量分数 $w_{Mn}=11.5\%\sim14.5\%$。

3. 铸　铁

铸铁是碳的质量分数大于 2.11% 的铁碳合金。工业上常用的铸铁，其碳的质量分数 $w_C=2\%\sim4\%$，且比碳钢含有较多的 Mn、S、P 等杂质的 Fe、C、Si 的多元合金。铸铁中的碳以渗碳体（Fe_3C）或石墨（G）的形式存在。按碳的存在形式，铸铁分为下列几种。

（1）白口铸铁

碳在铁中以 Fe_3C 形式存在，断口呈亮白色，称白口铸铁。

（2）灰铸铁

碳在铸铁中以片状石墨形式存在，断口呈灰色，称灰铸铁。

（3）可锻铸铁

碳在铸铁组织中以团絮状石墨形式存在，它是由一定成分的白口铸铁经过较长的石墨化或氧化脱碳退火处理而得的铸铁，称为可锻铸铁。

（4）球墨铸铁

球墨铸铁中的碳在铸铁组织中大部分以球状石墨形式存在。

（5）蠕墨铸铁

蠕墨铸铁中的碳主要以蠕虫状的石墨形态存在。其石墨的形态介于片状石墨和球状石墨之间，片短而厚，端部圆滑。

（6）合金铸铁

在灰铸铁和球墨铸铁中加入一定量的合金元素，可使铸铁具有某些特殊性能，如耐热、耐蚀、耐磨和高强度等，这种铸铁称合金铸铁。合金铸铁主要品种有三种：

① 耐热铸铁：在铸铁中加入 Si、Al 和 Cr 等合金元素。

② 耐磨铸铁：在铸铁中加入 Mn、P、Cr、Mo、W、铜（Cu）、Ti、V、和 B 等合金元素。

③ 耐蚀铸铁：在铸铁中加入 Si、Al、Cr、Ni 和 Cu 等合金元素。

4. 铝及其合金

纯铝呈银白色，是地壳中蕴藏量最丰富的元素之一，约占全部金属元素的 1/3。在铝中加入 Si、Cu、镁（Mg）、锌（Zn）和 Mn 等元素制成铝合金。铝合金依其成分和工艺性能分为变形铝合金和铸造铝合金。变形铝合金又可分为防锈铝合金、硬铝合金、超硬铝合金和锻铝合金。铸造铝合金可分为 Al－Si 系、Al－Cu 系、Al－Mg 系和 Al－Zn 系四类。

5. 铜及其合金

铜是人类开发利用最早、在地壳中储量较少的金属元素。纯铜呈紫红色。工业纯铜的纯度为 99.50%～99.95%。铜合金按化学成分不同分为黄铜、青铜和白铜；按生产方法不同，分为压力加工铜合金和铸造铜合金。

(1) 黄　铜

以铜和锌为主组成的合金称为黄铜。按化学成分不同分为普通黄铜和特殊黄铜。按加工方法不同分为压力加工黄铜和铸造黄铜。特殊黄铜中常加入的合金元素有 Pb、锡(Sn)、Al、Si、Mn、Fe 和 Ni 等元素。特殊黄铜按加工方法不同也分为压力加工和铸造用铜两类。

(2) 青　铜

除黄铜和白铜以外的其他铜合金称为青铜。由于呈青白色，故称青铜。青铜按化学成分不同分为锡青铜和无锡青铜。按加工方法不同分为压力加工用青铜和铸造用青铜。锡青铜是以锡为主要添加元素的铜基合金。无锡青铜是含 Al、铍(Be)、Mn、Pb、Cr、Cd 和 Si 等合金元素的铜基合金。常用的无锡青铜有铝青铜、铍青铜、锰青铜、铅青铜、铬青铜、镉青铜和硅青铜等。

(3) 白　铜

白铜是铜-镍合金。仅由铜-镍组成的白铜又称为普通白铜。加入 Mn、Fe、Zn、Al 等元素的合金分别称为锰白铜、铁白铜、锌白铜和铝白铜。按性能和用途，白铜可分为结构铜镍合金和电工铜镍合金。

6. 轴承合金

轴承合金是指在滑动轴承中用于制造轴瓦或内衬的合金。常用的轴承合金主要是非铁基金属合金，其分类会依据合金中含量多的元素分类，主要有锡基、铅基、铜基和铝基轴承合金等。锡基和铅基轴承合金又称巴氏合金。

3.2.2　金属材料牌号及识别

1. 碳素钢的牌号

(1) 碳素结构钢的牌号

碳素结构钢(简称碳钢)包括普通碳素结构钢、优质碳结构钢、碳素工具钢、铸钢和易切削结构钢，其牌号规定如下：

1) 普通碳素结构钢牌号

按 GB/T700—1988《碳素结构钢》规定，普通碳素结构钢牌号由代表屈服点的汉语拼音字母“Q”、屈服点数值、质量等级符号和脱氧方法符号四个部分组成。质量等级有 A($w_S \leqslant$ 0.050%、$w_P \leqslant$ 0.045%)、B($w_S \leqslant$ 0.045%、$w_P \leqslant$ 0.045%)、C($w_S \leqslant$ 0.040%、$w_P \leqslant$ 0.040%)、

D($w_S \leqslant 0.035\%$、$w_P \leqslant 0.035\%$)四种。脱氧方法用汉语拼音字母表示:"F"沸腾钢、"B"是半镇静钢、"Z"是镇静钢、"TZ"是特殊镇静,通常"Z"、"TZ"可以省略。

例如,Q235-A 表示 $\sigma_s \geqslant 235$ MPa,质量等级为 A 级的碳素结构钢。

2) 优质碳素结构钢牌号

牌号用两位数字表示,其两位数字表示钢中碳的平均含量的万分数。

① 普通含锰量钢。锰的质量分数为 $w_{Mn}=0.35\%\sim0.80\%$,用两位数字表示钢中的平均含碳量的质量万分数。

② 较高含锰量钢。锰的质量分数为 $w_{Mn}=0.7\%\sim01.2\%$,则在两位数字后面标出元素符号"Mn"。

③ 专用钢。在两位数字后面标出规定的符号。"F"为沸腾钢、"g"为锅炉用钢。

④ 高级优质钢在数字后面加"A";特级优质钢在数字后面加"E"。如 65Mn 钢,表示平均碳的质量分数为 0.65%,并含有较多锰($w_{Mn}=0.95\%\sim1.2\%$)的优质碳素结构钢。

(2) 碳素工具钢的牌号

牌号用"T"("碳"字汉语拼音字首)和数字组成。数字表示钢的平均碳的质量分数的千分数。如 T8 钢,表示平均碳的质量分数为 0.8%的碳素工具钢。若牌号末尾加"A",则表示为高级优质钢,如 T10A。

(3) 铸钢的牌号

牌号首位冠以"ZG"("铸钢"两汉语拼音字首)。GB/T5613—1995《铸钢牌号表示方法》规定,铸钢牌号有两种表示方法:用力学性能表示时(按 GB/T11352—1989《一般工程中铸造碳钢件》规定),在"ZG"后面有两组数字,第一组数字表示该牌号钢屈服点的最低值,第二组数字表示其抗拉强度的最低值。如 ZG340-640 钢,表示 $\sigma_s \geqslant 340$ MPa、$\sigma_b \geqslant 640$ MPa 的工程用铸钢。用化学成分表示时,在"ZG"后面的一组数字表示铸钢平均碳的质量分数的万分数(平均碳的质量分数大于 1%时不标出,平均碳的质量分数小于 0.1%时第一位数字为"0")。在碳的质量分数后面排列各主要合金元素符号,每个元素符号后面用整数标出其质量分数的百分数。如 ZG15Cr1Mo1V 钢,表示平均 $w_C=0.15\%$、$w_{Cr}=1\%$、$w_{Mo}=1\%$、$0.2\%<w_v<0.3\%$的铸钢。

(4) 易切削结构钢的牌号

易切削结构钢牌号是在同类结构钢牌号前冠以"Y"以区别其他结构钢。例如,Y20 表示平均 $w_C=0.20\%$的易切削结构钢。

2. 合金钢的牌号

合金钢按用途分为合金结构钢、合金工具钢和特殊性合金钢。它们牌号及含义如下:

(1) 合金结构钢的牌号

合金结构钢牌号表示依次为两位数字、元素符号和数字。前两位数字表示钢中平均碳的质量分数的万分数,元素符号表示钢中所含的合金元素,元素符号后的数字表示该合金元素平均质量分数的百分数。若平均质量分数小于1.5%时，元素符号后面不标出数字；若平均质量分数为1.5%～2.4%、2.5%～3.45%…时，则在相应的合合元素符号后标注2、3等。如20CrMnTi钢，表示钢中平均$w_C=0.2\%$，w_{Cr}、w_{Mn}、w_{Ti}均小于1.5%。合金结构钢根据性能和用途划分的滚动轴承钢，其牌号依次由“滚”字汉语拼音字首“G”、合金元素符号“Cr”和数字组成。其数字表示铬平均质量分数的千分数，碳的质量分数不标出。例如，GCr15表示平均铬的质量分数为1.5%的轴承钢。

(2) 合金工具钢的牌号

合金工具钢的牌号表示方法与合金结构钢基本相似，不同的是平均碳的质量分数大于或等于1%时，牌号中不标出碳的质量分数，平均碳的质量分数小于1%时，则以一位数字表示，表示平均碳的质量分数的千分数。如CrWMn钢表示碳的质量分数大于1%，Cr、Mn、W的质量分数小于1.5%的合金工具钢；又如，9Mn2V表示平均碳的质量分数为0.9%、$w_{Mn}=2.0\%$、$w_p<1.5\%$的钢。

(3) 特殊性能钢的牌号

特殊性能钢的牌号表示方法与合金工具钢基本相同，但若钢中碳的质量分数小于0.03%或小于0.08%时，牌号分别以“00”或“0”为首，如00Cr17Ni14Mo2、0Cr18Ni11Ti钢等。

3. 铸铁的牌号

(1) 灰铸铁的牌号

灰铸铁的牌号是以“HT”和其后的一组数字表示，其中“HT”表示灰铁两字的汉语拼音字首，其后一组数字表示其最小抗拉强度。如HT250表示是最小抗拉强度为250 MPa的灰铸铁。

(2) 可锻铸铁的牌号

可锻铸铁的牌号为“KT”加两组数字组成，第一组数字表示最小抗拉强度，第二组代表类别的字母(H、B、Z分别表示“黑心”、“白心”和“珠光体组织”)及后面两组数字表示最低抗拉强度σ_b最低伸长率δ。其中，如KTH370-12表示最低抗拉强度$\sigma_b\geqslant370$ MPa、最小伸长率$\delta\geqslant12\%$的黑心可锻铸铁(铁素体可锻铸铁)。

(3) 球墨铸铁的牌号

球墨铸铁的牌号用“QT”加两组数字表示，“QT”为球铁汉语拼音字首，后两组数字表示与可锻铸铁相同，如QT400-2、QT700-2。

4. 铝及其合金的牌号

(1) 纯铝的牌号

纯铝的牌号按GB/T16474—1996《变形铝及铝合金牌号表示方法》的规定，用×××表示。牌号的最后两位数字表示铝的最低百分含量，第二位字母表示原始纯铝的改型情况，如1A35表示$w_{Al}=99.35\%$的纯铝。工业纯铝是$w_{Al}=99.00\%$～99.80%的纯铝，杂质元素是Fe、Si等，杂质含量越多，电导性、热导性、耐蚀性和塑性越差。

(2) 变形铝合金的牌号

按 GB/T16474—1996 的规定，采用四位字符牌号，用“第一位数字＋字母＋后面两位数字”表示。字母表示原始合金的改型情况，A 为原始合金、B～Y 为原始合金的改型情况；第一位数字表示铝合金的组别，2、3、4、5、6 和 7，分别是以 Cu、Mn、Mg、Mg 和 Si(以 Mg_2Si 为强化相)、Zn 为主要合金元素的铝合金。后面两位数字用来区分同一组中不同的铝合金。例如，5A02 表示以 Mg 为主要合金元素、02 号原始铝合金。

(3) 铸造铝合金的牌号

按 GB/T16475—1996《变形铝及铝合金状态代号》规定，铸造铝合金的牌号用“Z＋Al＋元素符号＋数字”表示。字母 Z 是“铸”字汉语拼音字首，Al 后的元素符号是主加合金元素，数字是其百分含量。例如，ZAlSiMg 表示 $w_{Si}=9\%$，$w_{Mg}=1\%$，余量为 Al 的铸造铝合金。

5. 铜及其合金的牌号

(1) 工业纯铜的牌号

工业纯铜其代号用“铜”的汉语拼音字首“T”加顺序号表示，共有 T1、T2、T3、T4 四个牌号。序号越大，纯度越低。

(2) 普通黄铜和铸造普通黄铜的牌号

压力加工黄铜的牌号用“H ＋ 数字”表示。字母“H”是“黄”字的汉语拼音字首，数字表示铜的百分含量，如 H68 表示 $w_{Cu}=68\%$的压力加工黄铜。铸造普通黄铜的牌号表示方法与铸造铝合金相同。

(3) 特殊黄铜和铸造特殊黄铜的牌号

压力加工特殊黄铜的牌号用“H＋主加合金元素符号＋铜的百分含量-合金元素的百分含量”表示，例如，HPb59－1 表示平均 $w_{Cu}=59\%$、$w_{Pb}=1\%$，其余为 Zn 的铅黄铜。铸造特殊黄铜的牌号表示方法与铸造铝合金相同，例如，ZCuZn16Si4 表示平均 $w_{Zn}=16\%$、$w_{Si}=4\%$，其余为 Cu 的铸造硅黄铜。

(4) 压力加工青铜和铸造青铜的牌号

压力加工青铜的牌号据库“Q＋主加元素符号及其平均含量的百分数-其他元素平均含量的百分数”表示，字母“Q”是“青”字汉语拼音字首。例如，QSn4－3 表示 $w_{Sn}=4\%$、其他元素 $w_{Zn}=3\%$，余量为 Cu 的锡青铜。铸造青铜的牌号表示方法同铸造铝合金。

(5) 轴承合金的牌号

轴承合金的牌号用“Z ＋ 基体金属元素符号 ＋ 主要合金元素符号＋平均含量百分数”表示，字母“Z”是“铸”字的汉语拼音字首。例如，ZSnSb11Cu6 表示 $w_{Sb}=11\%$、$w_{Cu}=6\%$，余量为 Sn 的锡基轴承合金。

3.2.3　金属材料的性能

1. 非合金钢的性能

这类碳钢具有一定的力学性能和良好的工艺性能，价格低廉，但淬透性低、绝对强度低、回火抗力差、耐腐蚀及耐高温性差。

(1) 普通碳素结构钢的性能

该类钢有一定强度、塑性好,通常不进行热处理而直接使用,因此只考虑其力学性能和有害杂质的质量分数,不考虑碳的质量分数。

(2) 优质碳素结构钢的性能

这类钢有害杂质元素P、S受到严格控制,非金属夹杂物含量较少,塑性和韧牲较好。其中低碳钢强度低,塑性、韧性好;中碳钢强度较高,塑性和韧性也较好,一般需经正火或调质处理后使用;高碳钢经热处理后,可获得较高的弹性极限、足够的韧性和一定的强度。

(3) 碳素工具钢的性能

这类钢需经热处理后使用,其具有较高的硬度和耐磨性。

(4) 铸钢的性能

该类钢碳的质量分数高,故有较高强度和韧性,塑性差,易产生裂纹等缺陷(铸钢的含碳量0.15%～0.6%,含碳量不高,强度、韧性、塑性都较好,主要用来制作形状复杂、难以进行锻造或切削加工,且要求较高强度和韧性的零件)。

(5) 易切削结构钢的性能

该种钢在碳钢的基础上加入一种或几种合金元素,使其具有易切削的性能。

2. 合金钢的性能

这类钢由于合金元素的加入,其性能较碳钢好,提高了淬透性和综合力学性能。但其冲压及切削性能比较差。

(1) 低合金结构钢的性能

低合金结构钢比低碳钢的强度要高10%～30%,一般在热轧或正火状态下使用,一般不再进行热处理。低合金高强度结构钢其试样屈服极限σ_s大于等于标称值。

(2) 合金结构钢的性能

合金结构钢根据性能和用途不同,可分为合金渗碳钢、合金调质钢、合金弹簧钢和滚动轴承钢等。

1) 合金渗碳钢的性能

合金渗碳钢属于表面硬化合金结构钢。这对于要求表面有高的硬度、高的耐磨性和耐疲劳性能,内部具有高的韧性和足够的强度的零件是非常必要的。其韧性要求比调质钢高,因而含碳量更低。合金渗碳钢的预先热处理一般采用正火,以改善毛坯的切削加工性。渗碳后采用淬火、低温回火。

2) 合金调质钢的性能

合金调质钢其含碳量太低,调质处理后强度不足。钢中加入的合金元素起到提高淬透性、强化铁素体(F)、细化晶粒、提高耐回火性等作用。合金调质钢的预热处理常采用正火或退火,以改善毛坯的切削加工性。最终热处理是调质处理,只有通过正确的热处理才能获得优于碳钢的性能，特别是在正火状态下使用时，其力学性能只能与相同含碳量的碳钢差不多。

3）合金弹簧钢的性能

合金弹簧钢含碳量比调质钢高，控制在中、高碳水平。含碳量过高时，将导致塑性、韧性和疲劳强度降低。钢中加入的合金元素，提高了钢的淬透性、细化晶粒、耐回火性、强化铁素体、提高弹性和屈强比。弹簧钢的加工处理有冷成形和热成形两种方法。前者在冷成形前，弹簧钢丝需进行铅浴索氏体化处理，获得索氏体后再经过多次拉拔至所需尺寸。这种钢丝有很高的强度和足够的韧性，制成弹簧后只进行消除应力的退火。若用退火状态的弹簧钢丝成形方法，随后必须进行淬火、中温回火，以获得所要求的性能。热成形即采用热轧钢料制成，然后淬火、中温回火。经这种处理获得的待回火索氏体具有很高的屈服强度和弹性极限、一定的塑性和韧性，硬度为 HRC40～48。

4）滚动轴承钢的性能

滚动轴承钢属高含碳的合金钢，使其淬火后具有高硬度、高耐磨性。合金元素的加入可提高钢的淬透性、耐磨性和接触疲劳强度。轴承钢的预先热处理是球化退火，不仅仅是为了降低硬度，改善切削加工性，更重要的是要获得颗粒细小、分布均匀的碳化物，为淬火做组织准备。淬火和低温回火后的组织是回火马氏体、均匀细小的碳化物及少量残余奥氏体，硬度为 HRC 62～64，达到使用要求。

3. 合金工具钢的性能

合金工具钢是在碳素工具钢的基础上加入合金元素，改善了热处理性能，提高了材料的热硬性、耐磨性。

（1）合金刃具钢的性能

该类钢具有高的硬度、耐磨性、良好的淬透性、耐回火性和热硬性。经最终热处理淬火、低温回火后，硬度为 HRC60～65。

（2）模具钢的性能

模具钢按工作条件不同，分为冷作模具钢和热作模具钢。冷作模具钢中加入合金元素，以提高钢的淬透性、耐磨性、耐回火性和热硬性。其最终热处理一般为淬火、低温回火，组织为回火马氏体、粒状碳化物和少量残余奥氏体，硬度为 HRC60～64。由于高碳、高铬冷作模具钢回火时有二次硬化现象，对个别热硬性要求高的冷作模具可采用二次硬化法进行最终热处理。热作模具钢为确保较高的韧性和耐热疲劳性，必须是中碳钢，加入合金元素后，提高其淬透性、耐回火性、耐热疲劳性和防止回火脆性。其最终热处理和调质钢类似，淬火在 550℃回火，可获得回火索氏体或回火托氏体组织，硬度约为 HRC40。对压铸模和热挤压模，热硬性要求高，要利用二次硬化现象，其最终热处理后硬度为 HRC45。

4. 高合金工具钢（简称高速钢）的性能

高速钢（比低合金刃具钢有更高的切削速度）含碳量高，$w_C=0.70\%\sim1.25\%$，加入大量（总量＞10％）W、Mo、Cr、V 等合金元素。具有高的硬度、耐磨性、热硬性和淬透性，当含 Cr 量达到4%时,该钢制成的小型工具只要空冷,就能获得高的硬度,又称锋钢,有很好的韧性和抗弯强度,最终热处理为淬大、回火,其硬度为HRC63~69,且变形小,当切削温度高达600℃时,硬度仍无明显下降。其主要特点是淬火温度高、回火温度高和多次回火。此外,淬火加热时要经过预热,常采用多级淬火或等温淬火以减少淬火变形。

5. 特殊性能钢的性能

特殊性能钢具有某些特殊的物理、化学和力学等性能。

(1) 不锈钢的性能

不锈钢成分是低碳,加入大量的Cr和Ni等合金元素。Cr是不锈钢获得耐蚀性的基本合金元素,当$w_{Cr}\geqslant11.7\%$时,使钢的表面形成致密的Cr_2O_3保护膜,避免形成电化学原电池,防止内部金属进一步被腐蚀。加入Cr、Ni等元素还可提高被保护金属的电极电位,减少原电极间的电位差,从而减小电流,使腐蚀速度降低,或使钢在室温下获得单相组织(奥氏体、铁素体或马氏体),以免在不同的相之间形成微电池;通过提高对化学腐蚀和电化学腐蚀的抑制能力,提高钢的耐蚀性。不锈钢还具有一定的力学性能,良好的冷、热加工和焊接工艺性能。

(2) 耐热钢的性能

耐热钢具有高温抗氧化性和热强性,其成分特点是低碳并加入能形成致密保护膜的合金元素,如Cr、Al、Si等,加入能增加高温强度的合金元素,如Ti、V、Mo、W等。耐热钢强度适宜,在高温下,氧化膜能阻止金属继续氧化。耐热钢在高温下有良好的抗氧化性,而且有较高的高温强度。

(3) 耐磨钢的性能

耐磨钢成分是高碳、高锰,是一种极耐磨的高锰钢,具有表面硬度高、内部韧性好、强度高,耐强烈冲击等特点,切削加工比较困难,大多铸造成形。

6. 铸铁的性能

铸铁主要由铁、碳和硅组成的合金。具有良好的铸造性、耐磨性、减磨性、减震性、切削加工性,且价格便宜。

(1) 白口铸铁的性能

白口铸铁的碳以游离碳化物形式出现,断口呈白色、硬度高、脆性大,极难切削加工。

(2) 灰铸铁的性能

灰铸铁的碳在铸铁组织中以片状石墨形式存在,断口呈灰色,软而脆,具有良好的铸造性、耐磨性、减震性和切削加工性。

(3) 可锻铸铁的性能

可锻铸铁的碳在铸铁组织中主要以团絮状石墨形式存在,团絮状石墨对金属基体的割裂作用较片状石墨小得多,所以可锻铸铁有较高的力学性能,强度、塑性和韧性比灰铸铁好,尤其是塑性和韧性有明显提高,但可锻铸铁并不可锻造。

(4) 球墨铸铁的性能

球墨铸铁的碳在铸铁组织中主要以球状石墨形式存在,球状石墨减少其对基体的割裂作用,并减少应力集中,球墨铸铁具有较好的力学性能,抗拉强度甚至优于碳钢,塑性和韧性比灰铸铁大为改善,但仍比碳钢差。球墨铸铁仍然具有良好的铸造性能、减震性、减摩性、低的缺口敏感性、切削加工性等。但与灰铸铁相比其存在收缩率较大、流动性稍差、白口倾向大等缺陷,故对原材料、熔炼和铸造工艺要求也较高。

(5) 蠕墨铸铁的性能

蠕墨铸铁的性能介于球墨铸铁和灰铸铁之间。其强度接近于球墨铸铁,具有一定的塑性和韧性,耐疲劳性、减震性和铸造性能都好于球墨铸铁,切削性能比灰铸铁稍差。

(6) 合金铸铁的性能

在普通铸铁基础上,提高常规元素 Si、Mn 的含量可获得具有较高力学性能或某些特殊性能。

1) 耐热铸铁的性能

耐热铸铁在铸铁组织中主要加入了 Si、Al、Cr 等元素,使其在铸件表面形成层致密的 SiO_2、Al_2O_3、Cr_2O_3 等氧化膜,从而使其在高温下保护内层不被氧化,提高抗氧化性和抗生长性。

2) 耐磨铸铁的性能

耐磨铸铁在铸铁的组织中主要加入 Mn、P、Cr、Mo、W、Cu、Ti、V、B 等元素,以形成硬化相,可明显提高铸铁的耐磨性。

3) 耐蚀铸铁的性能

耐蚀铸铁在铸铁中加入 Si、Al、Cr、Ni、和 Cu 等合金元素,在铸铁表面形成一层致密的氧化膜,提高基体组织的电极电位,形成单相基体加球状石墨,从而提高耐蚀性。

7. 铝及其合金的性能

(1) 工业纯铝的性能

纯铝呈银白色,密度为 2.7 g/cm^3,熔点为 660℃,具有面心立方晶格,无同素异晶转变,有良好的电导性、热导性。纯铝强度低,塑性好,易塑性变形加工成材;熔点低,铸造性能好;与氧的亲和力强,在大气中表面会生成致密的 Al_2O_3 薄膜,耐蚀性良好。

(2) 铝合金的性能

铝中加入 Si、Cu、Mg、Zn、Mn 等合金元素,不仅强度提高,还可通过变形、热处理等方法进一步强化,以至有些铝合金的强度 $\sigma_b \geqslant 600$ MPa,与低碳钢相当,比强度(强度与密度之比)则胜过某些合金钢。同时还保持铝耐蚀性好,质量轻的优点。

1) 变形铝合金的性能

该类铝合金具有较高的强度和数的塑性,可通过压力加工制成各种半成品,也可以焊接。

2）铸造铝合金的性能

该类铝合金具有良好的铸造性能，可以铸成各种形状复杂的零件，但塑性低，不宜进行压力加工。

8. 铜及其合金的性能

(1) 工业纯铜的性能

纯铜呈紫红色，俗称紫铜。铜的密度为 8.96 g/cm^3，熔点为 1 083℃，具有面心立方晶格，无同素异晶转变。有良好的电导性、热导性、耐蚀牲和塑性，易垫压和冷压力加工；但强度较低。工业纯铜的纯度为 99.90%～99.50%。

(2) 铜合金的性能

铜合金比纯铜强度高，且具有许多优良的物理化学性能。

1）黄铜的性能

黄铜的强度、硬度和塑性先随 Zn 的质量分数增加而升高，其颜色由紫红色变为淡黄色。Zn 的质量分数为 30%～32%时，塑性达到最大值，Zn 的质量分数为 45%时强度最高。在普通黄铜中加入 Pb、Sn、Al、Si、Mn、Fe、Ni 等合金元素，生成特殊黄铜，改善了其切削加工性，提高了耐蚀性、铸造性能和力学性能，其密度比纯铜小，价格低。

2）青铜的性能

青铜是 Cu 与 Sn 的合金，呈青白色。青铜按化学成分可分为锡青铜和无锡青铜。含 Sn 量对锡青铜组织和力学性能有明显的影响。常用锡青铜一般 $w_{Sn}=3\%\sim14.5\%$，其中压力加工锡青铜 $w_{Sn}<7\%$。近几十年来，应用了大量含 Al、Si、Mn、Pb、Cr、Be 等合金元素的铜基合金，仍为青铜。

① 锡青铜的性能。锡青铜耐磨性高，对大气、水、海水有良好的耐蚀性，机械性能和铸造性能高。机械性能与含 Sn 量有关，随含 Sn 量的增加，抗拉强度(σ_b)和延伸率 $\delta(\%)$均增加，但当含 $w_{Sn}>6\%\sim7\%$后，δ 则迅速降低。当 $w_{Sn}>20\%$后，因组织发生变化，合金变脆，σ_b 随之强烈降低。

② 无锡青铜的性能。无锡青铜是含 Al、Be、Si、Al、Mn 等合金元素的铜基合金。其中铝青铜比黄铜和锡青铜有更高的强度、硬度、耐磨性和耐蚀性。铍青铜性能最优良，经固溶处理和时效后，有较高的弹性极限、疲劳强度、耐磨性和耐蚀性。

3）白铜的性能

铜镍合金机械性能较高，耐蚀性较好。所谓德银，就是锌白铜，是耐蚀、经济的合金，能在热态、冷态下承受压力加工。电工铜镍合金具有热电性能，有名的锰铜、康铜和考铜就是不同含锰量的锰白铜。

(3) 轴承合金的性能

轴承合金具有高的抗压强度和疲劳强度、一定的硬度、足够时塑性和韧性，能支承转轴和防止轴承受冲击振动而开裂，良好的跑合性、消震性、小的摩擦系数、低的热膨胀系数、好的热导性和耐腐蚀性。

1）锡基轴承合金（锡基巴氏合金）的性能

该类巴氏合金是以锡为基础，加入锑（Sb）、Cu 等元素组成的合金。其热膨胀系数小，热导性、耐蚀性、韧性好，但疲劳强度低，工作温度小于 150℃，成本高。

2）铅基轴承合金（铅基巴氏合金）的性能

该类巴氏合金以铅为基础，加入 Sb、Sn、Cu 等元素组成。其强度、韧性、热导性、耐蚀性均低于锡基轴承合金，但价格便宜。

3）铜基轴承合金的性能

铜基轴承合金具有高的疲劳强度、承载能力和热导性，摩擦系数小，能在 250℃以下温度工作。

4）铝基轴承合金的性能

铝基轴承合金原料丰富、价格便宜，热导性、耐热性、耐蚀性好，疲劳强度高，能承受较大压力与速度，但线膨胀系数大，抗咬合性不如巴氏合金。

3.3 机械工程材料的应用

机械产品选用材料时，必须综合考虑其使用性能、工艺性能和经济性的最佳统一。

3.3.1 金属材料的应用

金属材料品种繁多，选用时，在能满足零件机械性能和工艺性前提下，尽可能选择资源丰富及成本低的材料。

1. 碳素钢的应用

(1) 普通碳素结构钢（碳钢）的应用

碳钢具有一定的力学性能和良好的工艺性能，且价格低廉，在工业中广泛应用。例如，Q195、Q215 钢有一定强度、塑性好，主要用于制作薄板（镀锌薄钢板）、钢筋、冲压件、地脚螺栓和烟筒等。Q235 强度较高，用于制作钢筋、钢板、农业机械用型钢和重要的机械零件，如拉杆、连杆、转轴等。Q235－C、Q235－D 钢质量好，可制作重要的焊接结构件。Q255、Q275 钢强度高、质量好，用于制作建筑、桥梁等工程质量要求较高的焊接结构件以及摩擦离合器、主轴、刹车钢带、吊钩等。

(2) 优质碳素结构钢的应用

这类钢有害杂质元素受到严格限制，非金属夹杂物含量较少，塑性和韧性较好，主要用于制作较重要的机械零件。低碳钢强度低，塑性、韧性好，易于冲压加工，主要用于制造受力不大、韧性要求高的汽车车身、驾驶室、车门、散热器罩等的冲压件和焊接件。中碳钢强度较高，塑性和韧性也较好，一般需经正火或调质处理后使用，应用广泛，主要用于制作齿轮、连杆、轴类、套筒和丝杆等零件。高碳钢经热处理后，可获得较高的弹性极限、足够的韧性和一定的强度，常用来制作弹性零件和易磨损的零件，如转向系接头弹簧、弹簧垫圈和各种卡环、锁片等。

（3）碳素工具钢的应用

这类钢经热处理后具有较高的硬度和耐磨性，主要用于制作低速切削刃具，以及对热处理变形要求低的一般模具。

（4）铸钢的应用

该类钢主要用来制作形状复杂、难以进行锻造或切削加工成形，且要求较高强度和韧性的零件，如机油管法兰、化油器操纵杆接头等。

（5）易切削结构钢的应用

该类钢要用于采用高效专用自动机床加工的零件，如汽车中大量应用的螺栓、螺母、小型销轴等标准件，也可用于轻型汽车的轴、齿轮和曲轴等。

2. 合金钢的应用

（1）低合金结构钢的应用

这类钢一般在热轧或正火状态下使用，也不再进行热处理，广泛用于建筑、石油、化工、桥梁和造船等行业。此类钢可取代普通碳素结构钢，可节约钢材，减轻构件质量，还可提高耐腐蚀性。在汽车中该类钢主要用于制作车身，还可以用于制造高强度连接件，如螺栓、弹簧钢板和吊环等。Q345是我国产量最大、使用最多的低合金结构钢。它的综合力学性能、焊接性能、加工性能良好。例如，国产载重汽车的大梁几乎都采用Q345钢。南京长江大桥、北京体育馆屋盖网架结构也采用Q345钢。

（2）合金结构钢的应用

1）合金渗族碳钢的应用

该类钢主要用于要求表面耐磨、内部需要韧性好的零件。例如，20CrMnTi是应用最广泛的合金渗碳钢，用于制造汽车的变速齿轮、轴、活塞销等零件。

2）合金调质钢的应用

该类钢主要用于制造在重载荷下、受力复杂、要求综合力学性能的重要零件。此类钢中40Cr、40MnB适用于中等截面的结构件，如汽车连杆螺栓、后桥半轴等；40CrNiTi、37CrNi3适用于大截面的、承受大载荷的重要结构件，如中间轴和曲轴等。

3）合金弹簧钢的应用

该类钢主要用于承受频繁振动、冲击载荷及交变载荷状态下工作，也可用于要求具有高弹性极限、疲劳强度以及足够的韧性的汽车、火车等机车上。例如，65Mn、55Si2Mn、60Si2Mn用于制造截面大于25 mm^2的各种螺旋弹簧和钢板弹簧；55CrMnA、60CrMnA钢用于制造截面小于50 mm^2的各种螺旋弹簧和钢板弹簧。

4）滚动轴承钢的应用

此钢种用于制造各种型号的滚动轴承。例如，GCr15钢是轴承钢中应用最多的钢，主要用于制造壁厚$\delta<12$ mm、外径$\phi<50$ mm的套圈，$\phi=25\sim50$ mm的钢球。

（3）合金工具钢的应用

合金工具钢主要用于制造各种量具、切削刀具和模具，也可对应地分为量具钢、刃具钢和模具钢。

1）合金量具钢、刃具钢的应用

合金刃具钢主要用于制造金属切削刀具，如钻头、车刀和丝锥等。例如，9SiCr 广泛用于制造各种低速切削的刀具等。量具钢主要用于制造各种测量工具，如千分尺、游标卡尺和量块等。例如，CrWMn、9SiCr 和 CrMn 等钢可用于制造形状复杂、高精度的量具。

2）模具钢的应用

冷作模具钢是用于制造金属在冷态下成形的模具，如冷冲模、冷挤压模和拉丝模等。例如，Cr12、Cr12MoV 是最常用的冷作模具钢。热作模具钢主要用于制造使金属在热态下或液态下成形的模具，如热锻模、热挤压膜和压铸模等。例如，5CrNiMo、5CrMnMo 是最常用的热锻模具钢；3Cr2W8V 是最常用的压铸模和热挤压模具钢。

（4）高速工具钢的应用

高速工具钢主要用于制造各种复杂刀具，如钻头、拉刀、成形刀具和齿轮刀具等。例如，W18Cr4V2、W6Mo5Cr4V2 是最常用的高速钢。

（5）特殊性能钢的应用

特殊性能钢是指在特殊的环境、工作条件下使用的钢，如不锈钢、耐热钢和耐磨钢等。

1）不锈钢的应用

不锈钢主要用于化工设备、医疗与食品器械、容器及管道和装饰器具上。例如，1Cr13、2Cr13、3Cr13、1Cr17、1Cr18Ni9Ti 和 0Cr19Ni9Ti 等是常用的不锈钢。

2）耐热钢的应用

耐热钢主要用于抗氧化和热强性要求极高的工作条件下。例如，汽油机、柴油机的排气阀、汽轮机叶片、转子、紧固件、加热炉炉底板、渗碳炉和炉用部件等。

3）耐磨钢的应用

耐磨钢主要用于制造在强烈冲击下工作要求耐磨的零部件，如铁路遂岔、坦克履带和挖掘机铲齿等。例如，ZGMn13 是常用的耐磨钢。

3. 铸铁的应用

铸铁具有良好的铸造性能、切削性能，所以在机械制造中广泛应用。按质量计算，金属切削机床、汽车和拖拉机中铸铁零部件占 50％～70％。

（1）白口铸铁的应用

白口铸铁因其硬度高、脆性大、难以切削加工，故很少直接用来制造机械零件，主要用于炼钢原料、可锻铸铁的毛坯，以及铸造成冷硬铸铁，制造高耐磨的火车轮圈、轧辊、犁铧及球磨机磨球等。

(2) 灰铸铁的应用

灰铸铁常用于受力不大、冲击载荷小、需要减震或耐磨的各种零件,如机床床身、机座、箱体、手轮、支架、底板和防护罩等。灰铸铁是生产中使用最多的铸铁。例如,HT200 适用于承受高载荷、要求耐磨和高气密性的重要零件,如大型发动机的气缸体、气缸盖、气缸套、油缸、泵体和阀体等。

(3) 可锻铸铁的应用

可锻铸铁常用于制造汽车、拖拉机的薄壳零件、低压阀门和各种管接头等。例如,KTH370-12 黑心可锻铸铁主要用于形状复杂、要求强度和韧性较高的薄壁铸件。

(4) 球墨铸铁的应用

在机械制造、造船、冶金、化工等行业中,球墨铸铁广泛用于制作受力复杂、性能要求较高的重要零件,如代替铸钢、锻钢,制作柴油机曲轴、气缸套、连杆、活塞和齿轮等零件。例如,QT400-18 适用做汽车、拖拉机的牵引框、轮毂、离合器反减速器的壳体;QT700-2 适用于做柴油机和汽油机的曲轴、连杆和凸轮轴等零件。

(5) 合金铸铁的应用

在灰铸铁或球墨铸铁中加入一定的合金元素,可使铸铁具有某些特殊性能,如耐热、耐磨、耐蚀和高强度等。

1) 耐热铸铁的应用

耐热铸铁主要用于汽车发动机排气门座,加热炉底板、烟道挡板、炉条和渗碳坩埚等。

2) 耐磨铸铁的应用

耐磨铸铁主要用于汽车、拖拉机行业中气缸套筒、排气门座圈、活塞环、轴承、犁铧、轧辊和球磨机磨球等。

3) 耐蚀铸铁的应用

耐蚀铸铁主要用于化工管道、泵、阀门和容器等。

4. 有色金属材料的应用

有色金属有其特殊的性能和应用场合,广泛应用于机械制造、航空、航天、航海、化工和电器等行业。

(1) 铝及其合金的应用

1) 工业纯铝的应用

工业纯铝主要用于做导电、导热材料或耐蚀零件,如汽车加热器、散热器、蒸发器、油冷却器、电线、电缆、装饰件、铭牌和配置合金等。

2) 铝合金的应用

铝合金的比强度高、耐蚀性、切削性能好和质量轻,广泛用于质量轻、强度高的航空工业。

① 变形铝合金的应用。变形铝合金具有较高的强度和良好的塑性,可以通过压力加工制成各种半成品,也可以焊接。它主要有防锈铝合金、硬铝合金、超硬铝合金和锻铝合金四种。防锈铝合金不能热处理强化,可通过冷变形强化。如 5A05 和 3A21 型号铝主要用于制作焊接

容器、铆钉和导管等。硬铝合金可以进行热、冷变形强化处理。如 2A11 和 2A12 型号铝主要用于制作中、高强度结构件,如大型铆钉、螺旋桨叶片、骨架和梁等。超硬铝合金经固溶处理和人工时效后,可获很高的强度和硬度。如 7A04 型号铝主要用于制作型材和结构,如发动机机架、飞机大梁、桁架、起落架等。锻铝合金力学性能与硬铝相近,还具有较好的耐蚀性和良好的热塑性,适于锻造成形,可进行固溶处理和人工时效。如 2A50 和 2A70 型号铝主要用于制作承受较重载荷的锻件和模锻件,如内燃机活塞、风扇轮等

② 铸造铝合金的应用。铸造铝合金按主加合金元素不同,分为四大系,现将各系应用分别说明。

- Al－Si 系铸造铝合金通常称为硅铝明,典型牌号是 ZAlSi12(代号 ZL102),由于不能热处理强化,致密性较差。主要用于制作强度要求不高、形状复杂的铸件,如仪表的壳体和气缸体等一些承受低载荷的铸件。而牌号 ZAlSi7Cu4 则可用来制作强度和硬度要求较高的铸件。
- Al－Si 系铸造铝合金,典型牌号 ZAlCu5Mn 铸造铝合金可用于制作在 300 ℃以下工作的零件,如内燃机气缸头和活塞等。
- Al－Mg 系铸造铝合金,典型牌号 ZAlMg10 铸造铝合金常用于制作受冲击、在腐蚀介质中工作、外形不复杂的零件,如氨用泵体等。
- Al－Zn 系铸造铝合金,典型牌号 ZAlZn11Si7 主要用于制作结构的汽车、飞机、船舶等设备上的仪器零件,也可制造日用品。

(2) 铜及其合金的应用

1) 工业纯铜的应用

工业纯铜广泛应用于制造电线、电缆等各种导热材件及配置合金。

2) 铜合金的应用

铜合金主要用来制作精密机械和仪表中的耐蚀零件、热电偶等。由于其价格高,很少用于一般机械零件。生产中使用较广的是黄铜和青铜。

① 黄铜的应用。按化学成分不同,黄铜可分为普通黄铜和特殊黄铜。普通黄铜当 $w_{Zn}<32\%$时,适宜于冷、热加工;当 $32\%<w_{Zn}<45\%$时,不能进行冷加工,在 456℃以上时可进行热压力加工;当 $w_{Zn}>45\%$时,无使用价值。冷加工后的黄铜应进行低温去应力退火。常用的单相黄铜 H68 可用于制造形状复杂、耐蚀的零件,如弹壳、波纹管和冷凝器等。H62 是常用的双相黄铜,广泛用于制作热轧、热压零件或由棒材经机加工制造各种零件。ZCuZn38 是常用的铸造普通黄铜,主要用于一般结构件和耐蚀零件,如法兰、阀座和支架等。特殊黄铜HPb59－1 一般主要用于制造重要的销、螺钉等冲压件或加工件。特殊黄铜 HMn58－2 主要用于船舶零件及轴承等耐磨零件。

② 青铜的应用。青铜主要用于耐磨损零件和耐蚀零件的制造,如蜗轮和轴瓦等。其中含

锡元素的称为锡青铜,不含锡元素的称为无锡青铜。在锡青铜中,当 $w_{Sn}<7\%$时,适宜于冷、热加工;当 $w_{Sn}>10\%$时,只适宜铸造成形;当 $w_{Sn}>20\%$时,无使用价值。锡青铜可用于制作轴承、轴套等耐磨零件及弹簧等弹性元件。铸造锡青铜主要用于制作泵体等。无锡青铜中常用的有铝青铜和铍青铜。铝青铜常用于制作在复杂条件下(如较高温度、海水等)工作的高强度、抗磨、耐蚀的零件,如齿轮、轴套、蜗轮和弹簧等。铍青铜主要用于制作各种精密仪器、仪表时重要弹性零件,钟表齿轮,高速高压下工作的轴承及衬套、航海罗盘等耐磨、耐蚀零件,但由于其价格高,工艺复杂,应用受到限制。

③ 白铜的应用。白铜可分为结构铜镍合金和电工铜镍合金。结构铜镍合金能在热态、冷态下承受压力加工,用于制造精密机械、化工机械和船舶零件。电工铜镍合金是制造精密电工测量仪器、变阻器、热电偶和电热器不可缺少的电工原料。

3) 轴承合金的应用

轴承合金主要用于制造滑动轴承的轴瓦或内衬。常用的轴承合金主要是非铁基金属合金,其依据合金中含量多的元素分类,有锡基、铅基、铜基和铝基轴承合金等。锡基和铅基轴承合金又称巴氏合金,是应用广泛的轴承合金。锡基巴氏合金主要用于重要的轴承,如汽车、汽轮机和增压器等机械的高速轴承。铅基轴承合金价格稍低,主要用于中速滑动轴承,如汽车、拖拉机的曲轴、连杆轴承及小于 250 kW 的电动机轴承等。铜基轴承合金主要用于高速、高压下工作的轴承,如高速柴油机、航空发动机的主轴承。铝基轴承合金主要用作于高速、重载的发动机轴承。灰铸铁可制作一般要求下工作的轴承。

3.3.2　非金属材料的应用

非金属材料来源广泛,成形工艺简单,又具有某些特殊性能,已成为机械工程材料中重要的组成部分。非金属材料主要有高分子材料和陶瓷。高分子材料常用的有塑料、橡胶和胶粘剂等。陶瓷按原料不同分为普通陶瓷和特种陶瓷,按用途不同分为日用陶瓷和工业陶瓷等。

1. 塑料的应用

塑料按成形方法分为热塑性塑料和热固性塑料,按应用范围分为通用塑料和工程料塑。

(1) 热塑性塑料的应用

该类塑料按通用塑料和工程塑料分别说明其应用。

1) 通用塑料的应用

通用塑料主要包括聚乙烯(PE)和聚氯乙烯(PVC)。PE 分为高压聚乙烯与低压聚乙烯。高压 PE 适用于薄膜、软管、瓶等,用于食品、药品包装品、电线、电缆包皮等。低压 PE 适用于化工管道、阀门,承受小载荷齿轮、轴承、塑料管、板和绳等。PVC 分为硬质聚氯乙烯与软质聚氯乙烯。硬质 PVC 适用于化工耐蚀结构件,如输油管、容器、离心泵、阀门管件等。软质 PVC 适用于农业和工业包装用薄膜、人造革、电绝缘材料,因有毒而不宜用于食品包装。

2）工程塑料的应用

工程塑料分为聚酰胺(尼龙 PA)、聚甲基丙烯酸甲酯(有机玻璃 PMMA)、苯乙烯-丁二烯-丙烯腈共聚物(ABS 塑料)和聚四氟乙烯(塑料王 F－4)四种。PA 常用的有尼龙 6、66、610、1010 等,用于小型耐磨零件,如齿轮、轴承、凸轮、衬套和密封圈等。PMMA 主要用于航空、汽车、电子、仪器仪表中的透明件或装饰件等。ABS 塑料在机械、电器、汽车、飞机和化工等行业中应用广泛,如电话机、扩音机、仪表盘、电视机、汽车挡泥板、汽车车身等。F-4 主要用于耐蚀、减摩、耐磨件、密封件、绝缘件,如高频电缆、电容线圈架、化工用反应器及管道等。

(2) 热固性塑料的应用

热固性塑料分酚醛塑料(电木 PF)、氨基塑料(电玉 UF)、环氧树脂塑料(EP)和聚氨酯(PUR)四类。PF 广泛用于开关、插座、灯头、灯座、电器绝缘板、仪表壳体、整流罩、耐酸泵、刹车片、水润滑轴承、带轮和无声齿轮等。UF 主要用于装饰件、绝缘件,如开关、插头、旋钮、把手、灯座、钟表和电话机外壳等。EP 主要用于制作玻璃纤维增强塑料(环氧玻璃钢)、用于塑料模具、量具、仪表、电器元件、灌封电器、电子仪表装置及线圈、涂覆、包封和修复零件,是较好的胶粘剂。PUR 主要用于制作软质和硬质泡沫塑料、合成橡胶、胶粘和涂料以及保温材料等。

2. 橡胶的应用

橡胶按生胶来源不同,分为天然橡胶和合成橡胶;按应用范围不同,分为通用橡胶和特种橡胶。通用橡胶分天然橡胶(NR)、丁苯橡胶(SBR)、顺丁橡胶(BR)、氯丁橡胶(CR)和丁腈橡胶(NBR)五种。NR 主要用于制作轮胎、胶带、胶管和通用制品等。SBR 主要用于制作轮胎、胶板、胶布、胶带、胶管和通用制品等。BR 主要用于制作轮胎、V 带、耐寒运输带和绝缘体等。CR 主要用于制作电线(缆)包皮、耐燃胶带、胶管、汽车门窗嵌条和油罐衬里等。特种橡胶分聚氨酯橡胶(UR)、氟橡胶(FPM)和硅橡胶三种。UR 主要用于制作胶辊、实心轮胎、耐磨制品及特种垫圈等。FPM 主要用于制作高耐蚀密封件、高真空橡胶件以及特种电线电缆的护套等。硅橡胶主要用制作耐高、低温橡胶制品、绝缘件和印模材料等。

3. 常用合成胶粘剂的应用

胶粘剂种类繁多,其常用合成胶粘剂分树脂型胶粘剂、合成橡胶胶粘剂和混合型胶粘剂三类。其中树脂型胶粘剂分热塑性和垫热固性两种,热塑性包括 α-氰基丙烯酸酯和聚丙烯酸酯;α-氰基丙烯酸酯主要用于金属、塑料、橡胶、陶瓷、木材和玻璃等。聚丙烯酸酯主要用于金属、热固性塑料、玻璃和陶瓷等。热固性包含环氧树脂和聚氨酯;环氧树脂主要用于金属-金属、塑料-塑料、金属-非金属、玻璃和陶瓷等各种材质快速胶接、固定和修补等。聚氨酯主要作非结构胶使用,可以胶接多种金属和非金属材料,特别是耐低温件的胶接等。胶粘剂合成橡胶包含氯丁橡胶和丁腈橡胶;氯丁橡胶适用于橡胶、塑料、金属-橡胶的胶接等。丁腈橡胶适用于金属、塑料、织物、耐油橡胶的胶接等。混合型胶粘剂包含酚醛-丁腈和酚醛-缩醛;酚醛-丁腈主要应用于金属-金属、金属-非金属的胶接等。酚醛-缩醛适用于各种金属、非金属材料的胶接等。

4. 常用陶瓷的应用

陶瓷种类繁多,其常用陶瓷可分为普通陶瓷和特种陶瓷(现代陶瓷)。普通陶瓷可用于受力不大、工作温度一般在 200 ℃以下的酸碱介质中工作的容器、反应塔管道以及供电系统中的绝缘子等绝缘材料。特种陶瓷有氧化铝陶瓷(刚玉)、氮化硅陶瓷、碳化硅陶瓷和氮化硼陶瓷等。氧化铝陶瓷是应用最广的高温陶瓷,适用刀具、拉丝模、坩埚、热电偶套管、内燃机火花塞和火箭导流罩等。氮化硅陶瓷主要用于高温轴承、耐蚀水泵密封环、热电偶套管、燃气轮机叶片、电磁泵管道、阀门和切削冷硬铸铁的刀具等。碳化硅陶瓷可用于 1 500 ℃以上工作的结构件,如火箭尾喷嘴、浇注金属用的喉嘴、热电偶套管、燃气轮机的叶片、高温轴承、核燃料包装材料和耐磨密封圈等。氮化硼陶瓷可用于热电偶套管、高温容器、半导体散热绝缘零件、高温轴承和玻璃制品的成形模具等。

3.3.3 常用复合材料的应用

复合材料最大的特点是能根据人们的要求来设计材料,改善材料的使用性能,克服单一材料的某些缺点,充分发挥各组成材料的特性,取长补短,有效地利用材料。复合材料品种和分类繁多,常用复合材料有纤维增强复合材料、层叠复合材料和颗粒复合材料三类。复合材料是一种新型的、很有发展潜力的工程材料,其应用会越来越广泛。

1. 纤维增强复合材料的应用

纤维增强复合材料分为玻璃纤维增强塑料(玻璃钢)和碳纤维增强塑料。玻璃钢又分热塑性玻璃钢和热固性玻璃钢。热塑性玻璃钢主要用于制作轴承、轴承座、齿轮等精密零件、仪表盘、车用前后灯、空气调节器叶片、照相机及电器壳体等。热固性玻璃钢主要用于制作要求自重轻的受力构件,如直升机的旋翼、汽车车身、氧气瓶,耐海水腐蚀的结构件,如轻型船体、耐腐蚀容器、石油管道和阀门等。碳纤维增强塑料主要用于制作宇宙飞行器的外形材料、天线构架及天线罩隔板、轴承、齿轮、活塞、密封环、化工零件和容器等。

2. 层叠复合材料的应用

层叠复合材料分为夹层结构复合材料和塑料-金属多层复合材料。夹层结构复合材料主要用于飞机上的天线罩隔板、机翼、火车车厢、汽车夹层玻璃和运输容器等。塑料-金属多层复合材料主要用于无润滑条件下的各种轴承等。

3. 颗粒复合材料的应用

常见的颗粒复合材料有金属陶瓷、石墨-铝合金颗粒复合材料等。石墨-铝合金颗粒复合材料是一种新型轴承材料。氧化物(Al_2O_3)金属陶瓷用于高速切削刀具材料及高温耐磨材料,如刹车片等。钛基碳化钨即硬质合金,可制作切削刀具等。镍基碳化钛可制作火箭上的耐高温零件等。

第4章　钳工实训

4.1　钳工实训教学要求

1. 基本知识

① 掌握钳工刀具材料的常用种类；钳工刀具的形状、几何角度和刃磨方法。

② 了解机械加工精度的概念。

③ 掌握产生加工误差的原因及减少误差的方法。

2. 专业知识

① 掌握零件(包括箱体、大型和畸形工件)的划线方法。

② 掌握钻头的构造特点、性能及应用。

③ 掌握各种孔(包括小孔、斜孔、深孔、多孔、相交孔和精密孔)的钻削方法。

④ 掌握常用设备、工夹、量具、量仪的结构原理和使用维护方法。

⑤ 熟悉钳工通用机械设备的工作原理和使用方法。

⑥ 了解机械加工知识、生产技术管理知识以及车间生产管理的基本内容。

3. 技能要求

① 锉削加工平面、曲面，要求尺寸公差≤0.03 mm，表面粗糙度 $R_a \leq 1.6\ \mu m$。

② 各种型材锯削，型面錾削，尺寸公差≤0.06 mm。

③ 根据加工需要刃磨钻头，在台钻、立钻、摇臂钻上加工各类孔，达到技术要求。

④ 刮研平板、方箱，精度达到1级。

⑤ 在同一平面钻铰3～5个孔，尺寸公差等级IT7，表面粗糙度 $R_a \leq 0.8\ \mu m$。

⑥ 研磨平面、曲面和其他型面，尺寸公差不大于0.005 mm。

⑦ 复杂零件(包括箱体类零件)的划线。

4.2　钳工的工作性质和基本内容

1. 钳工的工作性质

钳工是用手工工具并主要在各种钻床和台虎钳上进行手工操作的一个工种，它的工作性质和任务是零件加工，还有装配、修理、调试和测量等。

2. 钳工工作基本内容

钳工工作基本内容有划线、锯割、锉削、钻孔、扩孔、锪孔、铰孔、攻螺纹和套螺纹、矫正和弯曲、铆接、粘接、刮削、研磨、装配和调试、测量和简单的热处理等。

除此外，钳工还要进行部件和产品的装配以及工具、夹具和模具的制造和修理。装配就是把零件按产品的技术要求进行组件、部件装配和总装，并经过调整、检验和试车等过程，使之成为合格产品。

4.3 划 线

划线是机械加工的重要工序之一，也是钳工应掌握的一项基本技能。通过划线，可以检查坯件是否合格。对一些局部存在缺陷的坯件，可以利用划线校正加工余量(借料)进行补救，以提高坯件的合格率；对一些无法校正加工余量的坯件，能及早发现，杜绝其流到下道工序，减少不必要的损失，降低加工成本。

4.3.1 划线操作训练的基本要求

划线是机械加工中重要细致的一项工作，其操作训练的基本要求是：基准选择准确、尺寸准确、线条清晰(不允许重复)、样冲眼均匀、线条粗细控制在 0.1 mm 之内，划线精度一般在 0.2～0.3 mm 之间。具体有如下技能目标。

① 能熟练应用划线的各种工具，并懂得保养。

② 根据图样要求确定正确的划线基准。

③ 掌握分度头分度原理和计算方法，并能正确使用。

④ 掌握平面划线及找正方法，了解立体划线及找正借料方法。

4.3.2 划线工具

1. 划线工具及使用保养

(1) 划 针

划针用来在工件上划线条。其材料是 ϕ4 mm 左右的弹簧钢丝或高速钢。尖端根据所需划线坯件的情况磨成 10°～20°的尖角，如图 4－1(a)所示。划针要经过淬火提高其硬度，还可以在划针尖端部位焊硬质合金，提高耐磨性。

用划针划线时针尖要紧靠导向工具的边缘，上部向外侧倾斜 15°～20°，向划线移动方向倾斜 45°～75°，如图 4－1(b)所示。划针的针尖要保持锋利，划线要一次划成，一般不重复，使划出的线条既清晰又准确。划针使用后要清洗干净，并放在工具柜指定的位置，针尖向里。

(2) 划线盘

划线盘用于立体划线或找正工件在机床上的加工位置，如图 4－2 所示。

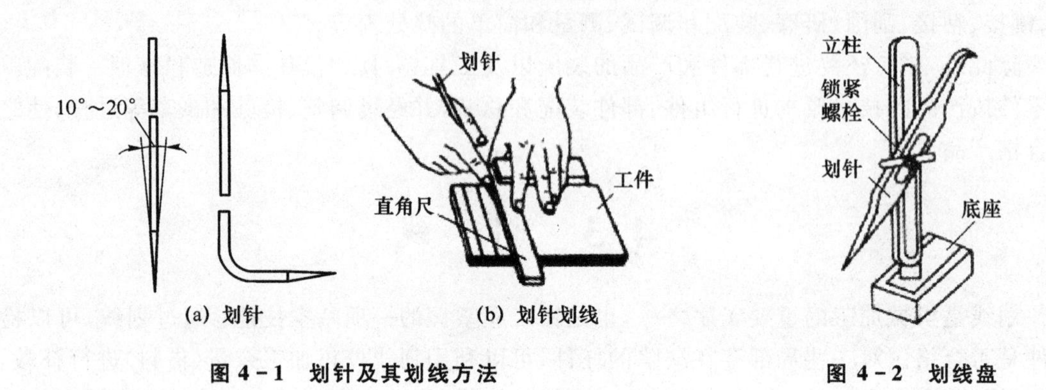

(a) 划针　(b) 划针划线

图 4-1　划针及其划线方法　　图 4-2　划线盘

(3) 划　规

划规用于划圆和圆弧、等分线段、等分角度等。图 4-3 所示是几种常用的划规。划规两脚的长短相差 0.1～0.2 mm，而且两脚合拢时脚尖必须能靠紧，这样才能划出尺寸较小的圆弧。划规的脚尖要尖利，这样才能保证所划线条清晰。使用时，作为回转中心的一脚应加一定的压力，保持中心不变，这样才能在工件表面划出圆或圆弧，如图 4-3(e)所示。

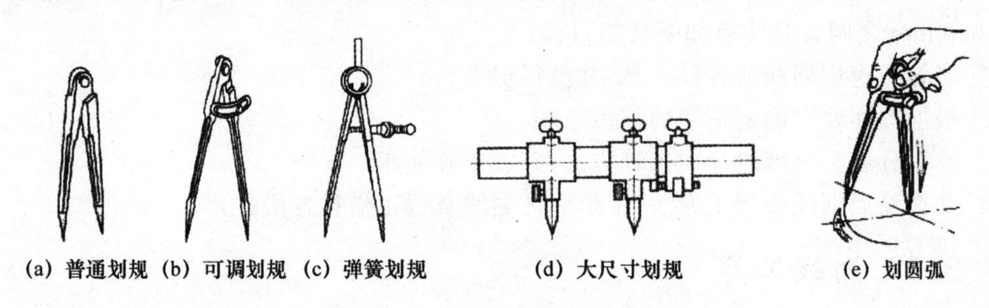

(a) 普通划规　(b) 可调划规　(c) 弹簧划规　(d) 大尺寸划规　(e) 划圆弧

图 4-3　划规及其圆弧画法

(4) 高度尺

高度尺分为普通高度尺和高度游标尺。

1) 普通高度尺

普通高度尺是由钢直尺和底座组成，用于量取高度尺寸，如图 4-4(a)所示。

2) 高度游标尺

高度游标尺既是游标量具，也是划线工具。其读数精度为 0.02 mm 或 0.05 mm。它附有划针脚，能直接标出高度尺寸，也可直接用于精密划线，如图 4-4(b)所示。

高度游标尺的使用方法：使用前，首先要在平板上检查回零精度，然后调整所需划线尺寸。手握高度尺底座，划针尖端与工件成 30°左右的夹角，然后手向下施加一个压力，沿运动方向匀速运动，划出所需的加工线，如图 4-4(c)所示。划线时，尽量避免划针与工件的其他部位碰触，以免伤及工件表面。

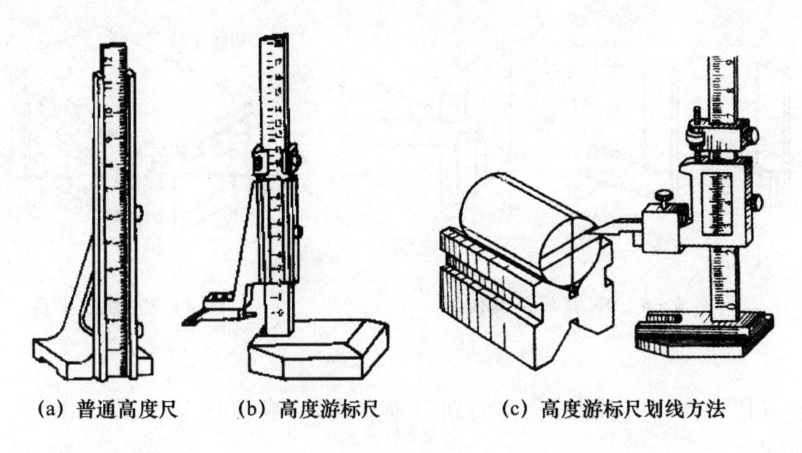

(a) 普通高度尺　(b) 高度游标尺　(c) 高度游标尺划线方法

图 4-4　高度尺

(5) 金属直尺(又称钢板尺)

钢板尺是一种基本量具,尺面上有刻度线,最小刻线距为 0.5 mm,其长度规格有 150 mm、300 mm、1 000 mm 等多种,主要用来量取尺寸,测量工件,也可作为划线时的导向工具。钢板尺及其应用如图 4-5 所示。

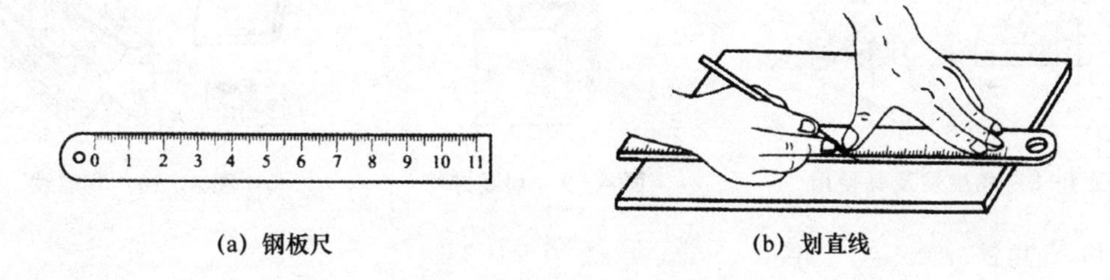

(a) 钢板尺　(b) 划直线

图 4-5　钢板尺及其使用

(6) 直角尺(又称 90°角尺)

如图 4-6(a)所示,直角尺常用作划平行线或垂直线的导向工具,也可用来找正工件在划线平板上的垂直位置。直角尺划线时的使用方法如图 4-1(b)和图 4-6(b)所示。

(7) 划线平台

划线平台又称划线平板,一般由铸铁制成,工件表面经过精加工和刮削加工,作为划线时的基准平面,如图 4-7 所示。划线平台一般用木架搁置,放置时应使平板工作表面处于水平状态,并随时用机械油保养工作面。

(8) 角度规

角度规常用于划角度线,如图 4-8 所示。

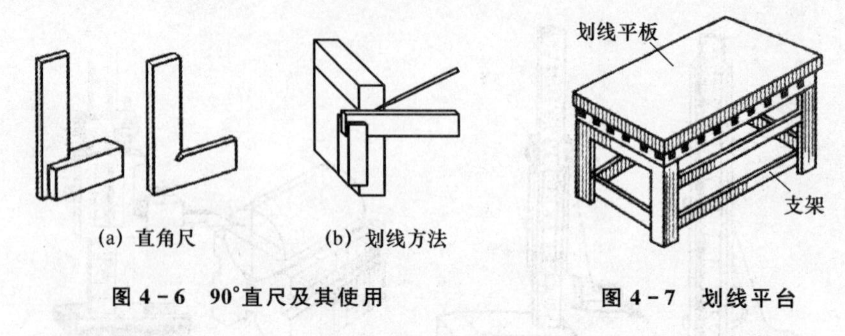

(a) 直角尺　(b) 划线方法

图 4-6　90°直尺及其使用　　图 4-7　划线平台

(9) 方　箱

方箱用于夹持工件，并能翻转位置而划出垂直线，一般制有 V 形槽，如图 4-9 所示。

(10) V 形铁

V 形铁通常是两个一起使用，用来安放圆柱形工件，划出中心线，找出中心等，如图 4-10 所示。

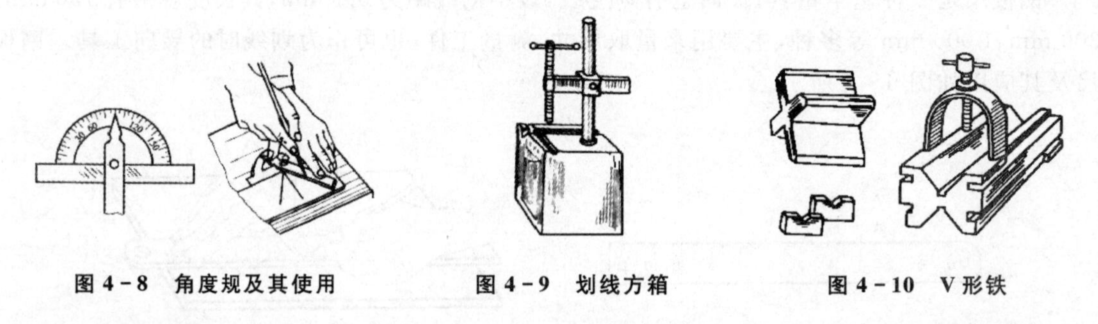

图 4-8　角度规及其使用　　图 4-9　划线方箱　　图 4-10　V 形铁

(11) 直角铁

直角铁如图 4-11 所示。划线时可将工件夹持在直角铁的垂直面上，需用 C 形夹头或压板配合使用。

(12) 调节支承

调节支承有锥形千斤顶和 V 形块千斤顶。

1) 锥形千斤顶

使用锥形千斤顶时通常是三个一组（三点一面原理），用于支承不规则的工件（铸造件、箱体类零件），支承高度可作一定的调整，如图 4-12 所示。

2) V 形块千斤顶

这种千斤顶通常用于支承工件的圆柱面，如图 4-13 所示。

(13) 样　冲

样冲用于在划好的工件加工线条上冲点，使操作者非常明显地看到加工基准线，并可为划圆弧或钻孔时定中心。样冲由工具钢、高速钢制成，尖端处进行热处理，其顶尖角在 30°～60°

之间，如图 4－14(a)所示。

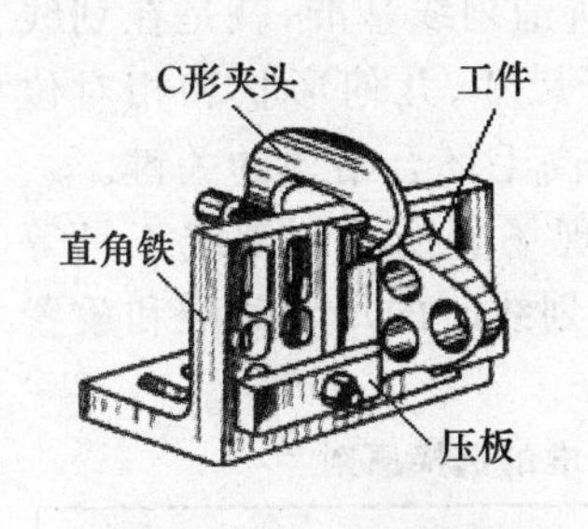

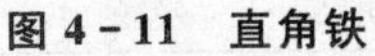
图 4－11　直角铁

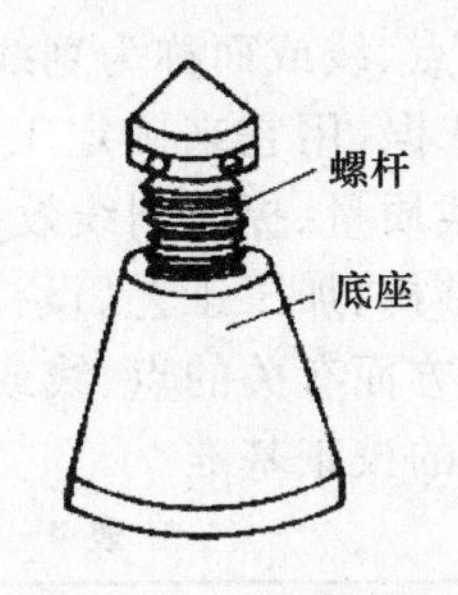

图 4－12　锥形千斤顶

图 4－13　V 形块千斤顶

使用样冲时要将其外倾使尖端对准线或交点的正中，然后再将样冲立直，用小锤轻轻敲击，如图 4－14(b)所示。冲点深度根据材料对象和状态的不同而不同，一般在薄壁上或光滑表面上冲点要浅，粗糙表面要深些，以能看清为限。

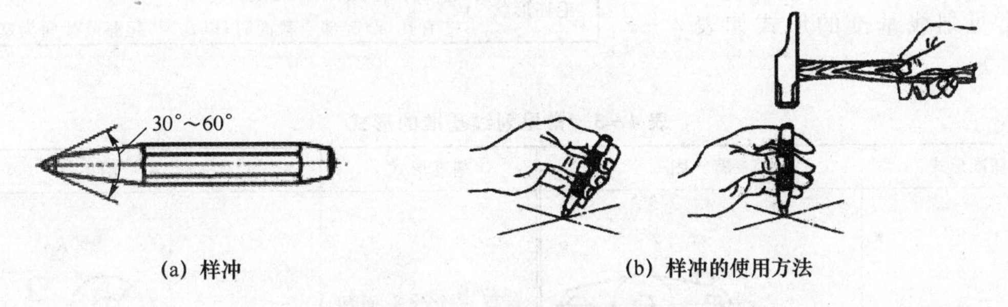

(a) 样冲　(b) 样冲的使用方法

图 4－14　样冲及使用方法

2. 划线的涂料

为使工件表面划出的线条清晰，划线前需在划线部位涂上一层薄而均匀的涂料，待涂料干燥后，即可进行划线。常用涂料和配方如表 4－1 所列。

表 4－1　常用涂料和配方

名　称	配方(质量比例)	用　途
石灰水	石灰水 97%，乳胶 3%	铸铁或锻件毛坯
龙胆紫溶液	龙胆紫 2%～3%，漆片 3%～4%，酒精 93%～95%	铜、铝等有色金属
硫酸铜溶液	硫酸铜 5%～6%，稀酒精 94%～95%；或者用硫酸铜 8%，水 92%	磨削过的工件
孔雀绿溶液	孔雀绿 3%～4%，漆片 2%～3%，酒精 92%～95%	精加工工件

4.3.3　划线方法

钳工划线分为平面划线和立体划线，既要划基准线，也要划出零件的加工线。但先划哪些线，后划哪些线，从哪里开始等不仅是一个先后顺序问题，还涉及是否能顺利完成工序和准确划出各处线条。在划线中把划线起始的点、线或面称为划线基准。所谓划线基准，就是在划线时，选择工件上的某个点、线或面作为依据，用它来确定工件各部分尺寸、几何形状和相对位置。因此，合理选择划线基准是保证划线质量、提高划线效率以及提高毛坯合格率的关键。

选择划线基准时，需要分析工件的结构、加工工艺、设计要求及现场能使用的划线工具等综合因素，通过分析，找出工件上与各个方面有关的点、线或面，作为划线时的尺寸基准和放置在划线平台上的放置基准以及校正工件的校正基准。

1. 划线基准的选择

在选择划线的基准时，应先分析图样，找出设计基准，使划线基准与设计基准一致，从而能够直接量取划线尺寸，简化换算手续。

划线基准的选择原则如表 4-2 所列。常见划线基准的形式如表 4-3 所列。

表 4-2 划线基准的选择原则

选择根据	说明
图样尺寸	划线基准与设计基准一致
加工情况	① 毛坯上只有一个表面是已加工面，以该面为基准 ② 工件不是全部加工，以不加工面为基准 ③ 工件全是毛坯面，以较平整的大平面为基准
毛坯形状	① 圆柱形工件，以轴线为基准 ②有孔、凸起部或毂面时，以孔、凸起部或毂面为基准

表 4-3 常见划线基准的形式

基准形式	简图	基准形式	简图
以中心点为基准	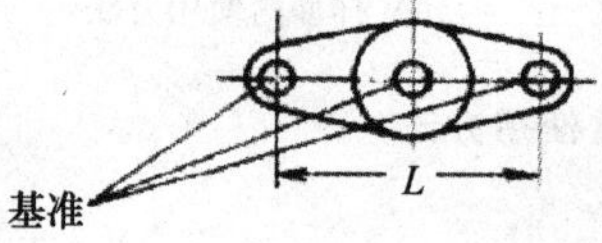 基准 L	以一个外平面和一条中心线为基准	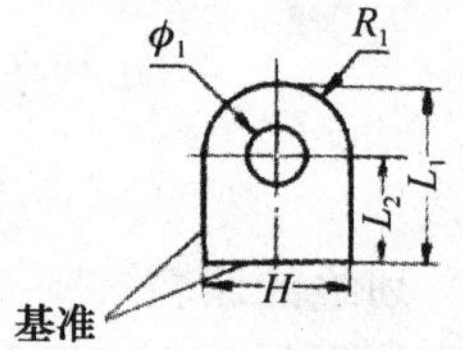 ϕ_1 R_1 L_1 L_2 H 基准
以两条中心线为基准	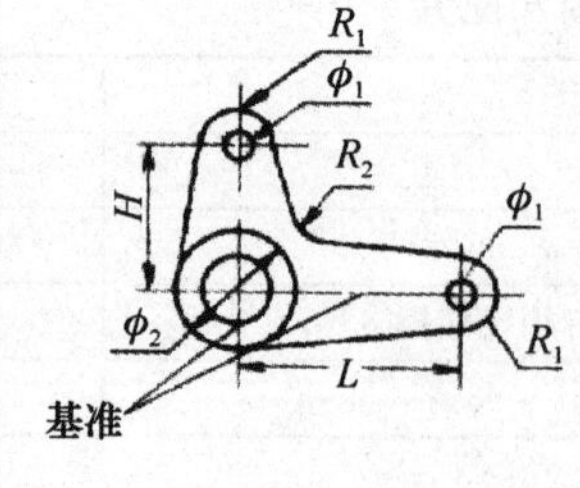 R_1 ϕ_1 R_2 H ϕ_1 ϕ_2 R_1 L 基准	以两个互成直角的外平面（或线）为基准	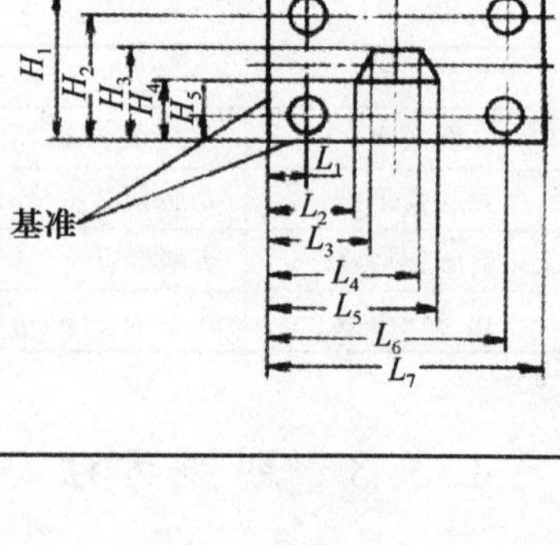 H_1 H_2 H_3 H_4 H_5 基准 L_1 L_2 L_3 L_4 L_5 L_6 L_7

2. 划线的操作步骤

以图 4-15 所示轴承座零件为例，介绍平面划线步骤。图例要求划出各加工线。

① 认真读懂图 4－15(a)，弄清要划哪些线；确定底面 A 为高度方向划线基准，对称线 B 为长度方向划线基准，两基准互相垂直。

② 检测毛坯，确定是否有足够的加工余量。

③ 选择划线工具。本例中选划线平台、角铁、C 形夹头和带划针的游标高度卡尺为划线工具。

④ 划底面一条线作为高度方向划线基准 A，然后依次按尺寸划出高度方向各位置线和加工线，如图 4－15(b)所示。

⑤ 将毛坯转过 90°，用 C 形夹头夹持在角铁上，用直角尺找正工件使基准 A 与平台水平面垂直，根据加工余量划出基准线 B，然后按尺寸依次划出长度方向各位置线和加工线，如图 4－15(c)所示。

⑥ 划圆、圆弧以及各连接线，如图 4－15(d)所示。

⑦ 在各加工线上打样冲眼，如图 4－15(e)所示。

3. 立体划线简介

前面介绍的划线是在工件同一个方向的表面上进行的，称之为平面划线。立体划线是三维的，首先要将工件利用 V 形块(架)、千斤顶、楔铁、平板以及其他辅助工具支承起来，确定出划线的基准，然后按图样进行逐一划线，如图 4－4(c)所示。其基本划线步骤与平面划线一致，限于篇幅，这里不再详细介绍。

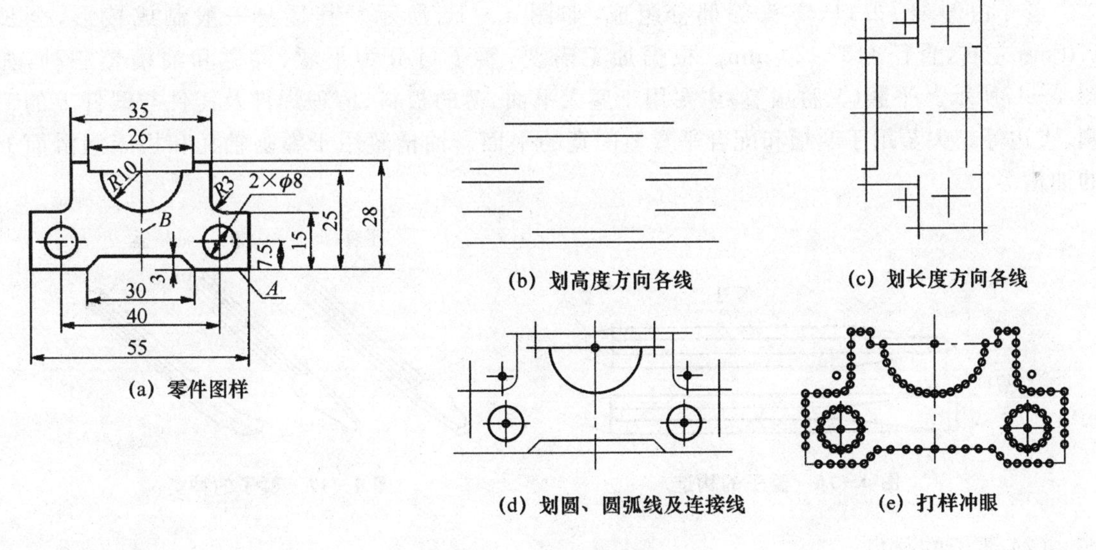

图 4－15　轴承座零件

4.4 錾 削

錾削是用锤子敲击錾子对金属工件进行切削加工的一种方法。它主要用于对不便于进行机械加工的零件的某些部位进行切削加工，如去除毛刺、飞边、錾削异形油槽、板材等。錾削是钳工工作中的一项重要的基本技能，其中的敲击技能是装拆机械设备必不可少的基本功。

4.4.1 錾削实训教学的技能目标

① 理解錾削安全操作规程；

② 了解錾削工具，掌握相关专业知识；

③ 掌握錾削操作的基本动作要领；

④ 熟练掌握各种錾削操作。

4.4.2 錾削实训的相关知识准备

錾削用的工具主要是各种錾子和锤子。

1. 錾 子

(1) 錾子的构造

錾子由錾身、刃口、錾头等部分组成，如图 4-16 所示。其錾身一般制成棱形，全长 170 mm左右，直径 $\phi 18 \sim 20$ mm。根据加工需要，錾子可分为平錾、尖錾和油槽錾三种，如图 4-17所示。平錾(又称扁錾)主要用于錾大平面、薄的板料、清理焊件及铸件与锻件上的毛刺、飞边等。尖錾用于錾槽和配合平錾錾削宽的平面。油槽錾用于錾削轴瓦和机床润滑面上的油槽等。

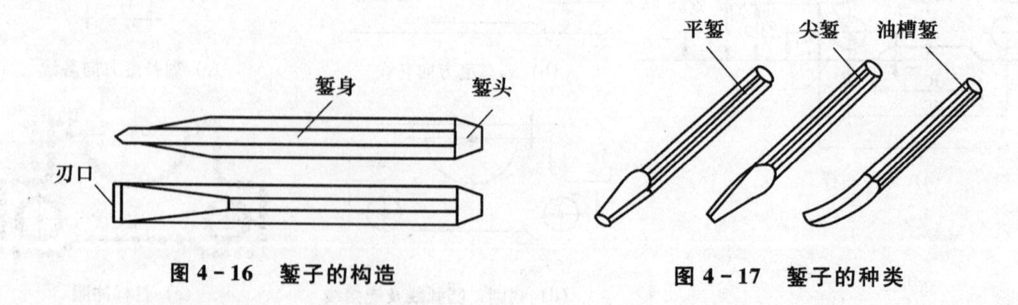

图 4-16 錾子的构造　　图 4-17 錾子的种类

(2) 錾子的材料

錾子通常采用碳素工具钢 T7、T8 经锻造和热处理制成，其硬度要求是：切削部分 HRC 52～57，头部 HRC 32～42。

(3) 錾子的切削角度

如图 4－18 所示，錾子的切削部分呈楔形，它是由两个斜面与一个刀刃组成的。其两斜面之间的夹角 β_0 称为楔角。錾子的楔角越大，切削部分的强度就越高，但錾削阻力随之加大，不但会使切削困难，而且会将材料的被切面挤切不平，所以应在保证錾子具有足够强度的前提下尽量选取小的楔角值。一般来说，錾子楔角要根据工件的硬度来选择：在錾削硬材料（如碳素工具钢）时，楔角取 60°～70°；錾削碳素钢和中等硬度的材料时，楔角取 50°～60°；錾削软材料（铜、铝）时，楔角取 30°～50°。其他角度分别有前角 γ_o、后角 α_o。

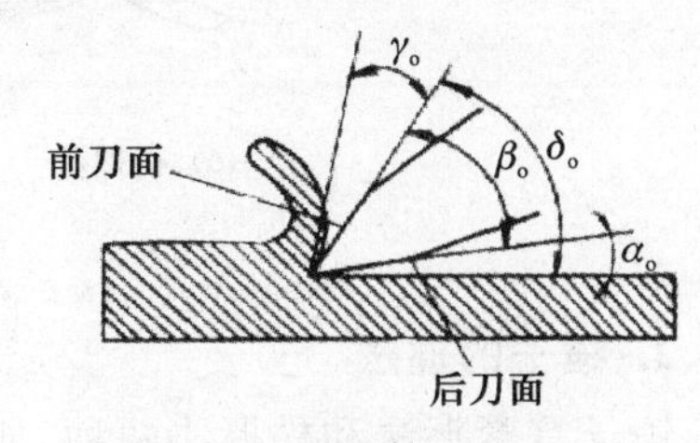

图 4－18 錾子的切削角度

2. 锤 子

锤子是錾削工作中不可缺少的工具，用錾子錾削工件时必须靠锤子的锤力才能完成錾削。锤子由锤头和木柄两部分组成，如图 4－19 所示。锤头用碳素工具钢制成，两端经淬火硬化、磨光等处理，顶面稍稍凸起。锤头的另一端形状可根据需要制成圆头、扁头、鸭嘴或其他形状。锤子的规格以锤头的质量大小来表示，其规格有 0.2 kg、0.5 kg、0.75 kg、1 kg 等几种。木柄需要坚韧的木质材料制成，其截面形状一般呈椭圆形。木柄长度要合适，过长则操作不方便，过短则不能发挥锤击力量。木柄长度一般以操作者手握锤头，手柄与肘长相等为宜。木柄装入锤孔中必须打入楔子，以防锤头脱落伤人，如图 4－20 所示。

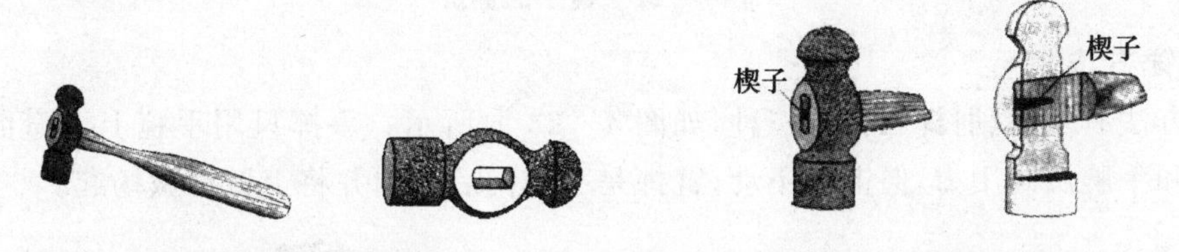

图 4－19 钳工用锤子　　**图 4－20 锤柄端部打入楔子**

4.4.3 錾削操作方法

1. 錾子的握法

握錾的方法随工作条件不同而不同，常用的三种方法如图 4－21 所示。

① 正握法。这种握法是手心向下，用虎口夹住錾身，拇指与食指自然伸开，其余三指自然弯曲靠拢并握住錾身，如图 4－21(a)所示。这种握法适用于平面錾削。

② 反握法。这种握法是手心向上，手指自然捏住錾柄，手心悬空，如图 4－21(b)所示。这种握法适用于小平面或侧面錾削。

③ 立握法。这种握法是虎口向上，拇指放在錾子一侧，其余四指放在另一侧捏住錾子，如图 4－21(c)所示。这种握法适用于垂直錾切工件，如在铁砧上錾断材料等。

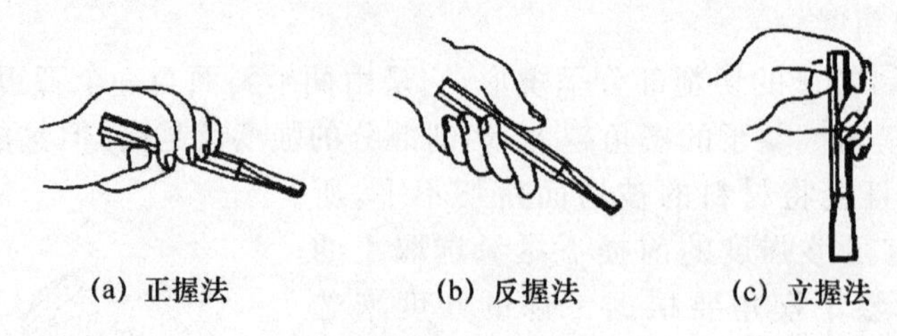

(a) 正握法　　(b) 反握法　　(c) 立握法

图 4－21　錾子的握法

2. 锤子的握法

锤子有紧握法和松握法两种，如图 4－22 所示。图 4－22(a)所示是紧握法，就是五个手指紧握住手柄进行锤击；图 4－22(b)所示是松握法，只有大拇指和食指握住手柄，在锤击过程中，中指、无名指和小指顺序紧握手柄，手臂回收时，从小指到中指依次放松。

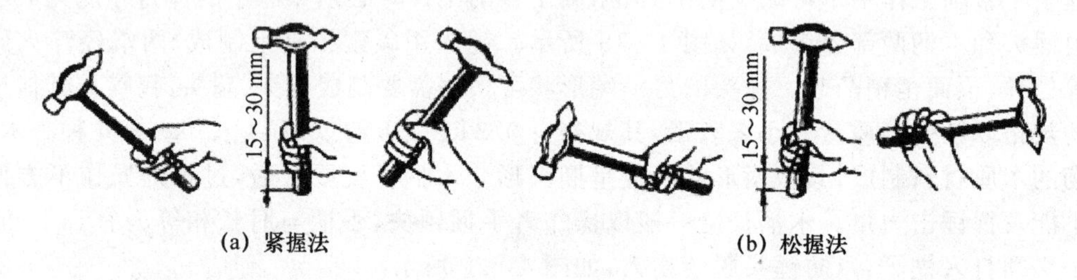

(a) 紧握法　　(b) 松握法

图 4－22　锤子的握法

3. 挥锤方法

挥锤方法有手挥、肘挥和臂挥三种，如图 4－23 肘所示。手挥只用手腕上下弯曲的力量；肘挥是肘和手腕协同用力，但上臂不动；臂挥是手腕向后弯曲并将上臂稍微扬起。

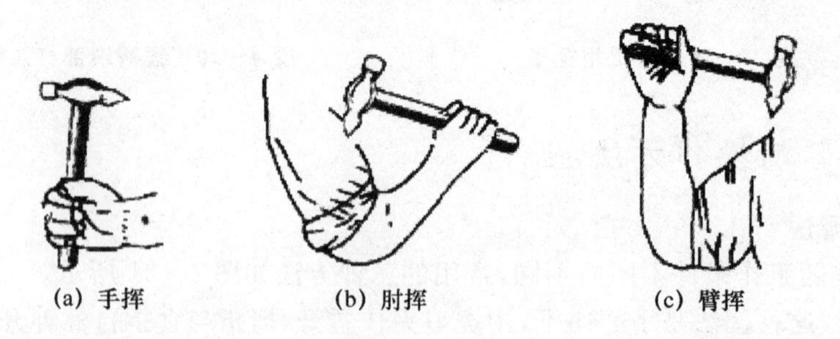

(a) 手挥　　(b) 肘挥　　(c) 臂挥

图 4－23　挥锤方法

4. 錾削时的步位和姿势

錾削时，操作者的步位和姿势应便于用力。操作者身体的重心偏于右腿，挥锤要自然，眼睛应正视錾刃而不是看錾子的头部，錾削时的步位和正确姿势如图 4－24所示。

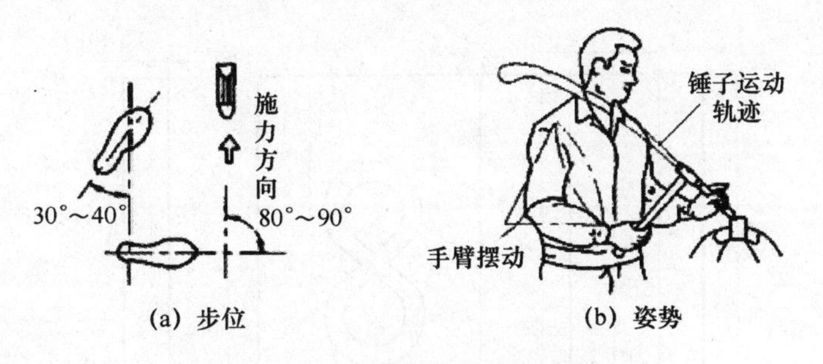

(a) 步位　(b) 姿势

图 4-24　錾削时的步位和姿势

5. 錾削要领

① 起錾。起錾时錾子要尽可能向右倾斜 45°左右，从工件尖角处向下倾斜 30°，轻击錾子，容易切入材料，然后按正常的錾削角度，逐步向中间錾削，如图 4-25(a)所示。

② 结束。当錾削到距工件尽头 10 mm 左右时，应调转錾子来錾掉余下的部分。这样，可以避免单向錾削到终了时边角崩裂，保证錾削质量，这在錾削脆性材料时尤其应该注意，如图 4-25(b)所示。

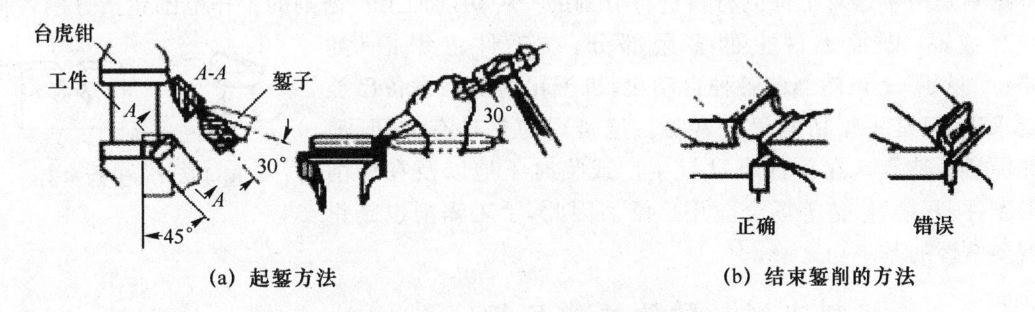

(a) 起錾方法　(b) 结束錾削的方法

图 4-25　起錾和结束錾削的方法

③ 注意。在錾削过程中每分钟锤击次数在 40 次左右。刃口不要总是顶住工件，每錾二、三次后，可将錾子松退一次，这样既可观察錾削刃口的平整度，又可使手臂肌肉放松一些，效果较好。

4.4.4　练习实例

錾槽如图 4-26 所示。直槽宽度分别为 10 mm、6 mm，“8”字槽宽度 6 mm。材料 45 钢。操作要求如下：

① 底面平整、光滑。

② 直槽直线度≤0.2 mm。

③ “8”字槽圆弧过渡光滑，同时要求 ϕ 6 mm 的钢球能顺利通过。

④ 时间 16 h。

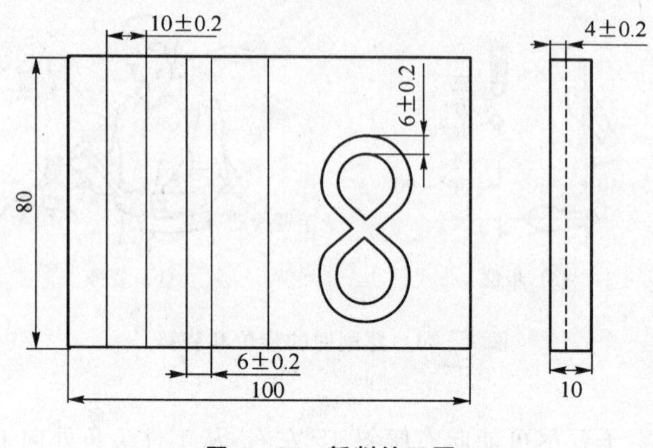

图 4-26 錾削练习题

4.5 锯 割

锯割是用手锯对工件或材料进行分割的一种切削加工。锯割的工作范围包括分割各种材料或半成品、锯掉工件上的多余部分、在工件上锯槽(如图 4-27所示)。虽然当前各种自动化、机械化的切割设备已被广泛采用,但是手锯切割仍很常见。这是因为它具有方便、简单和灵活的特点。在单件小批量生产或临时工地以及在切削异形工件、开槽、修整等场合应用广泛。因此,手工锯削也是钳工需要掌握的基本功之一。

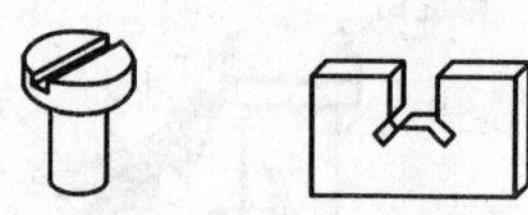

图 4-27 锯割实例

4.5.1 锯割实训教学的技能目标

① 掌握锯割工具的种类及使用方法、锯条的规格及安装方法。
② 掌握工件正确装夹定位。
③ 掌握正确锯割姿势及起锯方法。
④ 掌握圆管、薄板及深缝锯削的方法。

4.5.2 锯割工具

1. 锯 弓

锯弓分固定式和可调式两种。固定式锯弓的弓架是整体的,只能装一种规格(长度)的锯条,如图 4-28(a)所示;可调式锯弓的弓架分成前后两段,由于前段在后段套内可以伸缩,因此可以安装几种规格的锯条,如图 4-28(b)所示。

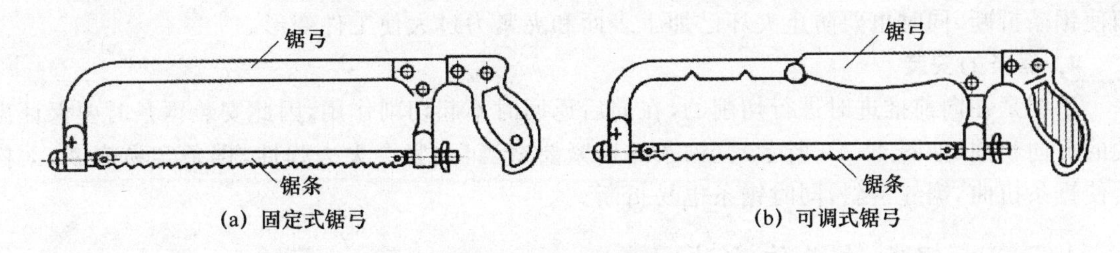

锯弓
锯条
(a) 固定式锯弓
锯弓
锯条
(b) 可调式锯弓

图 4 - 28　锯弓的构造

2. 锯　条

锯条用工具钢制成，并经热处理。锯条规格以锯条两端安装孔间的距离表示，常用的锯条长 300 mm、宽 12 mm、厚 0.8 mm。锯条的切削部分是由许多锯齿组成的，每一个齿相当于一把錾子，起切削作用。常用的锯条后角 α_o 为 40°～50°、楔角 β_o 为 45°～50°、前角 γ_o 约为 0°，如图 4 - 29所示。

在制造锯条时，把锯齿按一定形状左右错开，排列成一定形状，这被称为锯路。锯路有交叉、波浪等不同排列形状，如图 4 - 30 所示。锯路的作用是使锯缝宽度大于锯条背部的厚度，其目的是防止锯割时锯条卡在锯缝中，这样就可减少锯条与锯缝的摩擦阻力，并使排屑顺利，锯割省力，提高工效。

锯齿
45°～50°
40°～45°
工件
齿距

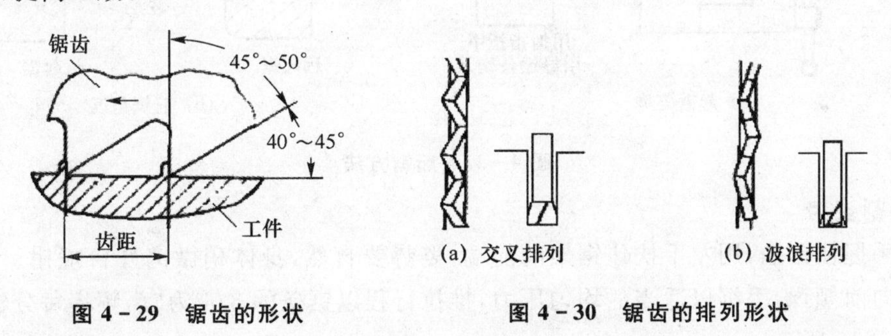

图 4 - 29　锯齿的形状

(a) 交叉排列
(b) 波浪排列

图 4 - 30　锯齿的排列形状

锯齿的粗细是按锯条上每 25 mm 长度内的齿数来表示的，14～18 齿为粗齿，24 齿为中齿，32 齿为细齿。

锯齿的粗细应根据加工材料的硬度、厚薄来选择。锯割软材料或厚材料时，因锯屑较多，要求有较大的容屑空间，应选用粗齿锯条。锯割硬材料或薄材料时，因材料硬，锯齿不宜切入，锯屑量少，不需要大的容屑空间，而薄材料在锯割中锯齿易被工件勾住而崩裂，需要多齿同时工作，使单个锯齿承受的力量减少，所以这两种情况应选用细齿锯条。一般中等硬度材料选用中齿锯条。

3. 工件的夹持

工件尽可能夹持在台虎钳的左面，以方便操作；锯割线应与钳口垂直，以防锯斜；锯割线离钳口不应太远，以防锯割时产生颤抖。工件必须夹持牢固，不可有抖动，以防锯割时工件移动而使锯条折断，同时也要防止夹坏已加工表面和夹紧力过大使工件变形。

4. 锯条的安装

手锯是在向前推进时进行切削的，在向后返回时不起切削作用，因此安装锯条时要保证齿尖的方向朝前（如图 4－29 所示）。锯条的松紧要适当，太紧会失去弹性，锯条容易崩断，太松会使锯条扭曲，锯缝歪斜，同时锯条也易折断。

4.5.3 锯割的操作方法

1. 起锯方法

将锯条对准割线的起点，并使锯条与锯割线在同一平面内，用左手拇指靠稳锯条面作引导，锯弓往复锯割，行程应短，压力要轻，锯条要与工件表面垂直，如图 4－31(a)所示。起锯分远起锯和近起锯（如图 4－31(b)所示），起锯角度 α 一般要小于 15°，α 过大不易切入。

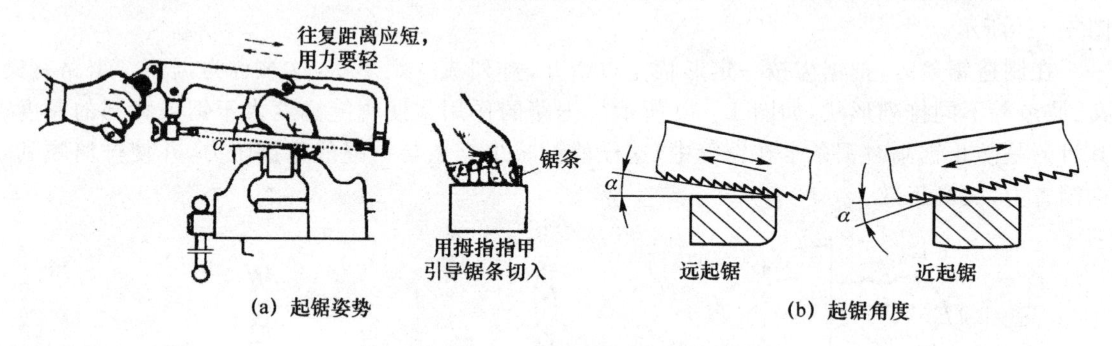

图 4－31 起锯方法

2. 锯割姿势

用右手握住锯柄，用左手扶住锯架的前端，姿势要自然，身体稍微离开台虎钳。推锯时身体上部略向前倾，给手锯以适当的均匀压力，推拉行程以锯条的 3/4 为宜，频率每分钟 40 次左右，如图 4－32 所示。

3. 锯割操作示例

(1) 圆管锯割

锯薄管时应将管子夹在两块木制的 V 形槽垫之间，以防止夹扁管子，如图 4－33 所示。锯割时不能从一个方向锯到底，因为管壁薄，同时参加切削的锯齿少容易拉断锯齿。所以正确的锯割方法为：多次变换方向进行锯割，每一个方向只能锯到管子的内壁处，随即把管子转过一个角度，一次一次地变换，逐次进行锯切，直至锯断为止，如图 4－34 所示。另外，在变换方向时应使已锯割部分向锯条推进方向转动，不要反转，否则锯齿也会被管壁勾住。

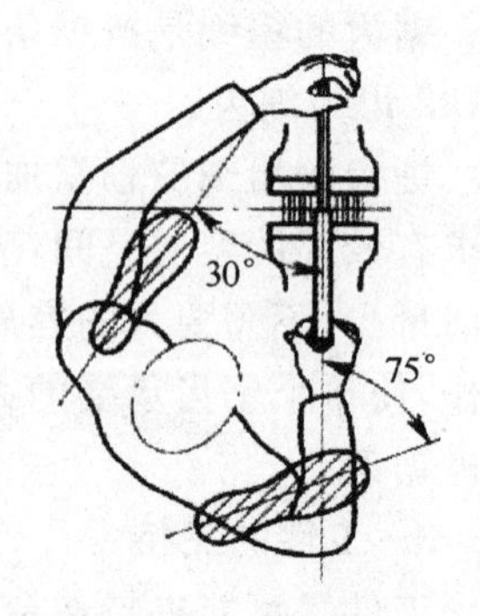

图 4－32 锯割姿势

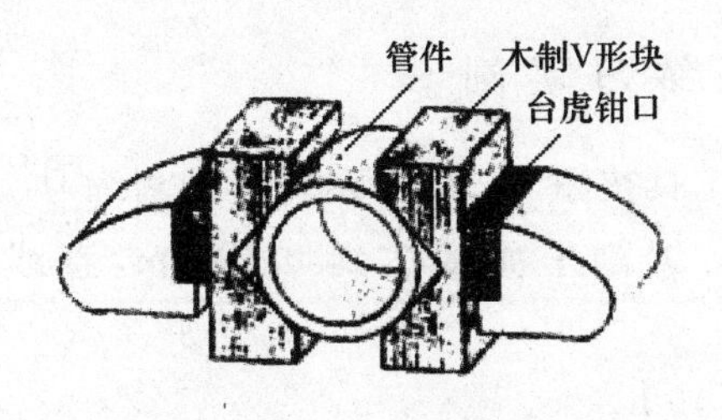

图 4－33　管子的夹持方法

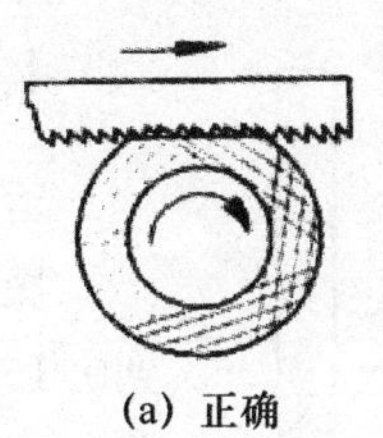

(a) 正确

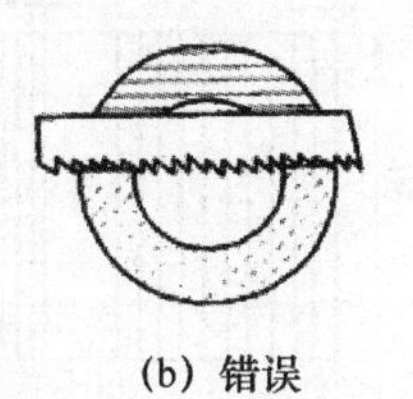

(b) 错误

图 4－34　锯管子的方法

(2) 薄板锯割

锯割薄板时应尽可能从宽面锯下去,如果只能在板料的窄面锯下去时,可将薄板夹在两木板之间一起锯割并减小锯条与切削零件的角度,使同时参与切削的锯齿增多,这样可以避免锯齿被勾住,同时还可以增加板料的刚性,如图 4－35(a)所示。当板料太宽,不便用台虎钳装夹时,应采用横向斜推锯割,如图 4－35(b)所示。

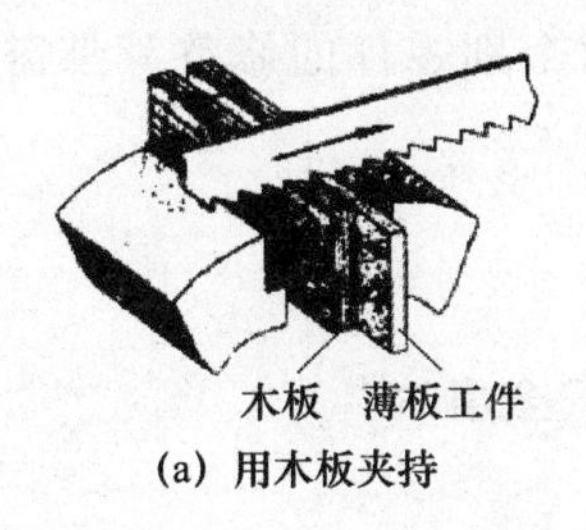

(a) 用木板夹持

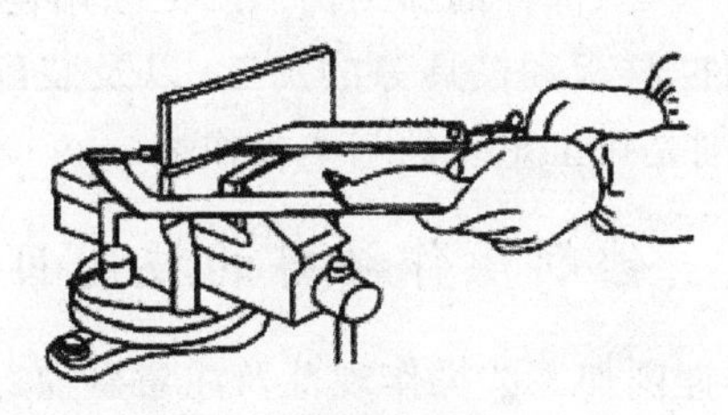

(b) 横向斜推锯割

图 4－35　薄板锯割

(3) 深缝锯割

如图 4－36 所示,当锯缝的深度超过锯弓的高度时(如图 4－36(a)所示),应将锯条转过 90°重新安装,把锯弓转到工件一边(如图 4－36(b)所示)。锯弓横下来后锯弓的高度仍然不够时,也可按图 4－36(c)所示将锯条转过 180°把锯条锯齿安装在锯弓内进行锯割。

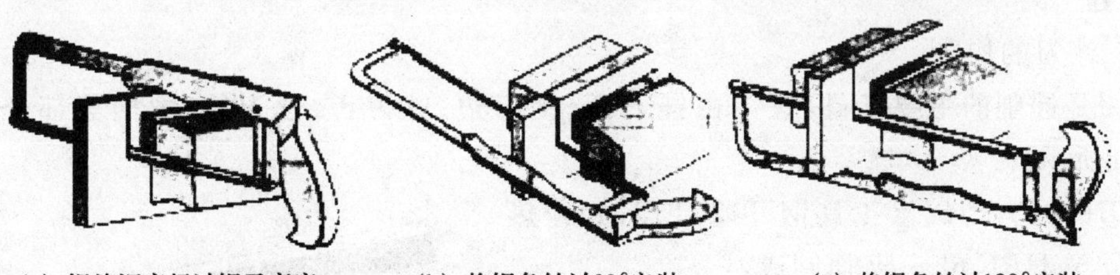

(a) 锯缝深度超过锯弓高度　(b) 将锯条转过90°安装　(c) 将锯条转过180°安装

图 4－36　深缝锯割的方法

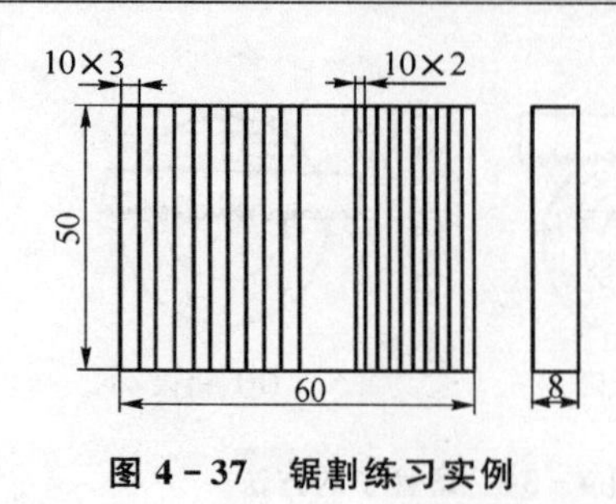

图 4-37 锯割练习实例

4.5.4 练习实例

运用锯割工具按图 4-37 所示进行锯割练习。

操作要求：锯割平面度达到 0.3 mm，直线度达到0.15 mm。

练习时间：16 h。

4.6 锉 削

用锉刀对工件表面进行切削加工的方法称为锉削。锉削加工比较灵活，可以加工工件的内外平面、内外曲面、内外沟槽以及各种复杂形状的表面，加工精度也较高。在现代化工业生产条件下，一些零、部件的加工仍然广泛采用锉削方法来完成。例如，单件生产条件下一些复杂形状的零件、样板和模具等的加工，以及装配过程中对个别零件的修整等都需要用锉削加工。所以锉削是钳工重要的基本操作之一。

4.6.1 锉削操作训练的技能目标

① 了解锉削加工的操作规范及注意事项，避免发生安全事故。

② 了解锉刀材料、种类及使用方法。

③ 掌握正确的握锉方法及握锉姿势。

④ 掌握对各种平面、曲面及异型面的锉削加工方法。

⑤ 熟练掌握锉削质量的检验方法，完成合格的工件。

4.6.2 锉削加工的准备知识

1. 锉 刀

(1) 锉刀的构造

锉刀是锉削的主要工具，锉刀由锉刀面、锉刀边、锉刀舌、锉刀尾、木柄等部分组成，如图 4-38所示。

锉刀的材料为碳素工具钢 T12、T13，并经热处理淬硬至 HRC 62～67 而制成。

图 4-38 锉刀的构造

(2) 锉刀的种类和选用

1) 锉刀的种类

锉刀按用途可分为钳工锉、特种锉和整形锉

三类。

钳工锉按截面形状可分为平锉、方锉、圆锉、半圆锉和三角锉五种，如图 4－39所示。按其长度可分为 100 mm、150 mm、200 mm、250 mm、300 mm、350 mm及 400 mm 七种；按其齿纹可分为单齿纹、双齿纹两种；按其齿纹粗细可分为粗齿、中齿、细齿、粗油光(双细齿)、细油光五种。

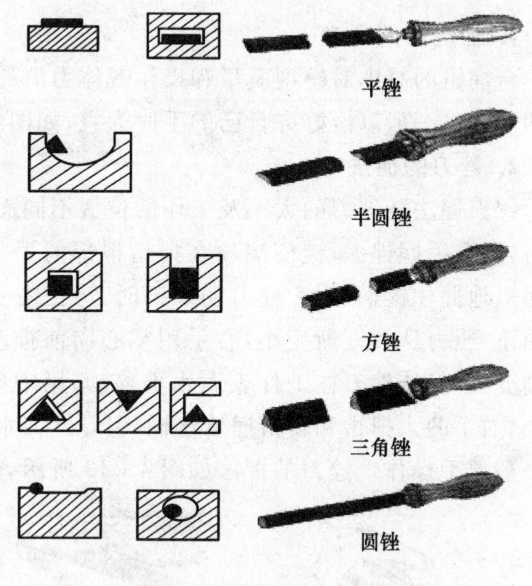

图 4－39　钳工锉及加工的工件

整形锉刀主要用于精细加工及整修工件难以加工的细小部位，由若干把各种截面形状的锉刀组成一套，如图 4－40所示。

特种锉刀可用于加工零件上的特殊表面，它有直的、弯曲的两种，其截面形状很多，如图 4－41所示。

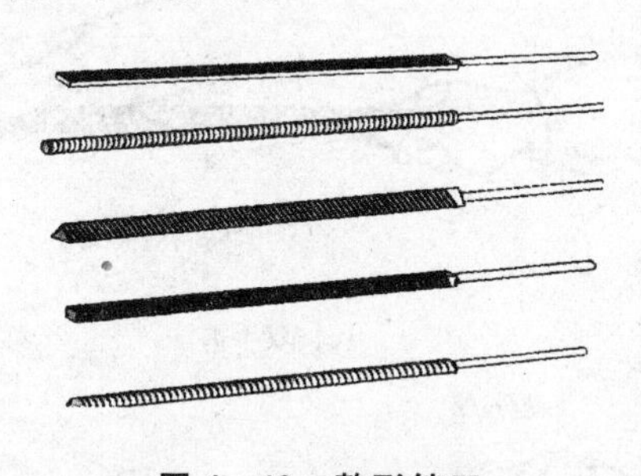

图 4－40　整形锉刀

图 4－41　特种锉刀

2) 锉刀的选用

合理选用锉刀对保证加工质量、提高工作效率和延长锉刀的使用寿命有很大的影响。锉刀的一般选择原则是：根据工件表面形状和加工面的大小选择锉刀的断面形状和规格，根据材料软硬、加工余量、精度和粗糙度的要求选择锉刀齿纹的粗细。

粗齿锉刀由于齿距较大、不易堵塞，一般用于锉削铜、铝等软金属及加工余量大、精度低和表面粗糙工件的粗加工；中齿锉刀齿距适中，适于粗锉后的加工；细齿锉刀可用于锉削钢、铸铁(较硬材料)以及加工余量小、精度要求高和表面粗糙度值低的工件；油光锉用于最后修光工件表面。

4.6.3 锉削方法

1. 台虎钳的高度

台虎钳的高度对锉削质量和操作者体力消耗影响非常大，因此，锉削前应首先调整好台虎钳的高度。一般以恰好齐自己的手肘为宜，如图 4－42 所示。

2. 锉刀的握法

锉刀握法随锉刀的大小及工作的位置不同而改变。使用大平锉时，用右手握锉柄，锉柄端顶在拇指根部的手掌上，其余手指由下而上地握住锉柄；用大锉刀初加工时，应把左手压在锉端上，左手向下，压力从大逐渐变小，右手用掌心向前推动，向下压力从小逐渐变大，保持锉刀在工件表面水平移动；用中型平锉时，因用力较小，右手的大拇指和食指捏着锉柄，引导锉刀水平移动。整形锉刀一般单手操作。锉刀的握法如图 4－43 所示。

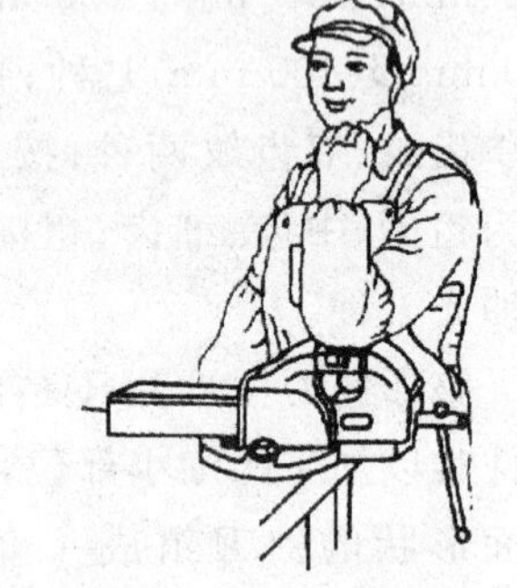

图 4－42 台虎钳的高度

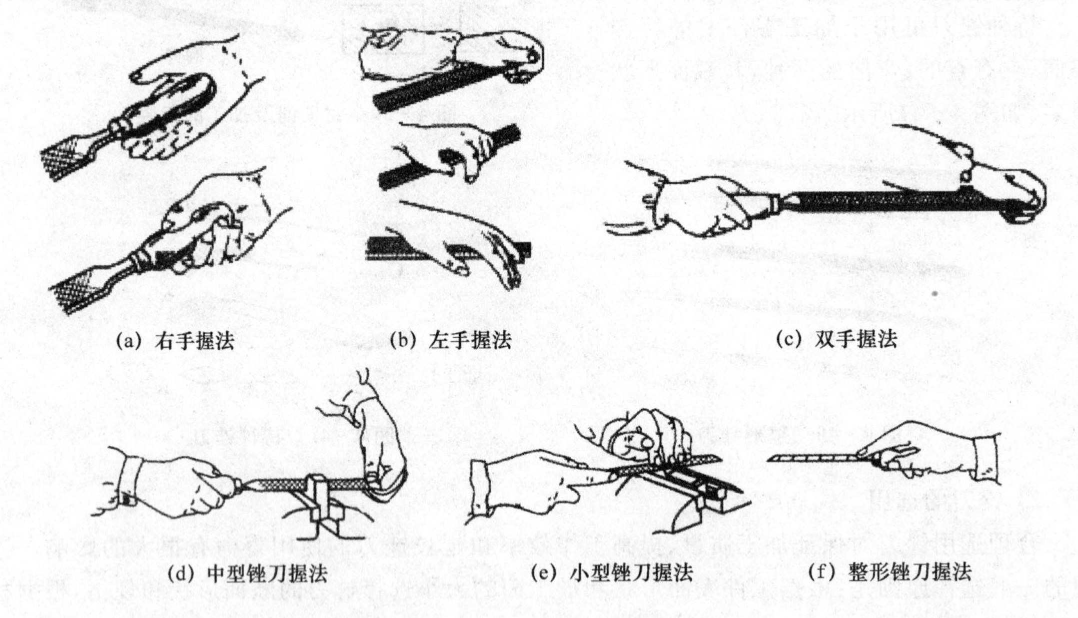

(a) 右手握法　(b) 左手握法　(c) 双手握法

(d) 中型锉刀握法　(e) 小型锉刀握法　(f) 整形锉刀握法

图 4－43 锉刀的握法

锉削时掌握锉刀在运动中的平衡是保证锉削质量的关键，也是初学者的难点。因此，在练习中要认真体会，逐渐摸索。

3. 锉削姿势

用大锉粗锉平面时，身体稍微离开台虎钳，并略向前倾约 15°，体重由左腿（稍曲）支持，右腿伸直，右臂尽量向回伸，如图 4－44 所示。

图4-44　锉削姿势

4. 平面的锉削方法

平面的锉削方法有顺向锉削法、交叉锉削法和推锉法三种，如图4-45所示。顺向锉削法的锉纹整齐、美观，是最基本的锉削方法；交叉锉削法适用于粗加工，精锉时还要采用顺向锉；推锉削法适用于锉削长又窄的平面。

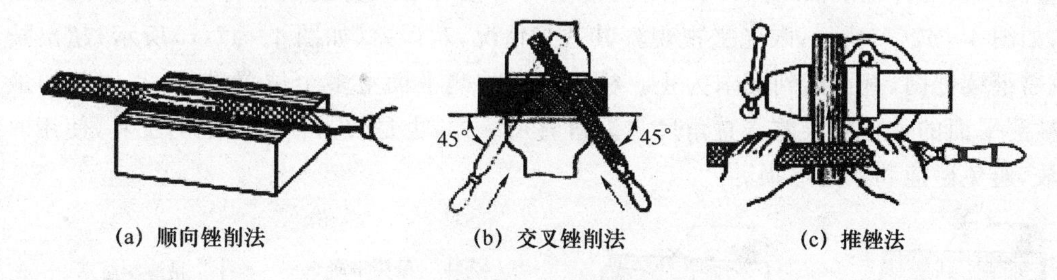

(a) 顺向锉削法　(b) 交叉锉削法　(c) 推锉法

图4-45　平面的锉削方法

5. 平面的检测方法

锉削件通常有尺寸误差和形位误差两种检测。尺寸误差的检测又分为长度尺寸检测和角度尺寸检测，这两种尺寸的检测通常都使用常规检测方法即可，所使用的量具有游标卡尺、游标高度卡尺、千分尺、万能游标角度尺以及钢板尺等(检测方法请参照本教材第2章)。形位误差的检测一般有平面度检测和垂直度检测。

(1) 平面度的检测方法

平面的平面度通常用刀口直尺或者钢板直尺通过透光法进行检测，如图4-46所示。检测时刀口直尺要基本垂直被测平面(如图4-46(a)所示)，检测的部位要考虑整个平面(如图4-46(b)所示)，迎着光观察从刀口与被测平面间透过的光线。如果光线较弱且均匀一致，说明被测平面的平面度较好，若出现如图4-46(c)所示的情况，就需用塞尺测出缝隙的大小以确定其平面度误差，若误差(如图4-46(c)所示)超出技术要求，就需继续锉削，直至达到要求为止。刀口直尺的刀口是工作部位，要注意保护，检测过程中在更换检测部位时，不允许刀口在工件表面上来回拖动，避免磨损刀口。

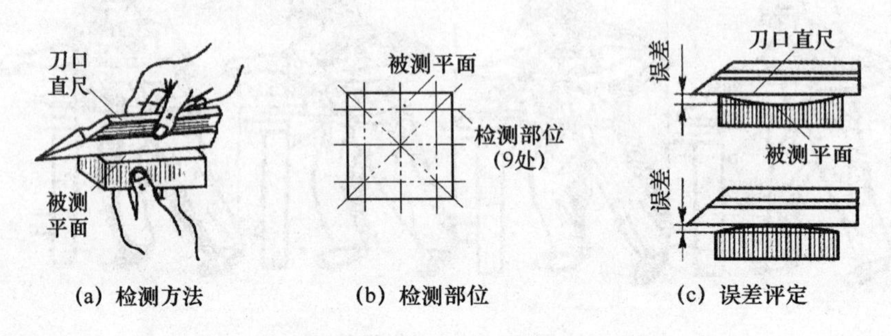

(a) 检测方法　(b) 检测部位　(c) 误差评定

图 4-46　平面度的检测方法

(2) 垂直度的检测方法

检测锉削件的垂直度一般使用直角尺或者万能游标角度尺。图 4-47 所示是用直角尺采用透光法检测锉削平面垂直度的示意图。检测时要先去除工件毛刺，右手向左用一点力使尺座测量面贴紧工件基准面，并带动直角尺慢慢向下移动至尺身使其恰好与工件被测平面接触为止，如图 4-47(a)所示，眼光平视观察其透光情况，若误差(如图 4-47(c)所示)超出技术要求，就需继续锉削，直至达到要求为止。检测要在被测平面上多个位置进行，其误差的最大值就是被测平面的垂直度误差。直角尺与刀口直尺一样，也是较为精密的检测工具，使用时要轻拿轻放，避免碰撞和人为磨损。

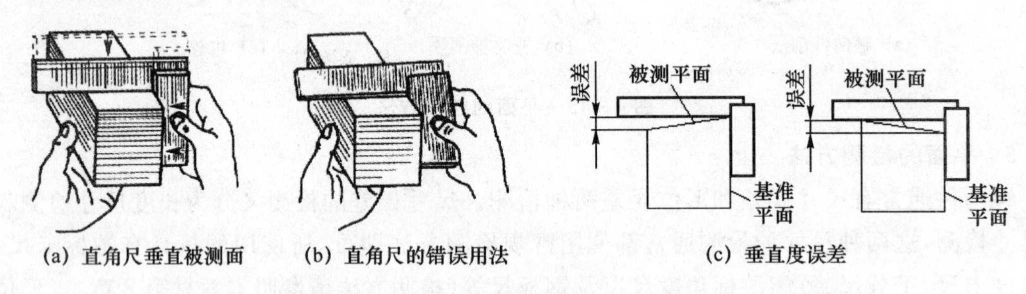

(a) 直角尺垂直被测面　(b) 直角尺的错误用法　(c) 垂直度误差

图 4-47　用直角尺检测工件垂直度

6. 曲面的锉削方法

曲面锉削分为圆弧面锉削和球面锉削，其中圆弧面又分外圆弧面和内圆弧面。这里仅介绍用得较多的圆弧面锉削方法。

(1) 外圆弧面的锉削方法

1) 圆弧线锉削法

圆弧线锉削是指锉刀的运动轨迹始终是圆弧线，如图 4-48(a)所示。锉削时右手握着锉刀柄逐渐下压，左手握着锉刀尖自然向上逐渐抬起，使得锉刀的运动轨迹成圆弧状。这种方法锉削率较低，只适用于精修圆弧面。

2) 直线锉削法

直线锉削法锉刀刀面在圆弧素线方向移动，通过一边推动锉刀一边翻转手腕的方法锉出圆弧面，如图 4-48(b)所示。

(2) 内圆弧面的锉削方法

内圆弧面锉削要选用圆锉刀或者半圆锉刀。锉削时只能采用直线锉削法。运动锉刀的方法是一边前推一边顺着弧形面翻转手腕，如图 4-49 所示。

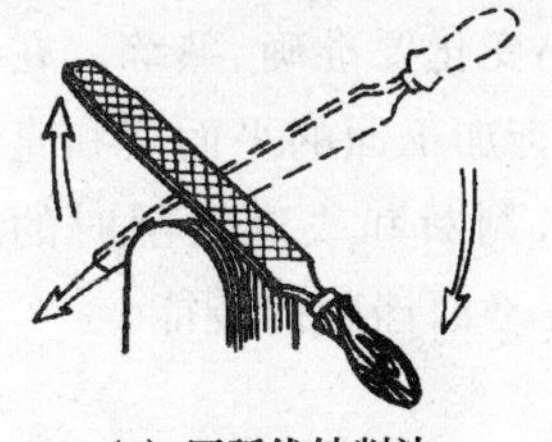

(a) 圆弧线锉削法

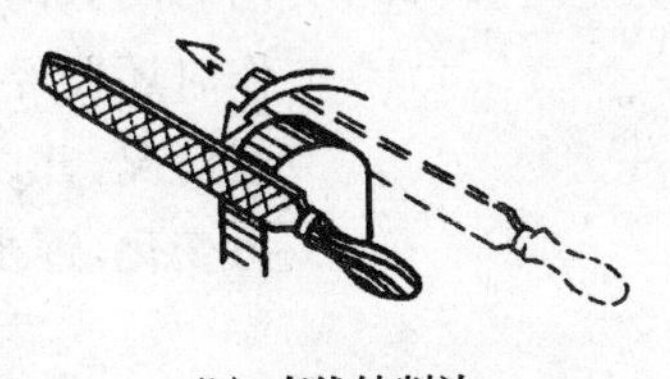

(b) 直线锉削法

图 4-48　外圆弧面锉削方法

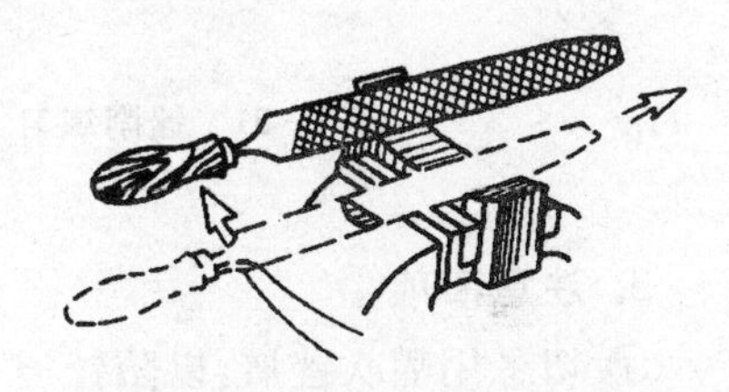

图 4-49　内圆弧面锉削方法

(3) 曲面的检测

通常使用圆弧样板检测锉削曲面是否合格，如图 4-50 所示。

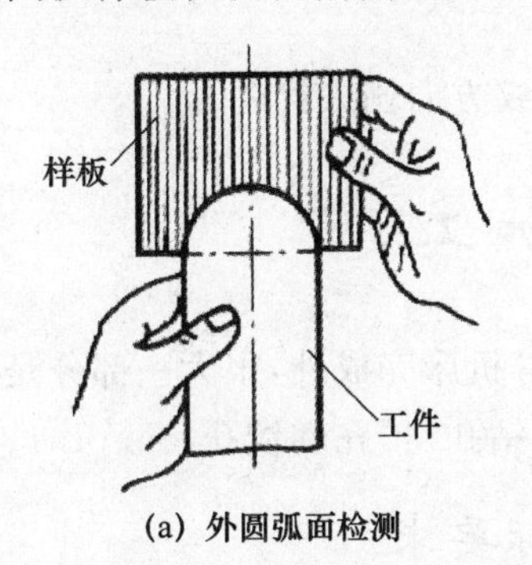

(a) 外圆弧面检测

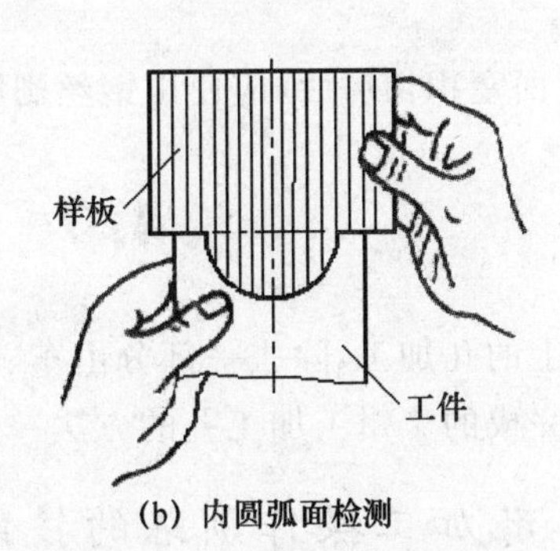

(b) 内圆弧面检测

图 4-50　圆弧面的检测

4.6.4　练习实例

锉削如图 4-51 所示零件，各尺寸公差等级均按 IT8，表面粗糙度 R_a 均按 12.5。

1. 操作要求

① 先进行锉削姿势练习，并检查工件的平面度，再逐步检查对边平行度及相邻边的垂直度。

② 每一次练习对边减小 1 mm，达到技术要求。时间控制在 20 min 内完成。

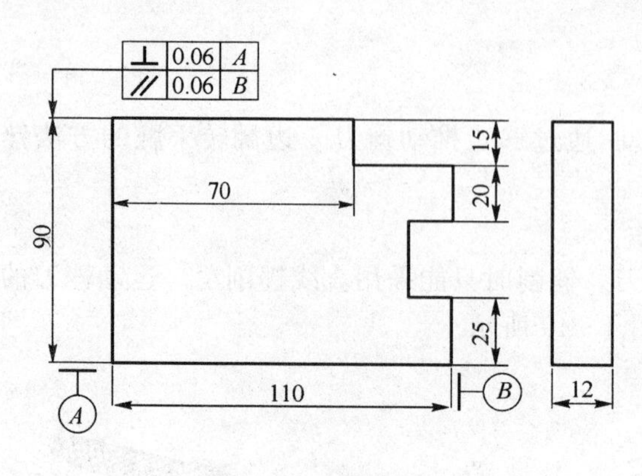

图 4－51 锉削练习

③ 划线：70 mm、25 mm、20 mm、15 mm。

④ 锉削缺口各表面，检查其平面度和相互间平行度和垂直度。

2. 操作要点

操作时要把注意力集中在以下两方面：一是操作姿势、动作要准确；二是两手用力的方向、大小变化要准确、熟练。在操作时还要经常检查加工面的平面度和直线度情况，并以此来判断和改进锉削时的施力变化，逐步掌握平面锉削的技能。

3. 注意事项

① 切忌用嘴吹锉屑，以防锉屑飞入眼中；

② 锉削时，锉刀柄不要碰撞工件，以免锉刀柄脱落伤人；

③ 放置锉刀时不要把锉刀伸出到钳台外面，以防锉刀掉落砸伤操作者；

④ 锉削时不可用手摸被锉过的工件表面，因手有油污会使再次锉削时锉刀打滑而不易切入或造成事故；

⑤ 锉刀齿面塞积切屑后，应使用钢丝刷顺着锉纹方向刷去锉屑。

4.7 孔加工

各种零件上的孔加工，除去一部分由车、镗、铣等机床完成外，很大一部分是由钳工利用钻床和钻孔工具完成的。钳工加工孔的方法一般是指钻孔、扩孔和铰孔。

4.7.1 孔加工操作训练的技能目标要求

① 熟悉机床及手工操作的安全操作规程。

② 掌握钻床及其附件、刃具的正确操作方法。

③ 熟练掌握钻、扩、锪、铰孔的基本方法和操作要领。

④ 独立完成合格的钻、扩、锪、铰孔加工。

4.7.2 孔加工设备及工具

1. 普通钻床

常用的钻床有台式钻床、立式钻床、摇臂钻床三种，手电钻也是常用的钻孔工具。

(1) 台式钻床

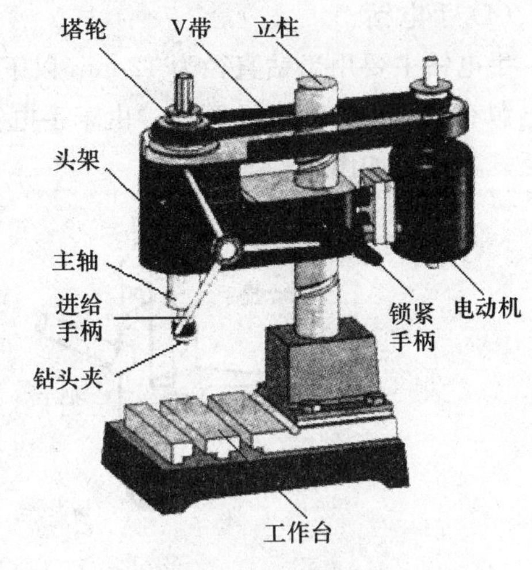

图 4-52 台式钻床

台式钻床简称台钻，如图 4-52 所示。台钻是一种放在工作台上使用的小型钻床。台钻重量轻，移动方便，转速高(最低转速在 400 r/min 以上)，适于加工小型零件上直径 $D \leqslant 13$ mm 的圆柱孔。其主轴是手动进给。

(2) 立式钻床

立式钻床简称立钻，如图 4-53 所示。其规格用最大钻孔直径表示。常用的立钻规格有 25 mm、35 mm、40 mm 和 50 mm 等几种。与台钻相比，立钻刚性好，功率大，因而可以采用较高的切削用量，生产效率较高，加工精度较高。立钻主轴的转速和进给量变化范围大，而且可以自动进给，因此可适应不同的刀具进行钻孔、扩孔、锪孔、铰孔、攻螺纹等多种加工。立钻适用于单件、小批量生产中的中、小型零件加工。

(3) 摇臂钻床

摇臂钻床机构完善，它有一个能绕立柱旋转的摇臂，摇臂带动主轴箱可沿立柱垂直移动，同时主轴箱还能在摇臂上做横向移动，如图 4-54 所示。由于其结构特点，摇臂钻床能方便地调整刀具位置以对准被加工孔的中心，而无需移动工件。此外，摇臂钻床的主轴转速和进给量范围很大，适用于重、大型工件及多孔工件的加工。

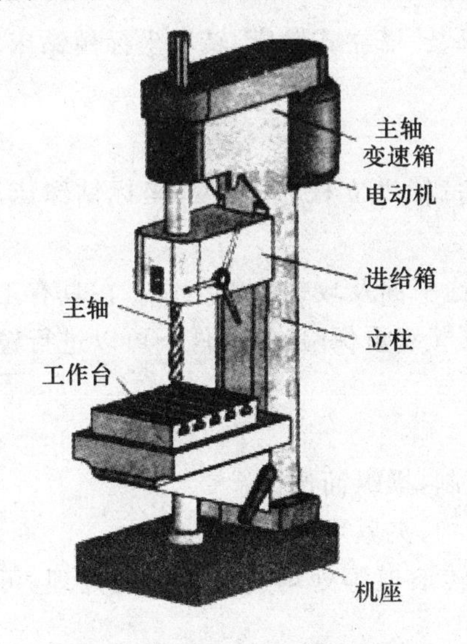

图 4-53 立式钻床

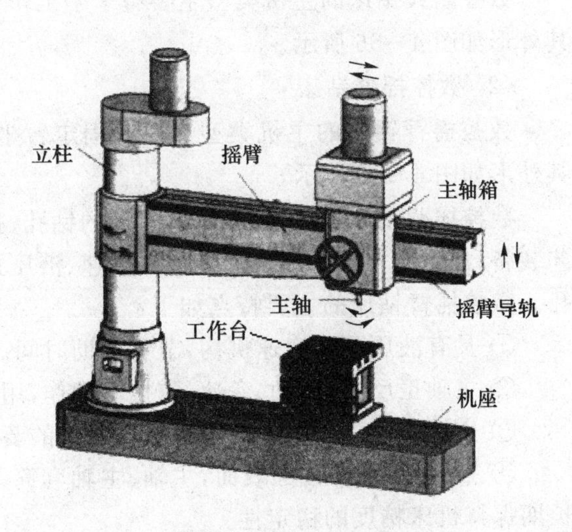

图 4-54 摇臂钻床

(4) 手电钻

手电钻主要用于钻直径为 12 mm 以下的孔，其常用于不便使用钻床钻孔的场合。手电钻的电源有 220 V 和 380 V 两种。由于手电钻携带方便，操作简单，使用灵活，所以其应用比较广泛。其外形如图 4－55 所示。

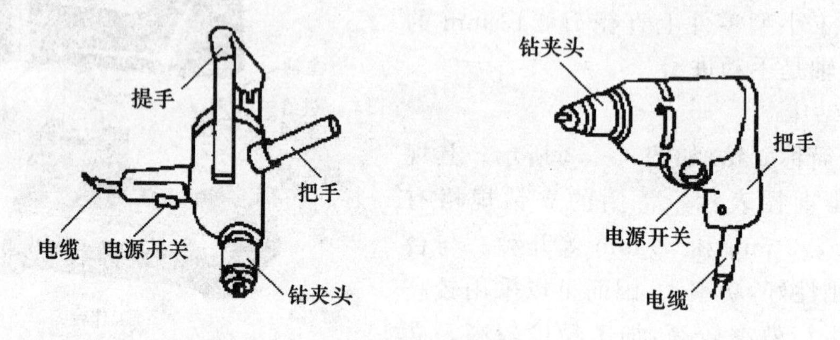

图 4－55 手电钻

2. 数控钻床

数控钻床大部分为经济型数控钻床，是在普通钻床基础上改进设计的。一般配备点位控制系统，点位精度±(0.02～0.01)mm。可自动进行钻孔、扩孔、铰孔、攻螺纹、铣削及镗削加工。对于加工孔距有一定要求的多孔零件可省去钻模和划线工序。与一般钻床相比其生产率及加工精度较高，适用于机械制造各行业中小型零件的孔及平面加工。

各类钻床都有数控型产品。

(1) 数控立式钻床

数控立式钻床的主机类型主要有十字工作台、立式钻床、转塔立式钻床、转塔坐标镗钻床。其外形如图 4－56 所示。

(2) 数控摇臂钻床

数控摇臂钻床的主机类型主要有固定臂坐标镗钻床、带辅助立柱(龙门型)坐标钻镗床。其外形如图 4－57 所示。

数控摇臂钻床适用于大、中型零件的钻孔、扩孔、铰孔、锪平面及攻螺纹等工作。在具有工艺装备(加强型主轴、液压夹紧、液压变速、液压预选、机械电气双重保险)的条件下可以进行镗孔。数控摇臂钻床的主要特点如下：

① 具有液压预选变速机构，节省辅助时间。

② 主轴正反转、制动、变速、空挡等动作，用一个手柄控制，操纵简便。

③ 主轴箱、摇臂、内外柱采用液压驱动的菱形块夹紧机构，夹紧可靠。

④ 摇臂导轨，外柱圆表面，主轴、主轴套筒及内外柱回转滚道等处均进行了淬火处理，可长期保持机床精度的稳定性。

⑤ 有完善的安全保护装置和外柱防护。

⑥ 在结构设计方面和在制造过程中，还采取了一系列有效措施，使得机床的精度持久性和整机的使用寿命均大为延长。

图 4－56　数控立式钻床

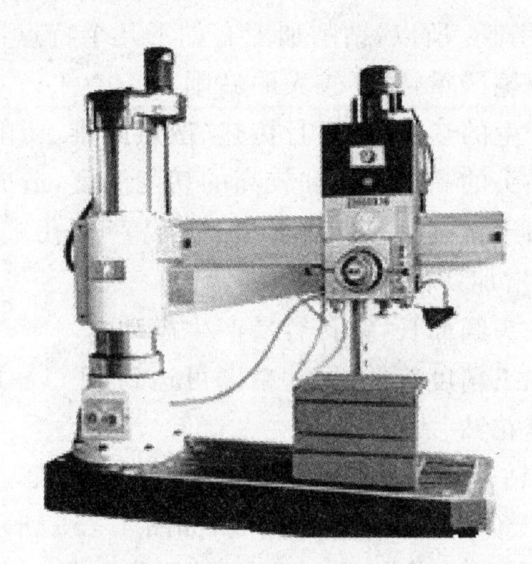

图 4－57　数控摇臂钻床

(3) 数控卧式钻床

数控卧式钻床主要有数控转塔卧式钻床、专门化数控钻床有数控桥式钻床、印刷电路板数控钻床等。

3. 钻床安全操作规程

① 开车前，要检查钻床各部位是否良好，使用时要选择适合加工对象的转速。

② 操作时严禁戴手套，袖口要扎紧，女同志要戴工作帽，小工件钻孔时要用台虎钳夹紧，大工件钻孔要用压板压牢，不得用手抓住零件钻孔。

③ 变换速度、换钻头，清扫铁屑等均需停车进行。钻薄铁件的下面不垫木板，应垫铁板。

④ 加工零件需冷却液时，要用毛刷进行，切勿用布或棉纱等绞缠物加冷却液。

⑤ 加工大工件(超过 25 kg 以上的)，应用吊车吊或二人搬抬。

⑥ 工作后，关闭电源，清理好工作场地。

4.7.3　麻花钻的刃磨

1. 钻孔概述

用钻头在实体材料上加工孔的操作称为钻孔。

(1) 钻削运动

钻孔时，工件固定，钻头安装在钻床主轴上旋转运动，称为主体运动(简称主运动)。同时，钻头沿轴线方向移动，称为进给运动。钻削运动如图 4－58 所示。

(2) 钻削特点

钻削时钻头是在半封闭的状态下进行切削的，转速高、切削量大，排屑困难。所以，钻削加工有如下几个特点：

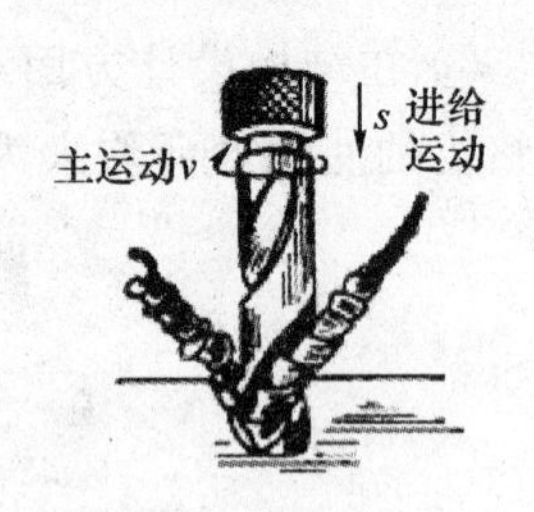

图 4-58 钻削运动

① 摩擦严重，需要较大的钻削力。

② 产生的热量多，而且传热、散热困难，切削温度较高。

③ 钻头的高速旋转和较高的切削温度，造成钻头磨损严重。

④ 由于钻削时挤压和摩擦，容易产生孔壁的“冷作硬化”，给下道工序增加切削困难。

⑤ 钻头细而长，钻孔容易产生震动。

⑥ 加工精度较低，尺寸精度可达到IT11～IT10，粗糙度 R_a 可达 100～25。

2. 麻花钻

麻花钻是钻孔的主要刀具，用高速钢制成，工作部分经热处理淬硬至 HRC 62～65。其结构由柄部、颈部及工作部分组成，如图 4-59 所示。

麻花钻的工作部分又分切削部分和导向部分，导向部分用来保持麻花钻工作时的正确方向。在钻头重磨时，导向部分逐渐变为切削部分投入切削工作。导向部分有两条螺旋槽，作用是形成切削刃并容纳和排除切屑，便于冷却液沿着螺旋槽输入。同时导向部分的外缘是两条棱角，它的直径略有倒锥(每 100 mm 长度内，直径向柄部减少 0.05～0.1 mm)。这样既可以引导钻头切削时的方向，使它不致偏斜，又可以减少钻头与孔壁的摩擦。

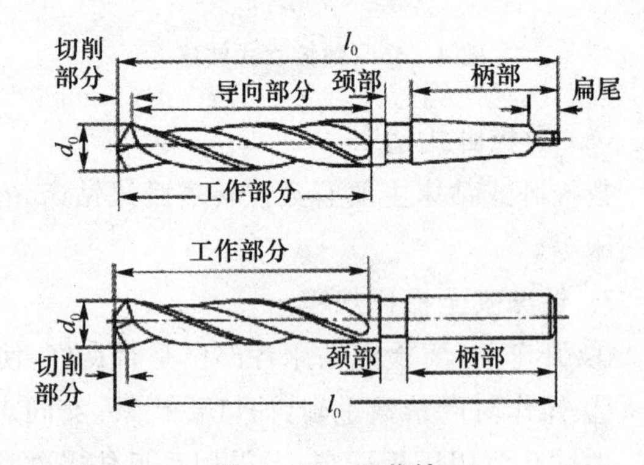

图 4-59 麻花钻

麻花钻的切削部分如图 4-60 所示。它有两个刀瓣，每个刀瓣可看做是一把外圆车刀。两个螺旋槽表面就是前刀面，切屑沿其排出。切削部分顶端的两个曲面称为后刀面，它与工件的切削表面相对。钻头的棱带是与已加工面相对的表面，称为副后刀面。前刀面和后刀面的

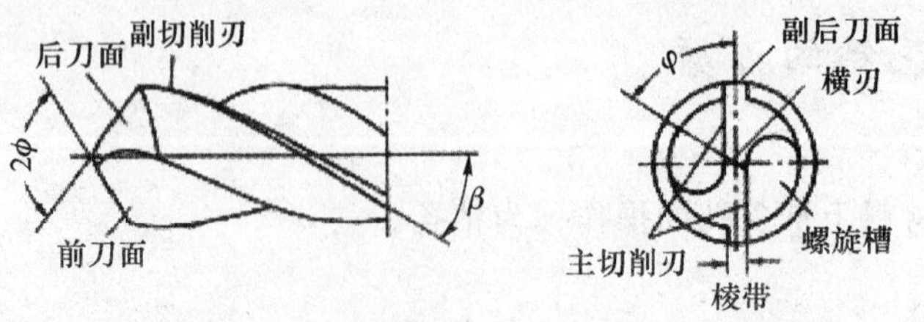

图 4-60 麻花钻的切削部分

交线称为主切削刃,两个后刀面的交线称为横刃,前刀面与副后刀面的交线称为副切削刃。标准麻花钻的切削部分由五刃(两条主切削刃、两条副切削刃和一条横刃)六面(两个前刀面、两个后刀面和两个副后刀面)组成。

3. 标准麻花钻的刃磨方法

麻花钻头在使用过程中要经常刃磨,以保持锋利,刃磨的一般要求是:两条主切削刃等长,顶角应符合所钻材料的要求并对称于轴线,后角与横刃斜角应符合要求。麻花钻需要刃磨的项目有后刀面、顶角、横刃等,大直径钻头还要刃磨圆弧刃和分屑槽等。

刃磨要领:钻刃摆平轮面靠,钻轴左斜出锋角,由刃向背磨后面,上下摆动尾别翘。如图 4-61所示。

麻花钻的刃磨是一项实践性很强的专业技能,要在老师的指导下认真体会,勤学苦练。

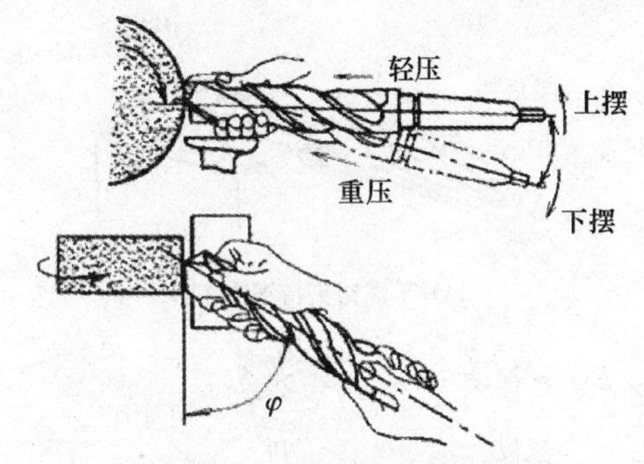

图 4-61　麻花钻的刃磨方法

4.7.4　钻孔方法

1. 钻头的装拆

钻头装拆分直柄钻头和锥柄钻头,分别如图 4-62(a)、(b)所示。

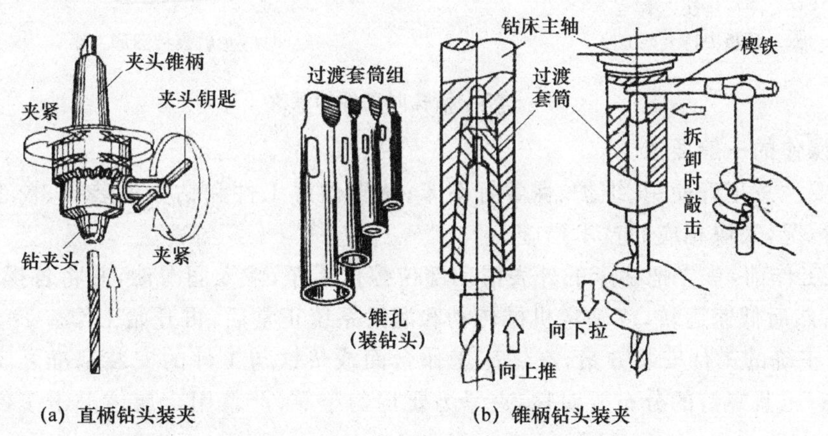

图 4-62　钻头的装拆

2. 钻孔时工件的安装

批量生产时,为了保证整批零件的精度和节约工时,工件通常都采用专用夹具安装,这种夹具一般都能同时完成工件的定位和夹紧,既方便又快捷,效率很高。但钳工生产单件操作的时间还是很多的，下面介绍的几种装夹方法都适合单件生产，如图 4－63 所示。

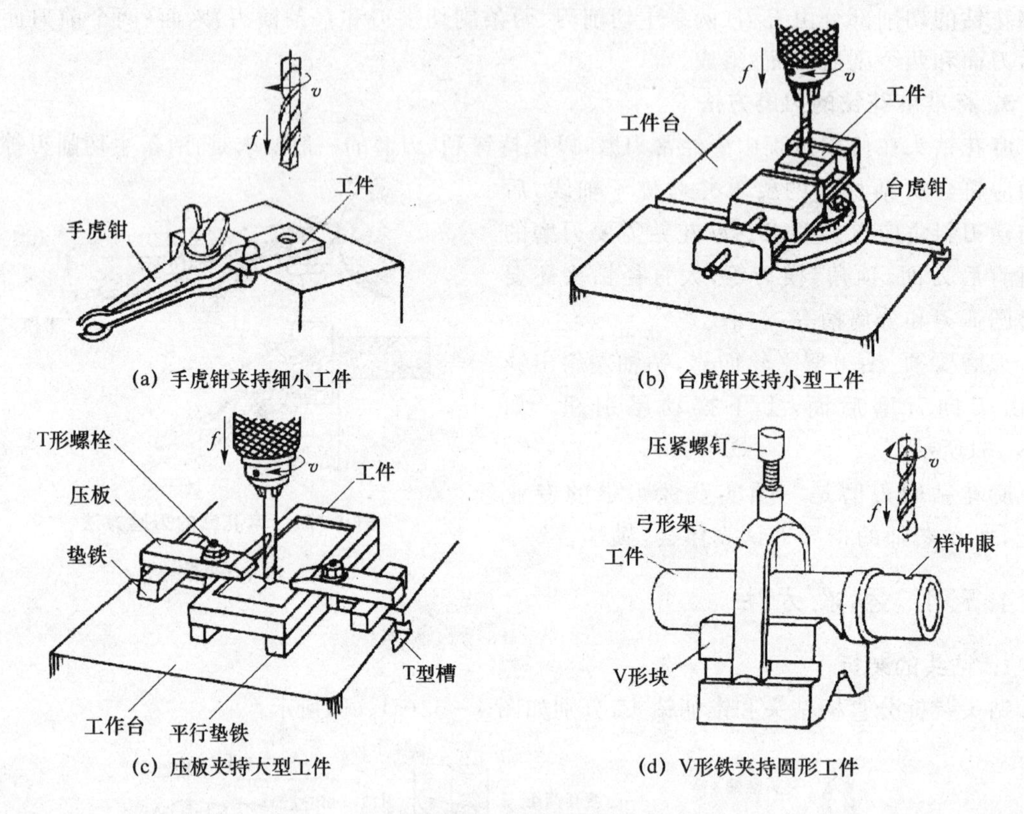

(a) 手虎钳夹持细小工件

(b) 台虎钳夹持小型工件

(c) 压板夹持大型工件

(d) V形铁夹持圆形工件

图 4－63 钻孔时工件的装夹

3. 钻孔操作的一般要求

钻孔中要注意正确使用、维护、保养好钻床；认真做好工件和钻头的装夹、校正工作；并按钻孔的具体情况，采取相应的技术措施。

① 每班工作前，首先把钻床的外表滑动部位擦拭干净，注入润滑油，并将各操纵手柄移动到正确位置；然后低速运转，待确定机械传动和润滑系统正常后，再开始工作。

② 采用正确的工件安装方案，在钻床工作台面或垫铁与工件的安装基准之间，需保持清洁，接触平稳；压紧螺钉的分布要对称，夹紧力要均匀牢靠；严禁用金属体敲击工件，以防止工件变形。

③ 工件在装夹过程中，应仔细校正，保证钻孔中心线与钻床的工作台垂直。当所钻孔的位置精度要求比较高时，应在孔缘划参考线，以检查钻孔是否偏斜，如图 4－64 所示。对刀时要从不同的方向观察钻头横刃是否对正样冲眼。钻孔前先锪出一个浅窝，观察浅窝的边缘离参考线是否等距，即浅窝与参考线同心，确定无误之后，再正式钻孔。若浅窝与参考线不同心，

就应按图 4－65 所示用油槽錾錾槽和用样冲重新确定中心以借正钻偏的孔。

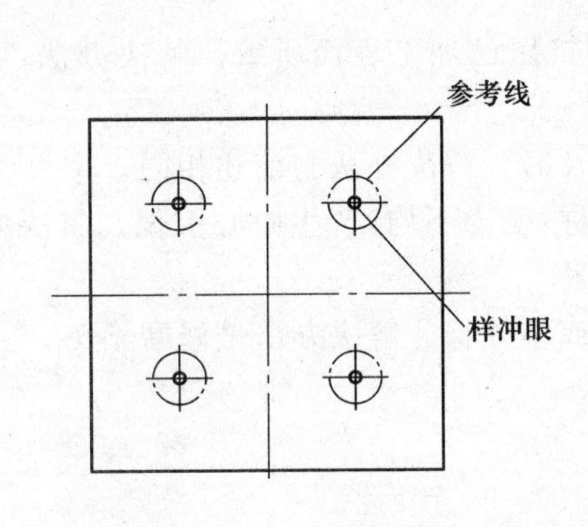

图 4－64　孔缘参考线

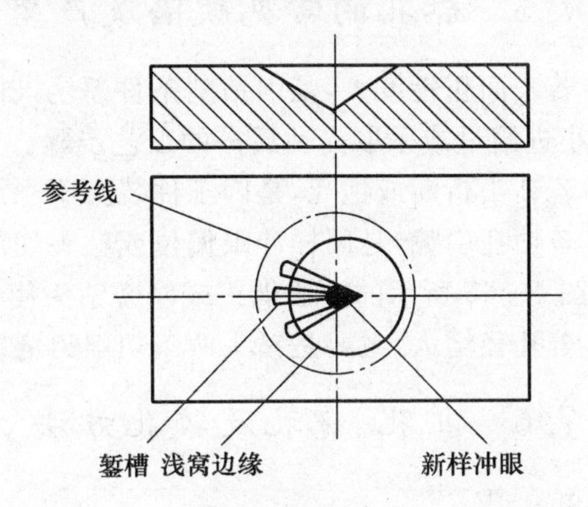

图 4－65　用錾槽和新样冲眼借正钻偏的孔

④ 通常，钻孔直径 $D \leqslant 18$ mm，精度要求不高时，可一次钻出，如孔径大于此值，可分两次钻削，第一次钻头直径为$(0.5\sim0.7)D$。

⑤ 钻头在装夹前，应将其柄部和钻床主轴锥孔擦拭干净。钻头装好以后，可缓慢转动钻床主轴，检查钻头是否正直，如有摆动时，可调换不同方向装夹，将振摆调整到最小值。直柄钻头的装夹长度一般不小于 15 mm。

⑥ 开始钻孔时，钻头要慢慢地接触工件，不能用钻头撞击工件，以免碰伤钻尖。在工件的未加工表面上钻孔时，开始要用手动进刀，当碰到过硬的质点时，钻头要退让，避免打伤刃口。

⑦ 在钻削过程中，工件对钻头有很大的抵抗力，使钻床的主轴箱或摇臂产生上抬的现象。这样在钻通孔时，待钻头横刃穿透工件以后，工件的抵抗力迅速下降，主轴箱或摇臂通过自重压下来，使进刀量突然增加，导致扎刀，这时钻头很容易被扭断，特别是在钻大孔时，这种现象更严重。因此，当钻孔即将穿透时，最好改用手动进刀。

⑧ 在摇臂钻床上钻大孔时，立柱和主轴箱一定要锁紧，以减少晃动和摇臂的上抬量，否则钻头容易折断。

⑨ 需要变换转速时，一定要先停车，以免打伤齿轮或其他部件。转换变速手柄时，应切实放到规定的位置上，如发现手柄失灵或不能移到所需要的位置时，应通过检查调整，不得强行扳动。

⑩ 在钻床工作台、导轨等滑动表面上，不要乱放物件或撞击，以免影响钻床精度。工作完毕或更换工件时，应及时清理切屑及冷却润滑液。摇臂钻床在使用完以后，要将摇臂降到近下端，将主轴箱移近立柱一端。下班前应在钻床没有涂漆的部位擦一些机油，以防止锈蚀。

⑪ 操作者在离开钻床或更换工具、工件，以及突然停电时，都要关闭钻床电源。

4.7.5 钻孔的常见缺陷及产生原因

① 若表面粗糙度大，是因钻削条件恶劣，排屑不畅，挤压已加工表面所致。解决办法：可适当减小进给量或采取先钻后扩的工艺步骤。

② 若钻头折断或抱死，是因工件装夹不稳或排屑不及时。解决办法与前述相同。

③ 若钻孔引偏，是因样冲眼偏位或钻头切削刃不对称，受力不均，产生中心引偏。解决办法是如图 4－65 所示的方法借正或修磨钻头使切削刃对称。

④ 若孔径增大，主要是钻头两条切削刃磨得不对称或不等长。解决办法是修磨钻头。

4.7.6 扩孔、锪孔及铰孔方法

1. 扩　孔

扩孔是用扩孔钻或自磨麻花钻对工件上已有孔进行扩大加工，如图 4－66 所示。图 4－66(a)中 D 为扩孔钻直径，d 为钻孔直径。当孔径较大或者孔的精度要求较高时通常采用扩孔加工。

(1) 扩孔加工的特点

① 切削深度 a_p 较钻孔时大大减小，切削阻力小，切削条件大大改善，可以提高孔的加工精度和降低表面粗糙度。

② 由于扩孔钻没有横刃，因此，扩孔时避免了横刃切削所引起的钻偏、孔径增大、孔的圆度超差等不良影响。

③ 产生切屑体积小，排屑容易，不划伤已加工表面。

④ 扩孔时的进给量为钻孔的 1.5～2 倍，切削速度为钻孔的 1/2。

(2) 扩孔钻

扩孔钻的结构与麻花钻相比有较大不同，图 4－67 所示为扩孔钻工作部分结构简图。其结构特点是：

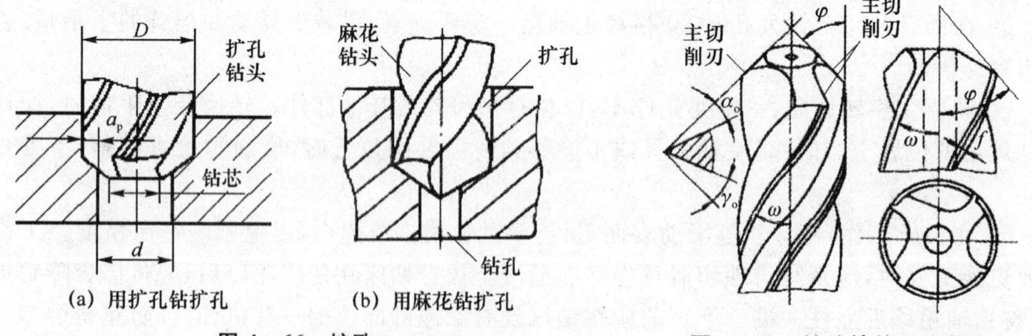

图 4－66　扩孔

图 4－67　扩孔钻的工作部分

① 没有横刃，切削刃只做成靠边缘的一段。

② 因扩孔产生切屑体积小，不需大容屑槽，从而扩孔钻可以加粗钻芯，提高刚度，使切削平稳。

③ 由于容屑槽较小，扩孔钻可做出较多刀齿，增强导向作用。一般整体式扩孔钻有 3～4 个齿。

④ 因切削深度较小，切削角度可取较大值，使切削省力。扩孔钻的主要切削角度如图 4－67所示。

由于以上特点，扩孔质量比钻孔高，一般尺寸精度可以达 IT10～IT9，表面粗糙度 R_a 可达 2.5～6.3，常作为孔的半精加工及铰孔前的预加工。

实际生产中，一般用麻花钻代替扩孔钻使用，其扩孔方法如图 4－66(b)所示。扩孔钻一般只用于成批生产。

2. 锪　孔

用锪钻刮平孔的端面或切出沉孔的方法，称为锪孔。常见的锪孔应用如图 4－68 所示。

(1) 标准锪钻

锪孔所使用的钻头称为锪钻。按其应用场合和结构特点，锪钻分为柱形锪钻、锥形锪钻和端面锪钻三种。

柱形锪钻用于锪圆柱形沉孔，如图 4－68(a)所示。柱形锪钻起主要切削作用的是端面刀刃，螺旋槽的斜角就是它的前角($\gamma_o = \beta_o = 15°$)，后角 $\alpha_o = 8°$。锪钻前端有导柱，导柱直径与工件已有孔为紧密的间隙配合，以保证良好的定心和导向。一般导柱是可拆的，根据孔径不同选择导柱，也可以把导柱和锪钻做成一体。

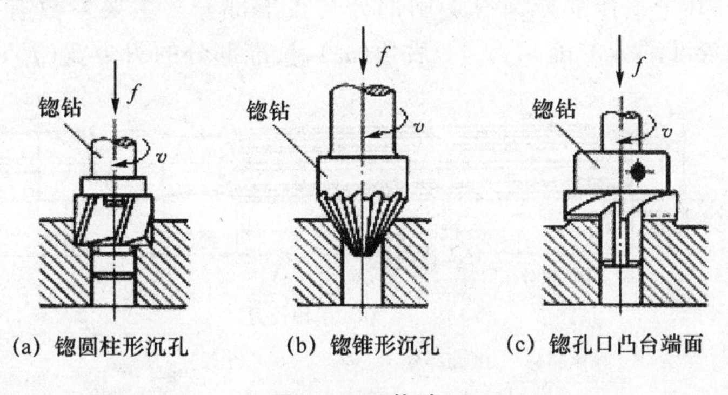

(a) 锪圆柱形沉孔　(b) 锪锥形沉孔　(c) 锪孔口凸台端面

图 4－68　锪孔

锥形锪钻用于锪锥形沉孔，如图 4－68(b)所示。锥形锪钻的锥角(2φ)根据工件锥形沉孔的要求不同有 60°、75°、90°、120°四种，其中 90°的用得最多。锥形锪钻的直径在 12～60 mm 之间，齿数(刃数)为 4～12 个，前角 $\gamma_o = 0°$，后角 $\alpha_o = 6° \sim 8°$。为了改善钻尖处的容屑条件，每隔一齿将刀刃切去一块。

端面锪钻专门用来锪平孔口端面，如图 4－68(c)所示。其端面刀齿为切削刃，前端导柱用来导向定心，以保证孔端面与孔中心线的垂直度。

(2) 用麻花钻改磨锪钻

标准锪钻虽有多种规格，但一般只在成批大量生产时才专门准备，单件生产或一些临时性生产组织也可以用麻花钻改制锪钻。

(3) 锪孔时的注意事项

锪孔时容易产生的缺陷是端面出现震痕，因此，在操作时应注意以下事项：

① 进给量为钻孔的 1～2 倍，钻床转速为钻孔的 1/3～1/2。精锪时，往往利用钻床停车时的惯性来切削，以减少震动而获得光滑表面。

② 如果用麻花钻改制锪钻，应尽量选用较短的钻头，并注意尽量减小前、后角。

③ 锪钢件孔时，切削热较大，应在导柱和切削表面加注切削液。

3. 铰　孔

铰孔是用铰刀从工件孔壁上切除微量金属层，以提高其尺寸精度和降低表面粗糙度值。

铰孔是对孔进行精加工的一种工艺方法，由于铰刀的刀齿多达 6～12 个，由此导向性好，刚性好，同时由于铰削余量特别小，而且校准部分还能修光孔壁和校准孔径，因此，铰孔精度可达 IT7～IT6，表面粗糙度 R_a 可达 1.6～0.8 μm。

(1) 铰刀的种类及结构特点

铰刀的种类很多，钳工常用的有圆柱铰刀和圆锥铰刀两种。

1) 整体圆柱铰刀

整体圆柱铰刀分为机用和手用两种，其结构如图 4-69 所示。铰刀由工作部分、颈部和柄部三个部分组成。其中工作部分又有切削部分与校准部分。主要参数有直径(D)、切削锥角(2φ)、切削部分和校准部分的前角(γ_o)、后角(α_o)、校准部分的刃带宽(f)、齿数(z)等。

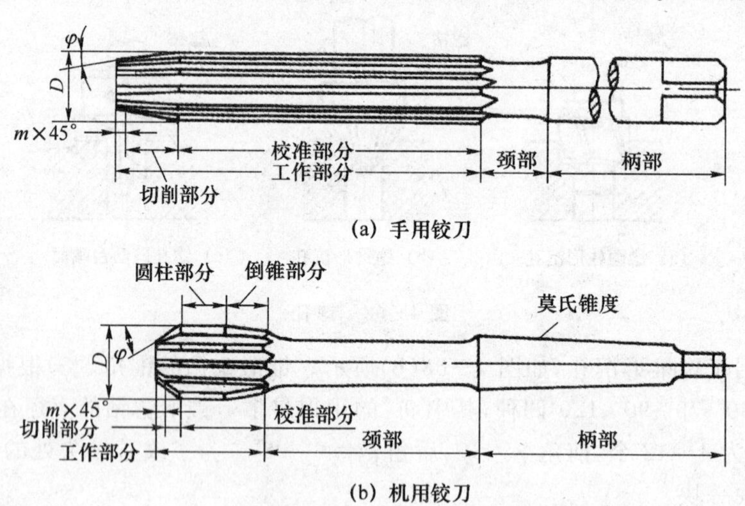

图 4-69　整体式圆柱铰刀

整体圆柱铰刀主要用来铰削标准直径系列的孔。

2) 圆锥铰刀

圆锥铰刀用于铰削圆锥孔，常用的锥度有 1∶50、1∶30、1∶10 和莫氏锥度等几种。

(2) 铰孔的基本方法

铰孔方法分为手铰和机铰。

手工铰削是用绞杠转动铰刀切削孔壁金属层的铰削方法，如图4-70所示。铰削时要注意掌握好手的平稳，切忌歪斜。

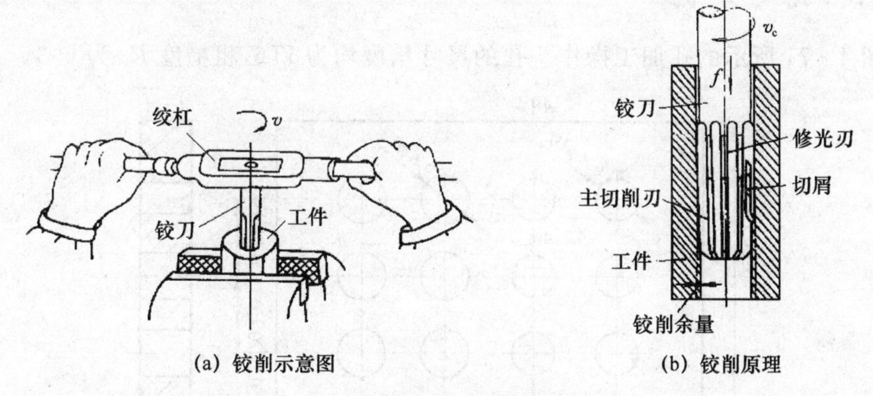

(a) 铰削示意图　(b) 铰削原理

图4-70　手工铰削方法

机铰是在钻床上将工件装在台虎钳上，用钻床主轴带动铰刀转动并轴向进给完成的一项作业。机铰时要注意铰削用量。

铰削用量包括铰削余量($2a_p$)、切削速度(v_c)和进给量(f)。

1) 铰削余量 $2a_p$

铰削余量是指上道工序(钻孔或扩孔)完成后留下的直径方向的加工余量。铰削余量不宜过大，否则会使刀齿切削负荷增大，孔的变形增大，切削热量增加，被加工表面呈撕裂状态，致使尺寸精度降低，表面粗糙度值增大，同时加剧铰刀磨损。但也不宜太小，否则上道工序的残留变形难以纠正，原有刀痕不能去除，铰削质量达不到要求。

选取铰削余量时，应考虑到孔径大小、材料软硬、尺寸精度、表面粗糙度要求及铰刀类型等诸因素的综合影响。用普通标准高速钢铰刀铰孔时，可参考表4-4。

表4-4　铰削余量　mm

铰孔直径	<5	5～20	21～32	33～50	51～70
铰削余量	0.1～0.2	0.2～0.3	0.3	0.5	0.8

2) 机铰切削速度(v_c)

为了得到较小的表面粗糙度值，必须避免产生刀瘤，减少切削热及变形，因而应采用较小的切削速度。用高速钢铰刀铰钢件时，v_c=4～8 m/min；铰铸件时，v_c=6～8 m/min；铰铜件时，v_c=8～12 m/min

3) 机铰进给量(f)

进给量要适当，过大铰刀易磨损，也影响加工质量；过小则很难切下金属材料，形成对材料的挤压，使其产生塑性变形和表面硬化，最后形成刀刃撕去大片切屑，使表面粗糙度增大，并加快铰刀磨损。

机铰钢件及铸件时，$f=0.5\sim1$ mm/r；机铰铜和铝件时，$f=1\sim1.2$ mm/r。

4.7.7 练习实例

完成图4-71所示的孔加工操作。孔的尺寸精度均为IT6，粗糙度R_a为6.3。

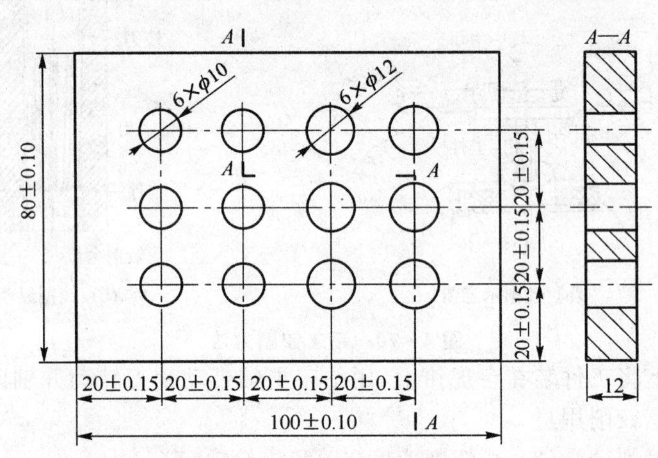

图4-71 孔加工练习

1. 零件分析

根据题目和图样要求，两组孔的尺寸精度和表面粗糙度要求都比较高，只有通过钻孔、扩孔和铰孔才能完成。

2. 设备选择

选择台钻或者立钻。

3. 工艺步骤和参数选择

① 修磨基准面。用锉刀修磨相邻的一组垂直边作为工件的加工基准，本工件以左边和底边为基准面，要求光洁、平整，并用直角尺严格检验。

② 划线。以工件的左边和底边为基准划出各孔的位置线，打上样冲眼。

③ 将工件划线一面朝上装夹在平口钳上并将其找准水平，以防将孔钻斜。

④ 选$\phi8$和$\phi10$的麻花钻分别钻$\phi10$和$\phi12$孔的一次孔。先试钻，待检查各孔间的中心距符合图样要求后才正式钻孔。

⑤ 选$\phi9.8$和$\phi11.8$的麻花钻或扩孔钻分别扩$\phi10$和$\phi12$孔。

⑥ 选$\phi10$和$\phi12$的手用铰刀，手工铰制$\phi10$和$\phi12$孔。

⑦ 卸下工件，去除切屑和油污，修光毛刺。

⑧ 检验孔的大小尺寸、定位尺寸和孔的表面粗糙度。

⑨ 擦净油垢、汗垢，送检。

4.8　攻螺纹和套螺纹

攻螺纹是用丝锥在工件的光孔内加工出内螺纹的方法。套螺纹是用板牙在工件圆杆上加工出外螺纹的方法。

4.8.1　攻螺纹和套螺纹操作训练基本要求

① 了解攻螺纹和套螺纹操作相关知识。

② 掌握攻螺纹和套螺纹操作的方法及注意事项。

4.8.2　螺纹基本知识

钳工加工的螺纹多为三角螺纹，作为连接使用，常用的有公制螺纹、英制螺纹、管螺纹和圆锥管螺纹。

① 公制螺纹。公制螺纹又称普通螺纹，分粗牙普通螺纹和细牙普通螺纹两种，牙型角为 60°。粗牙螺纹主要用于连接；细牙螺纹由于螺距小，螺旋升角小，自锁性好，除用于承受冲击、震动或变载的连接外，还用于调整机构。普通螺纹应用广泛，具体规格有国家标准。

② 英制螺纹。英制螺纹的牙型角为 55°，在我国只用于修配，新产品不使用。

③ 管螺纹。管螺纹是用于管道连接的一种英制螺纹，管螺纹的公称直径为管子的内径。

④ 圆锥管螺纹。圆锥管螺纹也是用于管道连接的一种英制螺纹，牙型角有 55°和 60°，锥度为 1∶16。

4.8.3　攻螺纹和套螺纹工具

1. 攻螺纹工具

攻螺纹工具主要有丝锥和绞杠。

(1) 丝　锥

丝锥是加工内螺纹的工具。手用丝锥是用合金工具钢 9SiCr 或滚动轴承钢 GCr9 经滚牙（或切牙）、淬火、回火制成的，机用丝锥则都用高速钢制造。丝锥的结构如图 4－72 所示。

丝锥是由工作部分和柄部组成。工作部分则由切削部分和校准部分组成，工作部分有 3～4条轴向容屑槽，可容纳切屑，并形成切削刃和前角。切削部分是圆锥形，切削刃分布在圆锥表面上，起主要切削作用。校准部分具有完整的齿形，可校正已切出的螺纹，并起导向作用。柄部末端有方头，以便用铰杠装夹和旋转。

每种型号的丝锥一般由两支或三支组成一套，分别称为头锥、二锥和三锥。成套丝锥分次切削，依次分担切削量，以减轻每支丝锥单齿切削负荷。M6～M24 的丝锥两支一套，小于 M6 和大于 M24 的丝锥三支一套。小丝锥强度差，易折断，将切削余量分配在三个等径的丝锥上。大丝锥切削的金属余量多，应逐渐切除，切除量分配在三个不等径的丝锥上。

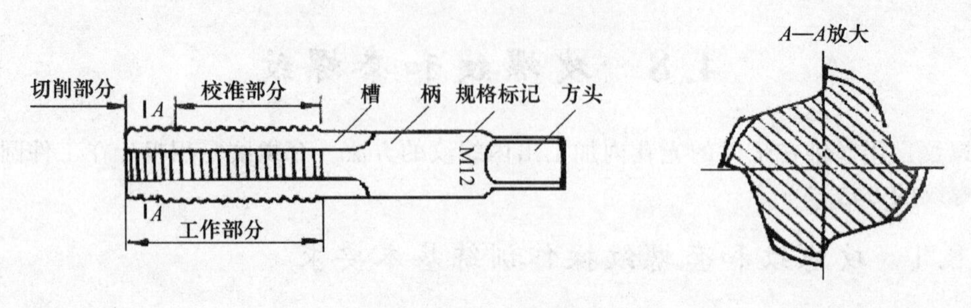

图 4-72 丝锥

(2) 绞 杠

绞杠是用来夹持丝锥和转动丝锥的手用工具。有普通绞杠和丁字形绞杠,用得较多的是图 4-73 所示的普通绞杠。丁字形绞杠主要用于攻工件凸台旁边的螺纹或机体内部的螺纹。两种铰杠都有固定式和活动式两种,图 4-73 所示为普通绞杠中的活络绞杠。

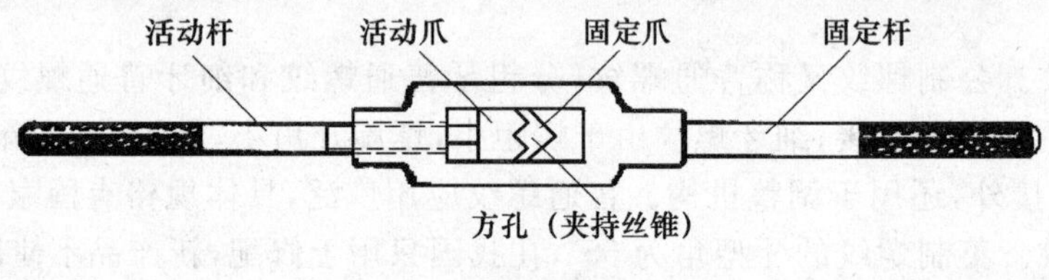

图 4-73 铰杠

2. 套螺纹工具

套螺纹工具主要有板牙和板牙架。

(1) 板 牙

板牙是加工外螺纹的工具,是用合金工具钢 9SiCr、9Mn2V 或高速钢经淬火、回火制成的。

板牙的构造如图 4-74 所示,由切削部分、校准部分和排屑孔组成。板牙本身就像一个圆螺母,只是在其上面钻有 3~5 个排屑孔(即容屑槽),并形成切削刃。

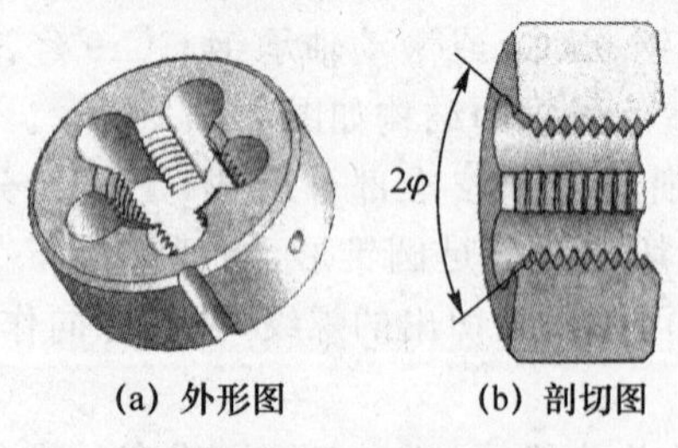

(a) 外形图　(b) 剖切图

图 4-74 板牙

切削部分是板牙两端带有切削锥角 2φ 的部分,经铲、磨加工,起着主要的切削作用。板牙的中间是校准部分,也是套螺纹的导向部分,起修正和导向作用。板牙的外圆有一条 V 形槽和 4 个 90°的顶尖坑。其中两个顶尖坑供螺钉紧固板牙用,另外两个和介于其间的 V 形槽是调整板牙工作尺寸用的,当板牙因磨损而尺寸扩大后,可用砂轮边沿 V 形槽切开,用螺钉顶紧 V 形槽旁的尖坑,以缩小板牙的工作尺寸。

(2) 板牙架

板牙架是用来夹持板牙和传递扭矩的工具,如图 4-75 所示。

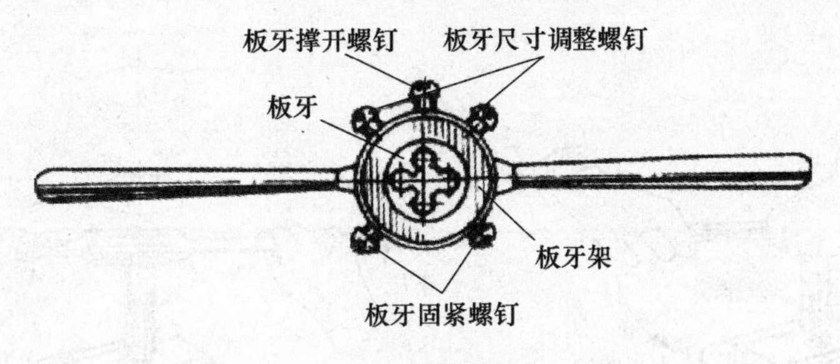

图 4-75　板牙架

4.8.4　攻螺纹方法

1. 螺纹底孔的确定

攻螺纹时，丝锥主要是切削金属，但也伴随有严重的挤压作用，因此会产生金属凸起并挤压牙尖，使攻螺纹后的螺纹孔内径小于原底孔直径。因此，攻螺纹的底孔直径应稍大于螺纹小径，否则攻螺纹时因挤压作用，使螺纹牙顶与丝锥牙底之间没有足够的容屑空间，将丝锥箍住，甚至折断，此现象在攻塑性材料时更为严重。但螺纹底孔过大，又会使螺纹牙型高度不够，降低强度。底孔直径的大小要根据工件材料的塑性高低及钻孔扩张量来考虑。

① 加工钢和塑性较好的材料并在中等扩张量条件下，钻头直径 D 按下式计算：

$$D=d-P \quad \text{(mm)}$$

式中：D——底孔钻头直径；

d——螺纹大径；

P——螺距。

② 加工铸铁和塑性较差的材料并在较小扩张量条件下，钻头直径 $D=d-(1.05\sim1.1)P$。

2. 攻螺纹的操作方法

将头锥垂直地放入已倒好角的工件孔内旋转 1～2 圈，用目测或直角尺在相互垂直的两个方向上检查，如图 4-76 所示。然后用铰杠轻压旋入，如图 4-77(a)所示。当丝锥的切削部分已经切入工件后，可只转动而不加压或加很小压力，每转一圈应反转 1/4 圈，以便切削断落，如图 4-77(b)所示。攻完头锥后继续攻二锥、三锥。攻二锥、三锥时先把丝锥放入孔内，旋入几扣后，再用绞杠转动，旋转绞杠时不需加压。

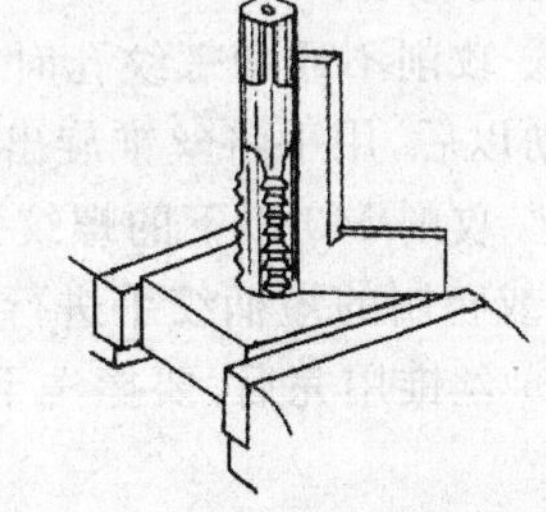

图 4-76　用直角尺检查丝锥位置

盲孔(不通孔)攻螺纹时，由于丝锥切削部分不能切出完整的螺纹，所以光孔深度(h)至少要等于螺纹长度(L)与(附加的)丝锥切削部分长度之和，这段附加长度大致等于内螺纹大径的 70%左右，即 $h=L+0.7\,D$。同时要注意丝锥顶端快碰到底孔时，更应及时清除积屑。

攻普通碳钢工件时，常加注 N46 机械润滑油和菜子油，以改善切削条件和加工质量。

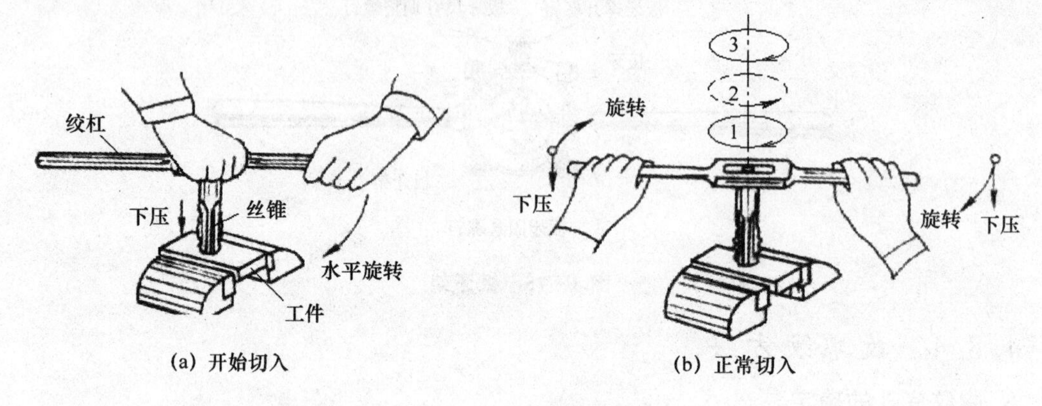

(a) 开始切入　　(b) 正常切入

图 4-77　攻螺纹过程

3. 攻螺纹的注意事项

① 工件的装夹要正。一般情况下，应将待攻螺纹孔的轴线置于垂直位置，以便在攻螺纹时容易判断和保持丝锥与工件的方向关系。

② 在攻削过程中，对软性能材料来说，需经常保持足够的润滑液。

③ 攻螺纹时，每次扳转绞杠，丝锥的旋进不应太多，一般每次旋进 1/2～1 转为宜。M5 以下的丝锥一次旋进不得大于 1/2 转。攻削较深的螺纹孔时，回转的量还要大一些，并需要多次往复拧转，既有利于断屑、排屑，又可减少切削刃粘屑的现象，以保持刃口锋利。

④ 扳转绞杠时，两手用力要平衡，并切忌过猛和左右晃动，否则容易将螺纹牙型撕裂和导致螺纹孔扩大及出现锥度。

⑤ 攻削过程中，若感到很费力时，切不可强行转动，应将丝锥倒转，使切屑排除，或用二锥攻削几圈，以减轻头锥切削部分的负荷，然后再用头锥继续攻削。如继续攻削仍然很吃力或断续发出"咯咯"的声响，则说明切削很不正常或丝锥磨损，应立即停止攻削，查找原因，否则丝锥就有可能折断。

⑥ 攻削不通的螺纹孔时，要经常将丝锥旋出排屑，当攻螺纹结束时，应用铰杠带动丝锥倒旋松动以后，用手将丝锥旋出。

⑦ 攻削 M3 以下的螺纹孔时，如工件不大，可用一只手拿着工件，一只手按着带动丝锥的绞杠，或特制的短柄绞手进行攻螺纹，这样可以避免硬劲攻削，以防止丝锥折断。

⑧ 丝锥用完后，要擦洗干净，涂上机油，隔开放好，妥善保管，不可混装在一起，以免碰伤刃口。

4.8.5　套螺纹方法

1. 圆杆直径的确定

套螺纹前应检查圆杆直径，太大难以套入，太小则套出的螺纹不完整。圆杆直径可用下面的经验公式计算：

$$d' \approx d - 0.13P(\text{mm})$$

式中：d'——圆杆直径；

d——螺纹大径；

P——螺距。

圆杆端部应做成 $2\varphi \leqslant 60°$ 的锥台，便于板牙定心和切入。

2. 套螺纹的操作方法

套螺纹时，板牙端面与圆杆应严格地保持垂直。在不影响螺纹要求长度的前提下，工件伸出钳口的长度应尽量短些。套螺纹过程与攻螺纹相似，参照图 4-77 所示。

在切削过程中，如手感较紧，应及时退出，清理切屑后再进行，并加机油润滑。

4.8.6　攻螺纹和套螺纹的常见缺陷及产生原因

① 螺纹烂牙。其原因是材料软，丝锥磨损及润滑液使用不合理等。

② 螺纹不垂直。其原因是起攻和起套时丝锥或板牙与螺纹端面不垂直。

③ 丝锥折断。其原因是排屑不畅，两手用力不均，受横向冲击力；盲孔攻螺纹时，底孔深度不够。

4.8.7　练习实例

题目 1　利用攻螺纹工具完成图 4-78 所示的螺纹孔加工操作。在完成该作业时，可以在工序中安排钻孔、扩孔、铰孔和攻螺纹，形成一个综合训练题。

题目 2　根据实训场地和条件由指导老师安排在圆杆上进行套螺纹练习。

题目 3　有条件时，由指导老师安排管螺纹和英制螺纹的加工练习。

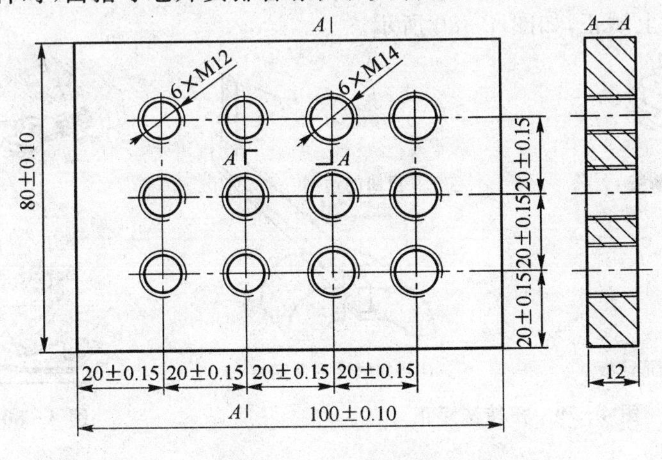

图 4-78　攻螺纹练习

4.9 矫正与弯曲

制造机器所用的原材料(如板料、型材等)常常有不直、不平、翘曲等缺陷。有的机械零件和板材在加工、热处理、使用、剪切之后产生了变形。消除这些原材料和零件的弯曲、翘曲和变形等缺陷的操作方法称为矫正。

将原来平直的板材或型材弯曲成所要求的曲线形状或角度的操作称为弯曲。

4.9.1 矫正与弯曲操作技能训练目标

① 了解矫正与弯曲的概念,熟悉常用设备。

② 掌握矫正弯曲的方法,熟悉手工矫正操作。

③ 掌握弯曲前毛坯尺寸计算的方法。

4.9.2 矫正方法

矫正就是恢复。矫正方法按变形类型可分为扭转法、弯曲法、延展法和伸张法等;按其产生矫正力的方法又可分为手工矫正、机械矫正、火焰矫正和高频热点矫正等。

(1) 扭转法

这种方法是用来矫正条料扭曲变形的方法。小型条料常夹持在台虎钳上,用扳手将其向变形的反方向扭转而恢复。如图 4-79 所示,图中 F 为施力方向(下同)。

(2) 弯曲法

这种方法是用来矫正各种棒料和条料弯曲变形的方法。直径小的棒料和厚度薄的条料,直线度要求不高时,可夹在台虎钳上用扳手将其向变形的反方向矫正。直径大的棒料和厚的条料则常在压力机上矫正,如图 4-80 所示。

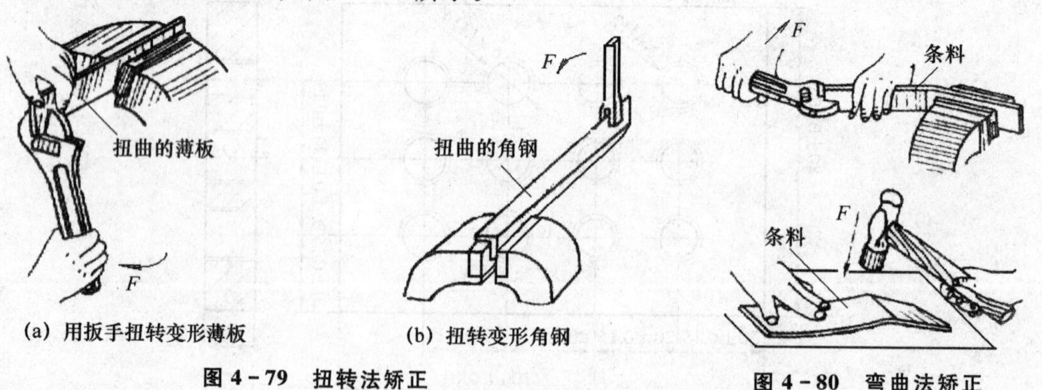

(a) 用扳手扭转变形薄板　(b) 扭转变形角钢

图 4-79 扭转法矫正

图 4-80 弯曲法矫正

(3) 延展法

这种方法是用来矫正各种翘曲的型钢和板料的方法,通过用锤子敲击材料适当部位,使其局部延长和展开，达到矫正的目的，如图 4－81 所示。

（4）伸张法

这种方法是用来矫正各种细长线材的方法。矫正时将线材一头固定，然后从固定处将线材绕圆木棒一圈，捏紧圆木棒向后拉就可以校直，如图 4－82 所示。

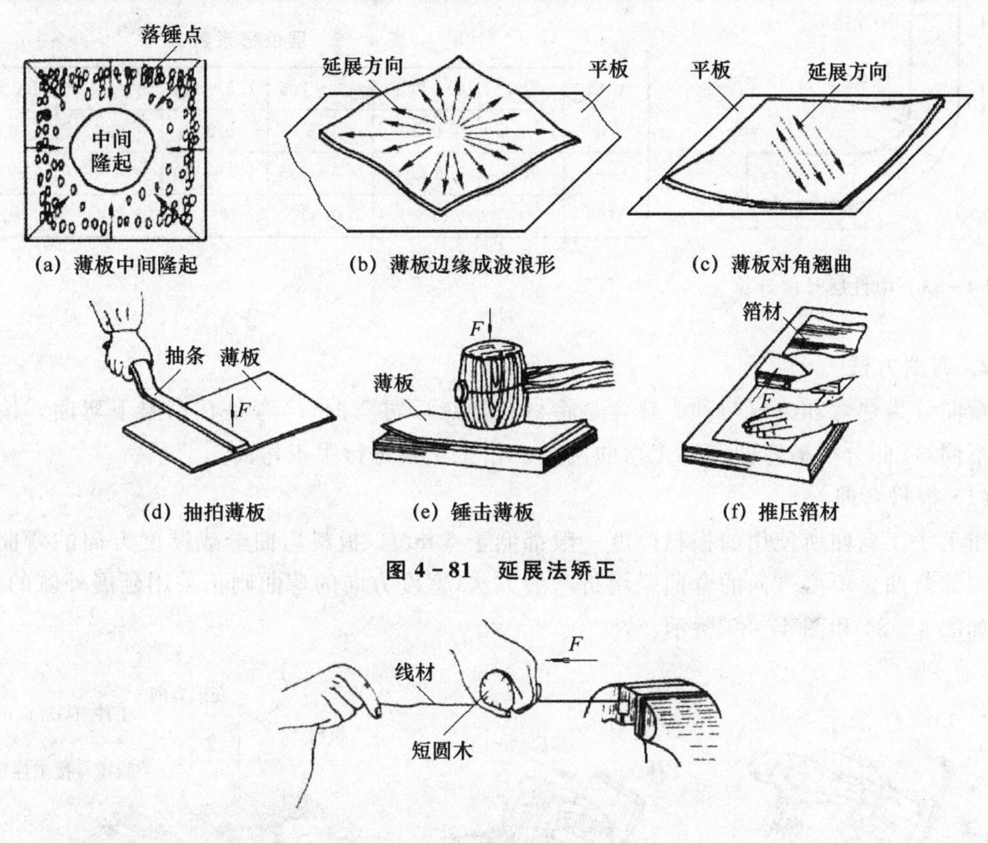

图 4－81　延展法矫正

图 4－82　线材的伸张法矫正

4.9.3　弯曲方法

1. 弯曲前毛坯尺寸计算

毛坯弯曲后外层材料受拉力而伸长，内层材料受挤压而缩短，中间有一层材料既不伸长也不缩短，材料的这一层称为中性层，如图 4－83 所示。毛坯弯曲前的长度就是工件各段中性层的长度之和。计算公式如下：

$$L=a+b+2\pi(R+\lambda t)\alpha/360 \quad (\mathrm{mm})$$

式中：L——制件展开长度，mm；

　a、b——制件直边长度，mm；

R——制件弯曲半径，mm；

α——工件弯曲角度，°；

λ——层位移系数，如表 4-5 所列。

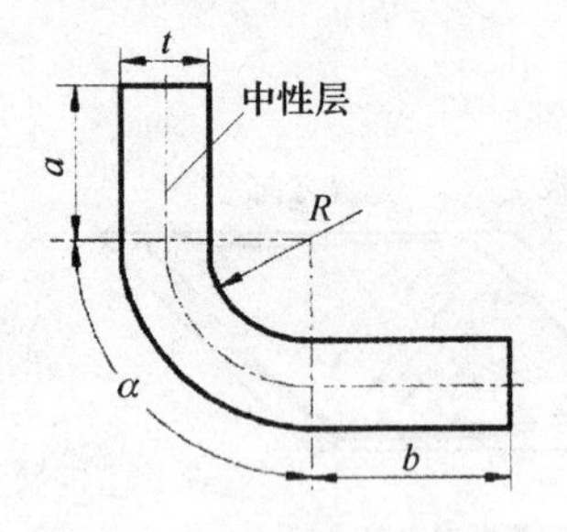

图 4-83 中性层长度计算

表 4-5 层位移系数

V形弯曲	R/t	0.5以下	0.5～1.5	1.5～3.0	3.0～5.0	5.0以上
	λ	0.2	0.3	0.33	0.4	0.5
U形弯曲	R/t	0.5以下	0.5～1.5	1.5～3.0	3.0～5.0	5.0以上
	λ	0.25～0.3	0.33	0.4	0.4	0.5

2. 弯曲方法

弯曲分为热弯和冷弯两种。热弯是将材料预热后再弯曲，冷弯是在室温下弯曲。按加工手段不同，弯曲分机械弯曲和手工弯曲两种。钳工主要进行手工弯曲。

(1) 板材弯曲

钳工手工弯曲所使用的板材厚度一般都低于 5 mm。板料弯曲分成厚度方向的弯曲和宽度方向的弯曲。厚度方向的弯曲采用折弯的方法，宽度方向的弯曲则仍采用延展外侧的方法，分别如图 4-84 和图 4-85 所示。

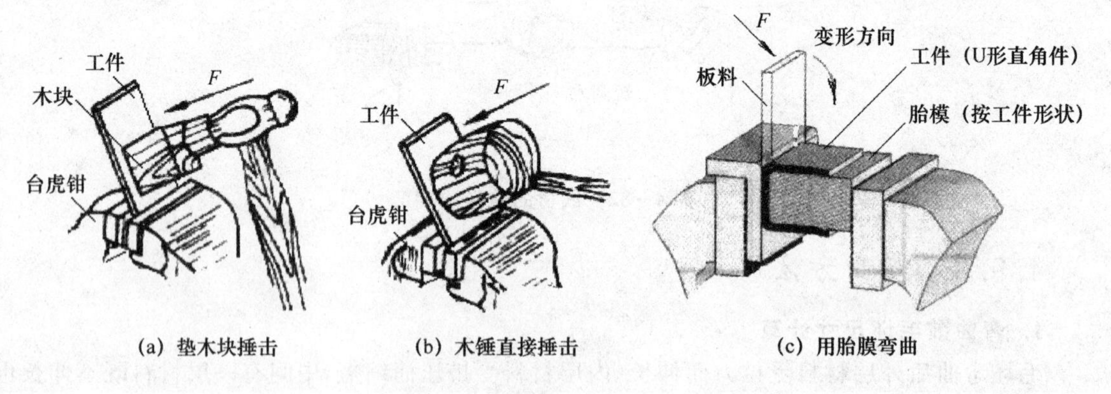

(a) 垫木块捶击　(b) 木锤直接捶击　(c) 用胎膜弯曲

图 4-84 板料厚度方向上的弯曲

(2) 管材弯曲

直径大于 12 mm 的管子一般采用热弯，直径小于 12 mm 的管子则采用冷弯。弯曲前必须向管内灌满干黄沙，并用轴向带小孔的木塞堵住管口，以防止弯曲部位发生凹瘪缺陷。焊管弯曲时，应注意将焊缝放在中性层位置，防止弯曲时开裂。手工弯管通常在专用工具上进行，如

图4-86所示。除弯管工具外,弯曲管子也常在液压弯管机上进行(请阅读专业资料)。

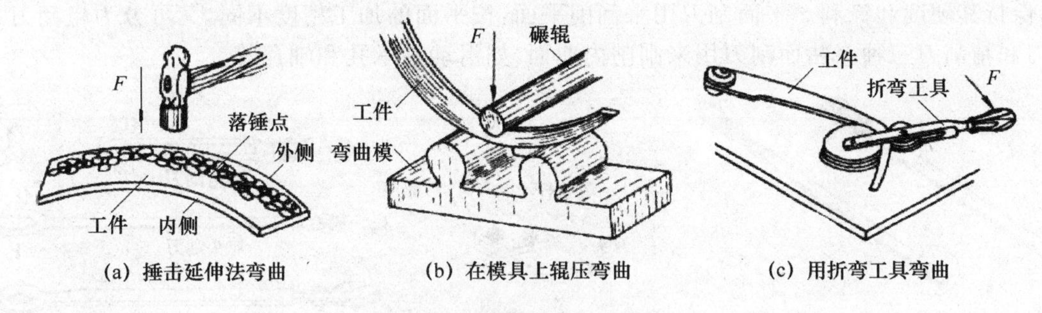

图4-85 板料宽度方向上的弯曲

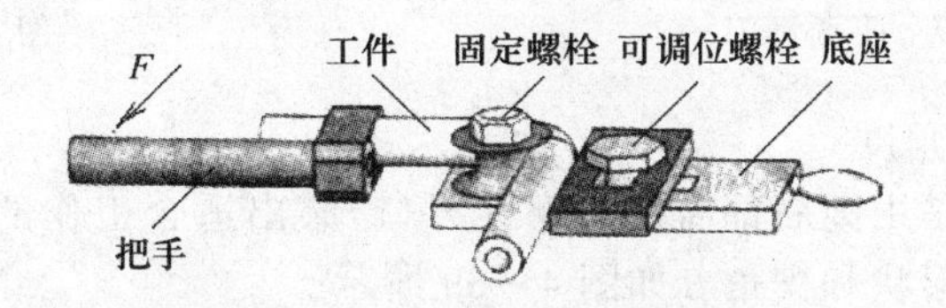

图4-86 在专用工具上弯曲管件

4.10 刮削与研磨

4.10.1 刮 削

用刮刀刮除工件表面薄层以提高工件加工精度的加工方法称为刮削。刮削具有切削量小、切削力小、产生热量小、装夹变形小等特点。刮削后的工件表面出现比较均匀的微浅凹坑,形成良好的存油条件,改善了相对运动零件之间的润滑状况。因此,机床导轨、滑动轴承、工件和量具的接触面及密封表面等,在机械加工之后通常用刮削方法进行加工。

操作时将工件与校准工具或与其相配合的工件之间涂上一层显示剂,经过对研,使工件上较高的部位显示出来,然后用刮刀进行微量刮削,刮去较高的金属层(点)。刮削的同时,刮刀对工件还有推挤和压光的作用,这样反复地显示和刮削,就能使工件的加工精度达到较高要求。

由于刮削是手工操作,切削力很小,因此每次只能刮去很薄的一层金属,并且劳动强度大,所以要求工件的刮削余量很小,一般只在0.05~0.4 mm之间。

1. 刮削工具

(1) 刮 刀

1) 平面刮刀和曲面刮刀

刮刀是刮削的主要工具,根据使用场合不同一般分为平面刮刀和曲面刮刀,如图4-87和

图 4－88 所示。刮刀用 T12 碳素工具钢或 GCr15 轴承钢锻造成形，其刃口部分须经淬火处理，保持其硬度和锋利。平面刮刀用来刮削平面，按平面的加工精度不同，又可分为粗刮刀、细刮刀和精刮刀三种。曲面刮刀用来刮削内曲面，如滑动轴承孔和轴瓦等。

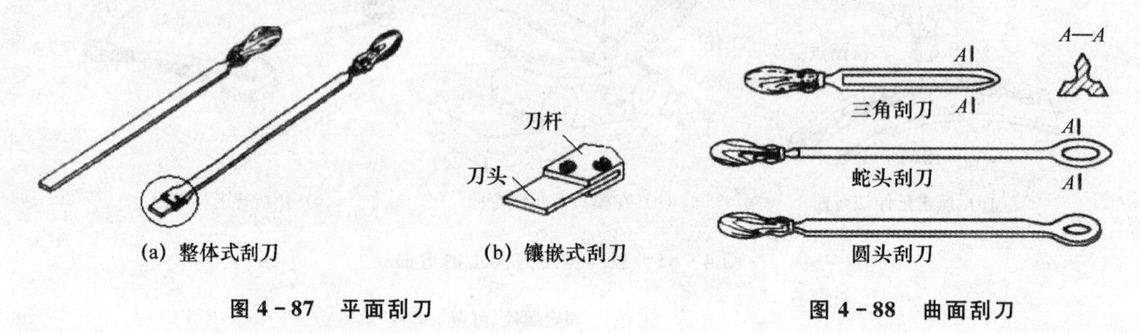

图 4－87　平面刮刀

图 4－88　曲面刮刀

2）平面刮刀的几何角度

刮刀无论是开刃还是用钝后都需要刃磨其刃口，磨出适合工作的几何角度。不同工作状态下的平面刮刀的刃口形状和楔角 β 如图 4－89 所示。

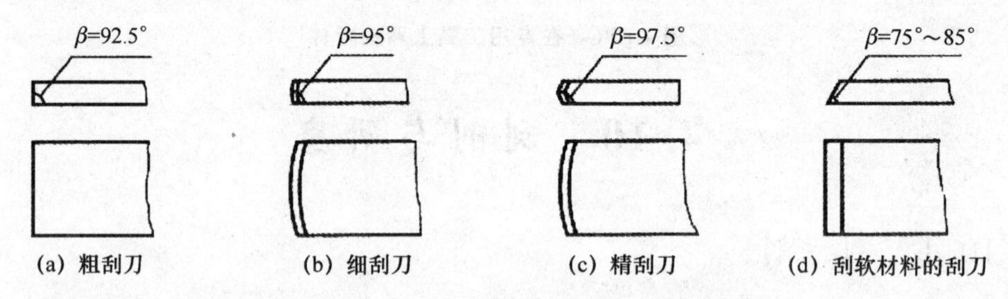

图 4－89　平面刮刀刃口形状和几何角度

3）平面刮刀的刃磨

平面刮刀刃磨分成粗磨、细磨和精磨，在粗磨后细磨前要进行淬火处理，使其硬度达到 HRC60 左右即可。平面刮刀的刃磨方法如图 4－90 与图 4－91 所示。粗磨在粗砂轮上进行，磨出基本形状；细磨在细砂轮上进行，要磨出刮刀形状和几何角度，刃磨时要随时沾水冷却，以免退火；精磨在油石上进行，要求刀面平整、光洁，刃口无缺陷。

2. 校准工具

校准工具是用来推磨研点和检查被刮面准确性的专用工具，又称研具。常用的校准工具有校准平板（通用平板）、校准直尺、角度直尺以及根据被刮面形状设计制造的专用校准型板以及校准曲面的圆柱、圆锥检验棒等。

3. 刮削方法

（1）平面刮削

平面刮削分为手刮法和挺刮法。

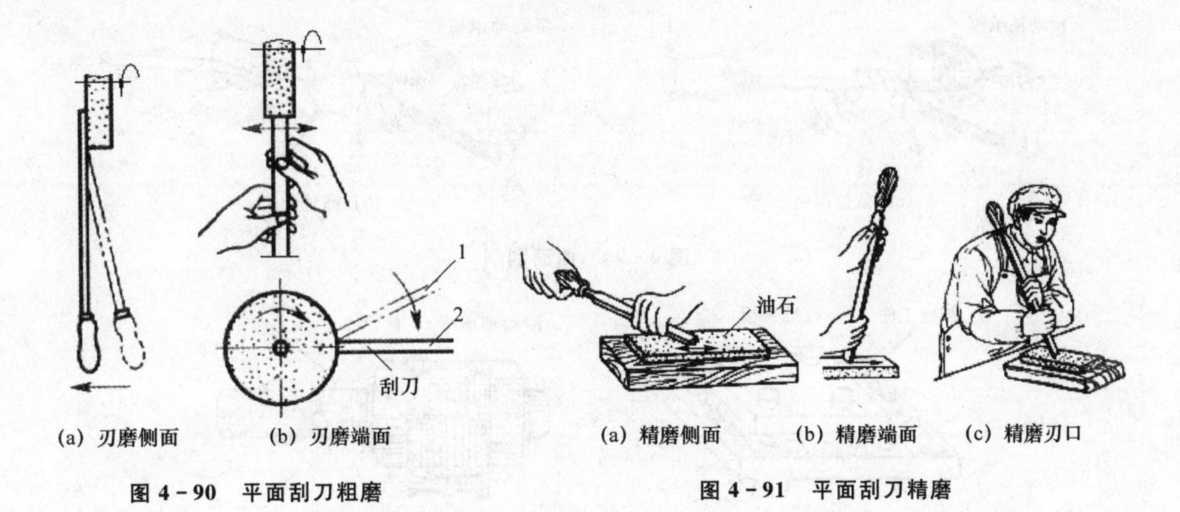

(a) 刃磨侧面　(b) 刃磨端面

图 4－90　平面刮刀粗磨

(a) 精磨侧面　(b) 精磨端面　(c) 精磨刃口

图 4－91　平面刮刀精磨

① 手刮法。左手同时完成“压刀—提刀”的连贯动作，右手推刀刮去研点（校准工具与工件对研在工件上反映出的点），如图 4－92 所示。手刮法刮除量较小。

② 挺刮法。左右手握刀体，完成“压刀—提刀”的连贯动作，小腹部顶着刀柄向前“挺”以推刀刮去研点，如图 4－93 所示。大量刮除时常用挺刮法。

(2) 曲面刮削

曲面刮削通常是对内曲面进行刮削。内曲面包括内圆柱面、内圆锥面和球面以及其他型面。内曲面的刮削只是手刮，其握刀方法和刮削姿势如图 4－94 所示。其中图 4－94(a)和图 4－94(b)一般是当刮削部位分别低于和高于上腹部的握刀方法和刮削姿势。

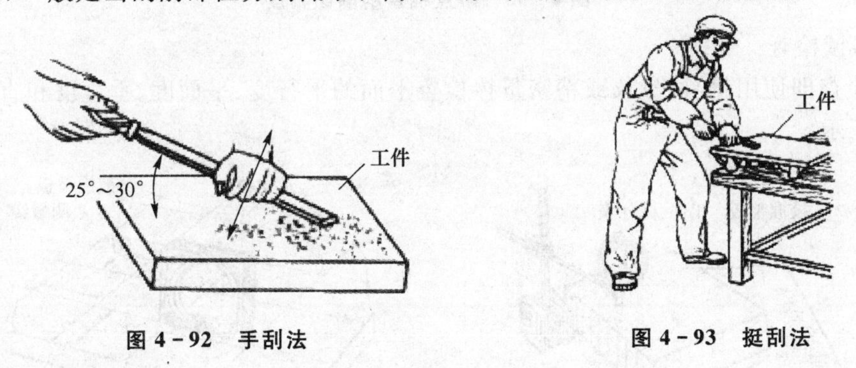

图 4－92　手刮法　　图 4－93　挺刮法

4. 刮削面的精度检查

刮削面的精度检查分成平面检查和曲面检查。检查方法有研点检查和器械检查。

(1) 研点检查

研点检查是在工件表面涂上显示剂，将校准工具与工件表面对研，然后检查接触点数或根据接触数估算接触面积的大小，如图 4－95 所示。平面研点是校准平板与工件间平行对磨。

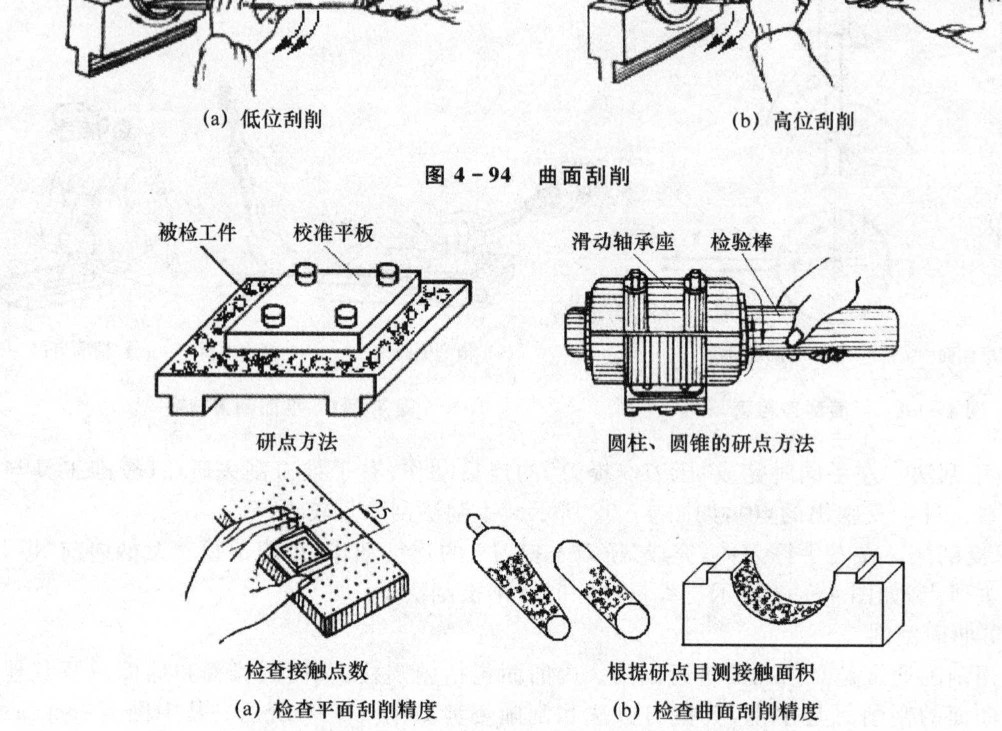

(a) 低位刮削 (b) 高位刮削

图 4-94 曲面刮削

(a) 检查平面刮削精度 (b) 检查曲面刮削精度

图 4-95 研点检查刮削面精度

(2) 器械检查

器械检查即使用量具、量仪或精密量棒检查平面的平行度、平面度、垂直度和直线度等，如图 4-96 所示。

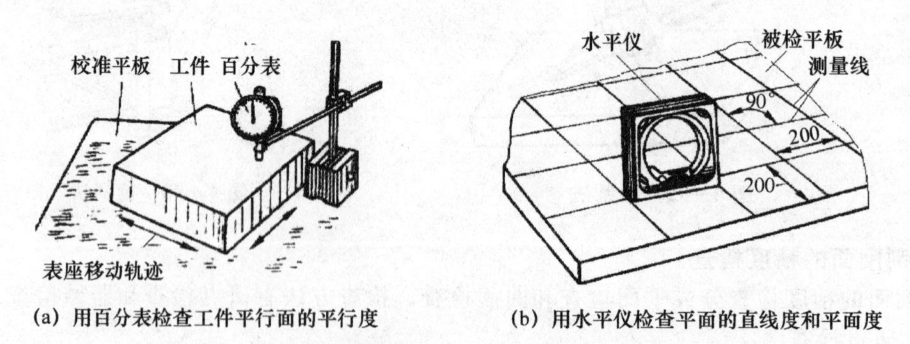

(a) 用百分表检查工件平行面的平行度 (b) 用水平仪检查平面的直线度和平面度

图 4-96 用量仪检查平行度、平面度

5. 刮削质量缺陷及原因

刮削常见的质量缺陷及原因如表 4－6 所列。

表 4－6　刮削质量缺陷及产生原因

序　号	质量缺陷	产生原因
1	明显的凹坑	刮刀倾斜；用力太大；刮刀刃口弧形刃磨得太小
2	震痕（连续的波纹）	刮削方向单一；推刀行程太长引起刀杆颤动
3	丝纹（粗糙纹路）	刃口不锋利；刃口部分较粗糙
4	尺寸和形状精度不达要求	显点不真，引起错刮；检验工具本身有误差；工件放置不稳

4.10.2　研　磨

用研磨工具和研磨剂从工件上研去一层极薄表面层的精加工方法称为研磨。研磨工艺的基本原理是研磨剂中的磨料（呈游离状态）通过辅料和研磨工具物理和化学的综合作用，对工件表面进行光整加工，是一种微量的切削加工。研磨后的工件表面粗糙度值 R_a 一般情况可达 1.6～0.1 μm，最小值可达 0.012 μm，表面的光亮程度可达镜面。通过研磨工件可达到精确的尺寸精度和准确的几何形状。

研磨是微量切削，每切削一遍所能磨去的金属层不超过 0.002 mm，因此研磨余量不能太大，一般研磨余量在 0.005～0.030 mm 之间比较适宜。有时研磨余量就留在工件的公差之内。

根据操作方法的不同，研磨分为机械研磨和手工研磨，作为钳工训练，这里仅介绍手工研磨的相关内容。

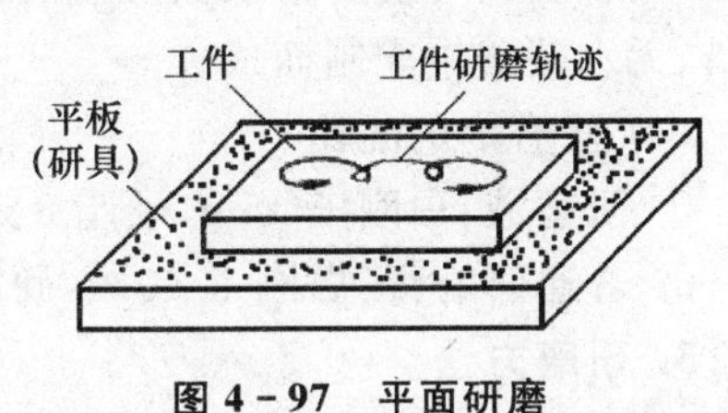

图 4－97　平面研磨

手工研磨的一般方法如图 4－97 所示，即在研磨工具（简称研具，图中平板）的研磨面上涂上研磨剂，在一定的压力下，用手推着工件相对研具按一定的轨迹做相对运动，直到符合图样要求。工件的研磨轨迹除图所示的螺旋线外，还有直线和“8”字形等。

1. 研磨工具

研磨工具简称研具。在研磨加工中，研具是保证研磨工件几何形状正确和表面质量的主要因素，因此对研具的材料、几何精度要求较高，表面粗糙度值要小。

(1) 研具材料

研具材料应满足的技术要求：组织细致均匀，有很高的稳定性和耐磨性，具有较好嵌存磨料的性能，工作面的硬度比工件表面硬度稍软。

常用的研具材料有灰铸铁、球墨铸铁、低碳钢、铜。其中，低碳钢和铜常用来制作淬硬钢精研的研具。

(2) 研具的类型

生产中需要研磨的工件是多种多样的，不同形状的工件应有不同类型的研具。通用研具有研磨平板、研磨盘、研磨环、研磨棒等；专用研具是针对某种工件专门设计制造的，如螺纹研具、圆锥孔研具、千分尺研磨器和卡尺研磨器等。

2. 研磨剂

研磨剂中磨料和辅料的种类主要是根据研磨加工的材料及硬度和研磨方法确定的。

(1) 磨　料

磨料在研磨中主要起切削作用。常用磨料的种类、性能和适用对象如表 4-7 所列。

表 4-7　研磨磨料的种类、性能和适用对象

序　号	名　称	主要性能	研磨对象
1	金刚石磨料	硬度高，切削能力强、研磨综合效果好	淬硬钢、硬质合金、宝石等
2	碳化物磨料	硬度、研磨效果和质量低于金刚石	可替代金刚石磨料
3	氧化铝磨料	硬度低于碳化物磨料	未淬硬钢、铸铁
4	软质化学磨料	质地较软	精研和抛光

(2) 辅　料

磨料不能单独用于研磨，必须和某种辅料调和成研磨剂才能使用。辅料分为液态和固态两大类。常用的液态辅料有煤油、汽油、电容器油和甘油等，起冷却润滑作用。常用的固态辅料是硬脂，硬脂可使研磨表面的金属发生氧化反应及增强悬浮工件的作用。硬脂常用硬脂酸、蜂蜡、无水碳酸钠配制而成。

(3) 研磨剂的配比

① 研磨液：白刚玉 15 g，硬脂 8 g，煤油 35 ml，航空汽油 200 ml。

② 普通研磨膏：白刚玉 40%，硬脂 25%，氧化铬 20%，煤油 5%，电容器油 10%。

3. 研磨方法

(1) 平面研磨

平面研磨如图 4-98 所示。图 4-98(a)所示为普通平面研磨，工件沿平板全部表面，按 8 字形、仿 8 字形或螺旋形运动轨迹进行研磨。图 4-98(b)所示为狭窄平面研磨，为防止研磨平面产生倾斜和圆角，研磨时应用金属块做成“导靠”。

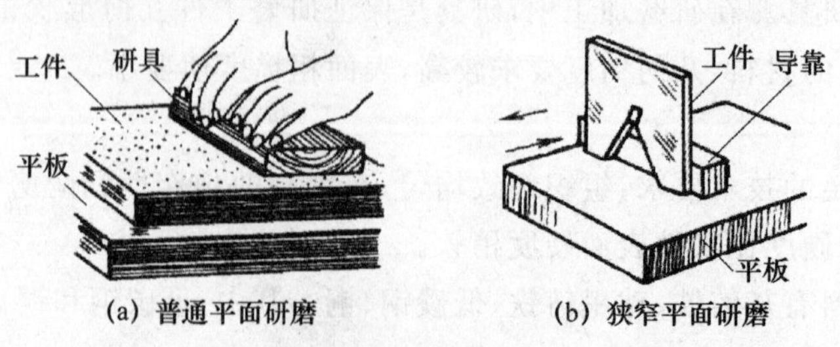

(a) 普通平面研磨　　(b) 狭窄平面研磨

图 4-98　平面研磨

(2) 圆柱面研磨

圆柱研磨一般是用手工与机器配合进行研磨。图 4－99 所示为外圆柱面的研磨方法。

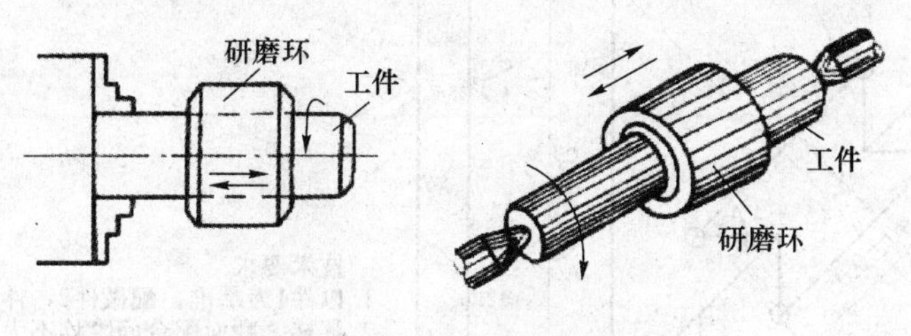

图 4－99　外圆柱面研磨

4.11　综合训练

4.11.1　综合练习题

题 1. 锉配凹凸件，如图 4－100 所示。

工艺步骤：修整两个大平面——修整互相垂直的两个相邻侧面，作为划线基准和工艺基准—划线(预留落料尺寸)—落料—锉削—打孔—铰孔—自检。

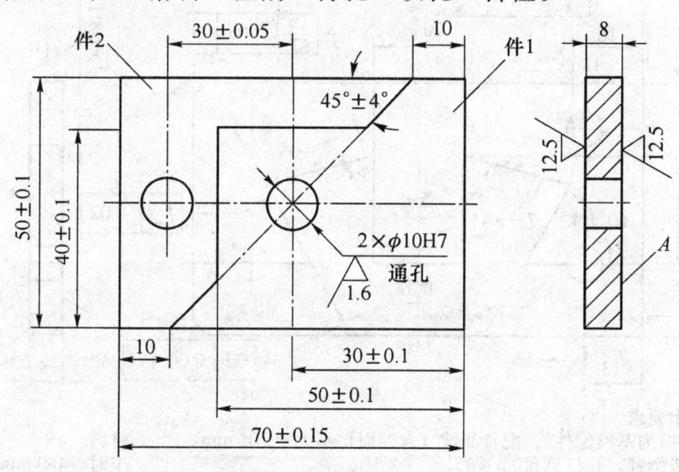

名　称	材　料	工　时
凹凸件	45	200 min

图 4－100　凹凸件

题 2. 燕尾镶配，如图 4－101 所示。由读者自行制定工艺步骤。

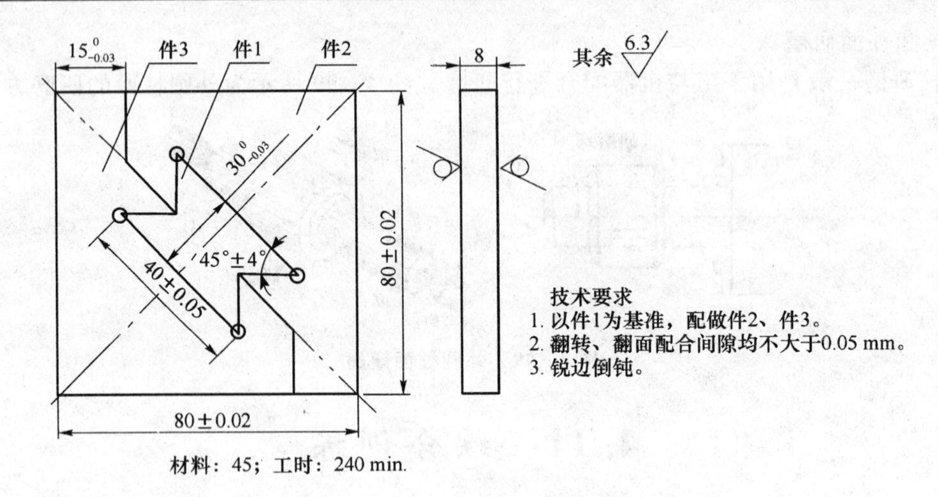

图 4-101 燕尾镶配

题 3. 翻面镶配，如图 4-102 所示。由读者自行制定工艺步骤。

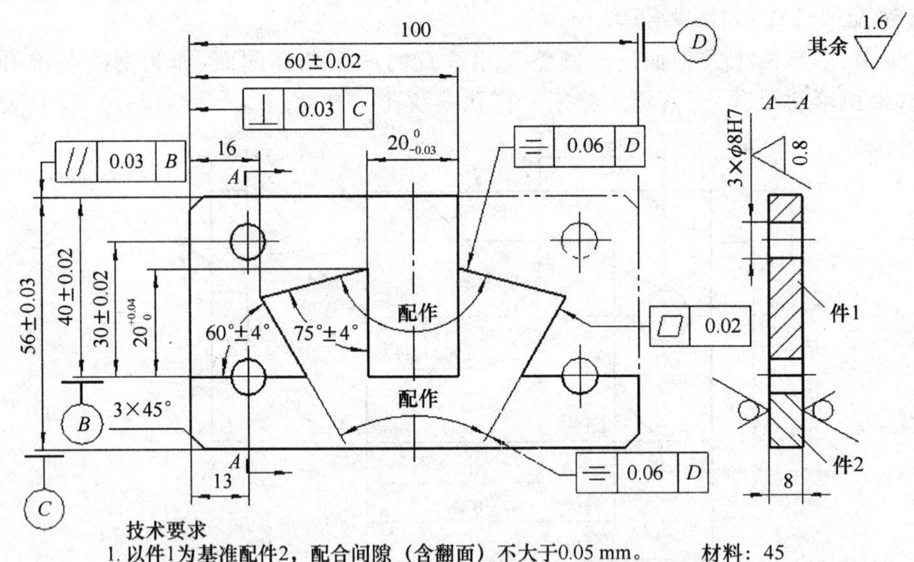

图 4-102 翻面镶配

4.11.2 技能鉴定模拟题

题目 1 四方尺镶配，如图 4-103 所示，评分表如表 4-8 所列。

板料厚度可设成 6～8 mm，板料厚度越大相应难度也就越大。

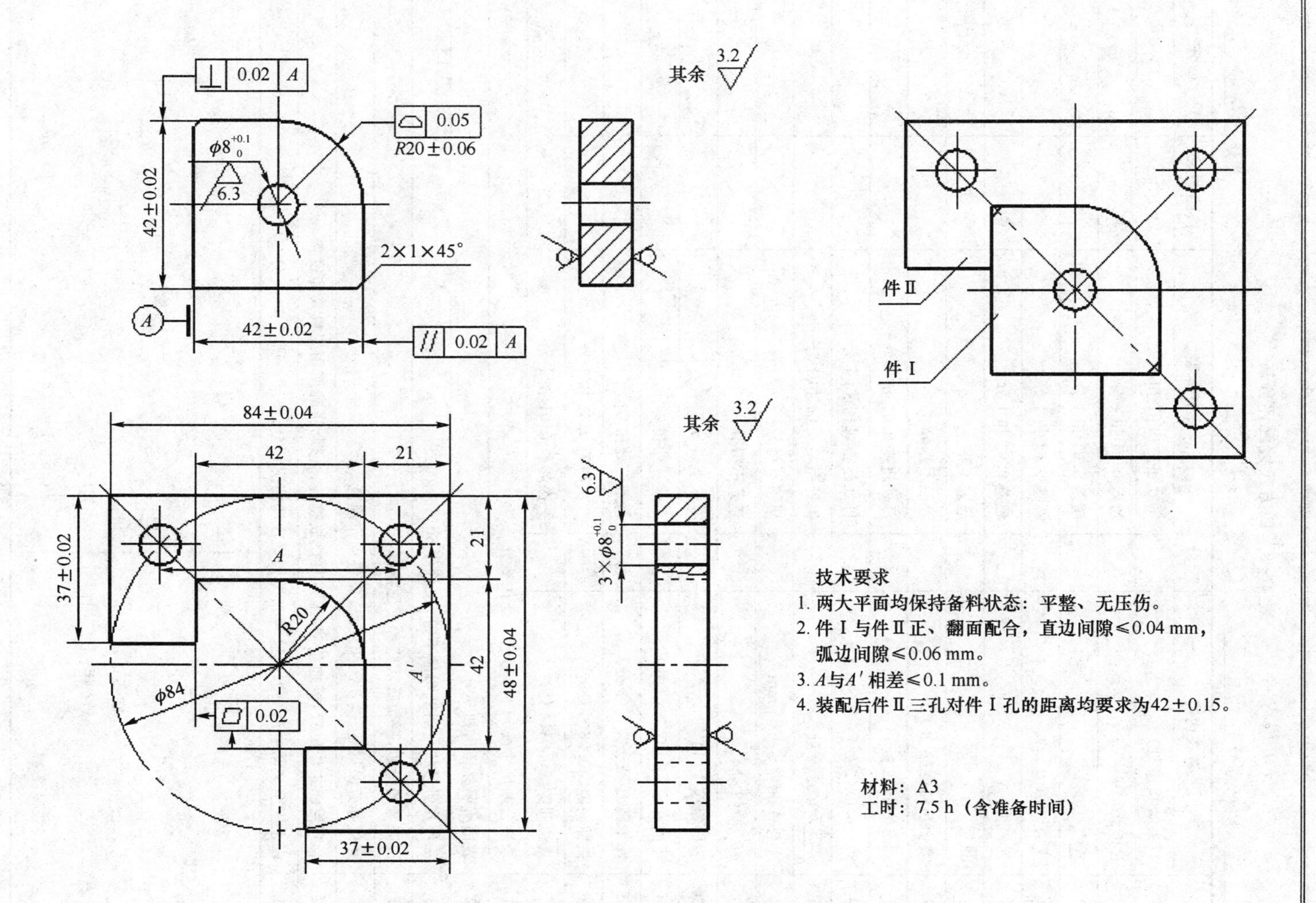

图4 -103　中级钳工技能鉴定模拟题1——四方尺镶配

表 4－8　四方尺镶配评分表

考号__________　　评卷号__________　　总分__________

项目	序号	考核内容	配分	评分标准	检测结果	得分
件Ⅰ	1	42±0.02(2 处)		每处超差 0.01 扣 1 分		
	2	$R20\pm0.06$		超差 0.01 扣 1 分		
	3	⌓0.05		超差 0.01 扣 1 分		
	4	⊥0.02 A		超差 0.01 扣 1 分		
	5	// 0.02 A		超差 0.01 扣 1 分		
	6	$\phi 8^{+0.1}_{0}$		超差不得分		
	7	表面粗糙度(6 处)		降级不得分		
件Ⅱ	8	84±0.04(2 处)		每处超差 0.01 扣 1 分		
	9	37±0.02(2 处)		每处超差 0.01 扣 1 分		
	10	▱ 0.02(2 处)		每处超差 0.01 扣 1 分		
	11	A 与 A 相差≤0.01 mm		超差不得分		
	12	$\varphi 8^{+0.1}_{0}$(3 处)		超差不得分		
	13	表面粗糙度(14 处)		降级不得分		
配合	14	正配孔距 42±0.15(3 处)		超差一处扣 2 分		
	15	件Ⅰ翻面 42±0.15(3 处)		超差一处扣 2 分		
	16	弧面间隙≤0.06(2 处)		一次超差 0.01 扣 1 分		
	17	直边间隙≤0.04(4 处)		一次超差 0.01 扣 1 分		
其他	1	未注公差尺寸按 IT14，每超一处扣 2 分				
	2	表面有明显压痕扣 3 分				
	3	工件几何形状与图纸明显不符，扣总分 50％				
安全文明	1	遵守考场纪律，一切听从监考人员指挥				
	2	穿戴好劳保用品，遵守操作规程，姿势动作规范				
	3	合理组织工作位置，场地整洁，工量具摆放整齐、合理，正确使用工量具和设备				
	4	以上安全文明生产要求由监考人员根据现场情况评分，违反一项扣 2～5 分				
监考意见	姓名： 年　月　日		记事栏			

题目 2　燕尾镶配，如图 4－104 所示，评分表如表 4－9 所列。

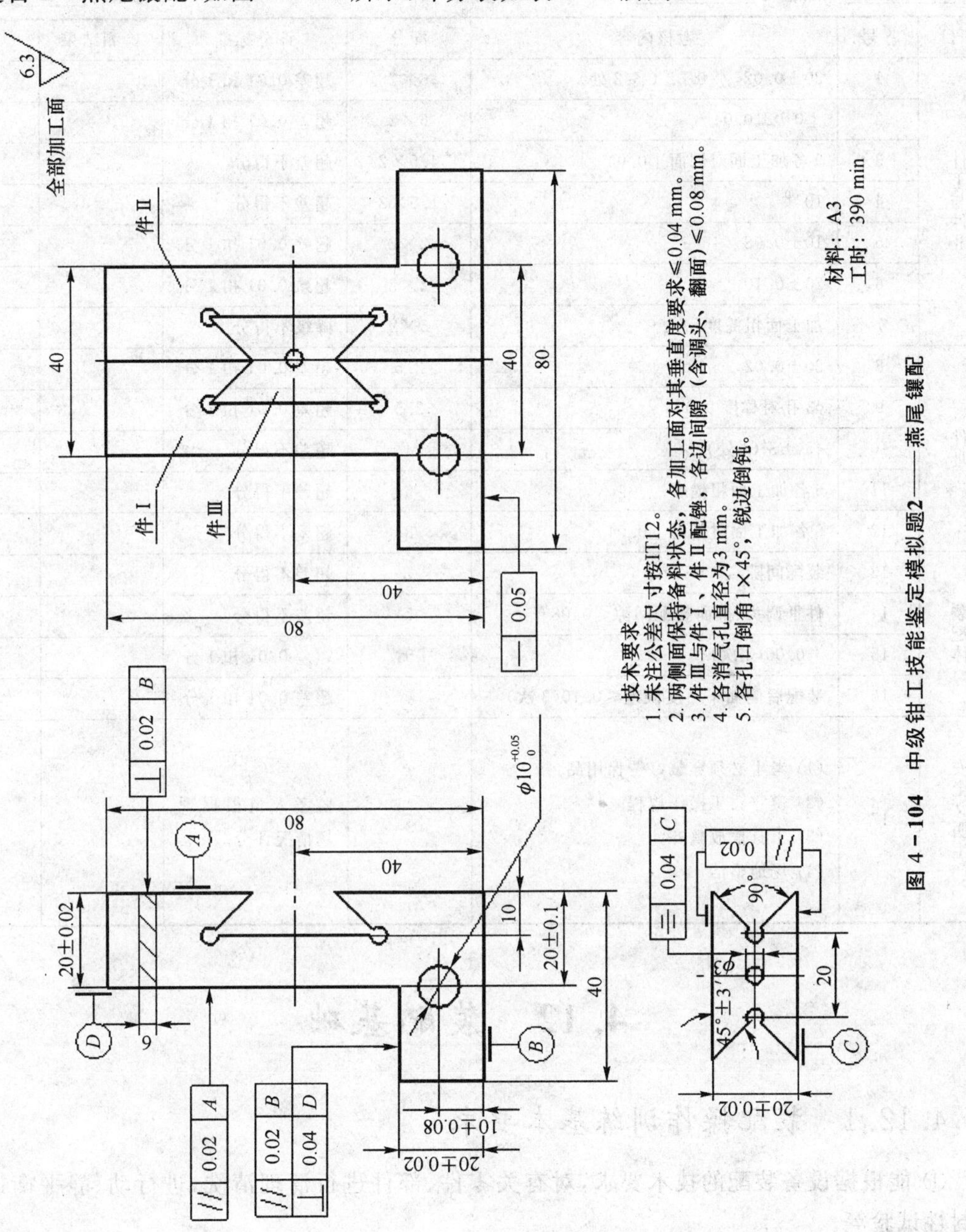

图 4－104　中级钳工技能鉴定模拟题2——燕尾镶配

表 4-9 燕尾镶配评分表

考号________ 评卷号________ 总分________

项目	序号	考核内容	配分	评分标准	检测结果	得分
件Ⅰ与件Ⅱ	1	20±0.02，// 0.02（各 2 处）	6×2	超差 0.01 扣 1 分		
	2	⊥0.02、0.04	6×2	超差 0.01 扣 1 分		
	3	9 各加工面对侧面⊥0.04	4.5×2	超差不得分		
	4	$10^{+0.05}_{0}$	1.5×2	超差不得分		
	5	10±0.08	2×2	超差 0.01 扣 1 分		
	6	20±0.10	2×2	超差 0.01 扣 1 分		
	7	加工面粗糙度	5×2	降级不得分		
件Ⅲ	8	20±0.02	2.5	超差 0.01 扣 1 分		
	9	ϕ3 孔对称度 0.04	2.5	超差 0.01 扣 1 分		
	10	45°±3′(4 处)	4	超差不得分		
	11	6 各加工面粗糙度	6	超差不得分		
	12	6 各加工面对侧面⊥0.04	3	超差不得分		
装配体	13	装配间隙≤0.08	7	超差不得分		
	14	件Ⅲ调头、翻面装配间隙≤0.08	7	超差不得分		
	15	−0.05(3 次)	5	超差 0.01 扣 1 分		
	16	装配后侧面平面度误差≤0.10(3 次)	4	超差 0.01 扣 1 分		
安全文明生产	17	(1) 考生必须穿戴好劳保用品 (2) 遵守钳工操作规程 (3) 工具摆放整齐 (4) 场地整洁	5	监考人员根据现场情况评分		

4.12 装配基础

4.12.1 装配操作训练基本要求

① 能根据设备装配的技术要求，对有关零件、部件进行清理清洗，进行动、静平衡试验及密封性试验等。

② 能按照有关技术要求，熟练地掌握设备零部件的各种拆卸方法。

③ 能根据零件的失效形式，采用相应的修复方法，对失效零件进行修复，并达到有关技术要求。

4.12.2　装配概述

机械产品一般由许多零件和部件组成。按规定的技术要求，将若干零件、组件和部件进行配合的连接，使之成为半成品或成品的工艺过程称为装配。装配不仅是零件、组件、部件的配合和连接等过程，还包括调整、检验、试验、油漆和包装等工作。

1. 机器的组成

(1) 零　件

零件是构成机器的最小单元，如一根轴、一只齿轮等。

(2) 部　件

部件是两个或两个以上零件结合形成机器的某部分，如车床主轴箱、进给箱、滚动轴承等都是部件。部件是个通称，其划分是多层次的。直接进入产品总装的部件称为组件；直接进入组件装配的部件称为一级分组件；直接进入一级分组件装配的部件称为二级分组件；其余类推。产品越复杂，分组件级数越多，如图 4－105 所示。

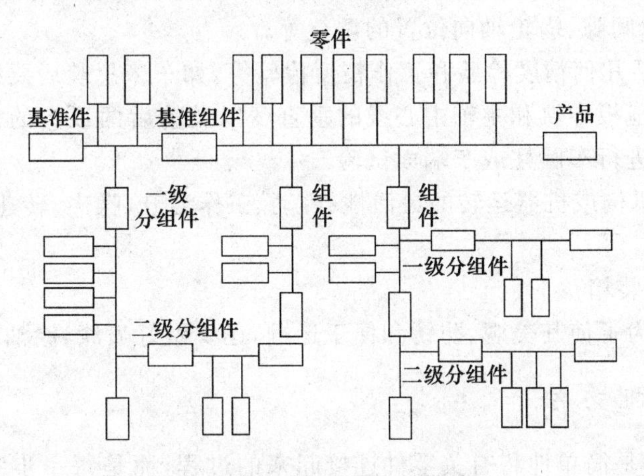

图 4－105　组件与分组件

(3) 装配单元

可以独立进行装配的部件称为装配单元。任何一个产品都能分成若干个装配单元。

(4) 装配基准件

最先进入装配的零、部件称为装配基准件，它可以是一个零件，也可以是低一级的装配单元。

2. 装配工艺过程

产品的装配工艺过程由以下四个部分组成。

(1) 装配前的准备工作

① 研究和熟悉产品装配图、工艺文件和技术要求，了解产品的结构、零件的作用以及相互

的连接关系。

② 确定装配的方法、顺序和准备所需要的工具。

③ 对装配零件进行清洗和清理,去掉零件上的毛刺、铁锈、切屑、油污及其他脏物,以获得所需的清洁度。

④ 对有些零部件还需进行刮削等修配工作,有特殊要求的零件还要进行平衡试验、渗漏试验和气密性试验等。

(2) 装配工作

装配比较复杂的产品,其装配工作常分为部件装配和总装配。

① 部件装配。指产品在进入总装以前的装配工作。凡是将两个以上的零件组合在一起或将零件与几个组件结合在一起成为一个装配单元的工作,均称为部件装配。

② 总装配。指将零件和部件结合成一台完整产品的过程。

(3) 调整、精度检验和试车

① 调整工作是指调节零件或机构的相互位置、配合间隙、结合程度等,目的是使机构或机器工作协调。如轴承间隙、蜗轮轴向位置的调整等。

② 精度检验包括几何精度检验和工作精度检验等,如车床总装后要检验主轴中心线和床身导轨的平行度、中拖板导轨和主轴中心线的垂直度以及前后两顶尖的等高。工作精度一般指切削试验,如车床进行车圆柱或车端面试验。

③ 试车是试验机构或机器运转的灵活性、震动、工作温升、噪声、转速、功率等性能参数是否符合要求。

(4) 喷漆、涂油、装箱

机器装配之后,为了使其美观、防锈和便于运输,还要做好喷漆、涂油和装箱工作。

4.12.3 装配方法

产品装配过程不是简单地将有关零件连接起来的过程,而是每一步装配工作都应满足预定的装配要求,即应达到一定的装配精度。通过尺寸链分析可知,由于封闭环公差等于组成环公差之和,装配精度取决于零件制造公差,但零件制造精度过高,生产将不经济。为正确处理装配精度与零件制造精度二者的关系,妥善处理生产的经济性与使用要求的矛盾,形成了一些不同的装配方法。

1. 完全互换装配法

在同类零件中,任取一个装配零件,不经修配即可装入部件中,并能达到规定的装配要求,这种装配方法称为完全互换装配法。完全互换装配法的特点是:

① 装配操作简便,生产效率高。

② 容易确定装配时间,便于组织流水装配线。

③ 零件磨损后,便于更换。

④ 零件加工精度要求高，制造费用随之增加，因此适于组成环数少、精度要求不高的场合或大批量生产采用。

2. 选择装配法

选择装配法有直接选配法和分组选配法两种：

(1) 直接选配法是由装配工人直接从一批零件中选择“合适”的零件进行装配。这种方法比较简单，其装配质量凭工人的经验和感觉来确定，但装配效率不高。

(2) 分组选配法是将一批零件逐一测量后，按实际尺寸的大小分成若干组，然后将尺寸大的包容件(如孔)与尺寸大的被包容件(如轴)相配，将尺寸小的包容件与尺寸小的被包容件相配。这种装配方法的配合精度取决于分组数，即增加分组数可以提高装配精度。分组选配法的特点是：

① 经分组选配后零件的配合精度高。

② 因零件制造公差放大，所以加工成本降低。

③ 增加了对零件的测量分组工作量，并需要加强对零件的储存和运输管理，可能造成半成品和零件的积压。

分组选配法常用于大批量生产中装配精度要求很高、组成环数较少的场合。

3. 修配装配法

修配装配法是指装配时，修去指定零件上预留修配量以达到装配精度的装配方法。其特点是：

① 通过修配得到装配精度，可降低零件制造精度。

② 装配周期长，生产效率低，对工人技术水平要求较高。

修配法适用于单件和小批量生产以及装配精度要求高的场合。

4. 调整装配法

调整装配法是指装配时调整某一零件的位置或尺寸以达到装配精度的装配方法。一般采用斜面、锥面、螺纹等移动可调整件的位置；采用调换垫片、垫圈、套筒等控制调整件的尺寸。调整装配法的特点是：

① 零件可按经济精度确定加工公差，装配时通过调整达到装配精度。

② 使用中还可定期进行调整以保证配合精度，便于维护与修理。

③ 生产率低，对工人技术水平要求较高。

除必须采用分组装配的精密配件外，调整装配法一般可用于各种装配场合。

4.12.4　组件装配

在组件装配前，要对零件进行清理和清洗，去除零件的毛边、毛刺、锈迹及碰痕、划痕，用汽油或煤油清洗零件表面的防锈油、灰尘、切屑等，最后用压缩空气吹净。

1. 装配前的准备工作

(1) 装配零件清理和清洗

在装配过程中，零件的清理和清洗工作对提高装配质量，延长产品使用寿命具有重要的意义，特别是对于轴承、精密配合件、液压元件、密封件以及有特殊清洗要求的零件更为重要。清理和清洗工作做得不好，会使轴承发热和过早失去精度，还会因为污物和毛刺划伤配合表面，使其对滑动的工作面出现研伤，甚至发生咬合等严重事故，以及由于油路堵塞，造成相互运动的零件之间得不到良好的润滑，使零件磨损加快。为此，装配过程中必须认真做好零件的清理和清洗工作。

(2) 零件密封性试验

对于某些要求密封的零件，如机床的液压元件、油缸、阀体、泵体等，要求在一定压力下不允许发生漏油、漏水或漏气的现象，也就是要求这些零件在一定的压力下具有可靠的密封性，而零件在铸造过程中出现的砂眼、气孔及疏松等缺陷，常使液体或气体产生渗漏。因此在装配前应进行密封性试验，否则将给机器的质量带来很大的影响。

成批生产应对零件进行抽查，对加工表面有明显的疏松、砂眼、气孔、裂纹等缺陷的零件，不能轻易放过。密封试验有气压法和液压法两种，试验压力可按图样或工艺文件确定。

(3) 旋转件的平衡

机器中的旋转件(如带轮、飞轮、叶轮及各种转子等)由于材料密度不匀、本身形状对旋转中心不对称、加工或装配产生误差等原因，会造成重心与旋转中心发生偏移，在其径向截面上产生重量不平衡(也称不平衡量)。当旋转件旋转时，因有不平衡量而产生惯性力，使旋转中心无法固定，引起机械震动，从而使机器工作精度降低、零件寿命缩短、噪声增大，甚至发生破坏性事故。

2. 螺纹连接及其装配方法

螺纹连接要求各接触面间接触良好，受压均匀，贴合紧密；连接可靠，防松有效。

(1) 连接形式

螺纹连接是最基本的连接，应用广泛。图 4-106 所示为常见的螺纹连接形式。

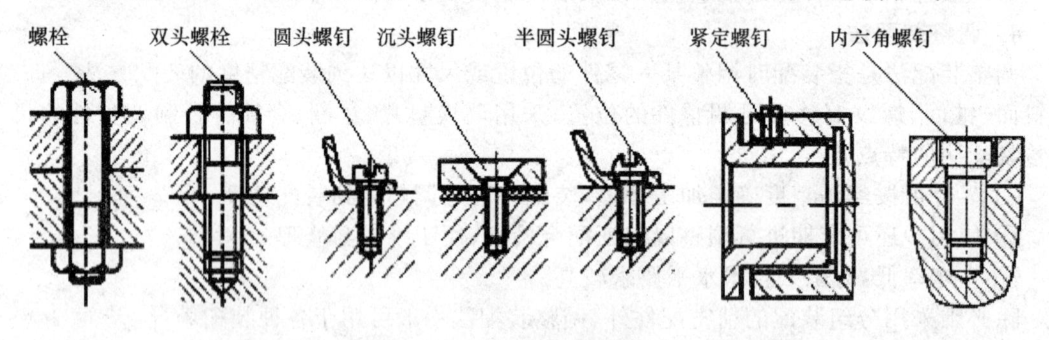

图 4-106 常见螺纹连接形式

(2) 拧紧方法

图 4-107 所示是常见的螺纹拧紧方法和先后顺序。

(3) 防松方法

螺纹连接要可靠，不能自行松脱，但在工作时，多数螺纹连接都要承受震动和冲击，为了防止其松脱，必须采取有效的防松措施。图 4-108 列出了螺纹连接的几种防松方法。

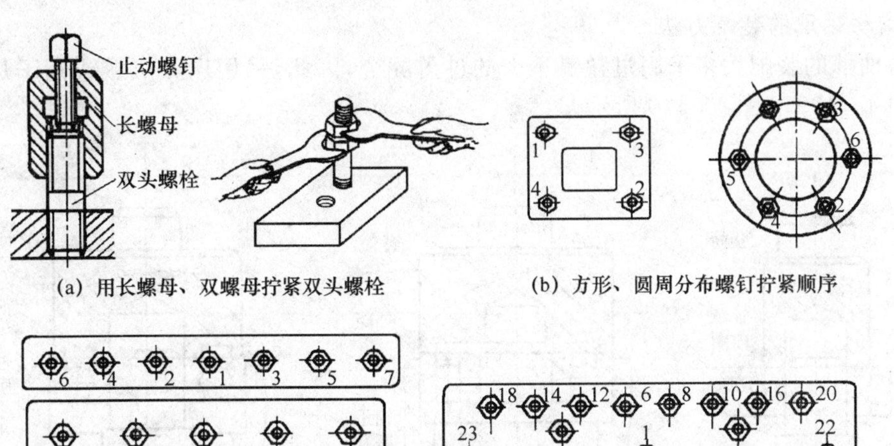

图 4-107　螺纹连接的拧紧方法和拧紧顺序

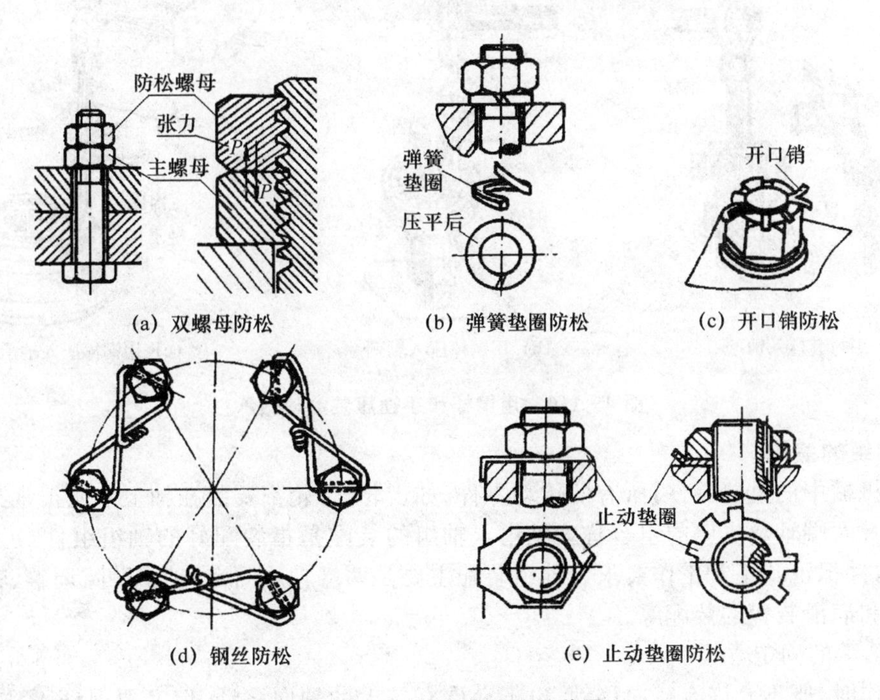

图 4-108　螺纹连接防松装置

3. 滚动轴承的装配方法

滚动轴承的装配大多采用过盈量不大的过盈配合，因此，采用压力机械或锤子加力便可。方法如图 4－109 和图 4－110 所示。

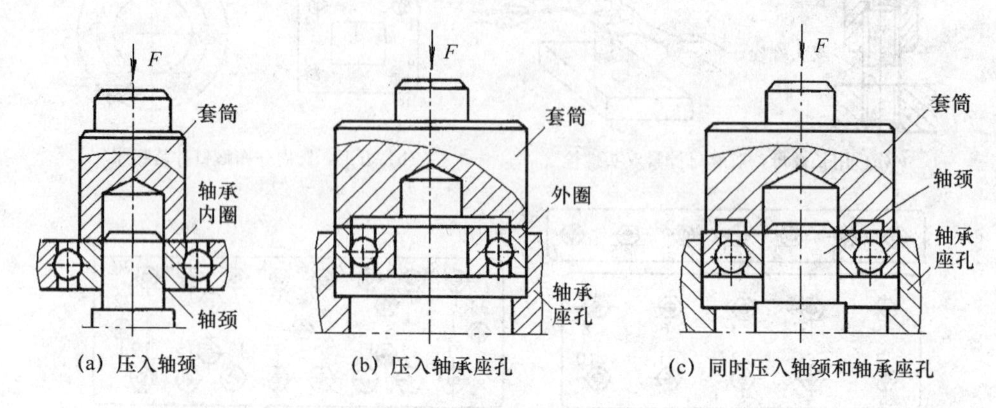

图 4－109 用套筒压装滚动轴承

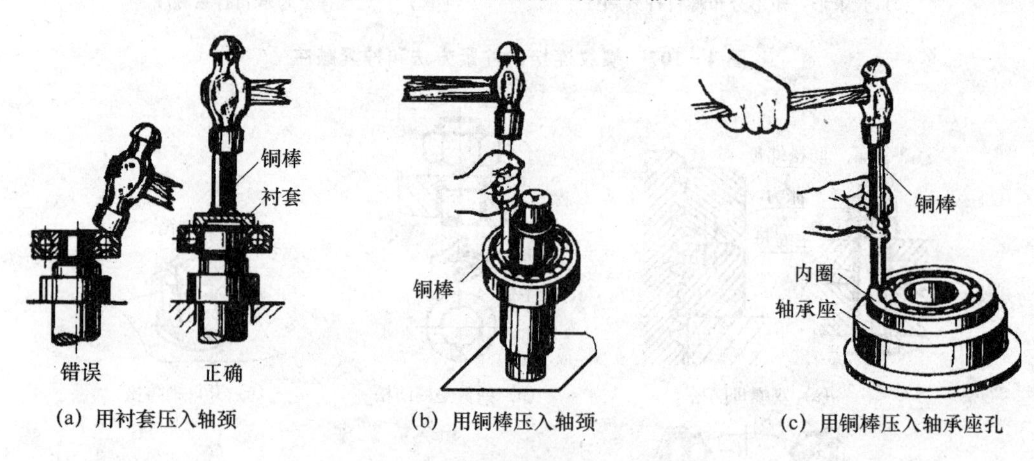

图 4－110 用铜棒和手锤压装滚动轴承

4. 轴组的装配

轴是机械中的重要零件，所有的传动零件，如齿轮、带轮都要装在轴上才能正常工作。轴、轴上零件及两端轴承支座的组合称为轴组。轴组的装配是指装配好的轴组组件，正确地安装在机器中，并保证其正常工作要求。轴组装配主要是两端轴承固定、轴承游隙调整、轴承预紧、轴承密封和润滑装置的装配等。

(1) 轴承的固定方式

轴工作时，既不允许有径向移动，也不允许有较大的轴向移动，但又要保证不致因受热膨胀而卡死，所以要求轴承有合理的固定方式。轴承的径向固定是靠外圈与外壳的配合来解决的。轴承的轴向固定有两种基本方式。

1）两端单向固定式

如图4－111所示，在轴两端的支承点，用轴承盖单向固定，分别限制两个方向的轴向移动。为避免轴受热伸长而使轴承卡住，在右端轴承外圈与端盖间留有不大的间隙（0.5～1 mm），以便游动。

2）一端双向固定方式

如图4－112所示，右端轴承双向轴向固定，左端轴承可随轴游动。这样，工作时不会发生轴向窜动，受热膨胀时又能自由地向另一端伸长，不致卡死。

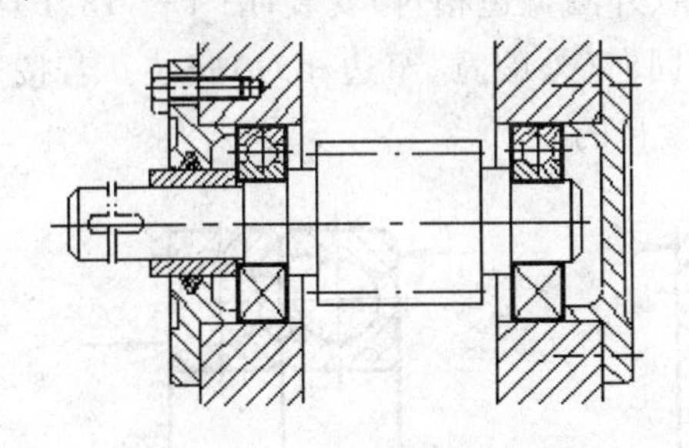

图4－111　两端单向固定

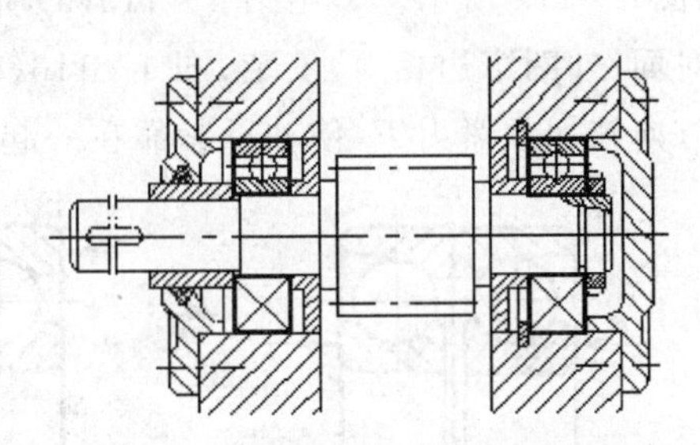

图4－112　一端双向固定方式

为了防止轴承受到轴向载荷时产生轴向移动，轴承在轴上和轴承安装孔内都应有轴向坚固装置。作为固定支承的径向轴承，其内、外圈在轴向都要固定（图4－112右支承）。而游动支承，如安装的是不可分离型轴承，只需固定其中的一个套圈（图4－112左支承），游动的套圈不固定。

轴承内圈在轴上安装时，一般都由轴肩在一面固定轴承位置，另一面用螺母、止动垫圈和开口轴用弹性挡圈等固定。

轴承外圈在箱体孔内安装时，箱体孔一般有凸肩固定轴承位置，另一方向用端盖、螺纹环和孔用弹性挡圈等紧固。

（2）滚动轴承游隙的调整

滚动轴承的游隙是指将轴承的一个套圈固定，另一个套圈沿径向或轴向的最大活动量。分径向游隙和轴向游隙两类。

滚动轴承的游隙不能过大，也不能过小。游隙过大，将使同时承受负荷的滚动体减少，单个滚动体负荷增大，降低轴承寿命和旋转精度，引起震动和噪声。受冲击载荷时，尤其显著。游隙过小，则加剧磨损和发热，也会降低轴承的寿命。因此，轴承在装配时，应控制和调整合适的游隙，以保证正常工作并延长轴承使用寿命。其方法是使轴承内、外圈作适当的轴向相对位移，如向心推力球轴承、圆锥滚子轴承和双向推力球轴承等。在装配时以及使用过程中，可通过调整内、外套圈的轴向位置来获得合适的轴向游隙。

（3）滚动轴承的预紧

对于承受负荷较大、旋转精度要求较高的轴承，大多要求在无游隙或少量过盈状态下工作，安装时要进行预紧。所谓预紧，就是在安装轴承时用某种方法产生并保持一个轴向力，以消除轴承中的游隙，并在滚动体和内、外圈接触处产生初变形。预紧后的轴承受到工作载荷时，其内、外圈的径向及轴向相对移动量要比未预紧的轴承大大减少。这样也就提高了轴承在工作状态下的刚度和旋转精度。

1）滚动轴承的预紧方法

① 成对使用单列向心推力球轴承的预紧。成对使用单列向心推力球轴承有三种布置方式，如图 4－113 所示。其中图 4－113(a)所示为背靠(外圈宽边相对)安装；图 4－113(b)所示为面对面(外圈窄边相对)安装；图 4－113(c)所示为同向(外圈宽、窄边相对)安装。若按图示箭头方向施加预紧力 F，使轴承紧靠在一起，即达预紧目的。

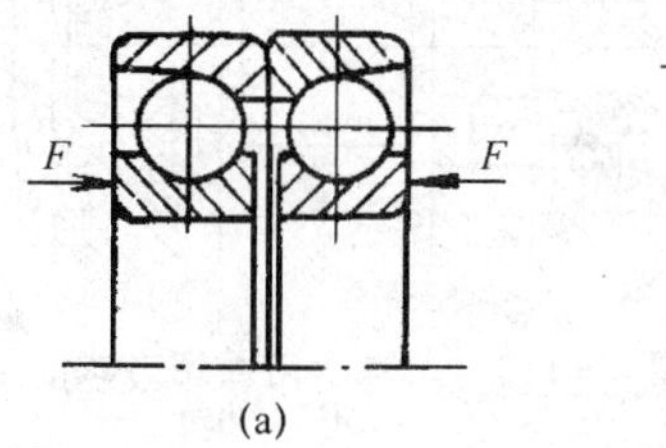

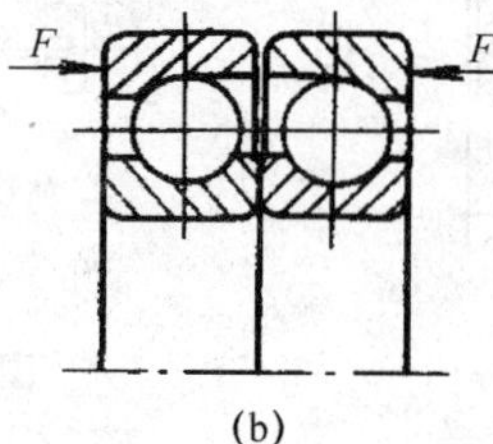

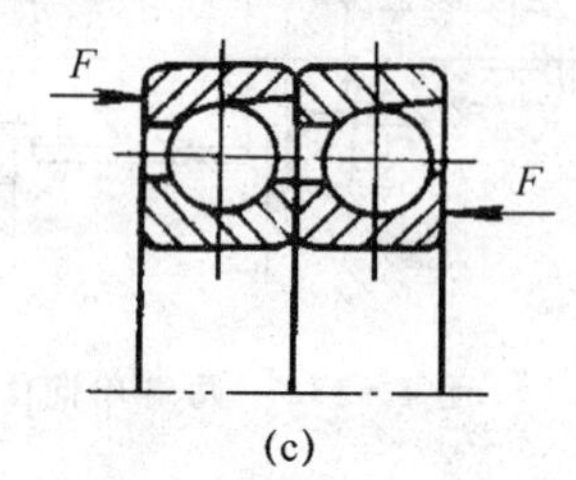

图 4－113　成对安装向心推力轴承

在成对安装轴承之间配置厚度为 B 的间隔套，如图 4－114 所示，可以得到不同的预紧力。

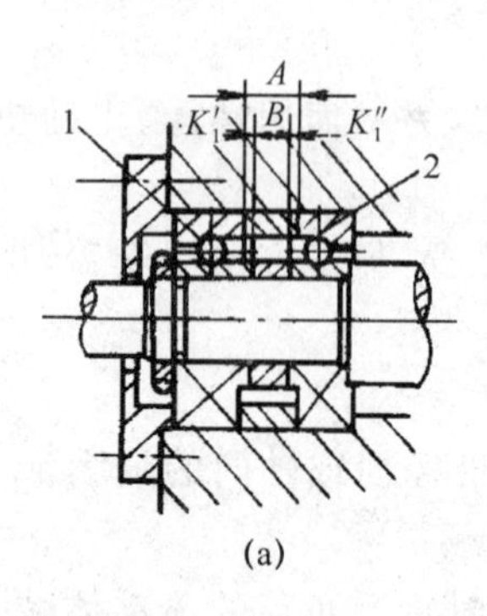

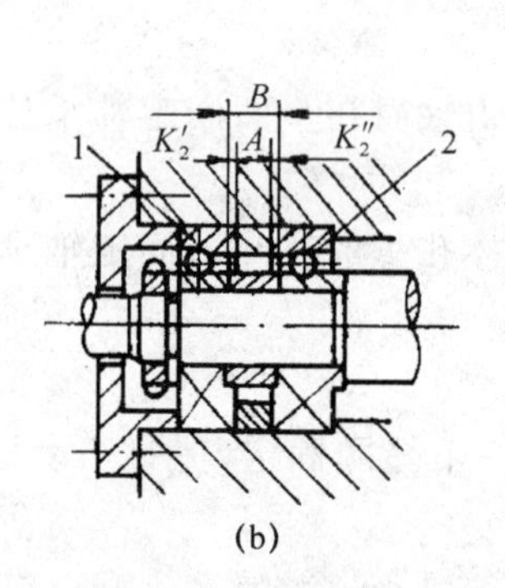

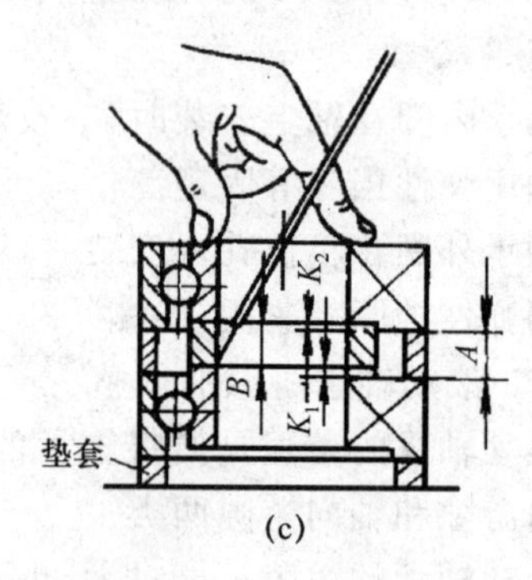

图 4－114　用间隔套预紧

② 单个使用轴承预紧。如图 4－115 所示，用在轴承外圈上的弹簧预紧。调整螺母可使弹簧产生不同的预紧力。

③ 带有锥孔内圈的轴承预紧。如图 4－116 所示，轴承内圈有锥孔，可以调节其轴向位置实现预紧。拧紧螺母使锥形孔内圈向轴颈大端移动，内圈直径增大，消除径向游隙，形成预负荷。

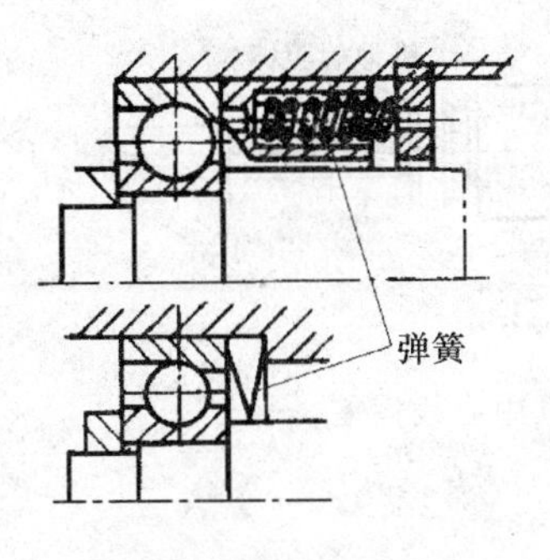

图 4－115　用弹簧预紧

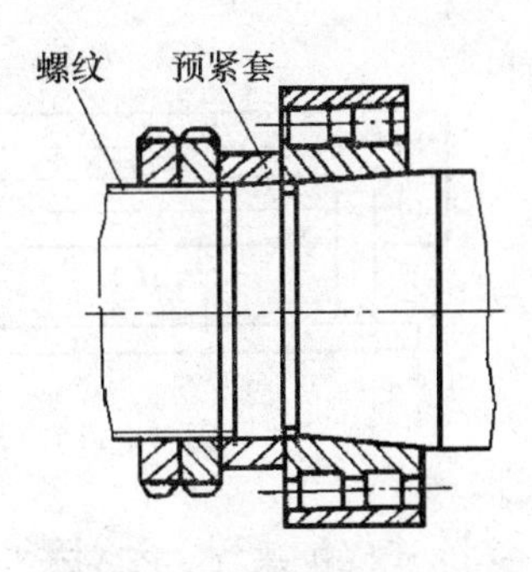

图 4－116　带锥孔内圈的轴承预紧

2）滚动轴承的定向装配

对精度要求较高的主轴部件，为了提高主轴的回转精度，轴承内圈与主轴装配及轴承外圈与箱体孔装配时，常采用定向装配的方法。定向装配就是人为地控制各装配件径向跳动误差的方向，合理组合，以提高装配精度。装配前需要对主轴轴端锥孔中心线偏差及轴承的内外圈径向跳动进行测量，确定误差方向并做好标记。首先检查误差，其方法如下：

① 轴承外圈径向跳动（径向圆跳动）量检查。图 4－117 所示为滚动轴承外圈径向跳动量的测量方法。测量时，转动外圈并沿百分表方向压迫外圈，百分表的最大读数则为外圈最大径向跳动量。

② 滚动轴承内圈径向跳动（径向圆跳动）测量。图 4－118 所示为滚动轴承内圈径向跳动的测量方法。测量时外圈固定不转，内圈端面上加以均匀的测量负荷 F（不同于滚动轴承实现预紧时的预加负荷），F 的数值根据轴承类型及直径变化而变化。使内圈旋转一周以上，便可测得内圈内孔表面的径向跳动量及其方向。

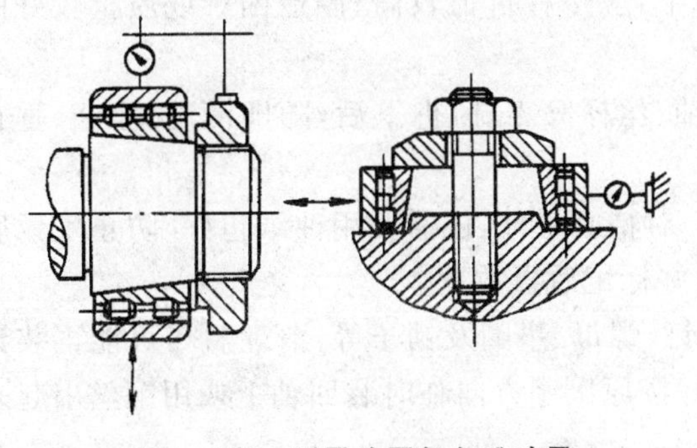

图 4－117　测量外圈径向跳动量

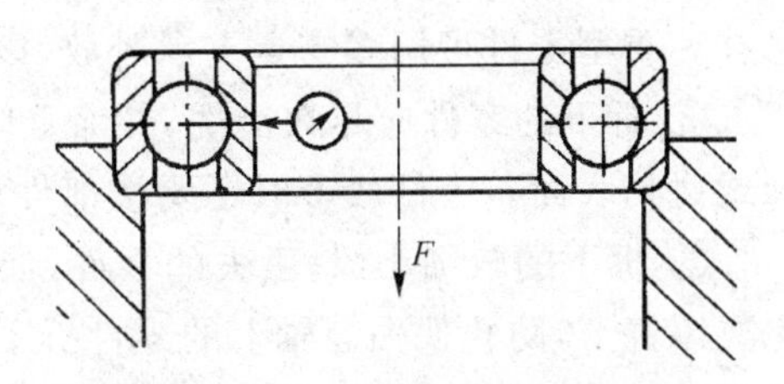

图 4－118　测量内圈径向跳动量

③ 主轴锥孔中心线偏差的测量。如图 4－119 所示，测量时将主轴轴径置于 V 形块上，在主锥孔中插入测量用心棒，转动主轴一周以上，便可测得锥孔中心线的偏差数值及方向。

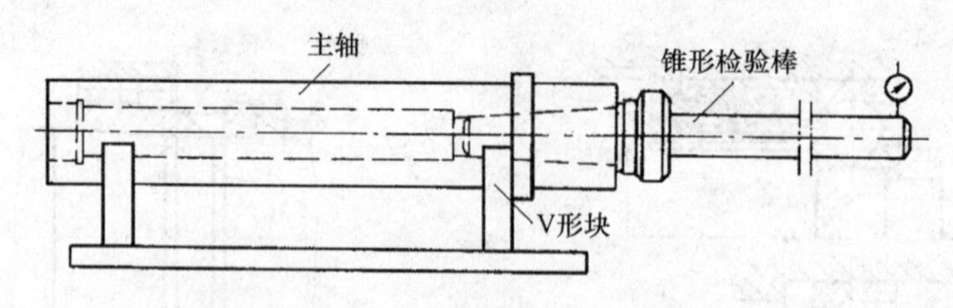

图 4-119 测量主轴锥孔中心线偏差

4.12.5 拆卸的基本方法

1. 拆卸前的准备

在设备修理过程中，拆卸工作是一个重要的环节。为了使拆卸工作能顺利进行，必须在设备拆卸前仔细熟悉待修设备的图样资料，分析了解设备的结构特点及传动系统，零、部件的结构特点和相互间的配合关系。明确它们的用途和相互间的作用，在此基础上确定合适的拆卸方法，选用合适的拆卸工具，然后进行解体。

2. 拆卸原则

机械设备拆卸时，应该按照与装配相反的顺序进行，一般是从外部拆至内部，从上部拆到下部，先拆成部件或组件，再拆成零件的原则进行。另外在拆卸中还必须注意下列原则：

① 对不易拆卸或拆卸后将会降低连接质量和损坏一部分连接零件的连接，应当尽量避免拆卸，如密封连接、过盈连接、铆接和焊接连接件等。

② 用击卸法冲击零件时，必须垫好软衬垫，或者用软材料(如紫铜)做的锤子或冲棒，以防止损坏零件表面。

③ 拆卸时，用力应适当，特别要注意保护主要结构件，不使其发生任何损坏。对于相配合的两个零件，在不得已必须拆坏一个零件的情况下，应保存价值较高、制造困难或质量较好的零件。

④ 长径比值较大的零件，如较精密的细长轴、丝杆等零件，拆下后，随即清洗、涂油、垂直悬挂。重型零件可用多支点支承卧放，以免变形。

⑤ 拆下的零件应尽快清洗，并涂上防锈油。对精密零件，还需要用油纸包好，防止生锈腐蚀或碰伤表面。零件较多时还要按部件分类，做好标记后再放置。

⑥ 拆下的较细小、易丢失的零件，如紧定螺钉、螺母、垫圈及销子等，清理后尽可能再装到主要零件上，防止遗失。轴上的零件拆下后，最好按原次序方向临时装回轴上或用钢丝串起来放置，这样将给以后的装配工作带来很大方便。

⑦ 拆下后的导管、油杯之类的润滑或冷却用的油、水、气的通路，各种液压件，在清洗后均应将进出口封好，以免灰尘杂质侵入。

⑧ 在拆卸旋转部件时，应注意尽量不破坏原来的平衡状态。

⑨ 容易产生位移而又无定位装置或有方向性的相配件,在拆卸后应先做好标记,以便在装配时容易辨认。

3. 常用的拆卸方法

(1) 击卸法

击卸是拆卸工作中最常用的方法,它是用锤子或其他重物的冲击能量把零件拆卸下来的一种方法。

1) 用锤子击卸

用锤子敲击拆卸时应注意下列事项:

① 要根据拆卸件尺寸及质量、配合牢固程度,选用质量适当的锤子,用力也要适当。

② 必须对受击部位采取保护措施,不要用锤直接敲击零件。一般使用铜棒、胶木棒、木板等保护受击的轴端、套端和轮辐。拆卸精密重要的零、部件时,还必须制作专用工具加以保护。图 4－120(a)所示为保护主轴的垫铁,图 4－120(b)为保护轴端中心孔的垫铁,图 4－120(c)为保护轴端螺纹的垫铁,图 4－120(d)为保护轴套的垫套。

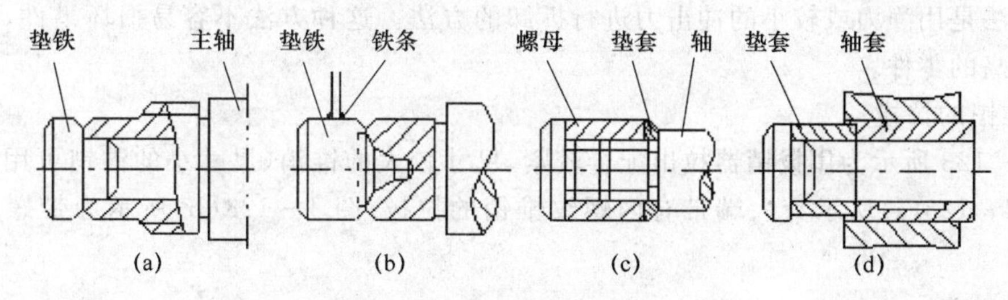

图 4－120　击卸时的保护

③ 应选择合适的锤击点,以防止零件变形或破坏。如对于带有轮辐的带轮、齿轮等,应锤轮与轴配合处的端面,锤击点要均匀分布,不要锤击外缘或轮辐。

④ 对严重锈蚀而难于拆卸的连接件,不要强行锤击,应加煤油浸润锈蚀部位。当略有松动时,再进行击卸。

2) 利用零件自重冲击拆卸

图 4－121 所示为利用自重冲击拆卸蒸汽锤锤头的示意图。锤杆与锤头是由锤杆锥体胀开弹性套产生过盈连接的,为了保护锥体和便于拆卸,在锥孔中衬有紫铜片。拆卸前,先将锤头抵铁拆去,用两端平整、直径小于锥孔小端 5 mm 左右的铜棒作冲铁,置于下抵铁上,并使冲铁对准锥孔中心。在下抵铁上垫好木板,然后开动蒸汽锤下击,即可将锤头拆下。

3) 用其他重物冲击拆卸

图 4－122 所示为利用吊棒冲击拆卸锻锤中节楔条的示意图。一般是在圆钢近两端处焊上两个吊环,系上吊绳并悬挂起来,将楔条小端倒角,以防止冲击出毛刺而影响装配,然后用吊棒冲击楔条小端,即可将楔条拆下。在拆卸大、中型轴类零件时,也可能采用这种方法。

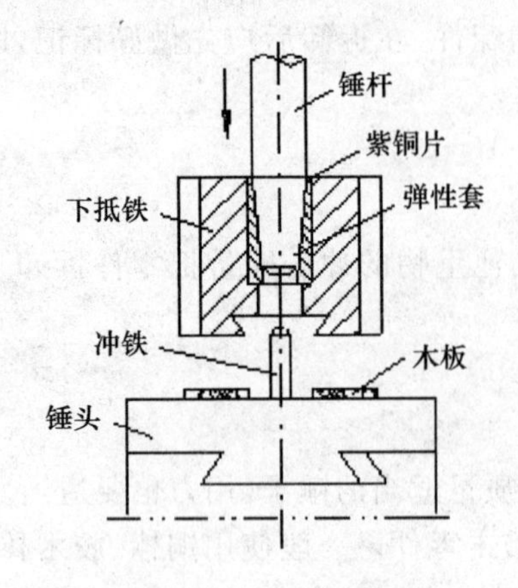

图 4-121 利用自重拆卸

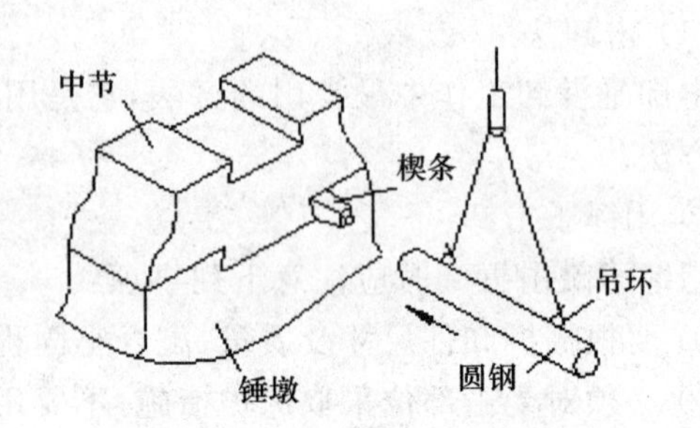

图 4-122 用吊棒冲击拆卸示意

(2) 拉拔法

拉拔法是用静力或较小的冲击力进行拆卸的方法。这种方法不容易损坏零件，适用于拆卸精度较高的零件。

1) 锥销的拉拔

图 4-123 所示为用拔销器拉出配合较紧、尺寸较大的锥销(尺寸小的锥销可用击卸法打出)。图 4-123(a)所示为大端带有内螺纹锥销的拉拔；图 4-123(b)所示为带螺尾锥销的拉拔。

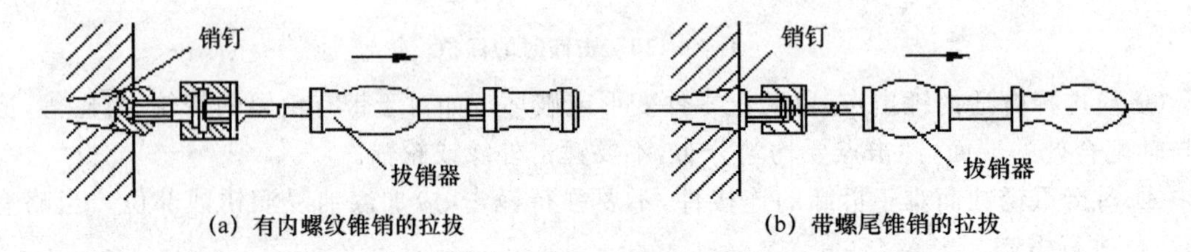

(a) 有内螺纹锥销的拉拔 (b) 带螺尾锥销的拉拔

图 4-123 锥销的拉拔

2) 轴端零件的拉拔拆卸

位于轴端的带轮、链轮、齿轮和滚动轴承等零件的拆卸可用各种螺旋拉拔器拉出。图 4-124(a)所示为用拉拔器拉出滚动轴承；图 4-124(b)所示为用拉拔器拉卸滚动轴承外圈。图 4-124(c)、(d)所示为用拉拔器拉卸带轮和齿轮、滚动轴承。

3) 轴套的拉卸

由于轴套一般是用硬度较低的铜、铸铁或其他轴承合金制成，如果拆卸不当，则很容易变形或划坏轴套的配合表面。因此，不必拆卸的尽可能不拆卸，只清洗和修整即可。对于精度较高，又必须拆卸的轴套，可用专用拉具拆卸。图 4-125 所示为两种拉卸轴套的方法。

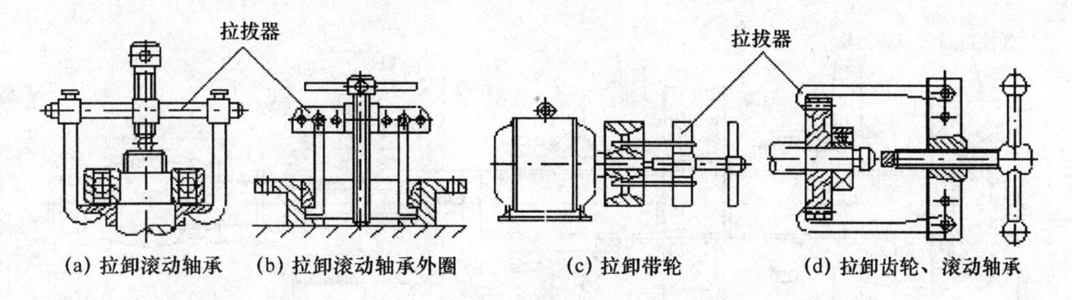

图 4-124 轴端零件的拉卸

图 4-125(a)所示为用长度稍大于轴套内径的矩形板拉出；图 4-125(b)所示为用带有四块可伸出缩滑动爪的专用拉具拉出。

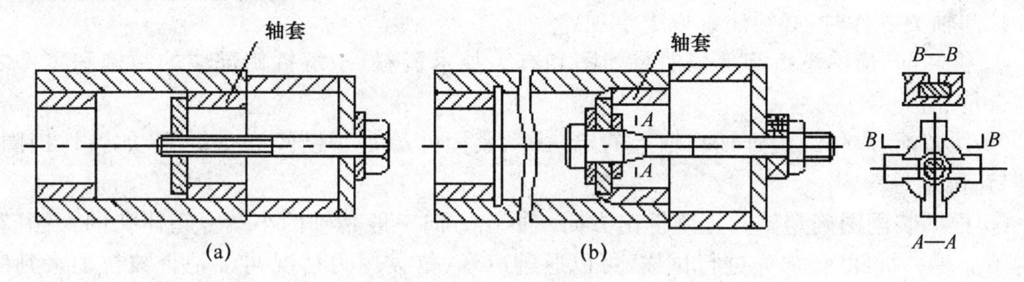

图 4-125 轴套的拉卸

4）钩头键的拉卸

图 4-126 所示为两种拉卸钩头键的方法。这两种拉具结构简单，使用方便，又不会损坏钩头键和其他零件。

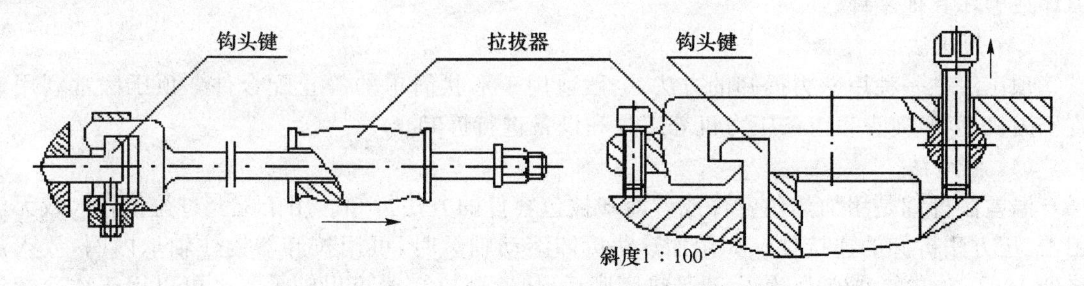

图 4-126 钩头键的两种拉卸方法

5）轴的拉卸

对于端面有工艺螺孔、直径较小的传动轴，可用拔销器拉卸，如图 4-127 所示。拉拔时应注意将螺纹拧紧，避免拉拔时因拔销器螺栓松脱而损坏轴端螺孔。

对于金属切削机床的主轴，为了防止在拉拔拆卸时损坏主轴端部的配合表面和精密螺纹等，要制作与主轴端部相配的专用拉拔工具进行拆卸。

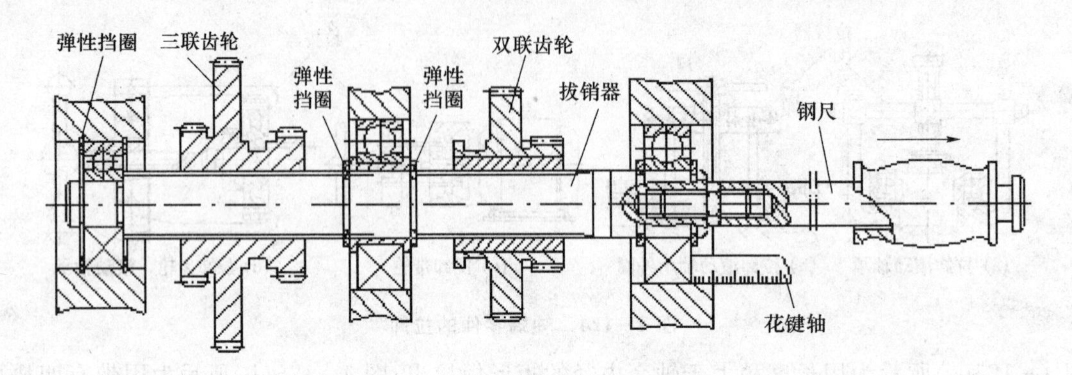

图 4-127 用拔销器拉卸传动轴

拉卸轴类零件时，必须注意以下事项：

① 拆卸前，应熟悉拆卸部位的装配图和有关技术资料，了解拆卸部位的结构和零件之间的配合情况。

② 拉卸前，应仔细检查轴和轴上的定位件、紧固件等是否已经完全拆除，如弹性挡圈、紧定螺钉、圆螺母等。

③ 根据装配图确定轴的正确拆出方向。拆出方向一般是轴的小端。箱体孔的大端、花键轴的不通端。拆卸时，应先进行试拔，可以通过声音、拉拔用力情况与轴是否被拉动来判断拉出方向是否正确。待确定无误时，再正式拉卸。

④ 在拉拔过程中，还要经常检查轴上零件是否被卡住而影响拆卸。如轴上的键容易被齿轮、轴承、垫套等卡住；弹性挡圈、垫圈等也会落入轴槽内被其他零件卡住。

⑤ 在拉卸轴的过程中，从轴上脱落下来的零件(如齿轮等)要设法接住，避免落下时零件损坏或砸坏其他零件。

(3) 顶压法

顶压法是一种用静力拆卸的方法，一般适用于形状简单的静止配合件。顶压法常利用螺旋压力机、C形夹头和齿条压力机等工具和设备进行拆卸。

(4) 温差法

温差法拆卸是用加热包容件或者冷却被包容件的方法拆卸。用于配合过盈量较大或无法用击、压方法拆卸的连接件。如用加热法拆卸滚动轴承时，可用拉卸器钩住轴承内圈，放入加热到 100℃左右的油液中，使内圈受热膨胀后，快速用拉卸器拉出轴承。也可以用于冰冷却滚动轴承外圈，同时用拉卸器拉出轴承外圈。

(5) 破坏拆卸

当必须拆卸焊接、铆接、大过盈量连接等固定连接件，或发生事故而使花键轴扭曲变形，轴与轴套咬死及严重锈蚀而无法拆卸的连接件时，不得已而需采取破坏性拆卸来保证主要零件或未损坏件完好的方法。破坏拆卸一般采用车、锯、錾、钻、气割等方法进行，将次要零件或已损坏零件拆卸下来。

第5章 车工实训

5.1 车工实训教学要求

按照《国家职业标准》及中级车工的职业技能鉴定规范提出如下实训教学要求：

1. 工艺部分

① 能读懂中等复杂程度的零件工作图、绘制简单零件图和简单装配图。

② 能读懂较复杂零件的加工工艺规程；能制定中等复杂零件的加工顺序。

2. 工件装夹

① 能使用车床普通夹具装夹及找正零件。

② 能正确装夹薄壁、细长、偏心类零件。

③ 能合理使用单动卡盘、花盘及弯板装夹外形较为复杂的简单箱体工件。

3. 刀具准备

① 能根据工件材料、加工精度和工作效率的要求，正确选择刀具。

② 能刃磨工艺要求的各式车刀。

4. 设备调整及维护

① 能根据加工需要调整常用车床。

② 能对车床进行常规检查并能及时发现一般故障。

5. 对零件加工的一般要求

① 能按图纸加工台阶轴、细长轴、偏心件及套类零件并达到中等精度要求。

② 能按图纸加工普通螺纹、英制螺纹、管螺纹、梯形螺纹、锯齿形螺纹及蜗杆。

③ 能按图纸加工内外圆锥面、球面、曲线手柄及其他曲面工件。

6. 精度检测要求

① 能正确使用通用量具和量规及样板检测零件。

② 能正确检验螺纹的中径，会检验蜗杆。

③ 能用量棒和钢球间接测量内外锥体。

5.2 车削加工的工作性质和基本内容

5.2.1 车削加工的工作性质

1. 车削加工的概念

车削加工就是在车床上利用工件的回转运动和刀具的直线移动对毛坯进行切削加工，按照图样要求改变其形状和大小，生产出合格零件。车削加工精度可达 IT11～IT6，表面粗糙度 R_a 可达 12.5～0.8 μm，如图 5-1 所示。

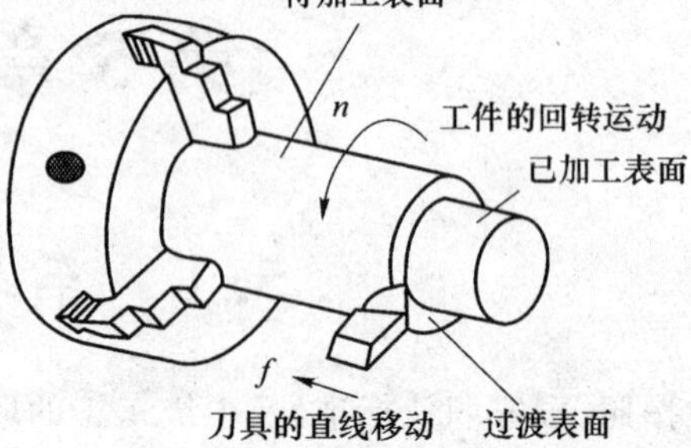

2. 车削加工生产合格零件的基本条件

车削加工生产合格零件必须具备以下几个条件：

① 产品设计合理。

② 有满足使用要求（精度要求和规格要求）的车床。

③ 有合理的加工工艺。

④ 有具备相应技能水平的操作者。

待加工表面　工件的回转运动　已加工表面　刀具的直线移动　过渡表面

图 5-1　车削加工示意图

5.2.2　车削加工的基本内容

生产中车削加工的应用范围很广，主要是加工工件的回转表面，必要时也可以加工非回转表面。其基本内容有：车外圆、车端面、切断、切槽、钻孔、镗孔、铰孔、车螺纹、车圆锥面、车成形面、滚花和盘弹簧等，如图 5-2 所示。

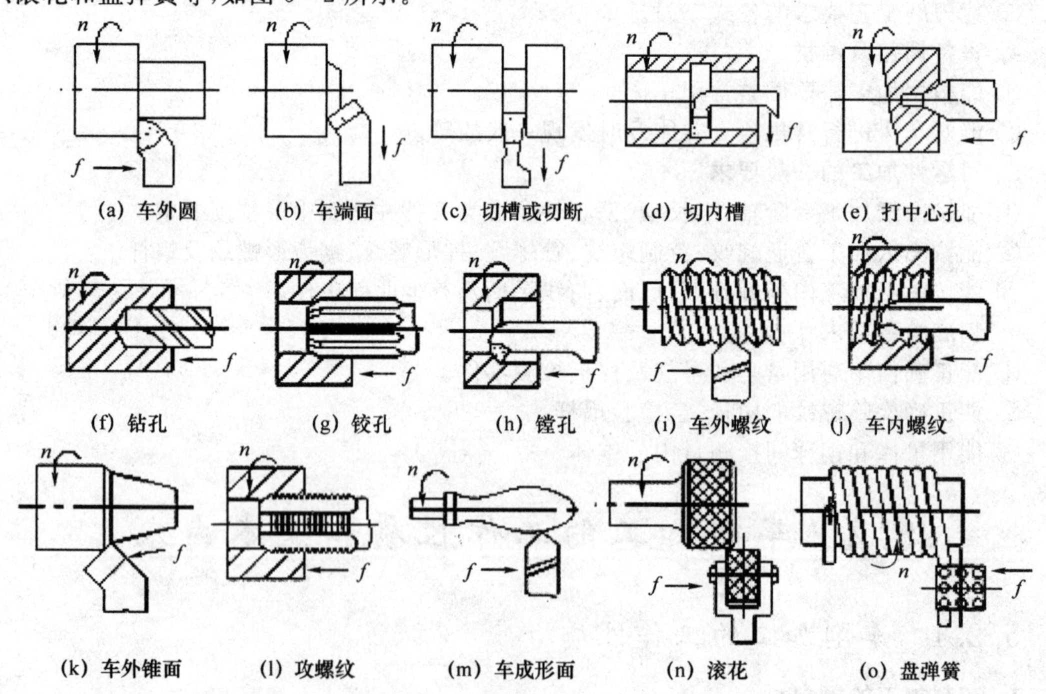

(a) 车外圆　(b) 车端面　(c) 切槽或切断　(d) 切内槽　(e) 打中心孔

(f) 钻孔　(g) 铰孔　(h) 镗孔　(i) 车外螺纹　(j) 车内螺纹

(k) 车外锥面　(l) 攻螺纹　(m) 车成形面　(n) 滚花　(o) 盘弹簧

图 5-2　车削加工的基本内容

5.3 车　床

车床是利用主轴的旋转运动和刀具的进给运动来加工机械零件的金属切削机床，由于能完成的加工任务很多，所以车床是应用最为广泛的金属切削机床之一，有工作母机之称。

读者在学习这部分内容时，尽可能到实训现场在老师指导下对照车床实物进行理解，效果会更好。

5.3.1　车床的类型

1. 车床的分类

机床的种类很多，其中车床是最常用的一类，其类别代码为"C"，是车床的汉语拼音第一个大写字母。按我国金属切削机床型号编制方法对机床的分类，车床又可分为 10 组，组别代码为 0～9，它们依次是：0—仪表车床，1—单轴自动车床，2—多轴自动、半自动车床，3—六角车床，4—曲轴及凸轮车床，5—立式车床，6—落地及(卧式)普通车床，7—仿形及多刀车床，8—轮、轴、锭、辊及铲齿车床，9—其他车床。

以上 10 组车床中用得较多的是第 6 组落地及(卧式)普通车床，典型型号是 CA6140、C620-1 等。

2. 车床的型号

车床的型号就是车床的代号，能简明地表示车床的组别、特性及主要技术参数等。根据 GB/T15375—1994《金属切削机床型号编制方法》规定，车床型号由拼音字母和阿拉伯数字组成，如 CA6140，其含义如下：

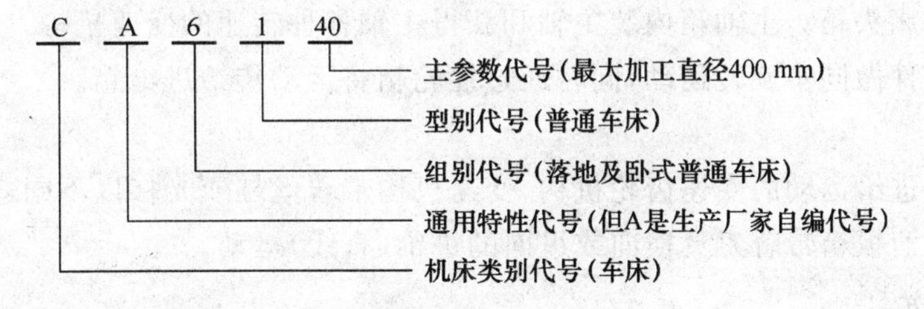

5.3.2　国产 CA6140 型卧式普通车床

CA6140 型车床是中等规格的国产车床，可以完成各种车削加工(包括公制、英制、模数及径节螺纹)，有万能车床之称。CA6140 型车床在车床中具有典型的代表性，其基本参数如下：

最大回转直径：ϕ400 mm；

最大工件长度：750 mm、1 000 mm、1 500 mm、2 000 mm；

最大车削长度：650mm、900mm、1 400 mm、1 900 mm；

主轴转速：正转 10～1 400 r/min，共 24 级；反转 14～1 580 r/min，共 12 级；

进给量：纵向 0.028～6.33 mm/r，共 64 级；横向 0.014～3.16 mm/r，共 64 级；

车削螺纹范围：米制螺纹 1～192 mm，共 44 种螺距；模数螺纹 0.25～48 mm，共 39 种模数；

刀架最大行程：140 mm；

主轴内孔直径：ϕ48 mm；

主轴内孔锥度：莫氏 6#；

尾座锥孔锥度：莫氏 5#；

电动机容量：7.5 kW，1 450 r/min。

1. 车床的基本组成

图 5－3 所示是 C6140 型普通卧式车床的外形结构图，主要由床身、主轴箱、交换齿轮箱、进给箱、光杠和丝杠、溜板箱、刀架、尾座等组成。

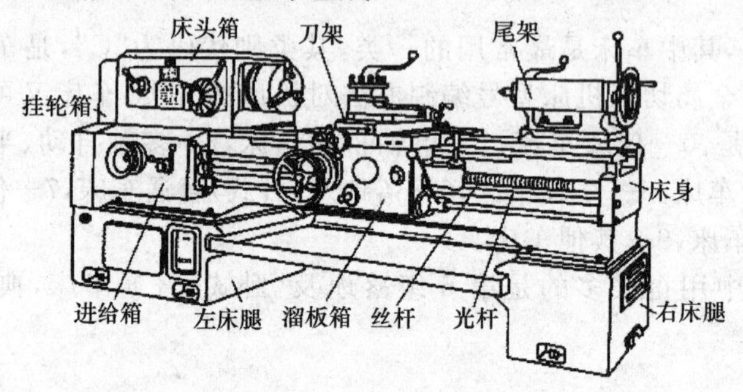

图 5－3 CA6140 型卧式车床外形图

2. 各主要部分的名称及其作用

（1）主轴箱

主轴箱又称床头箱。主轴箱内装主轴和获得主轴各种转速的变速机构。主轴通过卡盘或辅助装置带着工件做同步旋转运动，同时通过挂轮箱将运动传给进给箱。

（2）进给箱

进给箱内装进给运动的变速齿轮机构，变速机构带着丝杠或光杠以不同速度做旋转运动，丝杠或光杠通过溜板箱带着刀具横向或纵向的进给（直线）运动。

（3）丝杠和光杠

丝杠和光杠将进给箱的运动传给溜板箱，可使其做直线移动。车外圆、车端面等自动进给时使用光杠传动；车螺纹时使用丝杠传动。丝杠和光杠不能同时使用。

（4）溜板箱

溜板箱与大拖板连在一起，可将光杠的旋转运动转变为车刀的纵向或横向的直线运动，也可将丝杠的旋转运动通过“开合螺母”转变为车刀的纵向移动，用以车削各种螺纹。

（5）刀　架

刀架用来装夹刀具，可带动刀具在水平面内做多方面直线移动。刀架由大拖板、中拖板、转盘、小拖板和方刀架组成，如图5-4所示。

① 大拖板。又被形象地称为床鞍，因其形状有如马鞍而得名。可拖着刀架沿车床导轨做纵向直线移动。

② 中拖板。可带着转盘、小刀架及车刀做横向移动。

③ 转盘。装在中拖板上，驮着小托板，松开紧固螺母，可使小刀架在水平面内做一定角度的任意转动。

④ 小拖板。又称小刀架，可沿着转盘上的导轨做短距离移动，当转盘转过一定角度时，小拖板即可带着车刀在相同方向做直线移动。

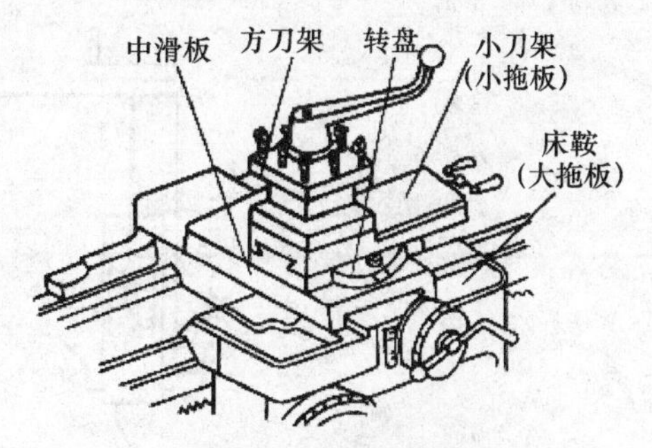

图5-4 刀架的组成

⑤ 方刀架。用以装夹车刀，同时可最多装夹4把。松开锁紧手柄，方刀架可在水平面内完成360°转位，以选用不同的车刀。

(6) 尾 座

尾座可沿床身导轨做纵向移动，尾座套筒可通过转动手轮进行伸缩，套筒内孔为莫氏锥孔，可用于装夹钻头、铰刀、中心钻、顶尖等。尾座中心与主轴中心等高。

车床结构比较复杂，作为操作者应该充分了解，读者在学习这部分内容时最好在老师指导下对照车床实物逐一认识。限于篇幅，本书不再一一介绍。

3. 传动系统

(1) 传动路线

图5-5所示是CA6140型卧式车床的基本传动路线。主电动机的回转运动(动力)通过三角带和带轮传给主轴箱，然后分成两支，一支给主轴带着工件做回转运动，这是车床的主运动；另一支通过进给箱传给车刀做直线运动，这是车床的进给运动。这两支运动既相对独立，又互相联系。进行一般车削(如外圆、端面、切断等)时，根据工件材质或者技术要求，可以独立选择主轴转速和车刀的进给速度，但车削螺纹时，这两支运动间必须遵循严格的速比关系，如工件转一周，车刀严格移动多少距离。

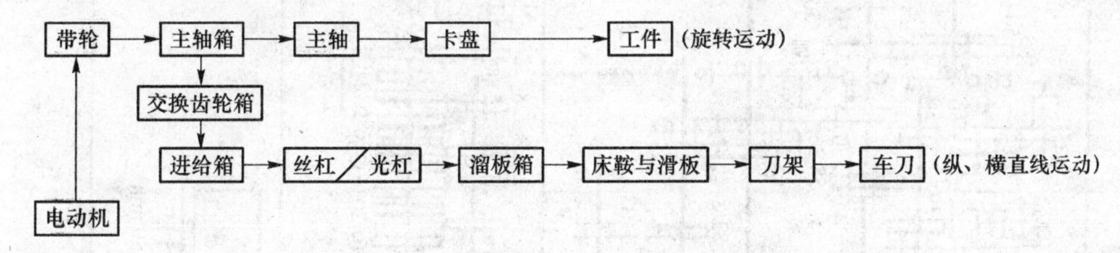

图5-5 CA6140型卧式车床基本传动路线

(2) 传动系统

图5-6所示是CA6140型卧式车床的传动系统图。图5-6中Ⅰ、Ⅱ、Ⅲ等数字是各传动轴的序号，字母M代表离合器，L代表传动螺杆的螺纹导程，齿轮(或滑移齿轮)、蜗轮符号旁边的数字代表齿数，蜗杆旁边的数字代表其线数(或称蜗杆头数)。

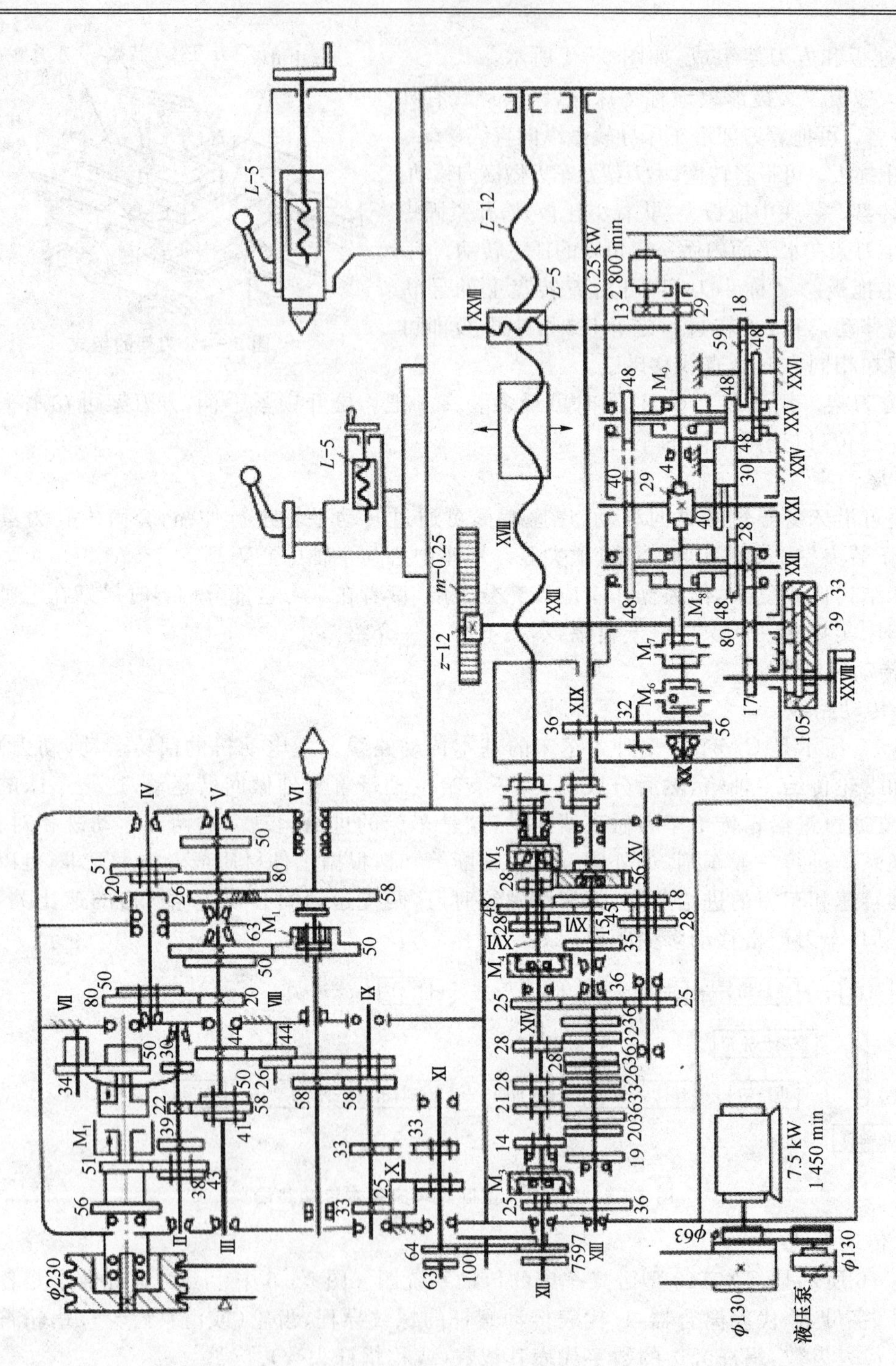

图 5-6 CA6140型卧式车床传动系统

4. 车床的润滑和保养

车床的移动部件和转动部件统称为运动部件。运动部件的摩擦表面必须保持良好的润滑和清洁状态，方能使车床运转正常，减少磨损，延长其使用寿命。

(1) 润滑方式

普通车床上需要润滑的表面较多，不同的表面其润滑方式也各不相同。

① 强制润滑。这种润滑是利用油泵强制将油液喷射到各摩擦表面的一种方式，一般用于转速高、表面复杂、润滑点相对集中和需要连续润滑的场合。主轴箱内的变速齿轮和轴承由于转速高、负荷大、摩擦严重，就必须采用强制润滑。

② 油浴润滑。这是一种将运动部件(如齿轮)始终浸没在润滑油中的润滑方式。通常用于进给箱和溜板箱内的齿轮润滑。

③ 溅油润滑。这种润滑方式常用于密闭箱体内部一些摩擦表面的润滑。在车床的主轴箱内，利用部分浸没在润滑油中高速转动的齿轮将润滑油溅射到箱体内的油槽中，再经油孔流到各润滑部位。

④ 浇油润滑。这种润滑是一种人工浇油的润滑方式。通常是对外露的移动表面用油壶浇油，如导轨和溜板表面。

⑤ 滴油润滑。这是一种利用线绳吸油、滴油的原理实现润滑的方式。用毛线作油绳，一端浸在进给箱和溜板箱的油池中，一端引到箱内润滑点，毛线将润滑油浸吸上来，达到富油时就会自动滴油到润滑部位，如图 5-7 所示。

⑥ 注油润滑。这是一种用油壶人工加油到各润滑点的方法。通常用于尾座和中拖板的手柄(轮)转轴部位以及丝杠、光杠、操作杆支架轴承处。加油时，用油壶嘴稍稍用力压进注油口的钢球，加油后移开油壶即可，钢球自动回位密封注油口。

⑦ 油脂润滑。这是一种利用机床上的黄油杯向润滑部位挤压油脂的润滑方式。通常用于挂轮架中间轴等不便经常润滑操作的润滑点。黄油杯中事先装满钙基润滑脂(黄油)，操作机床前只需紧一紧黄油杯盖，即可将润滑脂压进润滑点，如图 5-8 所示。

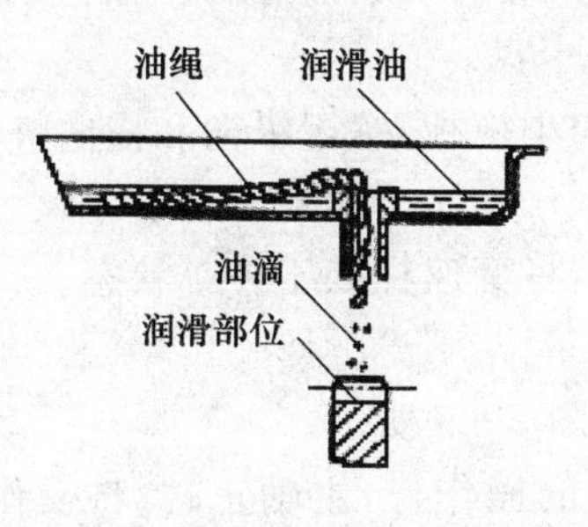

图 5-7 油绳润滑

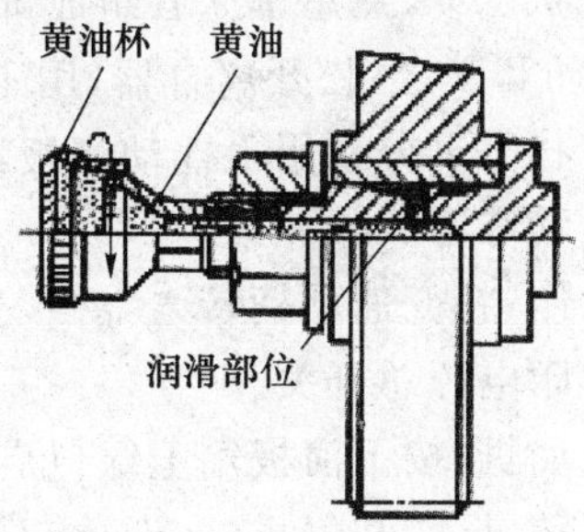

图 5-8 油脂润滑

(2) 润滑要求

不同润滑点的润滑方式和加、注油周期如表 5-1 所列。

表5-1　各润滑点的润滑方式和加、注油周期

序　号	润滑点	润滑方式	加、注油周期
1	主轴箱内部零(部)件	强制和溅油润滑	箱体内的油3个月换一次;要求车床起动后油标中随时有油流动
2	进给箱齿轮和轴承	油浴、溅油和滴油润滑	每班加油一次以保持油箱油位
3	床身导轨、拖板导轨	浇油润滑	车床每班工作前、后均需擦净并浇油一次
4	丝杠、光杠、操作杆轴承和尾座、拖板手柄以及刀架转动部位	注油润滑	每班一次
5	挂轮箱内中间齿轮轴轴承	油脂润滑	每7天加一次油脂,每班拧一次黄油杯盖

(3) 车床的保养

为了保持车床精度,尽量延长使用寿命,提高生产效益,操作者必须懂得爱护车床、维护保养车床,培养良好的工作习惯和爱护设备的责任心。

① 工作前,操作者要给车床加注润滑油(脂)。从观察窗查看润滑油面高度是否符合要求,用油壶给各注油点加注机油,拧一拧黄油杯盖等。

② 每班结束工作后,首先切断电源,其次清扫铁屑、擦净车床各导轨面并均匀浇上润滑油,再次是擦拭车床表面、操作手柄等,既避免场地零乱又使车床保持清洁。

③ 每周保养车床导轨,包括床身导轨、中拖板导轨和小拖板导轨,要求清洁和润滑保养。清洁浇、注油口,擦拭游标,清洗或更换油绳,保持车床整洁、美观。

上述是日常维护。除此外,车床在每使用600 h后,要求进行一次一级保养,保养内容按企业要求执行,此处不再一一叙述。

5.3.3　车床操纵练习

1. 熟悉车床的主要组成部分及功能

① 在停车状态下,熟悉车床各组成部分和操作手柄的作用;熟悉各种按钮的位置和作用;熟悉尾座的移动和锁定;松开离合器,用手正、反转动卡盘。

② 在停车状态下分别用手摇动溜板箱、中拖板和小拖板,练习纵向和横向进给操作。

2. 车床起动练习

① 准备工作:将变速手柄转入空挡,分离离合器,将变速杆处于停车状态。

② 合上车床电源总开关。

③ 起动电动机:按下溜板箱上绿色启动按钮,如图5-9所示。

④ 主轴正转、反转和停止:向上抬起溜板箱右侧的操作杆,主轴正转;将操作杆手柄回到中间位置,主轴停止转动;将操作杆压向下方,主轴反转。正、反转交替要在主轴停转状态下进行,不许反复直接交替,防止电器发生故障。

⑤ 停止电动机:按下溜板箱上红色按钮,如图5-9所示。

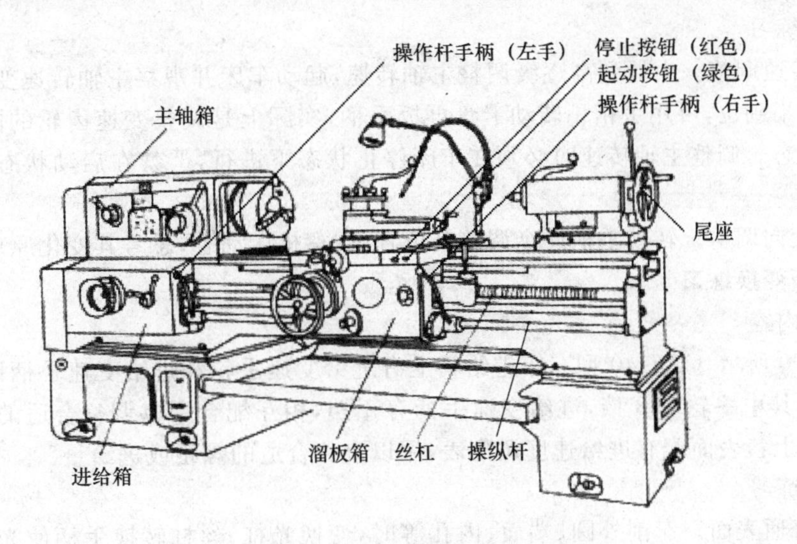

图 5-9　车床起动按钮和操作手柄

3. 主轴箱变速练习

（1）练习内容

主轴箱正面有两套手柄，一套主轴变速手柄，一套螺纹旋向手柄，如图 5-10 所示。

主轴变速手柄是叠套手柄，前柄管挡位，共有 6 挡；后柄管速级，共有 4 级；所以 CA6140 型卧式车床正转转速共有 24 级。手柄轮盘上标有各级转速，使用时改变手柄位置即可得到相应转速。

螺纹旋向手柄用来改变被车削螺纹旋向，如图 5-11 所示。左旋位车左旋螺纹，右旋位车右旋螺纹。另有两个螺距加大位。

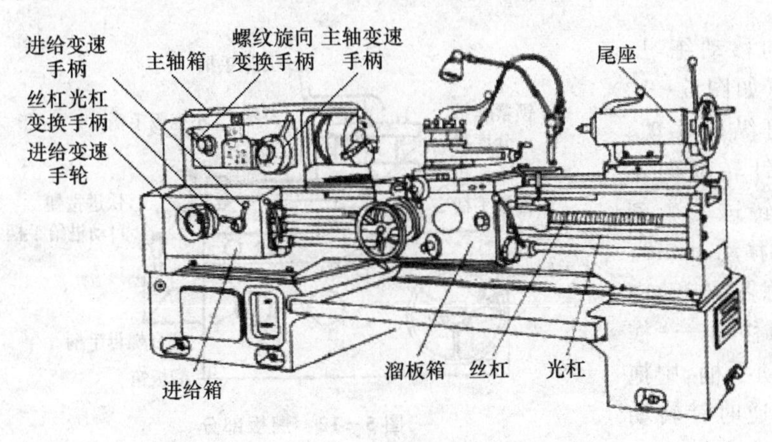

图 5-10　车床主轴变速手柄

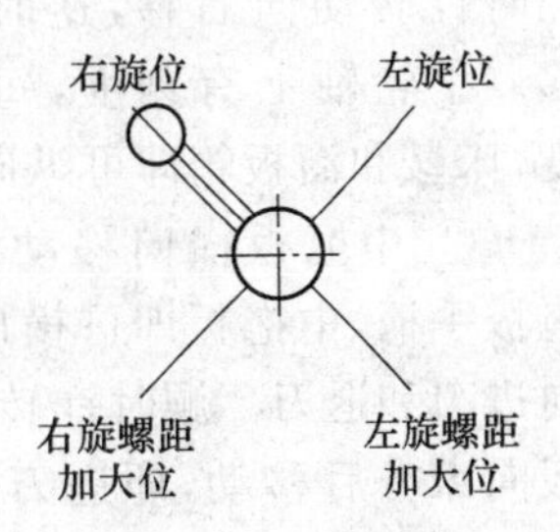

图 5-11　改变螺纹旋向的手柄位置

(2) 操作练习

① 主轴转速调整。由低到高逐级调整主轴转速,起动车床并观察主轴转速变化。变速时若发现手柄转不到位,可用手稍稍转动卡盘再扳手柄,实际上是调整变速齿轮的圆周位置,使其处于啮合状态。调整主轴转速时必须在车床停止状态下进行,严禁在启动状态下扳动变速手柄。

② 螺纹旋向调整。转动手柄逐个调整其位置,观察机床动态,思考其变化原理。

4. 进给箱变换练习

(1) 练习内容

如图 5-10 所示,CA6140 型车床进给箱上有进给变速手轮和进给变速手柄以及光杠、丝杠变换手柄。其中手轮有 8 挡,进给变速手柄有 4 挡,相互配合用以调整合适的螺距或进给量。进给箱的上盖表面配有进给速度调配表,用以查找合适的螺距或进给量。

(2) 操作练习

① 车削普通表面。车削外圆、端面、内孔等时,变换光杠、丝杠转换手柄使光杠转动。根据进给速度调配表的指示,逐个变换进给变速手轮位置,体会、掌握进给变速的操作方法。

② 车削螺纹。变换光杠、丝杠转换手柄使丝杠转动。在进给速度调配表中找出车削螺纹的类型及螺距大小,同时变换挂轮箱内的交换齿轮,重复练习变换方法。

若变速、变换手柄调整不畅时,同样可以用手扳动卡盘的方法予以改变。

5. 溜板部分的操作练习

溜板由溜板箱、床鞍、中拖板、小拖板和刀架组成。床鞍和溜板箱沿着车床导轨纵向移动,中拖板横向移动,小拖板因为可以转动既可纵向移动也可以斜向移动。

(1) 手动进给练习

1) 练习内容

① 床鞍和溜板箱纵向移动练习:转动溜板箱左边的大手轮(如图 5-12 所示),床鞍和溜板箱即可纵向移动。顺时针转动向右移,逆时针转动向左移。手轮轴上有刻度,每转过一个刻度,床鞍和溜板箱即可纵向移动 1 mm。

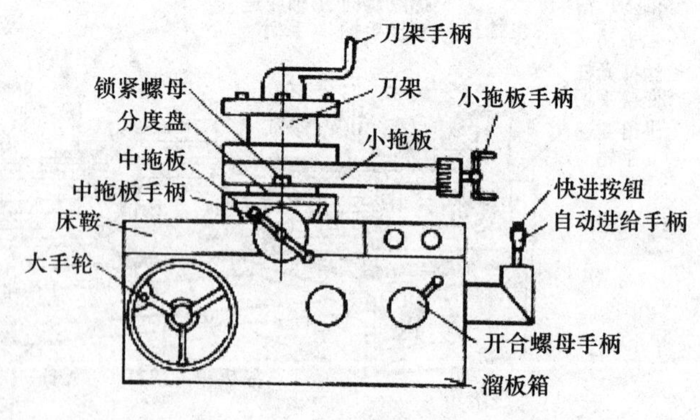

图 5-12 溜板部分

② 中拖板横向移动练习:转动中拖板手柄,中拖板即可横向移动——横向进刀和退刀。顺时针转动手柄,中拖板向床身后移动,即进刀;逆时针转动手柄,中拖板向床身前移动,即退刀。中拖板圆周上有刻度,手柄每转过 1 格,中拖板横向移动 0.05 mm。

③ 小拖板移动练习:转动小拖板手柄,小拖板带着刀架短距离纵向移动(图示位置)。手

柄顺时针转动，小拖板左移；手柄逆时针转动，小拖板右移。手柄轮盘圆周上有刻度，手柄每转过1格，小拖板即移动0.05 mm。松开锁紧螺母，小拖板可在水平面内转动，亦可完成不同方向上的移动。

2）基本操作

手动进给操作是一个车工最基本、最重要的练习项目，必须十分熟练，反复练习，力求心手一致。其基本操作练习过程如下：

① 三拖板移动。三拖板即大(床鞍或溜板箱)、中、小拖板移动。摇动大手轮，使溜板箱纵向移动；左右手分别摇动中拖板手柄，作横向进、退刀练习；摇动小拖板手柄，使刀架进行短距离移动。这个过程要求溜板箱、中拖板、小拖板移动平稳、速度均匀。

② 快速进给。这一过程需要双手配合。左手摇动大手轮，右手同时摇动中拖板手柄，实现纵向、横向快速进刀和退刀。

③ 定距离进给。这一过程是按量进给，自己设定一些进给距离使床鞍纵向移动和中拖板横向移动。利用大手轮刻度使床鞍纵向移动一定距离；利用中拖板手柄刻度使中拖板横向移动一定距离。在练习这个项目时，要注意消除丝杠间隙。

④ 小拖板进给。小拖板小距离进给和扳动刀架斜向进给。斜向进给是车削锥度。

(2) 机动进给练习

1）练习内容

CA6140型卧式车床设置有两组自动进给操作手柄，供车削不同表面时选用，如图5-12所示。

① 车削非螺纹表面。供车削非螺纹表面时选用的自动进给操作手柄设在溜板箱的右侧，手柄可以在装置中纵、横方向的十字槽内移动。当需要自动进给时，扳动手柄进入十字槽的任意一方，手柄所指的方向即为刀架移动的方向。当需要停止自动进给时，只要将手柄置于中央位置即可。在手柄的顶端有一快速进给按钮，当按下时，床鞍或中拖板将朝着手柄所指方向快速移动，松手即停。

② 车削螺纹表面。溜板箱右侧有一开合螺母手柄，用于控制溜板箱与丝杠之间的运动联系，如图5-12所示。车削非螺纹表面时，开合螺母手柄位于上方，溜板箱与丝杠之间失去运动联系。车削螺纹时，顺时针扳下开合螺母手柄，使螺母与丝杠啮合，将丝杠的运动传递给溜板箱，使溜板箱按照预定的速度关系(即车削螺纹的螺距或导程)纵向移动。螺纹车完后应立即松开开合螺母。

2）基本操作

① 自动进给。操作自动进给手柄(如图5-12所示)在十字槽内的变向扳动，使床鞍纵向移动和中拖板横向移动。

② 快速进给。自动进给练熟悉后，可试着用右手握紧手柄并用大拇指按动“快进按钮”进

行纵、横两个方向的快速进给练习。操作时要保证床鞍与床头箱或尾座的距离、中拖板伸出床鞍的长度。在保证“距离”和“长度”的前提下，要及时松开大拇指以停止快速进给，以免损坏机床。

③ 开合螺母练习。扳动丝杠和光杠变换手柄使丝杠转动，将溜板箱大约移至机床导轨纵向的中间位置时合上开合螺母，观察溜板箱的移动变化。操作时也要保证床鞍与床头箱或尾座的距离。在保证“距离”的前提下，要及时、果断地分离开合螺母以停止进给，以免损坏机床。

④ 双手配合练习。车削螺纹退刀时往往需要双手配合才能保证不会“烂牙”。在左手转动中拖板手柄横向退刀的同时右手分离开合螺母。

6. 注意事项

① 首先熟悉车床的操作规程。

② 机床操作练习应该先在机床处于断电状态下进行，充分熟悉机床性能和各个操作手柄的功能。

③ 接通电源前，先检查光杠、丝杠是否处于“空挡”；接通电源后，想好操作内容，顺序扳动各手柄。

④ 自动进给和快速进给停车要果断；初学者在对机床充分熟悉前尽量少用快速进给。

5.4 车 刀

在车削加工中，直接完成金属切除任务的是车刀的切削部分。刀具能否顺利完成切削工作，主要取决于车刀切削部分的材料性能和正确的几何形状。此外，影响刀具切削的因素还有：刀头（或刀片）与刀杆的组合形式、刀具的制造（包括刃磨）质量及合理使用。

5.4.1 车刀材料

为了能始终保持车刀良好的切削性能，车刀切削部分的材料必须保证在高温下仍然具有较高的硬度、较好的耐磨性、足够的强度和韧性。常用的车刀材料有高速钢、硬质合金以及陶瓷、金刚石和立方碳化硼等。使用较广的是高速钢和硬质合金，如表 5－2 所列。

表 5－2 常用车刀材料

材料名称	使用优点	适合制造的车刀	能切削的零件材料	常用牌号
高速钢（俗称白钢、锋钢）	制造简单，刃磨方便	成形刀具和孔加工刀具	范围很广，如碳钢、合金钢、铸铁及有色金属等	W18Gr4V、W6Mo5Gr4V2
硬质合金车刀或刀片（粉末冶金制品）	耐高温，可高速切削	各种车刀	韧性材料和难加工材料，如高温合金、高锰钢、不锈钢、可锻铸铁、球墨铸铁等	K 类、P 类和 M 类三类

5.4.2 车刀几何参数及其选择

1. 车刀的种类

车刀的种类很多。按其结构形式可分为整体式、焊接式和机夹式，如图 5-13 所示。按其加工表面的不同，可分为外圆车刀、切槽刀、螺纹刀、镗孔刀等，如图 5-14 所示。

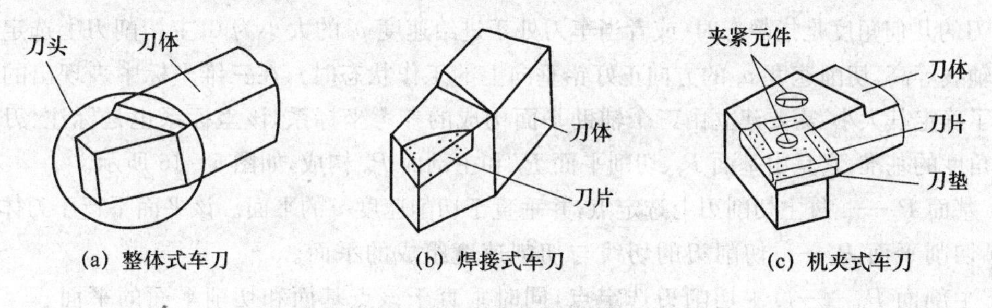

图 5-13 车刀的结构

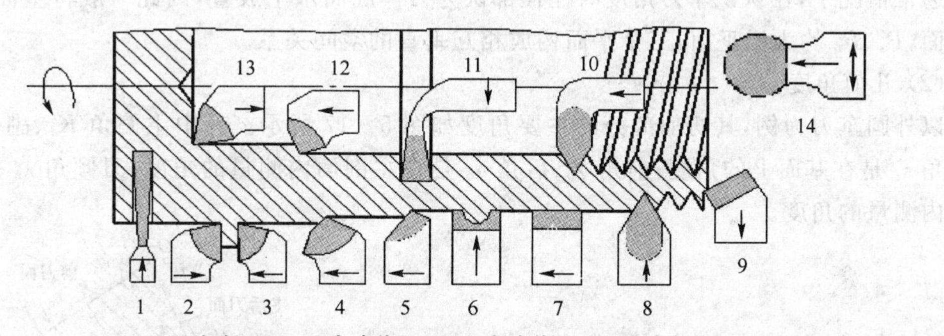

1—切断刀；2—90° 左偏刀；3—90° 右偏刀；4—弯头车刀；
5—直头车刀；6—成形车刀；7—宽刃精车刀；8—外螺纹车刀；9—端面车刀；
10—内螺纹车刀；11—内槽车刀；12—通孔镗刀；13—盲孔镗刀；14—圆弧刃车刀

图 5-14 常用车刀种类、形状特征及用途

2. 车刀的组成

车刀的组成是指构成车刀切削部分(即刀头)的要素，由前刀面、后刀面、副后刀面、主切削刃、副切削刃、刀尖等六个要素组成，如图 5-15 所示。

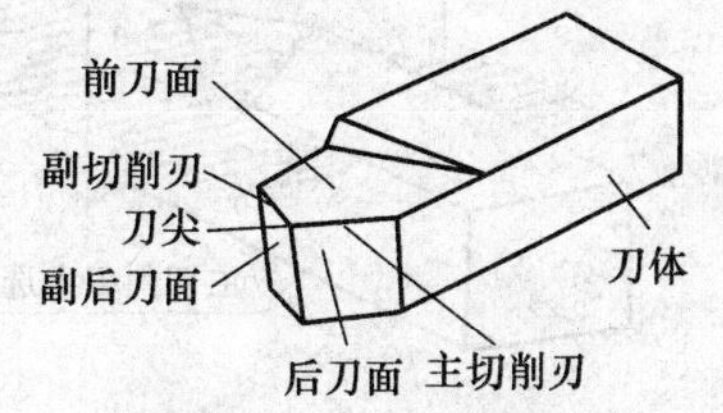

图 5-15 车刀的组成

① 前刀面。又称为前面，是切屑流过的刀面。

② 后刀面。又称为后面，是切削时与工件过渡表面相对的刀面。

③ 副后刀面。又称副后面，是切削时与工件已加工表面相对的刀面。

④ 主切削刃。是前刀面与后刀面相交形成的切削刃，承

担着主要的切削任务。

⑤ 副切削刃。是前刀面与副后刀面相交形成的切削刃，承担着少量的切削任务。

⑥ 刀尖。主切削刃与副切削刃相交形成的一小段直线或过渡圆弧。

3. 车刀的几何角度及作用

(1) 参考平面

车刀的几何角度是指静态时(或者当车刀处于进给速度 v_f 的大小为 0、主切削刃上选定点与工件回转轴线等高、切削速度 v_c 的方向正好铅垂向上的工作状态时)，在三维坐标中表现出的空间角度。为了确定其大小，需要建立由三个辅助平面构成的参考坐标系，该坐标系也是标注、刃磨和测量车刀角度的基准，它是由基面 P_r、切削平面 P_s 和主剖面 P_o 构成，如图 5－16 所示。

① 基面 P_r——过主切削刃上选定点，并垂直于切削速度 v 的平面。该平面平行于刀体底面。

② 切削平面 P_s——切削刃的切线与切削速度组成的平面。

③ 主剖面 P_o——过主切削刃选定点，同时垂直于该点基面和切削平面的平面。

通常情况下，在认识车刀角度时往往都认为刀体底面水平放置，因此一般将基面 P_r 选为水平面，P_s、P_o 均为铅垂面，三个平面构成相互垂直的空间关系。

(2) 几何角度

以外圆车刀为例，其切削部分的主要角度如图 5－17 所示。其中主偏角 K_r、副偏角 K_r'、刀尖角 ε_r 是在基面上的角度；前角 γ_o、后角 α_o 是在主剖面内测量的角度；刃倾角 λ_s 是在切削平面内测量的角度。

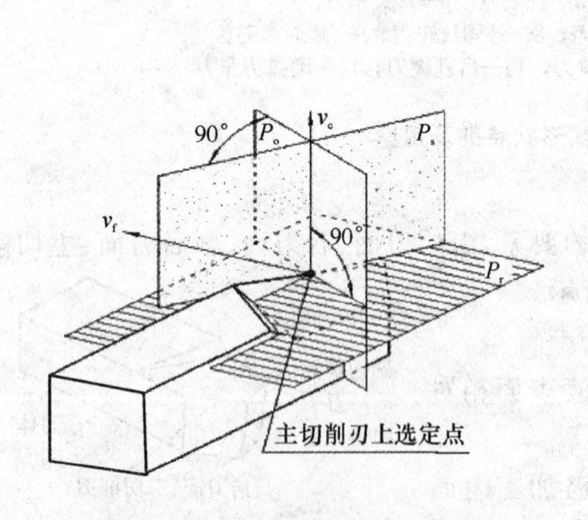

图 5－16　车刀的三个辅助平面

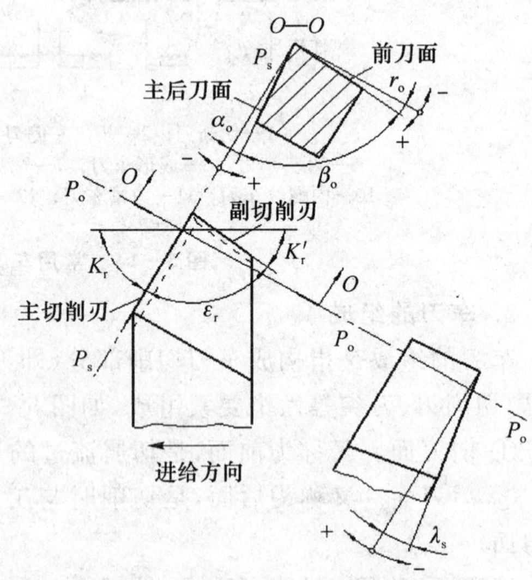

图 5－17　外圆车刀的几何角度

① 主偏角 K_r。主切削刃与进给方向在基面上投影之间所夹的角度，总为正值。

② 副偏角 K_r'。副切削刃与进给方向在基面上投影之间所夹的角度，总为正值。

③ 刀尖角 ε_r'。主切削刃与副切削刃在基面上投影之间所夹的角度。

$$\varepsilon_r = 180° - (K_r + K_r')$$

④ 前角 γ_o'。前刀面与基面之间的夹角。

⑤ 后角 α_o'。后刀面与切削平面间的夹角。

γ_o、α_o 两个角度都可正可负，根据加工需要选择正值或负值。图 5 - 17 所示的 β_o 称为楔角。

$$\gamma_o + \alpha_o + \beta_o = 90°$$

（即基面与切削平面之间的夹角）

⑥ 刃倾角 λ_s'。主切削刃与基面之间的夹角。

（3）几何角度的选择

1）前角 γ_o 的选择

前角是车刀切削部分的一个最主要的角度，车刀是否锋利主要取决于前角的大小。一般在加大前角时，可以减小切屑变形，减少切屑与前刀面的摩擦，使切削力下降，切削显得轻快、流畅，有利于降低表面粗糙度。因此，在刀具强度许可的情况下，尽量选择大的前角。

前角的选择原则：

① 加工塑性材料时应选择较大的前角；加工脆性材料时应选择较小一些的前角。以硬质合金车刀为例，加工碳钢类工件前角一般取 12°～30°；加工脆性材料（如灰口铸铁、球墨铸铁等）时前角一般取 5°～15°。

② 工件材料较软时，可以选择较大的前角；工件材料较硬时，则可以选择较小的前角。以硬质合金车刀为例，加工碳钢工件前角一般取 12°～30°；加工铝类件时前角一般取 25°～35°；加工橡胶类工件时前角一般取 40°～55°；加工铬锰钢或硬钢件等高硬材料工件时，为保证刀尖强度，提高车刀耐用度，通常将前角取得很小甚至取负值，一般取 -5°。

③ 粗加工应选取较小的前角，精加工时则应选取较大的前角。

④ 车刀材料韧性较差时，前角应取较小值；相反，车刀材料韧性较好，前角可取较大值。由于硬质合金性脆，抗冲击能力差，而高速钢韧性较好，所以高速钢车刀可选取较大的前角。

⑤ 工艺系统（工件、刀具、机床和夹具）刚性较差时，可以选取较大的前角，以减轻负荷，减少震动。

2）后角 α_o 的选择

后角的作用主要是减少车刀主后刀面和工件过渡表面（切削表面）之间的摩擦。后角大一些，相对摩擦可以减小，车削起来很轻快，车刀的磨损也比较慢。但是，后角选得过大，则车刀的楔角 β_o 显著减小，车刀变得单薄，使强固性大大减弱，刀头容易敲坏，同时车刀的散热条件变差，磨损反而加剧，车削条件恶化。

后角的选择原则：

① 粗加工时应取较小后角，精加工时应选取较大后角。粗加工时切削层较厚，切除量大，

加工精度一般要求较低，刀刃承受的交变切削载荷最大，为保证刀刃部位的强固，宜选取较小后角，如 3° ～6°。精加工时切削状况基本相反，因此，宜选较大后角，如 4° ～8°。

② 工件或车刀的刚性较差时，宜选取较小后角。减小车刀后角可以增大车刀主后刀面与工件间的接触面积，有利于减少车刀或工件震动。例如在车削细长轴及较长的梯形内螺纹时，采取减小后角的方法（车削梯形内螺纹时要考虑螺旋角因素），能有效地减少震动，提高加工精度和工件的表面质量。

③ 工件材料较硬时选取较小后角，反之宜选较大后角。工件材料的软硬是选取后角大小的重要依据之一。一般情况下，工件材料较硬时，为增加保证车刀强固，宜选较小后角；工件材料较软时，为减少车刀主后刀面与工件的摩擦，宜选较大后角。但在加工淬硬钢等特殊条件下，为了车刀易于切入材料，较少车刀与工件的摩擦，提高车刀耐用度，也需把后角取得大一些。

④ 在高速切削时宜选较小后角。此时，主要考虑车刀的强固。

3）主偏角 K_r 的选择

主偏角是一个重要的角度，对车刀的耐用度有较大影响。在切削用量相同的情况下，选小的主偏角，同时参与切削的刀刃变长，散热效果加强，刀尖强固，有利于提高车刀耐用度。但太小的主偏角将使切削的径向力（这里指车刀顶工件的力）显著增大，工件易发生震动，甚至打坏车刀。供选择的车刀主偏角一般有 45°、60°、75°、90°几种。

主偏角的选择原则：

① 工艺系统刚性差时，主偏角选较大值；反之，选较小值。

② 工件材料较硬时，主偏角选得小一些；反之，选大一些。

除此外，主偏角也受工件结构形状的影响。按工件的不同结构推荐的主偏角 K_r 值如表 5－3所列。

4）副偏角 K_r' 的选择

副偏角的作用主要是减少车刀同工件已加工表面的摩擦。在副偏角小的情况下，可以明显减少车削后的残留面积，从而降低工件的表面粗糙度，如图 5－18 所示。但是减小副偏角会增加切屑宽度，容易引起震动，所以只有当工艺系统刚度足够时，才取较小的副偏角。

表 5－3 不同工件结构下的主偏角 K_r 推荐值

序号	零件结构	K_r 推荐值
1	车直角台阶	90°
2	车削不通孔的内孔车刀	可大于 90°
3	车细长轴	75°～90°
4	车退刀槽或需从零件中间切入	60°～75°
5	车削零件 45°倒角	45°
6	其他情况下，为了提高车刀耐用度	30°～60°

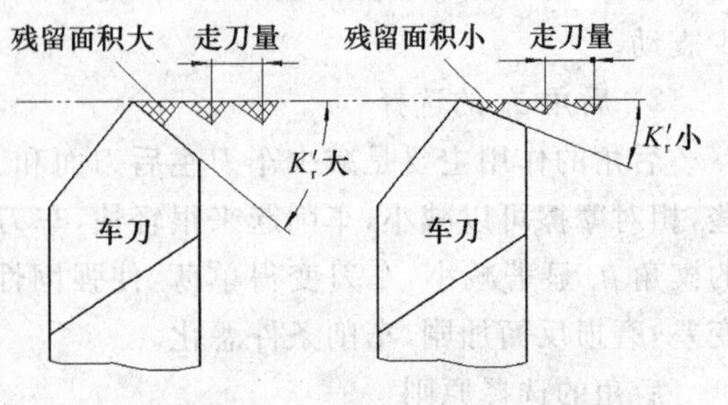

图 5－18 车刀副偏角对残留面积的影响

在不同条件下推荐选择的副偏角值如表5－4所列。

表5－4　推荐选择的副偏角 K_r' 值

序　号	选择条件	K_r' 值	说　明
1	直头车刀	10°～15°	
2	弯头车刀	45°	为适应刀头和刀片外形
3	宽刃车刀	0°	因为刃宽大于进给量
4	切断刀和切槽刀	30′～3°	

5）刃倾角 λ_s 的选择

刃倾角也是一个重要的角度，它与车刀的锋利程度和强固程度密切相关。刃倾角可正可负，亦可为0，如图5－19所示。

当选用正刃倾角（$+\lambda_s$）车刀车削工件时，刀尖位于主切削刃最低点，车刀先由最强固的刀刃后部切入工件，然后是刀刃逐渐切入，刀尖不首先承受冲击，车削平稳，有利于保护刀尖，提高了车刀的强固性，为车刀选取较大前角提供了条件，其效果在断续车削时尤为显著。但选择正刃倾角切削时，切屑会沿着已加工表面的方向流出，容易划伤已加工表面，从而增加已加工表面的粗糙度。同时还可能使切屑轧入工件与车刀之间，损坏刀刃，如图5－19(b)所示。因此，精加工时都不采用正刃倾角切削。

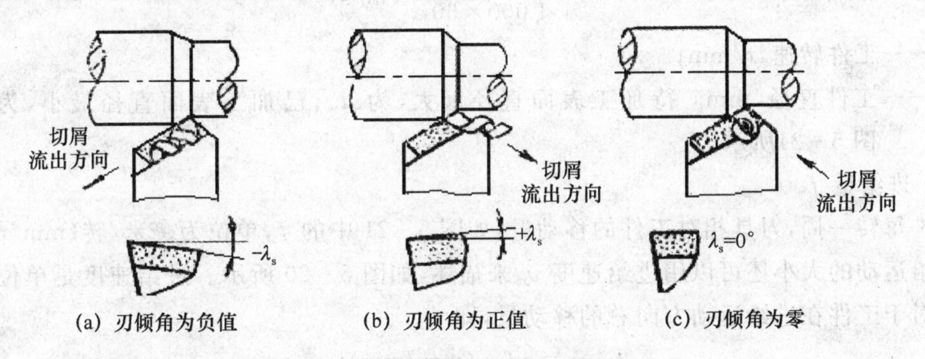

(a) 刃倾角为负值　(b) 刃倾角为正值　(c) 刃倾角为零

图5－19　刃倾角对切屑流出方向的影响

当选用副刃倾角（$-\lambda_s$）车刀车削工件时，刀尖率先切入工件，即先受冲击，刀具易损。但切屑流向待加工表面，已加工表面不会划伤，如图5－19(a)所示。

图5－19(c)所示表示刃倾角 $\lambda_s=0$，此时切屑在切削点原地打卷或成直条状射出。

刃倾角 λ_s 的选择原则：

① 粗车（指工件圆整、被切削层均匀）时，选取稍偏于负值的刃倾角，一般取 $\lambda_s=0°\sim-3°$；精车时，应选取负值的刃倾角，一般取 $\lambda_s=-3°\sim-8°$。

② 强力车削时，选取正的刃倾角，一般取 $\lambda_s=+5°\sim+10°$；断续车削时，应选取较大的正值刃倾角，一般取 $\lambda_s=+10°\sim+35°$。

③ 在取正值刃倾角时，如果工艺系统刚性较好，即可选取较大值；反之，则应选取较小值。

④ 硬质合金车刀抗冲击能力较差，故使用时其 λ_s 值应比高速钢车刀取得大些。

车刀的切削角度除上述五个以外，还有刀尖角、楔角、副前角和副后角等几个，但因它们所起的作用一般不太重要，而且某些角度的大小又受前五个主要角度的制约，所以这里不再介绍。

5.4.3 切削用量及其合理选择

1. 切削用量

车削的切削用量是用来表示车削加工中主运动（工件旋转）与进给运动（刀具移动）参数的数量，它包括切削速度 v_c、进给量 f 和背吃刀量 a_p，称为切削三要素。

(1) 切削速度 v_c

如图 5-20 所示，切削速度 v_c 是单位时间内刀刃上选定点（图 5-20 中为刀尖）相对于工件的圆周速度（亦称线速度）。在刀刃上各点的切削速度是不一致的，越靠近刀尖越小，刀尖处最低，其计算公式如下：

$$v_c=\frac{\pi nd}{1\,000\times60}\quad(\text{m/s})$$

式中：n——工件转速，r/min；

d——工件直径，mm。待加工表面直径最大，为 d_w；已加工表面直径最小，为 d_m，如图 5-21所示。

(2) 进给量 f

工件每转一周，刀具相对工件的移动量，如图 5-21 中的 f，单位为毫米/转(mm/r)。

进给运动的大小还可以用进给速度 v_f 来描述，如图 5-20 所示。进给速度是单位时间内刀具相对于工件在进给运动方向总的移动量，即

$$v_f=nf\quad(\text{mm/min})$$

(3) 背吃刀量 a_p

背吃刀量 a_p（又称吃刀深度）是指已加工表面与待加工表面之间的垂直距离，如图 5-21 所示。其计算公式为

$$a_p=\frac{d_w-d_m}{2}\quad(\text{mm})$$

式中：d_w——待加工表面直径，mm；

d_m——已加工表面直径，mm。

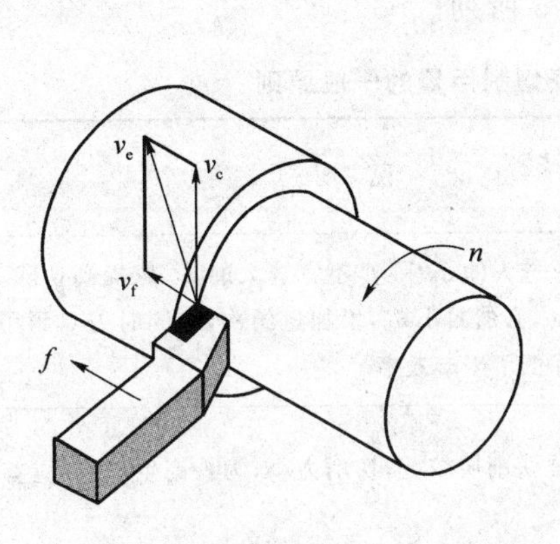

图 5-20　切削速度 v_c 和进给量 f

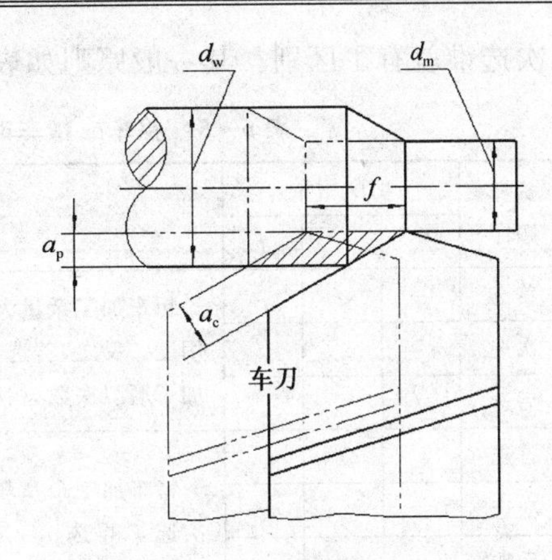

图 5-21　切削层参数

2. 切削用量的合理选择

选择切削用量，就是根据切削条件和加工要求确定合理的背吃刀量 a_p、进给量 f 和切削速度 v_c（v_c 的选择实际上是选择机床转速 n）。

在车间里，常常可以看到很多有经验的车工师傅装好车刀后，并不忙于开车切削，而是先考虑主轴开多少转速，吃刀多深，选择多少进给量。这是因为他们在长期的生产实践活动中体会到了切削三要素的重要性，它不仅对产品质量、生产效率、生产成本和刀具耐用度都将产生十分重要的影响，而且关系到机床、车刀潜力的充分发挥。

(1) 选择切削用量的一般要求

① 保证加工质量，主要是保证被加工零件的精度和表面粗糙度。

② 不超过机床允许的动力、扭矩和工艺系统的刚度和强度，同时又能最大限度地发挥其潜力。

③ 保证刀具耐用度，减少磨刀和调整等辅助时间，提高生产效率和降低成本。

(2) 选择切削用量的一般原则

一般说来，加大切削用量（v_c、a_p、f）对提高切除率（单位时间内的切除量）有利。但是，过分加大切削用量将加剧刀具磨损、影响加工质量，甚至撞坏刀具、产生“闷车”等。因此，必须把切削用量根据切削条件控制在一定的范围内，这就是控制其合理性。

切削用量的选择与诸多因素有关，是一个实践性很强的工作。对初学者来说，要求掌握其基本原则，随着车削技能的不断丰富和实践经验的积累，将逐渐把握合理选择的准确性。

切削用量的三个要素对切削的影响各不相同，但它们之间又互相联系、互相制约。选择时，要根据不同的切削条件，确定首选谁，次选谁，最后再选谁。

1) 粗车或精车时选择切削用量的一般原则

粗车时，加工余量较大，一般希望切除量大一些，以减少进给次数，提高切除率；精车时余量较小，应重点考虑减小切削力，提高加工精度和表面质量。两者的侧重点是不一样的，因此，首选谁、次选谁就有了区别。其一般原则如表5-5所列。

表5-5　粗车或精车时选择切削用量的一般原则

切削要求	选择顺序	切削用量			说　明
		v_c	a_p	f	
粗车	首选		√		粗车加工余量大，应首选大的 a_p 和 f，不宜选大的 v_c，以提高切除率和车刀耐用度。反之，若选大的 v_c，必然减小 a_p，增加进给次数，同时刀具耐用度降低，增加了磨刀次数，相应的降低了生产效率
	次选			√	
	后选	√			
精车	首选	√			精车加工余量较小，被切削层较薄，切削力小，为提高生产率，应首选大的 v_c，次选 f，再选 a_p
	次选			√	
	后选		√		

在背吃刀量 a_p 和进给量 f 的选择中，粗加工时，取 $a_p=2\sim6$ mm，$f=0.3\sim0.6$ mm/r；半精加工和精加工时，取 $a_p=0.3\sim2$ mm，$f=0.08\sim0.3$ mm/r；而对大件粗加工，可取 $a_p>6$ mm，$f>0.6$ mm/r。

在切削速度 v_c 的选择中，精加工时尽可能高一些。粗加工时可参考以下几点原则：硬质合金车刀切削热轧中碳钢的平均切削速度为1.67 m/s(100 m/min)；切削灰口铸铁的平均切削速度为1.17 m/s(70 m/min)；切削合金钢比切削中碳钢要降低20%～30%；切削调质状态的钢料比切削正火、退火状态的钢料要降低20%～30%；切削有色金属比切削中碳钢宜提高100%～300%。

2）不同切削条件下选择切削用量的几点原则

① 车削铸铁工件与车削钢件的比较。由于两种材料组织结构和质地的区别，因此在粗车时，车铸铁件的切削用量要比车钢件选得小一些；但在精车时车铸铁件的进给量应比车钢件选得大一些，而切削速度又要选得低一些。

② 断续车削与连续车削的比较。断续车削由于刀具要承受较大的冲击力，因此切削用量应比连续车削选得小一些。

③ 荒车与粗车的比较。荒车(锻件、铸件毛坯粗车第一刀)时，由于毛坯表层有硬皮和不平整，如果背吃刀量 a_p 取得太小，容易造成吃刀不均，使车刀承受较大的冲击载荷，因此需要首先考虑背吃刀量 a_p，而且应比粗车选得略大一些，进给量和切削速度可以适当减小。

④ 车削管件与实心件的比较。管件刚性较差，车削时易产生震动，选择用量时应首选切削速度 v_c，其值应比车削实心工件选得低一些。

⑤ 车外圆与内孔的比较。内孔车刀的刀杆尺寸较小，刚性较差，车削时易震动，因此切削用量的选择应比外圆车削小一些。

⑥ 使用高速钢车刀与硬质合金车刀的比较。由于高速钢车刀的红硬性比硬质合金车刀差，因此选择切削用量尤其是切削速度应比使用硬质合金车刀时低一些。

⑦ 工艺系统刚性好与差时的比较。显而易见，刚性差的工艺系统其切削用量应该选得低一些，尤其是切削速度。

综上所述，在选择切削用量时，应该根据工件材料、工件形状、切削要求、车刀材料、夹具和机床的具体情况对粗车和精车的一般选择原则进行适当调整。

表 5－6 和表 5－7 是车削常用材料时 C620－1 车床的主轴转速选用表，供读者参考。

表 5－6　车削中碳钢主轴转速选用表

车刀材料：YT15；主偏角 $K_r=75°$ 粗车：$a_p=3\sim4$ mm；$f=0.3\sim0.4$ mm/r			车刀材料：YT15；主偏角 $K_r=90°$ 精车：$a_p=0.1\sim0.2$ mm；$f=0.08$ mm/r		
零件直径 d/mm	计算转速 $n_{计}$ /(r·min^{-1})	C620－1 车床主轴实际转速 $n_{实}$ /(r·min^{-1})	零件直径 d/mm	计算转速 $n_{计}$ /(r·min^{-1})	C620－1 车床主轴实际转速 $n_{实}$ /(r·min^{-1})
≤15	2 030～2 530	1 200	≤15	4 000～5 100	1 200
20	1 520～1 900	1 200	20	3 000～3 800	1 200
25	1 220～1 520	1 200	25	2 400～3 040	1 200
30	1 020～1 270	960～1 200	30	2 000～2 504	1 200
35	870～1 080	960	35	1 730～2 170	1 200
40	760～950	760～960	40	1 500～1 900	1 200
45	680～840	710～760	45	1 360～1 700	1 200
50	610～760	610～760	50	1 200～1 540	1 200
55	550～690	600～710	55	1 020～1 380	1 200
60	510～630	480～610	60	1 000～1 270	960～1 200
70	440～540	460～600	70	860～1 080	960
80	360～480	380～480	80	750～950	760～960
90	340～420	370～460	90	670～840	760
100	305～380	305～380	100	600～760	600～760
110	280～340	230～305	110	545～690	600～760
120	250～320	230～305	120	500～630	480～600
130	230～290	230～305	130	460～580	480～600
140	210～270	230	140	430～540	460～480
150	200～250	185～230	150	400～500	360～480
180	170～210	150～230	180	330～420	305～380
200	150～190	150～185	200	300～380	305～380
220	140～170	150～185	220	270～350	305～360
240	130～160	120～150	240	250～320	230～305
260	120～145	120～150	260	230～290	230～305
280	110～135	120	280	210～270	230～305
300	100～125	96～120	300	200～250	185～230
320	95～120	96～120	320	187～240	185～230
350	87～110	96	350	170～220	185～230

表 5-7 车削合金工具钢(如 W18Cr4V、CrWMn 等)主轴转速选用表

车刀材料:YG8;主偏角 $K_r=75°$ 粗车:$a_p=3\sim4$ mm;$f=0.3\sim0.4$ mm/r			车刀材料:YT15;主偏角 $K_r=75°$ 粗车:$a_p=1\sim2$ mm;$f=0.2\sim0.3$ mm/r		
零件直径 d/mm	计算转速 $n_{计}$ /(r·min^{-1})	C620-1 车床主轴实际转速 $n_{实}$ /(r·min^{-1})	零件直径 d/mm	计算转速 $n_{计}$ /(r·min^{-1})	C620-1 车床主轴实际转速 $n_{实}$ /(r·min^{-1})
≤15	1 230~1 530	1 200	≤15	1 530~2 030	1 200
20	930~1 150	960~1 200	20	1 150~1 520	1 200
25	740~920	760~960	25	920~1 220	960~1 200
30	620~770	600~760	30	770~1 020	760~960
40	460~575	480~600	40	575~760	600~760
45	410~510	380~480	45	510~680	480~710
50	380~460	380~480	50	460~610	480~610
55	340~420	305~380	55	420~550	380~600
60	310~380	305~380	60	380~510	380~480
70	260~330	230~305	70	330~440	305~380
80	230~290	230~305	80	290~360	305~380
90	206~260	185~230	90	260~340	230~370
100	185~230	185~230	100	230~305	230~305
110	170~210	185~230	110	210~280	230~305
120	150~190	150~185	120	190~250	185~230
130	140~177	150~185	130	177~230	185~230
140	130~165	120~150	140	165~210	150~230
150	120~153	120~150	150	153~200	150~185
160	110~143	120~150	160	143~190	150~185
180	100~128	96~120	180	128~170	120~185
200	93~115	96~120	200	115~150	120~150
220	84~104	76~96	220	104~140	96~150
240	77~96	76~96	240	96~130	96~150
260	71~88	76~96	260	88~120	96~150
280	66~82	58~76	280	82~110	76~96
300	62~77	58~76	300	77~100	76~96

5.4.4 正确使用冷却润滑液

在车削过程中,正确使用冷却润滑液,不但可以起到润滑作用,减少切屑、车刀及工件之间的摩擦,从而减少切削热的产生和刀具的磨损;同时还能带走大量的热量,从而使切削温度降低,有利于提高车刀的耐用度和工件的加工精度。

在使用冷却润滑液时,必须有效地冲在切屑和刀头上。因为切削热的分布比例一般是切屑占 68%,车刀占 25%左右。如果仅仅将冷却润滑液冲在刀刃上,不但达不到良好的散热效果,而且还会使车刀(尤其是硬质合金车刀)因忽冷忽热而产生裂纹。

冷却润滑液的种类很多，在使用时，要根据不同的切削条件和零件材料有针对性地进行选择。表5－8所列是车削时常用冷却润滑液选用表，供读者参考。

表5－8 车削时常用冷却润滑液选用表

<table>
<tr><th colspan="2" rowspan="2">品种
加工类型</th><th colspan="6">工件材料</th></tr>
<tr><th>普通碳钢</th><th>合金钢</th><th>不锈钢、耐热钢</th><th>铸铁、黄铜</th><th>青 铜</th><th>铝及合金</th></tr>
<tr><td rowspan="2">车外圆及内孔</td><td>粗车</td><td>3%～5%乳化液</td><td>① 5%～15%乳化液
② 5%石墨化或硫化乳化液
③ 5%氧化石蜡制的乳化液</td><td>① 10%～30%乳化液
② 10%硫化乳化液</td><td>一般不用或3%～5%的乳化液</td><td>一般不用</td><td>① 一般不用
② 中性或含有游离酸小于4 mg的弱酸性乳化液</td></tr>
<tr><td>精车</td><td colspan="2">① 石墨化或硫化乳化液
② 10%～15%乳化液（低速），5%乳化液（高速）</td><td>① 氧化煤油
② 煤油75%，植物油或油酸25%
③ 煤油60%，松节油、油酸各20%</td><td colspan="2" rowspan="2">① 7%～10%乳化液
② 硫化乳化液</td><td rowspan="2">① 煤油
② 松节油
③ 煤油与矿物油的混合油</td></tr>
<tr><td colspan="2">切槽及切断</td><td colspan="2">① 15%～20%乳化液
② 硫化乳化液
③ 硫化油
④ 活性矿物油</td><td>① 氧化煤油
② 煤油75%，植物油或油酸25%
③ 硫化油85%，油酸或植物油15%</td></tr>
<tr><td colspan="2">钻孔及镗孔</td><td colspan="2">① 7%硫化乳化液
② 硫化切削液</td><td>① 3%肥皂加2%亚麻油水（不锈钢钻孔）
② 硫化切削液（不锈钢镗孔）</td><td rowspan="3">① 一般不用
② 煤油（用于铸铁）或柴油、菜油（用于黄铜）</td><td>7%～10%乳化液或硫化乳化液</td><td>① 一般不用
② 煤油
③ 煤油与菜油的混合油</td></tr>
<tr><td colspan="2">铰 孔</td><td colspan="2">① 硫化乳化液（Q235、45钢）
② 柴油或机油（45钢）
③ 硫化油与煤油混合（中速）</td><td>硫化切削油</td><td colspan="2">① 煤油与柴油或菜油的混合油
② 2号锭子油
③ 2号锭子油与蓖麻油的混合油</td></tr>
<tr><td colspan="2">车螺纹</td><td colspan="2">① 5%～10%硫化乳化液
② 氧化煤油
③ 硫化切削油
④ 煤油75%，植物油或油酸25%
⑤ 变压器油70%，氧化石蜡30%</td><td>① 氧化煤油
② 硫化切削油
③ 煤油60%，松节油、油酸各20%
④ 硫化油60%，煤油25%，油酸15%</td><td>一般不用或用菜油</td><td>① 硫化油30%，煤油15%，2号或3号锭子油55%
② 硫化油30%，煤油15%，油酸30%，2号或3号锭子油25%</td></tr>
</table>

5.4.5 车刀的刃磨

在车工中常有“七分刀具，三分技术”的说法，虽然不一定确切，但也充分说明了刀具在车削工作中的重要性。车刀的好和坏主要从材质和刃磨的质量来衡量。

车刀刃磨可分为机械刃磨和手工刃磨两种。机械刃磨包括专用夹具刃磨、电解刃磨和金刚石砂轮刃磨等，其刃磨效率高，质量好，在一些有条件的工厂基本上都已采用机械的方法进行车刀刃磨。但是手工刃磨车刀是一个合格车工必须熟练掌握的基本技能，所以在学习车削技能的时候，首先要练习车刀的刃磨。

下面分别介绍刀尖角 $\varepsilon_r=80°$ 的高速钢外圆车刀和主偏角 $K_r=90°$ 的硬质合金外圆车刀的刃磨方法。

1. 砂轮机的正确使用

砂轮机是用来刃磨切削刀具和工具的常用设备，主要由机座、电动机、砂轮、托架和砂轮罩组成，如图 5-22 所示。

使用砂轮机刃磨车刀前，必须认真阅读砂轮机操作规程，确保安全操作。开启砂轮机后，应待砂轮机运转平稳后再进行磨削。若砂轮跳动明显，应及时停车，待修复后才能使用。

(1) 砂轮修整

刃磨车刀的砂轮基本都是平面形的，称为平行砂轮。刃磨前通常都要用砂轮刀先将砂轮修整好，如图 5-23 所示。

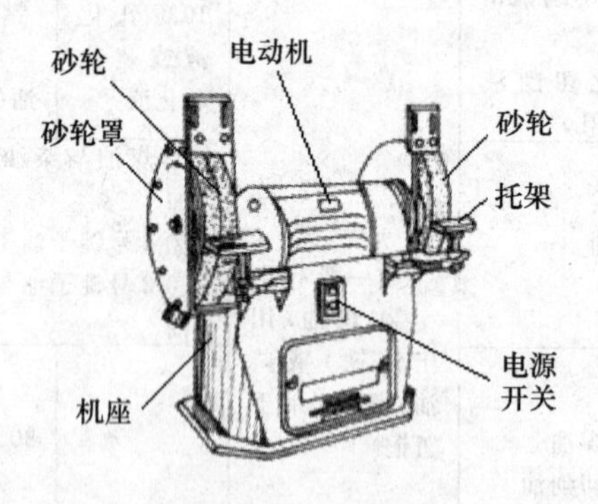

图 5-22 砂轮机

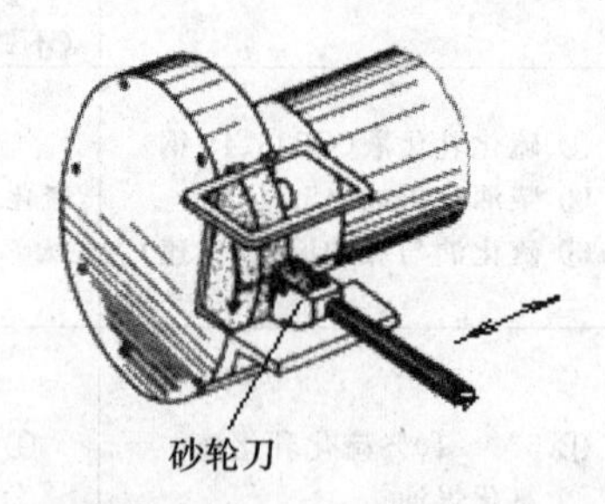

图 5-23 用砂轮刀修整砂

(2) 刃磨姿势和基本方法

初学者必须在指导老师的指导下进行初次刃磨。

刃磨时，操作者应站在砂轮机的侧面，以防砂轮碎裂时飞出的碎片伤人。握刀的两只手应分开，并将腰部作为手肘的支撑，使两肘夹紧腰部，减少刃磨时的抖动。

被磨的车刀应放在砂轮的水平中心的高度，刀尖略微上翘(5°左右)。车刀接触砂轮后应慢慢地左右移动；车刀离开砂轮时，应将刀尖向上抬起，以免砂轮碰伤磨好的刀刃。

2. 刃磨时的注意事项

① 刃磨时必须戴防护镜，操作者应按要求站立在砂轮机的侧面。

② 刃磨时用力不宜过大，以防打滑伤手。

③ 新装砂轮必须严格检查，经试转合格后才能使用。砂轮的磨削表面需经常修整。

④ 使用平行砂轮时，应尽量避免在砂轮的断面上刃磨。

⑤ 刃磨高速工具钢车刀要及时浸水冷却，以防刀刃退火，致使硬度降低。但刃磨硬质合金车刀时则不能浸水，以防骤冷开裂。

⑥ 刃磨结束，应随手关闭砂轮机电源。

3. 刃磨顺序

车刀的刃磨分成粗磨和精磨。硬质合金焊接车刀还需先将前、后刀面上的焊渣磨去。

粗磨时的顺序：主后刀面→副后刀面→前刀面。

精磨时的顺序：前刀面→主后刀面→副后刀面→刀尖圆弧。

对硬质合金车刀还需用油石研磨刃口。

4. 刃磨练习

(1) 刃磨刀尖角 $\varepsilon_r=80^\circ$ 的高速钢外圆车刀

图 5-24 所示是刀尖角 $\varepsilon_r=80^\circ$ 的高速钢车刀图样。其规格为 20 mm×20 mm×125 mm，材料为 W18Cr4V。

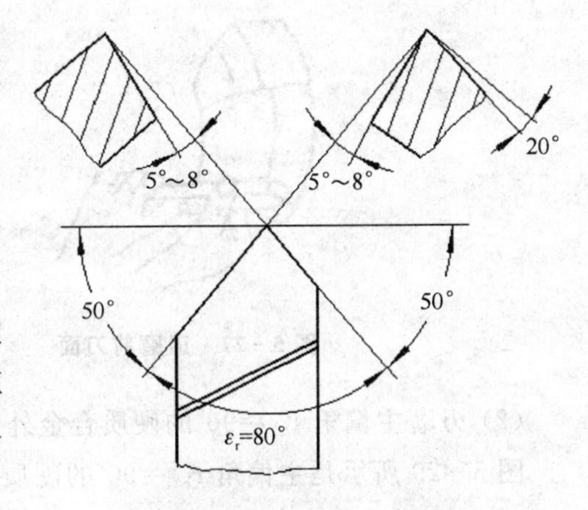

图 5-24　高速钢车刀图样

1) 粗　磨

粗磨通常选用粒度号为 46#～60#，硬度为 H～K的氧化铝砂轮。

① 磨主后刀面。磨主后刀面时要同时磨出主偏角 $K_r=50^\circ$ 及主后角 $\alpha_o=5^\circ\sim8^\circ$。刀杆尾部向左偏斜，使刀杆中心平面与砂轮轴线之间成 $90^\circ-K_r=40^\circ$ 夹角，如图 5-25 所示。

② 磨副后刀面。磨副后刀面时要同时磨出副偏角 $K_r'=50^\circ$ 及副后角 $\alpha_o'=5^\circ\sim8^\circ$（参见图 5-24 所示左上角的剖面图）。刃磨时，刀杆尾部向右偏斜，使刀杆中心平面与砂轮轴线之间成 $90^\circ-K_r'=40^\circ$ 夹角，如图 5-26 所示。

③ 磨前刀面。磨前刀面时要同时磨前角 $\gamma_o=20^\circ$，如图 5-27 所示。

2) 精　磨

精磨选用粒度号为 80#～120#、硬度为 H、K 的氧化铝砂轮。

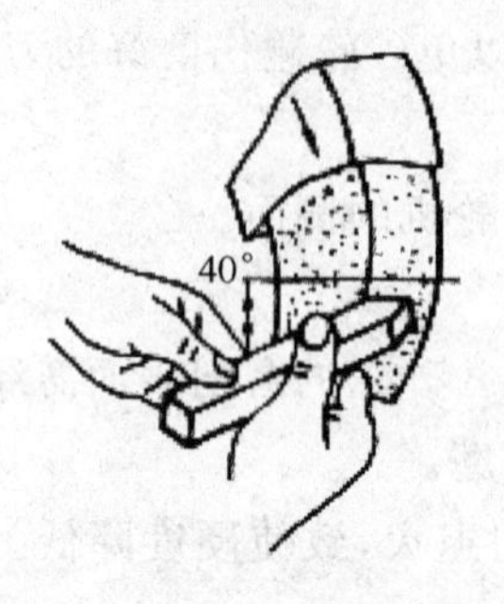

图 5-25 刃磨主后刀面

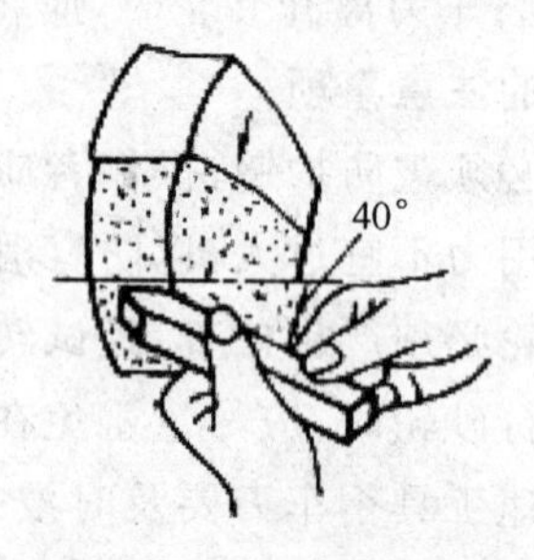

图 5-26 刃磨副后刀面

① 修磨前刀面。

② 修磨主后刀面。修磨主后刀面是保持主切削刃平直和锋利。

③ 修磨副后刀面。修磨副后刀面是保持副切削刃平直和锋利。

④ 修磨刀尖圆弧。刀尖并不是一个尖锐的几何点，而是一段半径很小的圆弧或一小段折线，形成将主切削刃和副切削刃接起来的刀刃，该刀刃称为过渡刃。当过渡刃为圆弧时，其半径为 0.4～0.8 mm。修磨刀尖圆弧时用左手握住车刀前端并作为支点，用右手慢慢摆动车刀尾部，如图 5-28 所示。

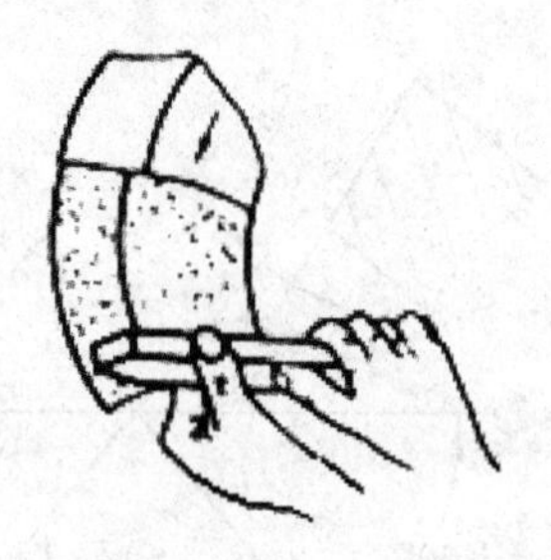

图 5-27 刃磨前刀面

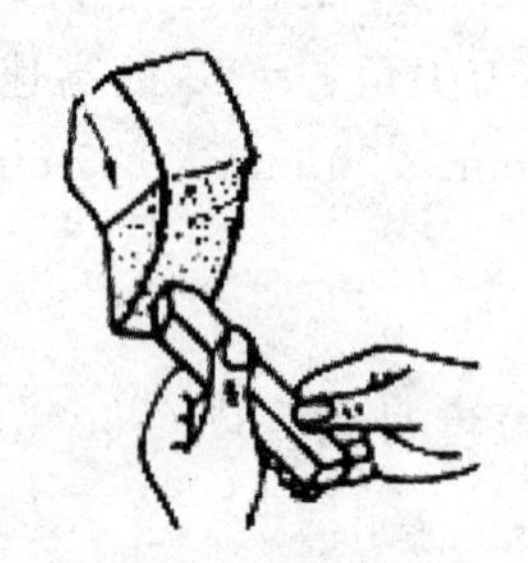

图 5-28 修磨刀尖圆弧

(2) 刃磨主偏角 $K_r=90°$的硬质合金外圆车刀

图 5-29 所示是主偏角 $K_r=90°$的硬质合金外圆车刀图样。

1) 刃磨后隙角

后隙角是分别位于主后刀面和副后刀面下方（刀杆上），比后角、副后角约大 2°的角。共有两个，分别见图 5-29 主视图和 A 向视图中的 6°角。其作用是为了减少主、副后刀面的刃磨面积，使之容易刃磨和磨得光滑。

刃磨后隙角采用粒度为 46#、硬度为 K、L 的氧化铝砂轮。先磨掉刀杆底面的焊渣，随后在车刀的主、副后刀面的下部分别磨出两个后隙角。刃磨方法如图 5-30 所示。图 5-30(a) 是刃磨主后刀面下方的后隙角，图 5-30(b) 是刃磨副后刀面下方的后隙角。磨削时车刀要略高于砂轮的水平中心，并使车刀左右缓慢移动，直到磨至硬质合金刀片为止。

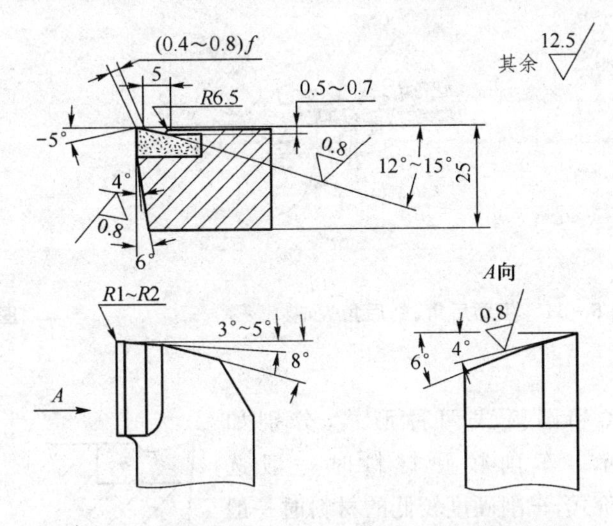

图 5-29　主偏角 $K_r=90°$的硬质合金外圆车刀图样

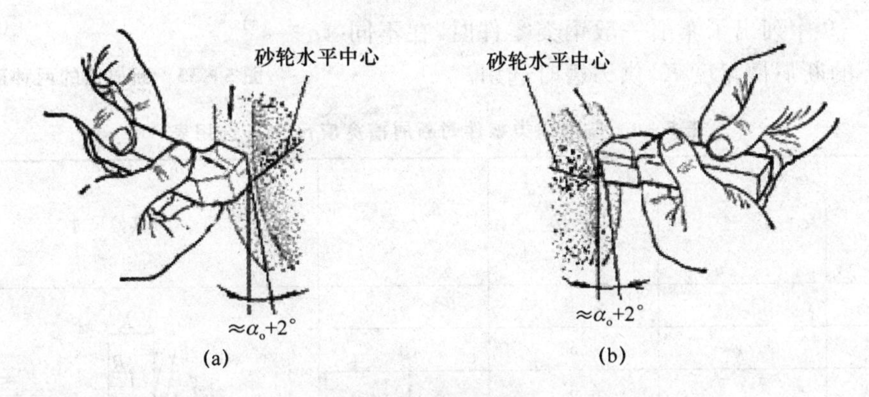

图 5-30　磨后隙角

2）粗磨后角 α_o 和副后角 α_o'

选用粒度为 46# 左右、硬度为 G、H 的绿色碳化硅砂轮粗磨后角、副后角。粗磨出的角度应比后角 α_o、副后角 α_o' 大 2°～3°。刃磨时把车刀上已磨好的后隙面靠在砂轮外圆上，作为刃磨的起始位置，然后使刃磨位置继续向刀刃处靠近，并左右缓慢移动，刃磨方法如图 5-31 所示，其中图 5-31(a)是粗磨后角，图 5-31(b)是粗磨副后角。粗磨后角是磨至刀刃处即可，而粗磨副后角则要磨至刀尖处为止。

3）粗磨前刀面

粗磨前刀面是用以砂轮的端面进行磨削，同时磨出前角 $\gamma_o=12°\sim15°$，如图 5-32 所示。磨削时，由于是端面磨削，左手离砂轮端面很近，要特别注意防止伤手。

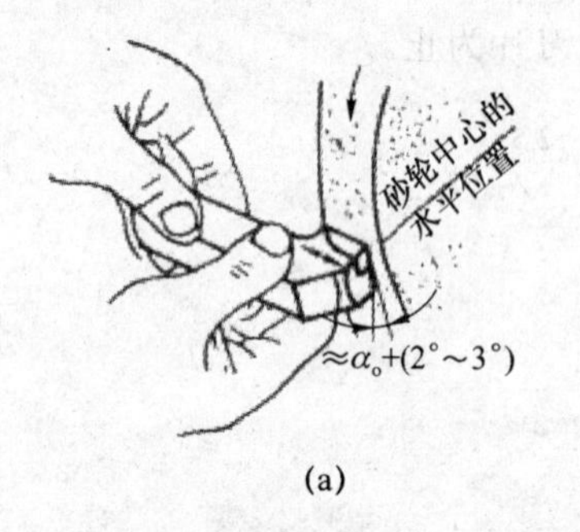

(a)

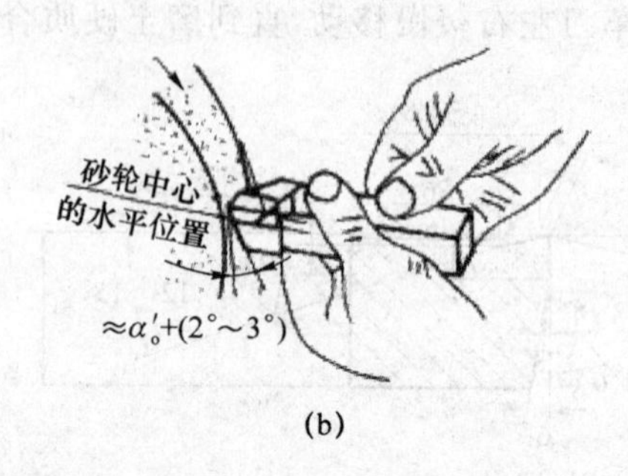

(b)

图 5-31　粗磨后角、副后角

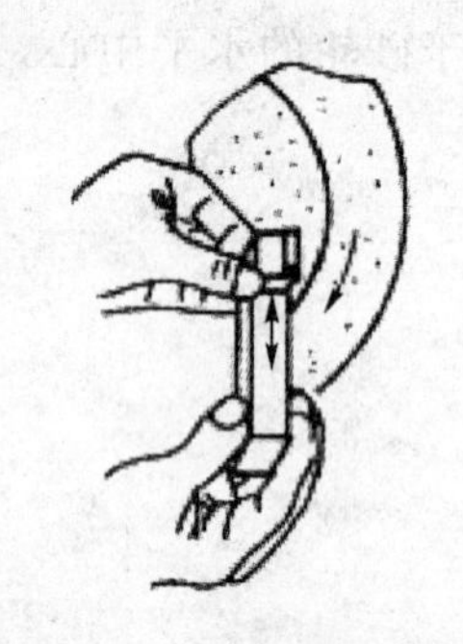

图 5-32　粗磨前刀面

4) 磨断屑槽

断屑槽有台阶式和圆弧式两种形式，分别如图 5-33(a)、(b)所示。车削较硬材料时一般选图 5-33(a)所示的台阶式，车削硬度较低的材料时一般选图 5-33(b)所示的圆弧式。

在表 5-9 中列出了车削一般钢类零件时，在不同切削用量下的断屑槽宽度 K，供刃磨时选用。

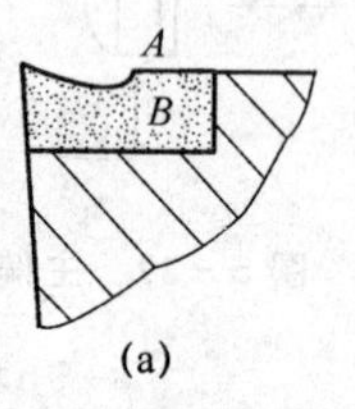

(a)

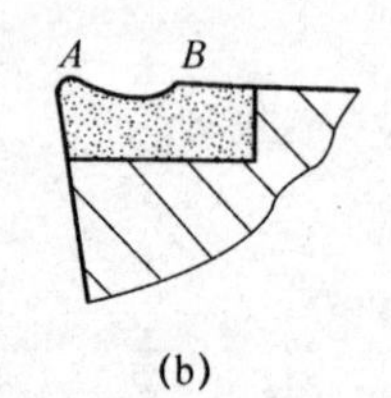

(b)

图 5-33　断屑槽的两种形式

表 5-9　车削钢类零件时断屑槽宽度尺寸 K 选用表

背吃刀量 a_p / 进给量 f	2～4	5～7	7～12	其他尺寸*
0.3	3	4	5	K b R 5° h γ
0.4	3	5	8	
0.5～0.6	4	6	10	
0.7～0.8	5	8	12	
0.9～1.2	6	9	14	

* 1. h=0.5～1.3 mm，并由所取的前角值决定；
2. 圆弧槽在 K 和 h 的转接处要圆滑；
3. b=(0.3～1)f。

修磨断屑槽时，选用直径为 150～200 mm、厚度为 5～20 mm、粒度为 60# ～80# 、硬度为 G、K 的绿色碳化硅砂轮。刃磨方法一般有图 5-34 所示的三种，当砂轮较厚时，按图5-34(a)、(b)所示，在砂轮的左角或右角上刃磨；当砂轮较薄时，按图 5-34(c)所示，在砂轮外圆上刃磨。为了保证刃磨质量，无论采取上述哪种方法刃磨，都应分成粗磨和精磨两道工序进行。

粗磨断屑槽要注意的几点：

① 修整砂轮。按图 5－34(a)、(b)所示方法刃磨时，要将砂轮的左或右外圆棱角修整成较小的圆角；按图 5－34(c)所示的方法刃磨时，则要将外圆修整成与断屑槽弧形相适应的弧面。

② 刃磨的起始位置应与刀尖和主切削刃保持一段距离。这个起始位置通常设定在断屑槽的中间，即与刀尖的距离大约等于断屑槽长度的 50％，与主切削刃的距离等于断屑槽宽度的 50％。

③ 确保车刀的前角值。当按图 5－34(a)、(b)所示方法刃磨时，车刀应转过一个角度使刀杆底面与砂轮侧面相交成大致等于前角的角度。当按图 5－34(c)所示方法刃磨时，车刀底面与砂轮轴线大致平行。

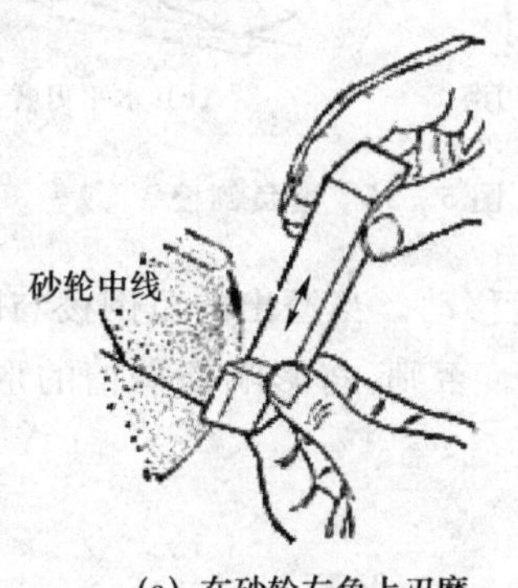

(a) 在砂轮左角上刃磨

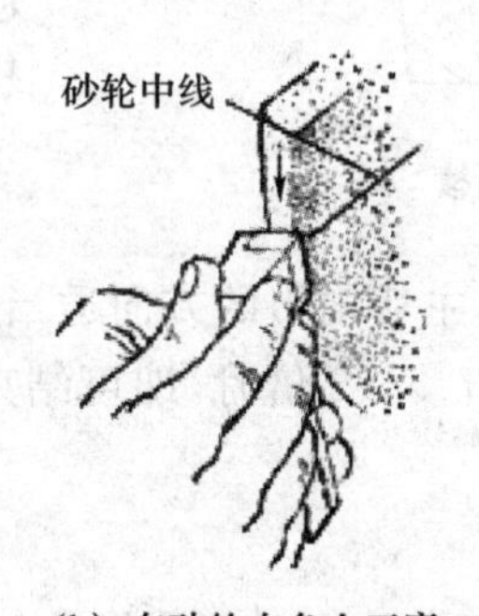

(b) 在砂轮右角上刃磨

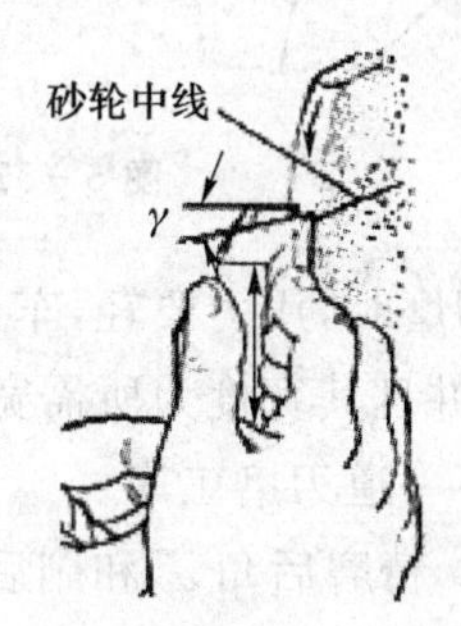

(c) 在砂轮外圆上刃磨

图 5－34　磨断屑槽

④ 注意断屑槽在刀片上的位置。若要求断屑槽的槽向与主切削刃平行，则刃磨时要使主切削刃与砂轮侧面平行。若断屑槽与主切削刃成某一角度，则刃磨时主切削刃与砂轮侧面也要成相应角度。

⑤ 刃磨时用力不宜过大并使车刀沿刀杆长度方向缓慢移动，如图 5－34 所示。

⑥ 不可将主切削刃作为断屑槽的边线，断屑槽与主切削刃之间应该有一小段间距，其大小相当于进给量，以保留修磨副倒棱的刀刃厚度。

⑦ 刃磨时要随时检查磨出的断屑槽的形状、位置及前角大小，为精磨打基础。

⑧ 当断屑槽的形状基本正确，准备结束粗磨时，车刀的移动要更加缓慢，并且要当砂轮处于断屑槽后端时再将车刀退出。

当断屑槽粗磨完毕后，即可进行精磨。精磨时要特别注意以下几点：

① 砂轮修整要正确，符合断屑槽要求的形状。

② 车刀上下移动要更加缓慢，用力要均匀、轻微。

③ 保证槽的大小、位置及粗糙度要求。

5）磨负倒棱

负倒棱如图 5－35 所示，其倾斜角约为$-5°$，宽度 $b=(0.5\sim1)f$。

负倒棱的刃磨方法有竖直刃磨和水平刃磨两种，如图 5－36 所示。实际刃磨时大多采用竖直刃磨法。

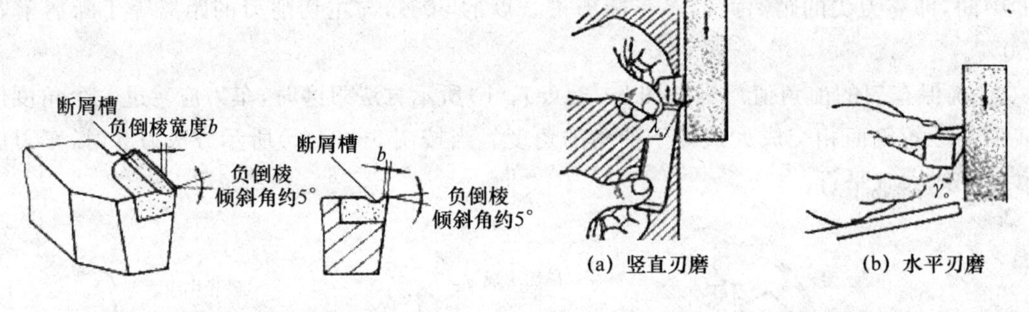

图 5－35 负倒棱　　图 5－36 磨负倒棱

刃磨时，用力要轻，车刀要沿主切削刃的方向适当地缓慢移动。当磨出的负倒棱与断屑槽相接，并且其宽度为所需宽度的 1.5～2 倍时，即可结束刃磨。否则，将影响断屑槽的形状、尺寸和下一道刃磨工序。

6）精磨后角 α_o 和副后角 α'_o

采用碗形砂轮精磨后角 α_o 和副后角 α'_o。刃磨方法如图 5－37 所示。

精磨后角时，首先调整角度导板，使其上翘一个大小等于后角 α_o 的角度，然后，将车刀放在上面，让主切削刃轻轻靠住砂轮端面进行刃磨并沿刀身长度方向缓慢地往复移动，直至磨出平直的刃口和要求的角度为止，如图 5－37(a)所示。此时要注意负倒棱宽度符合要求并宽窄一致。

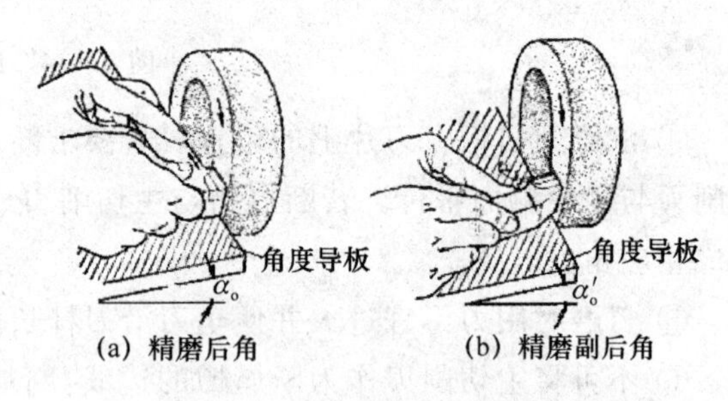

图 5－37 精磨后角、副后角

副后角的刃磨如图 5－37(b)所示。基本方法与磨后角相同。

7）磨过渡刃

前已述及，过渡刃是连接主切削刃与副切削刃的一小段直线或圆弧形刀刃。刃磨方法如图 5－38 所示。

8）磨修光刃

磨修光刃是副切削刃上接近刀尖部位与主切削刃垂直的一小段刀刃，其作用是消除工件已加工表面上的“残留面积”。其刃磨方法如图5－39所示。

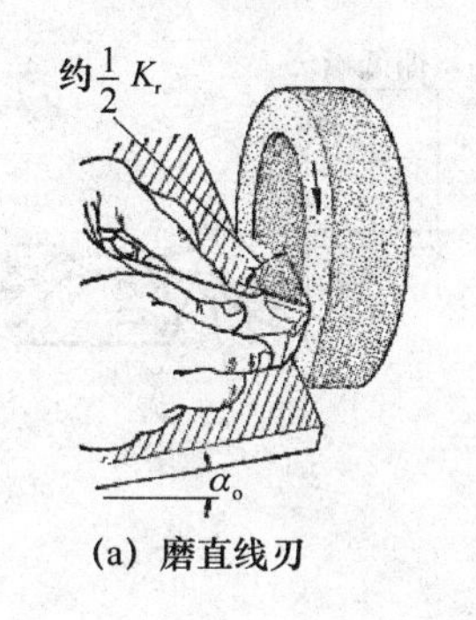

(a) 磨直线刃

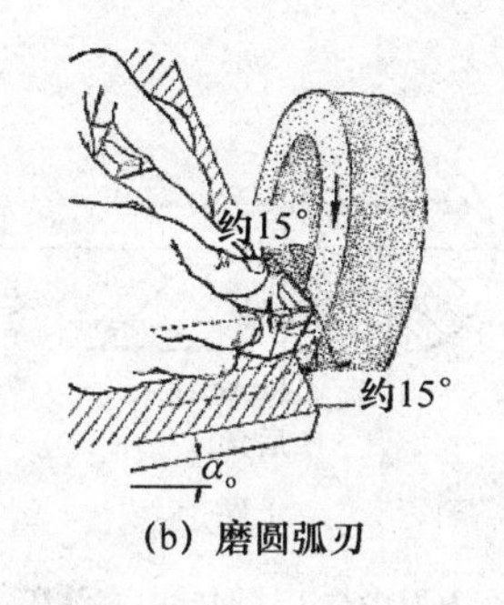

(b) 磨圆弧刃

图5－38　磨过渡刃

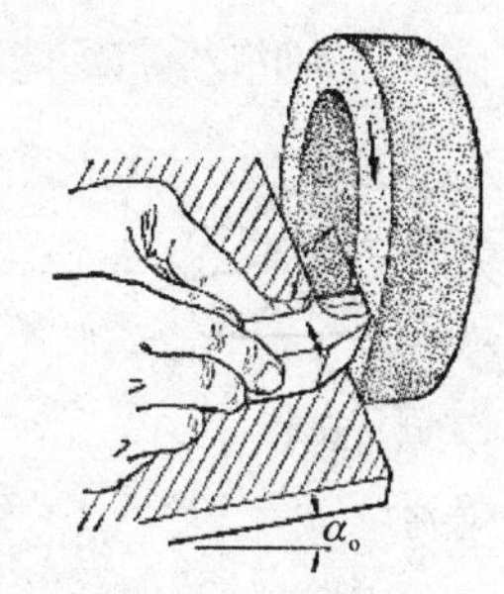

图5－39　磨修光刃

9）车刀研磨

为了提高车削工件的表面质量和车刀的耐用度，精磨出来的车刀都还要经过油石研磨，主要是使得主、副切削刃平滑光洁。

研磨时选择细油石，手持油石，将食指压在油石上，使油石来回移动，如图5－40所示。研磨时要注意：用力均匀，动作平稳，别伤及切削刃。

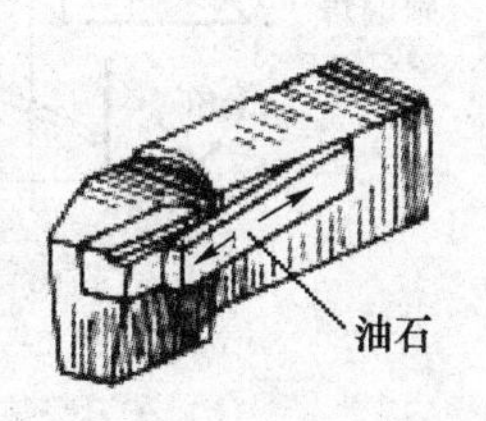

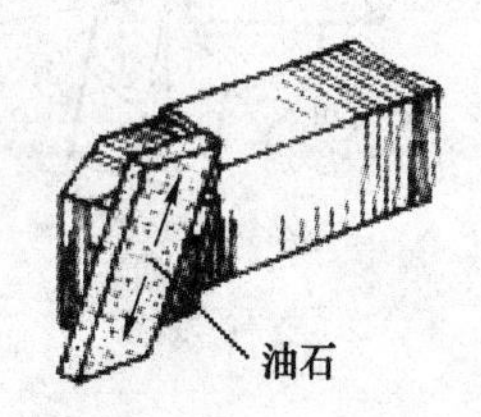

图5－40　车刀研磨

5.4.6　车刀的安装

车削工件前，必须首先正确安装车刀，主要保证车刀的切削角度（切削角度即车刀切削时的实际角度。由于车刀安装质量的原因和切削力等的作用，往往会造成车刀的实际使用角度不等于车刀刃磨后的角度）和刚性，从而提高加工质量和车削安全。车刀安装要点如下：

1. 保证车刀刀尖与车床主轴轴线（或工件回转轴线）等高

车刀刀尖应与车床主轴轴线（或工件回转中心）等高，否则会改变车刀切削时的前、后角。图5－41(a)所示为车刀安装时刀尖与工件的三种高度关系。中间为刀尖与工件轴线等高的情形，此时车刀的切削时的前后角与刃磨时基本一致；左右两种都引起前、后角变化。

安装时可用刀尖高度与尾座顶尖高度一致的方法或实际车削一工件端面看看工件是否“留芯”来检查和调整车刀高度。

2. 保证车刀刀杆与进给（或工件轴线）方向垂直

车刀刀杆应与进给（或工件轴线）方向垂直，否则会改变车刀切削时的主、副偏角。图5－41(b)所示为车刀刀杆与进给（或工件轴线）方向的三种关系。中间为刀杆与进给方向垂直的情形，切削时的主、副偏角与刃磨时基本一致；左右两种都有改变。

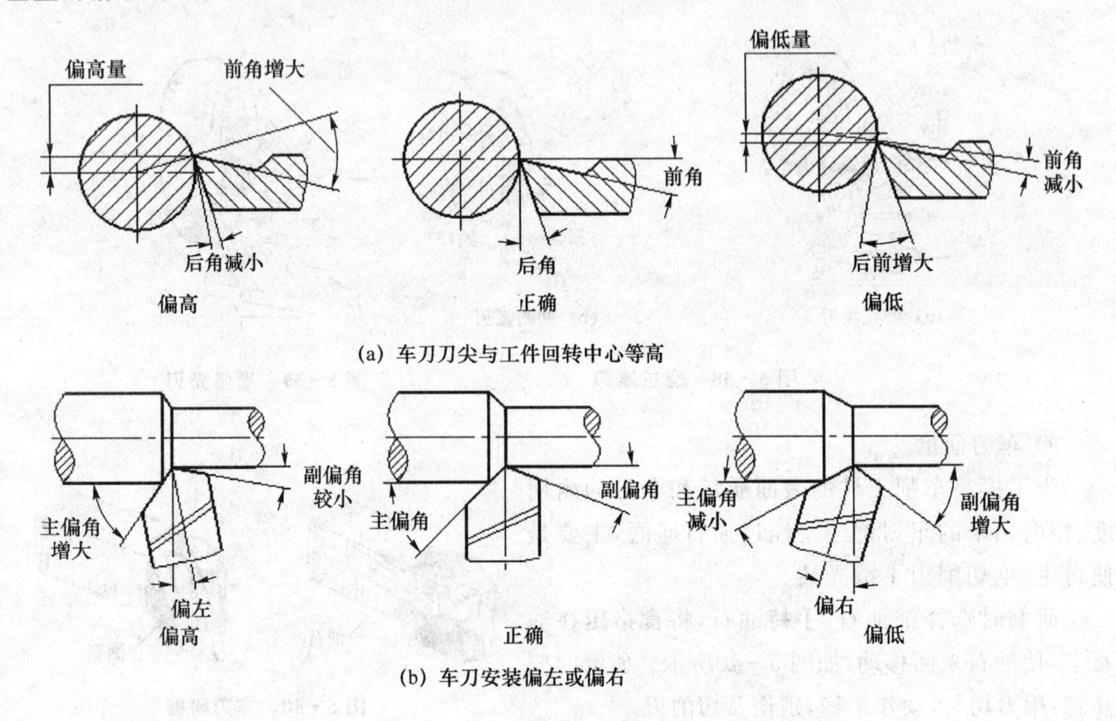

图 5-41 车刀安装的位置

3. 保证车刀在方刀架上的悬伸长度适当

车刀刀头伸出方刀架的长度不要大于两倍的刀体(刀杆)厚度，否则将降低车刀刚度而产生震动，从而影响工件的表面质量。

4. 垫刀片要放平整

垫刀片是用来调整车刀高度的，使用时最多用三片而且要放置平整，否则将影响刀杆与刀架的接触刚性或因车刀夹持不牢而引发安全事故。

5. 车刀必须夹持牢固

方刀架上夹持车刀的螺栓至少要拧紧两个，拧紧后要及时取下扳手，以防引发事故。

5.5 车外圆、车平面、车台阶、钻中心孔

外圆、端面(平面)、台阶和后续章节讲到的内孔是构成零件的最基本表面，也是在车床上最为普遍的加工表面。因此，车工必须掌握。

5.5.1　操作训练基本要求

车削外圆、平面(端面)、台阶是车工最基本的操作技能,加工方法很多,随着零件的结构不同和对零件的精度和表面粗糙度要求不同,其加工的难易程度也各不相同。但在操作训练过程中,应该完成下列基本要求:

① 正确装夹工件,学会不同工件的找正方法。

② 学会根据加工表面选择车刀。

③ 学会中心架、跟刀架的使用。

④ 独立完成练习课题。

5.5.2　准备知识

1. 刀具选择

车削外圆柱面、台阶和端面的几种形式和主要使用的车刀如图 5 - 42 和图 5 - 43 所示。其中,最常用的是主偏角 $K_r = 90°$ 的硬质合金外圆车刀,按车削时进给方向不同分为右偏刀和左偏刀。图 5 - 29 所示是主偏角 $K_r = 90°$ 的右偏刀,左偏刀的角度和结构与右偏刀相同,只是方向相反。

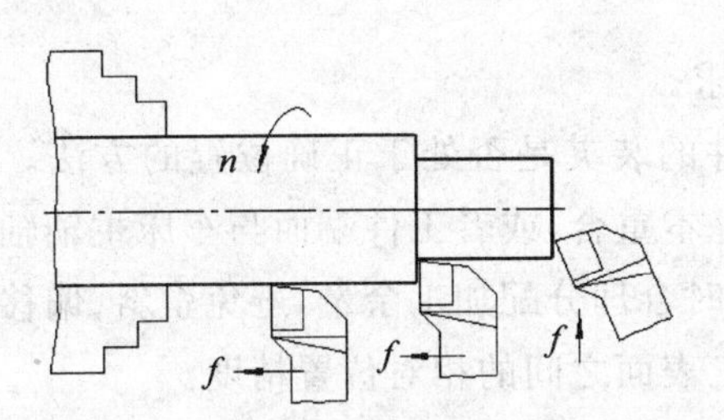

(a) 用右偏刀车削外圆、台阶、端面

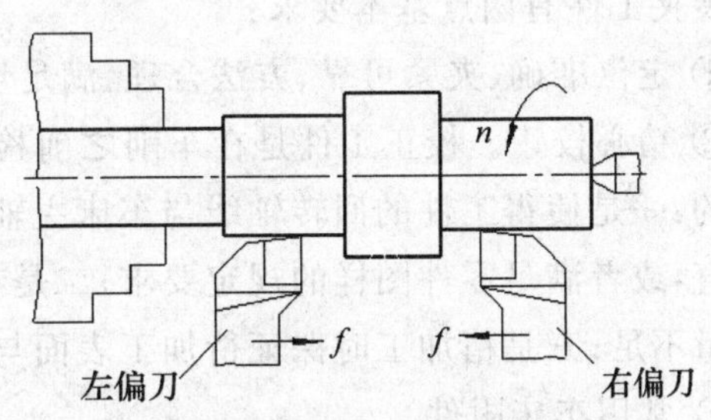

(b) 用左、右偏刀车削外圆、台阶

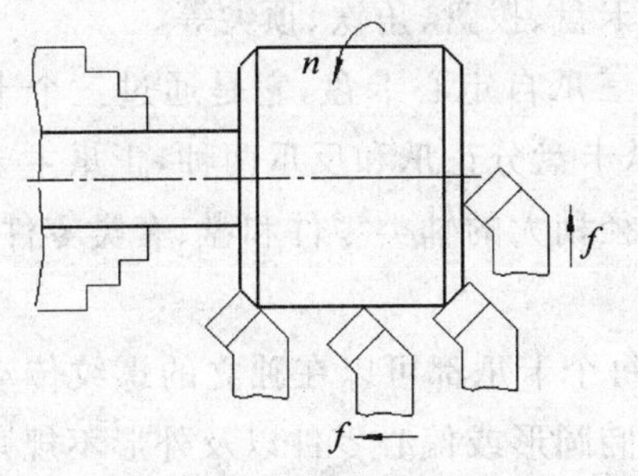

(c) 用45° 弯头车削外圆、台阶、端面

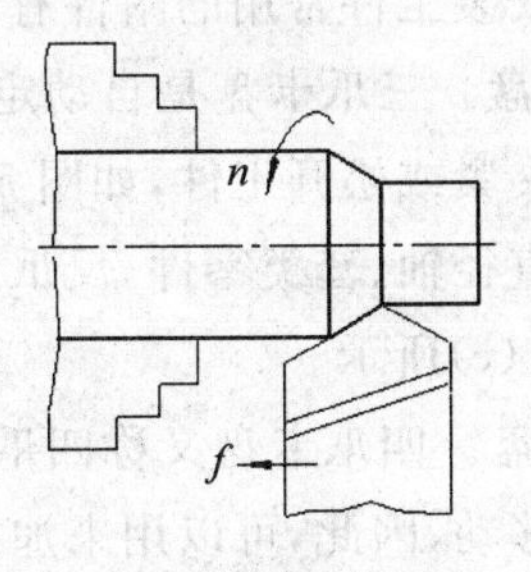

(d) 用尖刀车削外圆

图 5 - 42　车削外圆、台阶和端面

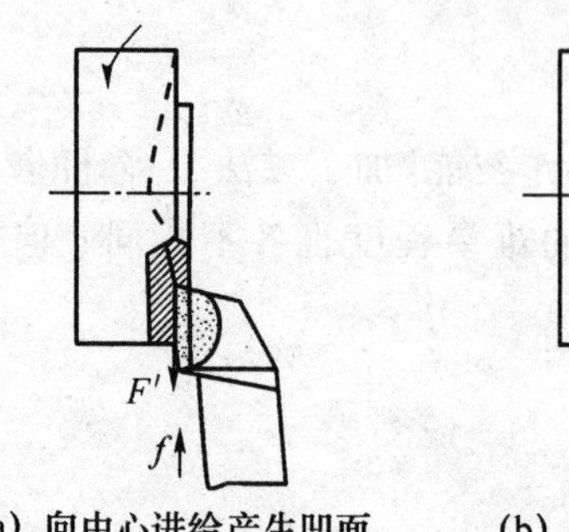

(a) 向中心进给产生凹面

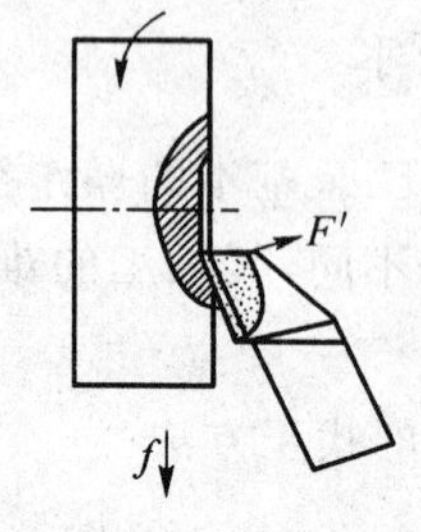

(b) 由中心向边沿进给

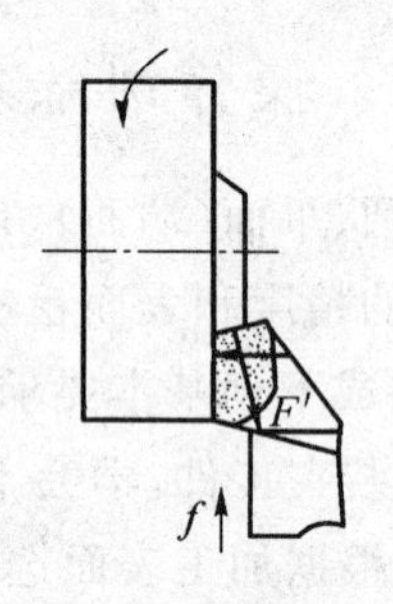

(c) 用端面车刀车端面

图 5-43 用右偏刀车端面的几种方法

除上述刀具外,常用的还有 75°硬质合金外圆车刀。

2. 工件的装夹

车削零件时,首先要将零件装夹在卡盘、心轴或夹具上,并经过必要的校正(也称找正)才能进行车削。

(1) 装夹工件的基本要求及常用的车床附件

1) 基本要求

装夹工件有两点基本要求:

① 定位准确、夹紧可靠、方法合理、满足切削要求。

② 精心校正。校正工件是在车削之前检查零件的装夹是否处于正确位置的方法。校正的目的:一是使得工件的回转轴线与车床主轴轴线基本重合,或者工件端面与车床主轴轴线基本垂直,或者满足零件图样的规定要求;二是在粗车时合理分配加工余量,避免歪斜、偏移而使得余量不足;三是精加工时保证待加工表面与已加工表面之间的相对位置精度。

2) 常用车床附件

在车床上安装工件常用的附件有:三爪卡盘、四爪卡盘、拨盘、角铁、顶尖等。

① 三爪卡盘。三爪卡盘是自动定心的,因此又称三爪自定心卡盘,它是通过三个卡爪径向的同时移动夹紧或松开工件,如图 5-44 所示。三爪卡盘分正爪和反爪两种,正爪主要用于装夹棒料或小直径轴、套类零件,反爪主要用于装夹直径稍大的轴类零件和盘、套类零件,分别如图 5-44(a)、(c)所示。

② 四爪卡盘。四爪卡盘又称四爪单动卡盘,由于每个卡爪都可以在独立的螺纹传动下实现单独的径向移动,因此,可以用来加持方形、长方形、椭圆形或偏心零件以及外形不规则的零件。四爪卡盘的外形如图 5-45 所示。

(2) 工件的安装和校正方法

由于零件的大小、形状、毛坯形式、精度要求和生产批量的不同,其装夹定位与校正的方法也各不相同。

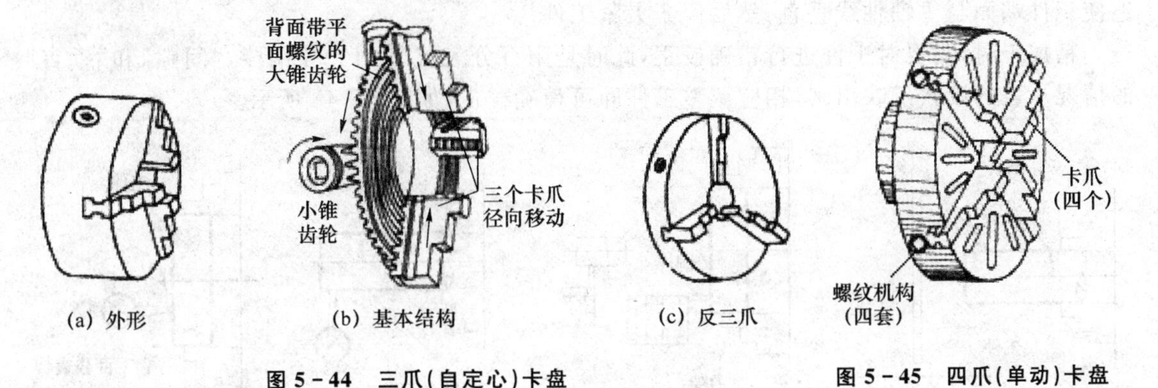

图 5-44　三爪(自定心)卡盘　　图 5-45　四爪(单动)卡盘

1）三爪卡盘装夹法

当坯料是圆形或六边形棒料时,可用三爪卡盘夹紧后直接车削。图 5-46 所示是用三爪自定心卡盘装夹工件的一般方法。

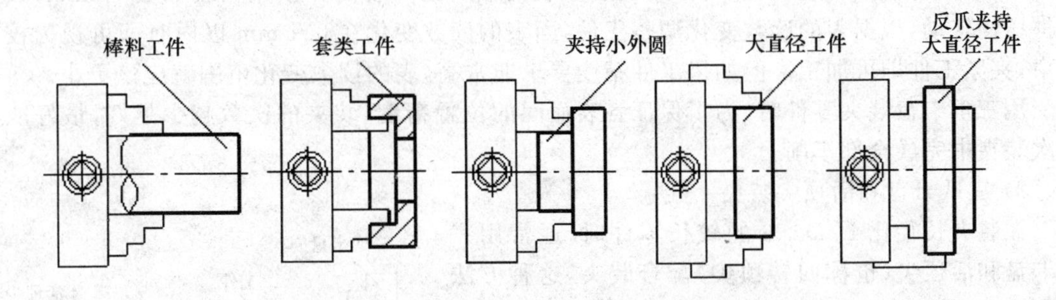

图 5-46　三爪卡盘夹持工件的一般方法

用三爪卡盘装夹较小的轴类零件时,由于卡盘本身的自动定心作用,因此,夹紧工件前,当稍有一点夹紧力的时候,用手轻轻地摇一摇工件,使其放得更正,一般就可找准轴心位置;但当零件直径较大、长度较长或者是盘类零件时,就必须借助工具进行校正,使零件在卡盘(或机床)中处于正确位置。

粗加工或半精加工的校正方法:粗加工或半精加工通常采用目测、划针和铜棒校正工件,如图 5-47 所示。

划针校正时:先用卡盘轻轻夹住工件,使划针尖接触到工件外伸端圆柱表面,如图 5-47(a)所示。将主轴变速挡变成空挡,用手转动卡盘,观察划针尖与工件表面间的间隙是否一致;若不一致,就用铜锤(棒)或木锤等软质工具敲击工件,直到间隙一致为止,然后夹紧工件。

用铜棒校正:对于端面经粗加工后的工件进行一般校正时,先用卡盘轻轻夹住工件,在刀架上夹一铜棒(或铝棒),使铜棒端触及到工件端面,如图 5-47(b)所示,机动低速转动工件,迫使工件端面与主轴轴线垂直,然后停车夹紧工件。

精加工时,需要对工件进行精确校正,此时是用百分表代替划针和铜棒,"间隙"和"垂直"的情况从表的读数反映出来,相应调整工件即可精确校正,如图 5-48 所示。

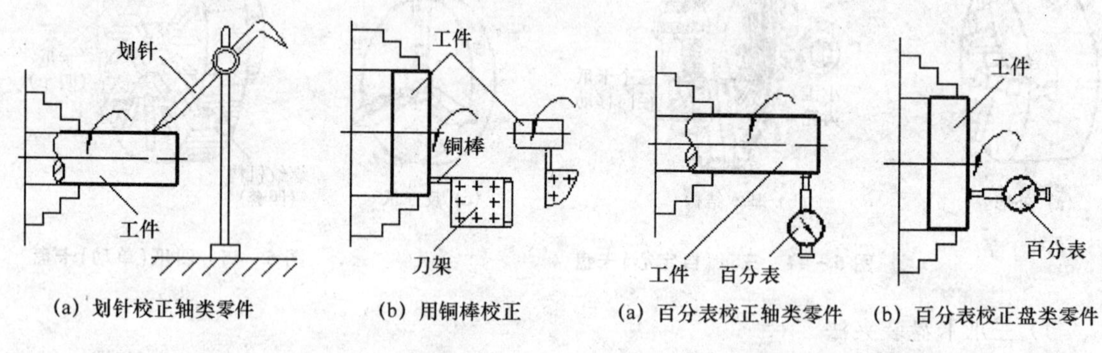

划针
工件
(a) 划针校正轴类零件
工件
铜棒
刀架
(b) 用铜棒校正

图 5-47 粗加工或半精加工的校正方法

工件
百分表
(a) 百分表校正轴类零件
工件
百分表
(b) 百分表校正盘类零件

图 5-48 精加工的校正方法

校正时,将磁性表座吸在床身导轨上,让表头触及工件表面并预先压表 0.5~1 mm,扳动工件缓慢转动,根据表的读数变化调整工件,当表的读数变化在 0.1 mm 以内时即可视为校正结束,夹紧工件即可加工。但如果工件精度要求非常高,表的读数变化范围就应该更小。

用三爪卡盘装夹零件时,为了保证各表面间的位置精度,装夹的次数越少越好,最好能在一次装夹中完成全部车削。

2) 三爪卡盘和活顶尖装夹

在装夹长径比 $L/D>6$ 的较长零件时,通常用三爪卡盘和活顶尖(也称回转顶尖)配合装夹,这种方法俗称为"一夹一顶",如图 5-49 所示。由于这种方法装夹牢固,因此可以采用较大切削用量加工。

三爪卡盘
工件
活顶尖

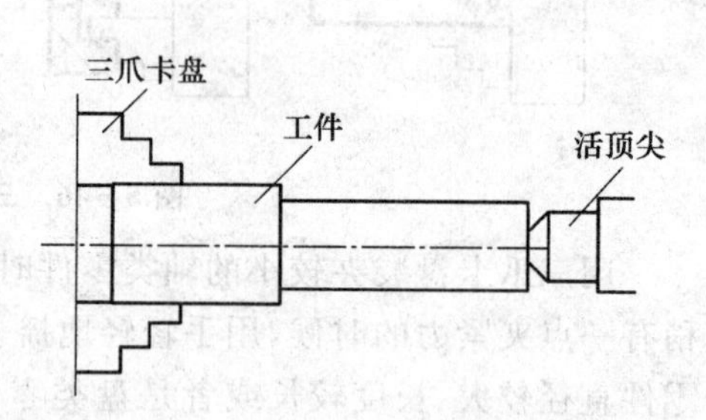

图 5-49 三爪卡盘和活顶尖装夹

3) 两顶尖和拨盘装夹

当零件两端都有顶尖孔时,最普通的装夹方法是以顶尖孔定位,将工件装夹在两顶尖之间,用拨盘通过卡箍带动零件转动,如图 5-50 所示。顶尖通常用固定顶尖(俗称死顶尖),为了减少摩擦,要在顶尖孔加油润滑。

4) 两顶尖和三爪卡盘装夹

当无专用拨盘和前顶尖时,可用如图 5-51 所示的装夹方法。在三爪卡盘上加紧一根大小适当的圆棒料,并车出 60°的前顶尖,零件用卡箍固定,以卡盘爪代替拨杆带动工件转动。慢速精车时,后顶尖采用死顶尖;高速精车时采用活顶尖。

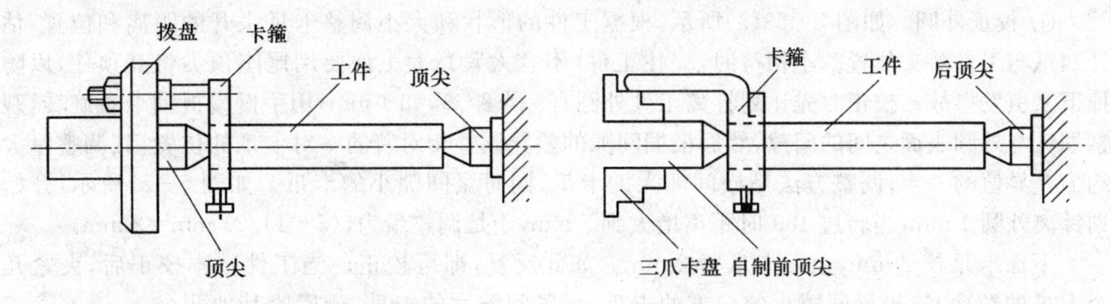

图 5-50　两顶尖和拨盘装夹　　图 5-51　两顶尖和三爪卡盘装夹

5) 用心轴装夹

在车削中、小型盘及套类工件时，通常以中心内孔为定位基准，采用心轴装夹工件，如图 5-52 所示。用于装夹工件的心轴是根据工件内孔制造的。图 5-52(a)所示的台阶心轴装夹工件十分方便，但由于心轴与内孔间始终存在间隙，其定心精度较差。图 5-52(b)所示是锥度心轴装夹，定心精度较高，但拆卸工件稍微困难一些。

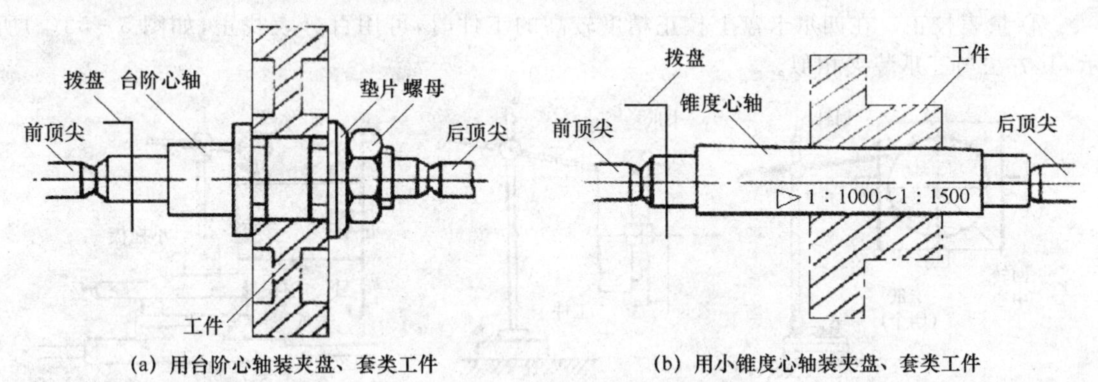

(a) 用台阶心轴装夹盘、套类工件　　(b) 用小锥度心轴装夹盘、套类工件

图 5-52　用心轴装夹工件

由于工件的形状、大小和结构特征各不相同，因此，工件的装夹方法很多。随着零件加工工艺方法的创新，又出现了一些新的装夹方法，同时一些过去用的较多的方法也逐渐用得少了，如用花盘、角铁等装夹不对称工件，由于装夹和找正都比较困难，因此，很多时候这类工件就采用其他机床加工，如加工中心等。

6) 四爪卡盘装夹

使用四爪卡盘装夹工件时，首先要确定零件的回转中心(不一定是几何中心)，然后进行校正，使得工件回转中心与车床主轴轴线重合，校正结束后再夹紧。

四爪卡盘夹持的工件外形不一定很规则，但校正工件的原理与规则的圆柱形工件是相同的，因此，仍然以圆柱形工件的装夹和校正方法予以介绍。

在校正工件前，应先在卡盘下方的导轨上垫上木板，以防工件或卡爪掉落砸伤机床。

① 校正外圆。如图 5-53(a)所示,根据工件的形状和大小调整卡爪张开的距离和位置,估计四爪与工件装夹位置基本相符时,夹住工件(不宜太紧);大工件要用尾座顶尖将其顶住,以防掉下来引发事故。校正时先让划针离工件外圆有一点距离,如 1 mm,用手慢慢扳动卡盘旋转,观察划针与外圆表面之间的间隙,然后根据间隙的差异调整相对着的一对卡爪的位置,其调整量大约为差异值的一半;调整方法是松间隙大的卡爪,同时紧间隙小的卡爪。如图 5-54所示,开始划针离外圆 1 mm,当转过 180°时距离增大到 5 mm,于是调整量为((5−1)/2) mm=2 mm。

下面卡爪松 2 mm,上面卡爪紧 2 mm。如此反复,即可校正。当工件基本校正后,夹紧几个卡爪的顺序是:先紧间隙小的一方的卡爪,后紧间隙大的卡爪,最后紧其他两个。

② 校正端面。校正端面(平面)的方法与三爪装夹相似,如图 5-53(b)所示。但对一个工件总的校正是一个综合问题。如果平面加工余量小外圆余量大,则应该着重校正平面;反之,就应校正外圆。

③ 综合考虑。在四爪卡盘上装夹的工件大多数是毛坯件,因此,在零件图样上没有给定回转轴线时,应首先校正非加工表面,以合理分配各表面加工余量。但如果对某一表面有装配要求时,则先校正该表面。

④ 量表校正。在四爪卡盘上校正精度较高的工件时,可用百分表找正,如图 5-53(c)所示,其方法与三爪装夹相似。

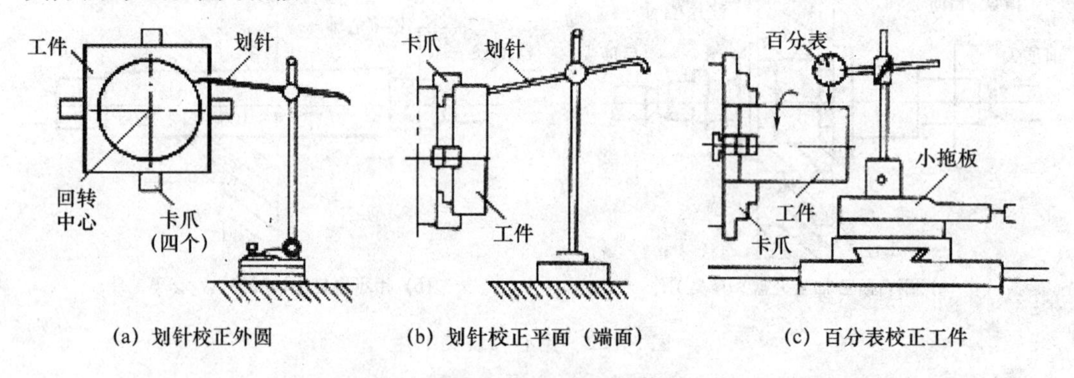

(a) 划针校正外圆　(b) 划针校正平面(端面)　(c) 百分表校正工件

图 5-53 用四爪卡盘装夹工件的校正方法

5.5.3 车削方法和操作要领

图 5-42 和图 5-43 所示是车削外圆、台阶和端面的几种基本形式,工件的形状是千差万别的,所用的材料和毛坯的形式也各不相同,因此,车削的方法和技巧也是不相同的,需要具体问题具体处理。

1. 车外圆

(1) 粗车外圆

粗车的特点是吃刀深、进给快、切除量大。因此在选择车刀几何角度时要保证刀刃切削锋利和强固性好,切削塑性材料时还要磨出断屑槽以及时断屑。粗车外圆时,选择切削用量的顺序应为：背吃刀量 a_p、进给量 f、切削速度 v_c。刀具几何角度和切削用量的具体选择请参见5.4.2和5.4.3小节。

表5-10所列是粗车刀切削角度的选用值。校正工件外圆如图5-54所示。

表5-10　粗车刀切削角度选用值

工件材料	前角 γ_o/(°)	后角 α_o/(°)	主偏角 K_r/(°)	副偏角 K_r'/(°)	刃倾角 λ_s/(°)	刀尖圆弧半径 r/mm	倒棱宽度 f	其　他
塑性材料（如钢料）	12～20	4～6	75	3～5	0～3	1～2	(0.5～1)s	磨断屑槽
脆性材料（如铸铁）	8～15	3～5	75	2～4	0左右	0.5～1.5	—	—

粗车外圆必须注意以下几点：

① 由于粗车负荷量大，因此车削前必须检查车床各部分间隙，进行必要的适当调整，包括各拖板的塞铁。此外，若发现摩擦片和传动带太松，应适当调紧一些，以防“闷车”。

② 工件必须装夹牢固，并在切削过程中随时检查；若用顶针装夹，必须顶紧并随时检查，防止松脱。

③ 若在车削过程中发现切屑变色，说明车刀已磨损，应及时修磨。

④ 及时清除切屑，以免造成工艺系统严重升温。

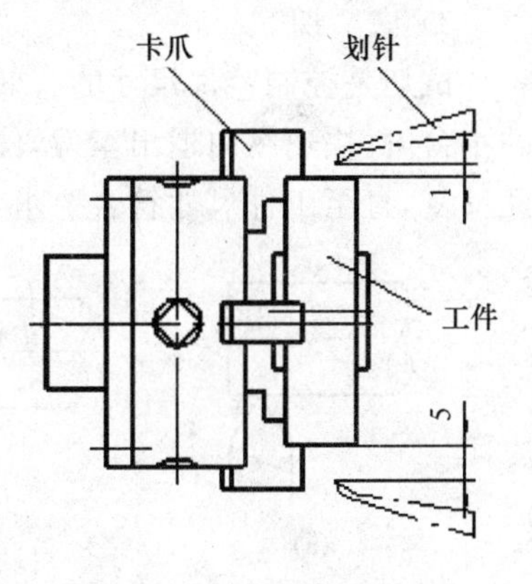

图5-54　校正工件外圆

(2) 精车外圆

精车的特点是保证质量，获得符合图样要求的尺寸精度和表面粗糙度。因此，选择车刀几何角度时，要保证切削刃足够锋利。一般是取较大的前、后角，同时在刀尖处磨出修光刃。切削塑性材料时还要磨出断屑槽以及时断屑。精车外圆选择切削用量时，应选较大的切削速度 v_c，背吃刀量 a_p 和进给量 f 选得相对小一些。刀具几何角度和切削用量的具体选择须参见5.4.2和5.4.3小节。表5-11所列是精车刀切削角度的选用值。

表5-11　精车刀切削角度选用值

工件材料	前角 γ_o/(°)	后角 α_o/(°)	主偏角 K_r/(°)	副偏角 K_r'/(°)	刃倾角 λ_s/(°)	刀尖圆弧半径 r/mm	倒棱宽度 f	其　他
塑性材料（如钢料）	20～30	5～8	90	2～4	−3～8	0.1～0.3	(0.3～0.5)s	磨断屑槽
脆性材料（如铸铁）	5～10	4～6	45～90	2～4	0～−2	1～3	—	磨修光刃，宽度(1.2～1.5)s

(3) 练习步骤

1) 对　刀

对刀就是确定背吃刀量(或吃刀深度、切削深度)a_p 的起点(或零点)。方法是:起动车床,让工件回转;左手摇动溜板箱(床鞍)手轮,使车刀左移,同时右手摇进中拖板,使车刀恰好接触到工件待加工表面,如图 5-55(a)所示,此时刀尖的横向位置就是背吃刀量 a_p 的零点位置;"锁定"中拖板,向右移动床鞍使车刀离开工件表面几个毫米。

2) 进　刀

首先确定背吃刀量(吃刀深度)a_p 的大小,然后摇动中拖板使其带动车刀横向进给(即进刀),通过手柄刻度控制移动量使其恰好等于 a_p,如图 5-55(b)所示。一个工件的表面往往要通过几次或若干次进刀才能获得。

3) 试　切

试切是控制零件尺寸的有效方法。锁定中拖板,移动床鞍使车刀纵向进给,车出 1～3 mm 的小台阶,快速纵向退出车刀,停车,测量,如图 5-55(c)、(d)所示。再调整背吃刀量……如此反复,直至工件尺寸符合要求为止。

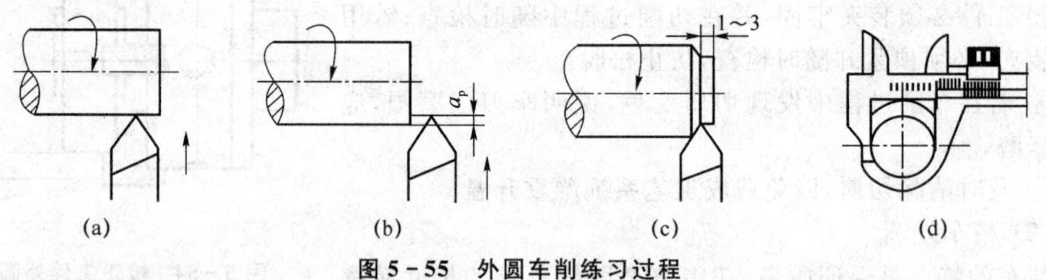

图 5-55　外圆车削练习过程

4) 调头车削

无论粗车还是精车,轴类(包括盘类、套类等)零件经常会遇到调头车削。

① 调头车削的难点在于工件两端同轴度的保证和圆柱面上接刀。

② 调头车削的关键点在于校正。

调头车削是两次装夹,为了保证调头后车削的各圆柱面与其前各段圆柱面的同轴度和不在同一圆柱面上接刀处留下太过明显的痕迹,校正是关键。校正在已加工表面上进行,一般应对工件的远端和近端两处进行校正,并使百分表的读数差越小越好,精度要求越高的工件,校正时表的读数差就应该越小。

5) 检　测

对车削的工件自行测量,确定是否符合图样要求。检测分成过程检测和结束检测。过程检测可以是若干次,每进一次刀就需测量一次,以控制直径尺寸和台阶轴的各段长度。结束检测是指工件车削完毕或本工序完成后进行的自检,检测内容一般有各段外径、各段长度、各段间的相互位置精度以及各表面的粗糙度等。

2. 车端面

工件的端面往往是轴向尺寸的测量基准，因此，端面应该是首先加工的部位。图5-43所示是用右偏刀车削端面的几种方法，除此外，还可以用弯头外圆车刀车削端面，如图5-42(c)所示。

车端面必须注意以下几点：

① 装刀时要注意刀尖的高度与工件回转轴线等高，不然会在中心处留下凸台。

② 车削直径较大的端面时应将床鞍锁紧，不得在切削时“让刀”，否则会使端面中心外凸或内凹。

③ 车削端面时，越接近中心切削速度就会越低，要得到较好的端面表面质量，选择切削用量时，宜选加大的转速，较小的横向进给速度。

④ 精度要求较高的端面，亦应分成粗车和精车。

3. 车台阶

(1) 台阶的组成

轴类工件的台阶由外圆和环形端面两个要素组成，车削时既要保证台阶的纵向位置又要保证环形端面与轴线垂直。图5-42(a)、(b)所示是车削外圆、台阶的示意图。

(2) 车刀的装夹方法

车削工件台阶，一般也分成粗车和精车。使用的刀具一般都选90°偏刀。粗车时为了增大切除量并保护刀尖，通常按实际主偏角 $K_r<90°$ 装刀，如图5-56所示。精车时为了保证环形端面与轴线的垂直度，通常按实际主偏角 $K_r>90°$ 装刀，一般为93°，如图5-57所示。台阶车削时一般都要多次进给才能完成。

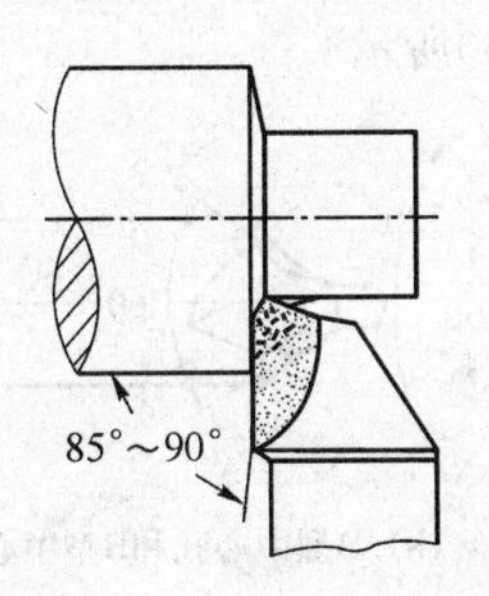

图5-56　粗车的主偏角

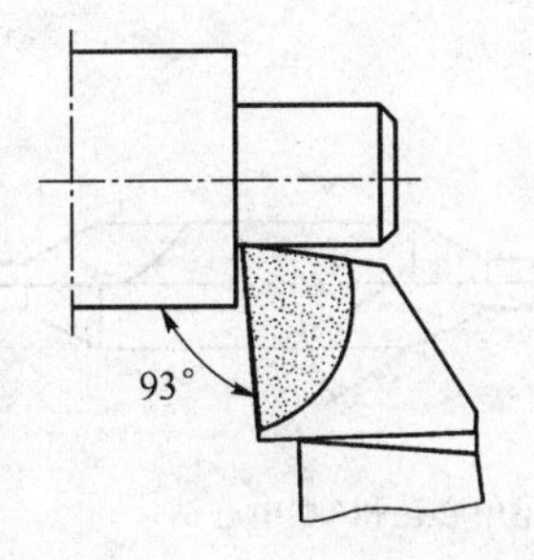

图5-57　精车的主偏角

(3) 台阶长度的确定

单件生产时一般都用钢板直尺或游标卡尺控制长度，通过划线的方法确定台阶长度；批量生产时，一般都采用事先做好的长度样板控制台阶长度；然后用刀尖刻线，如图5-58所示。大批量生产时，一般采用在床身导轨上安装限位挡块以控制床鞍纵向位置的方法控制台阶长度，如图5-59所示。

图5-58所示的方法虽然确定了台阶的长度，但很不准确，必须随时检测以准确控制长度。这种方法车削台阶一般都采用手动进给。

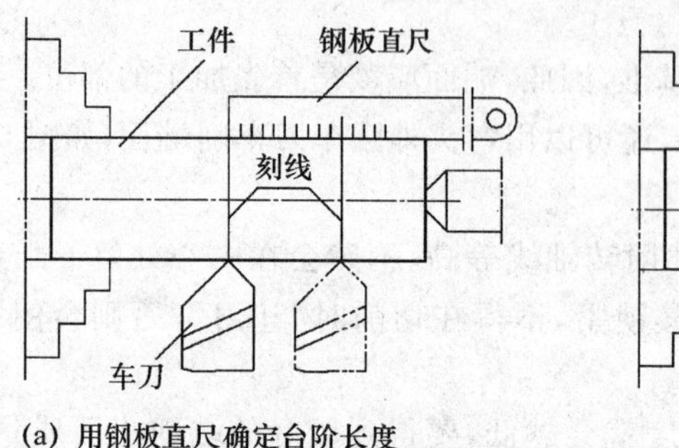

(a) 用钢板直尺确定台阶长度

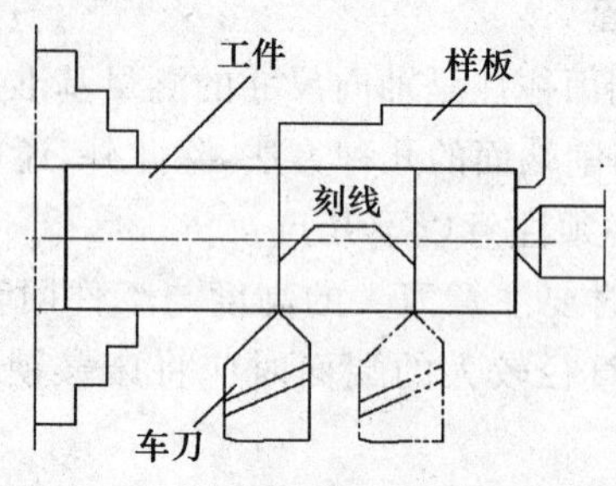

(b) 用样板确定台阶长度

图 5-58 台阶长度的确定

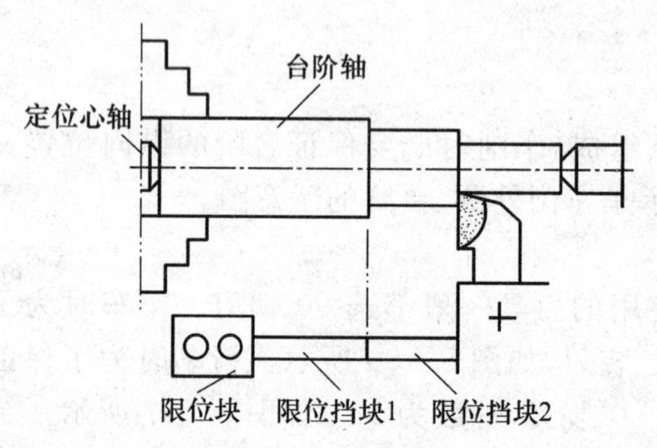

图 5-59 用限位挡块确定台阶长度

图 5-59 所示的方法是用专用装备控制，加工时不需要随时检测，只需正确装夹工件即可，但需注意当床鞍快碰上限位挡块时应改机动进给为手动进给。

4. 钻中心孔

中心孔是轴类零件定位装夹的一种标准工艺结构。中心孔按国家标准 GB/T 145—2001《中心孔》规定有 A 型、B 型、C 型和 R 型四种形式，常用的有 A 型和 B 型两种，如图 5-60所示。

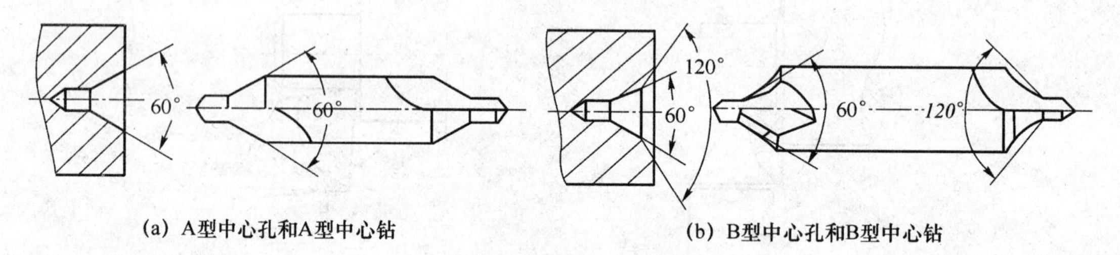

(a) A型中心孔和A型中心钻　(b) B型中心孔和B型中心钻

图 5-60 中心孔和中心钻

中心孔是用标准中心钻直接钻出来的。钻削时，将中心钻用钻夹头装在尾座锥孔内，按图样要求使钻头作纵向进给。

钻削中心孔的要点：

端面平整，尾座找正；转速稍高，进给稍小；在端面上不许留有小凸芯；尾座中心线必须与主轴回转轴线同轴，否则钻出来的中心孔是歪斜的，起不到定位工件的作用；由于中心钻直径较小，因此，钻中心孔时应选取较高的主轴转速和较低的进给量；进给时要均匀，切勿用力过大，同时要及时加注切削液；钻完时，中心钻在孔中稍事停留，再行退出。

5. 车削细长轴

细长轴——长径比大于25(即 $L/d>25$)的轴类零件。

细长轴的特点:外形不复杂,刚性较差。

工艺难点:由于刚性差,容易在切削力、重力和切削热的影响下产生弯曲变形和震动,导致车削出来的工件出现锥度和腰鼓形等缺陷。

细长轴车削到目前为止仍然是难度较大的加工工艺。为了防止被车刀顶弯和震动,往往使用中心架和跟刀架等辅助支承以增加工件的刚性。

(1) 用中心架车削细长轴

图5-61所示是普通中心架,使用广泛,除此外,通常在车削大型工件或进行高速切削时使用带滚动轴承的中心架。

中心架装在导轨上,其中心要保持与主轴同轴线。图5-62所示是用中心架车削细长轴的示意图。使用时,首先要在工件中部偏向床头方向大约100 mm处车出一小段作为夹持部位,其直径应略大于工件尺寸,且需光滑、圆整。在车削时,若发生震动等现象,可采用低转速、小进给的方法。然后装上中心架,并在开车时调整中心架的三爪使其与工件恰好接触。当车削方向由床尾向床头时,车削到夹持部位即可。然后把工件调头,再用中心架轻轻支住已加工表面。为了防止中心架三爪咬坏工件,可在已加工表面和三爪间垫上细号砂布(砂布背面贴住工件,有砂的一面向着三爪)。在整个加工过程中,要经常加润滑油,防止工件被磨损或者被咬坏。并随时用手感觉工件夹持部位的发热情况,若发热过高,就应及时调整中心架的三爪,决不能等到发出“吱吱”的响声或“冒烟”时才调整。如果加工的轴太长,可以同时使用两只或更多的中心架加工。

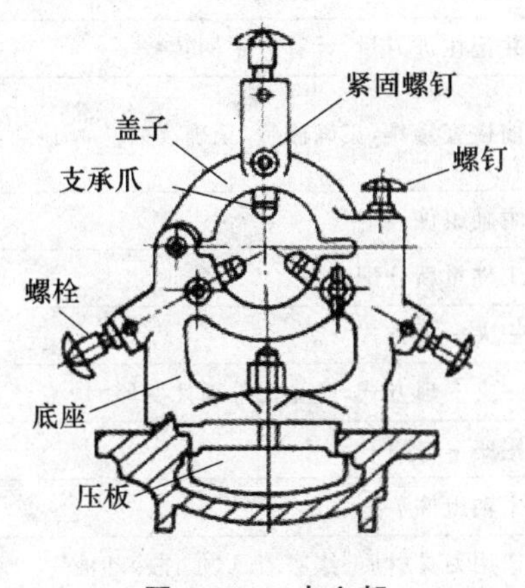

图5-61 中心架

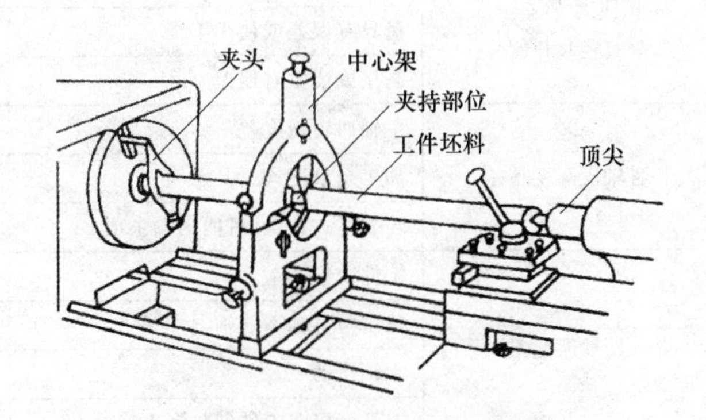

图5-62 用中心架车削细长轴

(2) 用跟刀架车削细长轴

图5-63所示是两种跟刀架,三爪跟刀架应用较为普遍。使用跟刀架车削细长轴时,主要依靠几个爪子支承工件时承受车刀施加给工件的切削力,以防工件被顶弯。

跟刀架装在床鞍上，随同溜板箱一起纵向移动，始终跟在车刀后面，保持大约5 mm的距离，如图5-64所示。跟刀架三爪支承的表面为已加工表面，精车时也可支承在待加工表面上。三爪与工件的接触不要太紧，以恰好接触为宜，同时要随时浇注冷却润滑液，以防工件过热或被三爪“咬伤”。

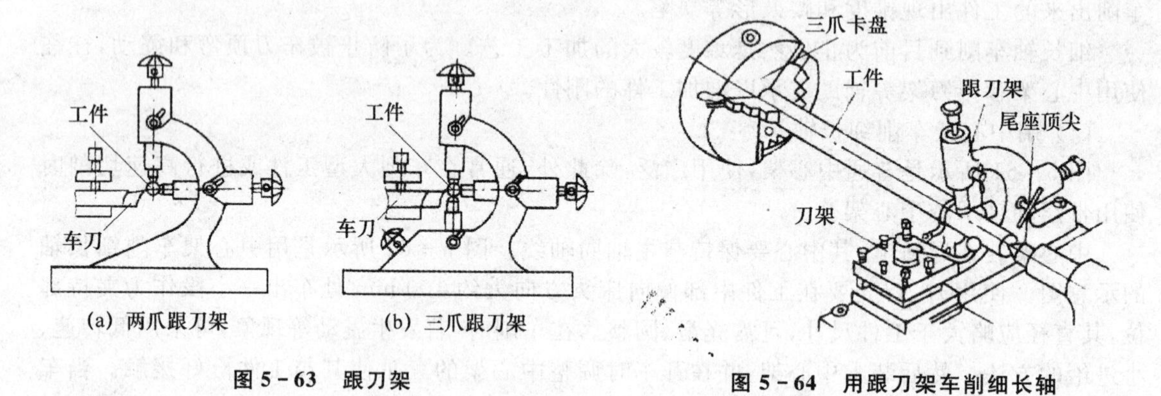

(a) 两爪跟刀架　(b) 三爪跟刀架

图5-63　跟刀架

图5-64　用跟刀架车削细长轴

5.5.4　工件缺陷及预防措施

加工台阶轴时常出现的缺陷和预防措施如表5-12所列。

表5-12　台阶轴零件的加工缺陷和预防措施

加工缺陷	产生缺陷的原因	预防措施
尺寸超差（直径和长度）	进刀刻度掌握不准	看清并记住进刀量，计算好手柄转数
	量具有误差或使用不当	测量前检查量具，正确测量，正确读数
	测量或读数有误差	
各轴段圆度超差	主轴回转精度差	调整主轴组件
	加工余量不均	校正工件重新分配余量
	装夹方式有误，可能尾端未顶	采用一夹一顶方式
圆柱度超差	工件变形	采用一夹一顶方式，防止工件弹性变形
	尾座与主轴不同轴	调整尾座
	主轴摆动	调整主轴组件
	刀具磨损或工件发热严重	合理选用刀具材质，修磨刀具，加注冷却液
各轴段同轴度超差	定位基准不统一，调头未找正	减少装夹次数，调头后校准工件
台阶面与轴线不垂直	装夹时未找正	减少装夹次数，装夹时校准工件

续表 5-12

加工缺陷	产生缺陷的原因	预防措施
表面粗糙度超差	切削用量选择不当	调整切削速度，减小进给速度和背吃刀量
	刀具几何角度选择不当	增大前角和后角，减小副偏角
	工艺系统震动	调整切削用量，提高工艺系统刚性
	刀具磨损	修磨刀具，加注切削液
夹伤	装夹不当	调头后垫铜皮，或采用两头顶的方式装夹

5.5.5　练习实例

1. 零件图样

简单台阶轴，如图 5-65 所示。

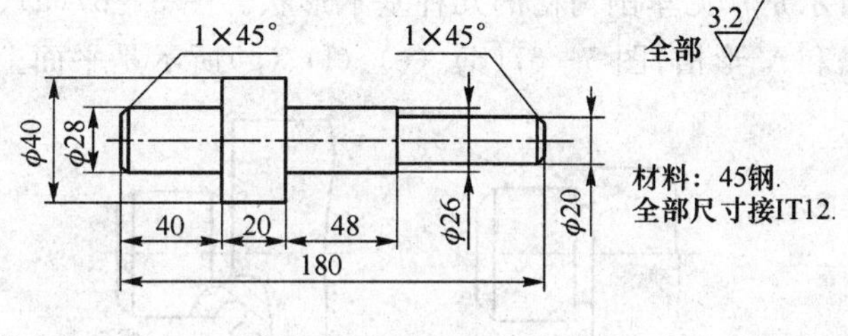

图 5-65　台阶轴

2. 装夹方法

采用一夹一顶方式（在 $\phi20$ 尾端打中心孔）。

3. 工艺步骤

① 选择 $\phi42$ mm×185 mm 的 45 钢棒料。

② 用三爪卡盘夹持左端，平右端面并打中心孔，用尾座顶尖顶上工件。

③ 用刻线法在工件台阶处刻线。

④ 将毛坯车削至 $\phi40$ mm；

⑤ 分别粗车外圆至 $\phi20.5$ mm×71.5 mm、$\phi26.5$×48 mm（留 0.5 mm 精车余量）。

⑥ 调头装夹，平端面，粗车外圆至 $\phi28.5$ mm×39.5 mm（留 0.5 mm 精车余量）。

⑦ 精车外圆至 $\phi20$ mm×72 mm、$\phi26$×48 mm，倒角 1×45°。

⑧ 调头装夹（注意保护已加工表面），精车外圆至 $\phi28$ mm×40 mm，倒角 1×45°。

⑨ 检查质量，取下工件（前面各步骤检查尺寸时不要取下工件，停车检查即可）。

5.6　切槽和切断

5.6.1　操作训练基本要求（包括端面槽）

① 了解圆柱面沟槽和平面沟槽的基本形式。

② 掌握沟槽刀的结构、选择和刃磨方法。

③ 掌握沟槽的车削要点。

④ 掌握切断的基本方法。

5.6.2 准备知识

在车床上切削沟槽简称切槽，也称车槽。切断就是把工件切成两段或数段。车槽和切断属车工的基本操作技能，其关键在于掌握刀具的正确选择和刃磨技术。

1. 槽的常见类型

按槽在工件上的位置区分，切槽的基本类型有外沟槽和内沟槽。在工件外表面的槽称为外沟槽，如图 5-66(a)、(b)、(c)所示三种；在工件内表面的槽称为内沟槽，如图 5-66(d)所示。按槽的方向区分，切槽又分为直槽(如图 5-66(a)、(d)所示)、斜槽(如图 5-66(b)所示)和平面或端面沟槽(如图 5-66(c)所示)。工件上的槽根据其用途不同，其形状也不同。图 5-67所示是常见车削沟槽的几种基本形状。图 5-67(a)、(b)、(c)所示是外圆表面上矩形槽、圆弧槽和 V 形槽；图 5-67(d)、(e)、(f)、(g)所示是平面上的矩形槽、圆弧槽、梯形槽和 T 形槽。

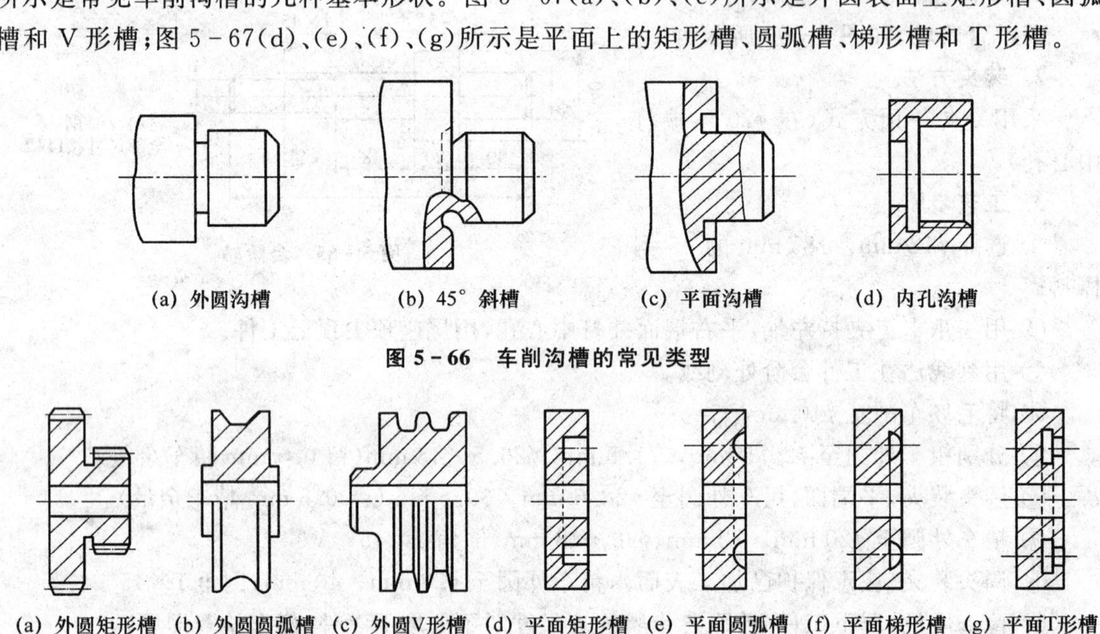

(a) 外圆沟槽 (b) 45° 斜槽 (c) 平面沟槽 (d) 内孔沟槽

图 5-66 车削沟槽的常见类型

(a) 外圆矩形槽 (b) 外圆圆弧槽 (c) 外圆V形槽 (d) 平面矩形槽 (e) 平面圆弧槽 (f) 平面梯形槽 (g) 平面T形槽

图 5-67 常见沟槽的形状

2. 切断刀及其几何角度

(1) 切断刀的基本类型

除斜槽外，切槽刀和切断刀的几何形状是相似的，刃磨方法也基本相同。很多时候这两种车刀是通用的，因此，统称为切断刀。图 5-68 所示是三种基本的切断刀。除此外，还有反向切断刀、铸铁切断刀、软材料(如橡胶)切断刀。

切断刀和切槽刀的宽度一般为 4～6 mm，成形槽的切槽刀宽度根据槽宽确定。切断刀刀头部分的长度由槽的深度决定。图 5－69 所示是切断刀的几何角度的标注图。表 5－13 所列是常用切断刀几何角度的选用值。

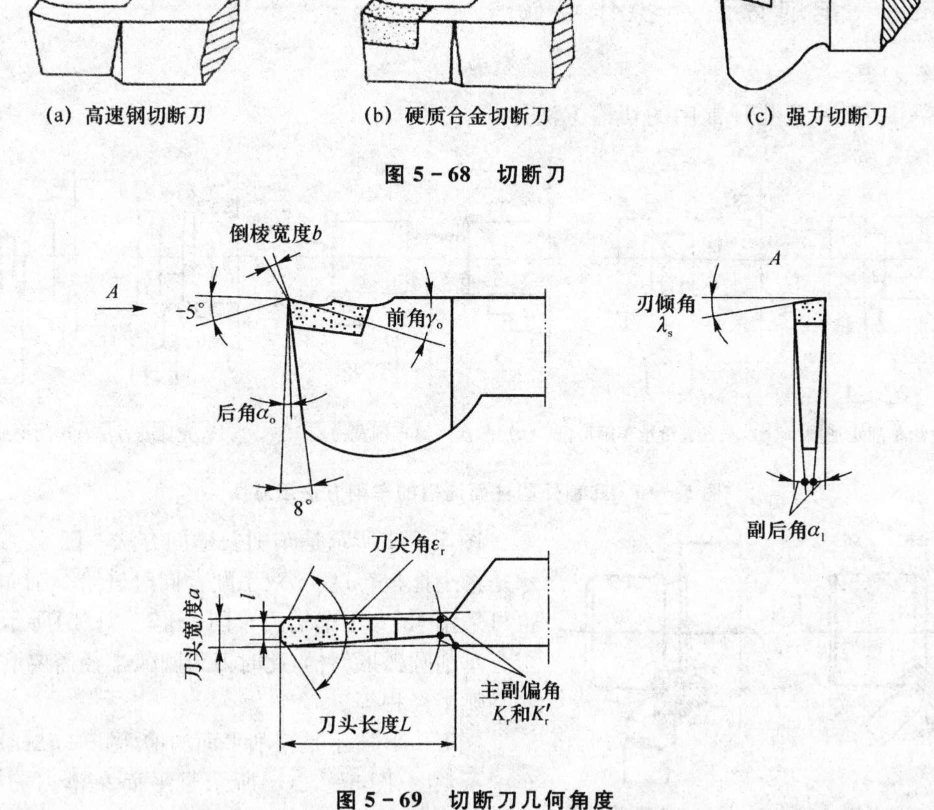

(a) 高速钢切断刀　(b) 硬质合金切断刀　(c) 强力切断刀

图 5－68　切断刀

图 5－69　切断刀几何角度

表 5－13　常用切断刀几何角度的选用值

工件材料	刀具材料	前角 γ_o/(°)	后角 α_o/(°)	副后角 α_o'/(°)	刀尖角 ε_r/(°)	主、副偏角 K_r、K_r'/(°)	刃倾角 λ_s/(°)	倒棱宽度 b	刀尖圆弧半径 r/mm	其　他
钢	硬质合金	8～20	2～5	1～3	80～180	0.5～1.5	1～3	(0～0.8)f	0.1～0.5	充分冷却润滑
	高速钢	20～25	4～6	1～3	180	0.5～1.5	1～3	—	0.1～0.3	
铸铁	硬质合金	5～10	2～5	1～3	120～180	0.5～1.5	0	—	0.5～1	—

注：刀尖角为 180°时表示切断刀的主切削刃呈直线状。

(2) 加工成形槽的刀具

在车床上经常加工成形槽,如圆弧形槽、梯形槽和T形槽等。这些车刀的刀刃形状或者主、副偏角要根据槽的形状进行刃磨。

5.6.3 车削方法和操作要领

1. 车 槽

图5-70所示是几种常用的切槽方法。

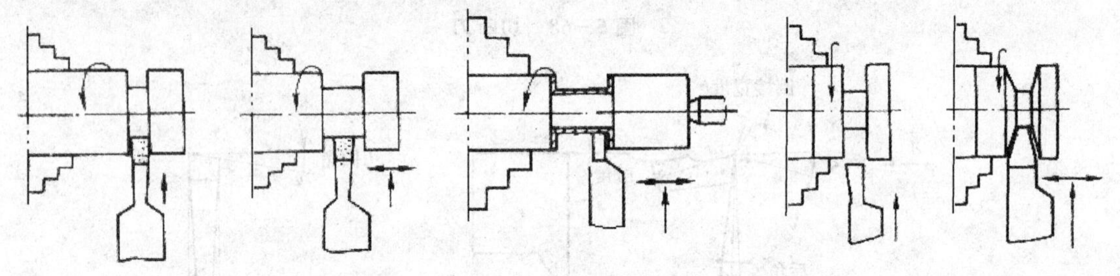

(a) 直进法车削矩形槽 (b) 左右进给精车矩形槽 (c) 多次进给车削宽槽 (d) 先直进后左右车削梯形槽

图5-70 几种外圆柱面沟槽的车削方法示意图

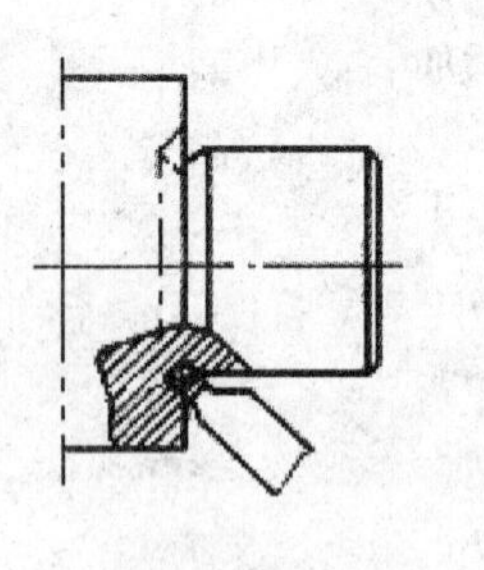

(a) 车45° 斜槽

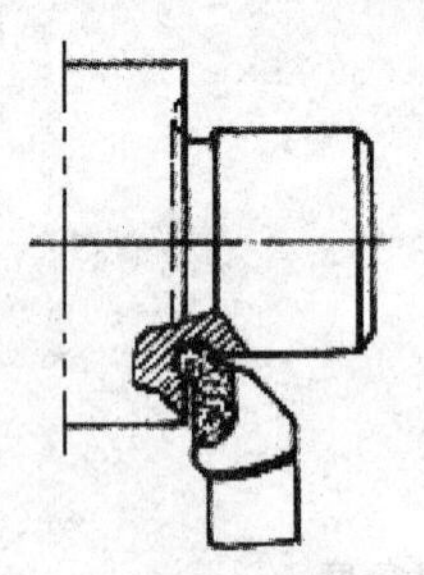

(b) 车45° 圆弧槽

图5-71 车斜槽

图5-71所示是车削斜槽的方法。图5-71(a)所示是将小拖板转过45°双手配合同时进给车削45°斜槽,也可采用45°专用车槽刀车削;图5-71(b)所示是双手配合车削圆弧形斜槽,此时刀刃圆弧半径需要磨成与槽底圆弧半径相等。

图5-72所示是车削平面沟槽,图5-72(a)所示是车削示意图;图5-72(b)所示是平面车槽刀刀头的示意图,外侧磨成半径为R的圆弧是防止在车削是伤及槽的内侧表面。

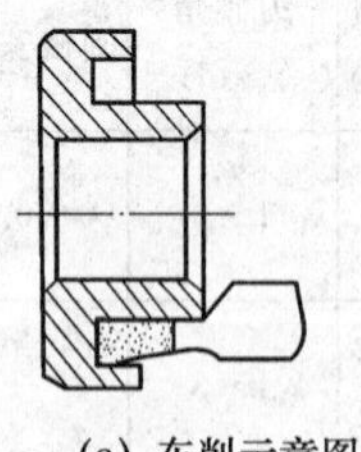

(a) 车削示意图

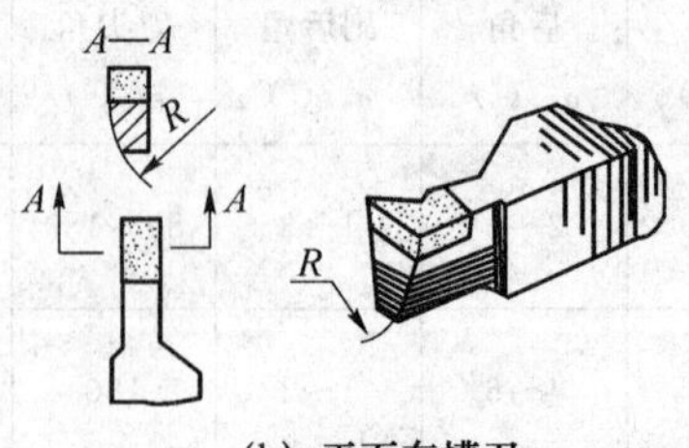

(b) 平面车槽刀

图5-72 车平面沟槽

图 5-73 所示是平面宽槽的进刀方法。图 5-73(a)所示是多次纵向进给车削宽槽，车出的槽底因为接刀痕的原因致使槽底表面粗糙，宜采用一次横向精车。图 5-73(b)所示是分层横向进给车削平面宽槽，这种方法车出的两个侧面因为接刀痕的原因致使两侧圆柱表面粗糙，须安排一次精车。

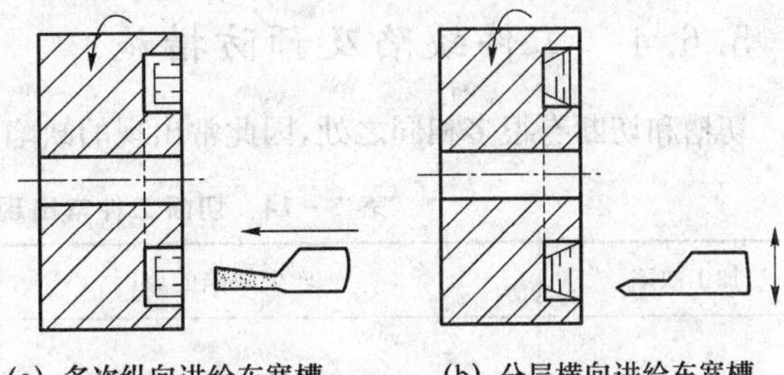
(a) 多次纵向进给车宽槽　(b) 分层横向进给车宽槽

图 5-73　车削平面宽槽

2. 切　断

(1) 切断刀的安装要求

① 切断刀的主刀刃必须与工件回转轴线等高，如图 5-74 所示。安装过高，会在工件中心留下凸芯；过低不但会留下凸芯，而且还容易折断刀尖。

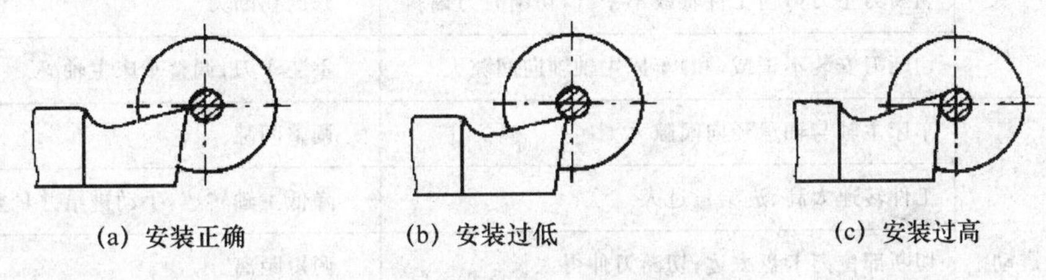
(a) 安装正确　(b) 安装过低　(c) 安装过高

图 5-74　切断刀的正确安装

② 主刀刃的中心线必须与工件轴线垂直，以防切断的工件端面出现凹面或凸面。

③ 在不影响切断的情况下，刀杆伸出部分尽量短一些，以增加刀的刚性和防止震动。

(2) 切断方法

切断工件的方法有直进法、左右借刀法和反切法，如图 5-75 所示。直进法效率高，但对工艺系统的刚性要求较高。反切法是指工件反转，车刀反向安装进行切断，如图 5-75(c)所示。反切法适用于较大直径工件的切断。

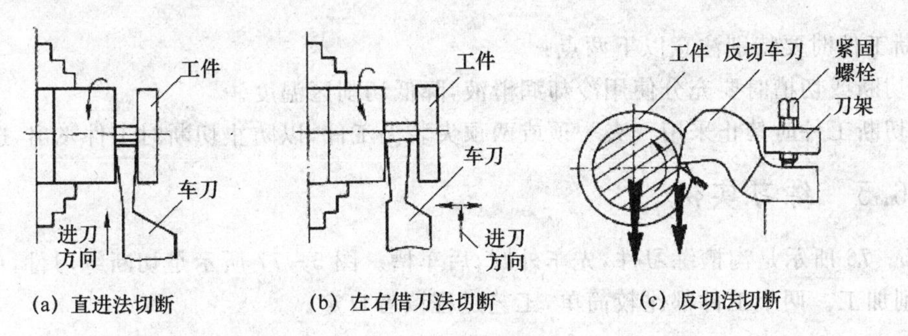

(a) 直进法切断　(b) 左右借刀法切断　(c) 反切法切断

图 5-75　切断方法

5.6.4 工件缺陷及预防措施

切槽和切断有很多相同之处,因此常出现的缺陷和预防措施也相似,其分析如表 5-14 所列。

表 5-14 切断工件常出现的缺陷和预防措施

加工缺陷	产生缺陷的原因	预防措施
排屑不畅或划伤已加工表面	切屑在槽内成“发条状”或“片状”	① 在切断刀上磨出 1°~3°刃倾角,左高右低 ② 将切断刀的刀尖磨成 80°~120°的刀尖角,并在刀尖处磨成平刃或圆弧刃,使切屑变窄 ③ 在刀刃附近磨出断屑槽
切断面出现凸或凹面	切断刀两侧刀尖刃磨或磨损不一,切削时让刀	修磨切断刀
	切断刀主刀刃与工件轴线不平行,切削时刀偏斜	修磨切断刀
	切断刀安装不正或(和)车床主轴轴向间隙大	重装车刀;调整车床主轴
切断时产生震动	车床主轴与轴承径向间隙大	调整间隙
	工件转速太高、进给量过大	降低主轴转速,手动进给并量要小
	切断部位离卡盘太远;切断刀伸得太长	调短距离
	工件太细长	使用中心架或跟刀架等车床附件
	切刀刃口太宽、前角太小、刀刃无消震槽	前角≤20°;主刃中间磨出 R0.5 左右的凹槽
切断刀折断	排屑不畅,切屑堵塞	参考“排屑不畅或划伤已加工表面”的预防措施
	切断刀安装过低或歪斜或伸出太长	重新装刀
	刀具副后角、副偏角太大;进给量太大	该小副后角、副偏角和进给量

切断工件时要特别注意以下两点:

① 切断或切槽时要充分使用冷却润滑液,降低切削区温度。

② 切断工件时禁止采用一夹一顶或两顶尖装夹工件,以防止切断时工件飞出,造成事故。

5.6.5 练习实例

图 5-76 所示是沟槽练习件,先车外圆,后车槽。图 5-77 所示是切断练习件,中心 $\phi6$ 孔采用钻削加工。两个工件都比较简单,工艺过程读者自定。

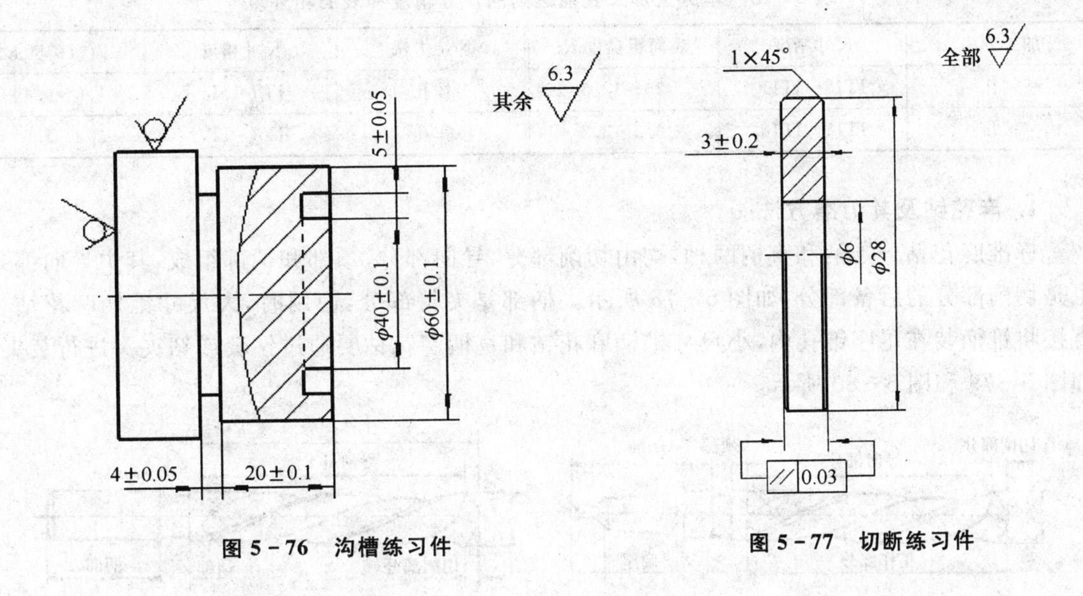

图 5－76　沟槽练习件　　　图 5－77　切断练习件

5.7　在车床上加工孔和内沟槽

内孔加工是车削加工的主要内容之一，其工作内容有：

① 在实心材料上加工孔；

② 扩大工件孔径；

③ 对空心件的内表面进行加工；

④ 加工内沟槽。

5.7.1　操作训练基本要求（孔加工包括钻、镗、铰孔）

① 会修磨麻花钻头；会用麻花钻钻孔；会用铰刀铰孔。

② 会修磨内孔车刀；会按要求车孔（包括通孔、盲孔）。

③ 会用内沟槽刀车削内沟槽。

5.7.2　准备知识

在车床上加工孔的方法通常要先在实心材料上钻底孔，然后扩孔或车孔。对直径不大、精度要求较高的孔还要进行铰孔。车孔一般作为半精加工或精加工，其直径一般都在 20 mm 以上。表 5－15 所列是车床上加工孔能达到的尺寸精度和表面粗糙度。

表 5-15　车床上加工孔能达到的尺寸精度和表面粗糙度

加工方法	尺寸精度	表面粗糙度 R_a	加工方法	尺寸精度	表面粗糙度 R_a
钻孔	IT12～IT11	25～12.5	铰孔	IT9～IT7	1.6～0.4
扩孔	IT11～IT10	6.3～3.2	车孔	IT8～IT7	3.2～1.6

1. 麻花钻及其刃磨方法

标准麻花钻分锥柄和直柄两种,均由切削部分、导向部分、颈部和柄部组成,其中导向部分也是切削部分的后备部分,如图 5-78 所示。柄部是夹持部分,使用时,大尺寸锥柄麻花钻可直接将锥柄装在尾座锥孔内,小尺寸锥柄麻花钻和直柄麻花钻要通过钻套或钻夹头进行装夹,如图 5-79 和图 5-80 所示。

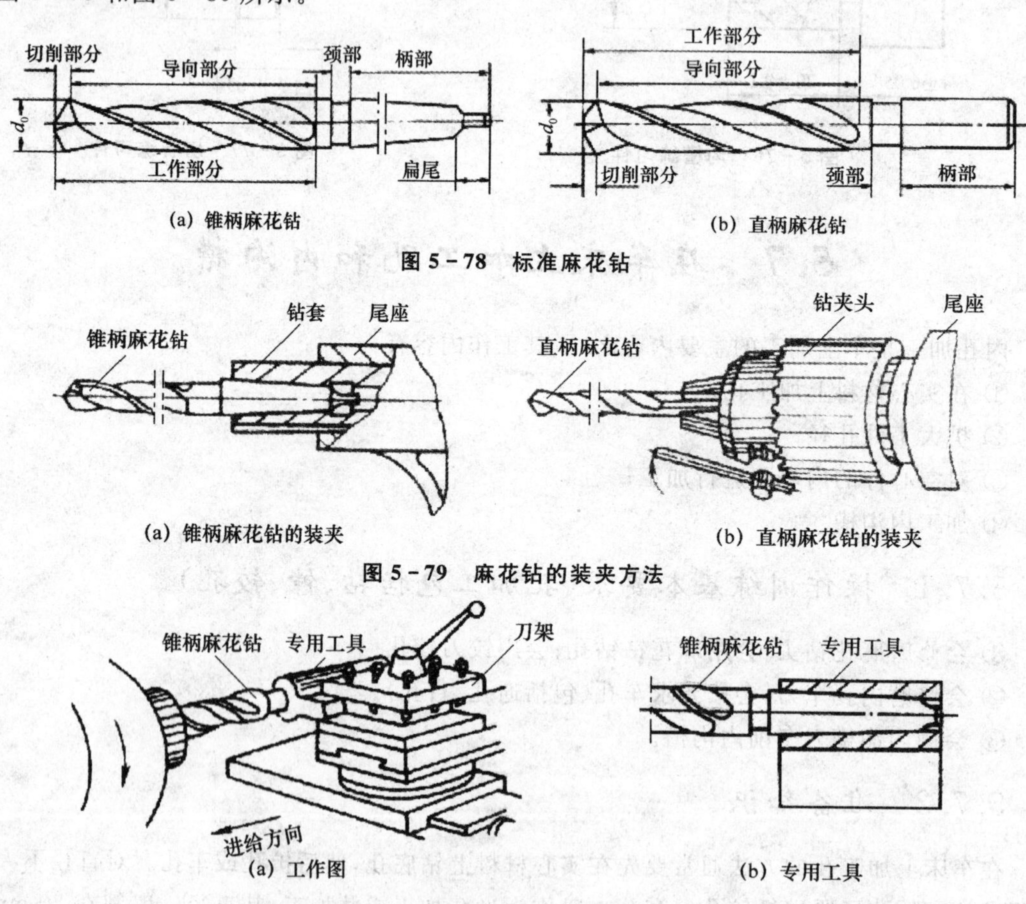

(a) 锥柄麻花钻　　(b) 直柄麻花钻

图 5-78　标准麻花钻

(a) 锥柄麻花钻的装夹　　(b) 直柄麻花钻的装夹

图 5-79　麻花钻的装夹方法

(a) 工作图　　(b) 专用工具

图 5-80　麻花钻专用工具装夹方法

麻花钻的切削部分承担主要切削任务,由两个主切削刃、两个副切削刃、两个前刀面、两个后刀面、一个横刃组成，如图 5－81 所示。麻花钻的几何角度有两个前角、两个后角和一个横刃斜角。标准麻花钻的顶角 $2\varphi=118°\pm2°$，与前刀面、后刀面、主切削刃、副切削刃一样，均相对钻头轴线对称。横刃斜角 $\psi=50°\sim55°$。

麻花钻的刃磨主要是修磨后刀面而形成后角、横刃斜角和顶角。后角如图 5－82 所示，顶角和横刃斜角如图 5－81 所示。前角有螺旋槽表面保证，无须刃磨。

钻头刃磨方法参见本书第 4 章相关内容。

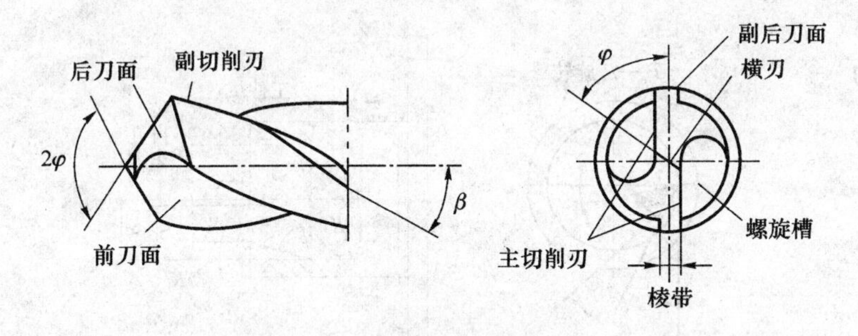

图 5－81　标准麻花钻的切削部分　　图 5－82　麻花钻的后角

2. 车孔刀具

(1) 常用车孔刀具

车孔刀具就是孔用车刀，俗称"镗孔刀"，也简称镗刀。常用车孔刀具如图 5－83 所示。

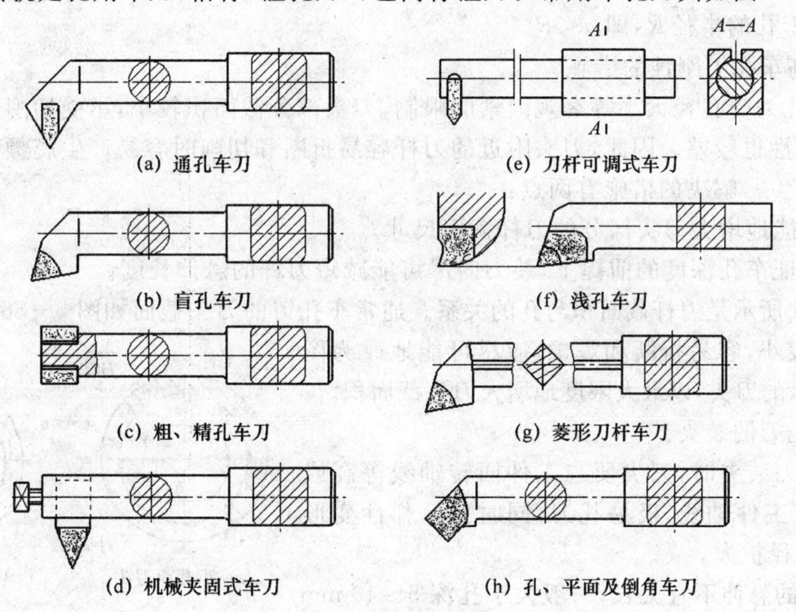

图 5－83　常用车孔刀具

(2) 车孔刀几何角度

车孔刀按加工性质可分为两大类：一是通孔车刀，二是盲孔车刀，如图 5-84 和图 5-85 所示。为了减小切削抗力和防止切削时震动，通孔车刀的主偏角应选得稍大一些，一般取主偏角 $K_r=60°\sim75°$，副偏角 $K_r'=15°\sim30°$；为了防止后刀面与孔壁发生摩擦，同时又不至于让刀尖太单薄，通常将后角磨成二级，如图 5-84 所示。取后角 $\alpha_o=6°\sim12°$，图中 α_o' 即为二级后角。

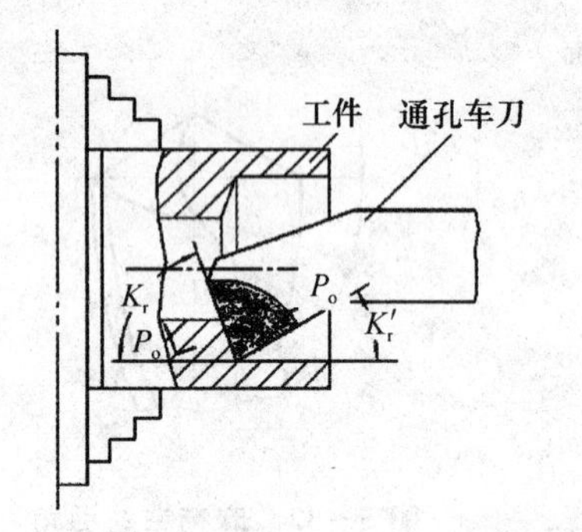

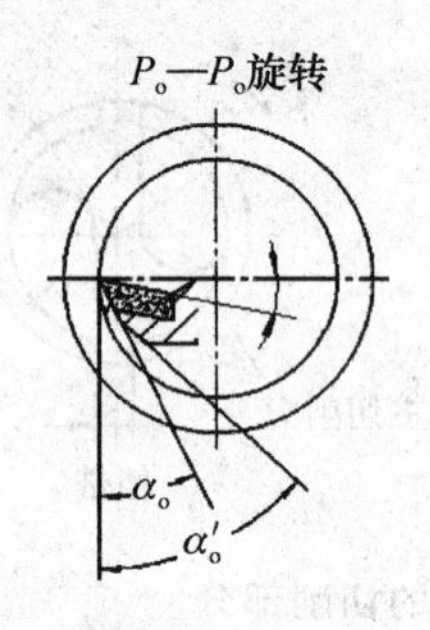

图 5-84 通孔车刀角度

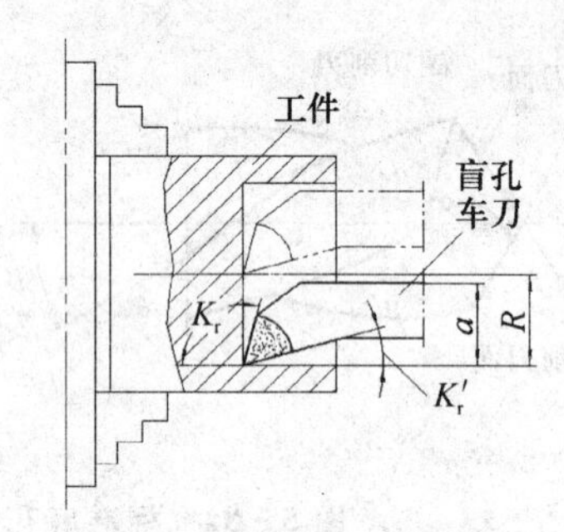

图 5-85 盲孔车刀角度

盲孔车刀用于车削盲孔和台阶孔，如图 5-85 所示。盲孔车刀的主偏角要大于 90°，一般取 $K_r=92°\sim95°$，副偏角 $K_r'=10°\sim12°$。为了能车平孔的中心部分，盲孔车刀外侧到孔壁的距离 a 应小于孔的半径 R，即 $a<R$。

(3) 提高车孔刀刚性的措施

由于车孔刀受孔径大小等客观因素的限制，刀头部分截面积较小，承受切削载荷的能力较为薄弱，其刚性也较差。因此，刀头附近的刀杆容易折断和切削时容易产生震颤。这是车削内孔时的难点之一，解决的措施有两点：

① 尽可能地增大刀头部分的刀杆截面尺寸。

② 在保证车孔深度的前提下，装刀时尽可能减短刀杆的悬伸长度。

图 5-86 所示是刀杆截面积与孔的关系。通常车孔刀的刀头截面如图 5-86(a)所示，这种刀的截面积较小，容易折断和震颤，应尽可能地改为图 5-86(b)所示的刀头，以最大限度地增大刀头截面积。

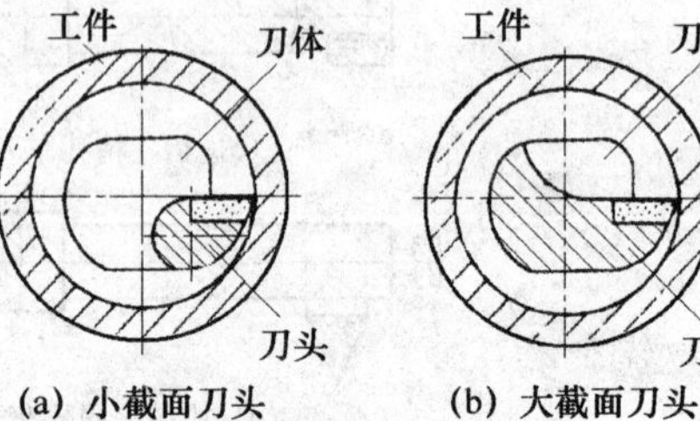

(a) 小截面刀头　(b) 大截面刀头

图 5-86 车孔刀刀头截面积

(4) 车孔刀的装夹

① 车孔刀装夹时，刀尖要与工件回转轴线等高或略高，若低于工件轴线，极易扎刀，同时刀杆弹性变形太大，易使孔径扩大。

② 刀杆的悬伸不宜太长，一般大于孔深 5～10 mm 即可。

③ 刀头的轴线要与工件轴线平行，以保证主偏角 K_r 和副偏角 K_r' 的大小。

④ 装盲孔刀时要注意保证图 5-85 中的 $a<R$。

⑤ 装完刀具后最好在手动状态下，让车刀在孔内走一次，以检查各处是否有“干涉”，防止安全事故的发生。

5.7.3　加工方法和操作要领

1. 钻孔、扩孔、铰孔

在车床上钻孔，将钻头装在尾座锥孔内，用手动进给的方法转动尾座手轮，使钻头纵向进给加工出孔，如图 5-87 所示。扩孔是用扩孔钻在钻有底孔的基础上进一步将孔扩大的一种工艺方法。铰孔是对孔的精加工。扩孔和铰孔与钻孔的操作方法相似，也是将扩孔钻和铰刀装在尾座锥孔内，用手动进给的方法加工。

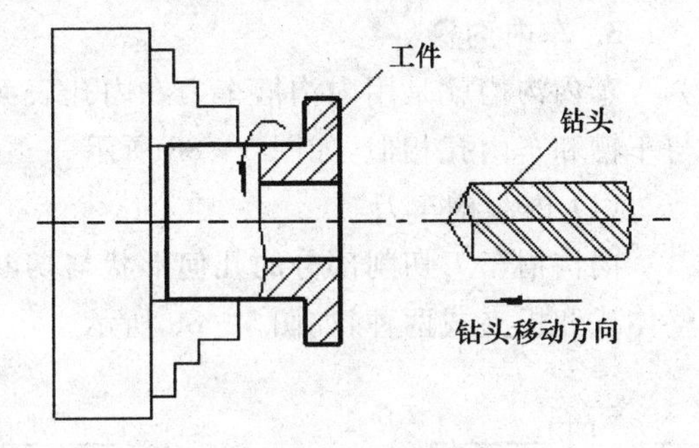

图 5-87　钻孔加工

2. 车　孔

车孔用于加工直径较大的孔，一般情况下当孔径 D 大于 $\phi20$ mm 时就可以选择用车削加工的方法进行孔加工。车孔可以粗车、半精车和精车；车孔不但可以提高孔的尺寸精度和表面粗糙度，而且还可以修正上道工序（或工步）流下来孔的轴线的偏斜，以提高孔的位置度。

车孔方法如下：

（1）基本方法

其实，车孔与加工外圆表面的操作是相似的，只是进、退刀的方向恰好相反。另外，切削用量应选得小一些，尤其是加工小孔和深孔。

粗车内孔的切削用量：背吃刀量 $a_p=1\sim3$ mm，进给量 $f=0.2\sim0.4$ mm/r，切削速度 v_c 应比外圆车削时低 1/3 左右。精车余量留 0.5～1 mm 即可。

精车内孔的切削用量：$a_p=0.1\sim0.2$ mm，进给量 $f=0.08\sim0.15$ mm/r，切削速度 v_c 应比粗车时高。如果用高速钢精车刀，可选 $v_c=0.05\sim0.1$ mm/s。

（2）工作步骤

无论是通孔还是台阶孔或盲孔，都要先粗车（或者试切削），然后再精车，以有效控制孔径和孔的位置以及表面粗糙度。试切削后要检查加工余量的大小以安排进刀次数，检查孔相对测量基准的位置是否正确以考虑是否安排修正。

（3）孔径控制

孔径大小是通过中拖板手轮刻度控制吃刀深度（即背吃刀量）a_p 来改变的，同时每进一次刀，都要用游标卡尺、千分尺、内径百分表、千分表测量一次孔径。

(4) 孔深控制

孔的深度控制是通过溜板箱或小拖板手轮刻度来控制的,同时每进一次刀都要用深度游标卡尺检测孔的深度,直到符合图样要求为止。

(5) 控制排屑

车孔的另一个难点就是排屑问题。解决的办法通常是用改变车刀的刃倾角 λ_s 来控制切屑的排除方向。车削通孔时常采用正的刃倾角(约 $\lambda_s=+6°$)以使切屑向待加工表面流出,这种方法又称前排屑。车削盲孔时常采用负的刃倾角(约 $\lambda_s=0\sim-2°$)以使切屑从孔口排出,这种方法又称后排屑。

3. 车内沟槽

车内沟槽就是用内沟槽车刀在内孔表面切槽,它既是车槽又是车内孔,因此,加工方法也与车槽和车内孔相似,如图 5-88 所示。

(1) 内沟槽车刀

内沟槽车刀切削部分的几何形状与切断刀相同,刀体部分与内孔刀相同。其结构也分为整体式和机夹式两种,如图 5-89 所示。

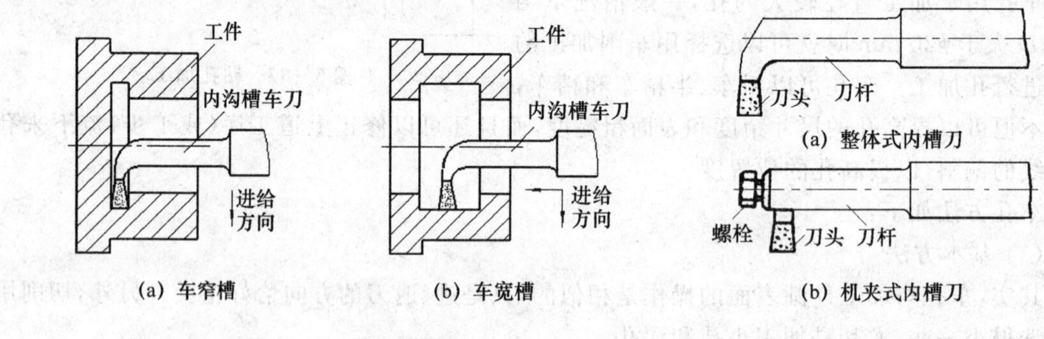

图 5-88 车内沟槽　　图 5-89 内沟槽车刀

(2) 内沟槽车刀安装

安装内沟槽车刀时要求主切削刃必须与内孔表面平行。安装结束后,一般都要用手动方式让车刀在孔内来回走一次,避免孔壁与车刀存在运动干涉。

(3) 内沟槽车削方法

车削窄槽时,一般用与沟槽宽度相等的沟槽刀采用直进法一次车出;较宽的内槽可采用分次直进法车削,但必须留出余量最后精车;更宽一些的内槽——相当于内孔,可采用车通孔或不通孔的方法车削,如图 5-90 所示。

(4) 车内沟槽尺寸控制

1) 轴向位置控制

将切槽刀靠在孔口,然后横向移动刀具并让其离开孔壁,用床鞍刻度或小拖板刻度控制刀

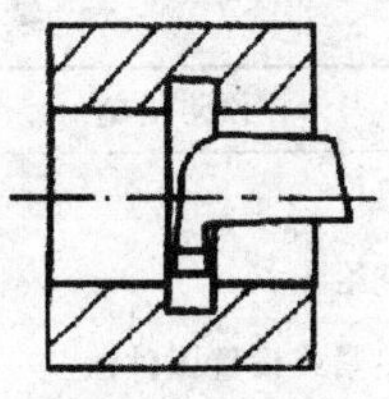
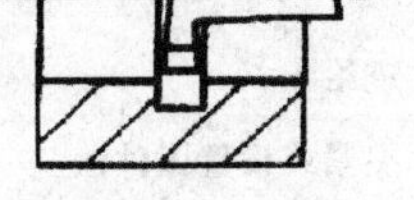

(a) 直进法车窄槽

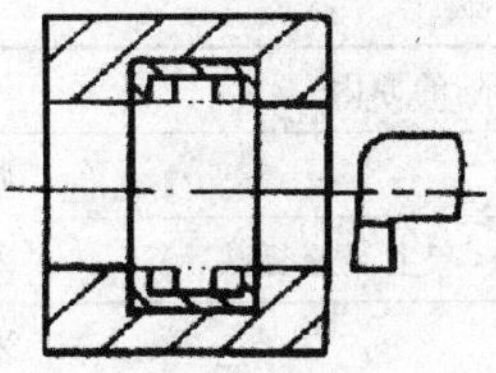
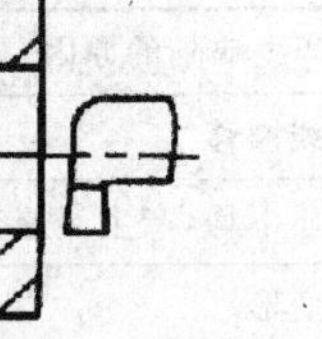

(b) 分次直进车宽槽

(c) 纵向进给车宽槽

图 5－90　内沟槽车削方法

具轴向移动 L 即可，如图 5－91(a)所示。

2）槽深的控制

将主切削刃恰好与孔壁接触，将刀移至槽的轴向位置，开动车床，用中拖板刻度控制刀具横向移动 h 即可，如图 5－91(b)所示。

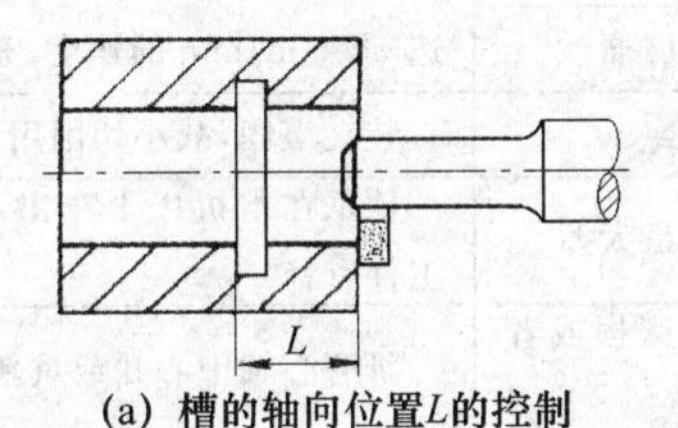

(a) 槽的轴向位置L的控制

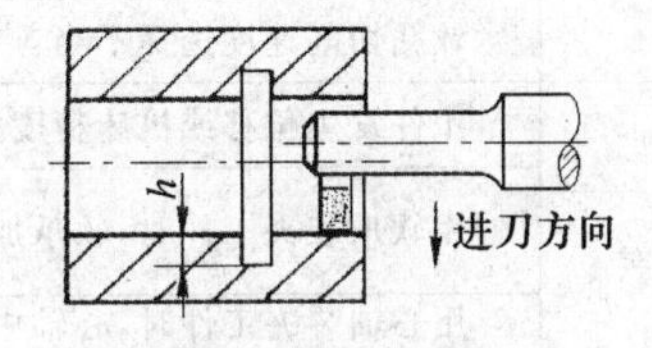

(b) 槽深h的控制

图 5－91　内沟槽尺寸控制

(5) 内沟槽的检测

内沟槽的检测比较困难，小孔内沟槽通常用弹簧内卡钳或专用的弯脚游标卡尺测量槽深(直径)；轴向位置用样板或者专用的勾头游标卡尺测量；槽的宽度通常用样板或游标卡尺测量。

5.7.4　工件缺陷及预防措施

孔加工可能出现的缺陷、产生缺陷的原因和预防措施如表 5－16 所列。

表 5－16　孔加工可能出现的缺陷和预防措施

加工缺陷	产生缺陷的原因	预防措施
孔的尺寸超差	看错孔径余量或进刀刻度，检测不仔细	按余量分次切削、注意进刀，仔细检测
	铰孔时选错铰刀尺寸	检查铰刀尺寸
	铰孔时尾座偏位	校正尾座位置，采用浮动套筒
	铰孔时主轴转速太高或切削液供应不充分，铰刀温度升高	降低主轴转速，充分浇注切削液

续表 5-16

加工缺陷	产生缺陷的原因	预防措施
孔的圆度超差	车床主轴轴线漂移	调整主轴组件
	工件坯料材质不均，产生误差复映	采用分次进给
	薄壁件夹紧变形	采用软爪夹紧或设置工件法兰
	工件质量偏心引起离心惯性力	在夹具上增加平衡块
孔的圆柱度超差	车孔时车刀刀杆过细或刀刃变钝造成让刀，使得孔加工后带有锥度	提高刀杆刚度，保持车刀锋利
	轴线与导轨纵向不平行，导轨严重磨损	调整主轴轴线，修复导轨
	铰孔时孔口扩大，主要是尾座偏斜	调整尾座，或使用浮动套筒
孔的表面粗糙度超差	车孔时刀刃磨损，使刀头产生震动	修磨车刀，采用刚性更高的刀杆
	铰孔时铰刀磨损或刃口上有崩口、毛刺	修磨铰刀，好好保护刃口
	铰孔切削速度选择不当，产生积屑瘤	选 $v<5$ m/min 的速度，充分加注切削液
同轴度、垂直度超差	工件发生位移或机床精度太低	装夹牢固，减小切削用量，修复机床
	用软爪装夹工件时，软爪加工质量太差	软爪在本机床上车出，其直径要基本等于工件直径
	用心轴装夹工件时，心轴中心孔磨损或者心轴本身同轴度误差太大	研磨心轴中心孔或重新制作心轴

5.7.5　练习实例

练习加工如图 5-92 所示轴套零件图。

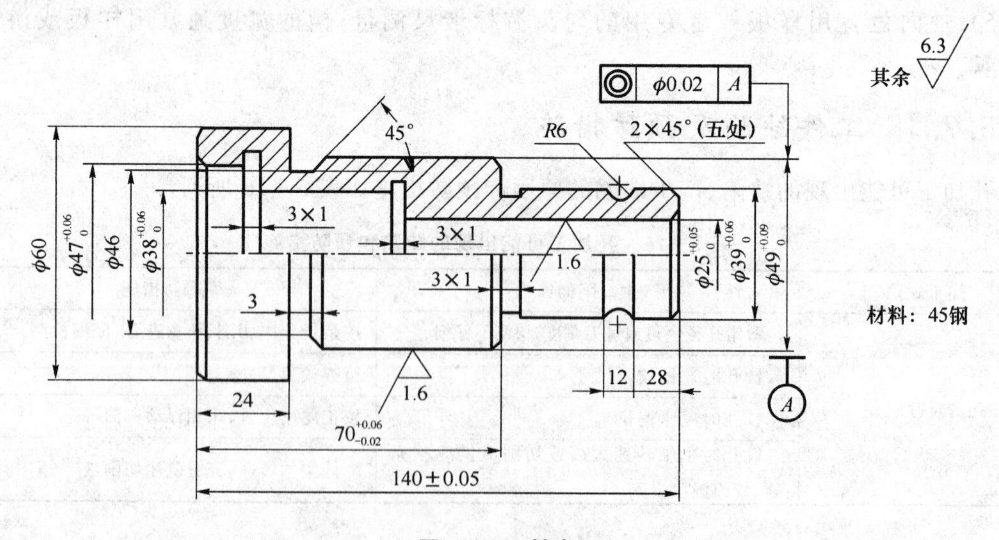

图 5-92　轴套

1. 工艺分析

该零件为轴套类零件，内外表面均属回转面，内槽均为直槽，三个外槽结构不同。

① $\phi25^{+0.05}_{0}$ 对 $\phi49^{+0.09}_{0}$ 同轴度公差为 $\phi0.02$ mm，$\phi49^{+0.09}_{0}$ 轴线是基准；以现在的零件位置，用三爪自定心卡盘夹持坯料左端，右端用尾座顶尖顶住，以防止工件在切削载荷下摆动或震动。装夹一次性车出外圆所有表面，包括沟槽；然后调头装夹，夹持作为基准的 $\phi49$ 外表面，一次性加工出各内表面和和端面。如果是批量生产，工作步骤安排又有所不同。

② 整个零件精度和表面粗糙度要求都较高，均需要精加工，因此，工艺安排均需粗加工和精加工；孔加工也要安排成钻孔，扩孔，车孔，精车孔。

2. 工艺过程

① 夹持坯料左端，校正，平右端面。

② 在右端面上打中心孔。

③ 粗车外圆，包括台阶面和端面，留 0.1～0.15 mm 的精加工余量。

④ 精车外圆至尺寸，倒角。

⑤ 车三个外沟槽。

⑥ 调头装夹，夹持 $\phi49$ 表面，校正工件。

⑦ 在尾座孔中装上心轴或者量棒，用百分表打其表面，校正尾座的位置是否正确。

⑧ 平端面，保证尺寸 24 mm。

⑨ 用 $\phi10$ mm×160 mm 的麻花钻头钻通孔。

⑩ 分别用 $\phi18$ mm×160 mm 和 $\phi24$ mm×160 mm 的扩孔钻扩通孔。

⑪ 车孔至 $\phi25^{+0.05}_{0}$ mm，分别粗车台阶孔至 $\phi37$ mm 和 $\phi46$ mm。

⑫ 车内沟槽。

⑬ 分别精车台阶孔至尺寸，倒角。

⑭ 去毛刺。

⑮ 检查。

5.8　车削圆锥面

5.8.1　操作训练基本要求

① 掌握圆锥面的构成要素和计算方法。

② 掌握小刀架转位法、尾座偏移法、宽刀法车削内、外圆锥面的方法。

③ 掌握圆锥面的检测方法。

5.8.2 准备知识

圆锥面配合紧密，装拆方便，定心作用好，所以在机械结构中普遍应用成配合表面，如车床、铣床和磨床等的主轴孔，车床尾座锥孔、前后顶针以及麻花钻的锥柄等。圆锥面分成外圆锥面和内圆锥面，外圆锥面就是通常所说的圆锥体，内圆锥面就是圆锥孔。

构成圆锥面有两个基本要素：一个是圆锥面的锥度，另一个是圆锥面的尺寸(轴向长度和大端或小端直径)。图 5－93 所示圆锥体大端直径为 ϕ30 mm，锥度为 1∶10，圆锥角为 α，锥体长度为 100 mm，锥体小端 ϕ20 mm 为一参考尺寸(只供工艺计算使用，不作为零件的加工尺寸)。在图 5－93(b)所示中有一角度 $\alpha/2$，这个角度称为圆锥半角(也称为斜角)，是圆锥角 α 的一半，它是车削圆锥时的一个重要角度。在车削圆锥面的方法中有一种转动小拖板车削法，$\alpha/2$ 就是小拖板在水平面内转动的角度，其大小要通过三角函数计算得出，在△abc 中，$\alpha/2$ 的计算为

$$\tan\frac{\alpha}{2}=\frac{30-20}{2\times100}=0.05$$

查正切函数表，圆锥半角 $\frac{\alpha}{2}=2°52'$。

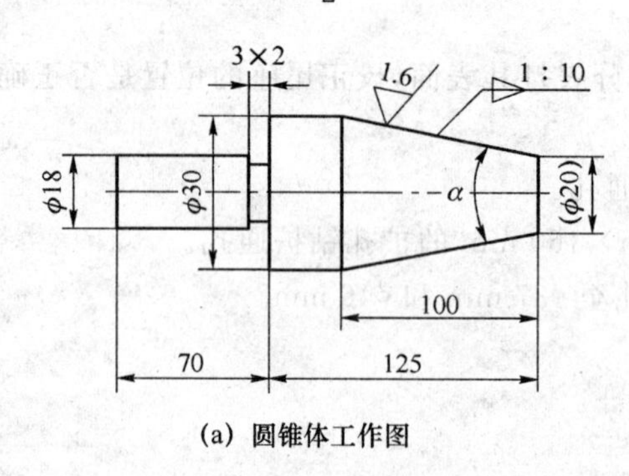

(a) 圆锥体工作图

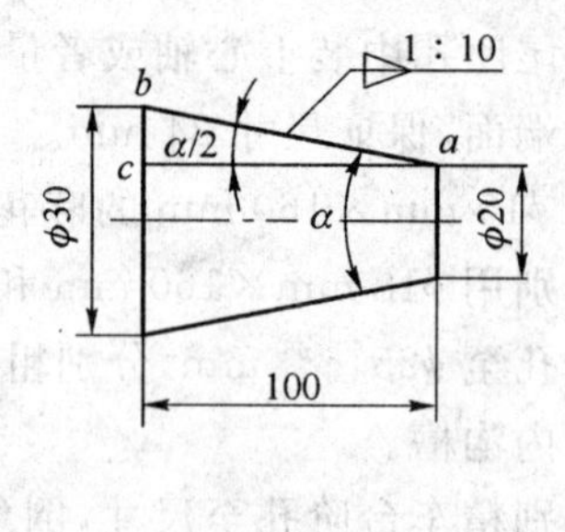

(b) 圆锥面计算图

图 5－93 圆锥的计算

5.8.3 车削方法和操作要领

1. 转动小拖板车圆锥

(1) 车削原理

车削长度较短、锥度较大的圆锥体或圆锥孔，常采用转动小拖板的方法来实现。这种方法操作简单，能保证一定的加工精度，因此应用比较广泛。如图 5－94 所示，图中的圆锥半角 $\alpha/2$ 即为小拖板转过的角度。

(2) 操作步骤

① 计算圆锥半角 $\alpha/2$；

② 按计算角度逆时针转动小拖板使车刀的进给方向 f 在水平面内与工件的母线平行；

③ 装夹并校正工件；

④ 启动车床；

⑤ 按选定的切削用量，用双手配合均匀转动小拖板手柄实现进给；

⑥ 当圆锥面成形但还有足够余量时，必须检查锥角，最后精车。

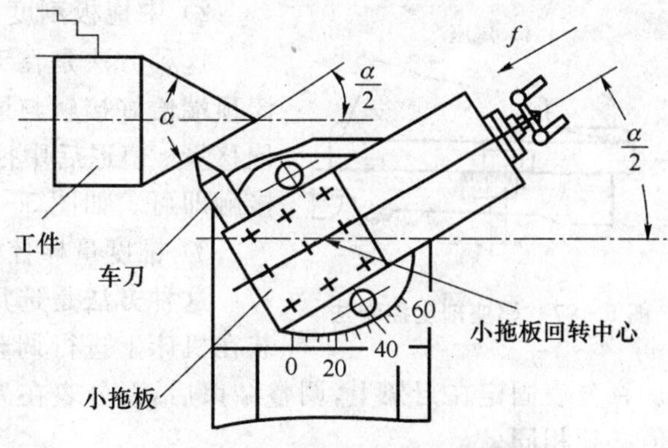

图 5-94　转动小拖板车圆锥体

图 5-95 所示是用转动小拖板法车削内圆锥面(圆锥孔)。转动小拖板的方法与车圆锥体相同，但方向恰好相反，是顺时针的。当粗车至塞规可以塞进一半深时，必须检查锥角，最后精车。

2. 偏移尾座车削圆锥面

(1) 车削原理

偏移尾座车削圆锥面就是将尾座横向偏移量 s，使得车刀的进给方向 f 在水平面内与工件的母线平行(或者叙述为工件母线与工件加工时的回转轴线平行)，用车圆柱面的方法车削圆锥面。这种方法适合车削锥体较长、锥度较小、精度要求不高的圆锥面。但这种方法由于两头都用顶尖，不宜车削完整锥体(带锥顶的锥体)和圆锥孔。如图5-96所示。

尾座的偏移量 s 是通过计算得出的。在$\triangle abc$ 中：

$$s=L_0\tan\frac{\alpha}{2}=\frac{D-d}{2L}L_0 \quad 或 \quad s=\frac{C}{2}L_0$$

式中：C——锥体的锥度，若是 $C/2$，就称为斜度。

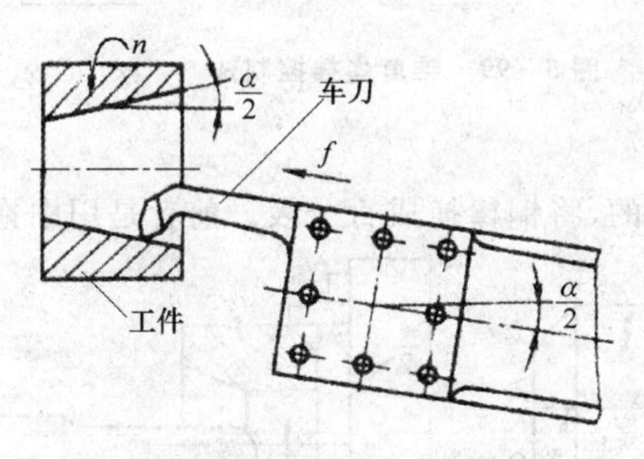

图 5-95　转动小拖板车圆锥孔

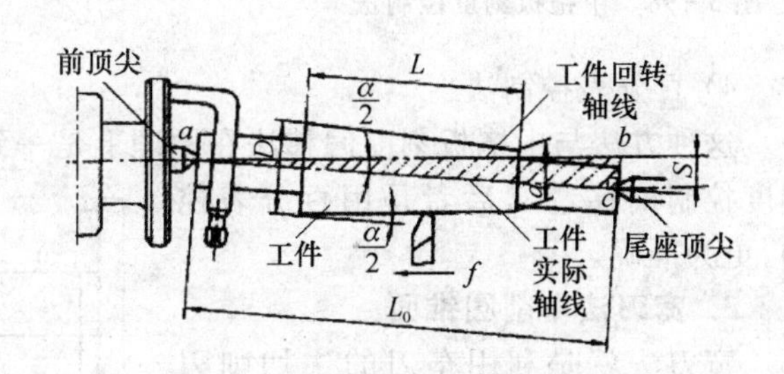

图 5-96　偏移尾座车圆锥面

(2) 尾座偏移量的常用控制方法

1) 尾座刻度控制法

这一方法是直接利用尾座右侧的刻度控制移动量 s，如图 5-97所示。松开床身前的螺钉，拧紧床身后的螺钉，使尾座向床身前移动 s 即可。

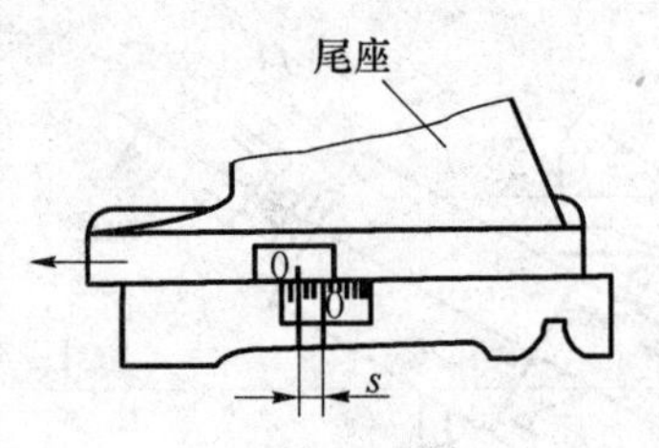

图 5-97　尾座刻度控制法

2）中拖板刻度控制法

这种方法是在刀架上夹一铜（或铝）棒，摇进中拖板，让铜棒顶端恰好接触与尾座顶尖或顶尖套筒接触，然后按计算出的偏移量 s 值退后中拖板，调整尾座向床身前移动至恰好与铜棒接触即可。如图 5-98 所示。

3）锥度量棒控制法

这种方法是选用与工件锥度和长度相等的量棒或者样件装在机床上进行调整偏移量 s，可以准确调整。如图 5-99 所示。百分表固定在刀架上，调整结束后，百分表在刀架带动下纵向移动，在整个圆锥母线上的示值必须相同。

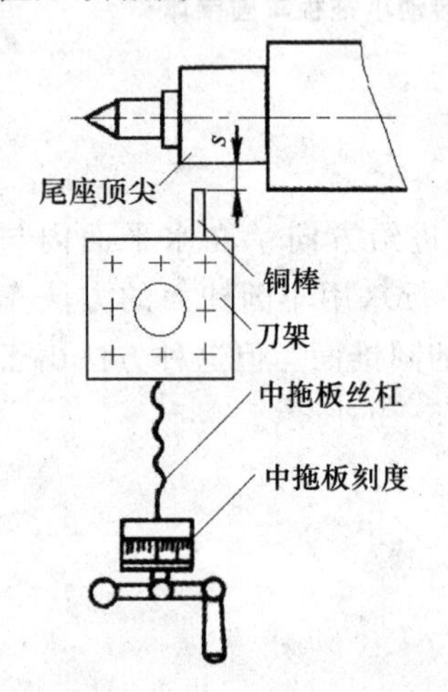

图 5-98　中拖板刻度控制法

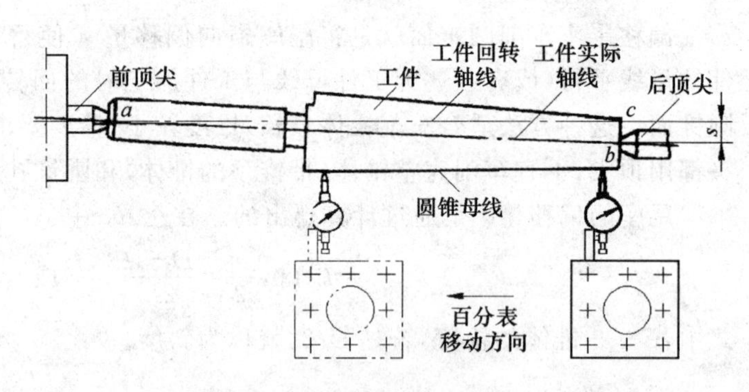

图 5-99　锥度量棒控制法

4）百分表控制法

这种方法与中拖板刻度偏移法在原理上是一致的，将铜棒换成百分表。前者是用中拖板刻度控制偏移量 s，后者是用百分表控制，更为准确。

3. 宽刀法车削圆锥面

宽刀法就是利用车刀的主切削刃横向或纵向进给直接车出圆锥面，如图 5-100 所示。这种加工方法实际就是车削工件倒角的方法，属成形车削。这种方法加工圆锥面有两个关键点：一是主切削刃长度必须大于工件母线长度；二是刀具安装时必须使主切削刃的安

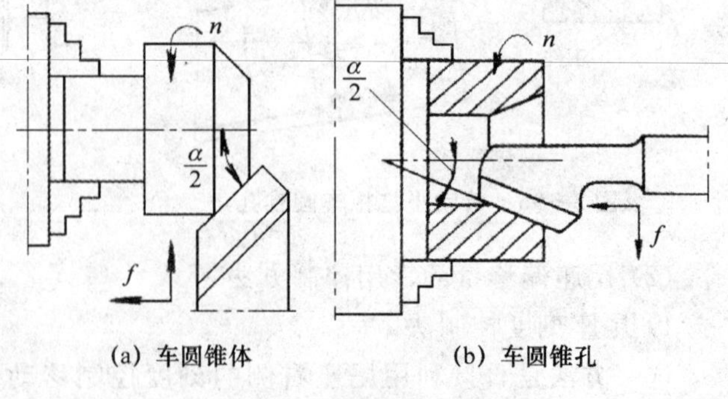

(a) 车圆锥体　(b) 车圆锥孔

图 5-100　宽刀法车削圆锥面

装角度等于锥面半角 $\alpha/2$。此种方法加工的圆锥面很短(一般≤20 mm),要求工艺系统具有较高的刚性,适合于批量生产。

4. 铰削内圆锥面

直径较小、精度较高的圆锥孔,往往采用锥形铰刀铰削加工。铰削加工的精度比车削高,表面粗糙度 R_a 可达 1.6～0.8 μm。铰削加工时,铰刀装在尾座锥孔内,用手扳动尾座手轮完成进给。

5.8.4　圆锥面的检测

检测圆锥面主要是测量锥度(或锥角)、大端或小端直径、锥体长度和检验圆锥表面的配合情况。除锥度或锥角外,其他尺寸的测量与普通长度测量的方法是一致的。因此,这里主要介绍锥度或锥角的测量。

1. 万能角度尺测量外锥面

图 5-101 所示是用万能角度尺测量圆锥角的几种常用方法。圆锥角 α 或圆锥半角 $\alpha/2$ 由计算得出,图中 k 为角度尺的读数值。

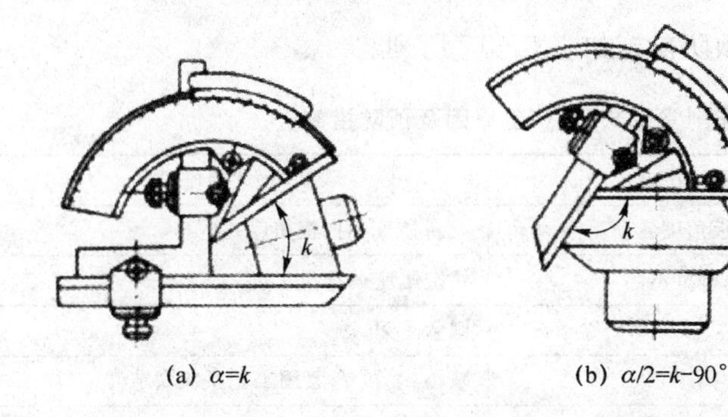

(a) $\alpha=k$　(b) $\alpha/2=k-90°$

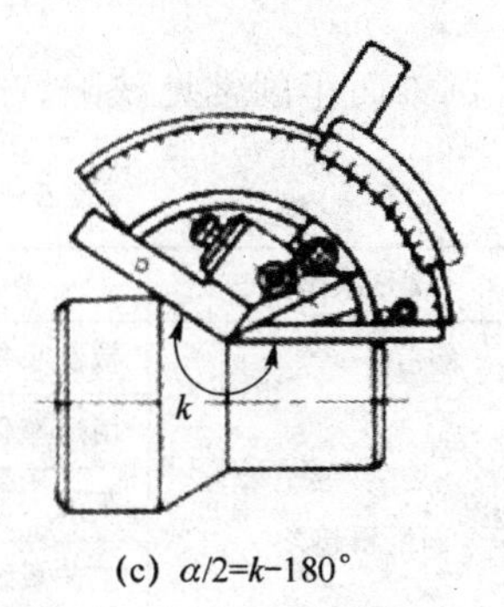

(c) $\alpha/2=k-180°$

图 5-101　用万能角度尺测量圆锥体

2. 用正弦规测量外锥面

正弦规测量是利用正弦三角函数的原理通过计算进行间接测量的一种方法,属精密测量,如图 5-102 所示。图中 $\alpha/2$ 为工件的圆锥半角,H 为量块组的叠合高度,其大小是要保证量表在工件被测母线上移动时的读数一致。

$$\sin\frac{\alpha}{2}=\frac{H}{L}$$

式中:L——正弦规中心距,是定制,也代表正弦规的规格,有 100 mm、200 mm 两种。

3. 用锥度样板检验锥面

批量生产时常用锥度样板检验圆锥角,如图 5-103 所示。

除上述三种方法外,还有涂色法采取研合的方式检验锥面、用圆锥套规检验外锥面和用圆锥塞规检验内锥面。方法简单,这里不再赘述。

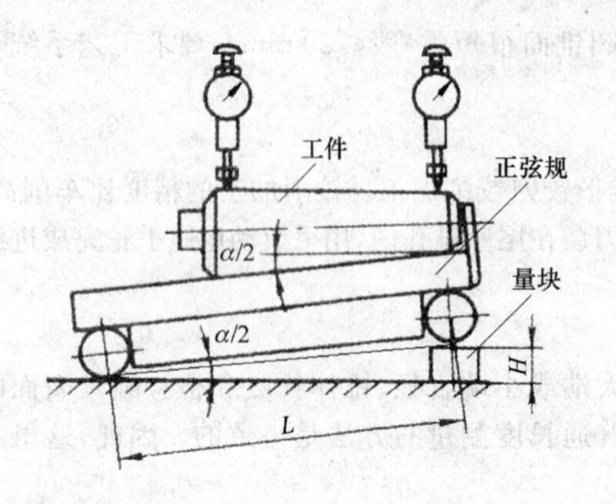

图 5-102　正弦规测量外圆锥

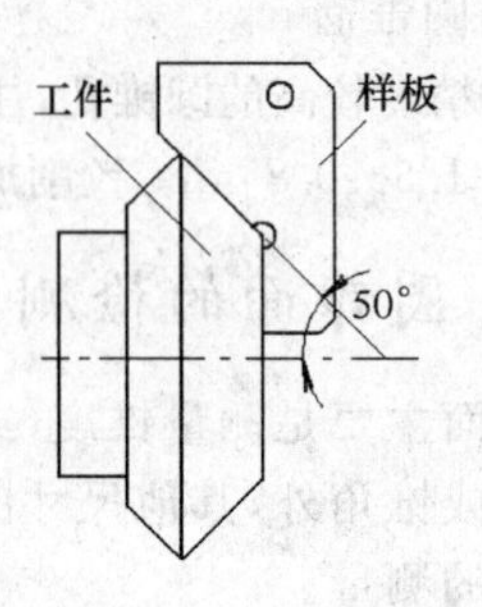

图 5-103　锥度样板检验锥角

5.8.5　工件缺陷及预防措施

圆锥面车削常见缺陷、产生原因及预防措施如表 5-17 所列。

表 5-17　圆锥面车削常见缺陷、产生原因及预防措施

常见缺陷	产生原因	预防措施
圆锥角超差	转动小拖板车削，小拖板角度转动不当	重新核算小拖板角度并试车
	用尾座偏移法时尾座偏移量不当	核定尾座偏移量
	车刀未固紧	固紧车刀
	工艺系统刚性差	减小 a_p 和 f，紧固工艺系统联结件
	宽刀刃口不直	修磨宽刀
	铰刀锥度错误或轴线偏斜	修磨铰刀或尾座套筒轴心轴线
大小端直径超差	未注重过程检验	加工过程中时常检查
	刀具进给距离错误	及时测量并控制 a_p
双曲线误差	车刀刀尖未对准回转中心	调整车刀位置，严格对中
表面粗糙度超差	进给不匀速	匀速进给
	切削用量选择不当	调整切削用量
	车刀刀刃不锋利	修磨刀刃
	精加工余量不够	留足精加工余量

5.8.6　练习实例

练习加工如图 5-104 所示圆锥配合件，件 2 按件 1 配作。

1. 工艺分析

题目为内、外圆锥面配合件，对配合后的端面距离提出了 3±0.2 mm 的要求，实际上这是对锥面配合的要求，外锥体大端直径精度要求较高，公差只有 0.033 mm，长度尺寸精度较低。加工时先加工件 1，件 2 按件 1 配作。

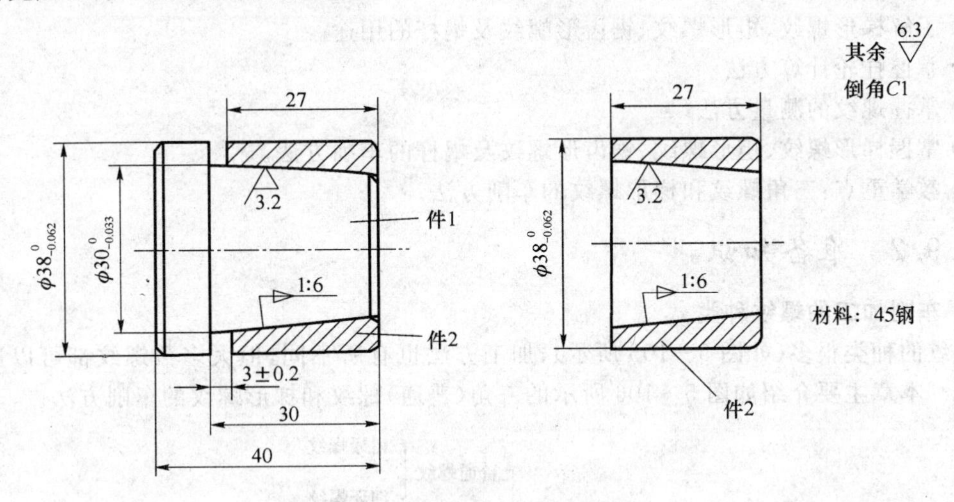

图 5-104　圆锥配合件

2. 工艺步骤

(1) 件 1 步骤

① 平端面；

② 粗、精车外圆 ϕ30 mm×30 mm 并车平台阶面均至要求；

③ 车 ϕ38 mm×11 mm（保证总长 41 mm）至要求；

④ 计算并调整小拖板转角，粗车圆锥面；

⑤ 精车外圆锥面；

⑥ 倒角、锐边倒钝；

⑦ 调头，垫铜皮，校正夹紧；

⑧ 车端面，保证总长 40 mm，倒角；

⑨ 整体去毛刺。

(2) 件 2 步骤

① 平端面；

② 粗、精车 ϕ38 mm×29 mm 至要求；

③ 钻孔 ϕ23 mm×29 mm；

④ 保证长度 28 mm 切断；

⑤ 配车锥孔，保证 3±0.2 mm；

⑥ 切断保证总长 27 mm，倒角，锐边倒钝。

5.9 车削螺纹

5.9.1 操作训练基本要求

① 了解梯形螺纹、矩形螺纹、锯齿形螺纹及蜗杆的用途。
② 掌握挂轮计算方法。
③ 掌握螺纹的测量方法。
④ 掌握梯形螺纹、矩形螺纹、锯齿形螺纹及蜗杆的车削方法。
⑤ 教学重点:三角螺纹和梯形螺纹的车削方法。

5.9.2 准备知识

1. 车削加工的螺纹种类

螺纹的种类很多(如图 5-105 所示),加工方法也有所不同,但大多数螺纹都可以通过车削加工。本章主要介绍如图 5-106 所示的三角(普通)螺纹和梯形螺纹的车削方法。

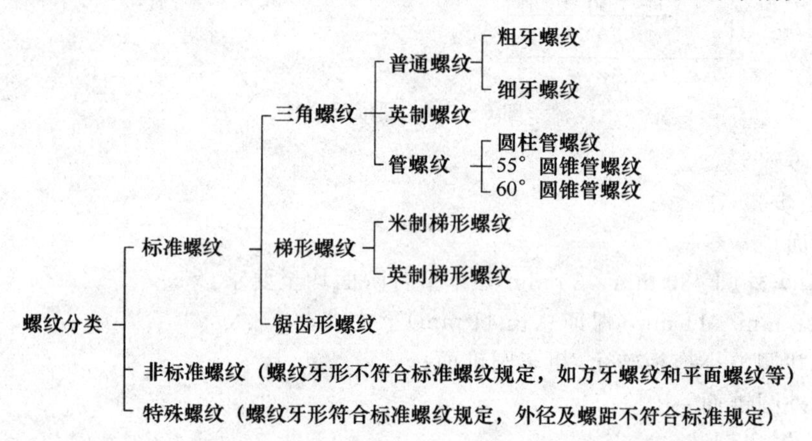

图 5-105 螺纹分类

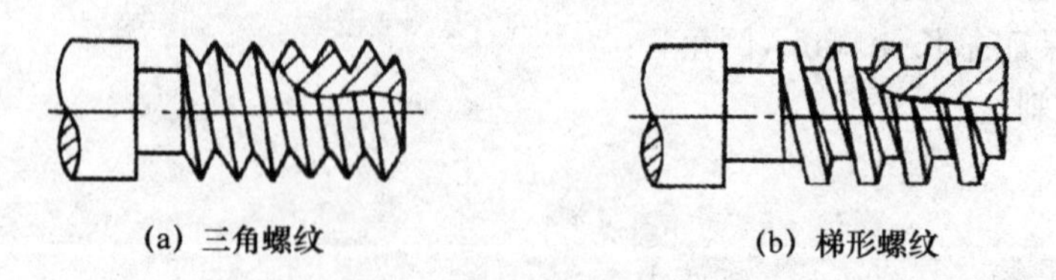

(a) 三角螺纹 (b) 梯形螺纹

图 5-106 车削加工的两种典型螺纹

2. 螺纹的各部分名称及代号

螺纹的各部分名称及代号如图 5-107 所示。

① 中径。是一个假想圆柱体的直径,在中径处螺纹牙厚等于槽宽。外螺纹中径用 d_2 表

示，内螺纹中径用 D_2 表示。

② 导程与螺距。对于多线螺纹，其导程等于线数与螺距的乘积，即 $L=n\times P$（式中：L——螺纹导程；n——多线螺纹线数；P——螺距）。单线螺纹的导程就等于螺距，即 $L=P$。

③ 理论牙高。图5-107中 H 为螺纹的理论牙高，h 为螺纹的实际工作高度。

④ 牙形角 α。普通螺纹牙形角为60°，梯形螺纹牙形角为30°。

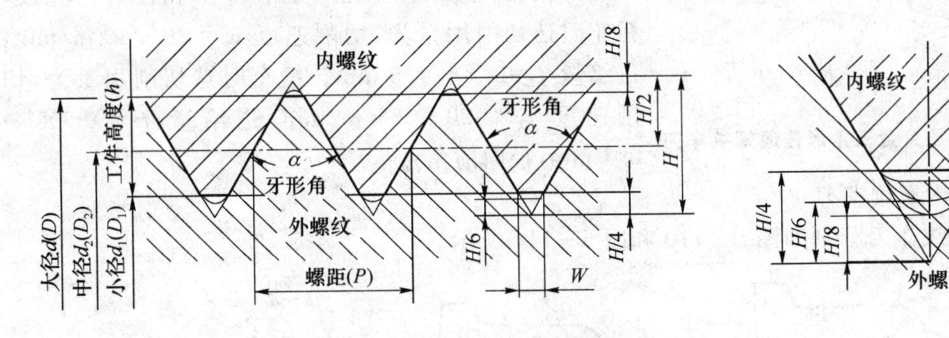

图5-107　普通螺纹的牙形

5.9.3　螺纹车刀刃磨及其安装

1. 普通螺纹车刀

(1) 普通外螺纹车刀

常用的有高速钢螺纹车刀和硬质合金螺纹车刀，分别如图5-108和图5-109所示。

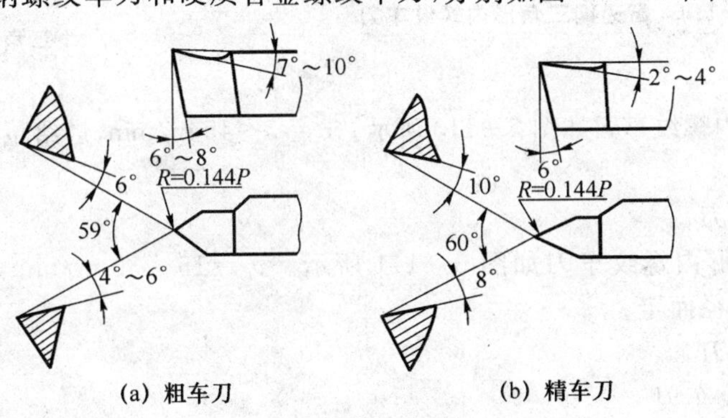

(a) 粗车刀　(b) 精车刀

图5-108　高速钢三角形普通螺纹车刀

1) 高速钢螺纹车刀

高速钢螺纹车刀刃磨方便，切削刃锋利，韧性好，车出的螺纹表面光洁；但不宜高速切削，常用于塑性材料螺纹的车削和螺纹精车。

粗车刀径向前角 $\gamma_p=7°\sim10°$，刀尖角 $\varepsilon_r=59°$；精车刀径向前角 $\gamma_p=2°\sim4°$，刀尖角 $\varepsilon_r=60°$。

粗车时选切削用量为：切削速度 $v_c=13\sim18$ m/min，进给量 $f=0.2\sim0.3$ mm。精车时选

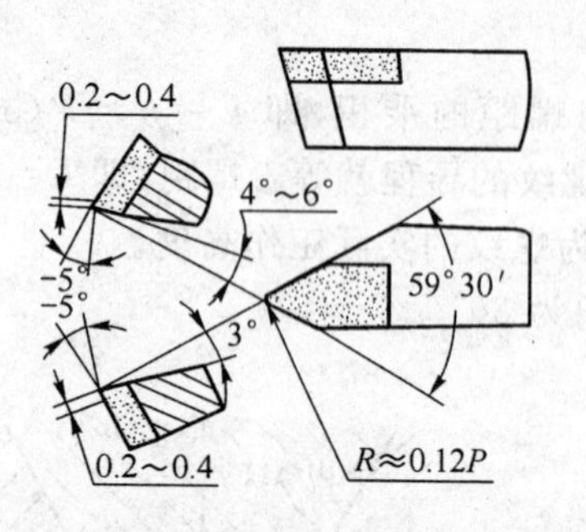

图 5-109 硬质合金三角形普通螺纹车刀

切削用量为：切削速度 v_c＝5～10 m/min，进给量 f＝0.05～0.2 mm。

2）硬质合金螺纹车刀

硬质合金螺纹车刀硬度高，耐磨、耐高温，但抗冲击能力较差，常用于高速切削和加工脆性材料螺纹。粗车时选切削用量为：切削速度 v_c＝30～40 m/min，进给量 f＝0.3～0.5 mm。精车时选切削用量为：切削速度 v_c＝20～25 m/min，进给量 f＝0.05～0.1 mm，径向前角 γ_p＝0°。

(2) 普通内螺纹车刀

普通内螺纹车刀分别如图 5-110 和图 5-111 所示。

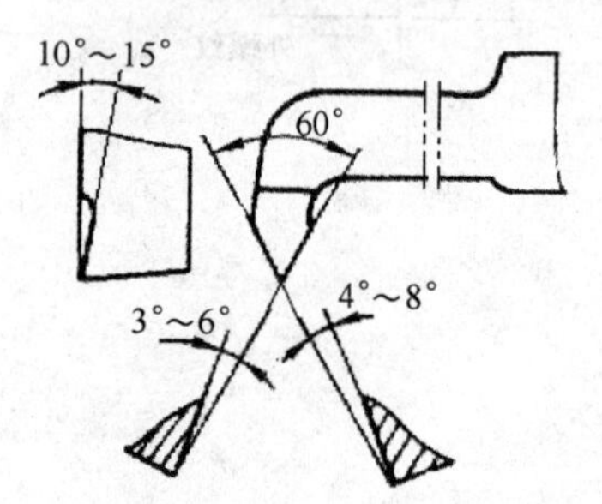

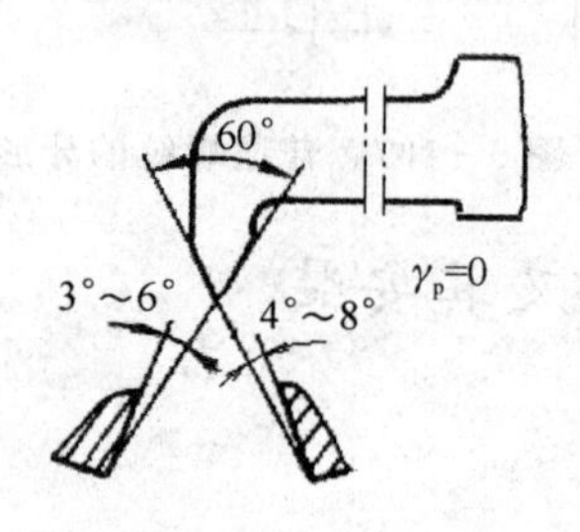

图 5-110 高速钢三角形内螺纹车刀

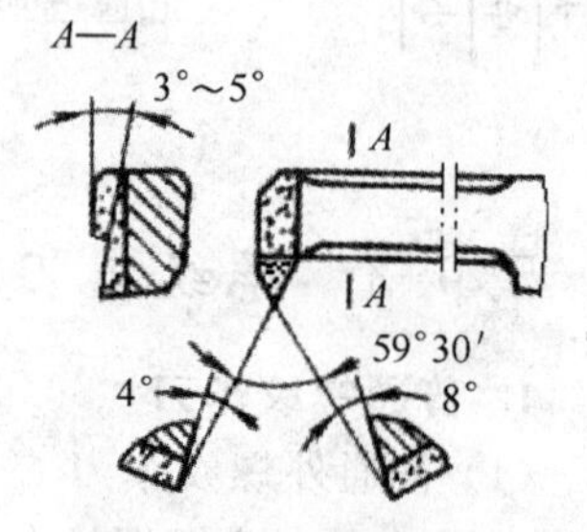

图 5-111 硬质合金三角形内螺纹车刀

1）高速钢车刀

高速钢三角形内螺纹车刀如图 5-110 所示。v_c＝5～15 m/min，进给量 f＝0.05～0.4 mm。刀杆按孔径而定。

2）硬质合金车刀

硬质合金三角形内螺纹车刀如图 5-111 所示。v_c＝15～30 m/min，进给量 f＝0.05～0.4 mm。刀杆按孔径而定。

2. 梯形螺纹车刀

(1) 梯形外螺纹车刀

梯形外螺纹车刀如图 5-112 与图 5-113 所示。

1）高速钢车刀

图 5-112 中 W 为螺纹牙底宽度，ψ 为螺纹升角。进刀方向的侧后角为(3°～5°)＋ψ，背进刀方向侧后角为(3°～5°)－ψ。v_c＝15～18 m/min，进给量 f＝0.3～0.5 mm。

车削梯形外螺纹时，一般都要分为粗车和精车，因此，其车刀也要分成粗车刀和精车刀两种。其角度分别如图 5-112(a)、(b)所示。粗车刀刀尖宽度为 2/3W；精车刀磨有卷削槽，刀尖宽度为(W－0.05 mm)，其前刀刃不参与切削，只有两个侧刀刃对螺纹进行精车。

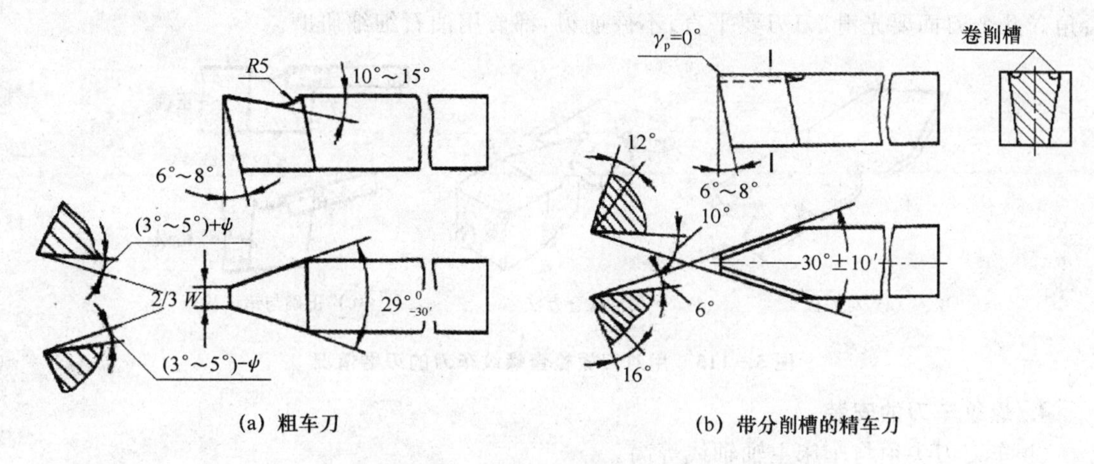

(a) 粗车刀　　(b) 带分削槽的精车刀

图 5-112　高速钢梯形外螺纹车刀

2）硬质合金车刀

硬质合金梯形螺纹刀(如图 5-113 所示)适合高速切削,径向前角为 0°,进刀方向侧后角为(3°～5°)+ψ,背进刀方向侧后角为(3°～5°)−ψ。刀尖宽度等于螺纹槽底宽度。v_c=2～7 m/min,进给量 f=0.02～0.05 mm。

(2) 梯形内螺纹车刀

梯形内螺纹车刀如图 5-114 所示。刀杆直径和长度根据螺纹的孔径和长度选定。梯形内螺纹车刀常采用机械夹固式,相当于用专用刀杆夹着一把外螺纹车刀。

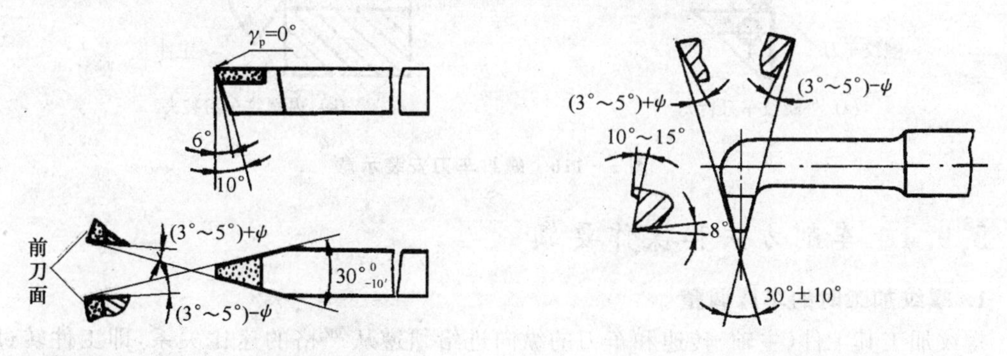

图 5-113　硬质合金梯形外螺纹车刀　　**图 5-114　梯形内螺纹车刀**

3. 螺纹车刀的刃磨

按上述各种螺纹车刀的图样所示的几何角度和形状练习刃磨螺纹车刀。刃磨时要用"螺纹对刀样板"(简称对刀板)通过透光法随时检查其刀尖角度和两侧刀刃的对称性并及时修正,如图 5-115 所示。检查时样板与车刀基面须保持平行,如图 5-115(c)所示,否则,加工出的螺纹牙形角将发生改变。

刃磨螺纹车刀时,刀尖半角应对称,不能歪斜。内螺纹车刀的后角应适当增大或磨成双重后角。几个刀面要光滑，刀刃要平直，不许崩刃，都要用油石细细研磨。

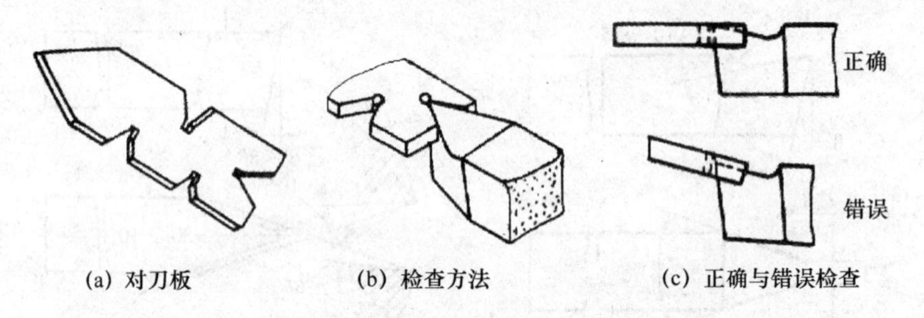

图 5－115 用对刀板检查螺纹车刀的刃磨情况

4. 螺纹车刀的安装

① 车刀刀尖须与车床主轴轴线等高。

② 刀尖半角须与工件轴线垂直，装刀时用螺纹对刀板予以控制，如图 5－116 所示。

③ 内螺纹车刀装夹后要在工件孔内沿轴线走一次刀，防止刀杆与内孔发生干涉。

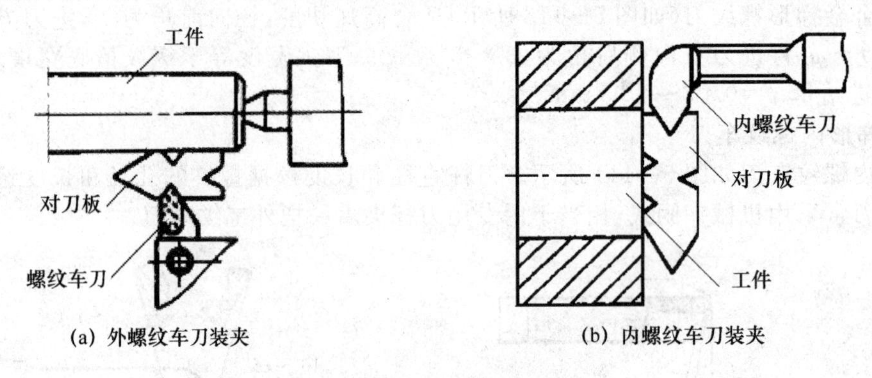

图 5－116 螺纹车刀安装示意

5.9.4 车削方法和操作要领

1. 螺纹加工时的车床调整

螺纹加工其工件(主轴)转速和车刀的纵向进给须遵从严格的速比关系，即工件转过一周车刀纵向移动一个螺距(多线螺纹为导程)，这个关系是由主轴到丝杠之间的传动比来保证的。以 CA6140 型普通车床为例，可以根据进给箱盖上的螺纹调配表，扳动进给手柄进行选取。但对于一些非标准螺纹或特殊螺纹，则必须通过调整交换齿轮(即挂轮)来达到所需的传动比。

CA6140 型普通车床车削螺纹时的调整方法见本章 5.3.3 车床操纵练习。

2. 普通螺纹车削方法

(1) 外螺纹车削方法

外螺纹车削前的圆杆直径要比螺纹大径小，一般小 0.13P。圆杆端头的倒角要倒至比螺纹小径略小。

螺纹根据其使用场合不同，有的螺纹有退刀槽，有的则没有。如图 5－117 所示，当车至退刀槽或螺纹终止线时，要果断、快速退刀，以防伤及台阶或车过终止线。

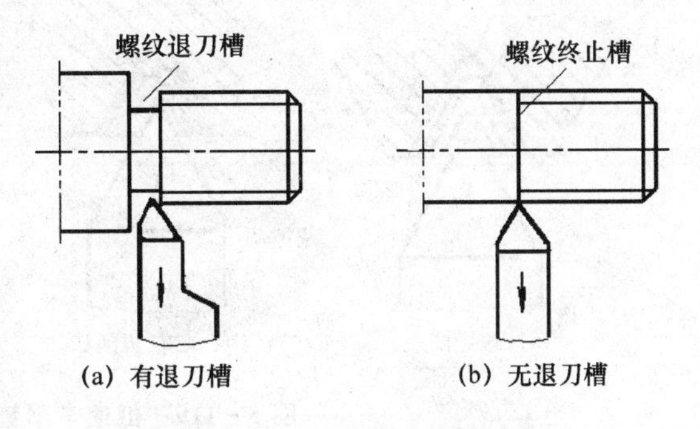

图 5－117　螺纹的终止方式

1）刻划螺旋线

开始车削时，宜选较低的主轴转速（如 100～160 r/min），开车后手动将车刀移至恰好与工件圆杆接触，然后向右移动床鞍，将车刀退至螺纹端面，如图 5－118(a)所示；记住此时中拖板横向进给刻度，转动横向进给手柄使车刀横向进给 0.05 mm 左右，如图 5－118(b)所示；左手握住中拖板横向进给手柄，右手握住开合螺母手柄；右手下压手柄合上开合螺母，使车刀刀尖由右向左在工件表面刻划出一条螺旋线，当刀尖进给刀退刀槽或螺纹终止线时，右手迅速提起手柄分离开合螺母，同时左手转动中拖板进给手柄横向退刀，停车用游标卡尺检查螺距，如图 5－118(c)所示。符合要求后，开始进刀车削螺纹。

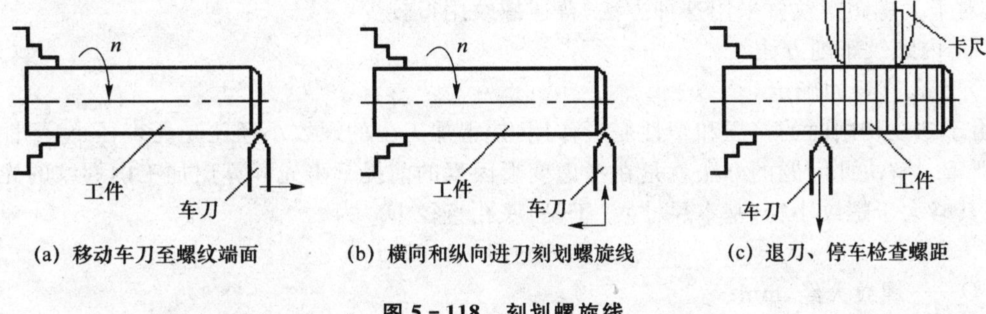

图 5－118　刻划螺旋线

螺纹车削不是一次进刀就可以完成的，要经过多次进刀。第一次进刀的背吃刀量可以稍大一些，以后逐次减小，待螺旋槽深度达到要求后，停车检查螺纹是否符合要求。

2）车削螺纹的几种进刀方法

低速车削普通外螺纹常用的三种方法如图 5－119 所示。切削速度选择：粗车 $v_c=10$～15 m/min；精车 $v_c=6$ m/min。

① 直进法。如图 5－119(a)所示，直进法就是在进刀时只用中拖板进行横向进给，螺纹刀的左右切削刃同时参与切削。这种方法不仅操作简单而且可以获得准确的螺纹牙形，适合加工 $P\leqslant 3$ mm 的螺纹。

② 左右切削法。如图 5－119(b)所示，左右切削法就是除中拖板控制横向进给外，还同时

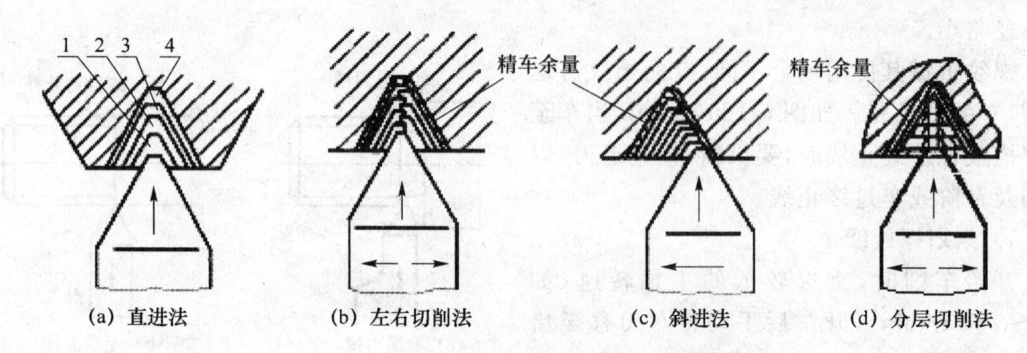

(a) 直进法　(b) 左右切削法　(c) 斜进法　(d) 分层切削法

图 5-119　低速车削普通外螺纹的常用方法

用小拖板向左或向右微量进给。这种方法可获得较准确的牙形尺寸和牙侧较低的表面粗糙度，一般用于精车。

③ 斜进法。如图 5-119(c)所示，斜进法在横向进给的同时，用小拖板使车刀向一侧进给。这种方法适合加工螺距 $P>3$ mm 的螺纹。

除上述三种低速车削法外，还可用硬质合金螺纹刀高速车削普通螺纹，此时切削速度可选 $v_c=50\sim100$ m/min。高速车削螺纹只能采用直进法。

④ 分层切削法。如图 5-119(d)所示，分层切削法是车刀在轴向一层一层地切除牙槽中材料，对于大螺距螺纹常采用这种方法，普通螺纹用得较少。

(2) 内螺纹车削方法

1) 底孔直径的确定

由于螺纹切削时的挤压和塑性变形作用，使得加工出的螺纹小径比光孔直径小，塑性材料尤为严重。解决此问题的办法就是在考虑变形因素的前提下事先计算出加工内螺纹的光孔直径，使其略大于螺纹小径(基本尺寸)。于是，底孔直径 $D_{孔}$ 为

$$D_{孔}=D-(1\sim1.05)P$$

式中：D——螺纹大经，mm；

P——螺距，mm。

系数(1～1.05)——塑性材料选小值，脆性材料选大值。

2) 普通内螺纹的几种结构形式

普通内螺纹有三种结构形式：通孔、盲孔内螺纹和台阶孔内螺纹，如图 5-120 所示。

(a) 通孔内螺纹

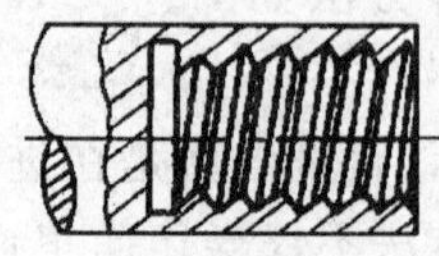

(b) 直孔内螺纹

(c) 台阶孔内螺纹

图 5-120　内螺纹的结构形式

3）内螺纹车刀

内螺纹车刀的基本形式如图 5－110、图 5－111 所示。但对于通孔、盲孔和台阶内螺纹所使用的车刀，其刀头形状是有所不同的，犹如本章 5.7 节中介绍的通孔、盲孔和台阶孔加工的车刀刀头形状有所不同一样，这里不再赘述。

4）车削方法

内螺纹车削与外螺纹车削的方法基本相同，只是进刀和退刀的方向相反而已。内螺纹车削由于排屑、切削液注入和观察都比较困难，加之刀杆刚度较低等原因，使得操作过程比外螺纹车削难度大，而且质量保证要困难很多。

5）内螺纹车削要领

① 车削前先车好底孔、孔口倒角及孔口端面。对于盲孔，要先车好退刀槽。

② 内螺纹车削要选较低的切削速度，一般 $v_c<10$ m/min。

③ 细心控制螺纹深度。一般常用溜板箱手轮刻度、小拖板手柄刻度或者在刀杆上作标记的方法控制螺纹的深度。

④ 退刀要快，尤其是盲孔和台阶孔螺纹。

（3）普通螺纹的检测

1）螺纹大径检测

螺纹大径常用游标卡尺检测。

2）螺距检测

螺距常用钢板直尺或螺距规（又称螺纹样板，如图 5－121 所示）检测。钢板直尺检测是通过同时检测多个螺距的总长度求其平均值来计算螺距是否符合要求；样板检测是在螺纹规中选择相同螺距的样板嵌入工件牙形槽中，观察样板是否完全落入工件牙形槽，是则合格，反之则不合格。

3）中径检测

螺纹中径常用螺纹千分尺检测，使用方法与千分尺相同，不同的只是测量头是与被测螺纹牙形槽一致的专用测头。

4）螺纹环规检验

前面介绍的三种方法是检测螺纹的某一项是否合格，环规检验是检验被测螺纹的综合情况。螺纹环规分“通规”和“止规”，如图 5－122 所示。检验时，“通规”能过、“止规”不能过即视该螺纹为合格。

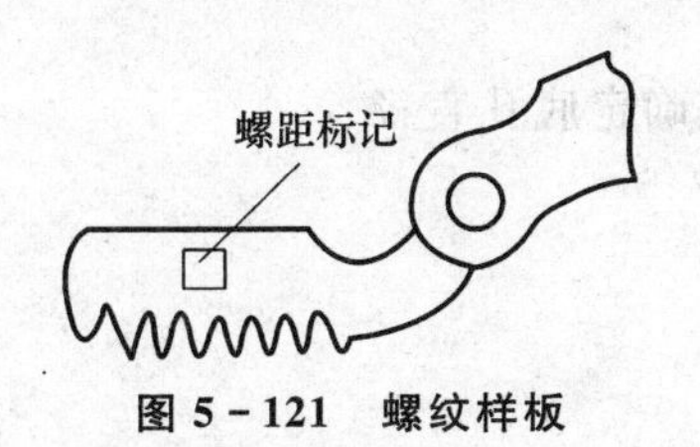

图 5－121　螺纹样板

(a) 通规

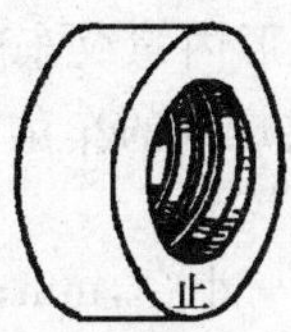

(b) 止规

图 5－122　螺纹环规

内螺纹一般都用螺纹塞规检验，“通规”能过、“止规”不能过的内螺纹就可视为合格。

3. 梯形螺纹车削方法

(1) 梯形外螺纹车削

梯形螺纹车削的难点是保证中径尺寸 d_2、牙形角 α 的大小和对称以及牙侧的表面粗糙度。加工梯形螺纹切除量大，多数时间梯形螺纹车刀的三段切削刃都同时参与切削，切削阻力大，因此，对工件装夹的牢固性和定位的可靠性要求很高。装夹时一般采用一夹一顶的方式，如图 5-49 所示，以防止车削过程中工件轴向窜动造成乱牙(俗称乱扣)和撞刀。

1) 车刀装夹

梯形螺纹车刀的装夹方法与普通螺纹相同，要求车刀的两个牙形半角 $\alpha/2$ 必须对称，同时车刀的对称平面垂直于螺纹轴线，如图 5-123 所示。

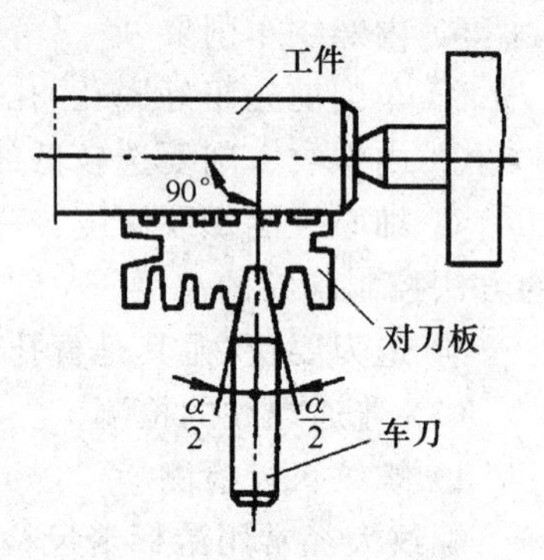

图 5-123 梯形螺纹车刀装夹

2) 几种进刀方式

梯形螺纹车削的进刀方式与螺距大小有关。

① 当螺纹螺距 $P \leqslant 3$ 时，只须用一把车刀采用直进法粗、精车削即可。

② 当螺纹螺距 $3 < P \leqslant 8$ 时，粗车方法有两种，主要是切除大多数材料：一是用刀尖角略小于螺纹牙形角(如小 2°)的粗车刀车至牙底(螺纹小径)；二是留出精加工余量(0.1～0.2 mm)用粗车刀采用左右进刀法车至小径；最后用带卷削槽的精车刀精车至尺寸。

③ 当螺纹螺距 $8 < P \leqslant 10$ 时，首先用切槽刀径向进刀切成台阶槽，然后用刀尖角略小于牙形角的粗车刀左右进刀半精车至小径，最后用带卷削槽的精车刀车至尺寸，如图 5-124 所示。

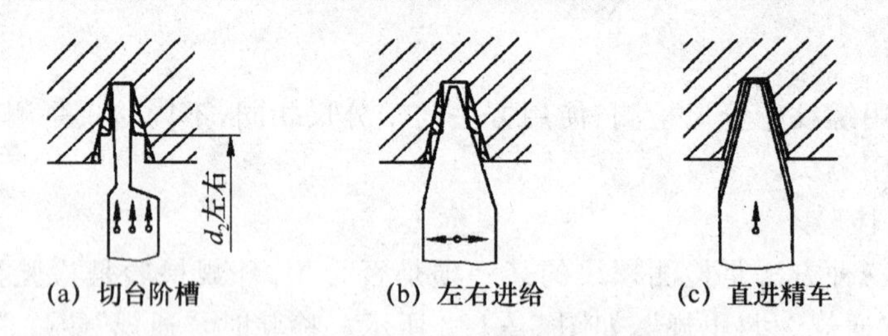

图 5-124 螺距 $8 < P \leqslant 10$ 的进刀方法

(2) 梯形内螺纹车削

梯形内螺纹的车削方法基本同于普通内螺纹，首先确定底孔直径：

$$D_{孔} = D_1 = D - P$$

式中：D_1——小径，mm；

D——大径，mm；

P——螺距，mm。

车削梯形内螺纹时，为了对刀方便，常在孔口预先车制一台阶，作为对刀基准，如图5－125所示。孔的直径等于螺纹的大经，深度为1～2 mm足够对刀即可。

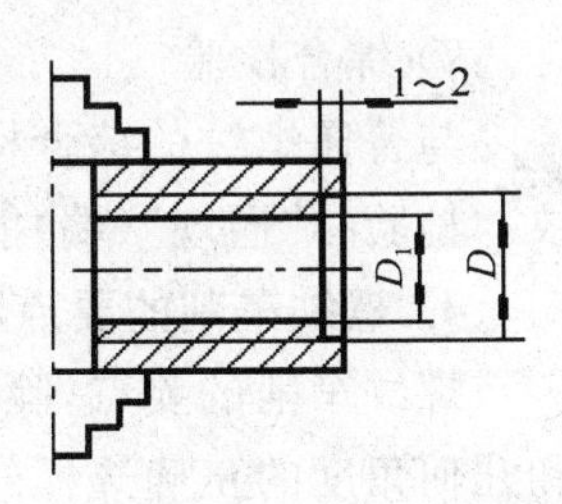

图 5－125　对刀台阶

车削时的进刀方式与外螺纹相同，但一定注意记清进刀时的手柄刻度和车削到终了时快速退刀。

(3) 梯形螺纹的检测

1) 三针检测

三针检测法是一种螺纹中径的精密测量方法，主要检测梯形螺纹和蜗杆，也适合检测精度要求较高螺旋升角小于4°的普通螺纹。

检测时将三根直径符合要求、大小相同的量针放置在相应的螺旋槽中，用千分尺测量量针间的距离M，由此控制螺纹中径的实际大小。如图5－126所示。在检测前首先要准备三根量针，其直径d_D可由图5－126(b)所示运用三角函数计算得出。只要测得的M值在由中径极限偏差得出的允许范围内即可视螺纹中径合格。

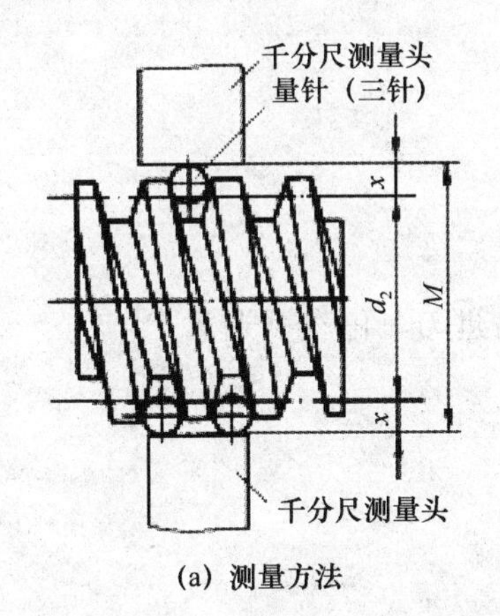

(a) 测量方法

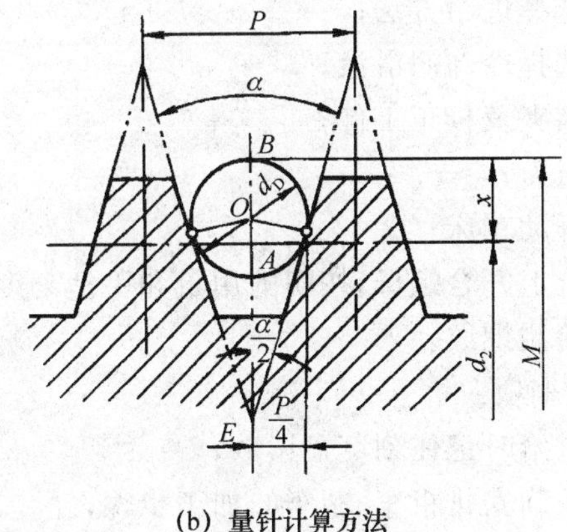

(b) 量针计算方法

图 5－126　三针测量螺纹中径

为了应用方便，现将M和d_D的简化计算公式列于表5－18中。

表 5－18　三针测量的 M 值和量针直径 d_D 的简化计算公式

螺纹牙形角 α/(°)	M 值计算公式	d_D 计算公式
60	$M=d_2+3d_D-0.866P$	$d_D=0.577P$
55	$M=d_2+3.166d_D-0.961P$	$d_D=0.564P$
40	$M=d_2+3.924d_D-1.374P$	$d_D=0.533P$
30	$M=d_2+4.864d_D-1.866P$	$d_D=0.518P$
29	$M=d_2+4.994d_D-1.933P$	$d_D=0.516P$

2）综合检验

与普通螺纹的综合检验一样，用螺纹环规和螺纹塞规可以检验精度要求不太高的梯形螺纹。检验时“通规”（端）能过、“止规”（端）不能过即可视螺纹合格。

4. 螺纹车削的要点和注意事项

螺纹车削的要点，除了已介绍的螺纹的进刀方法、根据刀具不同选择切削用量、车刀材料和几何角度的正确选择外，还应掌握螺纹车削时的准备工作等，概括如下：

① 选择刀具材料及几何角度，正确刃磨刀具；

② 正确安装车刀；

③ 调整机床各部间隙及做好机床润滑；

④ 计算螺纹各测量尺寸；

⑤ 挂轮及检查机床各部位手柄位置；

⑥ 选择切削用量；

⑦ 校对螺距；

⑧ 选择进给方法；

⑨ 选择冷却润滑液；

⑩ 装夹及校正工件；

⑪ 对刀；

⑫ 开动车床；

⑬ 合上开合螺母，按切削用量和手柄刻度进刀车削：进刀—停车—退刀；

⑭ 检测螺纹。

注意事项：

① 进给时记住刻度盘读数；

② 正确安排粗车、精车的加工步骤；

③ 正确测量螺纹尺寸。

5.9.5 工件缺陷及预防措施

车削螺纹时常见的缺陷、产生原因及预防措施如表 5－19 所列。

表 5－19 车削螺纹时常见的缺陷、产生原因及预防措施

常见缺陷	产生原因	预防措施
啃刀和乱扣	① 开合螺母与丝杠啮合只在某一点上 ② 刀架间隙过大 ③ 刀杆伸出过长	① 注意啮合状态，防止自动松脱 ② 调整拖板及刀架间隙，清洁丝杠，注油 ③ 控制刀杆伸出量为厚度的 1.5 倍

续表 5-19

常见缺陷	产生原因	预防措施
扎刀	① 刀杆强度低或伸出太长 ② 车刀安装低于主轴轴线太多 ③ 工件刚性太差	① 重新选择刀杆材料、截面，控制伸长量 ② 调整刀具安装高度 ③ 装夹工件时加顶尖；左右或分层进刀
螺纹表面粗糙度太低	① 车刀切削刃粗糙度值大 ② 侧刃后角错误，侧后刀面与工件摩擦 ③ 机床刚性差、精度低 ④ 冷却润滑不当	① 用油石研磨切削刃，降低粗糙度值 ② 修磨车刀，注意侧后角“$+\psi$”、“$-\psi$” ③ 调整主轴间隙 ④ 选择冷却润滑液
量规通规通不过	① 车刀安装歪斜，影响工件牙形角 ② 大(小)径有毛刺 ③ 车削时“让刀” ④ 刀具前角对牙形角造成影响	① 调整刀具，使车刀对称线与主轴垂直 ② 去除毛刺 ③ 外螺纹工件加顶尖装夹 ④ 适当考虑车刀前角的修正

5.9.6 练习实例

题目1 车削图5-127所示普通螺纹综合训练件。练习步骤如下：

① 夹持棒料左段，平右端面，车右段至 ϕ35 mm×31 mm。

② 调头夹持右段，平左端面，粗、精车左段至 ϕ42 mm×26 mm。

③ 用 ϕ6 mm 麻花钻头打通孔，然后用 ϕ9.8 mm 麻花钻头扩孔，用 ϕ10 mm 铰刀铰孔。

④ 用内孔车刀镗孔至 ϕ31.43 mm×16 mm，其中 ϕ31.43 mm$=D-(1\sim1.05)P$ mm。

⑤ 用内沟槽刀车内槽 4×ϕ33 mm。

⑥ 孔口倒角 2×45°。

⑦ 用台阶孔普通内螺纹车刀粗、精车内螺纹至 M33×1.5-7H。

⑧ 检测。

⑨ 调头，垫铜皮(或砂布)夹持 ϕ42 mm 圆柱面，找正工件右段。

⑩ 用内孔车刀镗孔至 ϕ24 mm×20 mm。

⑪ 精车外圆至 ϕ32.9 mm×31 mm。

⑫ 车沟槽 4×ϕ30 mm，倒角 2×45°。

⑬ 刻外螺纹线，螺距 $P=1.5$，并检查螺距。

⑭ 粗、精车外螺纹至 M33×1.5-6g。

⑮ 各锐边倒钝。

⑯ 检测合格后卸下工件。用合格的内、外螺纹作为环规和塞规相互检测。

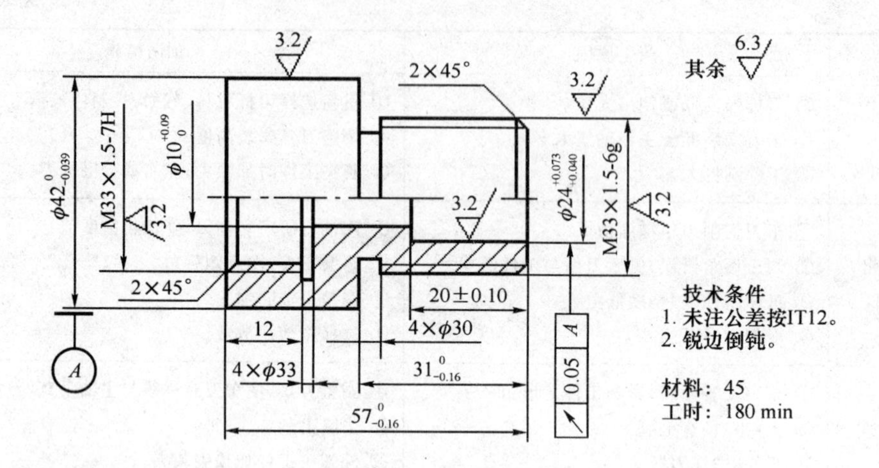

图 5-127 普通螺纹综合训练

题目 2 梯形螺纹综合训练。

题目要求：按题目 1 将普通螺纹换成梯形螺纹，其螺纹各部分尺寸根据实训情况确定。

5.10 车削偏心工件

5.10.1 操作训练基本要求

① 了解偏心工件的类型。

② 掌握偏心工件的装夹与找正方法。

③ 掌握偏心工件的车削方法。

④ 掌握偏心工件的检测方法。

5.10.2 准备知识

在回转形工件上某一（或部分）轴（孔）段的几何轴线与该工件的回转轴线平行而不重合的结构则称为偏心，其轴线间的距离则称为偏心量或偏心距。机床或机器中回转运动与直线运动之间的转换往往就是依靠偏心轴（或曲轴）、偏心轮（或曲柄）来实现的。常见的偏心工件有偏心轴和偏心套，如图 5-128 所示。

车削偏心件的车刀与普通外圆、台阶和内孔车刀相同，其车削方法和生产组织形式是由工件的批量大小来决定的。单件或小批量生产是靠调整机床或附件使得偏心部分的几何轴线与机床主轴轴线同轴而车削出来的；大批量生产是通过专用模具保证偏心部分的几何轴线与机床主轴轴线同轴而车削出来的。如此看来，车削偏心工件的主要问题是如何使得偏心部分的几何轴线与机床主轴轴线同轴，然后按加工外圆或内孔的方法进行加工。

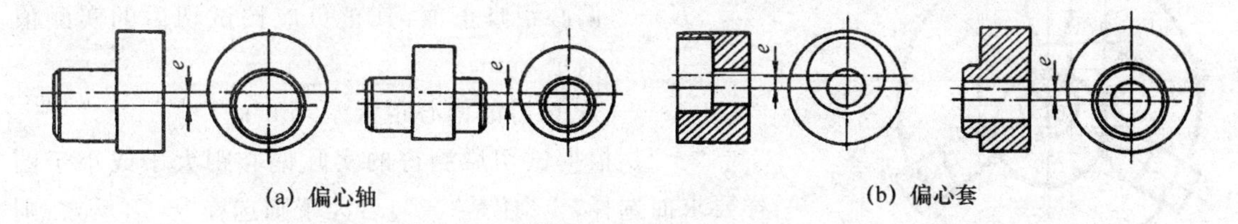

(a) 偏心轴　　(b) 偏心套

图 5－128　常见的偏心工件

5.10.3　车削方法和操作要领

车削偏心工件的关键问题在于如何装夹和调整工件，使工件的偏心与主轴同轴。

1. 偏心工件车削方法

(1) 用四爪卡盘装夹工件车偏心

用四爪卡盘装夹工件车偏心，应先按图 5－129 所示的方法在工件端面划出以偏心为圆心的圆圈线，以此为辅助基准装夹、校正工件，如图 5－130 所示。车削时要注意，由于工件回转是不圆整的，车刀切削必须从偏心的反方向开始，否则会因工件对车刀的冲击而打坏车刀。在四爪卡盘上车削偏心适合单件生产或精度要求不高的工件。

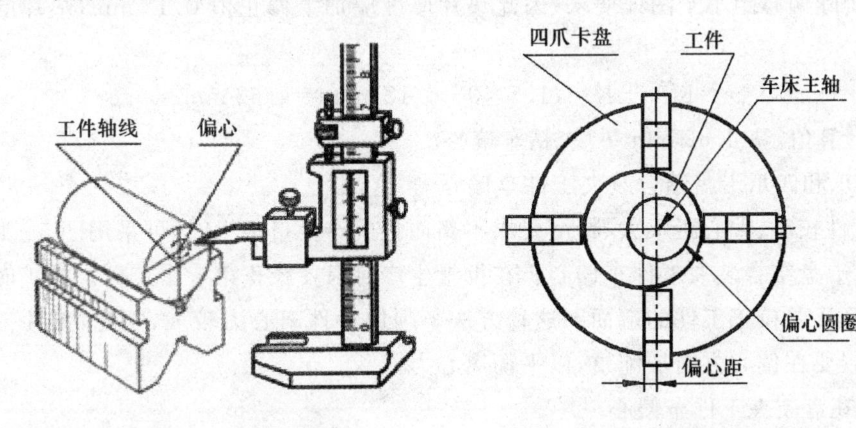

图 5－129　划偏心圆圈　　图 5－130　在四爪卡盘上车偏心

(2) 用三爪卡盘装夹工件车偏心

长度较短、偏心距较小、精度要求不高的偏心工件可直接用三爪卡盘装夹而加工，如图 5－131所示。首先把外圆车削好，随后在三爪中任一卡爪与工件的接触面之间垫上一块预先计算好厚度的垫块即可。垫块厚度 x 的计算公式如下：

$$x=1.5e\pm K \qquad (\text{其中},K\approx 1.5\Delta e)$$

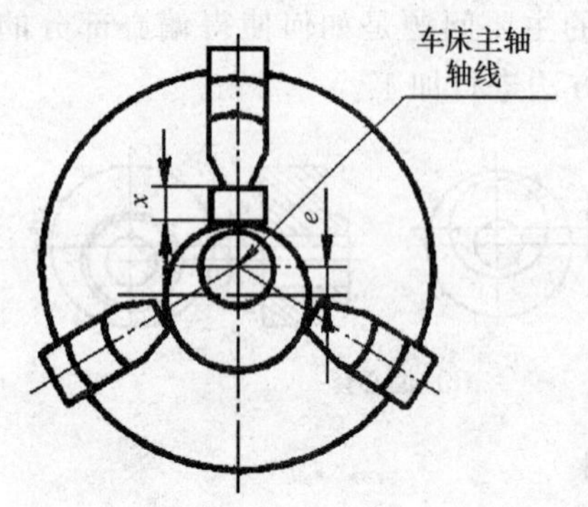

图 5-131 三爪车偏心

式中：x——垫片厚度，mm；

e——偏心距，mm；

K——偏心距修正值，其正负应按试切后的实测值确定，mm；

Δe——试切后的偏心距误差，mm；

"±"是根据试切后测得的实际偏心距大于或小于图样要求而选择"+"还是"−"，若大于则选择"−"，反之，则选"+"，mm。

例题 有一偏心距 $e=3$ mm 的偏心工件，用三爪卡盘装夹，试计算垫片厚度 x。

计算和操作步骤：

① 初算 x（先不考虑修正值 K）

$$x=1.5e=1.5\times3\text{ mm}=4.5\text{ mm}$$

② 垫 4.5 mm 垫片进行试切，然后检测偏心距。假设检得实际偏心距为 2.92 mm，则其偏心距误差 $\Delta e=|e-e_{实}|=|2.92-3|$ mm$=0.08$ mm。于是，修正值 K 为

$$K\approx1.5\Delta e=1.5\times0.08\text{ mm}=0.12\text{ mm}$$

③ 由于实际偏心距小于图样要求，因此垫片厚度应加上修正值 0.12 mm，垫片的准确值应为

$$x=1.5e\pm K=(1.5\times3+0.12)\text{ mm}=4.62\text{ mm}$$

④ 根据计算值，垫 4.62 mm 垫块，精车偏心。

(3) 用三爪和四爪卡盘结合装夹工件车偏心

当偏心工件较小、偏心距不大、精度要求不高而且生产批量很大时，可采用图 5-132 所示的三爪和四爪卡盘结合装夹工件车偏心。在批量生产时只要校正第一个工件。校正时不但要校正外圆，而且还要校正工件的端面。这种方法车削偏心件离心力较大，因此，工件一定要夹紧，需要的时候要在偏心方向加配重，以平衡离心力。

(4) 使用花盘装夹工件车偏心

当小批量生产内孔偏心工件时，可采用图 5-133 所示的花盘装夹工件进行车削。这种方法牢固可靠，精度较高，但在车偏心前必须将工件外圆车准确。

(5) 用偏心顶尖孔加工偏心轴

在偏心距较大，端面又允许加工两个中心孔时，可采用图 5-134 所示的偏心顶尖孔加工偏心轴。这种方法既适合单件或小批量生产，也适合成批生产。偏心距加工的精度取决于偏心中心孔的加工精度。

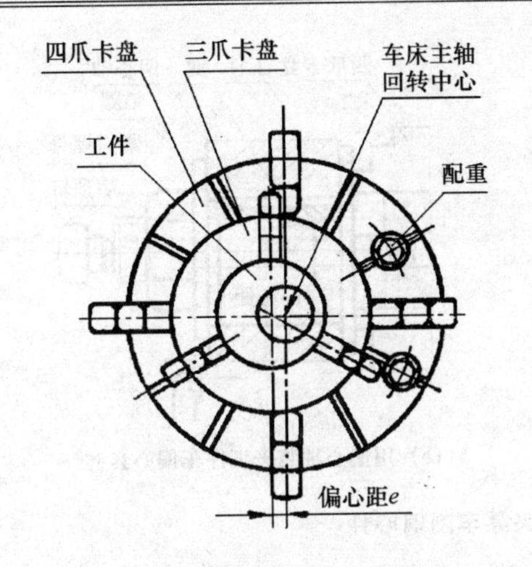

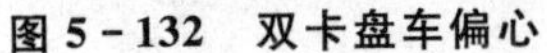

图 5-132　双卡盘车偏心

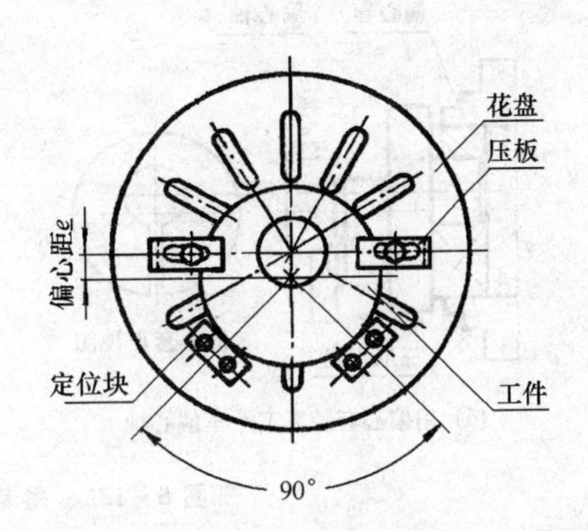

图 5-133　用花盘车偏心

如图 5-134 所示，加工 φ75 轴段时，使用上边的一组中心孔，用双顶尖装夹工件；加工 φ45 轴段时，使用下边的一组中心孔，用双顶尖装夹工件。

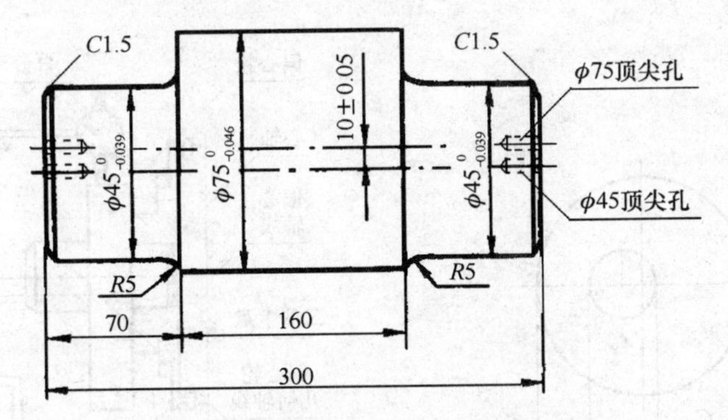

图 5-134　用偏心顶尖孔加工偏心轴

(6) 用专用夹具车削偏心件

当精度要求高，而且批量又大时，可采用图 5-135 所示的专用夹具(此处为偏心轴、偏心套)车削偏心件。加工工件前，应根据工件偏心距准确地加工出偏心轴和偏心套，然后将工件装夹在上面进行车削。

2. 偏心工件检测方法

检测偏心距的方法很多，以下仅举三例。

(1) 游标卡尺测量偏心距

这种方法简单、方便，但测量精度较低。在图 5-136 中，用游标卡尺分别测量 C_1、C_2，偏心距则为 $e=(C_1-C_2)/2$。

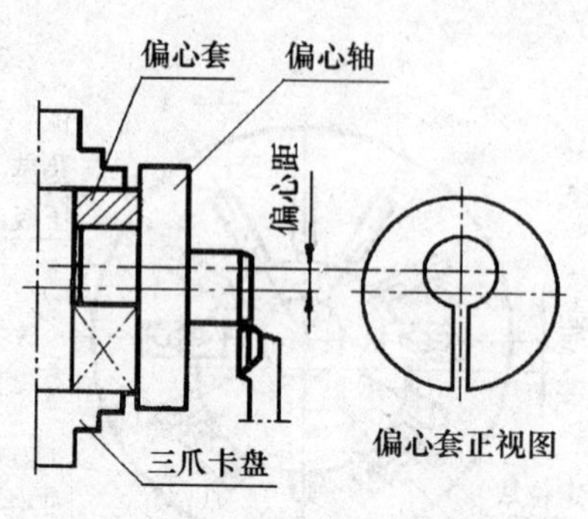

(a) 用偏心套装夹工件车偏心轴

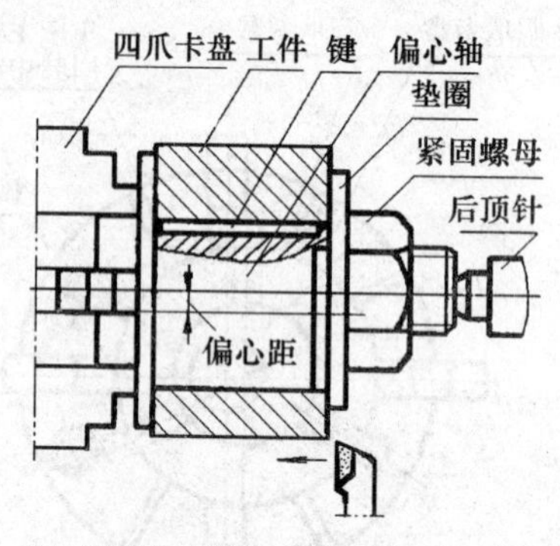

(b) 用偏心轴装夹工件车偏心套

图 5-135 用专用夹具车削偏心件

(2) 百分表测量偏心距

如图 5-137 所示,用检验心轴转入偏心孔支承偏心轮,将心轴夹持在三爪卡盘中,并使偏心轮靠紧卡爪,找正心轴后,旋转卡盘一周,百分表上最大、最小读数差值的 1/2 即为工件的偏心距。

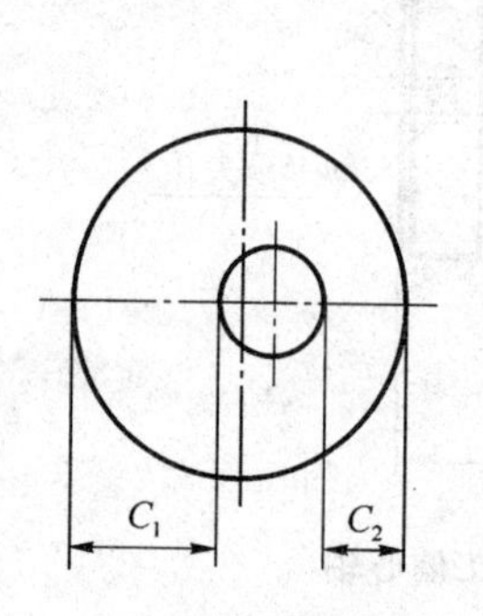

图 5-136 游标卡尺测量偏心距

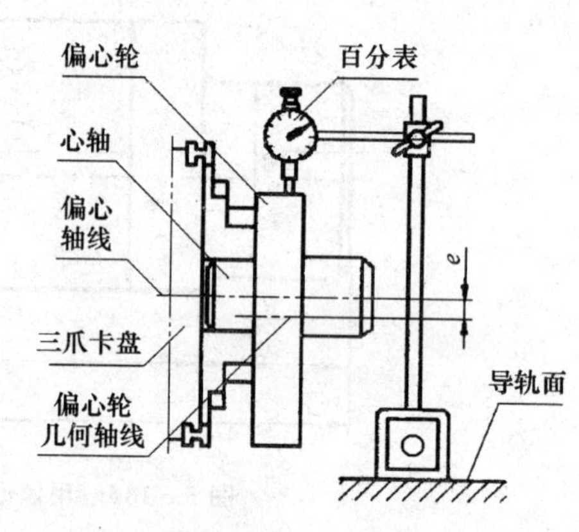

图 5-137 百分表测量偏心距

(3) 用顶尖和百分表测量偏心距

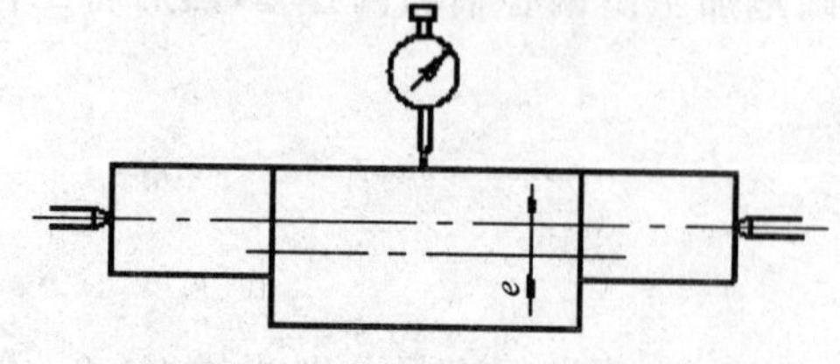

图 5-138 用顶尖支承工件测量偏心距

如图 5-138 所示,当工件两端有中心孔时,可以将工件支承在同轴的两顶尖上,转动工件一周,百分表的读数差的 1/2 即为工件的偏心距。如果用检验棒支承起偏心套,这种方法还可以检测偏心套。如果没有合适的两顶尖,也可以在检验平台上用一个长的或者两个等高的短 V 形块支承工件，配合百分表检测工件偏心距。方法很多，在实际工作中还可以根据实际条件自行摸索和总结。

5.10.4　练习实例

按图5-139所示完成偏心轴的加工。

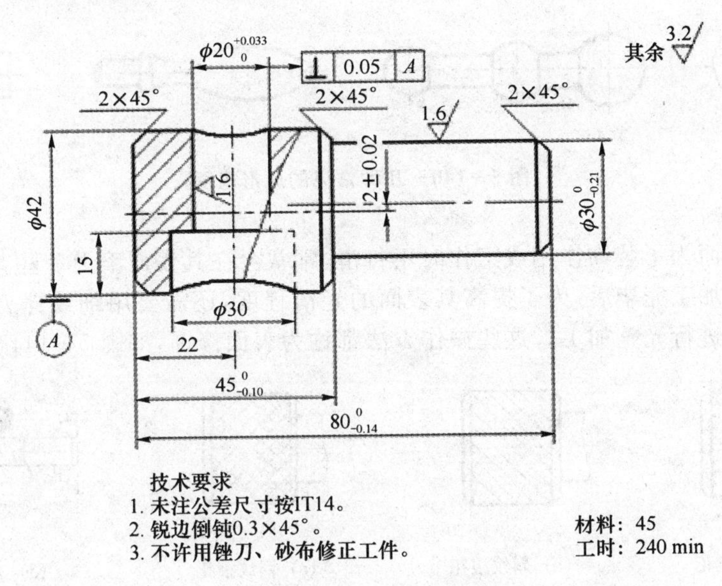

图5-139　偏心轴

该题为一道综合练习题，既有偏心，又有横的台阶孔，初次车削较难，可以先练习用三爪装夹车偏心轴，然后用四爪装夹车横孔。如图5-138所示，偏心距为2±0.02 mm，可直接用三爪加垫片的方法车削偏心，若用四爪练习也可以，主要是练习装夹和找正工件的方法，车削方法与加工外圆和内孔是一样的。

5.11　成形面车削和表面修饰

5.11.1　操作训练基本要求

① 掌握成形面车刀的选用和使用方法。

② 了解成形面的车削成形原理和基本加工方法。

③ 掌握表面修饰的操作方法。

④ 了解成形表面的检测方法。

5.11.2 准备知识

1. 成形面

由曲线、圆弧线或折线作为素线按一定轨迹移动而形成的工件表面称为成形面。车工所加工的成形面多数是回转面，图 5-140 所示的几种手柄和喇叭形零件的表面就是比较规则的成形面。

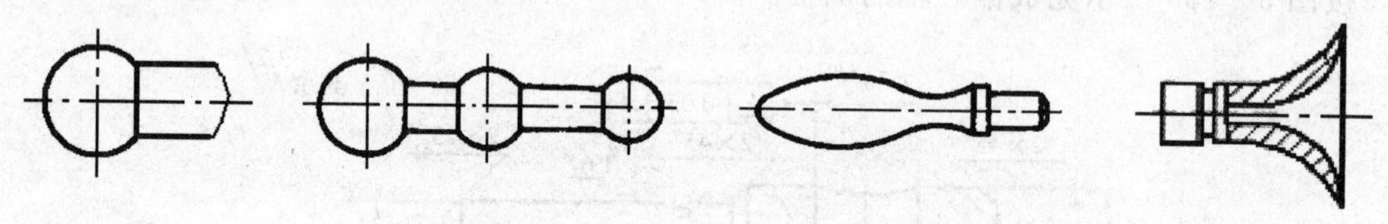

图 5-140 几种常见的成形表面

2. 表面修饰

一些零件表面为了装饰作用或工作时不打滑，常常会在其表面滚上一些花纹；还有一些零件的表面在车削加工完毕后，为了提高其表面的光滑程度，还需要用细纹锉刀、砂布或者专用的研磨工具对其进行光整加工。这些操作方法都称为表面修饰，如图 5-141 所示。

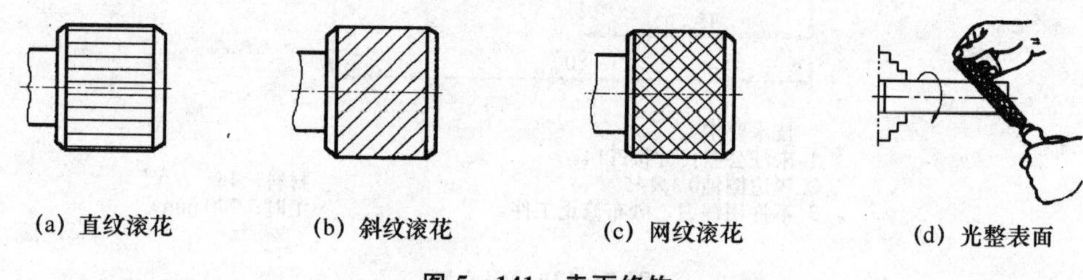

(a) 直纹滚花　(b) 斜纹滚花　(c) 网纹滚花　(d) 光整表面

图 5-141 表面修饰

5.11.3 车削方法和操作要领

1. 车削成形面

在车床上加工成形表面是一项比较传统的成形方法，其成形原理有两种：一是改变刀具切削刃的形状，使之与成形面的母线形状相吻合；二是改变刀具的运动轨迹，使刀具的运动轨迹与形面的母线一致。其具体的成形方法有双手控制法、样板刀(又称成形刀)法、仿形(靠模)法等。

(1) 双手控制法

双手控制法是用左、右手同时协调操作中拖板和小拖板手柄，使车刀同时完成纵向和横向进给加工成形面，如图 5-142 所示。精度不高或形面比较简单的零件可用此方法加工，并用卡尺和标准圆弧样板进行检测。精度要求较高、形面较复杂的零件可将整个复杂的形面分成几个简单的形面，依此进行车削，零件的外形用分形样板和整形样板检测。双手控制法用于中小型零件的单件小批生产。

以车削图 5-143 所示手柄为例，其车削步骤如下：

第一步：车削手柄直径 $\phi30$ mm 的外圆柱面和右端 $\phi20$ mm、$\phi12$ mm 圆柱面至尺寸。

第二步：车 ϕ16 mm、R52 mm、R60 mm 圆弧形回转面，控制长度 63.2 mm。

第三步：车削 R60 mm、R10 mm，控制长度 95 mm。尾部暂不切断。

第四步：调头夹持右段，车削椭球形端头。

第五步：用细砂布进行光整修饰。

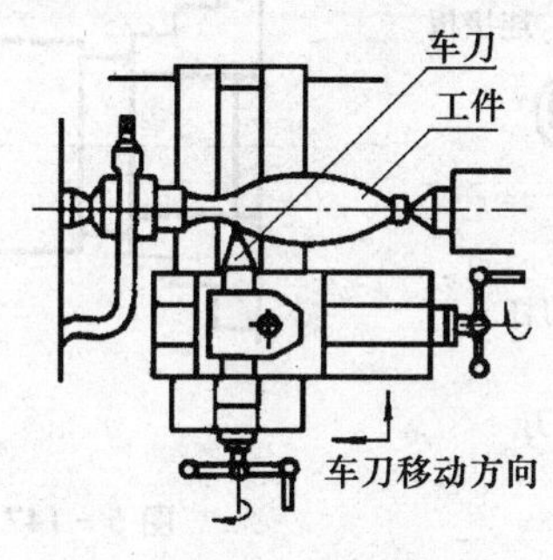

图 5-142　双手控制法

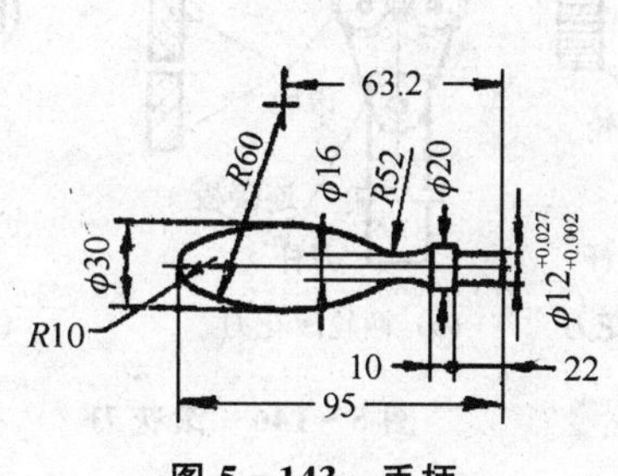

图 5-143　手柄

(2) 样板刀法

在加工工件上的大圆角或圆弧槽时，把车刀的刀刃磨成和工件加工部分的轮廓一致，这种加工方法称为样板刀法，这种特殊的车刀称为样板刀，也称为成形车刀，如图 5-144 所示。

(3) 仿形法

如图 5-145 所示，仿形法的原理就是预先做出一个与工件形状相同的工具件作为靠模，然后用连接板把它与刀架连接在一起，刀刃的移动轨迹由靠模确定。这种加工方法相当于复印文件，还原性好，只要随时注意补偿刀具的磨损就能获得较高的加工质量和生产效率。因此，仿形法适合批量生产。

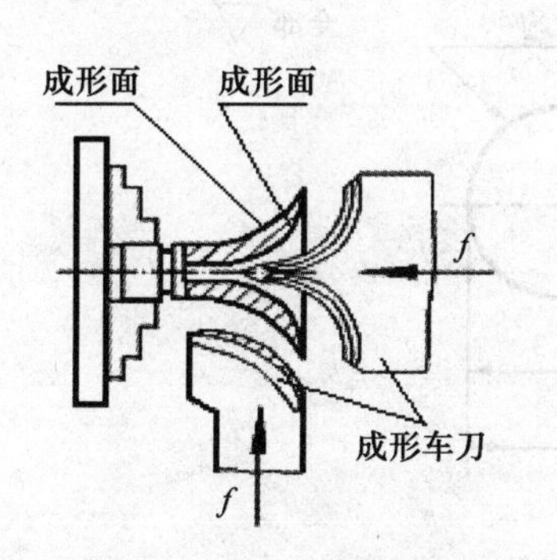

图 5-144　样板刀法

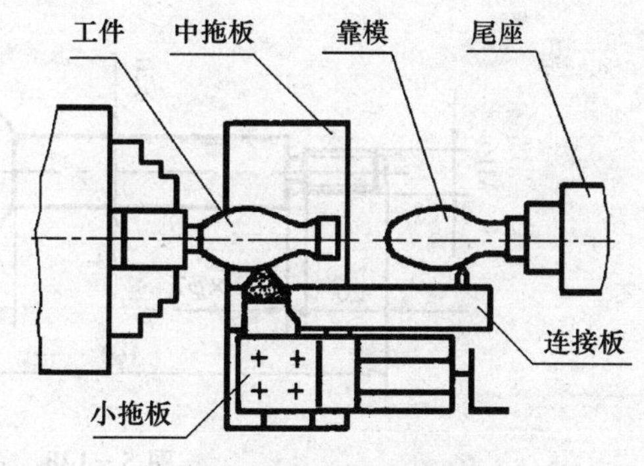

图 5-145　仿形法

2. 滚　花

滚花所使用的刀具称为滚花刀（如图 5-146 所示），是由滚轮和刀杆组成。滚花刀有单轮、两轮和六轮三种。单轮的滚直纹，两轮的滚网纹，六轮的可以滚三种网纹。

滚花是在外表面进行，滚花后的表面其直径都会因材料的塑性变形而增大，因此，滚花前的光杆直径都要略小一些，一般小(0.8～1.6)m，m 为花纹模数。

安装滚花刀时，要求其安装中心(单轮为滚轮中心)与工件回转中心等高且相互平行，如图 5-147所示。

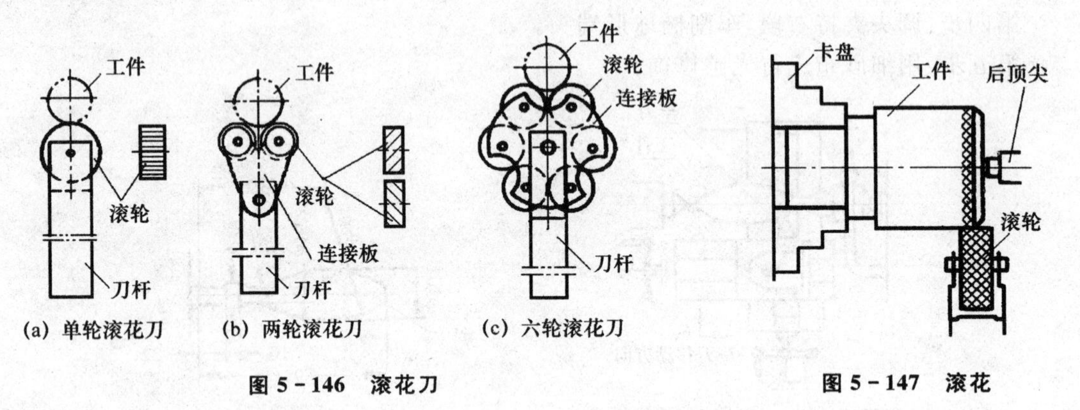

图 5-146 滚花刀

图 5-147 滚花

滚花的切削用量：v_c＝5～10 m/min，进给量一般选 0.3～0.6 mm/r。

滚花的注意事项：

① 随时清理切屑，但注意毛刷不能进入啮合处，不能用手或面纱接触滚压表面。

② 滚压长工件和薄壁工件时要防止变形。

5.11.4 练习实例

题目 1 按图 5-148 所示加工手柄，尺寸精度按 IT10。

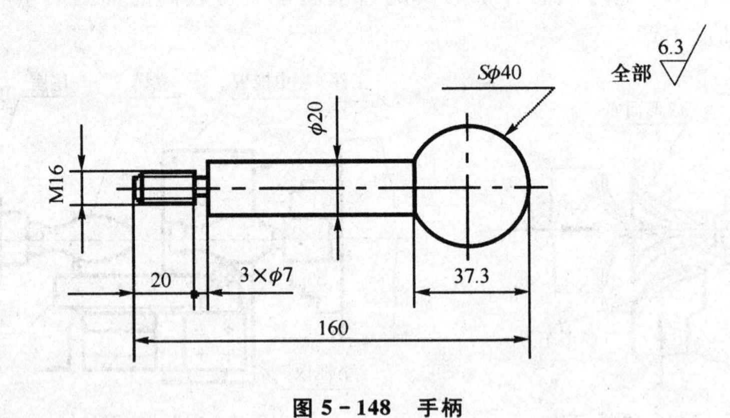

图 5-148 手柄

加工步骤为：

① 夹毛坯棒料，找正夹紧，打中心孔(螺纹端)。

② 留足长 39 mm，车 ϕ20 mm×(160－37.5) mm。

③ 车螺纹退刀槽及 M16×20 mm。

④ 调头，夹持 ϕ20 mm 段。

⑤ 按尺寸采用双手控制法加工球面。

⑥ 用细砂布修磨球面。

⑦ 检验。

题目 2　按图 5-149 所示加工滚花件。

加工步骤如下：

① 用三爪卡盘夹持工件毛坯，找正并夹紧。

② 平端面。

③ 粗车外圆 $\phi31$ mm×30 mm。

④ 调头夹持 $\phi31$ mm 段，车外圆 $\phi40$ mm 段至 $\phi39.8$ mm×40 mm。

⑤ 滚花 $m=0.3$，倒角。

⑥ 调头夹持滚花段，找正工件。

⑦ 平端面，保证两个长度：30 mm、70 mm.

⑧ 精车 $\phi30$ mm 至尺寸；倒角。

⑨ 检验。

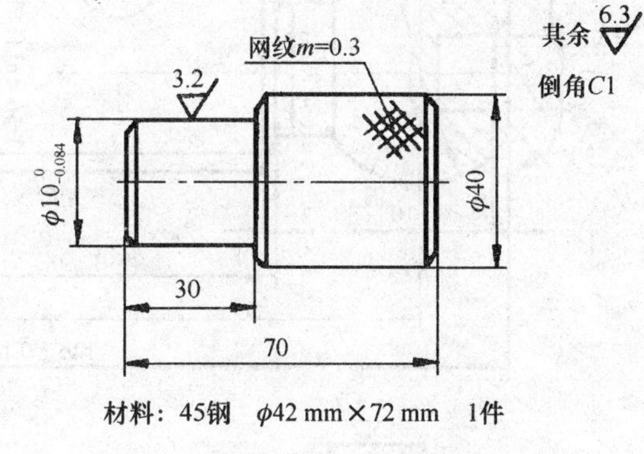

图 5-149　滚花练习

5.12　综合训练

5.12.1　综合练习题

题目　练习加工图 5-150 所示零件——轴。

1. 零件分析

零件有梯形螺纹、三角螺纹、沟槽、台阶、外圆、内孔、球面，精度和表面粗糙度要求较高，属复杂零件。

2. 制定工艺方案

在毛坯一端加工出准确的 A3 中心孔，采用一夹一顶的方式装夹工件。夹持球面段，先加工右段。首先按长度要求将材料分成几段，分粗、清加工，从右向左逐段加工；完成后，调头，垫上铜皮夹持梯形螺纹段，车球面，最后加工内孔。

5.12.2　技能鉴定模拟题

1. 初级车工技能鉴定模拟题

题目 1　轴，如图 5-151 所示，评分如表 5-20 所列。

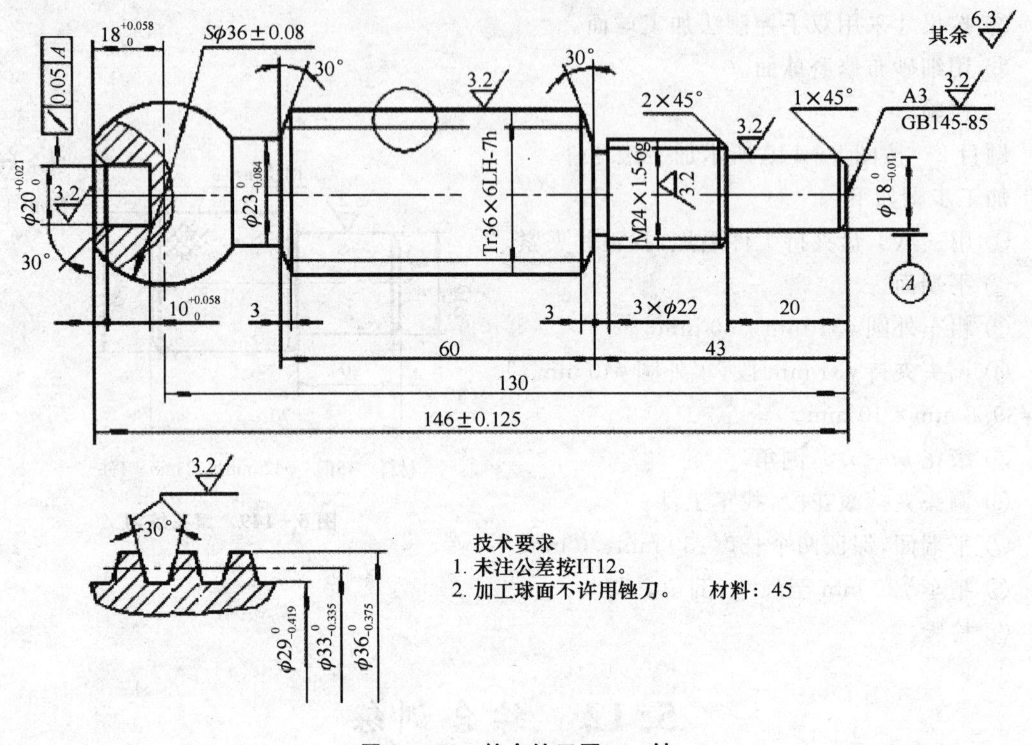

图 5－150　综合练习题——轴

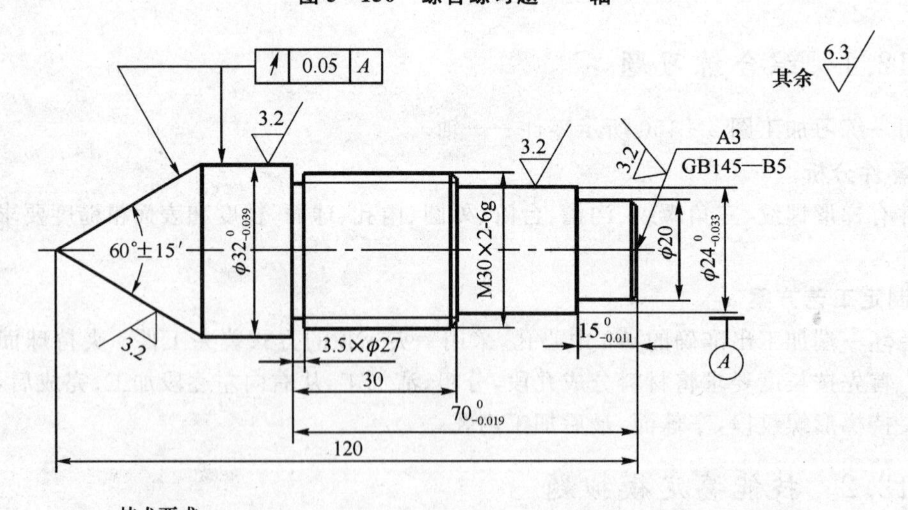

技术要求
1. 倒角C1。
2. 未注公差尺寸按T114。
2. 不许用锉刀、砂布修饰。

初级模拟题1	材　料	工　时	毛坯尺寸
轴	45	120 min	φ35×130

图 5－151　初级车工模拟题 1——轴

表 5－20　初级车工模拟题 1——轴评分表

考件编号			考试时间		总得分	
检测项目	配分		评分标准	检测结果	得分	
	IT	R_a				
$\phi24_{-0.033}^{0}$　$R_a3.2$	8	2	① 尺寸超差 1 级扣该项 50%，超 2 级不得分 ② 粗糙度降 1 级扣该项 50%，降 2 级不得分 ③ 形位公差超差不得分 ④ 破坏总体形状不得分 ⑤ 超时 3 min 扣 2 分，超 20 min停止作业 ⑥ 安全文明视情况扣分 ⑦ 未按要求倒角、去锐扣总分 5%			
$\phi32_{-0.039}^{0}$　$R_a3.2$	6	2				
60°±15′　$R_a3.2$	15	2				
大径 $\phi_{0.318}^{-0.038}$　$R_a3.2$	4	1				
中径 $\phi_{-0.198}^{0.038}$　$R_a6.3$	13	2				
60°　$P=2$	10					
$15_{-0.11}^{0}$　$R_a6.3$	4	1				
$70_{-0.019}^{0}$　$R_a6.3$	4	1				
↗ 0.05 A	10					
其余 5 项 $R_a6.3$	2.5	2.5				
安全文明生产	10					
监考员：＿＿＿＿，＿＿＿＿			考评员：＿＿＿＿		鉴定所：(章)	

题目 2　锥度芯棒，如图 5－152 所示，评分表如表 5－21 所列。

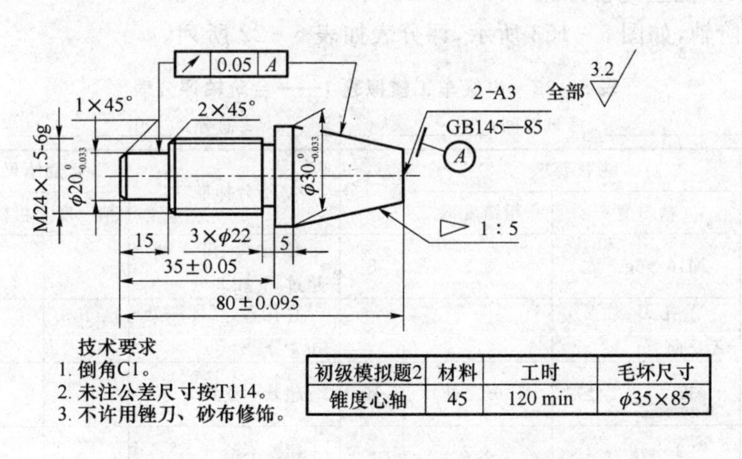

初级模拟题2	材料	工时	毛坯尺寸
锥度心轴	45	120 min	φ35×85

图 5－152　初级车工模拟题 2——锥度心轴

表 5-21　初级车工模拟题 2——锥度心轴评分表

考件编号			考试时间		总得分	

检测项目	配分		评分标准	检测结果	得分
	IT	R_a			
$\phi20_{-0.033}^{0}$	8	1.5	① 尺寸超差 1 级扣该项 50%，超 2 级不得分 ② 粗糙度降 1 级扣该项 50%，降 2 级不得分 ③ 形位公差超差不得分 ④ 破坏总体形状不得分 ⑤ 超时 3 min 扣 2 分，超 20 min 停止作业 ⑥ 安全文明视情况扣分 ⑦ 未按要求倒角、去锐扣总分 5%		
$\phi30_{-0.033}^{0}$	5	1.5			
$\alpha\pm15^{\circ}$	10	2			
大径 $\phi24_{-0.260}^{-0.042}$	4	1			
中径 $\phi23.026_{-0.182}^{-0.022}$	13	2			
60°　$P=1.5$	5				
5	4	1			
35±0.05	4	1			
80±0.095	3	1			
径向圆跳动	20				
其他 3 项 R_a	1.5	1.5			
安全文明生产	10				

监考员：＿＿＿＿＿＿，＿＿＿＿＿＿　　考评员：＿＿＿＿＿＿　　鉴定所：(章)

2. 中级车工技能鉴定模拟题

题目 1　台阶轴，如图 5-153 所示，评分表如表 5-22 所列。

表 5-22　中级车工模拟题 1——台阶轴评分表

检测号：＿＿＿＿＿＿＿＿　考试时间：＿＿＿＿＿＿＿＿　总分：＿＿＿＿＿＿＿＿

序号	项目	考核要求		配分	给分标准	检测结果		得分	备注
		精度	粗糙度 R_a			精度	粗糙度		
1	螺纹	M16－6g	3.2	8	超过 6g 扣 4 分，超过 7g 扣 8 分				
2	牙形(二)	无扎刀、烂牙，无反向		8	有扎刀、烂牙一处扣 4 分				
3	外径	$\phi32_{-0.025}^{0}$(二处)	1.6(二处)	10	超差一处扣 5 分				
4	外径	$\phi22_{-0.04}^{0}$	3.2	4	超差不给分				
5	宽度	$32_{-0.15}^{0}$	3.2(2 处)	4	超差不给分				

续表 5-22

序号	项目	考核要求		配分	给分标准	检测结果		得分	备注
		精度	粗糙度 R_a			精度	粗糙度		
6	槽宽	10H7	3.2(2处)	6	塞规检测不合格不给分				
7	位置度	对称度 0.05		6	超差不给分				
8	大径	$\phi36_{-0.375}^{0}$	3.2	2	超差不给分				
9	中径	$\phi33_{-0.335}^{0}$	3.2(2处)	12	超差不给分,旋向错扣6分				
10	小径	$\phi29_{-0.419}^{0}$	6.3	2	超差不给分				
11	外径	$\phi26_{-0.02}^{0}$	1.6	5	超差不给分				
12	锥度	1∶10(±4′)	3.2	10	超差不给分				
13	位置度	跳动 0.03(2处)		8	超差1处扣4分				
14	中心孔	B3/7.5(2处)		4	超差1处扣2分				
15	42(2处)、8 48、152			2.5	超差1处扣0.5分				
16	倒角	3处	6.3(3处)	1.5	超差1处扣0.5分				
17	未注公差尺寸及 R_a			2	超差1处扣0.5分				
18	安全技术文明生产			5	违反1~4项每项扣1分				

一、评分说明:尺寸粗糙度都合格给全分;尺寸超差不给分;尺寸合格、R_a 值降一挡扣1/3,降两挡不得分。

二、安全技术及文明生产要求

1. 开车前检查、调试设备、加油、试运转。
2. 工、刀、量具摆放整齐、装夹牢固、使用合理。
3. 穿戴好劳保用品。
4. 加工完后擦拭机床、清扫场地。
5. 损坏设备扣10分,发生事故取消竞赛资格。

监考员:__________,__________ 考评员:__________ 鉴定所:(章)

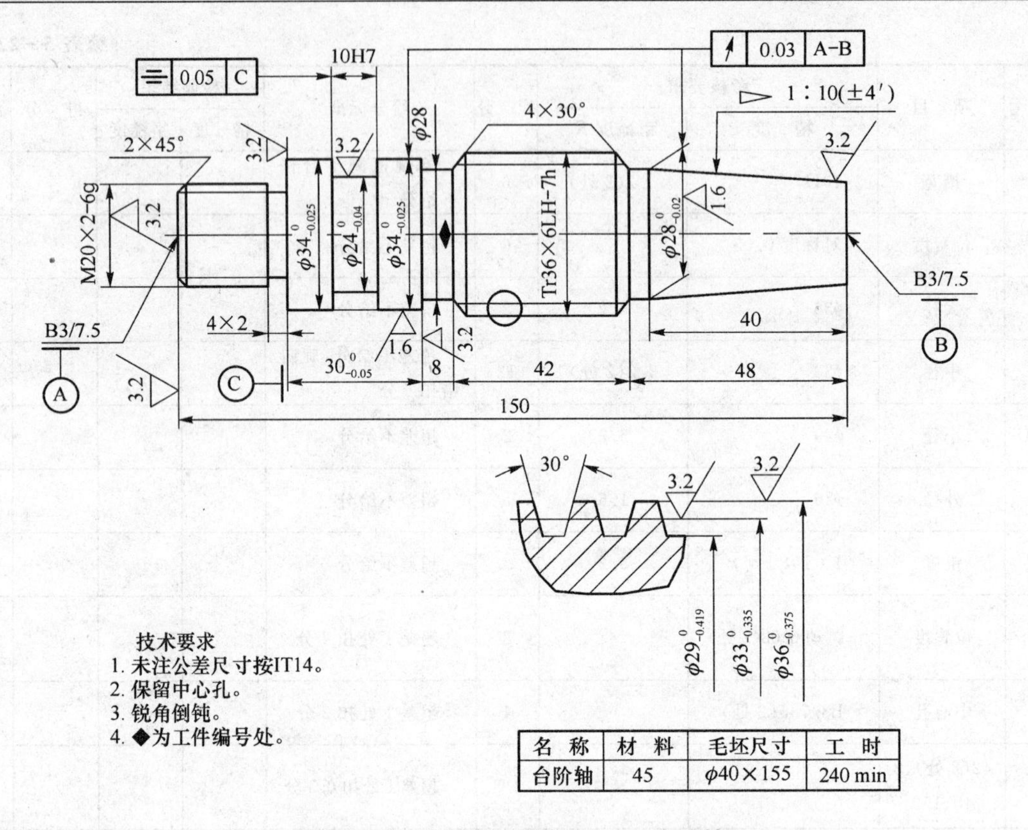

名　称	材　料	毛坯尺寸	工　时
台阶轴	45	φ40×155	240 min

图 5-153　中级车工模拟题 1——台阶轴

题目 2　环槽长轴，如图 5-154 所示，评分表由指导老师参照表 5-22 所列设定。

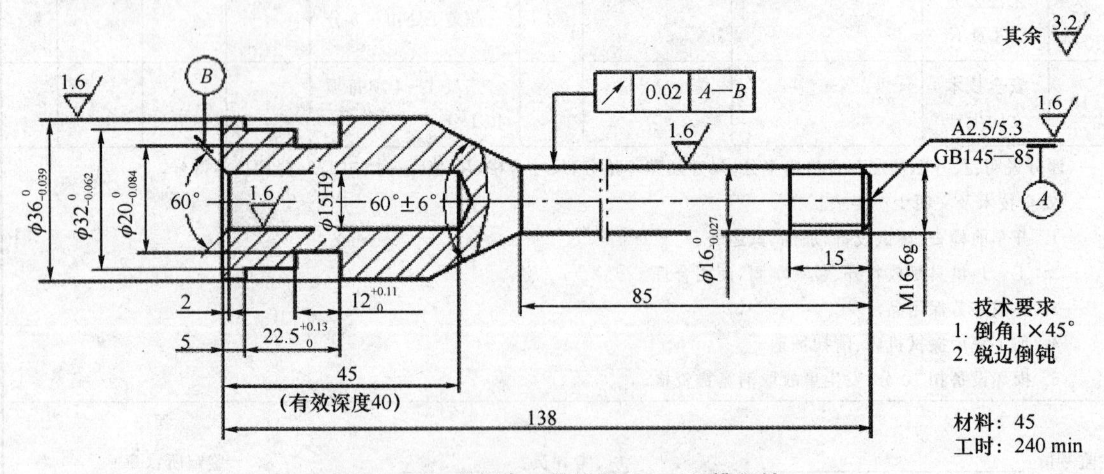

图 5-154　中级车工模拟题 2——环槽长轴

第6章　铣工实训

6.1　铣工实训的教学要求

铣工实训的教学任务是:使学生掌握中、高级铣工应具备的专业操作技能,培养学生理论联系实际、分析和解决生产中的中等以上复杂程度问题的能力。由于本课程是以实践为主导的课程,在教学中要将教学实训课题与各实训基地或工厂的生产实际相结合,可以更好地指导技能训练,并通过技能训练及生产实践加深对工艺理论知识的理解、消化、巩固和提高。通过铣工实训的教学,应达到以下具体要求:

① 掌握典型铣床的主要结构、传动系统、操作方法和维护保养方法。

② 能合理选择和使用夹具、刀具和量具,掌握其使用和维护保养方法。

③ 熟练掌握中级铣工的各种操作技能,使部分学生应具有高级工操作技能,并能对产品零件进行综合质量分析。

④ 独立制定初、中等复杂产品零件的铣削加工工艺,并注意吸收、应用国内外现代先进工艺和技术。

⑤ 合理选用切削用量、切削液及冷却方式。

⑥ 掌握铣削加工中相关的计算方法和技巧,学会获取网上相关信息和查阅有关的技术手册及资料。

⑦ 培养高尚的职业道德,养成严谨求实的工作作风和安全生产、文明生产的习惯,为将来走向生产岗位奠定坚实的基础。

6.2　铣工加工的工作性质和基本内容

铣削加工的工作性质及其主要特点是:铣削加工是在铣床上以铣刀的旋转做主运动并与工件或铣刀的进给运动相配合,切削工件平面或成形面的加工方法。

1. 铣削加工特点

① 铣刀是一种旋转的多齿刀具。铣削加工属断续切削,刀刃的散热条件好,可选较高的切削速度,因此生产率较高。

② 由于铣刀刀齿在切削时不断切入、切出,使切削力不断变化,易产生震动。

③ 铣刀形状较复杂,制造和刃磨较困难,一般由专业刀具生产企业按标准批量制造。

④ 铣削加工的精度一般为IT9～IT8,表面粗糙度 R_a 值一般为6.3～1.6 μm。

⑤ 铣削用量包括铣削速度 v_c、进给量 f、背吃刀量(铣削深度)a_p 和侧吃刀量(铣削宽度)a_e 四个要素。图 6-1 所示分别表示了圆周铣削和端面铣削的切削用量。

⑥ 铣削加工分为圆周铣削和端面铣削(如图 6-1 所示)。圆周铣削时按铣刀与工件的相对运动方向不同分为逆铣和顺铣两种,如图 6-2 所示。在铣刀与工件已加工面的切点处,铣刀切削刃的运动方向与工件的进给运动方向相反的铣削,称逆铣;与工件的进给运动方向相同的铣削,称为顺铣。逆铣过程较平稳,但每个刀齿的切削层公称厚度都是从零逐渐增大,接触工件时总要先滑行一段距离,使刀具磨损加剧,并增加了已加工表面的硬化程度。

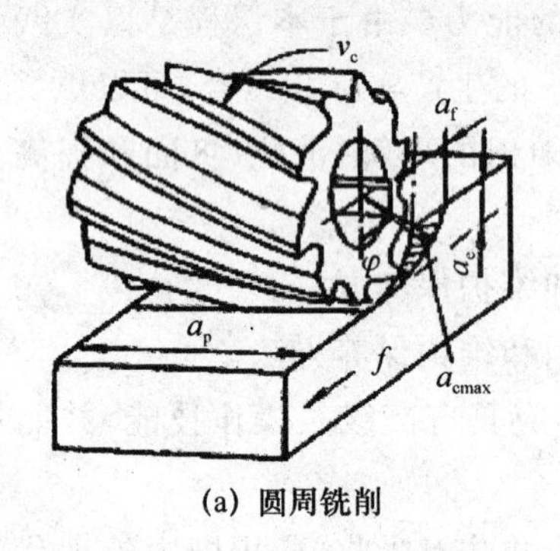

(a) 圆周铣削

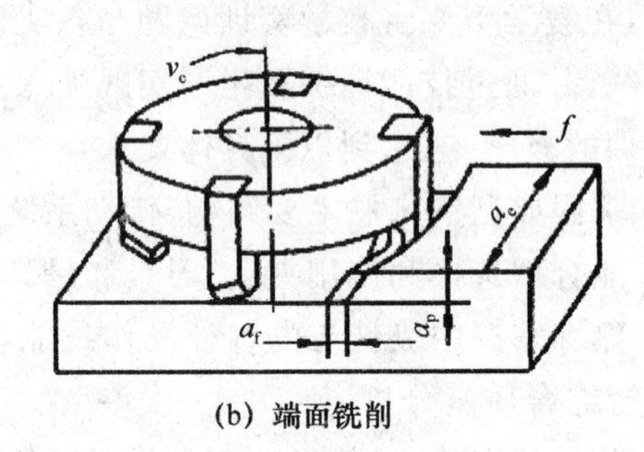

(b) 端面铣削

图 6-1 铣削用量要素

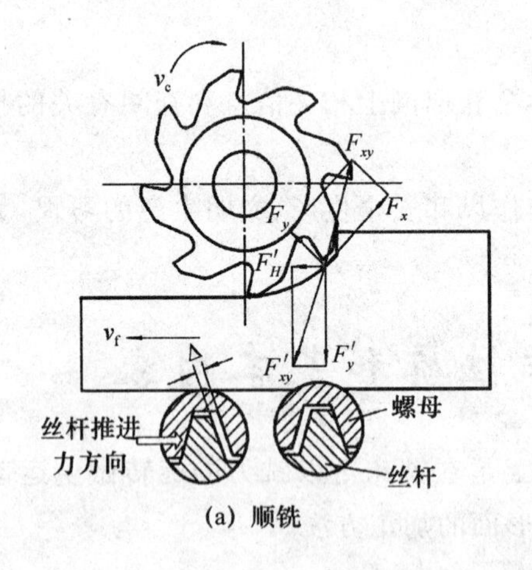

(a) 顺铣

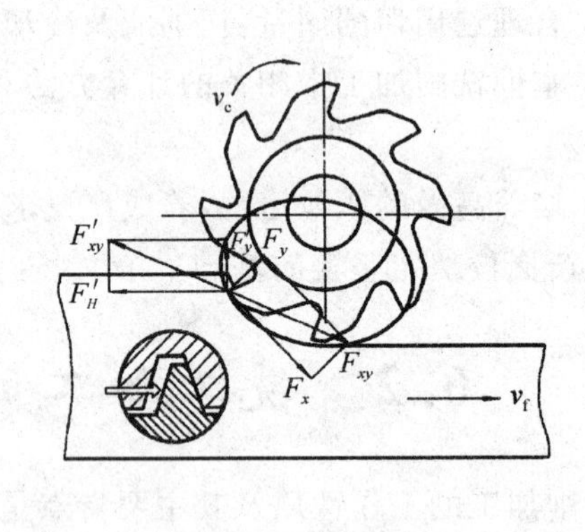

(b) 逆铣

图 6-2 圆周铣削的顺铣与逆铣

2. 铣削加工基本内容

铣削加工范围很广,可以加工各种平面、沟槽和成形面,在铣床上配置附件,还可以进行分度、钻孔和镗孔等,如图 6-3 所示。

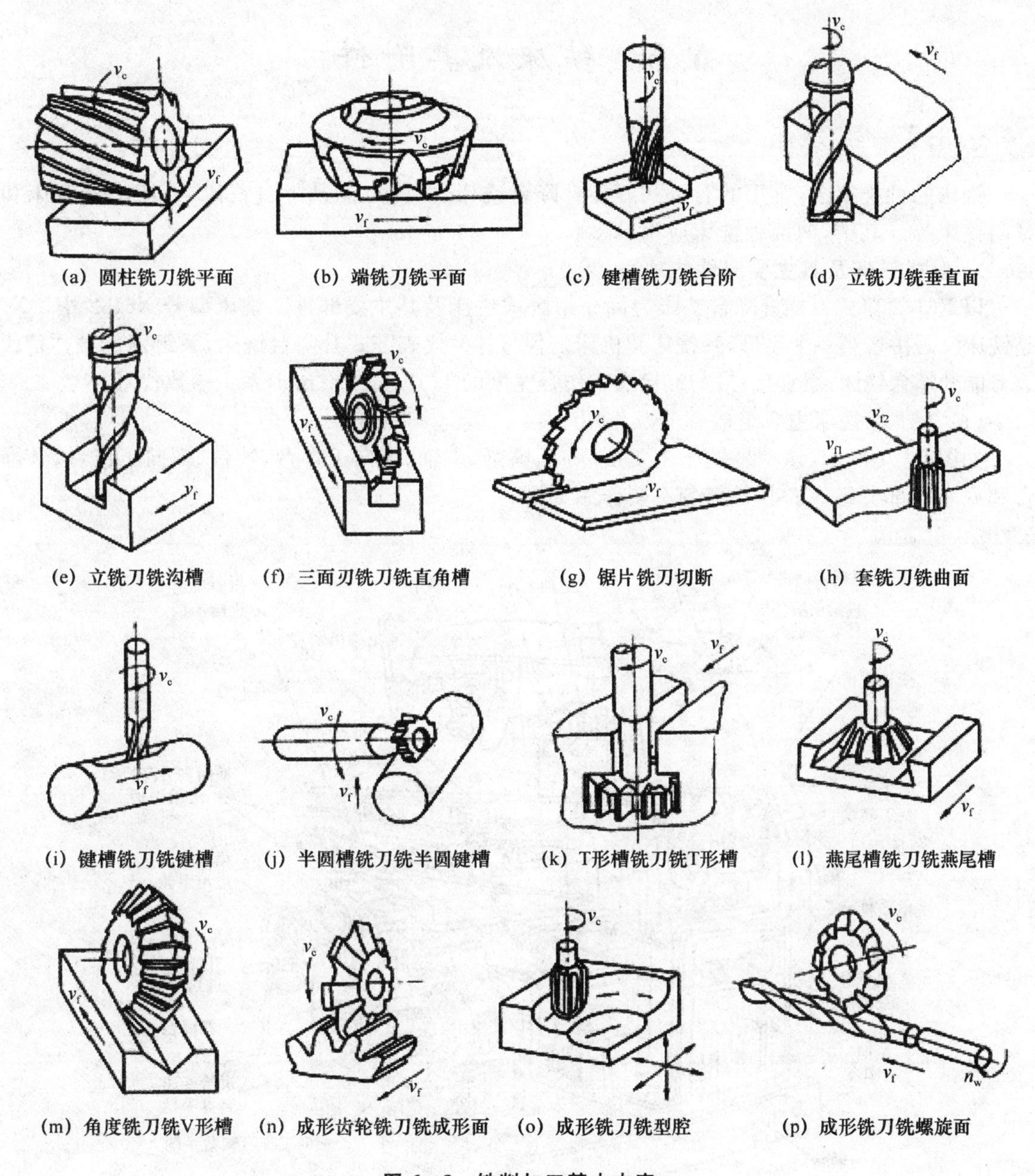

(a) 圆柱铣刀铣平面　(b) 端铣刀铣平面　(c) 键槽铣刀铣台阶　(d) 立铣刀铣垂直面

(e) 立铣刀铣沟槽　(f) 三面刃铣刀铣直角槽　(g) 锯片铣刀切断　(h) 套铣刀铣曲面

(i) 键槽铣刀铣键槽　(j) 半圆槽铣刀铣半圆键槽　(k) T形槽铣刀铣T形槽　(l) 燕尾槽铣刀铣燕尾槽

(m) 角度铣刀铣V形槽　(n) 成形齿轮铣刀铣成形面　(o) 成形铣刀铣型腔　(p) 成形铣刀铣螺旋面

图 6-3　铣削加工基本内容

6.3 铣床及其附件

6.3.1 铣 床

铣床的种类很多，常用的有卧式万能升降台铣床、立式万能升降台铣床、万能工具铣床和龙门铣床等。其中，前两种铣床应用最多。

1. 卧式铣床及其主要部件的功用

以 X6132 卧式万能升降台铣床为例介绍卧式铣床及其主要部件。铣床型号 X6132 中，“X”是铣床汉语拼音第一个字母，系铣床类机床的代号；“6”代表卧式升降台铣床，系组别代号；“1”代表万能升降台铣床，系别代号；“32”代表工作台宽度的 1/10，即 320 mm，系主参数代号。

（1）X6132 铣床主要组成部分及作用

如图 6-4 所示，该型号铣床主要由床身、横梁、主轴、纵向工作台、转台、横向工作台、升降台和底座等部分组成。其各部分主要作用如下：

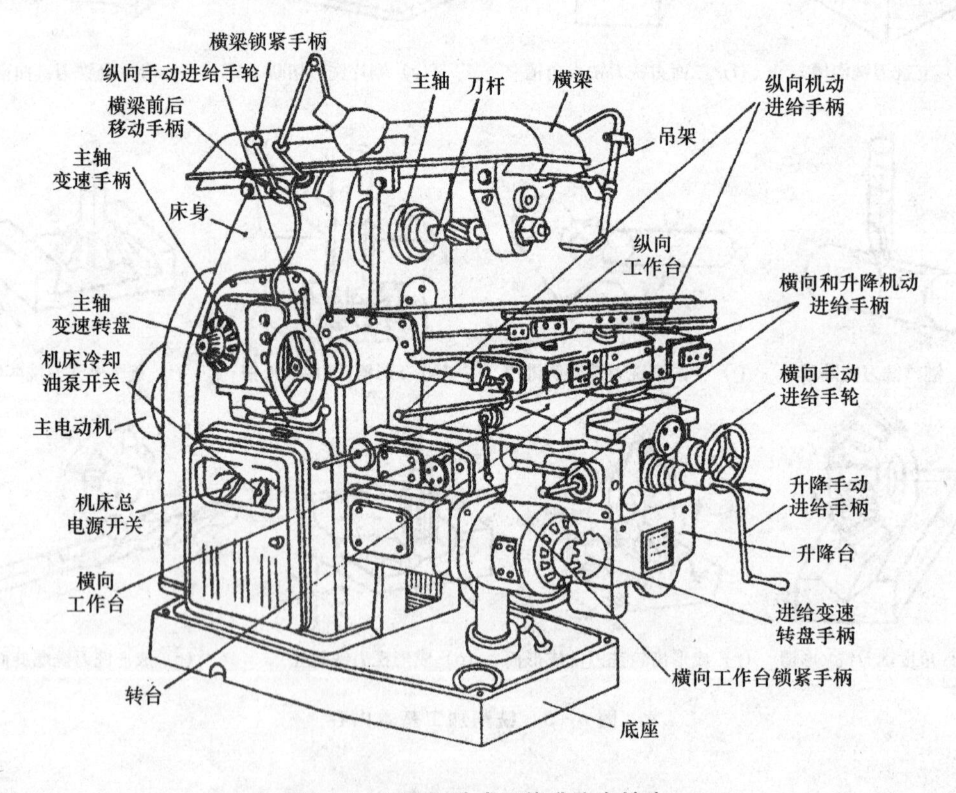

图 6-4 X6132 卧式万能升降台铣床

1）床 身

床身用来支承和固定铣床各部件。顶面有水平导轨，供横梁移动；前端面有垂直导轨，供升降台上下移动；床身内部装有主轴、变速机构和电动机等。

2）横 梁

横梁上装有吊架，用以支承刀杆外伸端；横梁可沿床身水平导轨移动，按加工需要调整其伸出长度。

3）主 轴

主轴与工作台平行，其为空心轴，其前端有 7∶24 的精密锥孔和两端面定位块，用以安装铣刀并带动铣刀旋转；若装上附件立铣头，可作为立铣使用。

4）纵向工作台

纵向工作台台面上有 T 形槽，用以安装工件或夹具，中间槽定位精度最高；下部通过螺母与丝杠连接，可在转台的导轨上纵向移动；正侧面有限位挡铁，以控制机动纵向进给。

5）转 台

转台上有水平导轨，供工作台纵向移动；下部与横向工作台用螺栓连接，松开螺栓，可使纵向工作台在水平平面内旋转±45°，以实现斜向进给。

6）横向工作台

横向工作台位于升降台上面的水平导轨上，可带动纵向工作台横向移动，用以调整工件与铣刀之间的横向位置或获得横向进给。

7）升降台

升降台使整个工作台沿床身的垂直导轨上下移动，以调整工作台面至铣刀的距离，并可垂直进给。其内部装有进给电动机和进给变速机构。

8）底 座

底座位于床身下面，并与之紧固在一起。升降丝杠的螺母座安装在底座上，其内装有切削油泵和切削液。

（2）X6132 型铣床的传动系统

卧式万能升降台铣床具有互相独立的主运动传动系统和进给传动系统。其传动路线概要介绍如下：

1）主运动

主电动机→主轴变速机构→主轴→刀具旋转运动

2）进给运动

进给电动机→进给变速机构→
- →纵向进给离合器→丝杠螺母→纵向进给
- →横向进给离合器→丝杠螺母→横向进给
- →垂直进给离合器→丝杠螺母→垂直进给

工作台三个方向的运动互相连锁，工作台还可不通过进给变速箱实现快速运动。

2. 立式铣床

立式万能升降台铣床如图 6-5 所示，主要用于面(端)铣刀或应铣刀进行铣削。它与卧式万能升降台铣床的主要区别是其主轴一般与工作台面垂直，有的主轴套还可做一定量的轴向进给，并可根据加工的需要，将主轴偏转一定的角度，从而扩大立式升降台铣床的工作范围。

3. 龙门铣床

龙门铣床是用于加工中、大型零件的一种带有龙门框架的铣床。图 6-6 所示龙门铣床刚性好，允许选用较大的铣削用量进行加工，而且在横梁和两侧立柱上安装有四个铣削头，可以同时用几个铣削头对零件进行铣削加工，因此，生产率很高。它在成批生产和大量生产中得到广泛应用。

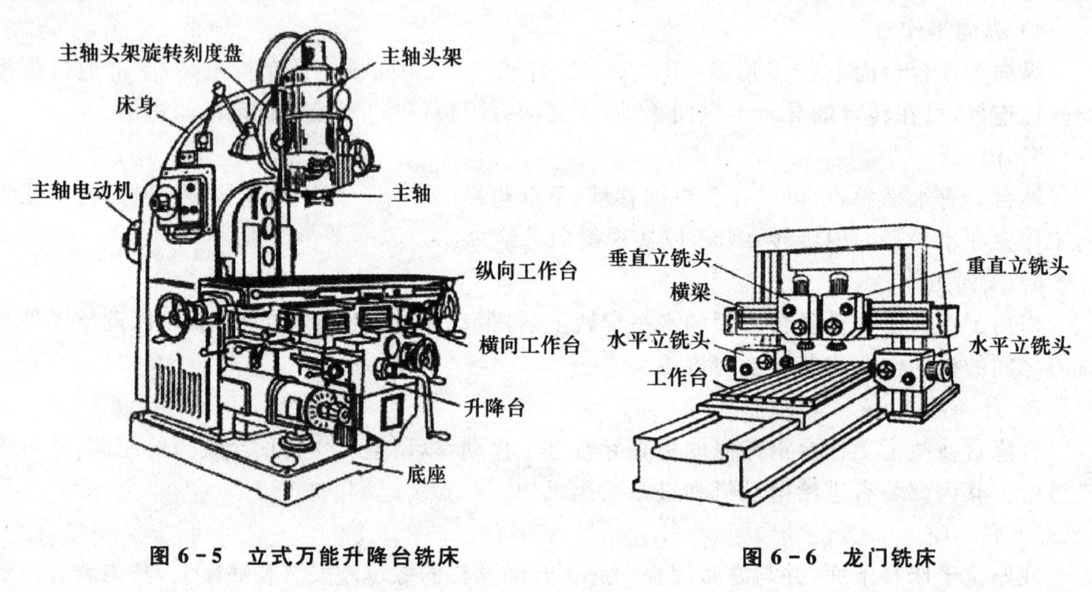

图 6-5 立式万能升降台铣床

图 6-6 龙门铣床

6.3.2 铣床的主要附件

在铣削加工时，必须将工件在铣床工作台上定位并夹紧，这个过程称为工件的安装。工件在铣床上的安装方法与选用的铣床附件密切相关。常用的铣床主要附件有机用平口钳、回转工作台、万能分度头和万能立铣头等。

1. 机用平口钳

机用平口钳即机床用平口虎钳，它是通用安装夹紧器具，分为回转式和固定式两种。回转式机用平口钳如图 6-7 所示。它可绕底座旋转 360°，其安装时应事先将其底面的定向键紧靠在工作台面中间的 T 形槽中，并用划针盘或百分表将钳口校正后，再紧固在工作台上。机用平口钳规格以平钳口的长度划分，常用的有 100 mm、120 mm、150 mm、200 mm 等，常用于中、小尺寸、形状简单的零件安装加工。

2. 回转工作台

回转工作台又称圆转台。常用的有手动和机动两种。机动回转工作台如图 6-8 所示。其底座圆周有刻度,用来观察和确定其转动部分的位置。回转台中央有一孔,可用来校正和确定工件的回转中心。当底座上的槽与铣床工作台中间的 T 形槽定位后,即可用螺栓把回转工作台固定在铣床工作台上。其规格以回转台的直径划分,常用的有 200 mm、250 mm 等。回转工作台常用于圆弧形周边、圆弧形槽、多边形、扇形及沿周边有分度要求的槽和孔的零件的安装加工。

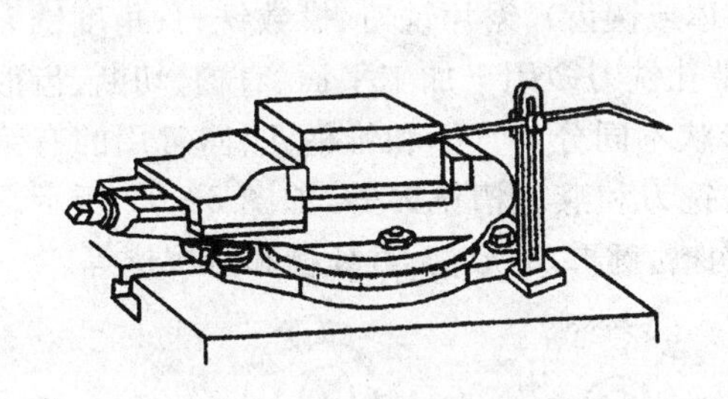

图 6-7　回转式机用平口钳

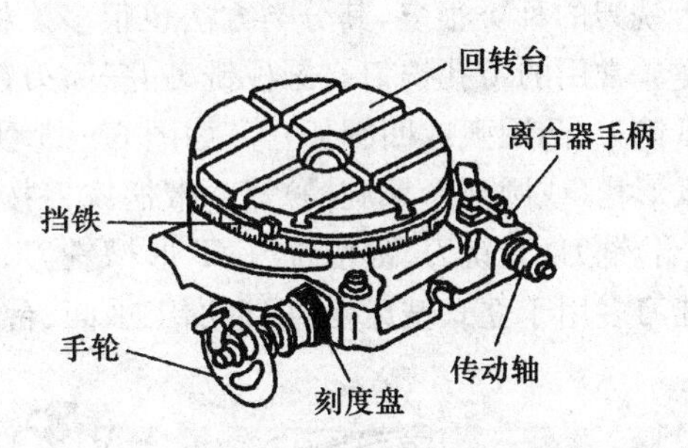

图 6-8　回转工作台

3. 万能分度头

铣削加工常会遇到铣六方、齿轮、花键和刻线等工作,此时须沿圆周方向对零件进行等分——分度。图 6-9 所示的万能分度头是承担对工件在水平、垂直和倾斜位置进行分度工作的装置。分度头的规格以主轴中心高划分,常用规格有 100 mm、125 mm、250 mm等。

万能分度头的底座上装有回转体,分度头的主轴可随回转体在垂直平面内转动。分度头上的分度盘两面有若干圈数目不等的精密等分小孔。转动分度手柄,通过分度头内部的蜗轮与蜗杆带动分度头主轴旋转进行分度。主轴前端装有三爪卡盘或顶尖,用以安装工件。若工件较长,可视具体情况采用顶尖座或(和)千斤顶作为附加(辅助)支承,如图 6-10 所示。

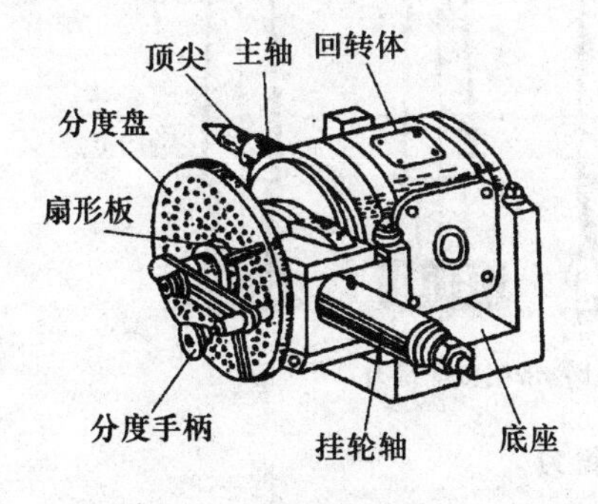

图 6-9　万能分度头

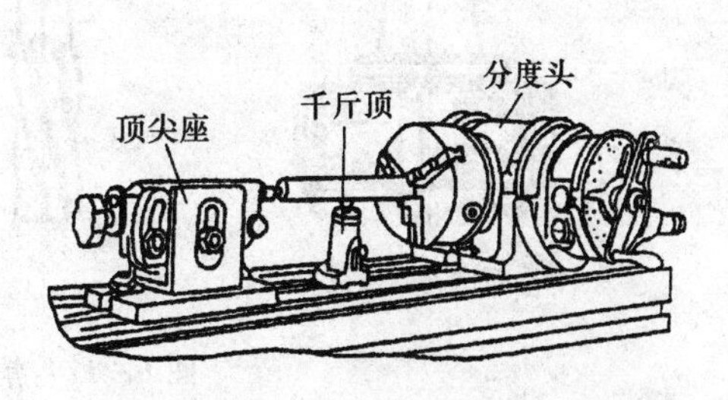

图 6-10　使用三爪自定心卡盘和尾座装夹工件

6.4 铣 刀

铣刀实质上是一种由数把单刃刀具组成的多刃标准刀具。其主、副刀刃根据其类型与结构不同分布在外圆柱表面和端平面上。

6.4.1 铣刀的种类

铣刀的种类很多,其分类方法也很多。根据铣刀的安装方法不同,分为带孔铣刀和带柄铣刀两类。常用的带孔铣刀有圆柱铣刀、三面刃铣刀(整体或镶齿)、锯片铣刀、模数铣刀、角度铣刀和圆弧铣刀(凸圆弧或凹圆弧)等,如图 6-11 所示。带孔铣刀多用于加工平面、直槽、切断、齿形和圆弧形槽(或圆弧形螺旋槽)等。带柄铣刀按刀柄形状不同分为直柄和锥柄两种,常用的有镶齿面(端)铣刀、立铣刀、键槽铣刀、T 形槽铣刀、月牙槽铣刀和燕尾槽铣刀等,如图 6-12 所示。带柄铣刀多用于立式铣床上,用于加工平面、台阶面、沟槽、键槽、T 形槽、月牙槽和燕尾槽等。

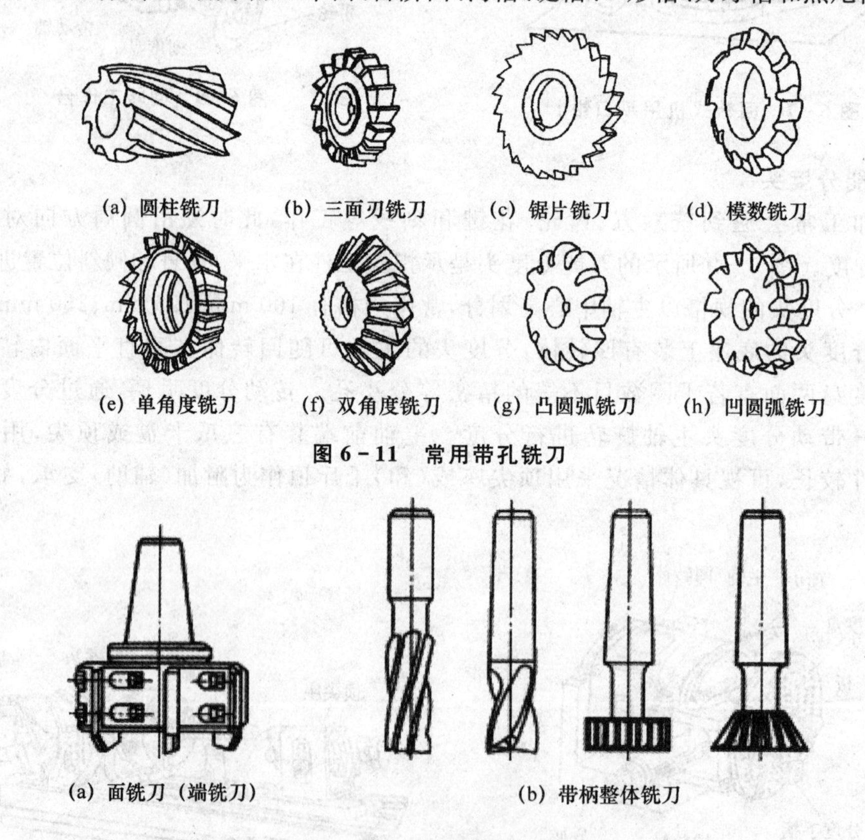
(a) 圆柱铣刀　(b) 三面刃铣刀　(c) 锯片铣刀　(d) 模数铣刀
(e) 单角度铣刀　(f) 双角度铣刀　(g) 凸圆弧铣刀　(h) 凹圆弧铣刀

图 6-11 常用带孔铣刀

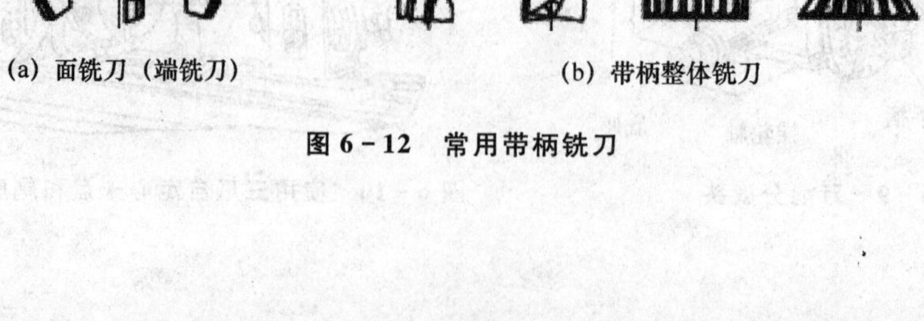

(a) 面铣刀(端铣刀)　(b) 带柄整体铣刀

图 6-12 常用带柄铣刀

6.4.2 铣刀的安装

1. 带孔铣刀的安装

卧式铣床主轴结构如图6－13所示。在卧式铣床上安装圆柱铣刀的步骤如图6－14所示。铣刀应尽可能靠近主轴端部或挂架安装，以增加工艺系统刚性，如图6－14(d)所示。安装后主轴的旋转方向应保证铣刀刀齿在切入工件时，铣刀的前刀面相对着工件方能正常铣削。安装定位套筒时，其端面与铣刀的端面须擦净，以减少安装后铣刀的端面跳动；刀杆插入主轴锥孔中，并使刀杆凸缘的槽与主轴的端面键相嵌。拉杆与刀杆柄部螺纹旋合长度至少为5～6个螺距；拧紧刀杆上的压紧螺母前，须先装好吊架，最后使刀杆与主轴、铣刀与刀杆牢固紧密配合。

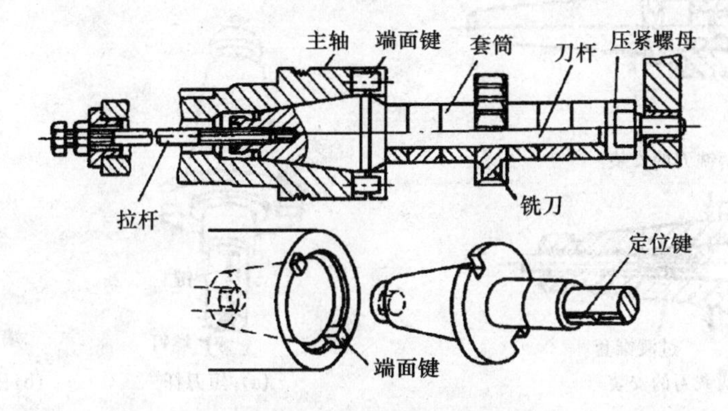

图6－13 卧式铣床主轴结构

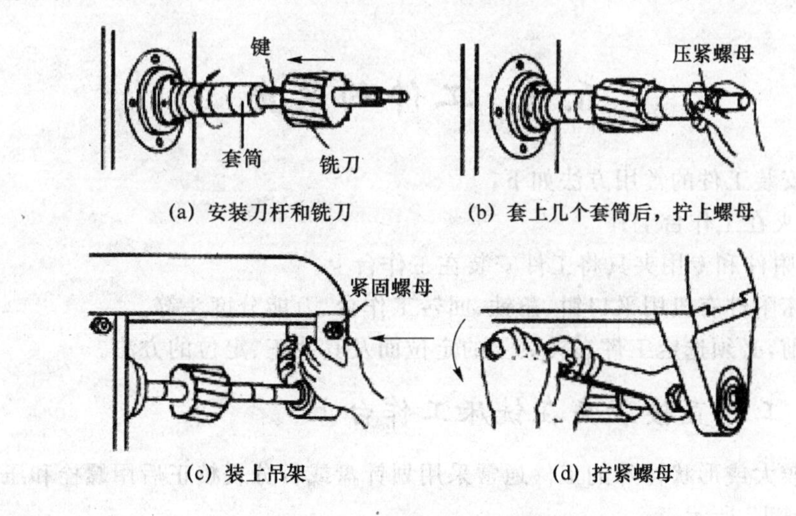

(a) 安装刀杆和铣刀 (b) 套上几个套筒后，拧上螺母

(c) 装上吊架 (d) 拧紧螺母

图6－14 圆柱铣刀后安装

2. 带柄铣刀的安装

直柄铣刀通常为整体式，直径一般小于 ϕ20 mm，多用弹性夹头进行安装，如图 6 - 15(a)所示。由于弹性夹头上沿轴向有三个开口，故用螺母压紧弹性夹头的端面，使其外锥面受压而孔径缩小，从而夹紧铣刀。弹性夹头有多种孔径，以安装不同直径的直柄铣刀。锥柄铣刀有整体式和组装式两种，如图 6 - 12 所示。组装式主要安装铣刀头或硬质合金可转位刀片。

锥柄铣刀安装时，先要选用配套相适合的过渡锥套，再用拉杆将铣刀及过渡锥套一起拉紧在主轴端部的锥孔内，如图 6 - 15(b)所示。面(端)铣刀在立式铣床上安装如图 6 - 16 所示。

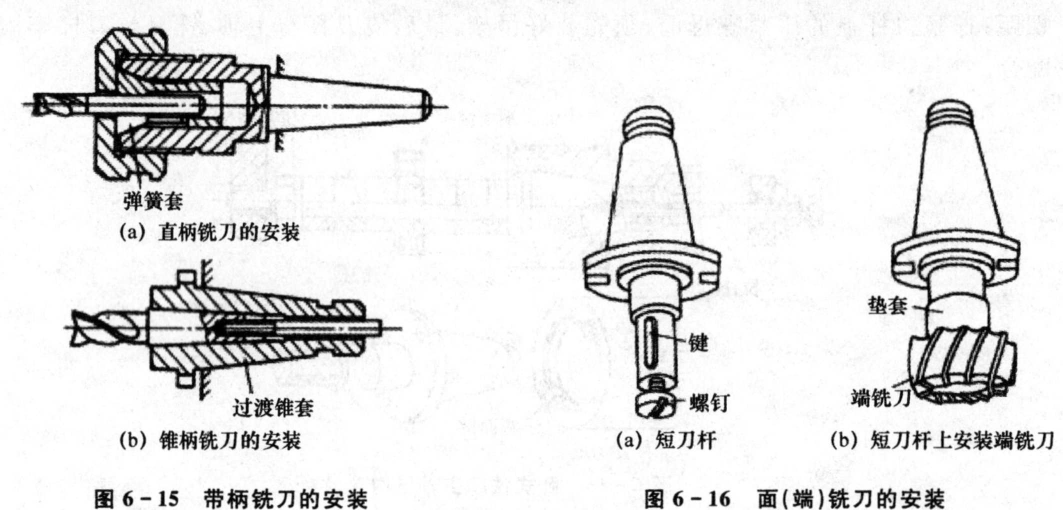

(a) 直柄铣刀的安装　(b) 锥柄铣刀的安装

图 6 - 15　带柄铣刀的安装

(a) 短刀杆　(b) 短刀杆上安装端铣刀

图 6 - 16　面(端)铣刀的安装

6.5　工件的装夹

在铣床上安装工件的常用方法如下：

① 直接装夹在工作台上；

② 用铣床附件和专用夹具将工件安装在工作台上。

常用的铣床附件有机用平口钳、角铁、回转工作台、万能分度头等。

工件安装前，必须选定工件在夹具上的定位面及其找正、定位的方法。

6.5.1　工件直接装夹在铣床工作台上

一些尺寸较大或形状特殊的工件通常采用划针盘或百分表校正后用螺栓和压板压紧在工作台上，如图 6 - 17 所示。

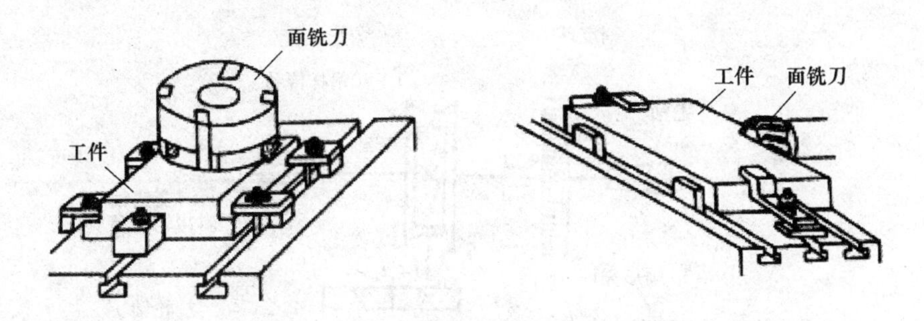

图6-17　工件装夹在工作台面上铣削平面

6.5.2　工件装夹在机用平口钳中

用机用平口钳安装工件时，须先将机用平口钳钳口相对铣床工作台进给方向校正后再将其固定在工作台上，然后再安装工件。安装时常采用划针盘校正，如图6-7所示。在平口钳中装夹工件时，工件的被加工表面必须高出钳口面，否则要采用合适的平垫铁将工件垫高；工件放置的位置要适当，一般置于钳口中间；须把较平整的平面贴紧在平垫铁和钳口之间；常在钳口处垫上铜片，既能保护钳口和已加工表面，又使工件安装牢固；安装刚性不足的工件要增加辅助支承，既要夹紧，又要防止夹紧力过大使工件变形。

6.5.3　工件装夹在角铁上

角铁又称弯板，它是用来铣削工件上的垂直面或斜面的一种通用夹具，如图6-18所示。在使用角铁前，应检验其角度的精确性，将其安装在铣床工作台时，应使用标准角度尺、划针盘或百分表校正其在工作台的位置后，方可将工件安装在角铁上。

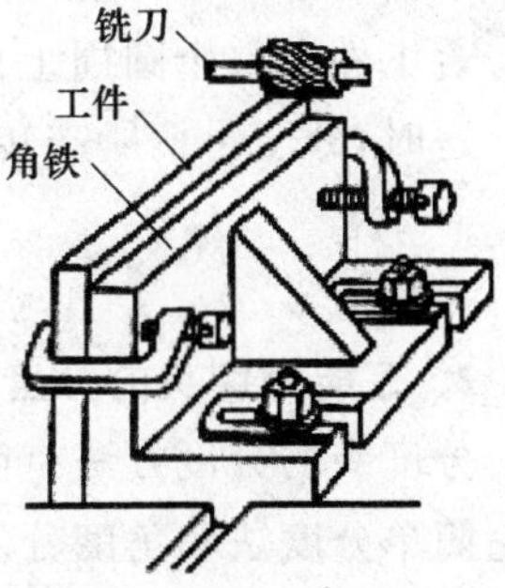

图6-18　工件装夹在角铁上

6.5.4　工件装夹在回转工作台上

工件用螺栓和压板装夹在回转工作台上，加工工件的圆弧形周边、圆弧形槽、多边形及沿周边有分度要求的槽或孔时，必须先采用不同方法校正工件中心与回转工作台的旋转中心后再定位夹紧。机动回转工作台也可手动，当回转工作台运动与机床纵向进给移动按一定比例联动时，可加工平面螺旋槽和等速平面凸轮。

6.5.5　工件装夹在万能分度头上

1. 万能分度头的结构

万能分度头传动如图6-19所示。分度头中蜗杆与蜗轮的传动比i为

$$i=\text{蜗杆头数}/\text{蜗轮齿数}=1/40$$

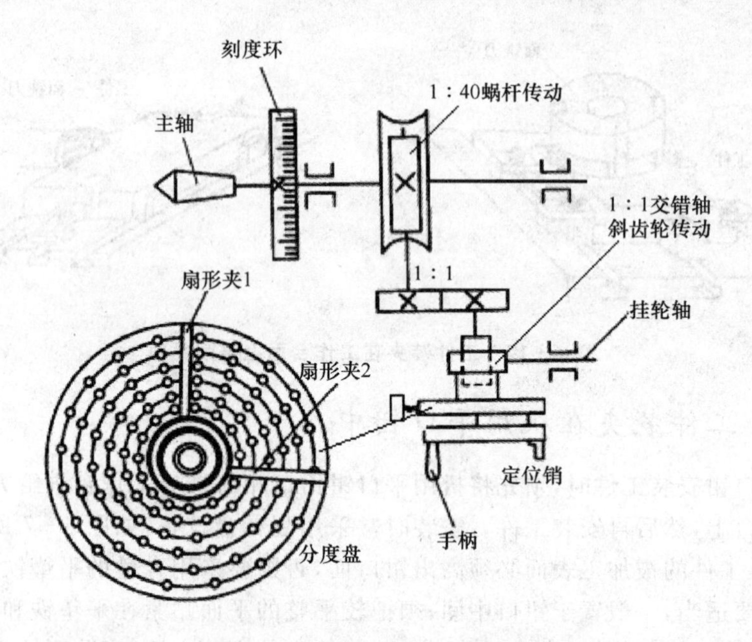

图 6-19 万能分度头传动系统

即当手柄通过一对传动比为 1:1 的直齿轮带动蜗杆转动一周时，蜗轮只能带动主轴转过 1/40 周。若工件在整个圆周上的分度数目 Z 已知，则每分一个等分就要求分度头的轴转动 $1/Z$ 圈。这时，分度手柄所需转的圈数 n 即可由下列比例关系求得：

$$1/40=(1/Z):n$$

即

$$n=40/Z$$

2. 万能分度头的分度方法

分度头的分度方法有简单分度法、角度分度法、差动分度法和直线移动分度法等。本节仅讨论简单分度法和角度分度法。

上式 $n=40/Z$ 所表示的分度法即为简单分度法。如铣削齿数 $Z=36$ 的齿轮，每一次分齿时手柄转数为 $n=\frac{40}{z}=\frac{40}{36}=1\frac{1}{9}$(圈)即分一齿，手柄需转过一整圈后再多摇转 1/9 圈。这 1/9 圈一般通过分度盘来控制。FW250 型万能分度头备有两块分度盘。分度盘的两端各备有许多圈孔，各圈孔数均不相同，然而同一孔圈上的孔距是相等的。第一块分度盘正面各圈孔数依次为 24、25、28、30、34、37；反面各圈孔数依次为 38、39、41、42、43。第二块分度盘正面各圈孔数依次为 46、47、49、51、53、54；反面各圈孔数依次为 57、58、59、62、66。

(1) 简单分度法

分度时分度盘固定不动，将分度手柄上的定位销拔出，调整到孔数为 9 的倍数的孔圈上，即手柄的定位销可插在孔数为 54 的孔圈上，此时，手柄转过一周后，再在分度盘上孔圈数为

54 的孔圈上转过 6 个孔距，即 $n=1+(1/9)=1+(6/54)$。为避免每次数孔的繁琐以及确保手柄转过的孔距数可靠，可以调整分度盘上的扇形夹两部分的夹角，使之相当于约分余数的孔间距，这样依次进行分度时，就可以准确无误。但应注意，当所转角超过时，必须反转消除间隙。

（2）角度分度法

角度分度法是依工件所需转过的角度 θ 作为分度计算的依据，其分度转数 n 计算公式如表 6－1 所列。

如果所分的角度有两个以上的单位，则要统一化做其中的最小单位后再代入公式计算；也可分两步代入公式计算。例如，工件所需转过的角度为 $\theta=150°20'$，则先将 $150°20'$ 代入式 $n=\theta/9°=150°20'/9°=16$ 圈余 $6°20'$，而 $6°20'=380'$，再将 $380'$ 代入式 $n=\theta/540'=380'/540'=38/54$ 圈；即要使工件转过 $150°20'$，只需将分度手柄在 54 孔孔圈上转过 16 圈再过 38 孔即可。另外在进行角度分度时，还可以通过查表法直接获得手柄在相应孔圈数所转过的转数 n。

表 6－1　分度头及回转工作台角度分度计算公式表

分度单位(κ)	$\theta/(°)$	$\theta/(')$	$\theta/('')$
40	$n=\theta/9$	$n=\theta/540$	$n=\theta/32\,400$
60	$n=\theta/6$	$n=\theta/360$	$n=\theta/21\,600$
90	$n=\theta/4$	$n=\theta/240$	$n=\theta/14\,400$
120	$n=\theta/3$	$n=\theta/180$	$n=\theta/10\,800$

注：κ 为分度头及回转工作台的定数；n 为分度手柄转数；θ 为工件分度所需转过的角度。

6.5.6　工件安装在专用夹具上

专用夹具是专门为加工某种工件的某道工序而设计制造的。使用它可迅速对工件定位和夹紧，当夹具本身在工艺系统中定位后，一般不需再校正工件的位置。铣床夹具通常都具有定向键，若无定向键，则需要先校正夹具在铣床上的位置。有些铣床夹具有对刀块，可利用其对刀。专用夹具既能保证加工精度又能提高生产率，在批量生产中得到广泛应用。

6.6　铣削用量的选择

正确地选择铣削用量可以充分发挥铣刀和铣床的潜力，提高加工质量和生产效率，并降低加工成本。

6.6.1　铣削用量选择的原则

在铣削加工过程中，限制铣削用量提高的主要因素有：刀具耐用度、零件的加工质量和机床动力消耗等。合理选择铣削用量主要途径有改善工件材料的切削加工性能；正确选用刀具材料和开发新型的刀具材料；采用合理的刀具结构和几何参数；提高刀具的工艺质量；正确选用和使用冷却润滑液及冷却方式等。

6.6.2 铣削用量选择步骤

粗铣时，铣削用量的选择顺序是铣削深度、进给量和铣削速度。

1. 铣削深度选择

对于圆柱铣刀铣削宽度 a_e（如图 6－1(a)所示）的选择：当加工余量小于 5 mm 时，一次进给就可全部铣削加工余量；若加工余量大于 5 mm 或需要精加工时，可分两次进给。第二次的铣削深度为 0.5～2 mm。对于面（端）铣刀而言，铣削深度 a_p（如图 6－1(b)所示）的选择是：当加工余量小于 6 mm 时，可一次切除全部加工余量，若需要精铣则留精铣余量 1 mm。

2. 进给量 *f* 的选择

铣刀的每齿进给量如表 6－2 所列。进给量小值常用于精铣，大值用于粗铣。每齿进给量 f_z 确定后，按 $v_f = f \times n = f_z \times z \times n$ 计算出进给速度 v_f，并按铣床进给速度表选取近似值。

表 6－2 铣刀的每齿进给量(f_z) mm

刀具材料	铣刀类型	被加工金属材料				
		碳 钢	合金钢	工具钢	灰铸铁	可锻铸铁
高速钢	端铣刀	0.10～0.30	0.07～0.25	0.07～0.20	0.10～0.35	0.10～0.40
	三面刃盘铣刀	0.05～0.20	0.05～0.20	0.05～0.15	0.07～0.25	0.07～0.25
	立铣刀	0.03～0.15	0.02～0.10	0.025～0.10	0.07～0.18	0.05～0.20
	成型铣刀	0.07～0.10	0.05～0.10	0.07～0.10	0.07～0.12	0.07～0.15
	圆柱铣刀	0.07～0.20	0.05～0.20	0.05～0.15	0.10～0.30	0.10～0.35
硬质合金	端铣刀(或)	0.10～0.30	0.075～0.20	0.07～0.25	0.20～0.50	0.1～0.4
	三面刃盘铣刀	0.10～0.30	0.05～0.25	0.05～0.25	0.125～0.30	0.1～0.3

3. 铣削速度 *v* 的选择

铣削速度的选择根据被加工材料不同参见表 6－3 所列铣削速度的参考值。

表 6－3 铣削速度的参考值 m/min

加工材料	硬度 HB/强度 σ_b/MPa	高速钢铣刀	硬质合金铣刀
低碳钢	125～175 / 44～62	24～42	75～150
	175～225 / 44～79	21～40	70～120
	225～275 / 79～97	18～36	60～115
中碳钢	275～325 / 97～114	15～27	54～90
	325～375 / 114～132	9～21	45～75
	375～425 / 132～150	7.5～15	36～60

续表 6-3

加工材料		硬度 HB/强度 σ_b/MPa	高速钢铣刀	硬质合金铣刀
高碳钢		125～175 / 44～62	21～36	75～130
		175～225 / 62～79	18～33	68～120
		225～275 / 79～97	15～27	60～105
		275～325 / 97～114	12～21	53～90
		325～375 / 114～132	9～15	45～68
		375～425 / 132～150	6～12	36～54
合金钢		175～225 / 62～79	21～36	75～130
		225～275 / 79～97	15～30	60～120
		275～325 / 97～114	12～27	55～100
		325～375 / 114～132	7.5～18	37～80
		375～425 / 132～150	6～15	30～60
高速钢		200～250 / 70～88	12～23	45～83
灰铸铁		100～140	12～36	110～150
		150～190	21～30	68～120
		190～220	15～24	60～105
		220～260	9～18	45～90
		260～320	4.5～10	21～30
可锻铸铁		110～160	42～60	105～210
		160～200	24～36	83～120
		200～240	15～24	72～120
		240～280	9～21	42～60
铸钢	低碳钢	100～150/35～53	18～27	68～105
	中碳钢	100～160/35～56	18～27	68～105
		160～200/56～70	15～24	60～90
		200～225/70～79	12～21	53～75
	高碳钢	180～240/63～84	9～18	53～80
铝合金			180～300	360～600
铜合金			45～100	120～190
镁合金			180～270	150～600

6.7　铣床的操作练习

铣床的操作包括电器部分操作、主轴及进给变速操作、工作台进给操作、机动进给停止挡铁的调整、工作台紧固手柄使用和铣床的日常维护保养及铣床的润滑等。现以 X6132 型卧式万能升降台铣床为例掌握其操作，如图 6-4 所示。

6.7.1 铣床电器部分操作

1. 电源开关

电源开关在床身左侧下部，操作机床时，先将电源开关顺时针方向转换至接通位置，操作结束时，逆时针方向转换至断开位置。

2. 冷却油泵开关

冷却油泵开关在电源开关右边，操作中使用冷却液时，将此开关转换至接通位置。

3. 主轴及工作台起动(停止)按钮

主轴及工作台起动/停止按钮在床身左侧中部及横向工作台右上方，两个为联动按钮，用手指按动起动/停止按钮主轴即起动/停止。

4. 工作台快速移动按纽

工作台快速移动按钮在起动/停止按钮上方及横向工作台右上方左边一个按钮。要使工作台快速移动，先开动进给手柄，再按住按钮，工作台即按原运动方向快速移动；放开快速按钮，快速进给立即停止，仍以原进给速度继续进给。

5. 主轴上刀制动开关

主轴上刀制动开关在床身左侧中部，起动/停止按钮下方，当上刀或换刀时，先将电源开关转换至接通位置，然后再上刀或换刀，此时主轴不旋转，上刀完毕，再将电源开关转换至断开位置。

6.7.2 主轴、进给变速操作

1. 主轴变速操作

主轴变速箱装在床身左侧窗口上，变换主轴转速由主轴变速手柄和主轴变速转盘来实现，如图 6－20所示。主轴转速有 30～1 500 r/min 共 18 种。变速时，操作步骤如下：

① 手握变速手柄 3，将手柄向下压，使手柄的榫块自固定环 4 的槽Ⅰ中脱出，再将手柄外拉，使手柄的榫块落入固定环的槽Ⅱ内。

② 转动主轴转速转盘 2，把所需的转速数字对准指示箭头 1。

③ 把手柄 3 向下压后推回原位，使榫块落进固定环槽Ⅰ，并使之嵌入槽中。变速时，扳动手柄要求推动速度快一些，在接近最终位置时，推动速度减慢，以利齿轮啮合；变速时若听到齿轮相碰声，应待主轴停稳后再变速。为了避免损坏齿

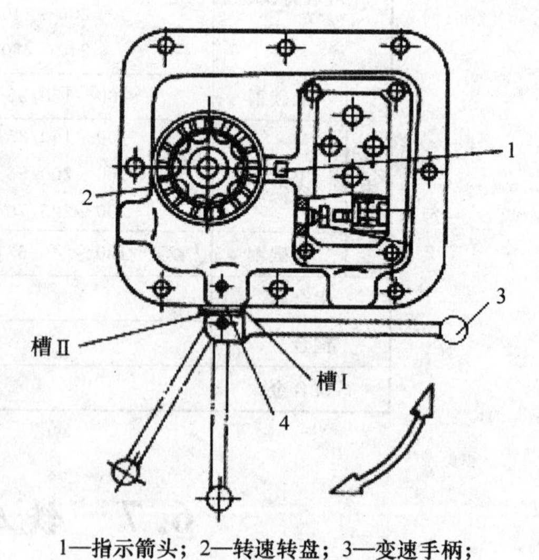

1—指示箭头；2—转速转盘；3—变速手柄；4—固定环

图 6－20 主轴变速操作

轮,主轴转动时严禁变速。

2. 进给变速操作

进给变速箱是一个独立部件,装在垂直向工作台的左边,有 23.5～1 180 mm/min 共 18 种进给速度。速度的变换由进给操作箱来控制,操作箱装在进给变速箱的前面,如图 6－21 所示。变换进给速度的操作步骤如下:

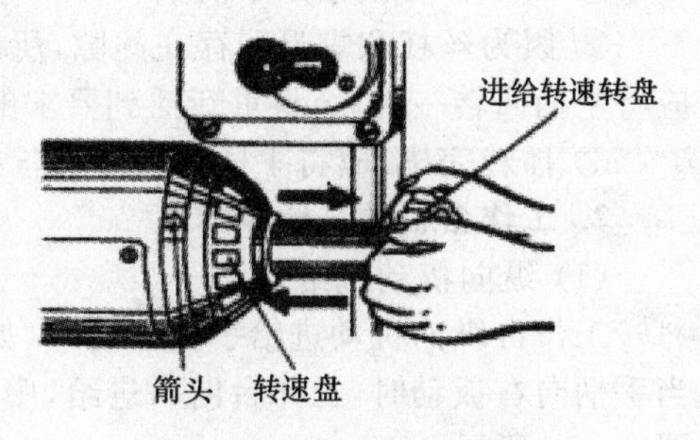

图 6－21　进给变速操作

① 双手把进给变速转盘手柄向外拉。

② 转动手柄,把转数盘上所需的进给速度对准指示箭头。

③ 将蘑菇形进给变速转盘手柄再推回原位。变换进给速度时,如发现手柄无法推回原位,可再转动转数盘或将机动进给手柄开动一下。允许在机床开动情况下进行进给变速,但机动进给时,不允许变换进给速度。

6.7.3　工作台部分进给操作

工作台操作包括手动进给操作和机动进给操作。

1. 工作台手动进给操作

(1) 纵向手动进给

工作台纵向手动进给手柄如图 6－4 所示。在工作台左端,当手动进给时,将手柄与纵向丝杠接通,左手握手柄并略用力向里推,右手扶轮子旋转摇动,如图 6－22 所示。摇动时速度要均匀适当,顺时针摇动时,工作台向右移动进给运动,反之则向左移动。纵向刻度盘圆周刻线 120 格,每摇一转,工作台移动 6 mm,每摇动一格,工作台移动 0.05 mm。

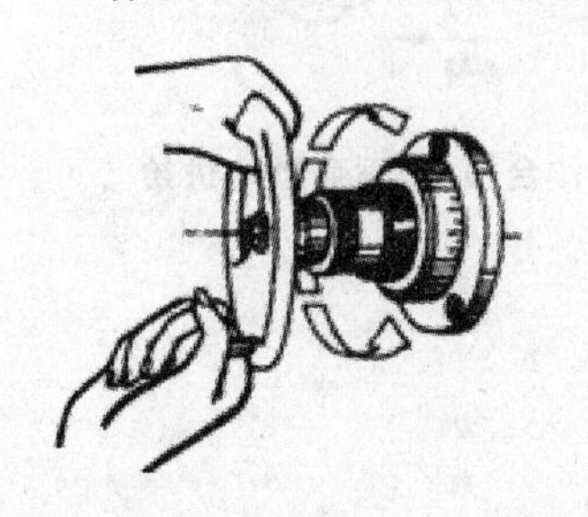

图 6－22　纵向手动进给姿势

(2) 横向手动进给

工作台横向手动进给手柄如图 6－4 所示。在垂直向工作台前面,手动进给时,将手柄与横向丝杠接通,右手握手柄,左手扶轮子旋转摇动,顺时针方向摇动时,工作台向前移动,反之向后移动。每摇一转,工作台移动 6 mm,每摇动一格,工作台移动 0.05 mm。

(3) 垂直升降手动进给

工作台垂直向升降进给手柄如图 6－4 所示。在垂直向工作台前面左侧,手动进给时,使手柄离合器接通,双手握手柄,顺时针方向摇动时,工作台向上移动,反之向下移动。垂直向刻度盘上刻有 40 格,每摇一转,工作台移动 2 mm,每摇动一格,工作台移动 0.05 mm。

(4) 手动进给时的注意事项

① 当工作台被紧固手柄紧牢时,不允许摇动手柄。

② 因为丝杠和螺母间存在间隙,所以摇动手柄时如超过刻线,不能直接退回到刻线处,而应将手柄回转一转后,再重新摇到要求的刻线处。

③ 摇转完毕,应将手柄离合器与丝杠脱开,以防快速移动工作台时,手柄转动伤人。

2. 工作台机动进给操作

(1) 纵向机动进给

工作台纵向机动进给手柄为复式,如图 6-4 所示。手柄有三个位置,向右、向左及停止。当手柄向右扳动时,工作台向右进给,中间为停止位置,手柄向左扳动时,工作台向左进给,如图 6-23 所示。

(2) 横向、垂直升降机动进给

工作台横向、垂直向升降机动进给手柄为复式,如图 6-4 所示。手柄有五个位置:向上、向下、向前、向后及停止。当手柄向上扳时,工作台向上进给,反之向下;当手柄向前扳动时,工作台向里进给,反之向外;当手柄处于中间位置,进给停止,如图 6-24 所示。

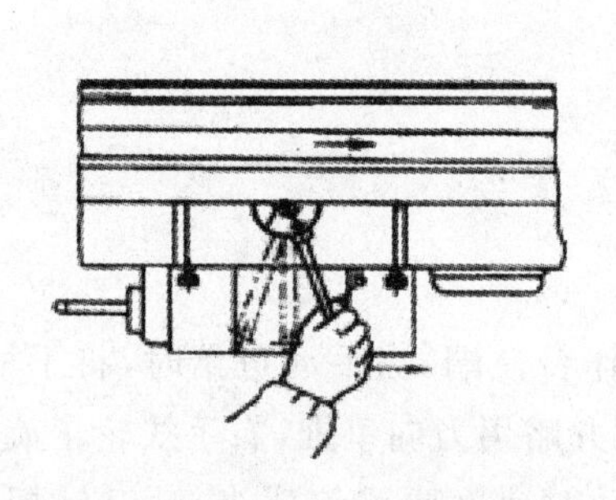

图 6-23 工作台纵向机动进给操作

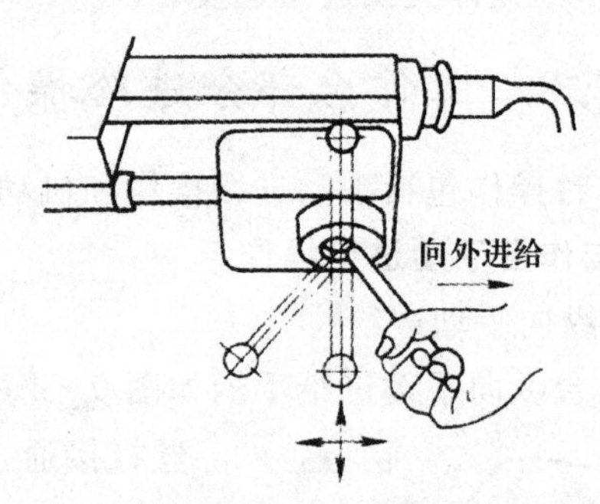

图 6-24 工作台横向、垂直机动进给

(3) 机动进给操作时的注意事项

① 机动进给完毕,应将操作手柄放在停止位置。

② 不能两个方向同时使用机动进给。

③ 当工作台某方向被紧固时,该方向不允许使用机动进给。

④ 检查机动进给方向是否正确。

6.7.4 机动进给停止挡铁的调整

机动进给停止挡铁在纵向、横向和垂直三个方向各有两块。一般情况均安装在限位柱范围以内,不准随意拆掉,以防发生机床事故。但在操作中可根据铣削行程安装自动停止挡铁,铣削完毕,工作台随即停止进给。

1. 纵向机动进给停止挡铁的调整

根据纵向进给方向及行程距离,用 14 mm 专用六角套筒扳手松开挡铁螺母,将挡铁移至要求位置后，将挡铁螺母拧紧。

2. 横向机动进给停止挡铁的调整

根据横向进给方向及行程距离，用 14～17 mm 双头扳手松开挡铁螺母，将挡铁移至要求的位置后，拧紧挡铁螺母。

3. 垂直机动进给停止挡铁的调整

调整方法与横向进给相同。

6.7.5　工作台锁紧手柄使用

铣削加工中，为了减少震动，保证加工精度，避免因铣削力而导致工作台位移，因此，对工作台不使用的进给方向应予紧固。工作完毕，立刻松开。

1. 锁紧纵向工作台

工作台纵向锁紧螺钉有两个。紧固纵向工作台时，将 8 mm 内六角扳手插入紧固螺钉孔中后扳紧。

2. 锁紧横向工作台

横向工作台锁紧手柄左、右各有一个，如图 6-4 所示。紧固时，将手柄向下推，松开时将手柄向上拉。

3. 锁紧垂直工作台

垂直工作台锁紧手柄如图 6-4 所示。将手柄向下扳，工作台被锁紧，向上扳即松开。

6.7.6　铣床的日常维护保养

① 严格操作规程。

② 熟悉机床性能和使用范围，不超负荷工作。

③ 如发现机床有异常现象，立即停车检查。

④ 工作台、导轨面上不准乱放工具或杂物，毛坯工件直接装在工作台上时应使用垫片。

⑤ 工作前应先检查各手柄是否放在规定位置，然后开空车数分钟，观看机床是否正常运转。

⑥ 工作完毕，应将机床擦拭干净，并注润滑油。做到每天一小擦，每周一大擦，定期一级保养。

6.7.7　铣床的润滑

铣床的各润滑点如图 6-25 所示。必须按期、按油质要求加注润滑油。注油工具一般使用手捏式油壶。

1. 每班注油一次处

① 垂直升降导轨处油孔是弹子油杯，注油时，将油壶嘴压往弹子后注入。

② 纵向工作台两端油孔各有一个弹子油杯，注油方法同垂直导轨油孔。

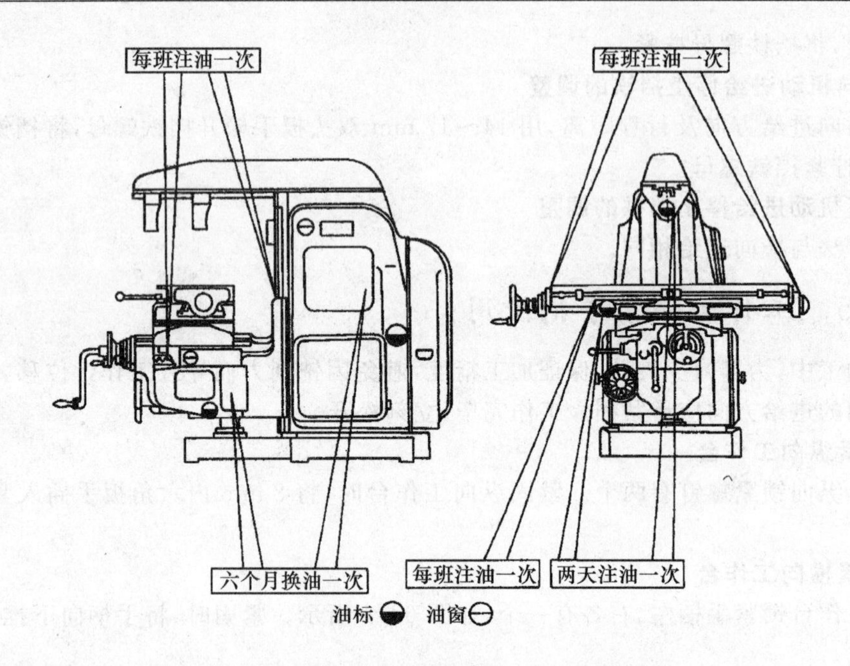

图 6-25 X6132 型万能升降台铣床各润滑点

③ 横向丝杠处，用油壶直接注射于丝杠表面，并摇动横向工作台使整个丝杠都注到油。

④ 导轨滑动表面工作前、后擦净并注油。

⑤ 手动油泵在纵向工作台左下方，注油时开动纵向机动进给，使工作台在往复移动的同时，拉(压)动手动油泵(每班润滑工作台三次，每次拉动 8 回)使润滑油流至纵向工作台运动部位。

2. 两天注油一次处

① 手动油泵油池在横向工作台左上方，注油时旋开油池盖，注入润滑油至油标线齐。

② 挂架上油池在挂架轴承处，注油方法同手动油泵油池。

3. 六个月换油一次处

主轴传动箱油池和进给传动箱油池，为了保证油质，六个月换一次，一般由机修人员负责。

4. 油量观察点

① 带油标的油池共有 4 个，即主轴传动箱、进给传动箱、手动油泵和挂架上油池，要经常注意油池内的油量，当油量低于标线时，应及时补足。

② 观油窗有 2 个，即主轴传动箱、进给传动箱上观油窗。起动机床后，观察油窗是否有油流动，如没有应及时处理。

③ 各润滑点润滑油的油质应清洁无杂质，一般使用 L-AN32 全损耗系统用油。

6.8 铣削平面

6.8.1 操作训练基本要求

① 初步了解铣床各附件的作用和使用方法。

② 按图样要求进行铣削加工，工件精度达到图样要求。

③ 学习掌握平面和连接面的铣削方法、检测方法并要求步骤正确。

④ 正确使用保养工具、量具及铣床。

用铣削的方法加工平面称为铣平面。根据工件上平面与其基准面的关系，平面分为平行面、垂直面和斜面三种。铣削平面的技术要求主要是平面度和表面粗糙度。铣削连接面的技术要求除应保证平面度和表面粗糙度外，还涉及相邻两平面之间的垂直度(倾斜角度)、相对两平面之间的平行度和相对平面之间的尺寸精度。在连接面中，斜面是指与其基准面成倾斜状态的平面。平面的铣削方法主要有端铣和圆周铣两种。

6.8.2 准备知识

铣削加工前，根据被铣削零件的水平面、垂直面和斜面的具体情况，合理选择机床、刀具、工件安装、铣削用量和铣削方式等。

在立式铣床和卧式铣床上均可采用面(端)铣刀铣削加工水平面、垂直面和斜面。在卧式铣床上也可采用圆柱铣刀铣削加工水平面。

用镶齿面铣刀铣削加工水平面时，采用不对称逆铣或对称铣较多，如图6-26(a)、(b)所示。由于面(端)铣刀铣削时，切削厚度变化小，同时参与切削加工的刀齿较多，铣削加工平稳，而且面(端)铣刀的圆柱面刀刃承担主要的切削任务，而端面刃又有刮削作用，因此，加工表面的粗糙度值较小。

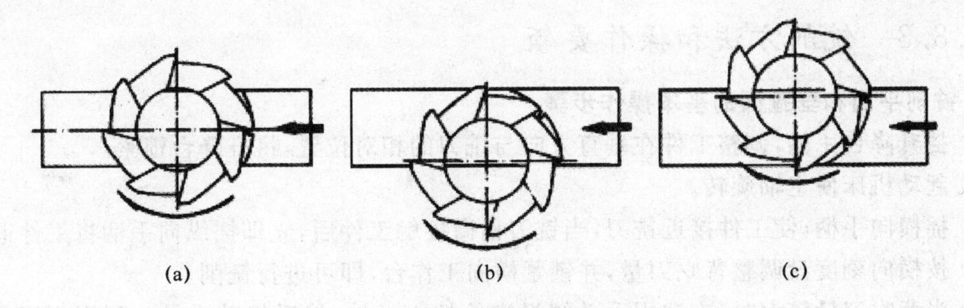

图6-26 端铣的铣削方式

铣刀规格的选用应根据被加工平面的尺寸不同而定，面(端)铣刀的直径或圆柱铣刀的长度一般应大于待加工表面的宽度，以利于一次进给铣削整个表面。

采用面（端）铣刀在卧（立）式铣床上加工较大平面或形状特殊的工件，当采用压板、螺栓直接将工件装夹在工作台上时，压板与工件的位置要适当，以免夹紧力不当而影响铣削质量甚至造成事故，压板的正确装夹方法如图 6－27 所示。其工件安装方法如图 6－17 所示。对于刚度不足或薄壁零件，装夹时要增加支承，以免工件变形，如图 6－28 所示。对于中、小型工件的安装可采用机用平口钳。安装时，应使工作台纵向进给方向与主轴轴线垂直。

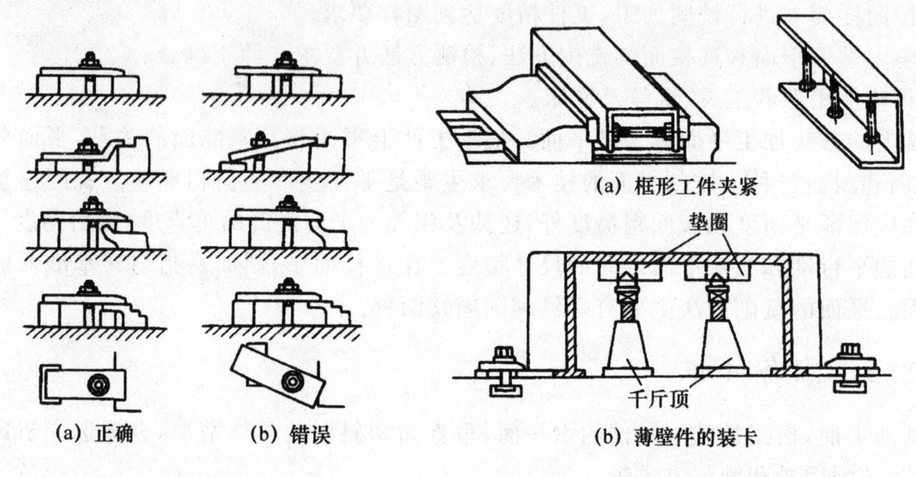

图 6－27　压板的使用　　　　图 6－28　刚性不足工件的装夹

选择铣削方式时，要有利于工件的压紧和减小工件在加工过程中的震动，使切屑向下飞溅，从而有利于安全和方便操作，一般多选逆铣。如纵向工作台丝杠螺母有间隙调整机构，精铣时也可采用顺铣。

铣削用量应根据工件材料、刀具材料和加工条件来选择，详见 6.6 节。必要时应检索切削用量数据库或切削用量手册。

6.8.3　铣削方法和操作要领

1. 铣削平面和垂直面的基本操作步骤

① 摇升降台手柄，调整工件在垂直方向与铣刀的相对位置，将升降台锁紧。

② 起动机床使主轴旋转。

③ 摇横向手柄，使工件接近铣刀，当铣刀稍微接触工件后，立即摇纵向手柄将工件退出。

④ 按横向刻度盘调整背吃刀量，并锁紧横向工作台，即可进行铣削。

⑤ 当背吃刀量较大时，应选用手动缓慢进给切入工件，然后机动进给。利用刻度盘控制背吃刀量，要随时拧紧刻度盘处的锁紧螺母。

⑥ 铣削垂直平面时，应注意根据工件毛坯、铣削平面与基准平面的相互位置关系要求，调

整好后再安装，如图 6－29 与图 6－30 所示。应先试铣，然后停车测量铣削平面与基准平面的尺寸、平行度及与侧面的垂直度。

⑦ 根据工件的测量尺寸与待铣削的尺寸差值来调整手柄刻度值，也可按图 6－29 与图 6－30所示方法调整工件位置。

⑧ 较长工件端平面的铣削可采用图 6－31 所示的方法。

⑨ 六面体工件装夹在机用平口钳中，铣削垂直面的步骤如图 6－32 所示。

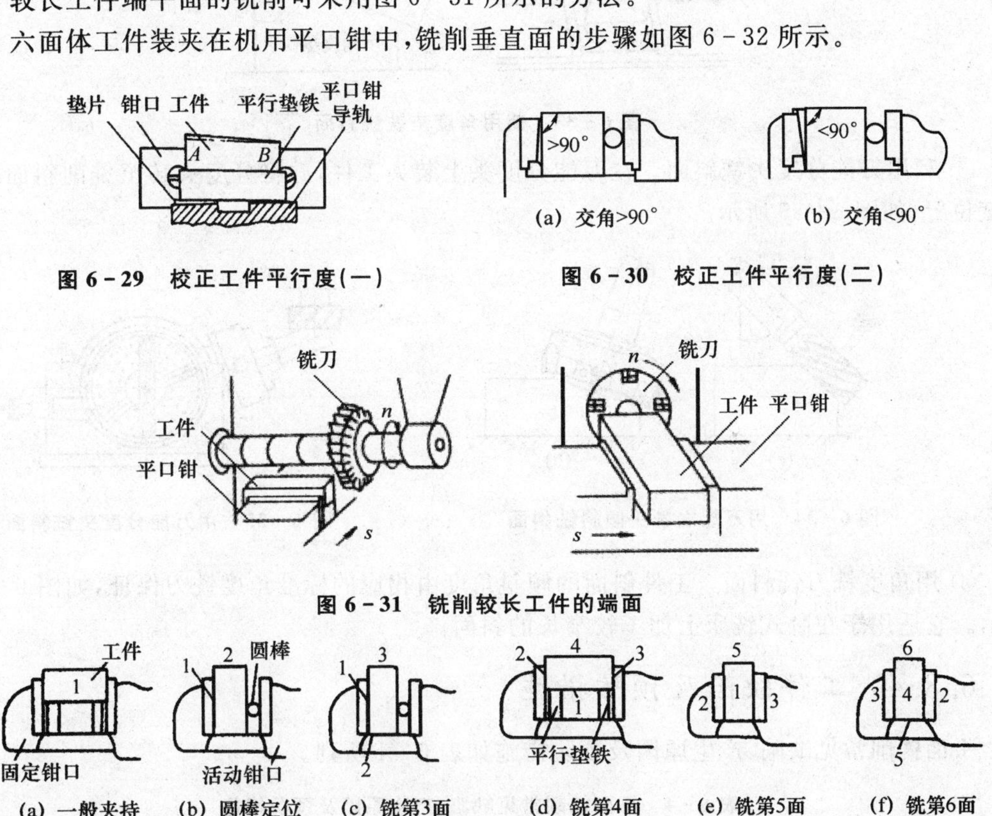

图 6－29　校正工件平行度(一)

图 6－30　校正工件平行度(二)

图 6－31　铣削较长工件的端面

图 6－32　工件装夹在平口钳中铣削垂直面的步骤

2. 铣削斜面的方法及步骤

铣削斜面同铣削水平面相似，主要通过调整安装工件、采用铣床附件、铣刀和直角尺、游标角度尺、刀口形直尺等工、量具配合，解决工件倾斜角度的问题，常用方法如下：

① 用倾斜垫铁支承工件铣斜面。在零件设计基准的下面垫一块倾斜的垫铁，则铣削的平面就与设计基准面成倾斜位置。改变倾斜垫铁的角度，即可加工带不同角度的斜面工件，如图 6－33所示。

② 转动立铣头铣斜面。在卧式铣床上安装万能立铣头或直接扳转立铣床的铣头，使铣床主轴转至所需的角度，利用面铣刀的端面刀刃或立铣刀的圆柱面刀刃铣削斜面，如图 6－34 所示。

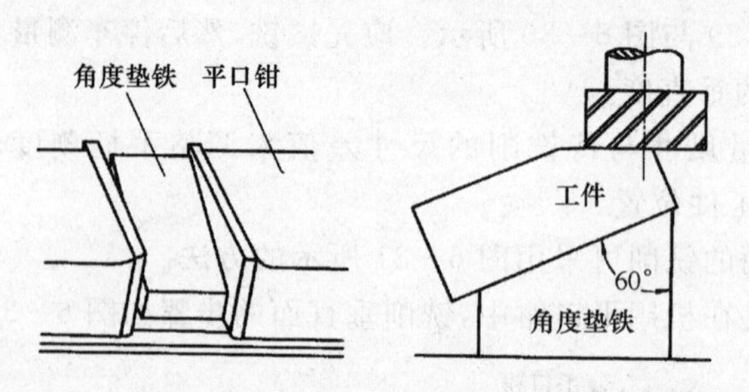

图 6-33 使用角度垫铁铣斜面

③ 利用万能分度头铣斜面。在万能分度头上装夹工件,并将分度头转至铣削斜面所需的角度位置,如图 6-35 所示。

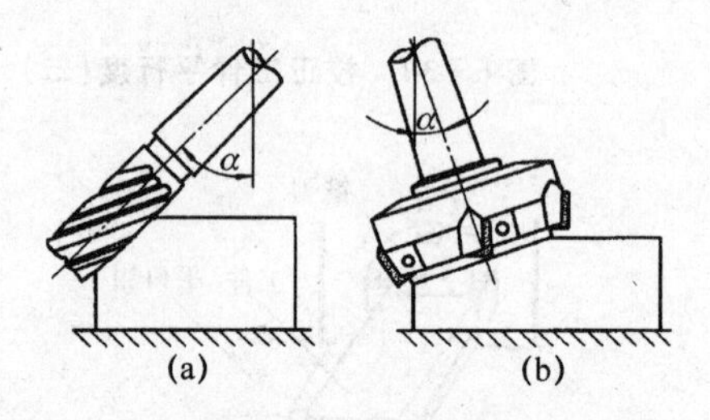

图 6-34 用万能立铣头倾斜铣斜面

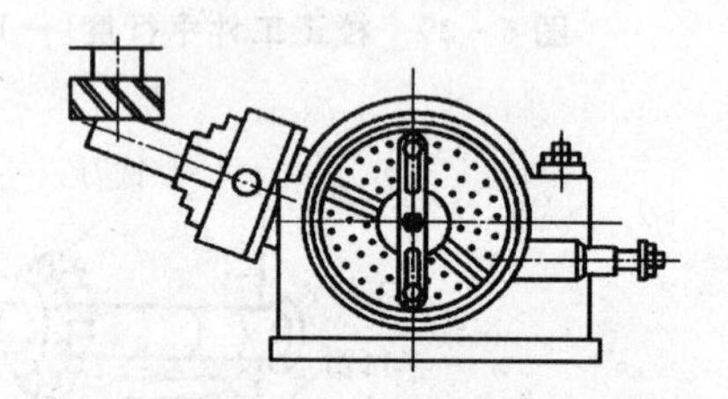

图 6-35 用万能分度头铣斜面

④ 用角度铣刀铣斜面。工件斜面的倾斜角度由相应的标准角度铣刀保证,如图 6-3(m)所示。它适用于在卧式铣床上加工较窄长的斜面。

6.8.4 工件缺陷及预防措施

平面铣削常见缺陷、产生原因及预防措施如表 6-4 所列。

表 6-4 平面铣削常见缺陷、产生原因及预防措施

序 号	缺 陷	产生原因	预防措施
1	尺寸公差超差	① 度盘格数摇错或间隙未消除 ② 对刀不准 ③ 测量不准确 ④ 用三面刃铣刀(或面铣刀)的端面刃铣削时,铣床主轴与进给方向不垂直 ⑤ 铣削过程中,工件有松动现象	① 过量转过要对准的刻度时,注意反转消除间隙重新对刀 ② 注意合理选择量具 ③ 安装刀具时,应校正立铣主轴(或立铣头)与工件台的进给方向的垂直度 ④ 注意紧牢夹具或工件,调整工件台燕尾槽的间隙

续表 6-4

序号	缺陷		产生原因	预防措施
2	形位公差超差	平面度超差	① 边铣削时，铣刀圆柱度超差 ② 面铣削时，铣床主轴与进给方向不垂直 ③ 铣削薄而长的平面工件时，工件产生变形 ④ 铣刀宽度(直径)不够时，表面不接刀痕	① 新刃磨圆柱铣刀或更换刀具 ② 调整铣刀主轴与进给方向垂直度，使其在允许范围内，采用图 6-28 所示方法安装工件 ③ 面铣刀直径大于铣削宽度和圆柱铣刀长度大于铣削深度
		垂直度超差	① 机用平口钳钳口与工件台不垂直 ② 基准面与固定钳口未贴合 ③ 基准面本身质量差，在装夹时造成误差 ④ 铣削后的平面与工件台面不平行，如立铣头零位不准时，用横向进给	① 按规范(见 6.5.2 小节)安装机用平口虎钳 ② 调整立铣头零位，并保证与纵向工件台进给方向垂直
		平行度超差	① 机用平口虎钳导轨面与工作台面不平行，平行垫铁的平行度超差，基准面与平行垫铁未贴合 ② 固定钳口的面与基准面不垂直 ③ 铣削后的平面有倾斜 ④ 在铣削过程中，活动钳口因受铣削力而向上抬起，使基准面位置不准	① 按 6.5.2 小节所述安装利用平口钳 ② 采用对称逆铣和不对称逆铣
		倾斜度超差	① 工件划线不准和在铣削时工件产生位移 ② 可倾台钳、可倾工作台或立铣头扳转角度不准确 ③ 采用周边铣削时，铣刀有锥度 ④ 用角度铣刀铣削时，铣刀角度超差	① 工件正确划线，并将工件校正后夹紧牢固 ② 采用合格铣刀
3	表面粗糙度超差		① 进给量太大，尤其进给量太大，使表面有明显波纹 ② 铣刀不锋利，有深啃现象；铣刀装夹不规范 ③ 刀杆弯曲或刀杆垫圈不平行引起铣刀轴向窜动和径向圆跳动过大 ④ 挂架铜轴承间隙过大，缺少润滑油 ⑤ 机床震动大，主轴松动或工作台导轨塞铁间隙过大 ⑥ 用圆柱铣刀铣削时，中途停止进给，使工件表面产生“深啃” ⑦ 切削液使用不当或切削液不充分	① 按规范(见 6.6.2 小节)选取铣削用量 ② 重新刃磨铣刀 ③ 校正刀杆及调整相关运动部件的间隙，规范操作，充分润滑 ④ 合理选用切削液

6.8.5 练习实例

1. 工件图

工作图如图 6-36 所示。

2. 读 图

该工件材料为 60 mm×50 mm×90 mm 的 45 钢型材。其尺寸精度为±0.05 mm，各相邻面间的垂直度和平行度均为0.05 mm。六个面的表面粗糙度 R_a 均为6.3 μm。数量为5件。

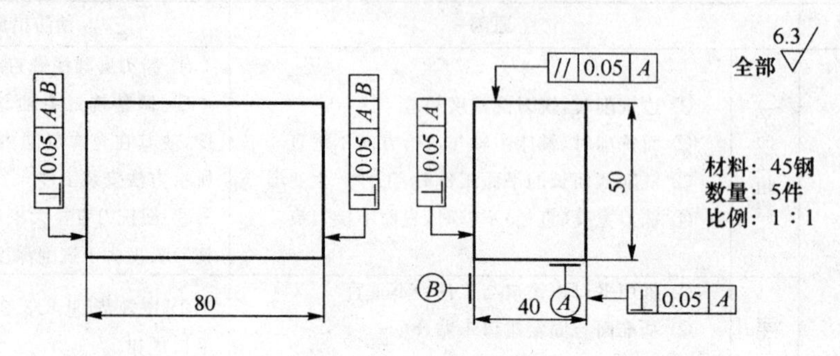

图6-36 长方形工件图

3. 选择机床及刀具

根据经验，选用X53K或X5032铣床。铣刀直径等于1.4～1.6倍工件待加工面的宽度。本例工件待加工面（毛坯）的最大宽度为63 mm，故选择铣刀直径 D=100 mm，齿数 Z=6的硬质合金面（端）铣刀，刀片材料为YT14。

4. 装夹工件

根据工件的外形特点，采用机用平口钳装夹，为保证各表面的形位公差均控制在公差范围内，工件6个面的铣削顺序如图6-32所示，并注意如下几点：

① 第1面应选择毛坯上面积最大、表面最不平整的面。

② 铣第2、3面时为保证第1面和固定钳口相贴合，在活动钳口上要加垫圆棒，如图6-32(b)、(c)所示。

③ 铣第3、4面时除了须使已加工的一个面紧贴固定钳口外，还须使另一已加工面和机用平口钳水平导轨或平行垫铁相贴合，以保证相对两面之间的平行度。

④ 铣第5面时，由于第6面尚未加工，为保证第5面和第1面、第2、3、4面都垂直，除了须使第1面和固定钳上相贴合外，还要用直角尺校正第2面或第3面对工作台台面的垂直度，检校的方法如图6-37所示，直角尺尺座的一面与平口钳的水平导轨贴合，尺杆面与工件的第3面或第2面贴合。

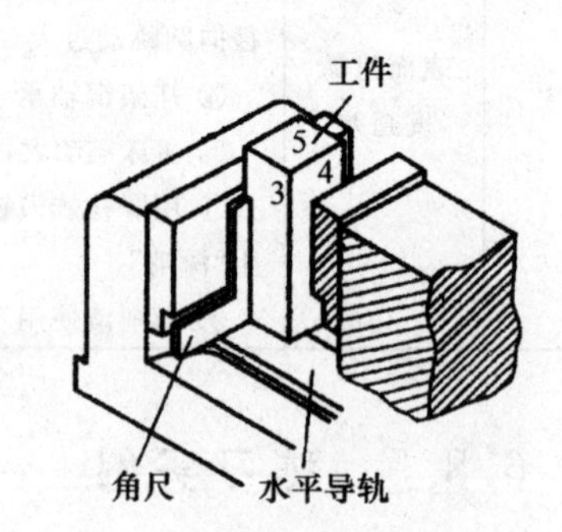

图6-37 工件第3面相对台面的垂直度的检校

5. 铣削用量选择

① 面铣刀铣削深度 a_p。由图6-36可知，工件每个表面的加工余量均为5 mm，表面粗糙度 R_a 均为6.3 μm，故分粗铣及半精铣两步进行。粗铣取 a_p=4.5 mm，半精铣取 a_p=0.5 mm。

② 每齿进给量 f_z。粗铣选 f_z=0.16 mm/z；半精铣选 f_z=0.10 mm/z。

③ 铣削速度 v_c。用硬质合金(YT14)面铣刀铣 45 钢时,可选 $v_c=150$ m/mim。

④ 主轴(铣刀)转数 n。依据以上选择的切削用量及刀具的规格,选 $n=475$ r/min。

⑤ 工作台每分钟进给量 v_f。依据每齿进给量,选粗铣时 $v_f=475$ mm/min,半精铣时 $v_f=300$ mm/min。

6. 铣削方式

采用不对称逆铣,如图 6-26(b)所示。铣刀中心与工件中心的位移量取 $K\approx0.1D\approx10$ mm,并按粗铣用量调整好机床,依次粗铣 6 面,然后再按半精铣用量调机床,用同样的顺序完成半精铣 6 面。

7. 质量检验

工件加工完毕,除了按图样测量尺寸及检验表面粗糙度外,还要检验所铣平面的平面度、相对表面的平行度和相邻表面的垂直度。

(1) 尺寸检验

依照图样的精度要求进行检测,一般工件可用游标卡尺,分别测量工件的长、宽、高,误差均在允许的公差范围内,即为合格。对于精度要求较高的工件,可用百分尺(表)分别测量这三项尺寸。

(2) 平直度的检验

一种是刀口直尺配合塞尺检验,另一种是刀口直尺透光检验。

1) 刀口形直尺配合塞尺检验

将工件置于平台上,用刀口形直尺靠在被检平面上。若整个平面各处均与刀口形直尺接触,则该平面平直度良好,如图6-38(a)所示。当平面不平时,出现图 6-38(b)、(c)、(d)的情况,此时应使用塞尺测量其缝隙的大小。

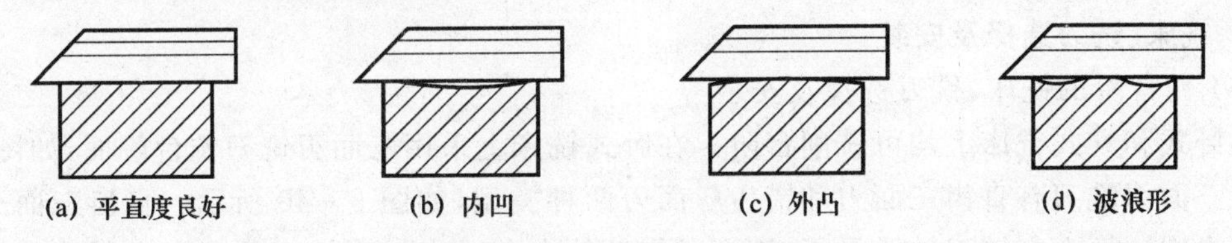

图 6-38　平面平直度的检验

2) 刀口形直尺透光检验

绝大多数工件的平直度误差较小,一般可用刀口形直尺靠在被检平面上,朝向光亮处,观察尺边缘的透光情况。当平直度好且表面粗糙度高时,刀口处几乎不透光。当平直度差时,刀口处明显透光不均匀,此时可配合塞尺测量其平直度。

(3) 平行度的检验

当平行度要求不高时,可测量被测表面到基准面间的尺寸变动量。当平行度要求较高时,可将工件置于标准平台上,用百分表测量。后者不仅可测量平行度,同时也测量平面度。

(4) 垂直度的检验

将工件置于平台上,用直角尺如同图 6-37 所示的方法测量各垂直面与平台的垂直度。若直角尺与被测面均匀接触,则垂直度合格。若出现上部或下部不接触的情况,则应测量缝隙的大小,当不超过允许公差时,则为合格。

6.9 铣台阶面和切断

6.9.1 操作训练基本要求

① 学习和掌握铣削台阶和切断的常用方法。

② 熟练掌握铣刀在对刀过程中调整工作台和检测工件的方法。

6.9.2 准备知识

台阶面是由两个相互垂直的平面所组成。其特点是两个平面不仅是相同一把铣刀的不同刀刃同时加工出来的,而且两个平面是同一个定位基准。故两个平面垂直与否主要靠刀具保证。组成台阶的平面,经铣削加工后应达到工件图纸规定的尺寸精度、形状与位置精度和表面粗糙度。

在铣床上用锯片铣刀进行工件、半成品或坯料分割或下料的加工过程称为切断,如图 6-3(g)所示。这种加工方法效率高,切口的质量也较好。

铣削加工前,应根据工件图样对台阶的具体要求,合理选择铣床、铣刀、工件装夹、铣削用量等。

1. 铣床、铣刀选择及安装

(1) 铣台阶的铣床、铣刀选择及安装

在卧式和立式铣床上均可铣削台阶。在卧式铣床上采用三面刃铣刀铣台阶面,如图6-39所示。三面刃铣刀有直齿三面刃和错齿三面刃两种类型,如图 6-40 所示。直齿三面刃铣刀的刃齿在圆柱面上与铣刀轴线平行,铣削时震动较大。错齿三面铣刀的刀齿在圆柱面上向两个相反的方向倾斜,具有螺旋齿铣刀铣削平稳的优点。大直径的错齿三面刃铣刀多为镶齿式结构,当某一刀齿损坏或磨钝时,可随时对刀齿进行更换。在卧式铣床上铣台阶时,三面刃铣刀的圆柱面切削刃起主要切削作用,而两侧面的切削刃则起修光作用。由于三面刃铣刀的直径、刀齿和容屑槽都比较大,所以刀齿的强度大,冷却和排屑效果都较好,生产效率高。因此,在铣削宽度不太大(受三面刃铣刀规格限制,一般刀齿宽度 $B\leqslant 25$ mm)的台阶时,基本上都采用三面刃铣刀铣削。同时,因三面刃铣刀侧面单边受力会出现“让刀”现象,应当将铣刀靠近主轴端安装,同时使用吊架支承刀杆另一端,以提高工艺系统刚性。

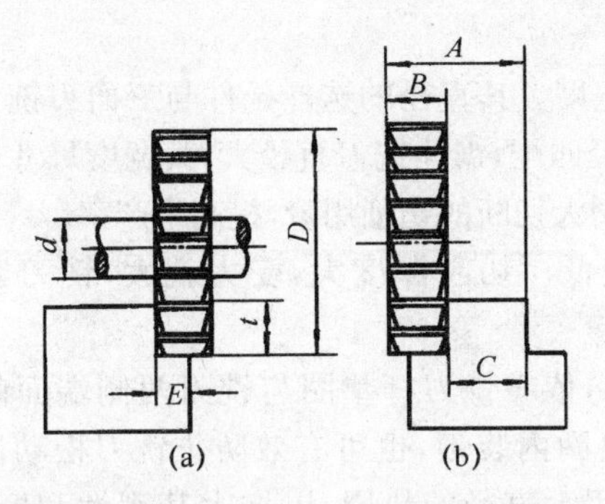

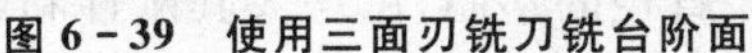
(a)　(b)

图 6-39　使用三面刃铣刀铣台阶面

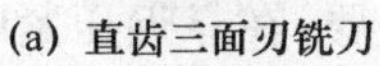
(a) 直齿三面刃铣刀

(b) 错齿三面刃铣刀

图 6-40　三面刃铣刀

使用三面刃铣刀铣削台阶，主要是选择铣刀的宽度 B 和外径 D，如图 6-39 所示。铣刀宽度 B 应大于工件的台阶宽度 E。为保证在铣削中台阶的上平面能在直径为 d 的铣刀杆下通过，如图 6-39 所示，尽可能选择直径较小的三面刃铣刀。三面刃铣刀直径应符合下式条件：

$$D>2t+d$$

式中：t——台阶深度或工件的厚度；

d——铣刀杆套筒外直径。

铣削垂直面较宽而水平面较窄的台阶面时，可采用立式铣床和立铣刀铣削，如图 6-41 所示。也可采用卧式铣床安装万能立铣头（铣床附件）铣削。

铣削垂直面较窄而水平面较宽大的台阶面时，可采用面（端）铣刀铣削，如图 6-42 所示。铣刀直径 D 应按台阶宽度尺寸 E 选取，即 $D\approx1.5E$。

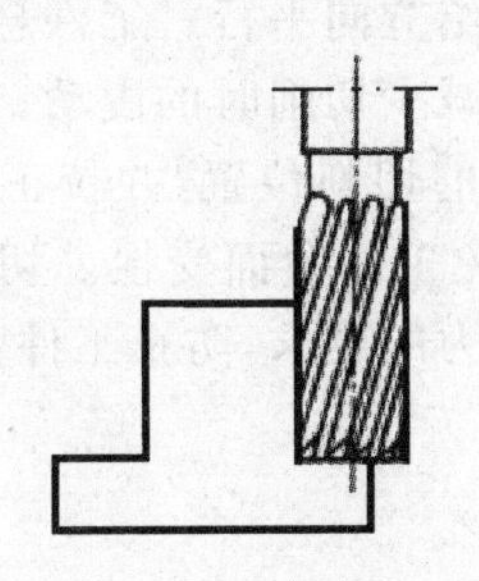
图 6-41　用立铣刀铣台阶

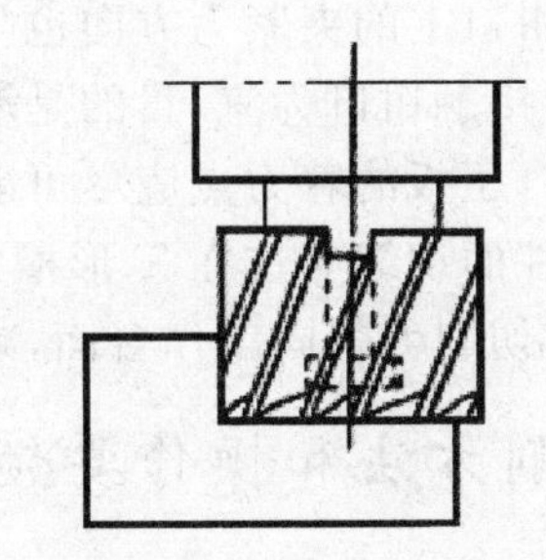
图 6-42　采用面铣刀铣台阶

在成批生产中，常采用两把三面刃铣刀组合起来铣削两侧对称台阶。该铣削方法具有质量好、操作简单、生产率高等优点。

(2) 切断操作的铣床、铣刀选择及安装

常在卧式铣床上采用锯片铣刀切断工件，也可铣窄槽，如图 6-3(g)所示。锯片铣刀的刀齿有粗齿、中齿和细齿之分。粗齿锯片铣刀的齿数少，齿槽的容屑量大，主要用于切断工件。细齿锯片铣刀的齿数最多，齿更细，排列更密，但齿槽容屑量小。中齿和细齿锯片铣刀适用于切断较薄的工件,也常用于铣窄槽。

用锯片铣刀切断时,主要选择锯片铣刀的直径和宽度。其直径的选择条件与三面刃铣刀相同(即切削深度为工件的厚度)。其宽度的选择应与其直径匹配,锯片铣刀直径大,其宽度尺寸也相应增大;反之,则减薄。若采用疏齿的错齿锯片铣刀则可增大切断的切削用量,提高生产率。

锯片铣刀的直径大而宽度小,刚性较差,强度较低。切断深度大,受力就大,铣刀容易折断。安装锯片铣刀时应注意如下几点:

① 刀杆与铣刀间不能采用键连接。铣刀紧固后,依靠铣刀杆垫圈与铣刀两侧端面间的摩擦力带动铣刀旋转。若有必要,在靠近压紧螺母的垫圈内装键,也可有效防止铣刀松动。

② 安装大直径锯片铣刀时,应在铣刀两端面采用大直径的垫圈,以增大其刚性和摩擦力,使铣刀工作更加平稳。

③ 为增强刀杆的刚性,锯片铣刀的安装应尽量靠近主轴端部或挂架。

④ 锯片铣刀安装后应保证刀齿的径向圆跳动和端面圆跳动不超过规定的范围,方能使用。

2. 工件的安装

(1) 铣台阶时的工件安装

铣削台阶在装夹工件前,必须先校正机床和夹具。若采用机用平口钳装夹工件,应检查并校正其固定钳口面(夹具上的定位面)与主轴轴线垂直,同时也要与工作台纵向进给方向平行。装夹工件时,应使工件的侧面(基准面)靠向固定钳口面,工件的底面靠向平口钳导轨面,并将铣削的台阶底面略高出钳口即可。

(2) 切断时的工件安装

对于小型工件常用机用平口钳装夹。其固定钳口一般都与主轴轴线平行,切削力应朝向固定钳口。工件在钳口上的夹紧力方向也与工作台进给方向平行。工件悬伸出钳口的长度要尽量短,以铣刀不会接触钳口为宜,目的是增强刚性和减少切削时的震动。大型工件切断时多采用压板、螺钉装夹,压板的着力点应尽可能靠近铣刀的切削位置,并校正定位靠铁与主轴轴线平行或垂直。工件的切缝应选在T形槽的上方,以免工作台面受损。切断薄而细长的工件时多采用顺铣,可使切削力朝向工作台面,减少对压紧力的要求,防止工件变形。

6.9.3 铣削方法和操作要领

1. 用三面刃铣刀铣台阶

单件铣削双台阶如图6-39(b)所示。其铣削操作步骤如下:

① 当工件安装好后,可先开动铣床使主轴旋转,并移动工作台,使铣刀端面刀刃微擦到工件侧面,记下刻度盘读数。为了判断刀刃是否擦着工件表面,可先在工件表面做标记,以便于观察。

② 退出纵向工作台,利用刻度盘将横向工作台移动一个距离 E,并调整高度尺寸 t,便可铣削一侧的台阶,如图6-39(a)所示。

③ 用刻度盘控制,将横向工作台移动距离 $A(A=B+C)$,铣另一侧台阶,如图6-39(b)所示。

④ 若台阶较深,应沿着靠近台阶的侧面分层铣削。

⑤ 铣削时应紧固不使用的进给机构，防止工作台窜动。

⑥ 机床主轴未停稳不得测量工件或触摸工件表面。

台阶的检测。台阶的检测主要是其宽度和深度，一般用游标卡尺、深度游标卡尺或千分尺、深度千分尺进行检测。若台阶深度较浅不便使用千分尺检测时，可用极限量规检测，如图 6-43所示。使用极限量规检测工件时，以其能进入通端而止于止端（即通端过、止端不过）为原则，判定工件合格。该检测方法适用于大批量生产。

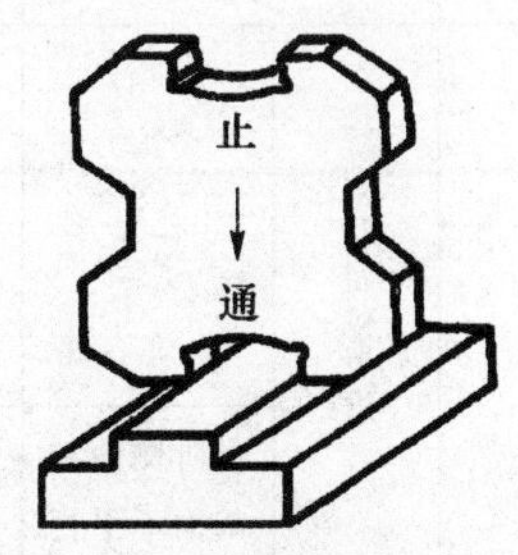

图 6-43　用极限量规检测台阶的宽度

2. 用锯片铣刀切断工件

切断操作注意事项：

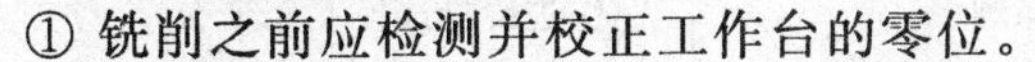

① 铣削之前应检测并校正工作台的零位。

② 工件切断操作应尽量采用手动进给，进给时速度要均匀；若采用机动进给，铣刀切入或切出时还需要手动进给，进给速度不宜太快，并将不使用的进给机构锁紧。

③ 为防止铣刀将工件抬起引起“打刀”，应尽量使铣刀圆周刀刃刚好与工件底面相切或稍高于底面，即铣刀刚刚切透工件即可。

④ 用刻度盘控制工件切断尺寸时，注意铣刀宽度和消除进给方向的间隙。

⑤ 若切削钢件时应充分浇注切削液。

⑥ 铣刀用钝后应及时刃磨或更换。

⑦ 应密切观察铣削过程，若有异常应立即停止进给，再停止主轴旋转，退出工件。

6.9.4　工件缺陷及预防措施

台阶铣削常见缺陷、产生原因及预防措施如表 6-5 所列。

表 6-5　台阶铣削常见缺陷、产生原因及预防措施

序　号	常见缺陷		产生原因	预防措施
1	尺寸误差	宽度尺寸超差	① 测量差错 ② 调整工件台时摇错刻度盘格数，或未消除丝杠与螺母间隙 ③ 铣刀径向圆跳动和轴向窜动量（端面齿圆跳动）超差 ④ 工作台的非进给方向未紧固，铣削时产生位移 ⑤ 铣床工作台“0”位不准，使台阶下宽上窄	① 合理选择测量工具，规范使用，准确读数 ② 摇错刻度盘应及时消除间隙，重新回“0”位 ③ 对超差铣刀应重磨或更换 ④ 工作台的非进给方向应及时紧固 ⑤ 重新调整工作台的“0”位
		深度尺寸超差	① 测量差错 ② 对刀不正确，铣削层深度调整误差 ③ 工件底面与工作台面不平行，使各台阶（槽深）不一致 ④工件装夹不牢固，铣削时被移动	① 正确选择测量工具，规范使用，准确读数 ② 按对刀步骤进行深度和侧面对刀，确认无误后再进行铣削 ③ 加工前应检查工件底面平面度，安装时设法消除工件底面与支承面之间的间隙 ④工件准确定位后及时夹紧

续表 6-5

序　号	常见缺陷		产生原因	预防措施
2	形状及位置度	对称度超差	① 测量不正确；移动工作台时摇错刻度或未消除丝杠与螺母间隙 ② 对刀有误 ③ 工作台非进给方向未紧固，铣削时产生位移	① 严格按测量方法进行对称度检测 ② 按规范对刀，注意消除丝杠与螺母之间的间隙 ③ 锁紧工作台非进给方向的螺钉
		台阶侧面与基面不平行	① 基准面选择不合理 ② 工件有毛刺或基准面有脏物	① 加工基准应与设计基准一致 ② 工件安装前，应严格对基准面进行检测
3	表面粗糙度	表面粗糙度超差	① 铣刀磨损，切削刃不锋利 ② 铣刀安装时，圆跳动量过大 ③ 机床主轴松动，工作台镶条太松，卧式铣床挂架铜轴承间隙过大 ④ 平口虎钳与工件间没有垫片或夹紧力过大；夹紧面切屑未清除	① 进给量选择不合理 ② 铣刀进行刃磨或更换新铣刀 ③ 调整工作台镶条和挂架轴承间隙，或进行维修 ④ 在夹紧钳口与工件定位面间加垫片，装夹应消除定位面的切屑

6.9.5　台阶铣削练习实例

1. 铣削台阶

(1) 工件图

工件图如图 6-44 所示。

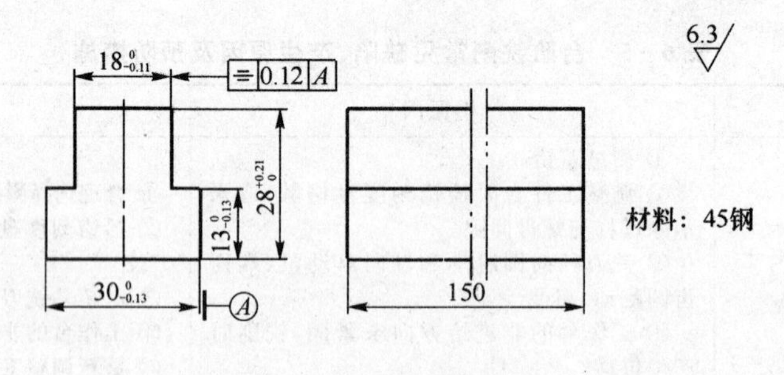

图 6-44　台阶零件图

(2) 读　图

该工件外形尺寸为 30 mm×28 mm×150 mm，材料为 45 钢，坯料宽 $30^{\ 0}_{-0.13}$ mm 的右侧 A 为定位基准，要求以该尺寸为对称中心，铣削 6 mm×15 mm 的对称双台阶，对称度为 0.12 mm，各加工表面的表面粗糙度 R_a 均为 6.3 μm 。其余尺寸及公差如图所示。

(3) 选择机床、夹具、刀具

依据以上分析和经验,对单件或小批量生产选用 X6132 型卧式升降台铣床,采用机用平口钳装夹和三面刃铣刀。对大批量生产须采用面(端)铣刀和专用夹具加工。根据台阶的宽度及高度分别为 6 mm 和 15 mm,现选用外径 $D=80$ mm、厚度 $B=8$ mm、内径 $d=27$ mm、齿数 $Z=16$ 的直齿三面刃铣刀(如图 6-40 所示)。

(4) 铣刀的安装

将三面刃铣刀安装在 $\phi 27$ mm 的长刀杆中间位置后并紧固。

(5) 工件的安装与找正

根据工件形状采用机用平口钳装夹。将平口钳安装在工作台中间位置,并用百分表校正固定钳口与工作台纵向进给方向平行后压紧。装夹前用高度尺在工件上划出 18 mm 凸台对称尺寸线及 15 mm 的深度线。然后将工件装夹在钳口内,下面垫上适当高度的平行垫铁,使工件的上平面高出钳口约 16 mm 后夹紧,用铜棒轻轻敲击工件使之与平行垫铁贴紧。若工件毛坯尺寸不规范,在铣台阶前必须对六面体进行前期加工,至少应保证定位面的准确性。

(6) 选择铣削用量

调整铣床主轴转速 $n=75$ r/mm($v_c=19$ m/min),进给速度 $v_f=37.5$ mm/min。工件两台阶加工表面的加工余量均为 15 mm,表面粗糙度 R_a 均为 6.3 μm,故分粗铣及半精铣两步进行。粗铣时取侧吃刀量 $a_e=4.5$ mm,半精铣时取 $a_e=0.5$ mm。

(7) 铣削方式

三面刃铣刀圆周刀刃为主切削刃,受切削力最大,其圆周端面刀刃为副切削刃,采用逆铣较为合适。

(8) 铣削操作

1) 对 刀

① 深度对刀。在工件表面贴一张薄纸,移动纵向、横向、垂直升降工作台,使工件铣削部位处于铣刀下方;开动机床,垂直升降工作台缓缓升高,使铣刀与薄纸相接触如图 6-45(a)所示。在垂直升降刻度盘上做记号;停车后下降工作台,纵向退出工件;然后,垂直升降工作台升高 14.5 mm,留 0.5 mm 精铣余量。

② 侧面对刀。在工件侧面贴一张薄纸;开动机床,移动横向工作台使旋转的铣刀缓缓与薄纸相接触,如图 6-45(b)所示,在横向刻度盘上做好记号;纵向退出工件,根据记号横向移动工作台 5 mm,留 1 mm 精铣余量并紧固横向工作台。

2) 铣削台阶

铣削台阶如图 6-45 所示。

① 粗铣台阶Ⅰ面。对刀完成后,开动机床,纵向机动进给,粗铣出台阶Ⅰ面,如图 6-45(c)所示。用千分尺测量工件的一侧面至铣出台阶的实际尺寸为 23 mm,用深度游标尺测得深度为 14.5 mm。

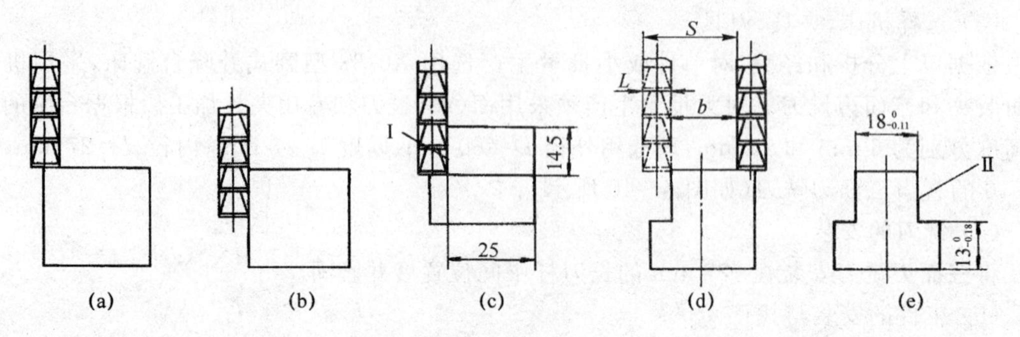

图 6-45　台阶铣削步骤

② 精铣台阶Ⅰ面。根据实测尺寸松开横向工作台，移动横向工作台 1 mm 后紧固，垂直升高工作台 0.5 mm，铣削后，测量出工件实际尺寸达 $24_{-0.84}^{\ 0}$ mm 及尺寸 $13_{-0.18}^{\ 0}$ mm。

③ 粗铣台阶Ⅱ面。根据实测尺寸松开横向工作台，移动量 $S=L+b=8\ \text{mm}+18\ \text{mm}=26\ \text{mm}$，现移动 27 mm，留 1 mm 精铣余量，如图 6-45(d)所示。紧固横向工作台，垂直下降 0.5 mm，纵向机动进给，粗铣出台阶Ⅱ面。用千分尺测量台阶实际尺寸为 19 mm。

④ 精铣台阶宽度。松开横向工作台并移动 1 mm(注意消除工作台丝杠与螺母间隙)，垂直升高 0.5 mm。精铣后，测量台阶宽度达 $18_{-0.11}^{\ 0}$ mm，尺寸达 $13_{-0.18}^{\ 0}$ mm，表面粗糙度 R_a 小于 6.3 μm，如图 6-45(e)所示。

3) 质量检验

① 测量台阶宽度。可用游标卡尺或千分尺测量出宽度应为 17.89～18 mm。

② 测量台阶尺寸。可用游标卡尺或千分尺测量出台阶尺寸应为 12.82～13 mm。

③ 测量对称度。将台阶基面放在平板上，用杠杆百分表测量，如图 6-46 所示。使百分表测头与台阶一侧面接触约 0.2 mm，然后转动表盘，使指针对准“0”位，将工件翻转 180°，测量台阶另一侧面，两次读数的差值即为对称度偏差。

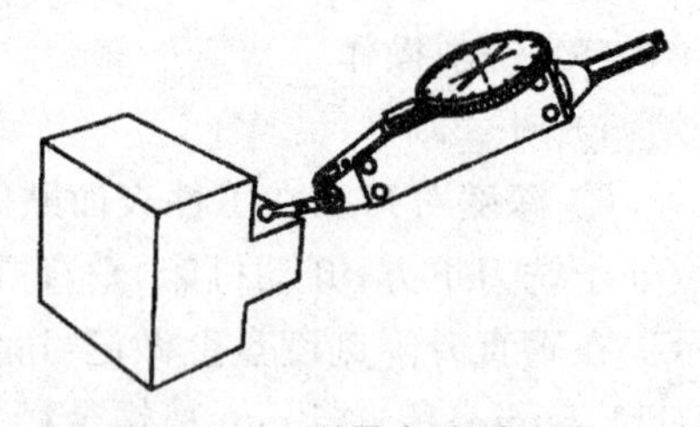

图 6-46　测量台阶对称度

2. 切断操作练习实例

(1) 工件图

工件图如图 6-47 所示。

(2) 读　图

该零件图与图 6-44 所示零件相似，横截面尺寸及材料相同，仅只是长度变为 200 mm。本道切断工序即要求将此台阶坯料切成每段长 30±0.31 mm，被切端面表面粗糙度 R_a 为12.5 μm。

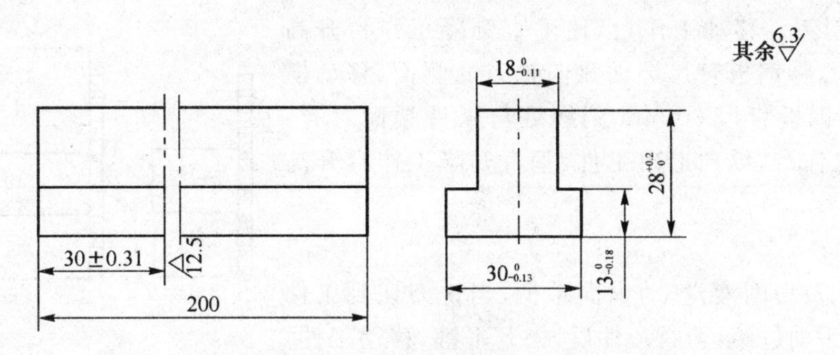

图 6-47　台阶键(切断)零件图

(3) 选择机床、夹具及刀具

根据经验选用机用平口钳装夹在 X6132 型卧式铣床上,采用锯片铣刀进行切断加工。选铣刀外径 $D=125$ mm(根据工件厚度为 28 mm,机床刀杆垫圈外径为 40 mm);铣刀厚度 B 是根据坯料总长度和每件工件长度以及切断的件数进行选择,此处选厚度 $B=3$ mm。

综合考虑选铣刀外径 $D=125$ mm,厚度 $B=3$ mm,内径 $d=27$ mm,齿数 $Z=48$ 的中齿锯片铣刀。

(4) 铣刀的安装

将锯片铣刀安装在 $\phi 27$ mm 的长刀杆上,在保证能切断工件的情况下,尽可能靠近主轴处,并要控制铣刀的径向圆跳动和端面圆跳动误差在 0.06 mm 之内,避免铣刀折断。

(5) 工件的安装及找正

该工件采用机用平口虎钳装夹。将平口钳安放在工作台中间位置,校正固定钳口与横向工作台进给方向平行后夹紧,并使切削力朝向固定钳口。工件装夹在钳口内,垫上适当高度的平垫铁,工件上平面与钳口等高,端面伸出钳口约 35 mm 后夹紧。工件夹持部分较少时,可在平口钳另一端垫一块已锯下的工件一起夹紧。

(6) 选择铣削用量

根据经验和表 6-1、表 6-2 分析,调整主轴转速 $n=60$ r/min($v_c=23$ m/min),进给速度 $v_f=30$ mm/min。

(7) 选择铣削方式

锯片铣刀圆周刀刃为主刀刃,承担主要切削负荷;两端面为副刀刃,不得用于铣削端面。采用逆铣为宜,并缓慢均匀手动进给。

(8) 铣削操作

1) 对　刀

① 侧面对刀。移动工作台,使垂直升降工作台升高至超出工件厚度约 1 mm;移动横向工作台使铣刀侧面与工件端面相接触,如图 6-48(a)所示。纵向退出工件,然后移动横向工作台,移动量 $S=L+B=3\text{ mm}+30\text{ mm}=33\text{ mm}$,如图 6-48(b)所示。再紧固横向工作台。

② 测量对刀。移动工作台，使垂直升降工作台升高至工件上平面，将钢板直尺端面靠向铣刀的侧面，移动横向工作台，使钢板直尺 30 mm 刻线处与工件端面对齐。再紧固横向工作台，纵向退出工件，垂直升降工作台升高 29 mm。

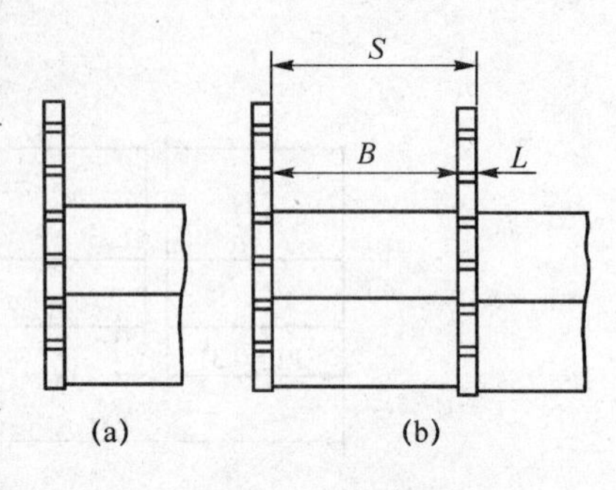

图 6－48　侧面对刀

2）切　断

开动机床及切削液，摇动纵向手柄，当铣刀切到工件后，缓慢均匀手动进给，切断一件后，松开平键，移动工件，再按上述方法装夹及对刀，依次进行切断。自始至终都要充分浇注切削液。

3）质量检验

切断后用游标卡尺测量工件长度为 30±0.31 mm，并用直角尺检查切口与基面的垂直度。

6.10　铣沟槽

6.10.1　操作训练基本要求

① 熟练掌握铣削轴上键槽和特形钩槽的常用方法。

② 掌握轴上键槽和特形钩槽的检测方法。

6.10.2　准备知识

键槽可以看成两边封闭的台阶，槽的横截面成直角形的沟槽称为直角沟槽。根据不同的用途，常用沟槽按形状分为 V 形槽、T 形槽、燕尾槽、直角沟槽、半圆键槽等。

在轴上安装平键的直角沟槽称为键槽，安装半圆键的槽称为半圆键槽。其两侧面的表面粗糙度值都较小，其宽度方向都有较高的尺寸精度和对称度要求，并有平行工件轴线的要求；槽深度尺寸的精度要求较低。直角沟槽和键槽有通槽、半通槽（半封闭槽）和封闭槽三种形式，如图 6－49 和图 6－50 所示。通键槽大都用盘形铣刀铣削，半通槽和封闭键槽多采用立铣刀或键槽铣刀铣削，如图 6－3(i)所示。半圆形槽通常选用与图样尺寸一致的专用铣刀铣削，如图 6－3(j)所示。

V 形槽两侧面间的夹角（槽角）有 60°、90°和 120°等。其中以 90°的 V 形槽最为常用，如图 6－3(m)所示。其主要技术要求有：

① V 形槽的中心平面应垂直于工件的基准面（底平面）。

② 工件的两侧面应对称于 V 形槽的中心平面。

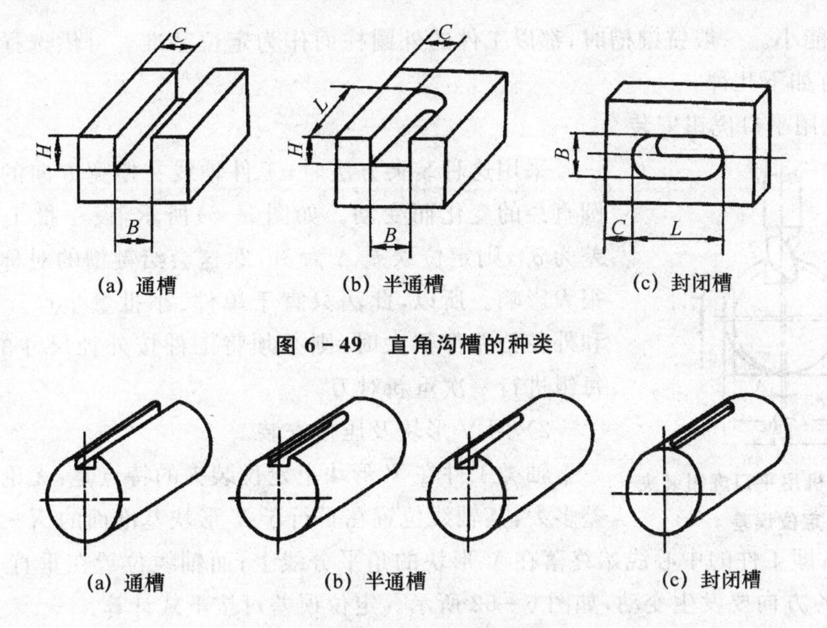

图 6-49　直角沟槽的种类

图 6-50　轴上键槽的种类

③ 为防止运动干涉或便于连接，V 形槽底部设有直角槽，槽的两侧面应对称于 V 形槽的中心平面，槽底应略超出 V 形槽两侧面的延长交线。

铣削 V 形槽常采用双角度铣刀，转动立铣头或工件等方法加工。

T 形槽由直槽和底槽组成，其底槽的两侧面平行于直槽，且对称于直槽的中心平面。T 形槽的宽度尺寸有精度要求，直槽(基准槽)为 IT8 级，底槽(固定槽)为 IT12 级。T 形槽精度已经标准化。T 形槽多用于机床的工作台或附件上。T 形槽铣削常采用立铣刀或三面刃铣刀、T 形槽铣刀和倒角铣刀按先后顺序进行加工。

铣削轴上键槽的关键是保证槽宽的尺寸精度及槽对轴中心线的对称度；另外，键槽两侧面的表面粗糙度数值小，而键槽深度尺寸精度较低。由于键槽种类繁多，要求也不尽一致，可根据具体要求采用不同的铣床，不同形状、结构、尺寸、精度和不同材料的刀具进行铣削。

工件可用机用平口钳、工件台、V 形铁或分度头等进行装夹。工件的装夹方法直接影响槽对工件中心平面的对称度。键槽铣削通常是铣刀主、副刀刃同时参加切削，有排屑比较困难、铣削力较大、切削有波动、铣削用量提高受限制等不利因素，因此，要对其进行综合分析，抓住主要矛盾，同时要注意充分冷却。

6.10.3　铣削方法和操作要领

1. 铣平键槽

(1) 工件安装

为了保证所加工键槽轴线的对称性，要求工件装夹时，其轴线的位置在键槽宽度方向的变动量应尽可能小。一般铣键槽时，都以工件的外圆柱面作为定位基准。可供选择的安装方法很多，主要有如下几种：

1）用机用平口虎钳安装

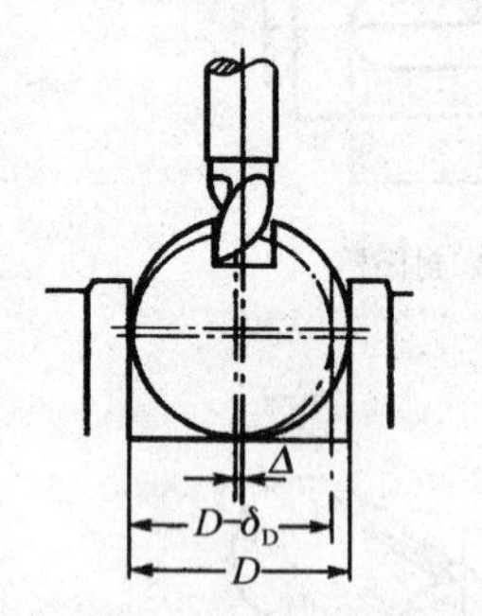

图 6－51 机用平口虎钳装夹的定位误差

采用这种装夹方法时，工件轴线在槽宽方向的位置会因外圆直径的变化而变动。如图6－51所示，设一批工件的外径公差为δ_D，则定位误差Δ为$\delta_D/2$，这会给键槽的对称度要求带来很大影响。所以，此法只宜于单件、小批量生产。当工件批量和外径公差都很大时，则必须将工件按外径尺寸的大小分组，每组进行一次重新对刀。

2）用V形块及压板安装

轴类工件在V形块上定位装夹的特点是：无论工件外径公差多大，其轴线位置在平行于V形块基准面的$X-X$方向将不会发生变动，即工件的中心线始终落在V形块的角平分线上；而轴线位置在垂直于V形块基准面的$Y-Y$方向要发生变动，如图6－52所示。定位误差可按下式计算：

$$\Delta_{Y-Y}=\delta_D/2\sin(\theta/2)$$

式中，θ——V形块的夹角。因此，用V形块装夹工件，在立式铣床上用立铣刀铣键槽时，键槽的对称性不受工件外径尺寸变化的影响，如图6－52(a)所示。而在立式铣床上用三面刃铣刀铣键槽时，则键槽的对称性要受工件外径尺寸变化的影响，而且此时的定位误差比用平口钳装夹误差更大，如图6－52(b)所示。

3）用轴用台虎钳安装

这种方法不但装夹方便，加工后的键槽对称性也不受工件外径尺寸变化的影响，如图6－53所示。

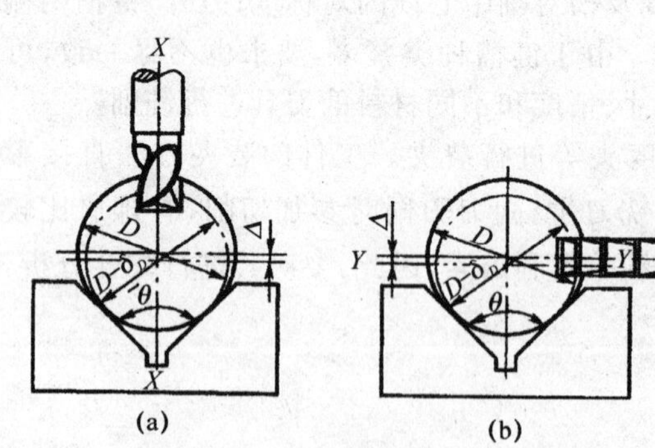

图 6－52 用V形块装夹的定位误差

图 6－53 用轴用台虎钳装夹工件

4）利用分度头及尾座安装

采用此法装夹工件，工件轴线位置不会因外径变化而变化。因此无论在卧式铣床还是在立式铣床上加工键槽，其对称性均不会受外径变化的影响，如图6－10所示。

5）工件在工作台的T形槽上安装

对于在长度大的工件上加工键槽，可用压板直接将工件压在工作台的T形槽上，类似图6－17所示，不但装夹方便、定位准确、装夹刚性高，而且便于在加工中移动工件，完成接刀。在生产实际中，由于工件的形状千差万别，究竟采用哪种安装方法，要视工件的结构、形状、尺寸等因素而定。

（2）工件校正

要保证键槽的两侧面和底面都平行于工件的轴线就必须使工件轴线既平行于工作台的纵向进给方向又平行于工作台台面。工件的轴线位置可用百分表校正，如工件用V形块及压板装夹，其校正方法如图6－54所示。

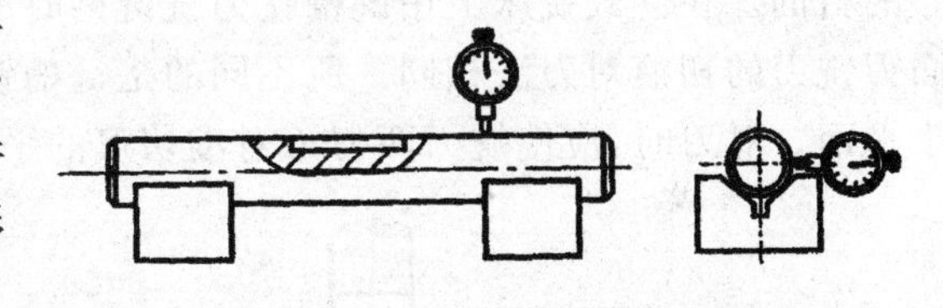

图6－54 工件的校正

① 将百分表的磁性表座吸附于床身垂直导轨上，并使百分表触头和工作台台面近似垂直，然后移动横向工作台，校正工件外圆柱面上母线的两端，使上母线和工作台台面平行。

② 将百分表转过90°，然后移动纵向工作台，校正工件外圆柱面侧母线的两端，使侧母线与纵向工作台进给方向平行。

（3）铣刀选择

铣削敞开式键槽应尽可能选用三面刃铣刀。铣削封闭式键槽应优先选择键槽铣刀，其次再选用立铣刀。在直径相同的条件下，键槽铣刀的强度、刚性要比立铣刀好，铣削中不易产生让刀。键槽铣刀可以轴向进给，不需要在工件上预钻落刀孔；键槽铣刀是双齿的，手工刃磨时便于测量和控制尺寸。对槽宽公差和表面粗糙度要求较高的键槽，应采用两把铣刀分别进行粗、精加工。粗铣时铣刀直径应比槽宽小0.5 mm左右，一般可用废旧键槽铣刀或麻花钻头改磨；精铣时则应选用直径等于槽宽、刃口锋利的铣刀加工。

（4）铣刀校正

键槽铣刀安装后，刀齿的径向跳动会使槽宽尺寸超差，因此，对槽宽公差要求高的键槽必须校正铣刀安装后的刀齿径向跳动。校正时，应使百分表测头与靠近铣刀端面的圆周刃口相接触，如发现径向跳动量超过允许范围，则应将铣刀松开，并将铣刀在夹头内转过一角度，然后重新夹紧后，再校正，直至符合要求为止。

（5）对刀的方法

要保证键槽的对称性，除了需要注意工件的装夹外，还必须使立铣刀或键槽铣刀的轴线或者三面刃铣刀的宽度中心线与工件的中心线重合，即对中心。常用对刀方法如下：

1）切痕对刀法

在卧式铣床上用三面刃铣刀铣键槽时常用切痕对刀法，如图 6－55 所示。先凭目测使铣刀大致对准工件中心，起动主轴，并慢慢上升工作台，当铣刀和工件外圆微微接触后，将工作台上升 Δt，升高量 Δt 可按下式计算：

$$\Delta t = D - b$$

式中：b——键槽深度，mm；

D——工件的实际外径，mm。

然后，只要横向工作台前后移动就可在工件表面切出一个短轴长度等于铣刀宽度 B 的椭圆形刀痕，这时再移动横向工作台，使铣刀两测刃对准椭圆形切痕短轴的两边，就可达到对中心的目的。在立式铣床上用键槽铣刀铣键槽时的切痕对刀方法如图 6－56 所示。其原理和三面刃铣刀的切痕对刀法相同。所不同的是键槽铣刀的切痕是一个边长等于铣刀直径的四方形小平面。对刀时，应使铣刀两刀刃对准切痕的平行于工件轴线的两条对边上。

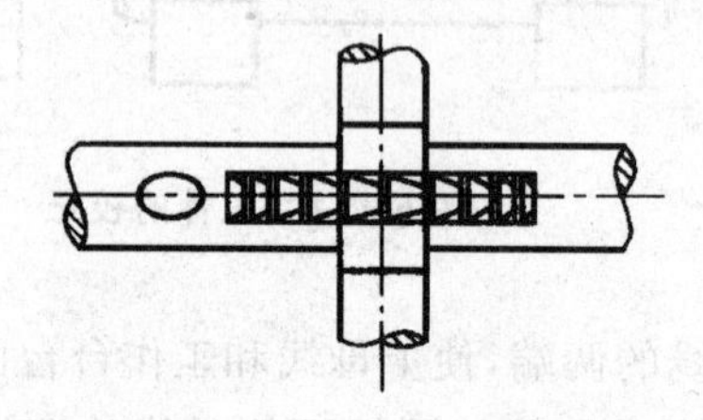

图 6－55 三面刃铣刀的切痕对刀法

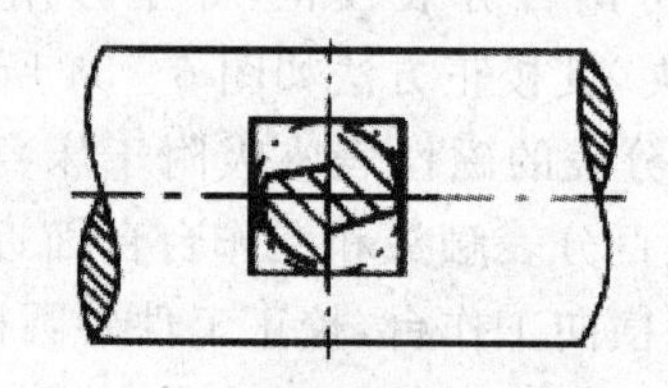

图 6－56 键槽铣刀的切痕对刀法

2）擦侧面对刀法

在卧式铣床上用三面刃铣刀铣键槽时的擦侧面对刀方法如图 6－57 所示。先在工件侧面贴一层薄纸（将纸浸润机油，即可暂时粘贴在工件表面），起动主轴，当铣刀侧刃刚擦到薄纸时，向下退出工件，并移动横向工作台，使铣刀对准工件中心。工作台横向移动的距离 A 为

$$A = [(D+B)/2] + S + \delta$$

式中：d——工件直径，mm；

B——铣刀宽度，mm；

S——薄纸厚度，mm；

δ——铣刀侧刃轴向跳动量，mm。

在立式铣床上用键槽铣刀铣键槽时的擦侧面对刀方法如图 6－58 所示，即先在机床主轴中安装一根心棒，并取一块尺寸为整数的量块，接着使工件外圆的侧面、量块及心棒三者微微接触，然后将横向工作台移动一距离 A，就可对准中心。A 值可按下式计算：

$$A = [(D+d)/2] + S$$

式中：D——工件外径，mm；

d——心棒外径，mm；

S——量块厚度，mm。

采取此法要注意校正心棒安装后的跳动量。

3）环表对刀法

环表对刀法如图6-59所示。将杠杆百分表固定在铣床主轴上，并上下移动工作台，使百分表测头与工件外圆一侧最突出的母线接触，再用手左右转动主轴，记下百分表的最小读数；然后，将工作台向下移动，退出工件，并将主轴转过180°，用同样的方法，在工件外圆的另一侧也测得百分表最小读数。比较前后两次读数，如果相等，则主轴已经对准中心，否则应按它们差值的1/2重新调整横向工作台的位置，直到百分表的两次读数差不超过允许范围为止。

切痕对刀法和擦侧面对刀法的对称精度一般可达0.05 mm左右。环表对刀法的对称精度一般可达0.02 mm。

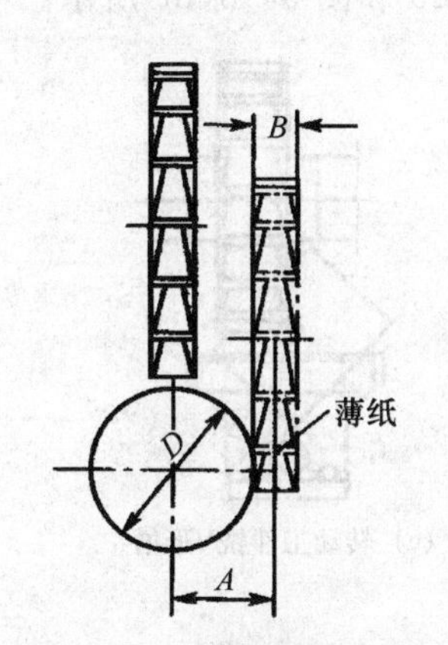

图6-57 三面刃铣刀的擦侧面对刀方法

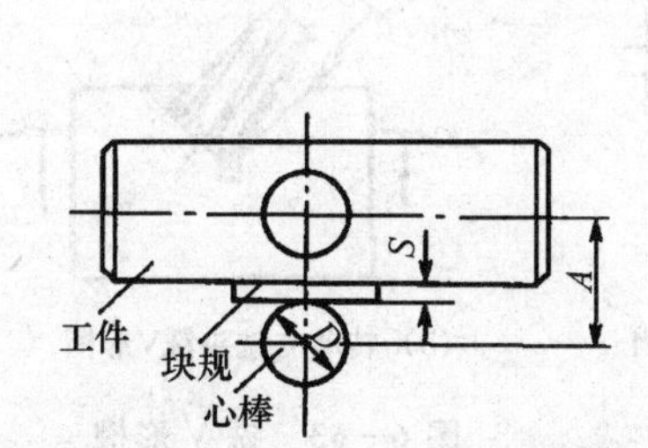

图6-58 键槽铣刀擦侧面对刀方法

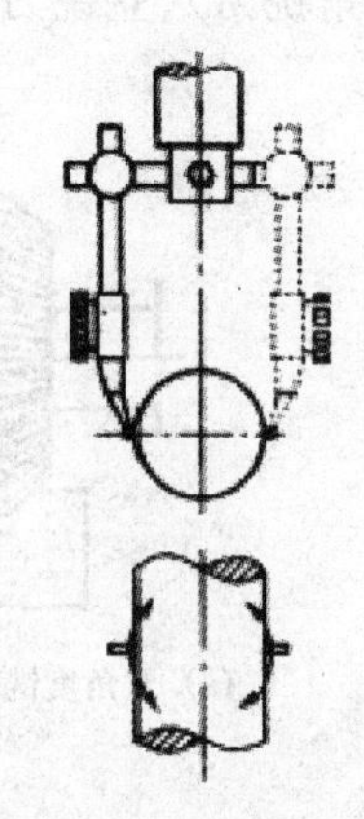

图6-59 环表对刀法

(6) 质量检验

键槽的检测主要包括键槽宽度、键槽的对称度、键槽的深度和键槽两侧面的表面粗糙度。键槽的宽度常用塞规或塞块来检测，如图6-60所示。键槽以塞规的“通端过，止端止”为合格。键槽的深度常用量块配合游标卡尺间接测量或用千分尺测量，如图6-61所示。键槽的对称度的检测常采在V形架上进行，如图6-62所示。将一块厚度与键槽宽度尺寸相同的平行塞块塞入键槽内，用百分表校正塞块的A平面与平板或工作台面平行，并记下百分表读数。将工件转过180°，再用百分表校正塞块的B平面与平板或工作台面平行，并记下百分表读数。两次读数的差值即为键槽的对称度误差。

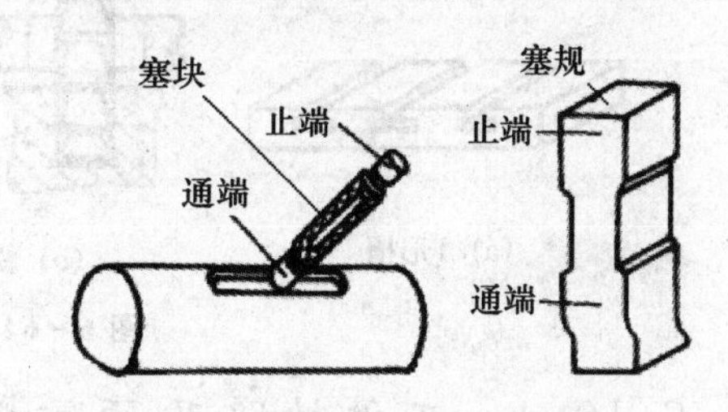

图6-60 用极限量规检查轴上键槽的宽度

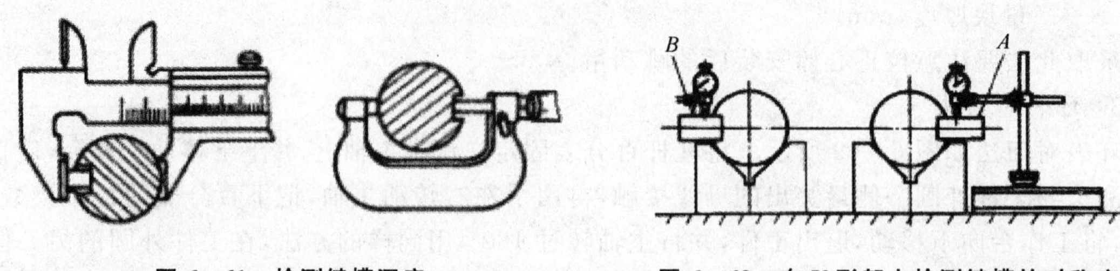

图 6-61　检测键槽深度　　　图 6-62　在 V 形架上检测键槽的对称度

2. V 形槽的铣削

铣削 V 形槽，通常先选用锯片铣刀或三面刃铣刀加工出底部的窄槽，然后再用 V 形槽铣刀（双角铣刀）、立铣刀或三面刃铣刀完成 V 形槽的加工，如图 6-63 和图 6-3(m)所示。

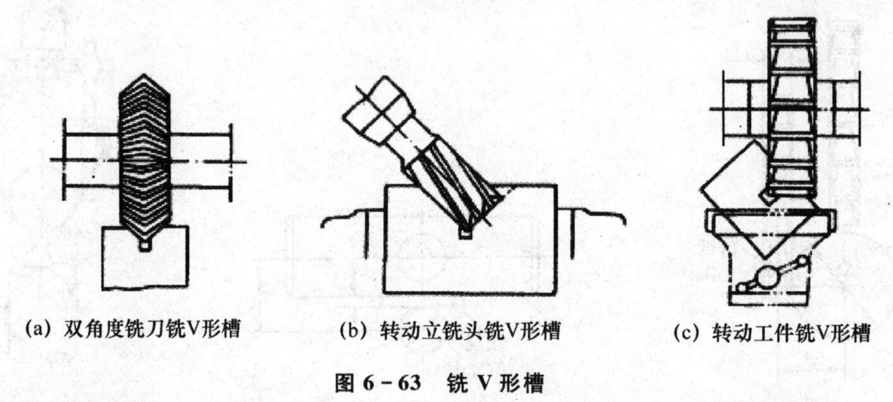

(a) 双角度铣刀铣V形槽　(b) 转动立铣头铣V形槽　(c) 转动工件铣V形槽

图 6-63　铣 V 形槽

3. T 形槽的铣削

铣削 T 形槽如图 6-64 所示。先用立铣刀或三面刃铣刀铣出直角槽，然后用 T 形槽铣刀铣削，此时铣削用量要选小些，而且要注意充分冷却，最后用角度铣刀铣倒角。

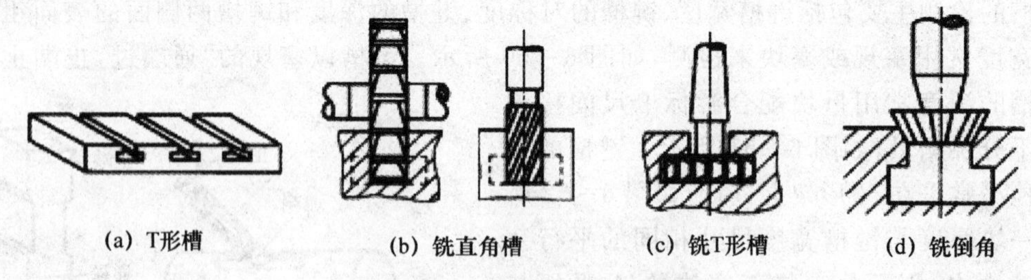

(a) T形槽　(b) 铣直角槽　(c) 铣T形槽　(d) 铣倒角

图 6-64　T 形槽及其加工顺序

6.10.4　工件缺陷及预防措施

工件缺陷及预防措施如表 6-6 所列。

表 6-6　键槽铣削常见缺陷、产生原因及预防措施

序号	常见缺陷		产生原因	预防措施
1	尺寸精度误差	键槽宽度尺寸超差	① 铣刀宽度尺寸选择有误 ② 三面刃铣刀端面圆跳动或键槽铣刀径向跳动量过大 ③ 铣刀磨损,使槽宽小于图样尺寸要求	① 正确计算及合理选择铣刀宽度 ② 铣刀安装前应检测其圆跳动或径向跳动量,不使用超差的铣刀 ③ 重磨或更换新铣刀
		槽深尺寸超差	① 工件紧固不牢,铣削时工件移动 ② 工件直径尺寸超差 ③ 升降台刻度盘尺寸判断有误	① 采用正确工件安装方法 ② 严格上道工序相关尺寸检验 ③ 正确调整升降台刻度
2	形状位置误差	键槽对称度超差	① 未按规范对中心或粗心对刀不准 ② 工件轴的侧素线与纵向进给方向不平行 ③ 铣削时产生让刀 ④ 横向工作台松动,工作台产生位移	① 严格按径向和侧向对刀方法对刀 ② 调整工件中心线与进给方向平行 ③ 铣刀安装应靠近主轴端或挂架端,以提高工艺系统刚性 ④ 紧固非进给方向的工作台螺钉
		槽侧偏斜	① 固定钳口定位面与进给方向不平行 ② 铣削时震动冲击力超过夹紧力 ③ 工件外径锥度超差或工件两端中心孔有误 ④ 横向工作台未紧固,铣削时工件移动	① 采用机用平口钳安装工件前,应严格校正固定钳口与工作台进给方向平行后紧固 ② 应使定位面间的摩擦夹紧力大于铣削时冲击波动力 ③ 工件外径或中心孔超差,应返修工件外径或研磨中心孔 ④ 紧固工作台非进给方向螺钉
		槽底与轴线不平行	① 工件圆柱面上素线与工作台面不平行 ② 分度头与顶尖中心高不一致 ③ 垫铁不平行	① 消除 V 形铁定位面与基面的平行度误差 ② 调整分度头与顶尖中心高等高 ③ 同时一次性重磨相关垫铁,消除其平行度误差
3	表面粗糙度	槽侧超差,工件表面有压痕和伤痕	同表 6-4 台阶铣削加工时表面粗糙度超差产生原因及预防措施	同左
4	铣刀损断	铣刀折断	① 铣削冲击力过大 ② 键槽或 T 形槽颈部直径小,强度差 ③ 铣削时排屑受阻,使铣刀失去铣削能力	① 调整铣削用量,以减小铣削力 ② 更换切削刃更锋利的尺寸合适的铣刀 ③ 充分冷却,改善排屑条件,充分发挥铣刀的切削效率

6.10.5　练习实例

1. 工件图

零件图如图 6-65 所示。材料为 45 钢。

2. 读　图

轴类零件,外形尺寸为 $\phi30$ mm×80 mm,要求在圆柱表面自左端沿其轴线方向上铣削出宽度为 $8_{+0.09}^{\ 0}$ mm、有效长度为 50 mm 的半封闭键槽;键槽两侧面相对基准 A 对称度为 0.15 mm;槽两侧面的表面粗糙度 R_a 为 3.2 μm,其余 R_a 为 6.3 μm。

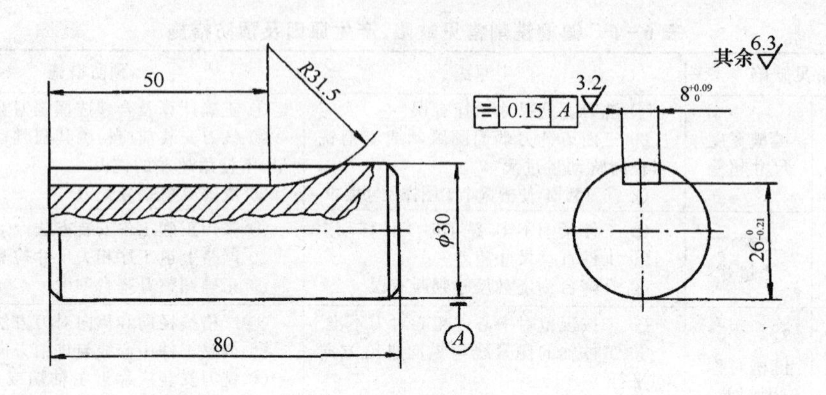

图 6-65 键槽零件图

3. 铣刀的选择与安装

根据图样上槽宽和槽端形状等要求，采用在 X6132 卧式铣床上用 $\phi 60$ mm×8 mm 直齿三面刃铣刀铣削，并用千分尺测量三面刃铣刀宽度 L＝8～8.05 mm。然后，将铣刀安装在铣刀杆的中间位置上。安装前，必须将铣刀孔径及端面、刀杆垫圈和螺母端面擦净。调整主轴转速 n＝95 r/min(v_c＝18 m/min)，进给速度 v_f＝47.5 mm/min。

4. 工件的安装及找正

选用机用平口钳装夹工件。将平口钳安放在纵向工作台中间，用百分表校正固定钳口与纵向工作台进给方向平行后压紧。装夹工件时，可在平口钳导轨面上加垫适当高度的平行垫铁。为了保证工件圆柱面上素线与工作台面平行，可用铜棒轻敲工件，使之紧贴平得垫铁。

(1) 对　刀

通常采用切痕对刀法，如图 6-55 所示。

(2) 调整铣削长度

对刀后，摇动纵向工作台，用钢板直尺测量工件端面到铣刀中心的距离为 50 mm，并在纵向刻度盘上做好记号。开动机床，升降台少量再次切刀痕。停机，下降工作台，用钢板直尺测量工件端面到切痕中心的距离是否等于 50 mm，如有偏差，再作调整。然后，安装好自动停止挡铁。

(3) 调整切削层深度

根据升降台刻度记号，上升铣削层深度 H＝30 mm－26 mm＝4 mm(若外径还需磨削，铣削深度则应预留外圆磨削余量)。

(4) 铣削操作

摇动纵向工作台使工件接近铣刀，待铣刀少量切入后改为机动进给，铣至纵向刻度盘记号前，再用手动进给铣至记号处。

(5) 质量检验

1) 测量键槽宽度

用内径千分尺测量时，左手拿内径千分尺顶端，右手转动微分筒，使两内测量爪测量面略小于槽宽尺寸，平行放入槽中，以一个测量爪作为支点，另一测量爪少量摆动，找出最小点，微转动测力装置直至发出响声，然后直接读数。若要取出后读数，先应将紧固螺钉旋紧再平行取出。用塞规检测，如图 6－60 所示。

2) 测量槽深

采用游标卡尺直接或间接(借助量块)测量槽底至圆柱面下素线为 26～25.79 mm 即可，如图 6－61 所示。

3) 测量对称度

在 V 形架上检测键槽的对称度，如图 6－62 所示。

6.11　孔加工

6.11.1　操作训练基本要求

① 熟悉在铣床上孔加工的应用和孔加工刀具的选择。

② 掌握在铣床上加工孔的各种方法。

具有一定精度的中、小型孔和相互位置不太复杂的多孔工件，通常可在铣床上加工，如钻孔、镗孔、扩孔和铰孔等。孔加工的技术要求主要有孔的尺寸精度、孔的形状精度、孔的位置精度和孔的表面粗糙度等。

孔的尺寸精度：主要是孔的直径尺寸和深度尺寸的加工精度。

孔的形状精度：主要是孔的圆度、圆柱度和孔轴线的直线度。

孔的位置精度：孔与孔(或与轴)之间的同轴度；孔的轴线与其基准之间的平行度或垂直度；孔的位置度，如孔轴线与基准的距离或在某区域分布的均匀程度。

孔的表面粗糙度：加工精度高的孔的表面粗糙度一般很小，反之较大。

6.11.2　准备知识

在铣床上加工孔的工艺手段通常有钻孔、镗孔和铰孔。

1. 钻　孔

在铣床上用钻头在实体材料上加工孔的方法称为钻孔。钻头的回转运动是主运动，工件(工作台)或钻头(主轴)沿钻头的轴向移动做进给运动。钻孔的加工精度较低，只能用于孔的粗加工。

在铣床上钻孔时，工件安装在工作台上，直柄钻头通过钻夹头安装在铣床主轴内。锥柄钻头和钻夹头锥柄的锥度与主轴孔的锥度(7∶24)相同时可以直接安装钻头。若二者不同，则需要加装对应的过渡锥套(常用莫氏锥度1#～4#)进行安装。钻孔采用的普通标准麻花钻可按工件上孔的加工要求选用，钻头刃磨的基本要求与钳工相同。

在铣床上进行多孔工件加工时，可利用铣床工作台进给手柄刻度盘上的刻度来控制工作台的移动距离，准确地按其中心距对下一孔的位置进行定位，同时还可以参照孔的划线位置进一步确定孔的位置是否正确。

在铣床上加工直径较大或是圆周等分的孔时，可将工件用压板装夹在回转工作台上进行钻孔。钻孔前应先校正回转工作台主轴轴线，使其与工作台台面垂直，并校正圆周等分孔的回转轴线与回转工作台主轴轴线相重合，如图6-66所示。

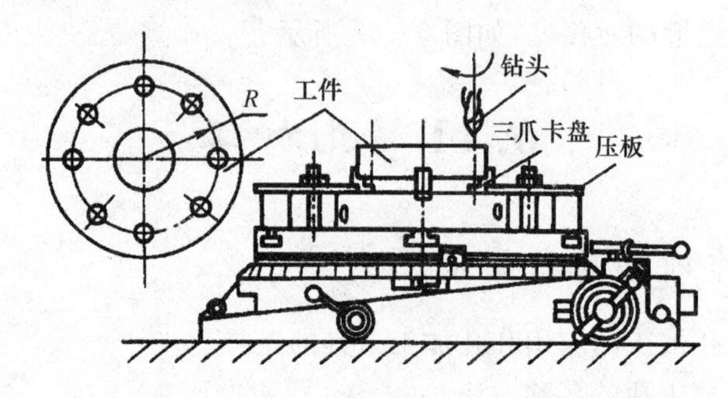

图6-66 在铣床上用回转工作台装夹工件钻孔

2. 镗 孔

在铣床上用镗刀镗孔是在工件原有孔的基础上提高孔的加工精度。镗削时，镗刀旋转做主运动，工件或镗刀做直线进给运动。镗孔的尺寸经济精度可达IT9～IT7，表面粗糙度 R_a 为3.2～0.8 μm。孔距精度可控制在0.05 mm左右。

在铣床上镗孔一般是把工件直接装夹在工作台面上，在安装工件时，按工件上已划出的圆周线及侧母线进行找正，并使孔的轴心线与定位平面平行。

(1) 镗 刀

镗孔所用的刀具称为镗刀。镗刀、镗刀杆和镗刀盘柄部的外锥面可直接(间接)装入主轴锥孔内，若镗刀杆悬伸过长，可用吊架支承，如图6-67所示。按照镗刀刀头的固定形式，镗刀分为整体式镗刀、机械固定式镗刀和浮动式镗刀；按照切削刃形式，有单刃镗刀和双刃镗刀。在铣床上镗孔大多采用单刃镗刀。图6-68所示是镗刀的基本类型，图6-68(d)所示是镗刀头的两种形式。

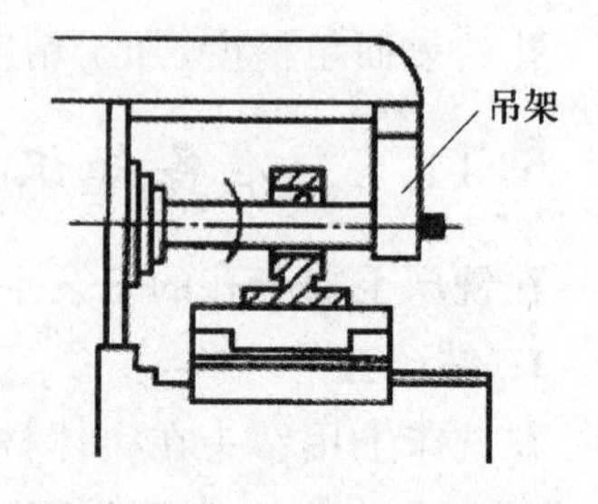

图6-67 利用挂架支承刀杆

1）整体式镗刀

整体式镗刀的切削部分与镗刀杆是一体的，安装在镗刀盘中即可进行镗削，常用于小孔径工件的镗削。常用的有焊接式镗刀和高速钢整体式镗刀，如图 6－68(a)所示。

2）机械固定式镗刀

机械固定式镗刀是将镗刀头机械固定在镗刀杆上组成并用于镗孔的。镗刀头有焊接式的高速钢刀头，还有直接使用不重磨车刀的，如图 6－68(b)所示。

3）镗刀头的形式

镗刀头的形式按照镗孔类型的不同，可分为镗通孔用镗刀头和镗盲孔用镗刀头两种形式，如图 6－68(d)所示。其最根本的区别就在主偏角 K_r 的大小，镗通孔用镗刀头的主偏角 $K_r<90°$，只能镗通孔；镗盲孔用镗刀头的主偏角 $90°\leqslant K_r\leqslant 93°$，主要用于镗盲孔和台阶孔。

4）浮动式镗刀

浮动式镗刀是一种精镗孔刀具(国家已标准化)。因其两端都有切削刃，也称双刃镗刀，如图 6－68(c)所示。其安装特点是镗刀不固定，而置于在镗刀杆的方孔中浮动地进行镗削。孔的加工尺寸主要取决于浮动式镗刀的长度尺寸。浮动镗刀通常有固定尺寸式和可调式(在一定尺寸范围内调整)两种结构形式。

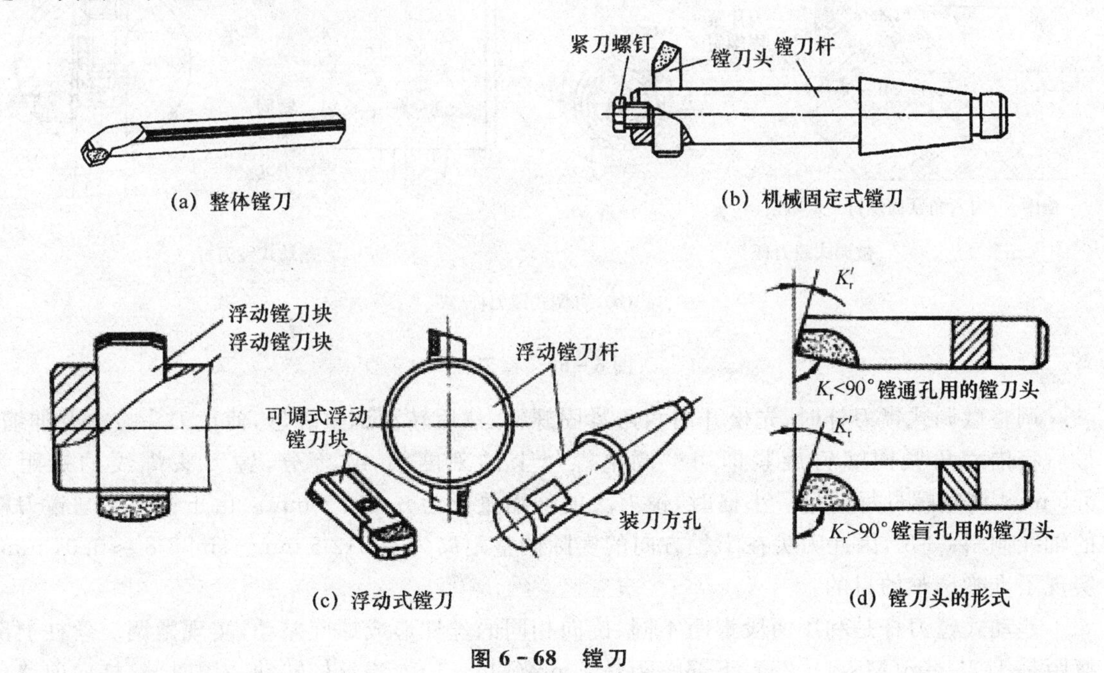

(a) 整体镗刀　(b) 机械固定式镗刀　(c) 浮动式镗刀　(d) 镗刀头的形式

图 6－68　镗刀

(2) 镗刀杆

镗刀杆按照能否准确控制镗孔尺寸，有简易式镗刀杆和可调式镗刀杆两种，如图 6－69

所示。

1）简易镗刀杆

简易式镗刀杆有镗通孔用的镗刀杆、镗盲孔用的镗刀杆和镗深孔用的镗刀杆三种，如图 6-69(a)所示。简易式镗刀杆结构简单，容易制造，其缺点是用敲刀法控制工件孔径尺寸，调整过程仅凭实践经验。

2）可调式镗刀杆

可调式镗刀杆有微调式和差动式两种，如图 6-69(b)所示。

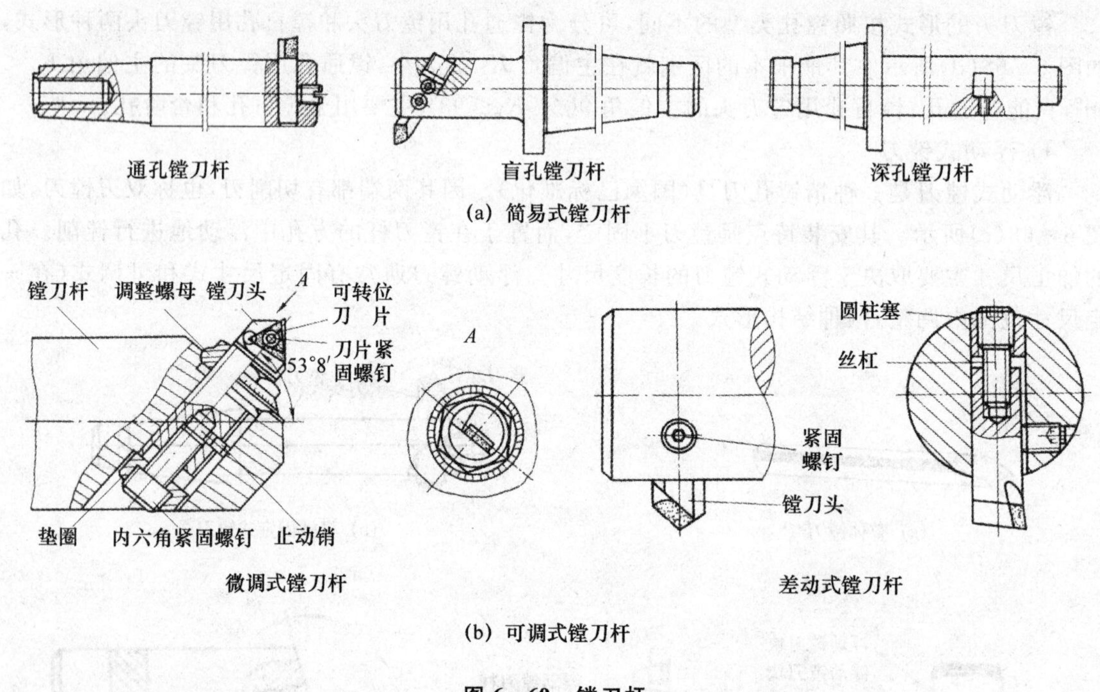

(a) 简易式镗刀杆

(b) 可调式镗刀杆

图 6-69 镗刀杆

调整微调式镗刀杆时，先松开内六角紧固螺钉，然后转动调整螺母，使镗刀头按需要伸缩，最后将内六角紧固螺钉旋紧即可。调整螺母上的刻度为 40 等分，镗刀头螺纹的螺距为 0.5 mm，调整螺母每转过一小格时，镗刀头的伸缩量则为 0.012 5 mm。由于镗刀头与镗刀杆的轴线倾斜 53°8′，因此刀尖在半径方向的实际调整距离为 $0.0125\ \text{mm}\times\sin 53°8' \approx 0.01\ \text{mm}$，实现了准确调整的目的。

差动式镗刀杆是利用两段螺距不同、旋向相同的丝杠形成螺旋差动，实现微调。丝杠上部螺距是 1.25 mm(M8×1.25)，下部螺距是 1 mm(M6×1)。当丝杠转动一周时，丝杠向前移动一个螺距(1.25 mm)，同时使镗刀头相对丝杠后退一个螺距(1 mm)，所以镗刀头的实际伸缩量为 0.25 mm。在圆柱塞端面上的刻度为 25 等分，当调整丝杠每转过一小格时，镗刀头则实际伸缩 0.01 mm。

3）镗刀盘

镗刀盘又称镗头和镗刀架。常用的镗刀盘如图 6－70 所示。它结构简单，刚性好，并能够精确控制孔的直径尺寸。镗刀盘的锥柄与主轴锥孔相配合。转动镗刀螺杆上的刻度盘，使其螺杆转动，可精确移动燕尾块。若螺杆螺距为 1 mm，其刻度盘有 50 等分的刻线，当刻度盘每转过一小格时，燕尾块则移动 0.02 mm。燕尾块分布的几个装刀孔，可用内六角螺钉将镗刀杆固定在装刀孔内，使镗孔的尺寸范围有了更大的扩展。

3. 铰　孔

在铣床上铰孔是用铰刀对已粗加工或半精加工的孔进行精加工。铰孔的前道工序要经过钻孔、扩孔或镗孔，对精度高的孔，还需分粗铰和精铰。铰孔尺寸精度可达 IT9～IT7，表面粗糙度 R_a 小于 1.6 μm。

在铣床上铰孔是将铰刀安装在主轴锥孔中。铰孔时，铰刀的轴线与铣床主轴轴线、铰刀轴线与孔轴的轴线要保证重合，否则铰出的孔会产生孔口扩大等不符合规定的加工要求。因此，铰孔过程中对工作台位置的调整提出了更高要求。为了既保证铰孔质量，又提高铰孔加工效率，可以采用浮动铰刀杆安装铰刀，图 6－71 所示的浮动铰刀杆安装铰刀的套筒与浮动套筒在直径方向有一定量的间隙，可使铰刀因自身的几何形状，自动地调整并保持与孔轴线的同轴度。其中固定销的作用是将套筒与浮动套筒松动连接，使铰刀能在任何方向上浮动。淬硬的钢球镶嵌在臼座内，以保证进给作用力沿轴线方向传递给铰刀，同时保证其灵活性。

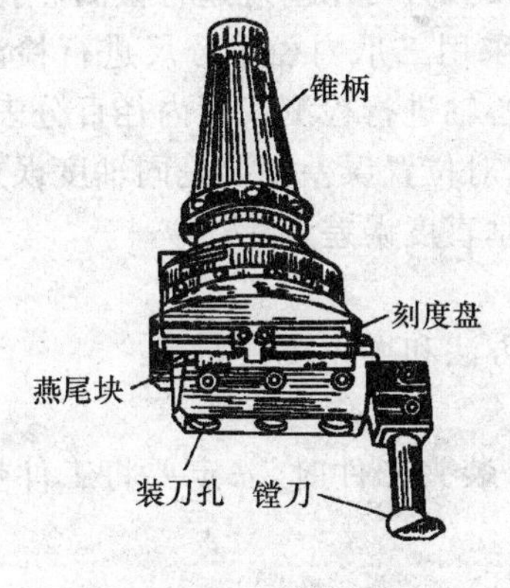

图 6－70　镗刀盘

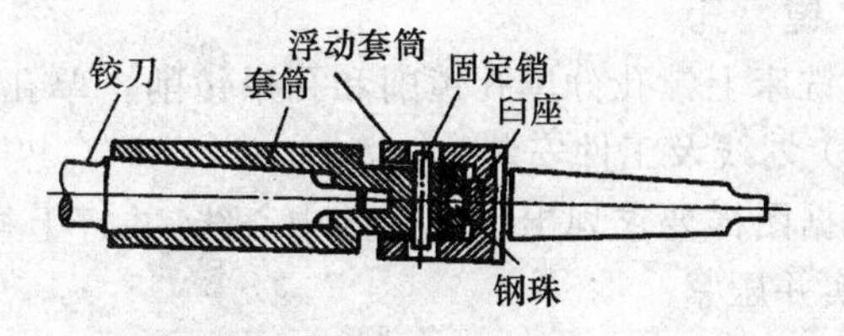

图 6－71　浮动铰刀杆

6.11.3　孔加工方法和操作要领

1. 钻　孔

在铣床上钻孔常见的有在钻模板上钻孔和圆盘上钻孔等。圆盘上钻孔常利用回转工作台或分度头安装工件。

(1) 钻孔操作方法及要领

在回转工作台上钻孔如图 6-66 所示。其主要操作要领如下：

① 按图样要求划出各孔的中心位置线和孔的轮廓线，按照要求打样冲眼。

② 擦净机床表面的润滑油后，安装回转工作台，并校正回转工作台轴线使其与工作台台面垂直，并将圆周等分孔的回转轴线与回转工作台主轴轴线重合。将回转工作台的纵向、横向进给与机床工作台紧固。

③ 用回转工作台心轴定位在圆盘工件上已加工好的中心孔内。将选择宽度合适和高度等高的小垫块垫在工件下面(注意放垫块位置应避开钻孔的位置)，将工件擦净后用压板和螺栓压紧。

④ 按孔径尺寸选择麻花钻并安装。

⑤ 根据被加工孔直径、工件及钻头的材料按表 6-3 所列选择合适的主轴转速并开车。调整回转工作台位置使钻头轴线对准被钻孔中心，然后紧固回转台。打开切削液，开始钻孔。也可采用垂直升降方向进给，钻第一个孔。

⑥ 钻完第一个孔后松开回转工作台，移动主轴或升降工作台至第二孔的中心位置，将回转台紧固。依次加工其他相同孔径的孔。

(2) 孔的检测

孔的检测项目包括孔的尺寸精度、形状精度和位置精度。精度不高的孔径尺寸和孔的深度尺寸一般可用游标卡尺或深度游标卡尺检测。精度较高的孔径尺寸常用内径千分尺、三爪内径千分尺、内径百分表和标准套规配合检测，生产批量较大时可用塞规进行检测。孔的形状误差主要有圆度误差和圆柱度误差。孔的圆度误差最好采用三爪内径千分尺进行检测，或采用更高精度的圆度仪进行检测。孔的圆柱度误差一般用心轴进行检测或用内径百分表与心轴配合检测。对于平行孔系(圆周孔系)而言，孔与孔之间相对位置误差主要是同轴度误差、平行度误差(孔间相互等分误差)以及孔的轴线与基准面间的垂直度误差。

2. 镗　孔

在铣床上镗孔分单孔镗削和孔系镗削。单孔镗削的方法和操作要领如下：

(1) 划线及工件安装

根据图样要求划出工件孔的中心线，并打上样冲眼。装夹工件时，一定要将工件垫高、垫平、垫实并压紧。

(2) 选择钻孔方案和钻头直径

根据被加工孔直径，钻削直径较大 ($D>30$ mm) 的孔时，可先钻出一个小孔，然后扩孔到所要求的粗加工直径尺寸。钻孔工序也可先在钻床上进行，然后在铣床上扩孔和镗孔。

(3) 铣床主轴的调整

检查铣床主轴“0”位，即铣床主轴轴线应与工作台面垂直。若不垂直，在采用垂直升降台进给时镗出的孔将为椭圆孔，即孔的圆度误差增大；采用主轴套筒进给时，镗出的孔将为斜孔。主轴轴线对工作台台面的垂直度误差在回转直径 30 mm 范围内应小于 0.02 mm 为宜。

(4) 选择镗刀杆和镗刀

为保证镗刀杆和镗刀头有足够的刚性，镗刀杆的直径应为工件孔径的 70%左右，且镗刀杆上装刀方孔的边长为镗刀杆直径的 20%～40%。当工件的孔径小于 30 mm 时，最好采用整体式镗刀。工件孔径大于 120 mm 时，只要镗刀杆和镗刀头有足够刚性即可。另外，在选择镗刀杆直径时还要考虑孔的深度和镗刀杆所需的长度。镗刀杆长度较短，其直径可适当减小；反之，应选得大些。

(5) 选择合适的切削用量

根据刀具与工件材料以及粗、精镗的不同，对照表 6-2、表 6-3 选择不同的切削用量。粗镗时切削深度 a_p 主要根据加工余量和工艺系统的刚性来确定。其切削速度可比铣削略高。此外，在镗削钢件等塑性材料时需要充分浇注切削液。

(6) 对　刀

镗孔时必须使铣床主轴轴线与被镗孔的轴线重合。常用的对刀方法有按划线对刀、靠镗刀杆对刀、测量对刀法等。

1) 按划线对刀法

此法先将镗刀杆轴线大致对准孔中心，在镗刀顶端用油脂粘一根大头针。缓慢转动主轴，使针尖靠近孔的轮廓线，同时调整工作台，使针尖与孔轮廓线间的距离尽量均匀相等。这种对刀方法简便，但准确度较低，对操作者的生产技能要求较高。

2) 靠镗刀杆对刀法

如图 6-72 所示，当镗刀杆圆柱部分的圆柱度误差很小并与铣床主轴同轴时，使镗刀杆先与基准面 A 刚好接触，此时将工作台横向移动一段距离 S_1，然后使镗刀杆与基准面 B 接触并纵向移动距离 S_2，为控制好镗刀杆与基准面之间的松紧程度，可在二者之间置一量块，接触的松紧程度以用可能轻轻推动量块而手松开量块又不下落为宜。此法也可利用标准心轴进行对刀。

3) 测量对刀法

如图 6-73 所示，用深度游标卡尺或深度千分尺测量镗刀杆（或心轴）圆柱面至基准面 A 和 B 的距离，应等于规定尺寸与镗刀杆（或心轴）半径之差。若其值与计算结果不符，就应重新调整工作台位置直到相符为止。

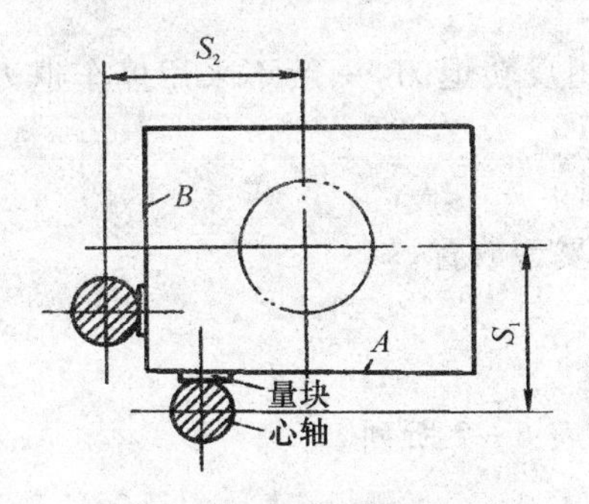

图 6-72　靠镗刀杆对刀法

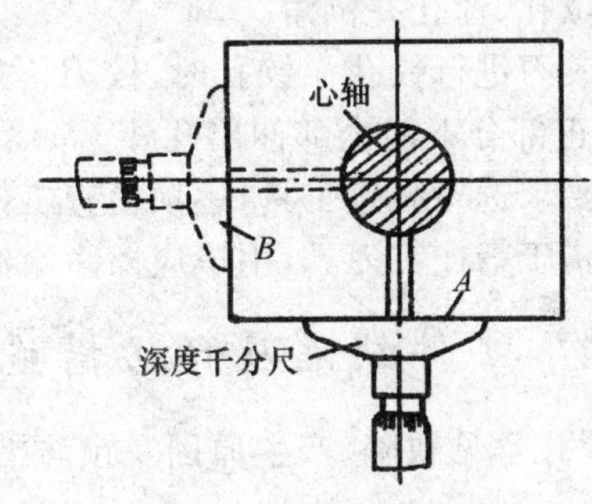

图 6-73　测量对刀法

(7) 对试镗孔距的检验

为验证对刀精度是否符合要求，需要将工件试镗一刀，检验镗孔的孔距，即试镗孔壁至基准侧面的距离(即壁厚)与其半径之和是否符合孔轴线至基准面之间距离的加工要求。经测试合格才能开始正式镗孔，否则应重新调整工作台位置直至符合要求为止。孔距的检测除采用游标卡尺以外，还常采用壁厚千分尺和千分表。

(8) 调整镗刀头的伸出量

如果使用的是机械固定式镗刀，控制孔径尺寸一般采用敲刀法来调整镗刀头的伸出量。镗刀头的伸出量大多凭经验，对于批量生产，可采用专用对刀块来确定其伸出量后再紧固镗刀头。

(9) 镗　孔

镗孔位置检查无误，可按工艺要求分别进行粗镗和精镗。粗镗应为精镗孔留 0.5 mm 左右的余量(直径方向)。

(10) 孔系的镗削

铣床上镗削轴线平行的孔系主要有圆周等分孔系和坐标孔系等。圆周等分孔系的镗削与图 6-66 所示钻孔相似。各孔在工件圆周上均布的孔系，可将工件装夹在回转工作台或分度头上进行镗削，仅将钻头换成镗孔刀，镗孔比钻孔精度要求更高些。轴线平行孔系的镗削除确保孔径尺寸和至基准面的位置尺寸外，主要是控制其孔距的精度。若工件孔系的孔距尺寸精度要求不高时，工作台在纵、横向移动距离可直接由铣床进给手柄上的刻度盘来控制；若孔距精度要求较高时，工作台的调整要利用百分表和量块来控制。

3. 铰　孔

在铣床上铰孔的操作方法及要领如下：

① 选择铰刀并安装。铰刀有浮动连接和固定连接两种方式。采用固定连接安装时必须防止铰刀偏摆，最好钻孔、镗孔和铰孔连续进行，以保证加工精度。

② 根据工件和刀具的材质及相关情况确定合适的切削用量。

③ 选切削液。铰削铸铁等脆性材料的工件时，一般采用煤油或煤油与机油的混合油；铰削塑性材料的工件时，一般采用乳化液或极压乳化液。

④ 调整机床、装夹并校正工件。

⑤ 钻定位孔、镗孔并倒角。

⑥ 换装铰刀进行铰孔。铰孔时，铰刀不能采用反转退刀，一般不采用停车退刀。铰通孔时，铰刀的校正部分不能全部伸出孔外。

⑦ 根据要求选择测量工具，逐项检查工件质量。

⑧ 铰刀属于精加工刀具，用毕应擦净涂油，并妥善放置。

6.11.4 工件缺陷及预防措施

铣床上镗孔常见缺陷、产生原因及预防措施如表 6-7 所列。

表 6-7　镗孔常见缺陷、产生原因及预防措施

序　号	常见缺陷	产生原因	预防措施
1	表面粗糙度差	① 尖角或刀尖圆弧太小 ② 进给量过大 ③ 刀具已磨损	① 修磨刀具，增大圆弧半径 ② 减小进给量 ③ 修磨刀具
2	孔壁有震纹	① 镗刀杆刚性差 ② 工作台进给有爬行 ③ 工件夹持不当	① 选择合适的镗刀杆，镗刀杆一端尽可能增设支承 ② 调整导轨斜铁并注油润滑 ③ 改进夹持方法或增加支承面积
3	孔呈椭圆	机床“0”位不准	重新校正“0”位
4	孔壁有划痕	① 退刀时刀尖背向操作者 ② 主轴未停稳，快速退刀	① 退刀时让刀尖朝向操作者 ② 主轴停转后再退刀
5	孔径超差	① 镗刀回转半径过大 ② 测量不准	① 重新调整镗刀回转半径 ② 仔细测量
6	孔呈锥形	① 切削过程中刀具磨损 ② 镗刀松动	① 修磨刀具，合理选择切削速度 ② 重新夹紧镗刀头
7	轴线歪斜	① 工件定位基准选择不当 ② 装夹工件时有垃圾进入装夹基准面 ③ 采用主轴进给时，”0”位未校正	① 正确选择定位基准 ② 装夹时把基准面和工作台面清理干净 ③ 重新校正主轴“0”位
8	圆度不好	① 工件装夹变形 ② 主轴回转精度差 ③ 立镗时纵横工作台未紧固 ④ 刀杆、刀具有弹性变形	① 装夹薄壁工件时，夹紧力要适当。精镗时，夹紧力应适当小一些 ② 检查调整主轴精度 ③ 非进给的工作台予以紧固 ④ 选择合适的切削用量，并增加镗杆、镗刀刚性

6.11.5　练习实例

1. 工作图

单孔工件图样如图 6-74 所示。

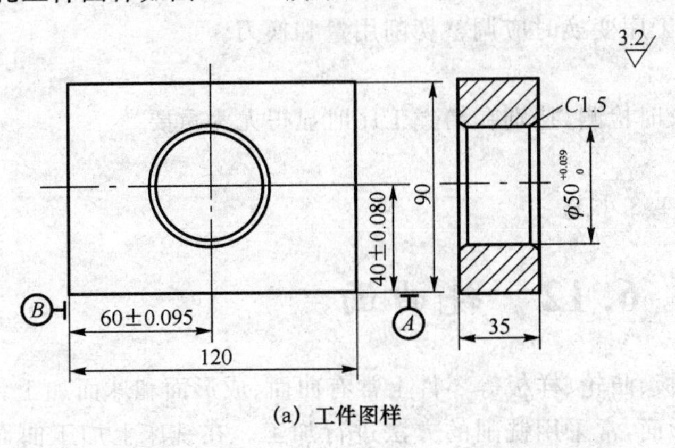

(a) 工件图样

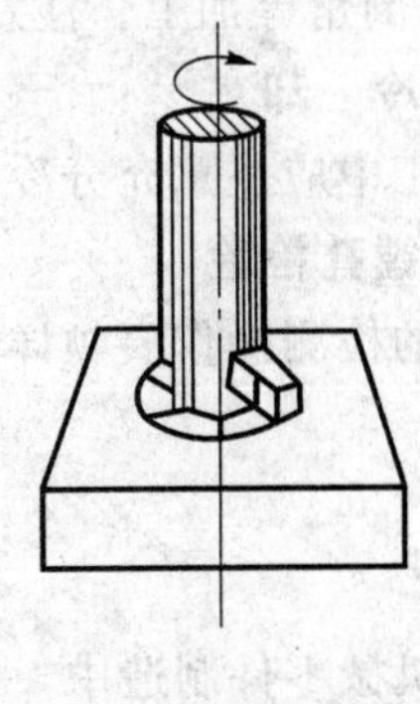

(b) 镗孔示意图

图 6-74　单孔工件镗孔

2. 读　图

孔板工件 120 mm×90 mm×35 mm，分别以长边 A 为基准至板面中心线距离为 45±0.080 mm，以宽边 B 为基准至板面中心线距离为±(60±0.095)mm，两中心线交点即为被镗孔 $\phi50^{+0.039}_{0}$ mm 的圆心，孔两端面倒角 1.5×45°，内孔表面粗糙度 R_a 为 3.2 μm，工件材料为 45 钢，小批量生产。根据工件技术要求和批量，选用在立式铣床上镗削其单孔。

3. 选择钻头、扩孔钻、镗刀杆和镗刀并安装

直径为 ϕ10 mm 和 ϕ26 mm 钻头。为保证镗刀杆和镗刀头有足够的刚性，采用机械固定式镗刀杆，其直径为 ϕ25 mm，且镗刀杆上装刀方孔的边长 10.5 mm，主偏角 $K_r<90°$ 的硬质合金通孔镗刀头和 $K_r=45°$ 的孔口倒角刀头。直径为 ϕ40 mm 的浮动式镗刀杆和 ϕ50 mm 通孔浮动镗刀。刀杆长度均 100 mm 左右。刀具安装及调整方法详见 6.11.3 小节。

4. 铣床主轴调整

检查铣床主轴轴线与工作台面垂直度，要求在回转直径 150 mm 的范围内小于 0.02 mm。

5. 选择切削用量

第一次粗钻孔：$a_p=5$ mm，$n=400$ r/min，$v_f=40$ mm/min；第二次扩孔：$a_p=8$ mm，$n=200$ r/min，$v_f=30$ mm/min；单刃镗刀杆分五次粗镗或半精镗孔：$a_p=5\sim0.5$ mm，$n=190$ r/min，$v_f=23.5$ mm/min；浮动镗刀精镗孔：$a_p=0.2\sim0.5$ mm，$n=118$ r/min，$v_f=23.5$ mm/min。以满足内孔表面粗糙度 R_a 为 3.2 μm 为准。

6. 工件安装

利用平垫铁来找正 A、B 两基准面，将工件 A、B 面紧靠对应基准面并压紧，按工件上的划线找正其钻孔中心。使钻头(或镗刀杆)轴心线与孔的轴线重合。并在纵、横向工作台刻度盘上做记号，移动后注意消除丝杠螺母的间隙。

7. 铣削加工

经对刀和试切削后确认无误，便可按工艺要求分工序、工步、进给进行钻削、扩孔、粗镗、精镗、两面倒角等加工。注意在各工序变换时应调整切削用量和换刀。

8. 冷　却

加工中应注意充分冷却和及时检测，特别在精镗工序时显得尤为重要。

9. 镗孔检验

孔的检测操作要领详见 6.11.3 小节。

6.12　铣曲面

在机械零件制造中，一些模板、凸轮、样板等零件上常有曲面、成形面和球面加工。对于单件小批量生产的这些简单的特形面，常采用铣削的方法进行加工。在铣床上加工曲面常用的铣削方法有双手配合进给按划线铣曲面和在回转工作台上铣曲面。在实际生产中还常常采用仿形法加工曲面，利用仿形夹具和专用仿形装置在通用机床上加工曲面或在专用仿形机床上加工曲面，可以提高生产效率，降低加工成本，改善工艺性。随着加工技术的发展，在批量生产中也可直接采用数控线切割、数控铣削、电火花和电解加工等特种加工方法，以实现高精度、高效率生产。

6.12.1　操作训练基本要求

① 掌握曲面的常用铣削方法。

② 能够熟练应用双手配合及利用回转工作台铣曲面。

6.12.2　准备知识

1. 在铣床上用双手配合进给按划线铣曲面

(1) 铣刀的选择

铣圆弧通常选用立铣刀(圆柱面刀刃为主切削刃)；铣凸圆弧时，铣刀直径大小不限；铣凹圆弧时，铣刀的半径 $R_{刀}$ 应小于工件圆弧 $R_{凹}$。在条件允许的情况下，尽可能选用直径较大的立铣刀，以提高铣削工艺系统的刚性。

(2) 机床调整

铣床主轴轴线必须与工作台台面垂直；调整好纵、横工作台斜铁的松紧，使工作台运动灵活，便于双手操作。

(3) 工件的装夹

在工件装夹之前，应按图样要求检查并修正工件毛坯件，确定好基准面；在工件的加工部位划线并打样冲眼。工件安装时应注意两点：其一，按事先校正过的定位基准装夹，而且工件底面要垫有平行垫铁，防止对工作台的损伤。其二，工件在工作台上的位置及压板、螺钉的设置要便于操作(工件应靠近纵向手柄，压板避开加工部位)。

2. 在铣床上利用回转工作台上铣曲面

(1) 铣床调整

铣床主轴轴线必须与工作台台面垂直。

(2) 铣床主轴与转台中心同轴度的校正

常用校正方法有顶尖校正方法和环表校正方法两种。

① 顶尖校正法如图 6－75(a)所示。在转台中心的内孔中插入带中心孔的心轴，转台在机床工作台上先不压紧；将机床主轴上的顶尖对正心轴端面的中心孔，向下压紧转台达到两者同轴的目的，再将转台紧固在工作台上。此法适于一般精度零件的加工。

② 环表校正法如图 6－75(b)所示。首先校正主轴与工作台垂直，以避免影响校正精度；将杠杆百分表固定在机床主轴上，使百分表测头与转台中心内孔相接触，然后用手转动主轴，调整工作台位置使百分表读数的摆动量不超过 0.01 mm 即可。校正同轴后，在纵、横

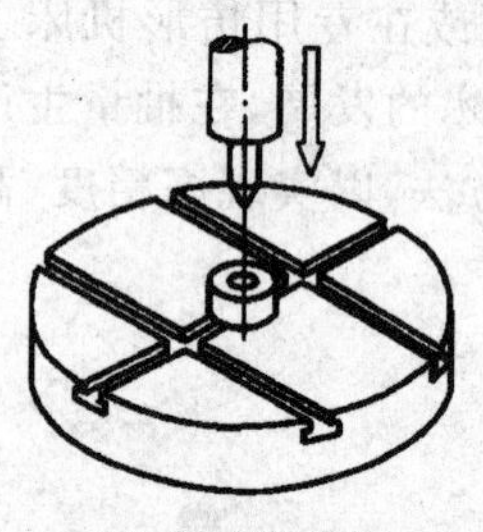

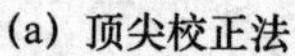

(a) 顶尖校正法

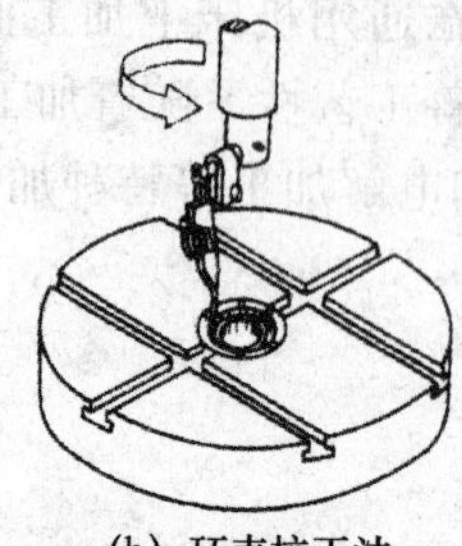

(b) 环表校正法

图 6－75　铣床主轴与转台中心同轴度的校正

手柄的刻度盘上做好标记，作为调整主轴与工作台中心距离及确定工件圆弧与相邻表面相切位置的依据。此法精度高，适用于高精度圆弧零件的加工。若工件圆弧的要求不高，且已划线，此项校正操作则可取消，直接进行工件的装夹与校正。

（3）工件的装夹与校正

在划好线的工件下垫上平行垫铁，要求平行垫铁不应露出轮廓线外，紧固用的压板、螺栓及平行垫铁长度要适中，以免损伤转台或妨碍铣削。用压板、螺栓轻轻压住工件后开始校正。用顶尖校正时，对已完成主轴与转台同轴度校正的，可在立铣头主轴上插入顶尖，将工作台纵向（或横向）移动等于工件圆弧半径的距离。然后将已划好线的工件放在回转工作台上，调整工件，使转动转台时顶尖描出的轨迹与工件的圆弧线重合即可，如图 6－76(a)所示。也可以在铣刀上用润滑脂粘上大头针进行校正，如图 6－76(b)所示。对于有孔的工件，要求所加工的圆弧表面与孔同轴时，可在转台的中心孔内插入台阶心轴，用心轴定位达到工件与转台同轴的目的，铣出工件圆弧部分，如图 6－76(c)所示。心轴的锥柄部分还有螺纹孔，可用螺栓将心轴紧固在转台的主轴孔内。心轴的另一端可和工件内孔相配合。将工件套入心轴，即可用螺母将工件紧固。注意工件下面应垫放适当厚度的垫铁，以免立铣刀铣伤转台台面。

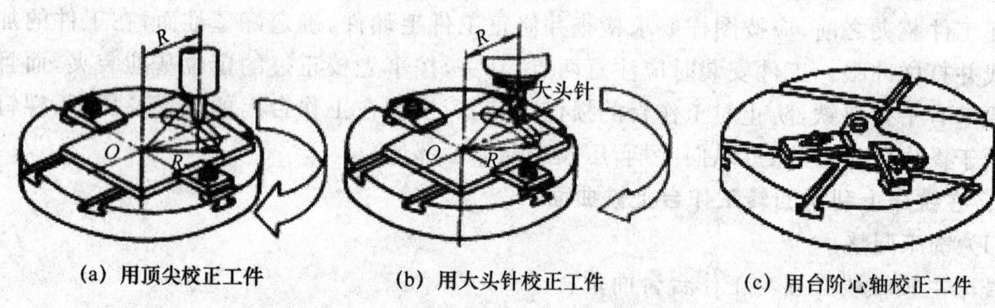

(a) 用顶尖校正工件　　(b) 用大头针校正工件　　(c) 用台阶心轴校正工件

图 6－76　工件的装夹与校正

（4）铣削方向和顺序的确定原则

如图 6－77 所示，为确保逆铣，铣凸圆弧时转台的旋转方向应与铣刀的旋转方向一致，铣凹弧时转台旋转方向应与铣刀的旋转方向相反。曲面中同时有凸圆弧、凹圆弧、直线相互连接时，其总的顺序是：先铣凹圆弧，再铣直线，最后铣凸圆弧；凹圆弧与凸圆弧相接时，应先铣半径小的凹圆弧；凸圆弧与凸圆弧相接时，应先铣半径大的凸圆弧。若凹圆弧与直线没有直接相接，中间有凸圆弧过渡时，则凹圆弧与直线的铣削顺序不限。

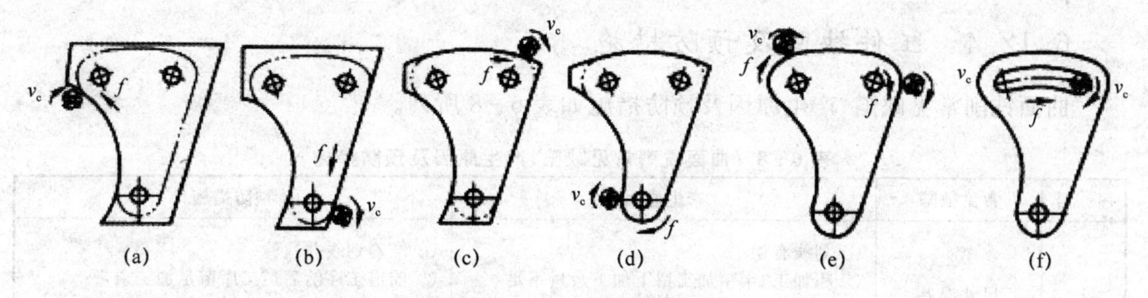

图6-77　铣削方向和顺序确定

(5) 曲面的铣削

在铣床上采用回转工作台装夹工件铣曲面，当工件校正后，即压紧工件，装上铣刀，调整好切削的位置即可开始铣削。铣完一段圆弧，再按划线校正装夹下一段圆弧，逐一铣削，直至加工完整个曲面。

(6) 曲面的检测

可采用标准凸、凹圆弧半径样板（又称 R 规）或专用的检测样板用对光法检验。

6.12.3　铣削方法和操作要领

1. 在铣床上用双手配合进给按划线铣曲面

① 双手同时操作横向、纵向手柄，密切注视铣刀切削刃与划线始终相切并铣去半个样冲眼，余量大时应采用逐渐趋近法分几次铣至要求。

② 双手配合进给时，铣刀在两个方向上始终要保持逆铣，以免损伤工件和铣刀。

③ 凸凹弧转换时要迅速协调，以避免出现凸起和深啃，致使曲面不圆滑。

④ 铣削外形较长且变化较平缓的曲面时，沿长度方向可采用机动进给，另一个方向采用手动进给配合。

2. 在铣床上利用回转工作台铣曲面

① 用对中心的方法使铣刀轴线、工件曲面的回转轴线及回转工作台的旋转轴线三者同心，然后移动横向工作台，使铣刀的圆周刀刃位于回转工作台的轴线上，之后再调整回转工作台和铣床升降台，使铣刀处于铣削的位置。

② 选择机床的纵向进给为铣削时的主进给，选好铣削用量。

③ 检查铣刀、工件装夹可靠、无误后即可开始铣削。铣完一段圆弧，再按划线校正装夹下一段圆弧。

④ 对于形状比较复杂的曲面，在立式铣床上用回转工作台装夹工件，要求各曲面的回转轴线要与回转台的回转轴线同轴，依次严格按照曲面图样要求调整工件和铣刀位置。为确保调整精度，回转工作台的角位移量用分度盘控制；铣刀沿轴线垂直位移量用百分表控制。

⑤ 曲面检验采用半径样板或专用样板透光检查。

6.12.4 工件缺陷及预防措施

曲面铣削常见缺陷、产生原因及预防措施如表 6-8 所列。

表 6-8 曲面铣削常见缺陷、产生原因及预防措施

序号	常见缺陷	产生原因	预防措施
1	尺寸误差	① 划线有误 ② 粗加工、半精加工留下加工余量不足 ③ 样冲孔不清晰 ④ 精铣速度太低，铣刀外圆不易对准加工线	① 准确划线并检验 ② 前道工序给后道工序留足加工余量 ③ 样冲孔均匀、清晰 ④ 精铣时切削速度应时选得高一些
2	圆弧过渡处不圆滑	凸凹弧转换时纵横进给配合不协调	凸凹弧转换时特别注意两手控制协调
3	铣刀损伤甚至折断	① 工作台窜动 ② 进给量太大 ③ 铣刀直径太小	① 采用逆铣 ② 调整纵向工作台丝杠螺母间隙 ③ 选用合适进给量 ④ 铣刀直径在小于圆弧半径基础上，尽可能选大些，以提高工艺系统刚性

6.12.5 练习实例

1. 工作图

工件图如图 6-78 所示。

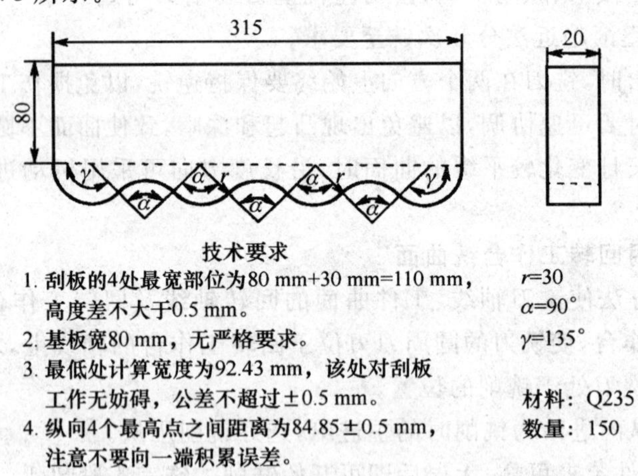

图 6-78 刮板

2. 读 图

该工件为某设备上的模板，其固定端为矩形，工作端的轮廓为波浪形型面。工件长 315 mm，最宽处 110 mm，最窄处 92.4 mm，整个型面由两个 135°的圆弧面与 5 个 90°圆弧面连接而成，圆弧半径均为 30 mm。材料为 Q235。技术要求与工件数量详见工作图。

3. 坯料加工

该工件材料为 Q235 碳素结构钢，坯料外形尺寸为 320 mm×115 mm×25 mm。按图样要求划出加工线，用样冲在线上打样冲眼(每段弧上打 4～5 个样冲眼即可)。

4. 制作曲线样板

若生产量小，为此设计、制作专用靠模成本较高，故采用按划线手工进给的方法铣削，但必须制作曲线样板。先按图样要求将曲线画在薄钢板(厚度 $\delta=0.5$ mm)或硬纸板上，并按曲线图形要求加工成形，作为样板。

5. 装卡工件

将工件直接装卡在工作台上，曲线按工作台纵向布置，用压板直接固定在工作台上。注意曲线部分不要有压板。夹紧后，纵向移动工作台，校正工件。

6. 铣　削

工件的铣削应选用立铣和立铣刀铣削。操作步骤如下：

① 开动机床，用自动进刀纵向铣削，使工件的最宽处留有 0.8 mm 左右的精铣余量。

② 手动进给半精铣各凹处，使各处均留有 0.6 mm 加工余量。

③ 最后精铣。操作时要特别仔细，沿划线将样冲眼铣下一半即可。

7. 检　验

加工完毕用样板检验，各处误差不得大于 0.5 mm。

6.13 铣花键

在机械设备的变速机构中，广泛应用带内花键的齿轮在花键轴上做轴向移动，改变其齿轮的啮合位置实现变速。虽然在大量生产时花键一般在专用花键铣床上加工，但在单件修配及小批量生产中，通常在卧式铣床或立式铣床上利用分度头进行铣削加工。它们属于典型的轴、套类零件，所以通过外花键铣削的技能训练，进一步熟悉分度头的使用，掌握轴、套类零件装夹和加工的特点是很有必要的。

6.13.1 操作训练基本要求

① 掌握矩形齿外花键的铣削方法，进一步熟悉采用分度头装夹工件的方法。

② 掌握分度头分度角的调整方法。

③ 熟悉外花键的检测方法及铣削时的操作要领。

6.13.2 准备知识

1. 花键的分类

花键轴上的齿轮既要传递动力又要进行轴向滑动。花键按其齿廓形状可分为矩形、渐开线、三角形及梯形四种，其中以矩形花键使用最为广泛。矩形花键的定心方法有外径定心、内径定心和齿侧定心三种。由于按外径定心时，花键轴和花键孔制造工艺性好，连接精度也较易控制，因此，得到更广泛应用。

2. 矩形齿外花键的技术要求

矩形齿外花键的关键技术：一是小径和大径必须与轴心线同轴（图 6-79 所示大径为 D，小径为 d，键宽为 b，齿高为 T）；二是各齿必须等分准确，以确保任意方向的互换性；三是各键的两侧面必须互相平行并与轴中心平面相对称；四是键侧要光滑，其表面粗糙度 R_a 为1.6～3.2 μm。

在卧式铣床或立式铣床上，利用分度头铣削矩形齿外花键时，以加工大径定心的矩形齿外花键为主，其他两种定心方式的矩形齿外花键一般只进行粗加工。

6.13.3 铣削方法和操作要领

以外径定心的矩形齿外花键，其坯件的外径通常都加工至图样规定的最终尺寸要求，而且两端中心孔作为基准已精确加工。因此，在卧铣或立铣上加工时，利用分度头及顶尖定位装夹，以外圆柱面进行对刀校正即可。常采用一把三面刃铣刀（单刃）或组合铣刀铣削键侧，用锯片铣刀修铣小径圆弧。此节将讨论其铣刀规格选择、工件的装夹与校正、对刀、切削用量选择和外花键的检测等工艺过程。

(1) 工件的装夹与校正

先把工件的一端装夹在分度头的三爪卡盘内，另一端采用尾座顶尖顶住，然后用百分表按三个方面进行校正：其一，工件两端的径向跳动量；其二，工件的上母线相对于工作台台面的平行度；其三，工件的侧母线相对于纵向工作台移动方向的平行度。对于细长的花键轴坯件，在校正之后还应在工件的中间位置下方用千斤顶支承。

(2) 铣刀的选择与安装

三面刃铣刀的外径应尽可能小些，以减小铣刀的端面跳动量，使铣削平稳，满足键侧表面粗糙度要求。单刀铣键侧时三面刃铣刀宽度的确定如图 6-79所示。对于齿数少于 6 齿的外花键，一般不需要考虑铣刀的宽度。当齿数多于 6 齿时，为了避免铣伤邻齿，三面刃铣刀的宽度应小于小径上两齿间的弦长，其宽度可按下式选择：

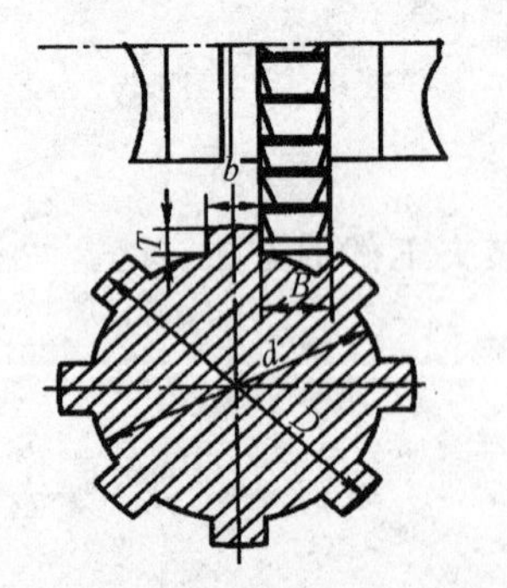

图 6-79 单刀铣键侧时三面刃铣刀宽度的确定

$$B \leqslant d \cdot \sin[180°/z - \arcsin(b/d)]$$

式中：B——三面刃铣刀的宽度，mm；

z——花键键齿数，mm；

b——花键宽度，mm；

d——花键小径，mm。

花键槽底的圆弧面一般选用厚度为 2～3 mm 的细齿锯片铣刀修铣圆弧或采用废旧三面刃铣刀改磨的仿形铣刀来加工。铣刀安装时，可将上述两把加工不同面的铣刀间隔适当的距离安装在同一根刀杆上。这样在加工完花键两侧面后，不用装拆刀具，就可把键底圆弧面加工出来。对于改磨的三面刃铣刀，改磨时应保证改磨后的仿形铣刀圆弧半径与槽底的圆弧面半径一致。同时要满足仿形铣刀的宽度在铣削时不能伤损花键两侧面。

(3) 对　刀

对刀时必须使三面刃铣刀的侧面刀刃和花键的键侧重合，这样才能保证花键的宽度及键侧对称性。其对刀方法有侧面接触法、切痕法和划线法。最常用的是划线法对刀，如图 6－80 所示。先将游标高度卡尺调至比工件中心高 1/2 键宽，在工件圆周和端面上各划一条线；通过分度头将工件转过 180°，将游标高度卡尺移到工件的另一侧再各划一条线，检查两次所划线之间的宽度是否等于键宽，若不等，则应调整游标高度卡尺重划，直至宽度正确为止。然后通过分度头将工件转过 90°，使划线部分外圆朝上，用游标高度卡尺在端面上划出花键的深度 $T=(D-d)/2+0.5$。

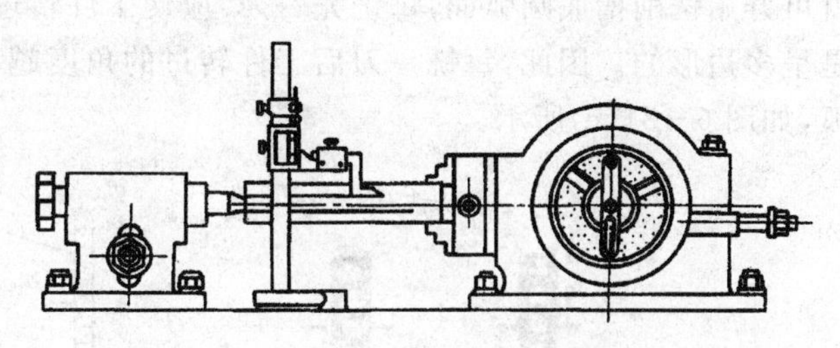

图 6－80　外花键划线的方法

(4) 铣削用量选择

1) 调整铣削长度

根据铣削长度，安装好自动停止挡铁。

2) 调整铣削层深度

使铣刀微微擦到工件后，在升降台刻度盘上做记号，确定每次垂直进给量和次数。

3) 调整主轴转速

为满足铣刀的径向圆跳动小于 0.05 mm，选择合适的三面刃铣刀转速，锯片铣刀的转速可适当高些。

(5) 外花键的检测

对于单件、小批量生产而言，外花键各要素偏差的检测一般均采用通用量具进行。外花键的键宽及小径尺寸用千分尺或游标卡尺检测，键齿两侧面对其轴线的对称度和平行度用杠杆百分表检测，其方法与对刀时相同。

(6) 外花键的铣削方法及顺序

在铣床上用单刀铣外花键，铣削的方法通常有两种：其一，先铣键侧，后铣中间槽；其二，先铣中间槽，后铣键侧。

现讨论“先铣键侧，后铣中间槽”的方法。铣削顺序如下：

① 先铣键侧 1 至键侧 6 面，如图 6－81(a)、(b)所示。这时每次分度手柄的转数 $n=40/6=$

6+2/3=6+36/54。铣完 1～6 面后，纵向退出工件，横向移动工作台，使工件向铣刀方向移动一个距离 $s(s=B+b)$。在铣削键侧 7 时，应先试铣一小段，并用千分尺测量键宽，如果尺寸符合图样要求，就可锁紧横向工作台，开始铣削另一侧的键侧 7 至键侧 12。

② 铣槽底圆弧面。采用锯片铣刀将槽底的凸起余量铣除。铣削前应使锯片铣刀对准工件中心，如图 6－81(c)所示，然后将工件转过一个角度，调整好铣削深度，如图 6－81(d)所示。就可开始铣削槽底圆弧面，每铣完一刀，应使工件转过适当角度，再铣下一刀，这样铣出的槽底是呈多边形的。因此，每铣一刀后工件转过的角度越小，铣削次数越多，槽底就越接近一个圆弧，如图 6－81(e)所示。

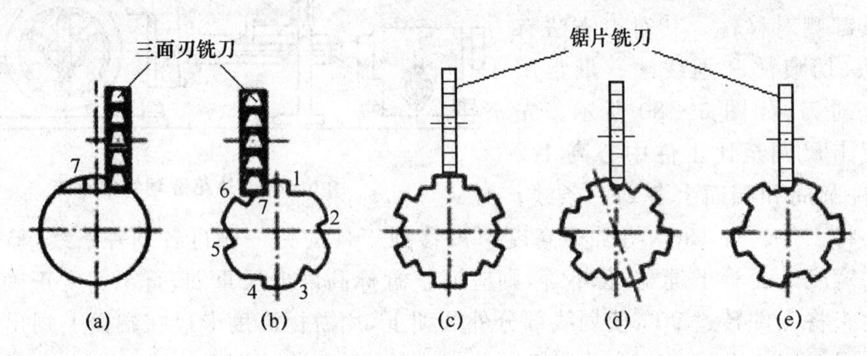

图 6－81　花键的铣削顺序

③ 关于槽底圆弧面与键侧面的交接处的处理。为防止铣削完毕的槽底圆弧面与键侧面的交接处出现凸起的棱边(此棱边会使花键轴与花键孔配合时发生干涉)，在铣键侧时，实际吃刀深度应比计算的吃刀深度再深 0.5 mm 左右，这样加工完的槽底圆弧面与键侧的交接处就会出现 0.5 mm 左右深的沟槽，它既不影响花键轴的质量，又可防止花键轴在与花键孔配合时的干涉现象。

6.13.4　工件缺陷与预防措施

矩形齿外花键铣削常见缺陷、产生原因及预防措施如表 6－9 所列。

表 6－9　花键铣削常见缺陷、产生原因及预防措施

序　号	常见缺陷	产生原因	预防措施
1	键侧产生波纹	刀杆与挂架配合间隙过大，并缺少润滑油。铣刀转速太高	调整间隙，加注润滑油；改装滚动轴承挂架
2	花键轴中段产生波纹	花键轴细长，刚性差	花键轴中段增加千斤顶辅助支承
3	键侧及槽底均有深啃现象	铣削过程中途停刀	铣削中途不能停止进给运动
4	键侧表面粗糙度超差	刀杆弯曲或刀杆垫圈不平引起铣刀轴向摆动	校直刀杆或修磨垫圈

续表 6－9

序　号	常见缺陷	产生原因	预防措施
5	花键的两端内径不一致	工件上母线与工作台台面不平行	重新校正工件上母线相对于工作台台面的平行度
6	花键对称性超差	对刀不准	重新对刀
7	花键两端对称性不一致	工件侧母线与纵向工作台的进给方向不平行	重新校正工件侧母线相对于纵向工作台的进给方向的平行度

6.13.5　练习实例

1. 工件图

图 6－82 所示是矩形齿外花键工件图。

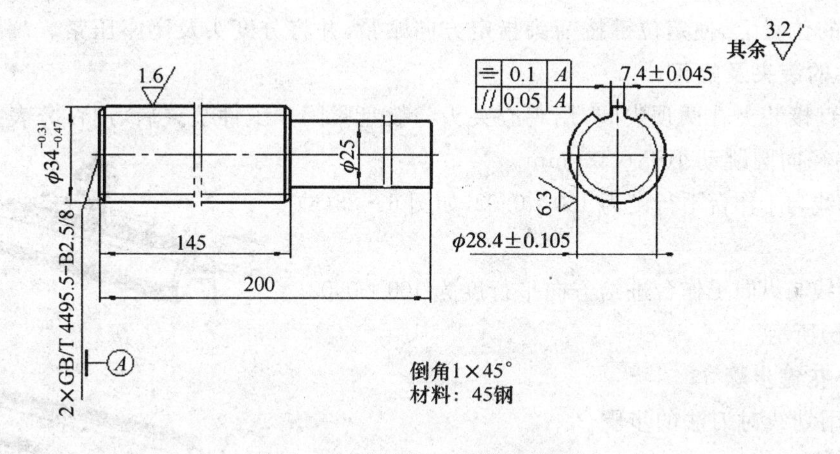

图 6－82　矩形齿外花键工件图

2. 读　图

图 6－82 所示为矩形齿外花键，其代号为 6×28f7×34a10×7d10，即表示其键数 $n=6$；小径 $d_{max}=27.980$ mm，$d_{min}=27.959$ mm；大径 $D_{max}=33.69$ mm，$D_{min}=33.53$ mm，表面粗糙度 R_a 为 1.6 μm；键宽 $B_{max}=6.960$ mm，$B_{min}=6.902$ mm，表面粗糙度 R_a 为 3.2 μm；轴全长 200 mm，花键部分长度 145 mm，花键底圆直径 $d=\phi28.4\pm0.105$ mm，表面粗糙度 R_a 为 6.3 μm；由于用铣削加工难以满足键宽公差要求，所以铣削时留有键宽磨削余量，即 7.4±0.045 mm；另一段直径 φ25 mm×55 mm，基准为两端中心孔 2×GB/T 4459.5－B2.5/8。6 键两侧相对于基准 A 对称度公差为 0.10 mm、平行度为 0.05 mm；材质 45 钢，调质 235HBS。本例选用在卧式铣床上加工矩形齿外花键。从工艺上采用“先铣键侧，后铣中间槽”。

3. 铣刀的选择、安装及主轴调整

① 键侧用刀具。先铣键侧，铣刀宽度可适当大些，现选用 φ63×8 mm 直齿三面刃铣刀。

② 小径用锯片铣刀。现选用 $\phi80\times1.5$ mm 的锯片铣刀。

③ 安装铣刀。将三面刃铣刀和锯片铣刀同时安装在刀杆上，中间用 60 mm 左右的垫圈隔开，铣刀的旋向为逆时针，并保证铣刀的径向圆跳动量小于 0.05 mm。

④ 调整主轴转速。取 $n=75$ r/min($v_c=15$ m/min)，锯片铣刀铣削速度可适当高些。

4. 坯件的检查、安装及校正

首先检查坯件。外花键坯件的外径是装夹后找正和调整铣削层深度的依据，其检查项目有：其一，用千分尺测量外圆直径的实际尺寸及两端锥度，供找正及调整铣削深度参考。其二，将坯件安装在两顶尖间，用百分表检查坯件外圆两端的径向跳动在 0.02 mm 以内，检查时用手转动坯件。

5. 分度头及与尾座安装

选用 FW250 型万能分度头，将分度头安置在纵向工作台中间 T 形槽右端，将尾座安置在工件能装夹的位置上，使定位键按箭头指定方向贴紧，并将分度头及尾座压紧。

6. 工件的装夹及找正

将工件直接装夹在两顶尖间，用鸡心夹头与拨盘紧固。工件装夹后，用百分表找正。

① 两端径向圆跳动小于 0.03 mm。

② 上母线与工作台平行度为 100∶0.02，如图 6－83(a)所示。

③ 侧素线与纵向工作台进给方向平行度为 100∶0.02，如图 6－83(b)所示。

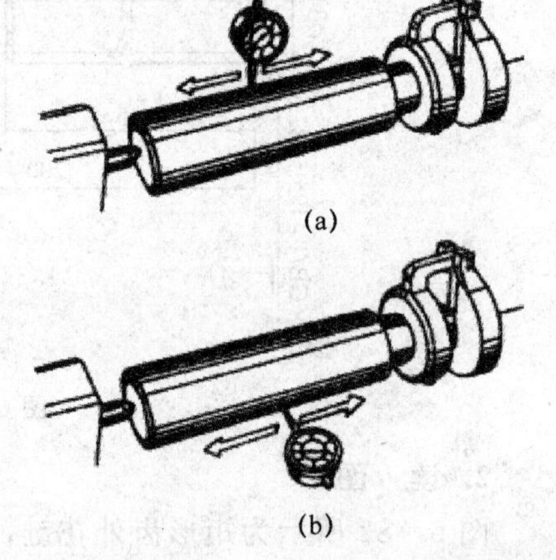

图 6－83　用百分表找正工件

7. 铣外花键步骤

(1) 采用划线对刀法的步骤

1) 划中心线

将游标高度卡尺调整到 250 mm 游标刻度上，在工件外圆两侧面上各划一条线，然后将工件转过 180°，再在两侧面上重划一次，观察两次所划的线是否重合，如不重合，将游标高度卡尺调整至两条线的中间重复再划，直至重合。

2) 划键宽线

根据正确中心线的刻度，将游标高度卡尺调高或调低 $b/2$(即 3.7 mm)，再在工件外圆两侧面上各划一条线，然后将工件转过 180°，再划两条线，就得到对称的键宽线(7.4 mm)，如图 6－80所示。

3) 对　刀

划线后将工件转过 90°，使所划的线转至上方，作为对刀时参考。试铣对刀，使三面刃铣刀的侧刃离开键宽线为 0.3～0.5 mm，并在横向刻度盘上画线做记号。紧固横向工作台。

(2) 调整铣削长度

根据铣削长度 145 mm，考虑刀具直径和进退刀约 210 mm，安装好自动停止挡铁。

(3) 调整铣削层深度

使铣刀微微擦到工件表面后，工作台垂直上升 H：

$$H=[(D'-d')/2]+0.4=[(33.65-28)/2]\text{ mm}+0.4\text{ mm}=3.225\text{ mm}$$

式中：D'——外花键大径实际尺寸；

d'——外花键留精加工余量的小径尺寸；

0.4 mm——齿侧加深量，即垂直上升量为 3.22 mm。

(4) 试铣键侧 1

调整好铣削层深度后，开动铣床铣键侧 1，如图 6-81(a)所示。

(5) 试铣键侧 2

键侧 1 试铣完后，横向工作台移动 s 后铣出键侧 7，如图 6-81(b)所示。

$$s=L+B+2\times(0.3\sim0.5)\text{ mm}=8\text{ mm}+7.4\text{ mm}+0.8\text{ mm}=16.2\text{ mm}$$

即横向工作台移动 16.2 mm(式中 0.3～0.5 为单面预留铣削余量)。

(6) 预检键的对称度

测量对称度方法如图 6-84 所示。

(7) 铣键侧 1

根据预检结果，若测得键侧 1 比键侧 2 少铣除 0.2 mm，则将工件转过 90°，使键处于上方，然后移动横向工作台，将键侧 1 铣除 0.2 mm。再测出键宽实际尺寸，按图样实际尺寸与实测尺寸差值的 1/2 调整横向工作台铣键侧 1，然后分度依次铣毕各键的同一侧面。

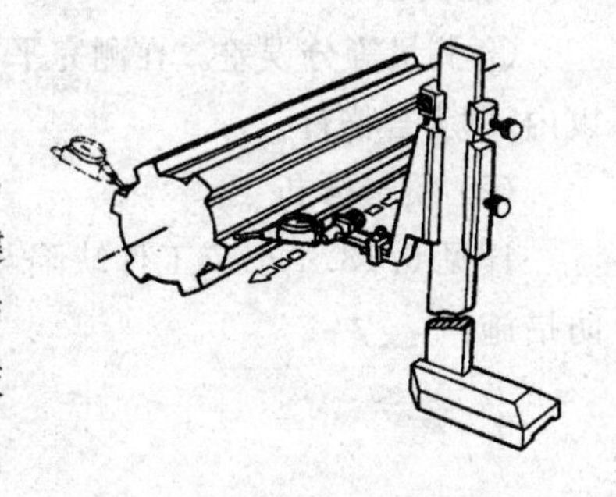

图 6-84　检查键的对称度

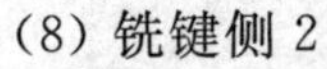

(8) 铣键侧 2

键侧 1 全部铣完后，移动横向工作台并保证键宽尺寸达到 7.4±0.045 mm，依次铣出全部键侧 2。

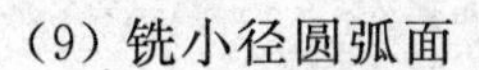

(9) 铣小径圆弧面

当键侧全部铣完后，下降工作台，再移动横向工作台，铣小径圆弧面。其步骤如下：

1) 对　刀

目测使锯片铣刀处于键的中间，如图 6-81(c)所示。

2) 调整铣削层深度

在键的外圆处贴薄纸，开动机床，使铣刀微微擦到工件上薄纸，退出工件，垂直上升量 H，其 H 大小为

$$(D'-d')/2=(33.65-28.4)/2\text{ mm}=2.625\text{ mm}.$$

3）铣圆弧面

转动工件，从靠近键的一侧处开始铣削，如图 6-81(d)所示，并调整好纵向自动进给停止挡铁，每铣完一刀后，摇动分度手柄使工件转过一个小角度，继续进行铣削，这样铣出的圆弧面呈多边形。因此，工件转过角度愈小，愈接近圆弧面，铣至另一侧面后，再依次铣完全部圆弧面。应注意铣削时切不可碰伤键的两侧面。

8. 外花键的检测与质量分析

(1) 外花键的检测

1）测量键的宽和小径

用千分尺测量键的宽尺寸应为 7.335～7.445 mm，小径尺寸应为 ϕ28.295～ϕ28.505 mm。

2）测量键侧对称度、平行度和等分误差

铣削完毕后在工作台上直接测量。

① 测量对称度。将键侧转至与工作台面平行，然后用百分表测量出两对应键侧的读数差值应在 0.1 mm 以内，如图 6-84 所示。

② 测量平行度。在测量对称度后，移动百分表测量出键侧两端读数差值应在 0.05 mm 以内，如图 6-84 所示。

③ 测量等分误差。在测完平行度后，测量分度误差，若测量出 6 条键侧的跳动量在 0.07 mm 以内，即为合格件。

(2) 质量分析

详见 6.13.4 小节工件缺陷与预防措施中表 6-9 矩形花键铣削常见缺陷、产生原因及预防措施。

6.14 综合训练

6.14.1 综合练习题

题目 1　铣六面体。

如图 6-85 所示。毛坯尺寸为 ϕ45 mm×45 mm，材料为 HT200；要求熟悉技术要求；选用设备、附件、刀具及量具；拟定工艺过程。

题目 2　铣削凹凸槽。

毛坯尺寸如图 6-86 所示，材料为 HT200；要求熟悉技术要求，选用设备、附件、刀具及量具；拟定工艺过程。

题目 3　铣削花模。

如图 6-87 所示。毛坯尺寸为 $D>\phi$30 mm×36 mm；材料为 HT200 或 45 钢；型面粗糙度

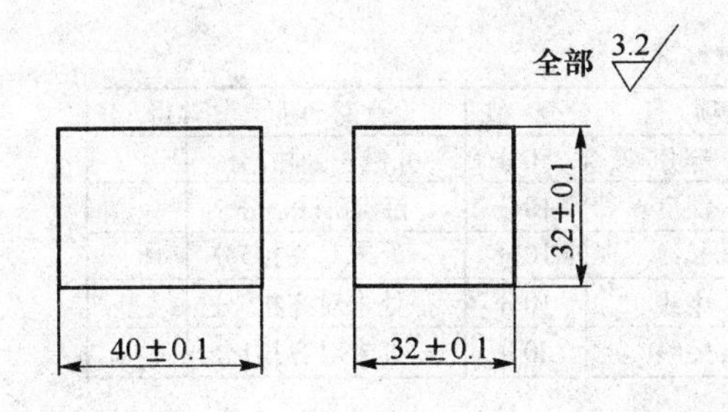

评分标准：

项　目	分　值	说　明	得　分
40±0.1	20分	每处超差0.1扣5分	
32±0.1(两处)	40分	每处超差0.1扣5分	
垂直度	20分	每处超差0.1扣5分	
粗糙度	20分	每高一级扣10分	
刀具	端铣刀		总分
量具	0-125游标卡尺、直角尺		

图 6－85　六面体

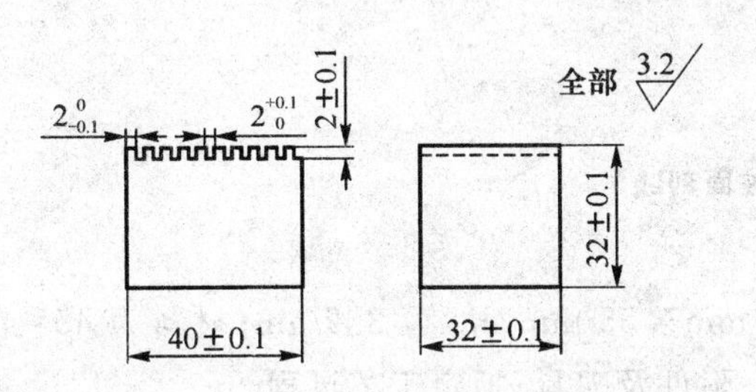

评分标准：

项　目	分　值	说　明	得　分
$2_{-0.1}^{0}$(10处)	40分	每处超差0.1扣2分	
$2_{0}^{+0.1}$(10处)	40分	每处超差0.1扣2分	
2±0.1	10分	每处超差0.1扣2分	
粗糙度	10分	每高一级扣5分	
刀具	锯片铣刀		总分
量具	0-125游标卡尺		

图 6－86　铣凸凹槽

R_a 为 3.2 μm；要求熟悉评分标准，选用设备、附件、刀具；拟定工艺过程。

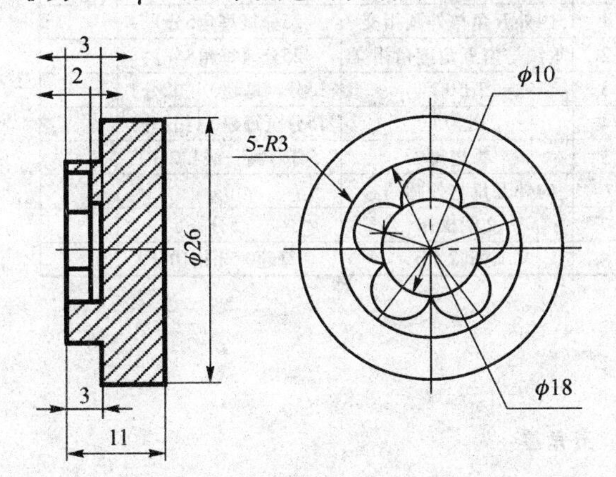

评分标准：

项　目	分　值	说　明	得　分
φ18	20分	超差0.1扣2分	
φ10	20分	超差0.1扣5分	
R3(5处)	50分	每处超差0.1扣2分	
花芯3	10分	超差0.1扣2分	
花瓣2	10分	超差0.1扣2分	

图 6－87　铣花模

题目 4　圆柱面刻线。

如图 6－88 所示。毛坯尺寸为 $D>\phi30$ mm×65 mm，($d>\phi16$ mm)，R_a 为 3.2 μm，材料为 HT200 或 45 钢均可；要求熟悉技术要求(等分数 120、103、101)和评分标准，选用设备、附件、刀具(自己刃磨)；拟定工艺过程。

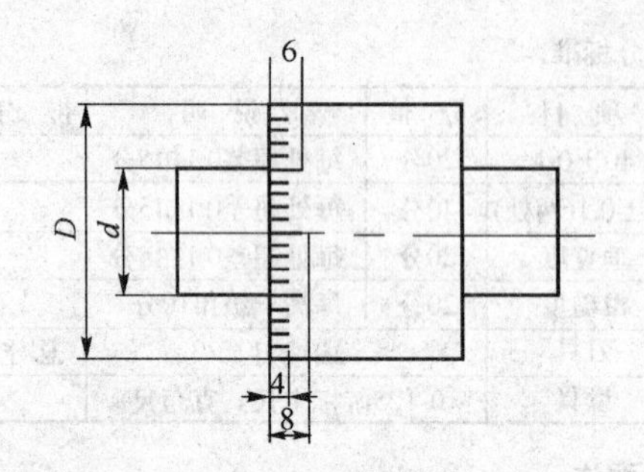

评分标准：

项 目	分 值	说 明	得 分
等分	50分	分错一处扣2分	
深度	10分	每深0.1扣5分	
长线	10分	一处未对齐扣5分	
中线	10分	一处未对齐扣5分	
短线	20分	一处未对齐扣1分	

技术要求

1. 等分数临时确定，等分要均匀，不可多线或少线。
2. 刻线深度0.1 mm，刻线长度要对齐。

图 6－88 圆柱面刻线

题目 5 铣削五角星。

如图 6－89 所示。毛坯尺寸为 ϕ30 mm～45 mm×35 mm，R_a 为 3.2 μm；材料为 45[#] 或 HT200；要求熟悉技术要求及评分标准；选定设备、附件及刀具；拟定工艺过程。

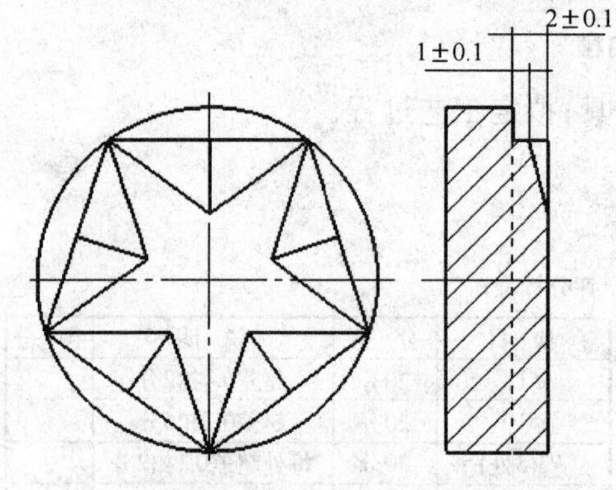

评分标准：

序 号	项 目	配 分	得 分
1	内外五角与外圆相交	25分（每角5分）	
2	垂线与内五角度角相交	25分（每角5分）	
3	2±0.1	15分（每超0.1扣2分）	
4	1±0.1	15分（每超0.1扣2分）	
5	粗糙度	5分（高一级扣2分）	
6	内外五角与外圆同心	10分	
7	文明操作	5分	
8	时间2.5 h	每超0.5 h扣10分	

技术要求

1. 外五角、内五角的顶角必须与外圆相切。
2. 外五边的垂直线必须与内五角底角相交。

图 6－89 五角星

6.14.2 技能鉴定模拟题

1. 初级铣工技能鉴定模拟题

题目 1 铣削盘形凸轮槽。

(1) 内容及操作要求

1) 工件图样

盘形凸轮槽图样如图 6－90 所示。

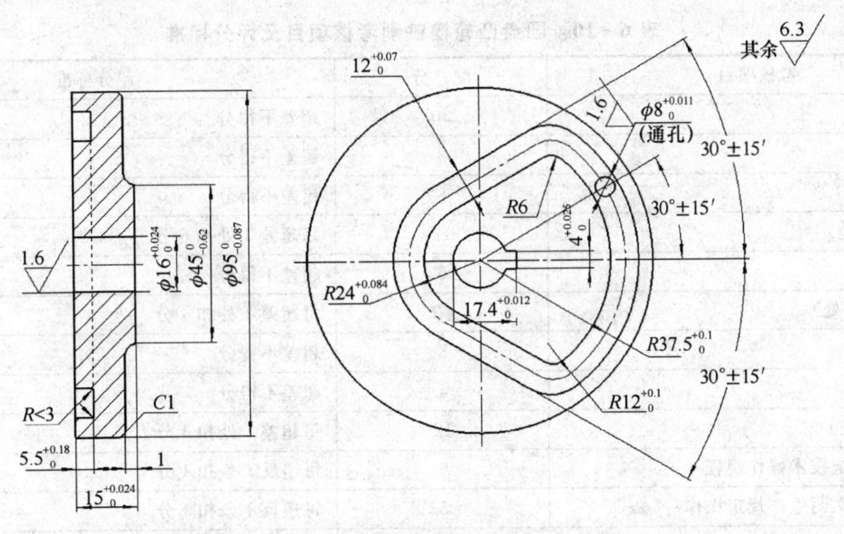

图6-90 盘形凸轮槽

2）考核要求

① 在立式升降台铣床上用万能通用加工的方法按图样要求铣削加工。

② 选用合适的铣刀、铣削方法、铣削用量及切削液。

③ $\phi8^{+0.011}_{0}$的通孔允许使用铰刀加工。

④ 选择合适的工件装夹方式。

⑤ 允许用锉刀、油石修去毛刺。

⑥ 不允许用锉刀、油石和砂纸来改善铣削表面的各项技术要求。

（2）准备工作

1）材料准备

毛坯材料为45钢，硬度为HRC 20～24；除$12^{+0.07}_{0}$的槽及$\phi8^{+0.011}_{0}$的孔外，其余已成形，如图6-90所示。

2）设备、工具及量具准备

① 机床为X5032或X53K型立式升降台铣床。

② 铣工常用的万能通用器具（包括机床附件、刀具和量具等）。

③ 润滑油、切削液等。

（3）考核时间

① 基本时间：准备时间30 min，正式操作时间210 min。

② 时间允差：每超过规定时间4 min从总分中扣除1分，不足4 min按4 min计算。超过20 min不得分。

考核项目及评分标准如表6-10所列。

表 6-10　圆盘凸轮槽铣削考核项目及评分标准

考核项目	配　分	评分标准
$12^{+0.07}_{0}$	20	超差不得分
$R24^{+0.084}_{0}$	8	超差不得分
$R37.5^{+0.1}_{0}$	8	超差不得分
$R12^{+0.1}_{0}$（2 处）	12	每超差 1 处扣 6 分
$5.5^{+0.18}_{0}$	6	超差不得分
$R_a3.2\ \mu m$（3 处）	12	每超差 1 处扣 4 分
$\phi 8^{+0.011}_{0}$	8	超差不得分
$R_a1.6\ \mu m$	4	超差不得分
30°±15′（3 处）	12	每超差 1 处扣 4 分
正确执行安全技术操作规程	5	每违反 1 条扣 1 分
按企业相关文明生产规定操作	5	每违反 1 条扣 1 分
加工缺陷	0	每处扣 1 分，扣满 5 分为止
未注公差尺寸按 IT14	0	每超 1 处扣 1 分，扣满 5 分为止

题目 2　V 形架的铣削。

(1) 内容及操作要求

1）工件图样

V 形架图样如图 6-91 所示。

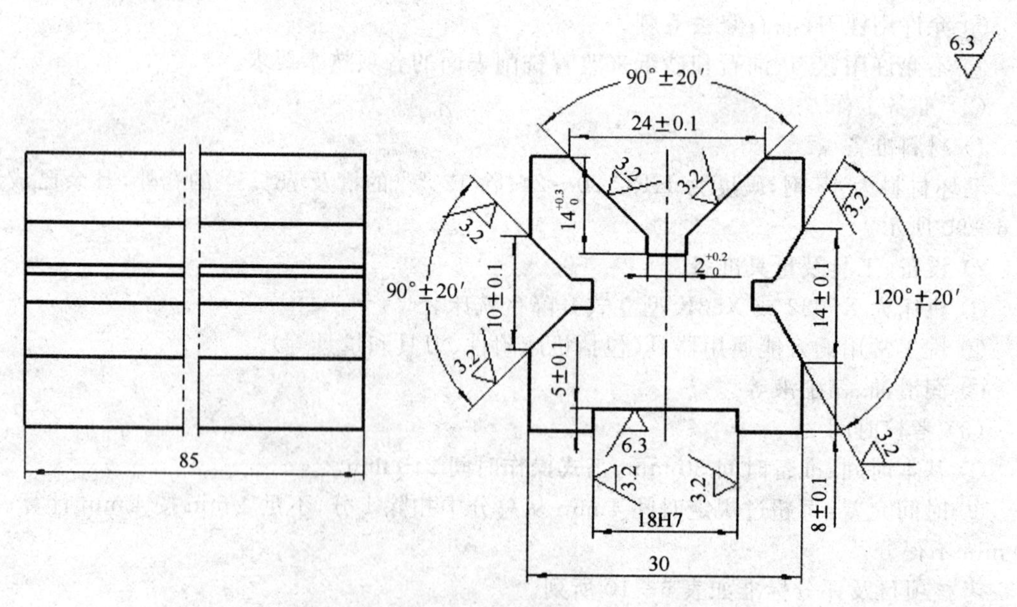

图 6-91　V 形架

2）考核要求

① 在卧式或立式升降台铣床上用通用加工方法按图样要求铣削加工。

② 选用合适的铣刀、铣削方法、铣削用量及切削液。

③ 允许自备 18H7 塞规。

④ 选择合适的工件装夹方式。

⑤ 允许用锉刀、油石修去毛刺。

⑥ 不允许用锉刀、油石和砂纸来改善铣削表面的各项技术要求。

(2) 准备工作

1）材料准备

毛坯材料为 HT200；毛坯除 90°、120°V 形槽及 18H7 mm 的键槽外，其余均已加工成形，如图 6－91 所示。

2）设备、工具及量具准备

① 机床为 X6132 或 X5032 型升降台铣床。

② 铣工常用万能通用器具(包括机床附件、刀具和量具等)。

③ 润滑油、切削液等。

(3) 考核时间

① 基本时间：准备时间 30 min，正式操作时间 240 min。

② 时间允差：每超过规定时间 4 min 从总分中扣除 1 分，不足 4 min 按 4 min 计算，超过 20 min 不得分。

考核项目及评分标准如表 6－11 所列。

表 6－11　V 形架铣削考核项目及评分标准

考核项目	配　分	评分标准
槽宽：18H7 mm	6	超差不得分
槽深：5 mm±0.10 mm	4	超差不得分
槽侧表面粗糙度 R_a：3.2 μm(2 处)	6	每超差 1 处扣 3 分
槽底表面粗糙度 R_a：6.3 μm	2	超差不得分
槽宽：24 mm±0.10 mm	6	超差不得分
角度：90°±20′	6	超差不得分
槽侧表面粗糙度 R_a：3.2 μm(2 处)	6	每超差 1 处扣 3 分
空刀槽宽：$2^{+0.20}_{0}$ mm	6	超差不得分
空刀槽深：$14^{+0.30}_{0}$ mm	6	超差不得分
槽宽：10 mm±0.10 mm	6	超差不得分
角度：90°±20′	6	超差不得分
槽侧表面粗糙度 R_a：3.2 μm(2 处)	6	每超差 1 处扣 3 分

续表 6-11

考核项目	配 分	评分标准
槽宽：14 mm±0.10 mm	6	超差不得分
角度：120°±20′	6	超差不得分
尺寸：8 mm±0.10 mm	6	超差不得分
槽侧表面粗糙度 R_a：3.2 μm(2 处)	6	每超差 1 处扣 3 分
正确执行安全技术操作规程	5	每超差 1 条扣 1 分
按企业有关文明生产的规定	5	每超差 1 条扣 1 分
加工缺陷	0	每处缺陷扣 1 分，扣满 5 分为止
未注公差的尺寸按 IT14	0	每处缺陷扣 1 分，扣满 5 分为止

2. 中级铣工技能鉴定模拟试题

题目 1　钻套的铣削。

(1) 内容及操作要求

1) 工件图样

工件莫氏 No.5 钻套图样如图 6-92 所示。

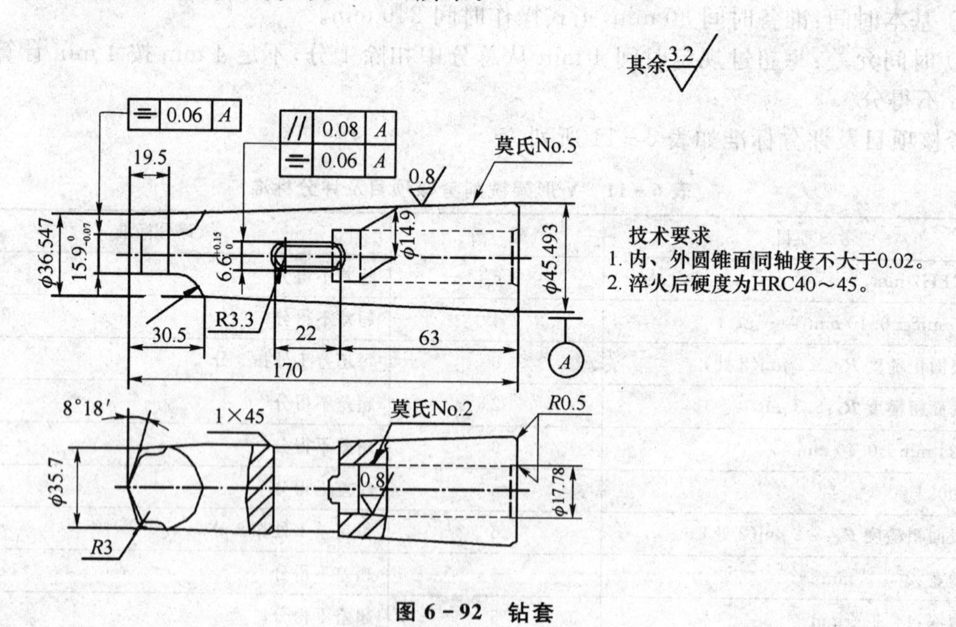

图 6-92　钻套

2) 考核要求

① 工件在卧式升降台铣床上使用通用刃具、量具、辅具和夹具铣削。

② 制定合理的工件加工工艺及铣削方法。

③ 选择合适的铣刀、铣削用量及切削液。

④ 确定工件、刀具的找正及装夹方法，选用合适的铣床夹具。

⑤ 确定工件的检验方法，选用合适的量具和量仪，准确检测。

⑥ 允许用锉刀、油石修去毛刺，但不得用以改善、提高各项技术要求。

(2) 准备工作

1) 材料准备

毛坯材料为 45 钢，硬度为 HRC 25～28；铣后淬火至 HRC 40～45；莫氏锥度留有磨削余量，其余除 $15.9_{-0.07}^{\ 0}$ 的尾部及 $6.6_{\ 0}^{+0.15}$ 的腰形槽外，均加工成形。如图 6－92 所示。

2) 设备、工具准备

① 选用 X6132 型卧式升降台铣床或 X5032 立式升降台铣床。

② 铣工常用的刀具、量具、辅具和夹具。

③ 润滑油、切削液等。

(3) 考核时间

① 基本时间：准备时间 30 min，正式操作时间 210 min。

② 时间允差：每超过规定时间 3 min 从总分中扣除 1 分，不足 3 min 按 3 min 计算，超过 15 min 不得分。

考核项目及评分标准如表 6－12 所列。

表 6－12　钻套铣削考核项目及评分标准

考核项目	配　分	评分标准	扣分原因	得　分
$6.6_{\ 0}^{+0.15}$ mm	10	超差不得分		
对称度允差：0.06 mm	15	超差不得分		
平行度允差：0.08 mm	15	超差不得分		
$Ra3.2\ \mu m$	10	超差不得分		
$15_{-0.07}^{\ 0}$ mm	20	超差不得分		
对称度允差：0.06 mm	10	超差不得分		
$R_a3.2\ \mu m$	10	每超差 1 处扣 5 分		
正确执行安全技术操作规程	5	每违反 1 条扣 1 分		
按企业有关文明生产规定	5	每违反 1 条扣 1 分		
加工缺陷	0	每处缺陷扣 1 分，扣满 5 分为止		
未注公差的尺寸按 IT14	0	每处缺陷扣 1 分，扣满 5 分为止		

题目 2 凸轮铣削。

(1) 内容及操作要求

1) 工件图样

凸轮图样如图 6-93 所示。

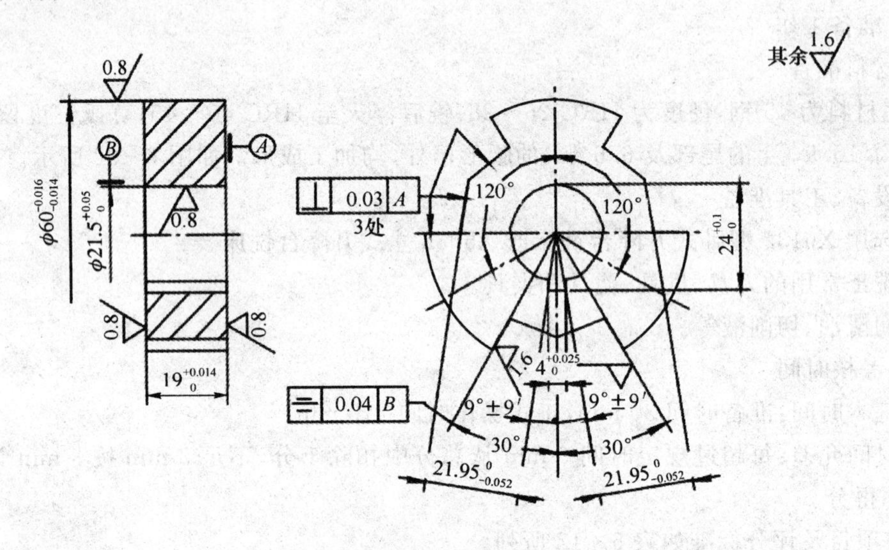

图 6-93 凸轮

2) 考核要求

① 工件须在卧式铣床或立式升降台铣床上使用通用刀具、量具、辅具和夹具铣削加工。

② 制定合理的工件加工工艺及铣削方法。

③ 选用合适的铣刀、铣削用量及切削液。

④ 确定工件、刀具的找正及装夹方法,选用合适的铣床夹具。

⑤ 确定工件的检验方法,选用合适的量具和量仪,准确检测。

⑥ 允许用锉刀、油石修去毛刺,但不得用以改善、提高各项技术要求。

(2) 准备工作

1) 材料准备

毛坯材料为 T10A 钢;硬度不大于 HB197;毛坯端面、外圆和内孔均留磨削余量,$4^{+0.025}_{0}$ 的键槽已加工成形,*A* 面粗磨后表面粗糙度 R_a 为 0.8 μm,如图 6-93 所示。

2) 设备、工具准备

① 选用 X6132 型卧式升降台铣床或 X5032 型立式升降台铣床。

② 铣工常用刀具、量具、辅具和夹具。

③ 润滑油、切削液等。

(3) 考核时间

1) 基本时间

准备时间30 min,正式操作时间210 min。

2) 时间允差

每超过规定时间3 min从总分中扣除1分,不足3 min按3 min计算,超过15 min不得分。

考核项目及评分标准如表6-13所示。

表6-13 凸轮铣削考核项目及评分标准

考核项目	配分	评分标准
尺寸:$21.95_{-0.052}^{0}$ mm(6处)	12	每超差1处扣2分
齿等分度允差:0.07 mm(6处)	12	每超差1处扣2分
角度:9°±9′(6处)	12	每超差1处扣2分
与A的垂直度允差:0.03 mm(9处)	18	每超差1处扣2分
与B的对称度允差:0.04 mm(6处)	12	每超差1处扣2分
表面粗糙度R_a:1.6 μm(12处)	12	每超差1处扣1分
齿侧偏离中心误差:±0.05 mm(6处)	12	每超差1处扣2分
正确执行安全技术操作规程	5	每违反1条扣1分
按企业有关文明生产的规定	5	每违反1条扣1分
加工缺陷	0	每处缺陷扣1分,扣满5分为止
未注公差的尺寸按IT14	0	每超差1处扣1分,扣满5分为止
未注公差的角度按GB/T 1804—2000	0	每超差1处扣1分,扣满5分为止

第7章　磨工实训

7.1　磨工实训教学要求

按照《国家职业标准》及中级磨工的职业技能鉴定规范提出如下实训教学要求：

① 能读懂和绘制中等复杂程度的零件图样；能读懂和编制较复杂零件的工艺规程。

② 能使用常用磨床通用夹具装夹及找正工件；能正确装夹薄壁件、细长轴、偏心件等；能合理使用四爪单动卡盘、正弦夹具、V形夹具等装夹外形较复杂的零件。

③ 能根据工件材料、加工精度和工作效率的要求，正确选用磨具；能正确使用内径千分表、杠杆式卡规等较高精度的量具。

④ 能根据加工需要调整常用磨床；能在加工前对磨床进行常规检查，及时发现磨床的一般故障并通知有关部门；能调配和更换冷却液。

⑤ 能按图样加工台阶轴、光轴、锥度轴及套类零件并达到中等精度要求；能按图样加工内锥孔、细长轴、薄壁薄板件、偏心工件。

⑥ 能正确使用通用量具和量规检测工件；能用千分表测量工件的同轴度、圆柱度和跳动；能测量高精度的平面精度；能用正弦规检验锥体及用量棒、钢珠和V形夹具测量内外锥体的精度。

7.2　磨削加工的工作性质和基本内容

7.2.1　磨削加工的工作性质

磨削加工就是以砂轮作为切削工具并高速旋转，工件进行相应的旋转或直线运动，从而从工件上去除余量以达到图样要求的加工方法。图7-1所示为外圆磨削示意图。磨削可以加工硬度极高的金属和非金属材料，也可加工较软的材料。磨削精度通常可以达到IT6～IT5级，表面粗糙度 R_a 可达1.25～0.16 μm。

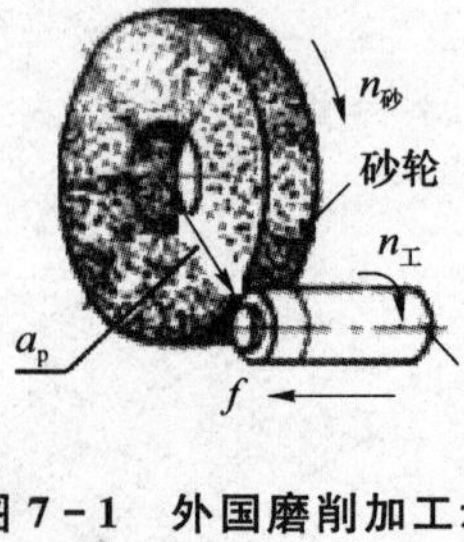

图7-1　外国磨削加工示意图

7.2.2　磨削加工的基本内容

磨削加工的范围如图7-2所示，其中最基本的磨削方式是外圆磨削、内圆磨削和平面磨削。

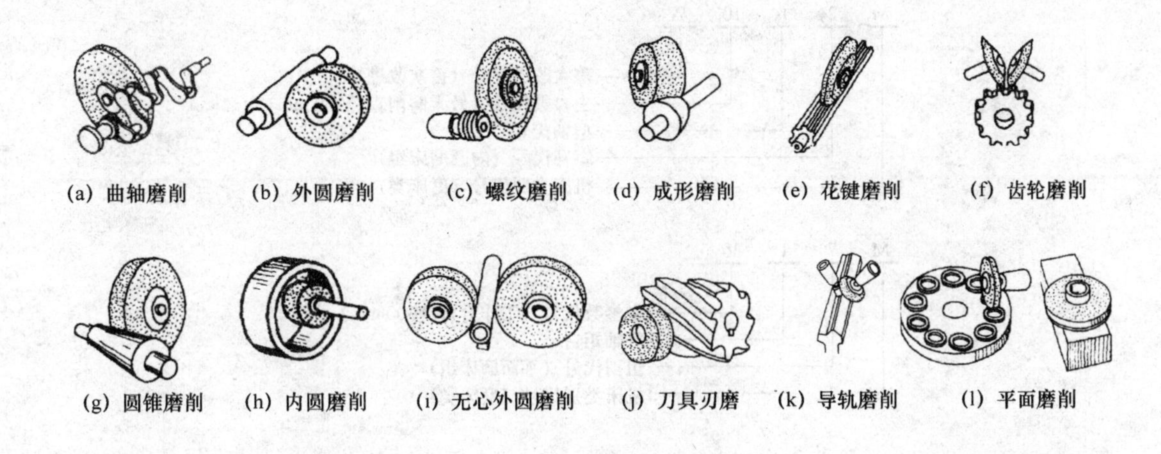

图 7－2　磨削加工范围

7.3　磨　床

磨床是比较精密的机械加工机床，它主要以高速旋转的砂轮作为切削工具，结合工件的旋转或直线运动实现对零件的加工。磨床的应用范围广，切削加工范围宽、精度高，磨床的加工精度往往反映着整个机械制造行业的精度。

7.3.1　磨床的类型

1. 磨床的分类

根据磨床的不同用途，常分为以下几类：外圆磨床、内圆磨床、平面磨床、工具磨床、砂带磨床、专门化磨床等。

2. 磨床的型号

磨床的型号由拼音字母和阿拉伯数字组成，如 M1432A、M2110A、M7130，其含义分别为：

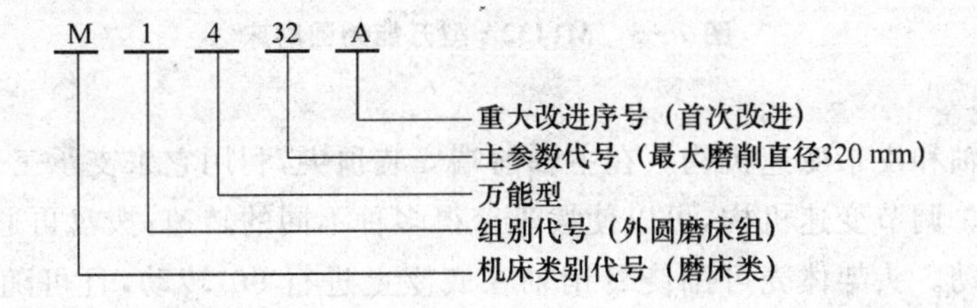

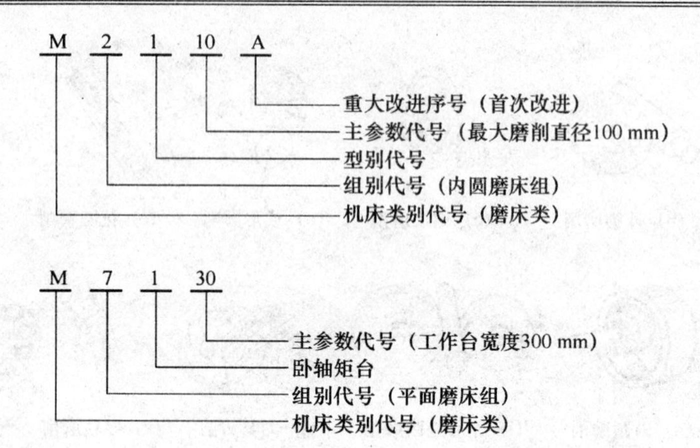

7.3.2 磨床及其主要部件的功用

磨床有多种型号，本书以 M1432A 型万能外圆磨床为例进行介绍，其各主要组成部分如图 7-3 所示。

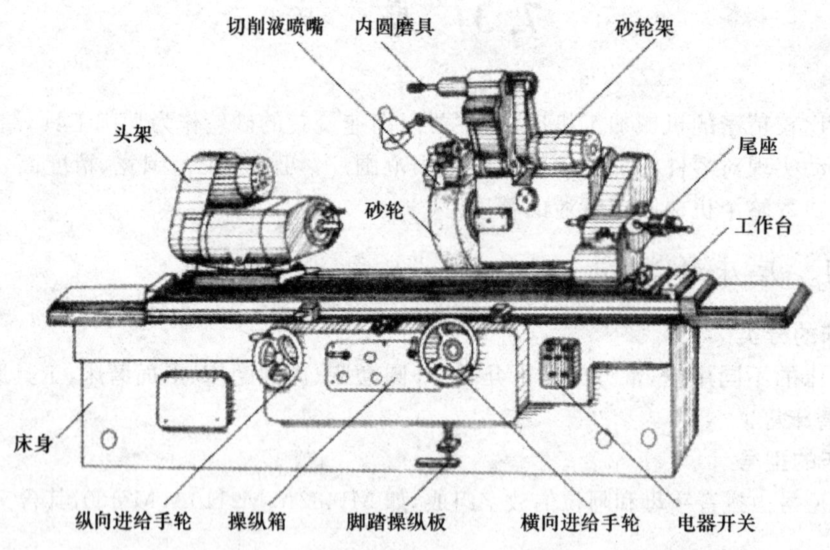

图 7-3 M1432A 型万能外圆磨床

1. 头架部分

头架内有主轴和皮带变速机构。在主轴前端安装顶尖，利用它来支承工件，并使工件形成精确的旋转中心。调节变速机构，可以使拨盘获得多种不同的转速，拨盘再通过拨杆带动工件进行圆周进给运动。头架体壳可围绕着销轴在底座上进行 90°转动，且可随着底座一起在工作台上移动。

2. 尾架部分

在尾架套筒前端安装顶尖，用来支承工件另一端。尾架套筒的后端装有弹簧，可调节顶尖对工件的轴向压力。装卸工件时，退回套筒可以采用手动或液压传动。手动时，用手顺时针转动手柄；液压传动时，用脚踏下操纵尾架阀的操纵板。

3. 工作台部分

工作台分上下两层，上层称为上工作台，上工作台可绕轴销，相对下工作台在水平面内偏转－3°～＋9°，以便磨削时调整工件的锥度和磨削锥体。下层称为下工作台，由机械或液压传动，可沿着床身的纵向导轨进行纵向进给运动。工作台往复运动的位置可由撞块控制。

4. 砂轮架部分

砂轮架安装在床身的横向导轨上。操作横向进给手轮，可以实现砂轮的横向进给运动，控制工件的磨削尺寸。砂轮架还可以由液压传动，实现行程为 50 mm 的快速进退运动。砂轮装在砂轮主轴的左端，由电动机带动进行磨削旋转运动。砂轮上方的切削液喷嘴可用来浇注切削液。砂轮架体壳相对滑鞍上的转盘可在水平面内回转±45°，并用螺钉紧固，转角的大小可从刻度盘上读出。砂轮架上还装有内圆磨具，内圆磨具用于磨削工件的内孔，在它的主轴左端可安装内圆砂轮，由电动机经带传动进行磨削运动。内圆磨具装在可绕铰链回转的支架上，使用时可向下翻转至工作位置。

5. 床身部分

床身由铸铁铸成，工作台的纵向运动导轨设置在床身上，它是整台磨床的基体。由它的承载刚度和几何精度来保持各部件间正确的位置以及工作台的纵向运动精度。机床的底部用作液压传动系统的油池，床身内还装有液压装置、横向进给机构和纵向进给机构等。

7.3.3 磨床的润滑和保养

1. 磨床的润滑

正确地润滑磨床，使磨床处于良好的润滑状态，可以减少磨损，保持磨床精度。润滑时要按照床身铭牌上标出的润滑系统图注入润滑油和油脂。一般情况下，床身油池半年更换一次液压油，磨具滚动轴承 500 h 更换一次锂基润滑脂，砂轮架油池每三个月更换一次 N2 精密机床主轴油，尾座套筒注油孔每班注入一次全损耗系统用油。

2. 磨床的维护保养

磨床的维护保养十分重要，操作时应注意以下事项：

① 要正确地使用磨床，熟悉磨床各部件的操作方法和步骤。

② 开动磨床前，应首先检查磨床各部分是否有故障。

③ 严禁敲击磨床的零部件；工作中不要用重物碰撞磨床外部表面，以免油漆脱落。

④ 在工作台上调整尾座、头架位置时，必须先将台面及接缝处的磨屑擦净，并涂上润滑

油，然后再移动部件。

⑤ 工作完毕，必须清除磨床上的磨屑和切削液，擦净工作台并涂油防锈。

⑥ 保持磨床外形的整洁。

7.4 砂　轮

7.4.1 砂轮的种类及合理选择

砂轮的工作特性由磨料、粒度、结合剂、硬度、组织、强度、形状和尺寸等几个要素来决定。各种特性的砂轮，都有其适用范围，须按照具体的磨削条件选择。

1. 砂轮磨料的种类

磨料分天然磨料和人造磨料两大类。天然磨料有刚玉和金刚石等。天然刚玉含杂质多，质地不匀，且价格昂贵，很少采用，所以目前制造砂轮用的磨料主要是各种人造磨料。人造磨料分刚玉类、碳化硅类、超硬类三大类，其特性和应用范围如表 7－1 和表 7－2 所列。

表 7－1　砂轮磨料种类、代号、特性及应用范围(GB/T2476—1994)

种　类	名　称	代　号	特　性	应用范围
刚玉类	棕刚玉	A(GZ)	呈棕褐色，硬度较高，韧性较大，价格相对较低	适于磨削抗拉强度较高的金属材料，如碳钢、合金钢、可锻铸铁、硬青铜等
	白刚玉	WA(GB)	呈白色，硬度比棕刚玉高，韧性较棕刚玉低，易破碎，棱角锋利	适于磨削淬火钢、合金钢、高碳钢、高速钢以及加工螺纹及薄壁件等
	单晶刚玉	SA(GD)	呈淡黄或白色，单颗粒球状晶体，强度与韧性均比棕、白刚玉高，具有良好的多棱多角的切削刃，切削能力较强	适于磨削不锈钢、高钒钢、高速钢等高硬、高韧性材料及易变形、烧伤的工件，也适用于高速磨削和低粗糙度磨削
	微晶刚玉	MA(GW)	呈棕黑色，磨粒由许多微小晶体组成，韧性大，强度高，工作时呈微刃破碎，自锐性能好	适于磨削不锈钢、轴承钢、特种球墨铸铁等较难磨材料，也适于成形磨、切入磨、高速磨及镜面磨等精加工
	铬刚玉	PA(GG)	呈玫瑰红或紫红色，韧性高于白刚玉，效率高。加工后表面粗糙度较低	适于刀具、量具、仪表、螺纹等低粗糙度表面的磨削
	锆刚玉	ZA(GA)	呈灰褐色，具有较高的韧性和耐磨性，是 Al_2O_3 和 ZrO_2 的复合氧化物	适用于对耐热合金钢、钛合金及奥氏体不锈钢等难磨材料的磨削和重负荷磨削
	黑刚玉	BA(GH)	呈黑色，又称人造金刚砂，硬度低，韧性好，自锐性、亲水性能好，价格较低	多用于研磨与抛光，并可用来制作树脂砂轮及砂布、砂纸等

续表 7-1

种类	名称	代号	特性	应用范围
碳化物系	黑色碳化硅	C(TH)	呈黑色,有光泽,硬度高,但性脆,导热性能好,棱角锋利,自锐性优于刚玉	适于磨削铸铁、黄铜、铅、锌等抗拉强度较低的金属材料,也适于加工各类非金属材料,如橡胶、塑料、矿石、耐火材料及热敏性材料的干磨等,也可用于珠宝、玉器的自由磨粒研磨等
	绿色碳化硅	GC(TL)	呈绿色,硬度和脆性均较黑色碳化硅高,导热性好,棱角锋利,自锐性能好	主要用于硬质合金刀具和工件、螺纹和其他工具的精磨,适于加工宝石、玉石、钟表宝石轴承及贵重金属、半导体的切割、磨削和自由磨粒的研磨等
	立方碳化硅	SC(TF)	呈黄绿色,晶体呈立方形,强度高于黑碳化硅,脆性高于绿碳化硅,棱角锋锐	适于磨削韧而黏的材料,如不锈钢、轴承钢等,尤其适于微型轴承沟槽的超精加工等
	铈碳化硅	CC(TS)	呈暗绿色,硬度比绿色碳化硅略高,韧性较大,工件不易烧伤	适用于加工硬质合金、钛合金以及超硬高速钢等材料
	碳化硼	BC(TP)	呈灰黑色,在普通磨料中硬度最高,磨粒棱角锐利,耐磨性能好	适于硬质合金、宝石及玉石等材料的研磨与抛光

表 7-2 超硬磨料的品种、代号及应用范围

种类	代号	应用范围
人造金刚石	RVD	树脂、陶瓷结合剂磨具或用于研磨等
	MBD	金属结合剂磨具、电镀制品、钻探工具或研磨等
	SCD	加工钢和钢与硬质合金组合件等
	SMD	锯切、钻探及修整工具等
	DMD	修整工具及其他单粒工具等
	MP-SD 微粉	硬脆金属和非金属(光学玻璃、陶瓷、宝石)的精磨、研磨
立方氮化硼	CBN	树脂、陶瓷、金属结合剂磨具等
	MP-CBN 微粉	硬韧金属材料的研磨与抛光

2. 粒 度

粒度是表示磨粒尺寸大小的参数,根据磨料标准 GB/T 2481.1—1998 及 GB/T 2481.2—1998 规定,粒度用 41 个粒度代号表示。砂轮的粒度对工件表面的粗糙度和磨削效率有很大的影响,磨削时要合理选择。磨粒越细,加工工件表面获得的表面粗糙度值越低,但加工效率也越低。表 7-3 所列为不同粒度磨具的推荐使用范围。

3. 结合剂

表 7-3　不同粒度磨具的使用范围

磨具粒度	一般使用范围
14$^{\#}$～24$^{\#}$	磨钢锭、铸件打毛刺、切断
36$^{\#}$～46$^{\#}$	一般平磨、外圆磨和无心磨
60$^{\#}$～100$^{\#}$	精磨和刀具刃磨
120$^{\#}$～W20	精磨、珩磨、螺纹磨

结合剂是将磨粒粘固成各种砂轮的材料。结合剂的种类及其性能影响了砂轮的硬度和强度。常用的结合剂分有机结合剂和无机结合剂两大类。其中无机结合剂最常用的是陶瓷结合剂,有机结合剂常用的是树脂结合剂和橡胶结合剂两种。

(1) 陶瓷结合剂(V)

陶瓷结合剂是目前应用最广的一种结合剂。它由天然花岗石和黏土为原料配制而成,主要特点是性能稳定、耐热、耐腐蚀,既适合干磨又适合加各种切削液的磨削;贮存时间也较长;磨削时,能较好地保持砂轮的外形轮廓;但呈脆性,不能受大的冲击和侧面压力,不能制造薄片砂轮;怕冰冻。

(2) 树脂结合剂(B)

树脂结合剂是有机结合剂,由石碳酸与甲醛人工合成,它的主要特点是强度高,可以制造薄片和速度大于 50 m/s 的高速砂轮;砂轮自锐性好,磨削效率高;砂轮具有弹性,磨削时对工件有弹性抛光作用,因此工件可获得较小值的表面粗糙度;耐热性差(耐热温度为 200 ℃左右);耐腐蚀能力较差,切削液含碱量不能超过 1.5%;砂轮存放期不超过一年。

(3) 橡胶结合剂(R)

橡胶结合剂也是有机结合剂,以天然橡胶或人造橡胶为主要原料制成,其特点是弹性比树脂结合剂好,可以制成更薄的砂轮;砂轮退让性好,不易烧伤工件并有良好的抛光作用;耐热性差(低于 150℃),易"老化";砂轮存放期为两年。

4. 硬　度

砂轮的硬度是指结合剂黏结磨粒的牢固程度,也是指磨粒在磨削力的作用下,从砂轮表面上脱落下来的难易程度。磨粒不易脱落的砂轮,就称为硬砂轮。砂轮的硬度对磨削生产效率和加工的表面质量影响极大。如果选得太硬,磨粒变钝后仍不能脱落,磨削力和磨削热会显著增加,严重的会导致工件表面烧伤。如果选得太软,磨粒还很锋利就脱落,加快砂轮损耗,同时由于磨粒脱落破坏工作面的形状,影响加工质量。

因此要特别注意选择适当的硬度。为了适应不同的工件材料和加工要求,砂轮硬度分七大级。表 7-4 列出了砂轮的硬度等级及其代号,供选择时参考。

表 7-4　砂轮的硬度等级及其代号

硬度等级名称		代号	硬度等级名称		代号
大级	小级		大级	小级	
超软	超软	D、E、F	中	中 1	M
				中 2	N
软	软 1	G	中硬	中硬 1	P
	软 2	H		中硬 2	Q
	软 3	J		中硬 3	R
中软	中软 1	K	硬	硬 1	S
				硬 2	T
	中软 2	L	超硬	超硬	Y

5. 组　织

组织是表示砂轮内部结构松紧程度的参数。砂轮的松紧程度与磨粒、结合剂和气孔三者的体积比例有关，如图 7－4 所示。

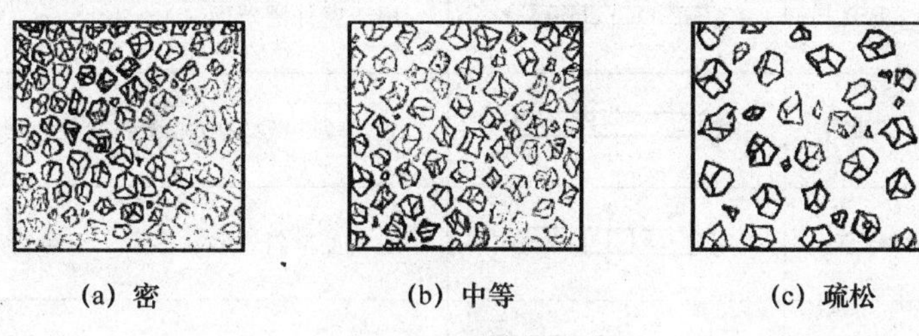

(a) 密　　(b) 中等　　(c) 疏松

图 7－4　砂轮的组织

砂轮组织的组织号一般是以磨粒占砂轮体积的百分比（即磨粒率）来划分的，共分 15 个组织号。以 62％的磨粒设为 0 号组织，以后磨粒率每减少 2％，组织号增加一号，依此类推，如表 7－5所列。

表 7－5　砂轮组织号（GB/T 2484—1994）

组织号	0	1	2	3	4	5	6	7	8	9	10	11	12	13	14
磨粒率/（％）	62	60	58	56	54	52	50	48	46	44	42	40	38	36	34

由表 7－5 可知，砂轮组织号数越低，越紧密，磨粒占砂轮体积的百分比也越大，因而磨粒间的气孔小；反之，气孔大。砂轮内部的气孔像蚂蚁窝一样，气孔的大小直接影响磨削加工的生产效率和表面质量。气孔在磨削过程中，除容纳磨屑外，还可以将切削液或空气带入磨削区域，以降低温度，减少工件发热变形，若砂轮的气孔太大，则单位面积上磨粒数目就减少，影响加工工件的表面质量。

一般外圆磨、内圆磨、平面磨、无心磨以及刃磨用的砂轮都采用组织为中等的砂轮，即 5～8 号。

6. 形状和尺寸

由于磨削有很广的工艺范围，砂轮要制造成各种形状和尺寸。常用砂轮的名称、形状、代号及用途如表 7－6 所列。

表 7－6　砂轮的形状、代号及用途

名　称	代　号	断面图	基本用途
平形砂轮	P		用于外圆、内圆、平面、无心、刃磨、螺纹磨削
双斜边 1 号砂轮	PSX_1		用于磨齿轮齿面和磨单线螺纹

续表 7-6

名称	代号	断面图	基本用途
双斜边 2 号砂轮	PSX_2		用于磨外圆端面
单斜边 1 号砂轮	PDX_1		45°单斜边砂轮多用于磨削各种锯齿
单斜边 2 号砂轮	PDX_2		小角度单斜边砂轮多用于刃磨铣刀、铰刀、插齿刀等
单面凹砂轮	PDA		多用于内圆磨削，外径较大者都用于外圆磨削
双面凹砂轮	PSA		主要用于外圆磨削和刃磨刀具，还用于无心磨的导轮磨
单面凹带锥砂轮	PZA		削轮磨外圆和端面时采用
双面凹带锥砂轮	PSZA		磨外圆和两端面时采用
薄片砂轮	PB		用于切断和开槽等
筒形砂轮	N		用在立式平面磨床
杯形砂轮	B		刃磨铣刀、铰刀、拉刀等
碗形砂轮	BW		刃磨铣刀、铰刀、拉刀、盘形车刀等
碟形 1 号砂轮	D_1		适于磨铣刀、铰刀、拉刀和其他刀具，大尺寸的一般用于磨齿轮齿面
碟形 2 号砂轮	D_2		主要用于磨锯齿
碟形 3 号砂轮	D_3		主要用于双砂轮磨齿机上磨齿轮
磨量规砂轮	JL		用于磨外径量规和游标卡尺的两个内测量端面

注：带"△"者为工作表面。

7. 强　度

砂轮高速旋转时，砂轮上任一部分都受到很大的离心力作用，如果没有足够的强度，砂轮就会爆裂而引发严重事故。砂轮上的离心力，与砂轮的线速度的平方成正比例，所以当砂轮线速度增大到一定数值时，离心力就会超过砂轮强度所允许的范围。因此，砂轮的强度通常用安全线速度来表示。

安全线速度比砂轮爆裂时的速度低得多，各种砂轮都规定了安全线速度，并标注在砂轮上或说明书中，如 35 m/s。

8. 砂轮特性的一般选择原则

每种砂轮根据其特性，都有一定的适用范围。磨削时，一般应根据工件的材料、形状、热处理方法、加工精度、表面粗糙度、磨削用量以及磨削形式等要求，选用合适的砂轮。以下分析砂轮主要特性参数的选择。

(1) 磨料选择

砂轮磨料选择参见表 7－1。

(2) 粒度选择

根据工件表面粗糙度和加工精度选择砂轮粒度，参见表 7－7。

表 7－7　粒度的选择

粒度代号	适 用 范 围	工件表面粗糙度 $R_a/\mu m$
40#～60#	一般磨削	2.5～1.25
60#～80#	半精磨或精磨	0.63～0.20
100#～240#	精密磨削	0.16～0.10
240#～W20	超精密磨削	0.08～0.012
W14～W10	超精密磨削、镜面磨削	0.04～0.008

(3) 砂轮硬度选择

磨硬材料时，磨粒容易钝化，应选用软砂轮；磨软材料时，磨粒不易钝化，应选用硬砂轮，以避免磨粒过早脱落损耗；磨削特别软而韧的材料时，砂轮易堵塞，可选用较软的砂轮。一般常用砂轮硬度等级为软 2～中软 1，其代号为 H、J 和 K。

9. 砂轮的代号

根据磨具标准 GB/T2484—1994 规定，砂轮各特性参数以代号形式表示，其次序是：砂轮形状、尺寸、磨料、粒度、硬度、组织、结合剂、最高工作线速度，其示例如下：

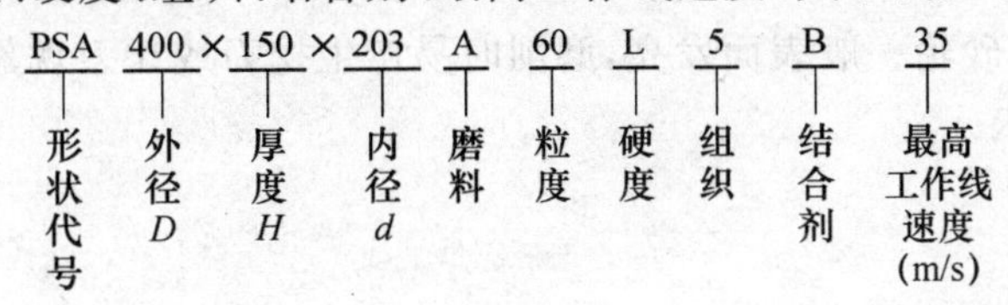

7.4.2 砂轮的安装

砂轮由专业人员安装，但操作者应有一定了解，砂轮安装步骤如下：

1. 选择并核对砂轮参数

根据上述砂轮的种类和用途，正确选择砂轮的形状和牌号，每一砂轮都有参数标识，如图 7-5所示，领到砂轮后应仔细核对每一个参数，考查其是否与所选砂轮参数相符。

2. 检查所选砂轮有无缺陷

常用的陶瓷砂轮是脆性体，由于搬运和贮存不当，可能会损伤砂轮，严重的则会产生裂纹。图 7-6 所示为受损伤的砂轮，外观受损伤的砂轮不能使用。此外，还要求砂轮两端面平整，不得有明显的歪斜。

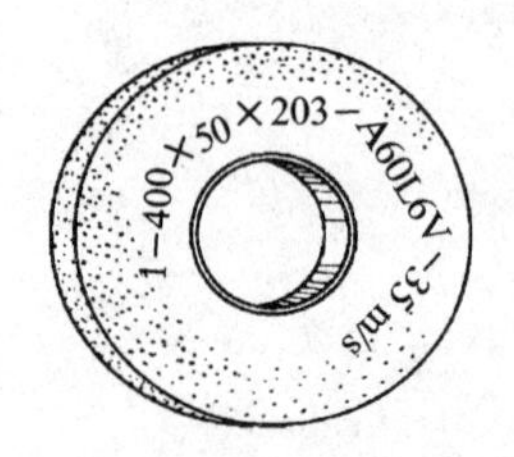

图 7-5 砂轮的标志

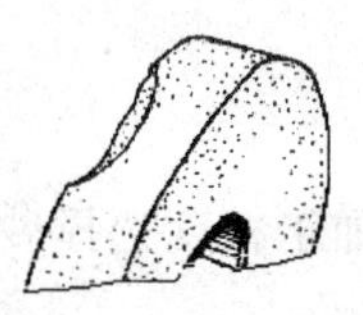

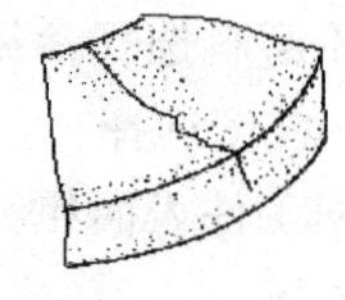

图 7-6 受损伤的砂轮

3. 将砂轮装入法兰盘

砂轮一般用法兰盘安装。磨床砂轮要由专门的机修人员安装。

4. 砂轮静平衡

砂轮不平衡是指砂轮重心与旋转中心不重合。质量不平衡的砂轮高速旋转时，将产生巨大的离心力，造成砂轮震动，在工件表面产生多角形波纹。同时，离心力成为砂轮主轴的附加压力，容易损坏主轴轴承。当离心力大于砂轮强度时会引起砂轮爆裂。因此，砂轮的平衡是一项十分重要的工作，应由专业人员细致进行。

7.4.3 砂轮的修整

砂轮工作一段时间以后，工作表面就会钝化。磨钝的砂轮继续磨削，会使工件表面烧伤，产生粗糙的痕迹，并造成强烈的磨削噪声。砂轮钝化主要有磨粒磨钝、砂轮外形失真、砂轮堵塞三种形式。砂轮外形失真会影响工件的表面形状精度和表面粗糙度。磨削韧性材料时，砂轮最容易堵塞，堵塞的砂轮一般表面发亮，磨削时易产生挖刀或让刀现象。砂轮的修整工具如图 7-7 和图 7-8 所示。

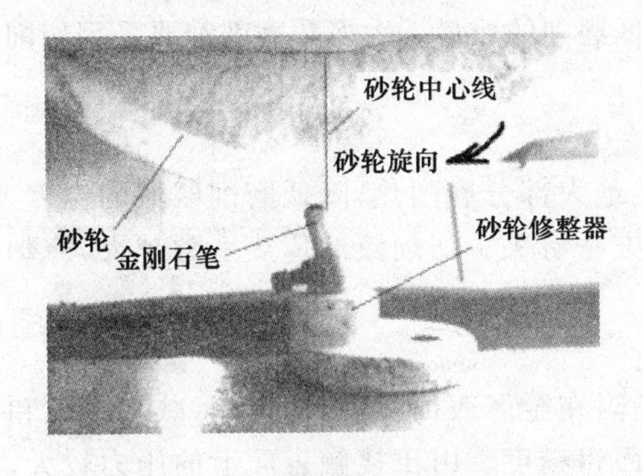

图 7-7　平磨砂轮修整示意图

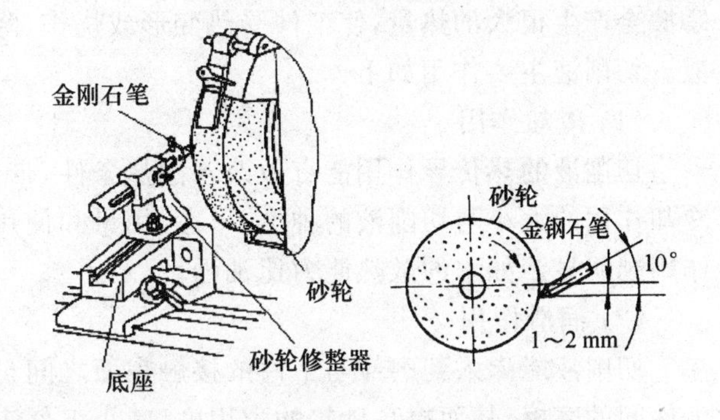

图 7-8　外圆磨床砂轮修整示意图

1. 修整方法

① 将金刚石笔杆安装在圆杆上垂直于轴线的孔中，并用螺钉紧固。

② 调整并紧固圆杆或修整器位置，使金刚石笔位于图 7-7 或图 7-8 所示位置。

③ 用螺母紧固支架或电磁吸盘上吸紧（平磨）。

④ 起动砂轮，然后摇动进给手柄，使砂轮靠近金刚石。

⑤ 当听到切削声后，外磨纵向移动工作台，平磨横向移动砂轮架，使金刚石笔离开砂轮。

⑥ 沿金刚石笔的轴向方向进给 0.1～0.15 mm，而后摇动外磨纵向进给手柄或平磨横向进给手柄，以较快的速度粗修 2～3 次，修去堵塞物和磨钝的砂粒。

⑦ 再每次进给 0.02～0.03 mm，以较慢的速度精修 2～3 次，如果是粗磨或粗糙度 R_a 为 3.2 μm 以上则可不精修。

2. 注意事项

① 安装金刚石笔时，应尽量使其棱角对准砂轮。当金刚石笔磨钝后（前端呈平面），可将其转一角度以利用棱角修整。

② 金刚石笔杆要安装牢固，以防止修整时发生震动。

③ 切削液应充分地浇注在金刚石笔上，不能间断，以防止金刚石笔因骤冷骤热而碎裂。

④ 要防止包裹金刚石笔的金属被磨掉，当包裹量较少时，应重新焊过后再使用，以防脱落。

7.5　切削液

7.5.1　切削液的种类及其作用

1. 切削液的作用

切削液又称冷却润滑液，主要用来降低磨削热和减少磨削过程中的摩擦。金属的变形和摩擦会产生很大的热量，使工件受热变形或烧伤，降低磨削的质量。大多数磨削都要采用切削液。切削液主要作用如下：

(1) 冷却作用

切削液的热传导作用能有效改善散热条件，带走绝大部分磨削热，降低磨削区域的温度。冷却作用的大小与切削液的种类、形态、用量和使用方法有关。切削液的传热系数越大，冷却作用越明显。如水的散热能力比油强。

(2) 润滑作用

切削液能渗入到磨粒与工件的接触表面之间，黏附在金属表面，形成润滑膜，减少磨粒和工件间的摩擦，从而提高砂轮的耐用度，减小工件表面粗糙度。由于接触表面上的压力较大，纯矿物油不易渗入到磨削区，为此在切削液中加进一些硫、氯、磷等极压添加剂。这些添加剂与钢、铁表面接触后能迅速发生化学反应，产生新的化合物(硫化铁、氯化铁等)，吸附在金属表面，能显著提高润滑效果。

(3) 清洗作用

切削液可以将磨屑和脱落的磨粒冲洗掉，防止工件磨削表面划伤。

(4) 防锈作用

要求切削液有防锈作用，以免工件和磨床发生锈蚀。在切削液中加入皂类和防锈添加剂均可起到防锈作用。油类切削液一般不会引起锈蚀。

2. 切削液的种类

切削液一般分水溶液和油液两大类。常用的水溶液有乳化液和合成液。油液为机械油和煤油。水溶液是以水为主要成分的切削液，其冷却作用很好。油液的润滑和防锈作用好。低黏度的矿物油，如20号机械油及煤油等较常用。磨螺纹及齿轮时，通常用20号机械油。

① 乳化液。乳化液由乳化油加水冲制而成，使用时取2%～5%的乳化油和水配制即可。天冷时，可先用少量温水将乳化油熔化，然后再加入冷水调匀。根据不同的工件材料，可适当调配其浓度。磨削铝制工件时，如浓度过高，会引起表面腐蚀。磨削不锈钢工件，采用较高浓度效果较好。一般来说，精磨时乳化液的浓度比粗磨时高些，以提高防锈能力，并对降低表面粗糙度有一定好处。

② 合成液。合成液是一种新型的切削液，由添加剂、防锈剂、低泡油性剂和清洗防锈剂配制而成。工件表面粗糙度 R_a 可达 0.025 μm。砂轮耐用度可提高1.5倍，使用期超过一个月。

③ 极压机械油。

7.5.2 切削液的正确使用

① 切削液应该直接浇注在砂轮与工件接触的部位。

② 切削液的流量应充足，并均匀地喷射到整个砂轮宽度上。

③ 切削液应有一定的压力，以便其能冲入磨削区域。

④ 切削液应该常保持清洁，尽可能减少切削液中杂质的含量，变质的切削液要及时更换，超精密磨削时可以采用专门的过滤装置。

7.6　磨削用量的选择

7.6.1　磨削用量的基本概念

在磨削过程中，为了工件的磨削余量，必须使砂轮对工件做相对运动。按照磨削过程中的作用，磨削运动可分为主运动和进给运动两种。

1. 主运动

直接磨去工件表层金属，使其变为磨屑，形成工件新表面的运动称为主运动。磨削时，砂轮的旋转运动是主运动，其运动的线速度较高，消耗的切削功率也较大。

2. 进给运动

使新的金属层不断投入磨削的运动称为进给运动。它分为横向进给运动、纵向进给运动和工件的圆周进给运动。横向进给运动是控制砂轮吃刀深度的运动，多数情况下是间歇的。纵向进给运动是一种进给运动，起反复磨光的作用。工件圆周进给运动一般是连续的。其中，外圆磨削的纵向进给运动和工件圆周进给又是与成形有关的运动。

磨削用量是衡量上述磨削运动量大小的参数，它包括砂轮圆周速度、工件圆周进给速度、纵向进给量和横向进给量。合理选择磨削用量对磨削的质量和生产效率均有很大影响。

7.6.2　磨削用量的基本参数及选择

1. 砂轮圆周速度

砂轮外圆表面上任意一点在单位时间内的圆周速度用 $v_{砂}$ 表示，计算公式为

$$v_{砂}=\frac{\pi D_{砂}\ n}{1\,000\times 60}(\text{m/s})$$

式中：$D_{砂}$——砂轮直径，mm；

n——砂轮转速，r/min。

砂轮圆周速度是表示砂轮磨粒的磨削速度，故又称磨削速度。外圆磨削和平面磨削的磨削速度一般为 30～35 m/s，内圆磨削较低，一般为 18～30 m/s。

砂轮圆周速度对磨削质量和生产效率有直接的影响。一般砂轮的转速不调节，但当砂轮直径变小时，砂轮圆周速度下降，就会出现磨削质量下降现象。

2. 工件圆周速度

外圆磨削时，工件圆周速度表示工件被磨削表面上任意一点的线速度，用 $v_{工}$ 表示。计算

公式为

$$v_{\text{工}}=\frac{\pi dn}{1\,000}(\text{m/min})$$

式中：$d_{\text{工}}$——工件外圆直径，mm；

$n_{\text{工}}$——工件转速，r/min。

工件圆周速度比砂轮圆周速度要低，一般为 5～30 m/min，选得过高会降低工件表面质量、加快砂轮损耗；过低，则磨削效率低。

在实际生产中，工件直径是已知的，加工时通常需要确定工件的转速，为此可将上式变换为

$$n=\frac{1\,000v}{\pi d}\approx\frac{318v}{d}(\text{r/min})$$

3. 纵向进给量

工件每转一转相对砂轮在纵向移动的距离称为纵向进给量，又称走刀量，用 s 表示，如图 7－9所示。计算公式为

$$s=(0.2\sim0.8)B\ (\text{mm/r})$$

式中：B——砂轮宽度，mm。

纵向进给量与纵向速度间有以下关系：

$$v_{\text{纵}}=\frac{sn_{\text{工}}}{1\,000}\ (\text{m/min})$$

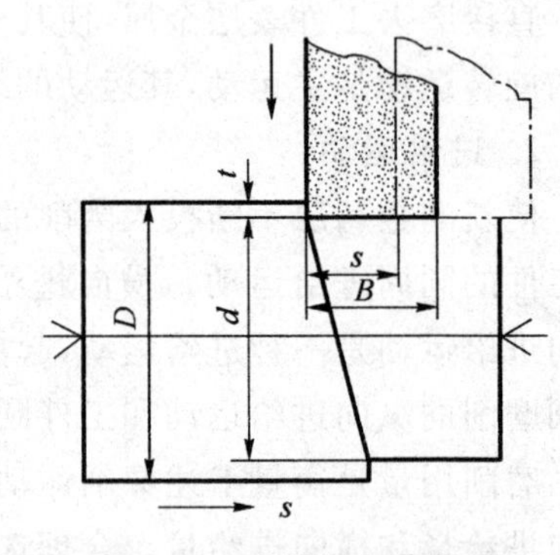

图 7－9 进给量和磨削深

式中：$v_{\text{纵}}$——工作台纵向速度；

$n_{\text{工}}$——工件转速。

4. 横向进给量

外圆磨削时，在每次行程终了时，砂轮在横向进给运动方向上移动的距离称为横向进给量。它是衡量吃刀深度大小的参数，又称磨削深度，用 t 表示，单位为 mm。横向进给量可按下式计算：

$$t=\frac{D-d}{2}$$

式中：D——待加工表面直径，mm；

d——已加工表面直径，mm。

外圆磨削的横向进给量很小，一般取 0.005～0.05 mm，精磨时选小值，粗磨时选大值。

7.7 磨床的操纵练习

7.7.1 操作步骤

1. 起动试运行机床

① 合上机床右后侧面的电源开关,如图7-10所示。

② 将图7-11所示的砂轮快速进退手柄顺时针扳到砂轮架退位置,开停阀手柄逆时针扳到停位置。

③ 调整纵向工作台行程挡块,左边的靠近头架,右边的靠近尾座,并锁紧两挡块,使纵向行程尽量大,但不得碰撞砂轮。

④ 按图7-10所示液压泵起动按钮,起动液压电动机。

⑤ 液压电动机起动后,将图7-11所示的开停阀手柄顺时针扳到开,顺时针方向转动图7-11所示调速阀旋钮使工作台缓慢移动至最高速度,几分钟后,开启放气阀旋钮,排除工作缸内的空气,待工作台纵向往复2~3次后,即关闭放气阀。

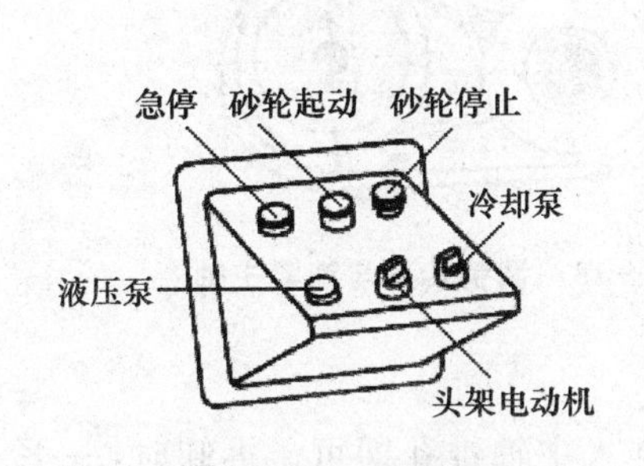

图7-10 电器开关

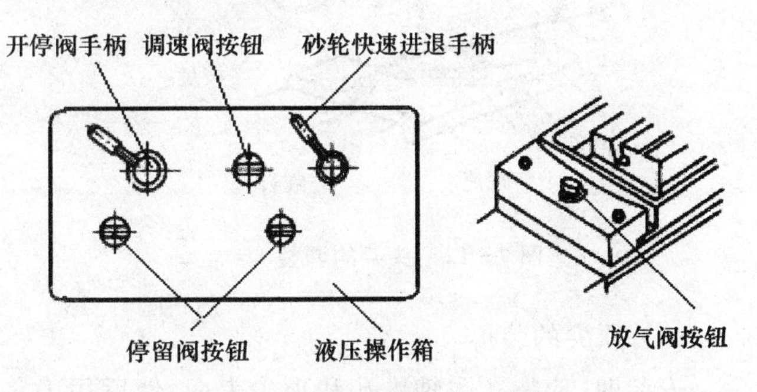

图7-11 液压操纵箱及放气阀

⑥ 砂轮起动。按下图7-10所示砂轮起动按钮起动砂轮。起动时注意人不要面对砂轮,以防砂轮爆裂后飞出伤人。砂轮运转10~15 min(冬天20~30 min)后,再进行磨削加工。停止砂轮时按砂轮停止按钮。

⑦ 砂轮架快速进退。扳动图7-11所示的砂轮快速进退手柄到进位置,砂轮架便快速靠近工作台,扳到退位置,砂轮快速退回,快进快退量为50 mm。

⑧ 头架运转。头架双速电动机旋钮左转为头架低速运转,右转为头架高速运转。

⑨ 冷却泵起动。当冷却泵电动机开停联动选择旋钮处在停止位置时,只有头架转动,冷却泵才能开动;当旋钮处在开动位置时,则冷却泵开动与头架转动无关。

⑩ 急停。操作时出现紧急情况立即按下急停按钮,所有动作会立即停止。

2. 调整头架

(1) 调整零位和纵向位置

如图 7-12 所示,一般情况下头架应调整至零位,使两个挡销接触,调整时用扳手松开螺母,用手转动头架使转盘上零刻线对齐,并将螺母紧固。按加工需要可放松螺母,使头架逆时针回转 0°～90°的任意角,以磨削锥面。调整头架相对于尾座的纵向位置时,松开左右螺钉,再推动头架到合适位置后,锁紧左右螺钉,将头架固定在工作台的左端。

(2) 调整转速

如图 7-13 所示,拆卸罩壳后,更换传动带在三级塔形带轮中的位置,即可获得三级转速。

(3) 锁紧主轴

用两顶尖装夹工件时,主轴必须固定不动,为此可拧紧螺钉(如图 7-13 所示)。

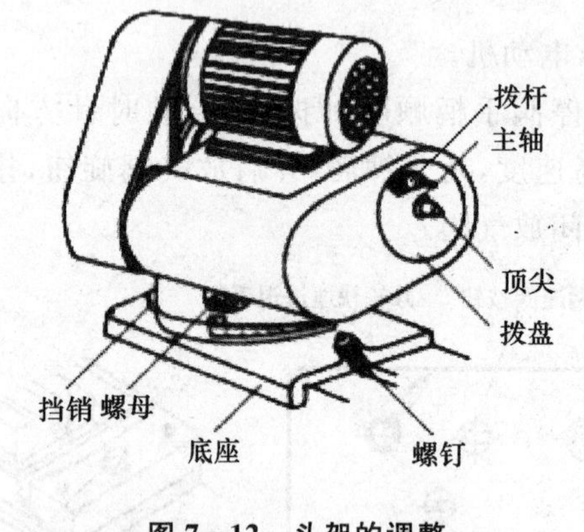

图 7-12 头架的调整

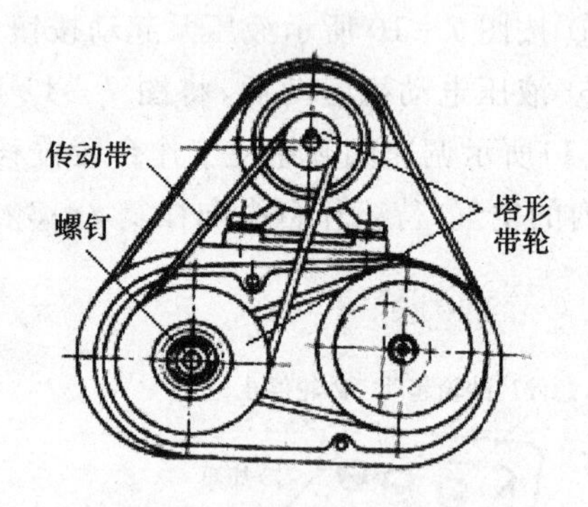

图 7-13 调整转速与锁紧主轴

(4) 顶尖的装拆

安装时,应擦净主轴锥孔和顶尖表面,然后用力将顶尖推入主轴锥孔即可。拆卸时,一手握住顶尖,一手将铁棒插入主轴后端孔中,稍用力冲击顶尖尾部即可。

5) 调整拨盘

如图 7-12 所示,放松螺钉即可调整拨杆的圆周位置,调整后锁紧螺钉。

3. 砂轮架横向进给

(1) 横向进给

如图 7-14 所示,拉出捏手即可横向微进给。顺时针转动手轮,砂轮则向工件切入;逆时针转动手轮一周,则砂轮退刀。手轮的每格刻度进给 0.002 5 mm。

(2) 砂轮横向位置的调整

如图 7-14 所示,推进捏手,为砂轮的横向进给。可按工件直径大小调整砂轮的横向位置,手轮每转一周,砂轮横向进给 2 mm。

（3）横向进给手轮刻度的调整

如图 7－14 所示，拉出旋钮可调整手轮的刻度值。调整时转动旋钮，使刻度盘转至撞块与定位块相碰为止，或将旋钮逆时针转动一定的格数，以控制工件直径。

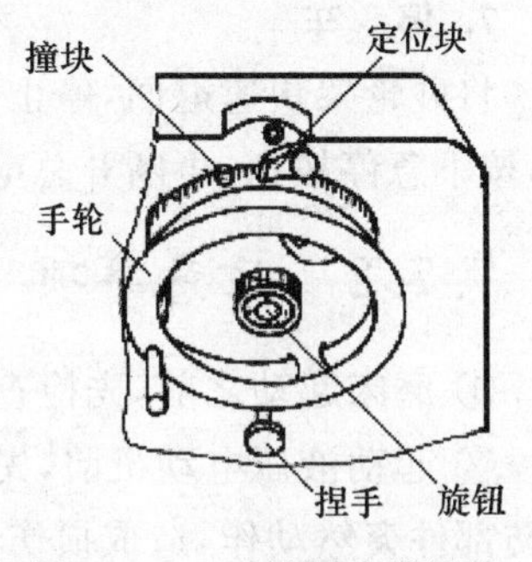

图 7－14　手轮刻度的调整

4. 根据工件调整尾座

用顶尖装夹工件时，尾座的位置需要调整，方法如下：

① 在头架和尾座的莫氏锥孔中装上合适的顶尖。

② 调整好头架的位置并锁紧（注意将头架与工作台接触面擦净）。

③ 松开尾座锁紧螺钉，擦净工作台面及尾座底面和前侧面。

④ 左手将工件水平托起，工件的一端中心孔与头架顶尖顶紧，另一端靠近尾座，右手推动尾座，使尾座顶尖向左伸过工件右端面 1/2～2/3 的顶尖锥度部分长度。

⑤ 放下工件，再用双手将尾座向砂轮架方向稍稍压紧，使前侧配合面与工作台贴紧，然后锁紧尾座锁紧螺钉。

⑥ 再拿起工件，一端顶在头架顶尖上，脚踩尾座脚踏开关（液压泵已开启）或用手往左扳图 7－15 所示手柄，将工件右端中心孔与尾座顶尖对齐后，松开脚踏开关或尾座手柄，工件便顶在两顶尖上。若工件放不进，可松开尾座再调整位置。

⑦ 用手转动工件，若较松，则顺时针转动图 7－15 所示捏手，若较紧则逆时针转动一点，直至轻微顶紧为止。

5. 手动纵向进给

顺时针转动图 7－3 所示纵向进给手轮，纵向工作台左移，相反右移。一般纵向进给手轮无刻度。

6. 工作台调零位

上工作台可相对于下工作台回转一定的角度。如图 7－16 所示，用内六角扳手松开螺钉后，转动螺杆可调整工作台，使其上的零位标尺与下工作台的零刻线对齐（亦可到某一指定角度），调整后锁紧螺钉。

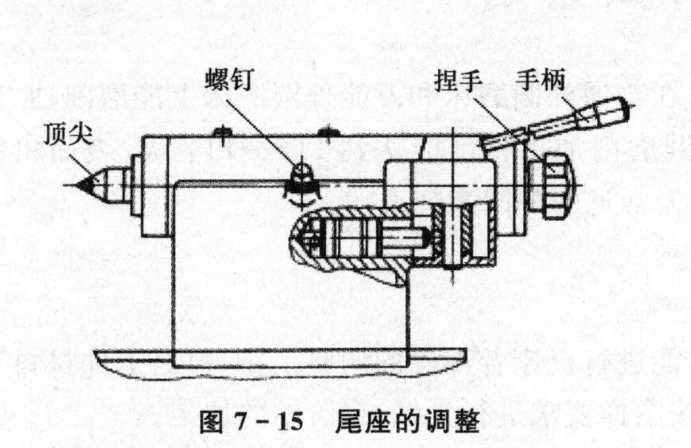

图 7－15　尾座的调整

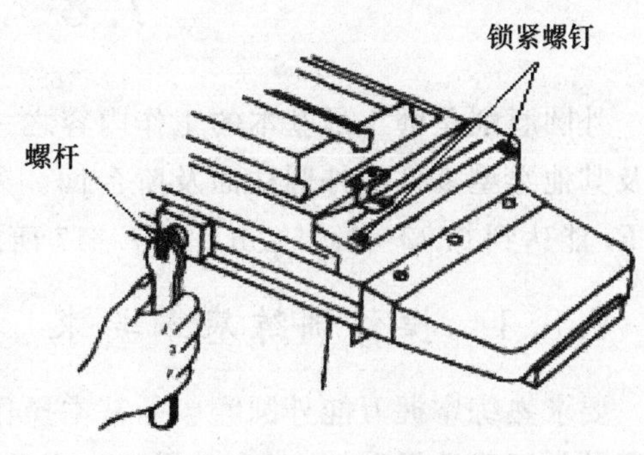

图 7－16　工作台的调整

7. 停　车

将砂轮架快速退回,停止头架运转,卸下工件,停止砂轮,用纵向手轮移动工作台至中间位置,按下急停按钮,再断开总电源。

7.7.2　注意事项

① 磨床起动之前,先检查有无故障,不能够起动有故障或正在维修的磨床。

② 起动液压电动机前,先检查液压油位是否够,各液压操纵手柄要放在停止或关闭位置,以防部件突然动作,造成损伤。

③ 扳动纵向工作台液压手柄时,应先检查其行程挡块位置是否合适且已锁紧。工作台的运行速度应缓慢增加,不宜突然加到最大。

④ 砂轮主轴起动前应检查主轴油标中是否有油,以防烧坏轴瓦;起动前用手转动砂轮一圈,检查砂轮是否有破损或裂缝,若有则要及时更换。

⑤ 起动砂轮时要挡好防护板,人不要站在正对砂轮的方向,以防砂轮碎裂后飞出伤人。较大的砂轮最好用点动方式起动,待砂轮转起来后再按下起动按钮。

⑥ 装卸工件时要抓牢,重的零件要用双手握紧或使用起重设备,用脚踩尾座液压顶尖踏板开关装卸,防止掉下砸伤工作台或酿成其他事故。

⑦ 首次装工件,应先将砂轮架快进,再用横向进给手轮将砂轮退至不与工件碰撞位置,方可顶上工件,否则容易发生快进时砂轮碰撞工件的危险。

⑧ 顶尖与工件顶得不能太紧,亦不能太松,要用手试转感觉有一定紧度方可,当太紧而用手轮无法调整时,须松开尾座再调。工件加工时要记得锁紧尾座套筒。

⑨ 要擦净尾座顶尖与套筒及头架、尾座与工作台的配合面,否则会影响精度。

⑩ 操作按钮时要看准再按,不要按错按钮,有紧急情况应立即按下急停按钮。

⑪ 纵横向进给手轮有反向间隙,进给时通常回转一点消除丝杠间隙,使进给更为准确。

7.8　外圆磨削

外圆磨削是磨工最基本的工作内容之一,在普通外圆磨床和万能外圆磨床上能磨削轴、套筒及其他类型零件的外圆柱面及阶台面。外圆磨削加工精度能达到 IT6～IT7 级,表面粗糙度 R_a 能达到 0.32～1.25 μm。图 7-17 所示为常见的外圆磨削形式。

7.8.1　操作训练基本要求

要求熟练掌握万能外圆磨床的基本操作,能进行机床各部件的调整工作,根据工件材料和机床种类正确选择砂轮,正确选择磨削用量;按图样要求进行光轴、台阶轴的加工。

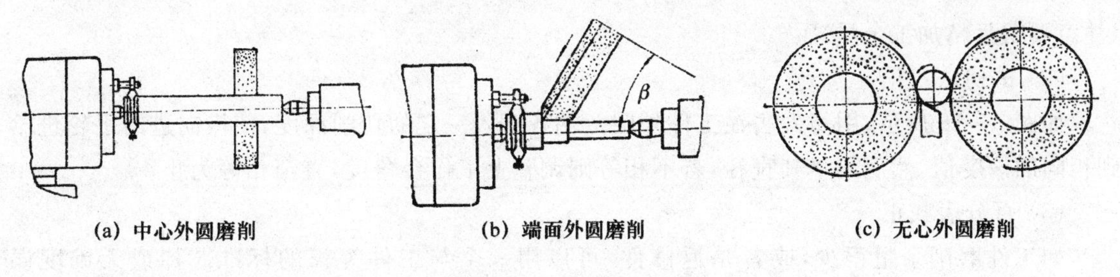

(a) 中心外圆磨削　(b) 端面外圆磨削　(c) 无心外圆磨削

图 7-17　外圆磨削的形式

7.8.2　准备知识

1. 砂轮的选择

外圆磨床砂轮选择以良好的自锐性、较小的磨削力磨削热、能达到要求的表面质量和形位精度为原则。各特性参数可按工件材料参照前述内容及表格或磨工手册中推荐值选择。

M1432A 磨床砂轮一般为中等组织的平形砂轮，磨料为陶瓷（WA）居多，硬度选 K～L，粒度为 46#～60#，外径为 ϕ400 mm，厚度为 50 mm，内径为 ϕ203 mm。

2. 磨削用量的选择

(1) 砂轮的转速

外圆磨床的主轴转速是不可调的，但砂轮用一段时间后直径会变小，继而降低磨削速度，此时就需及时更换砂轮。

(2) 工件的转速

工件圆周速度一般取 13～20 m/min，大直径工件转速高些，小直径工件转速低些。粗磨时转速可低些，精磨时转速高些。

(3) 横向进给量

横向进给量须根据工件的材料、砂轮的宽度及工件的直径和长度确定。硬材、宽砂轮、长工件横向进给量要小些，软材、窄砂轮、短工件可适当大些。纵向磨削时，粗磨可选 0.05～0.1 mm，精磨时可选 0.01～0.05 mm。

(4) 纵向进给量 s

粗磨时，$s=(0.4\sim0.8)B$ mm/r；精磨时，$s=(0.2\sim0.4)B$ mm/r。其中，B 为砂轮宽度。

3. 工件的找正

为了消除圆柱表面的锥度，必须把工作台调整到正确的位置，即工件的旋转中心与工作台纵向进给方向平行。常见的调整方法有以下几种：

(1) 粗磨找正

工件在两顶尖上顶好后，将上工作台调至零位，然后磨削工件全长，直至工件全长起光为止，测量工件两端直径，左端大则调整上工作台顺时针旋转一定角度，右端大则逆时针调整一定角度（角度的大小可根据磨削长度及测量直径差按三角函数关系计算），直至两端相等为止

（注意要留足精加工余量）。

（2）试切法找正

如图7-18所示，用切入法在工件外圆两端各磨入一定的切削深度，使横向进给手轮进给到相同的该度值，然后测量其直径，若不相等则调整上工作台角度，直至相等为止。

（3）百分表找正

如工件磨削余量很少，或者是返修件，可以用一个与工件等长的标准芯棒或无锥度误差的零件顶在两顶尖之间。将百分表通过磁力表架装在砂轮架上，表头垂直压在工件与砂轮接触方向的外圆母线上，移动纵向工作台，根据工件两端表的读数差进行调整，哪一边的读数大，就调整工作台往哪边退一半，这样反复调试，直至两边的读数相同为止（如图7-19所示）。

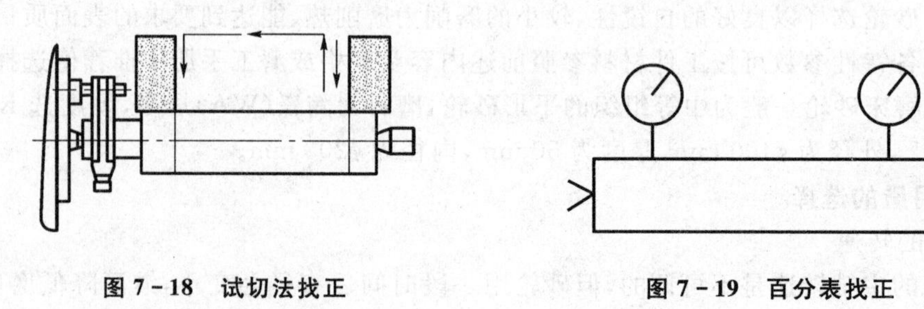

图7-18 试切法找正 **图7-19 百分表找正**

7.8.3 磨削方法和操作要领

常用的外圆磨削方法有：纵向磨削法、切入磨削法、分段磨削法和深度磨削法四种。磨削时可根据工件的形状、尺寸、磨削余量和加工要求来选择磨削方法。

1. 磨削方法

（1）纵向磨削法

砂轮每进给磨削深度 a_p，纵向移动工作台在全长上磨削同一外圆柱面，直至去除全部余量的方法称为纵向磨削法，如图7-20所示。其操作要领如下：

① 纵向磨削法切削效率较低，多适用于精磨及细长轴磨削，磨削深度不宜太大，一般取 $a_p=0.01\sim0.05$ mm，细长轴应更小。

② 由于纵向磨削时主要磨削工作由砂轮纵向进给方向前角点承担，容易造成此处局部砂粒损耗过快，从而导致砂轮形状失真，影响零件精度，因而磨削时在进给方向要使砂轮越程 $(1/3\sim1/2)B$，如图7-21所示。

③ 用纵向磨削法磨台阶轴时，由于左端无法越程会产生图7-22所示的误差。因而磨削时应采用从左端横向进刀，纵向往右进给的方法，并要及时修整砂轮。

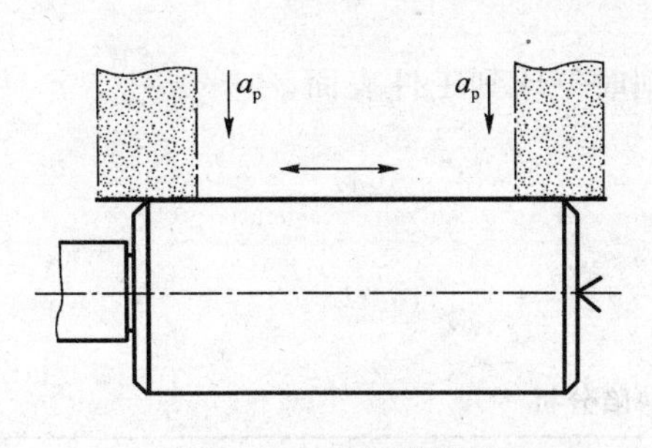

图7-20　纵向磨削法

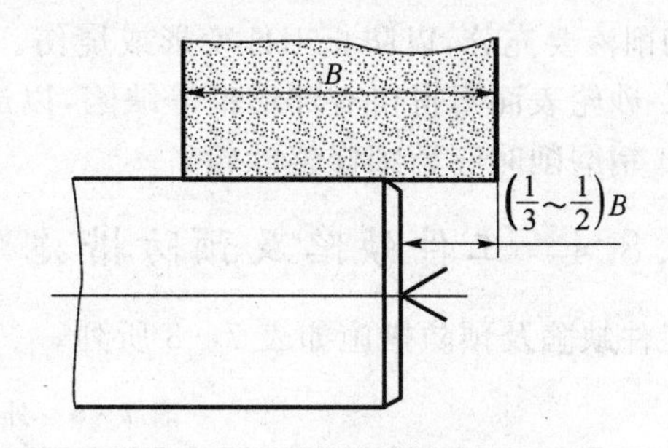

图7-21　纵向磨削法砂轮越程宽度

（2）切入磨削法

切入磨削法又称横向磨削法，磨削时无纵向进给。当磨削长度小于砂轮宽度时采用，磨削时砂轮连续横向进给，直到磨去全部余量为止，如图7-23所示。其操作要领如下：

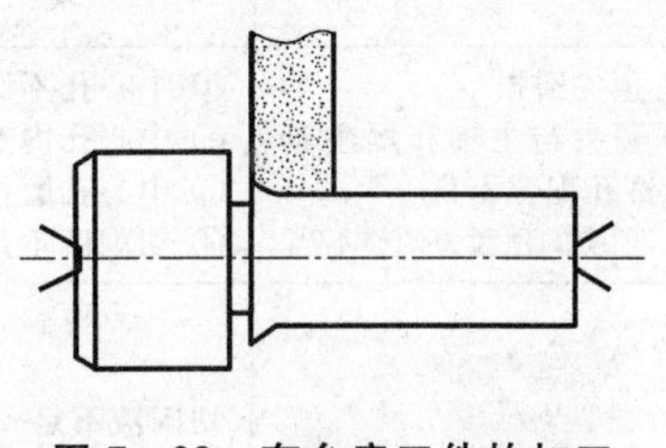
图7-22　有台肩工件的加工

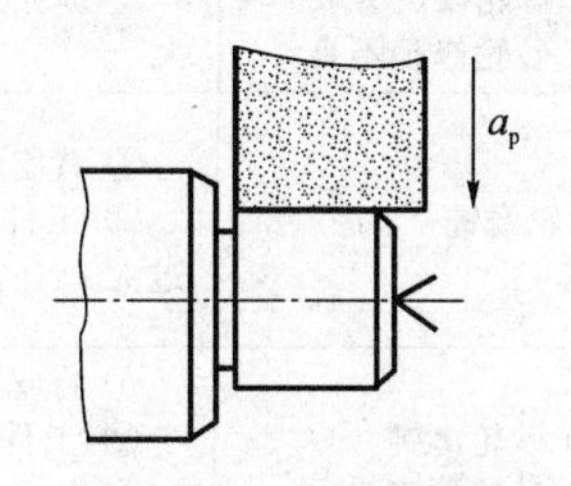

图7-23　切入磨削法

① 砂轮横向切入不宜太快，尤其当噪声和火花很大时，要适当停止进给，待正常后再进给。

② 切入磨削时，横向切削力较大，要注意锁紧尾座套筒，以防工件被顶飞。

③ 由于砂轮不做纵向移动，容易将砂轮损耗后的误差复印在工件上。要使工件合格，最后还是要纵向往右走一刀，并要及时修整砂轮。

④ 冷却液要充分。

（3）分段磨削法

当工件磨削长度为砂轮宽度的几倍且径向余量较大时，常常先将工件分成几段，分别用切入磨削法去除大部分余量，再纵向精磨，这种方法称为分段磨削法，如图7-24所示。

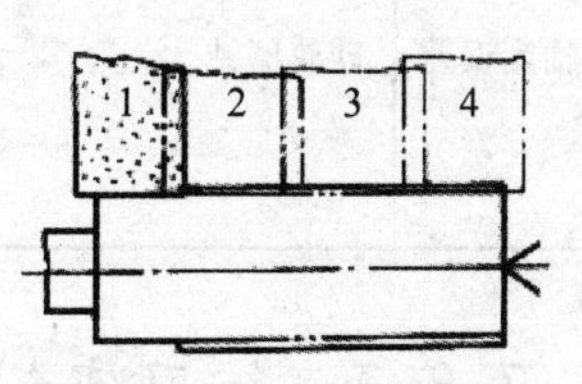

图7-24　分段磨削法

2. 操作要领

① 精磨时要适当降低切入速度，进给要均匀。

② 切入磨削时，砂轮与工件间的径向磨削力较大，要注意进给量不宜过大，以防止工件产生弯曲变形或脱落。

③ 切入磨削时，由于砂轮与工件间有较大的接触面，故会产生较大的磨削热。磨削时应

注意切削液要充分,以防止工件变形或烧伤。

④ 砂轮表面不得留有环形槽等缺陷,以避免磨削时复印到工件表面。

⑤ 精磨削时应精细修整砂轮。

7.8.4 工件缺陷及预防措施

工件缺陷及预防措施如表 7-8 所列。

表 7-8 外圆磨削缺陷分析

工件缺陷	砂 轮	磨削用量	机 床	其 他
直波形振痕	① 砂轮不平衡 ② 砂轮磨钝 ③ 砂轮硬度太硬	工件圆周速度过大	① 机床部件震动 ② 砂轮主轴轴承间隙过大	① 中心孔有多角形 ② 工件刚度低
螺旋痕迹	① 砂轮磨钝 ② 砂轮硬度太硬 ③ 砂轮修整不良	① 背吃刀量过大 ② 纵向进给量过大	① 砂轮主轴有轴向窜动 ② 工作台传动有爬行现象	切削液不充足
圆度误差	砂轮磨钝	① 背吃刀量过大 ② 工件圆周速度过大	① 顶尖磨损 ② 顶尖与主轴和尾座套筒的锥孔配合不良 ③ 顶尖的顶紧力调整不当	① 中心孔不圆或有毛刺 ② 中心孔内有污物 ③ 中心孔磨损 ④ 切削液不足
表面烧伤	① 砂轮磨钝 ② 砂轮硬度太硬 ③ 砂轮粒度太细	① 背吃刀量过大 ② 工件圆周速度过大 ③ 纵向进给量过大		切削液不足
圆柱度误差	① 砂轮磨钝 ② 砂轮硬度太软	① 纵向进给不均匀 ② 背吃刀量过大	① 工作台没找正好 ② 工作台压板没锁紧 ③ 头架、尾座中心没对准 ④ 挡铁位置调整不当	① 切削液不足 ② 工件弯曲变形
同轴度误差	砂轮磨钝	背吃刀量过大	① 顶尖磨损 ② 顶尖主轴和尾座锥孔配合不良 ③ 顶尖的顶紧力调整不当	① 中心孔不圆或有毛刺 ② 中心孔内有污物 ③ 中心孔磨损 ④ 工件弯曲变形 ⑤ 装夹次数过多 ⑥ 切削液不足

7.8.5 练习实例

题目 1 光轴的磨削。

图 7-25 所示的光轴,尺寸公差为 IT7 级,与基准 A 的圆柱度公差为 0.005 mm,表面粗糙度 R_a 为 0.4。磨削时须调头装夹,但工件易产生接刀痕。要达到图示要求,须处理好接刀,避免接刀痕,工件中心孔与顶尖的定位质量必须要求很高。

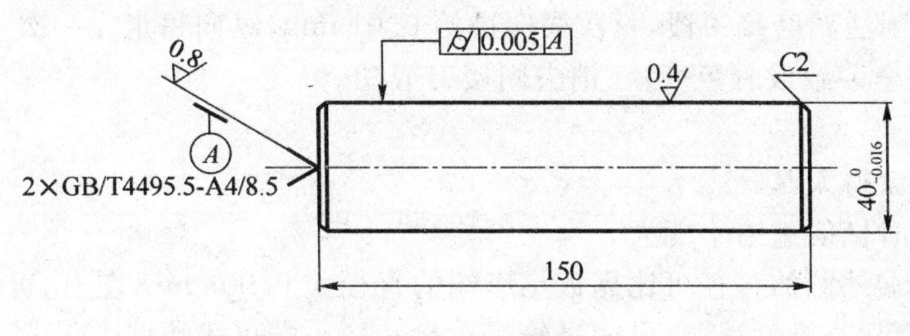

图 7-25 光轴

1. 磨削步骤

① 校对头架、尾座的中心，如图 7-26 所示。移动尾座使尾座顶尖和头架顶尖对准，将照明灯放在两顶尖的正上方，用手将一张白纸平托在两顶尖的正下方，两顶尖尖点投影重合则两顶尖在水平面内对齐。同理可检查垂直面内是否对齐。当顶尖在水平面内偏移时，工件的旋转轴线也将歪斜，磨削时则会产生明显的接刀痕迹，垂直面内偏移工件会产生双曲线形状误差。

② 用中心孔研磨机或用细砂纸叠成锥形研磨中心孔，并擦净，涂上干净的黄油。

③ 根据工件的长度，调整好尾座的位置，并将上工作台零位标尺对准零位。

④ 将工件夹上鸡心夹头，装在两顶尖上，如图 7-27 所示。用试磨法校正工件轴线与纵向进给方向平行，控制除接刀长度外的长度范围内的直径差小于 0.005 mm。

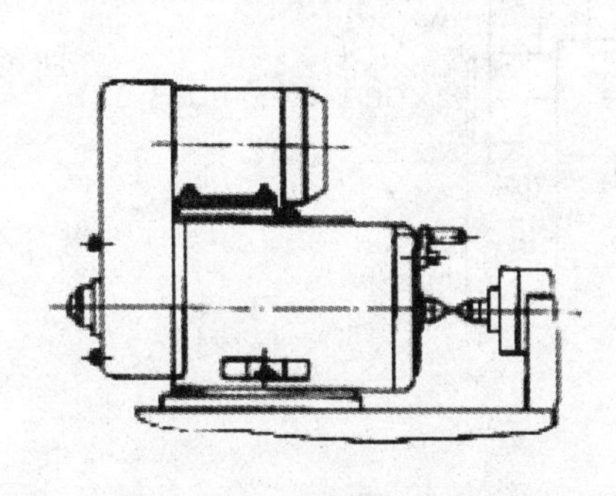

图 7-26 调整两顶尖对齐

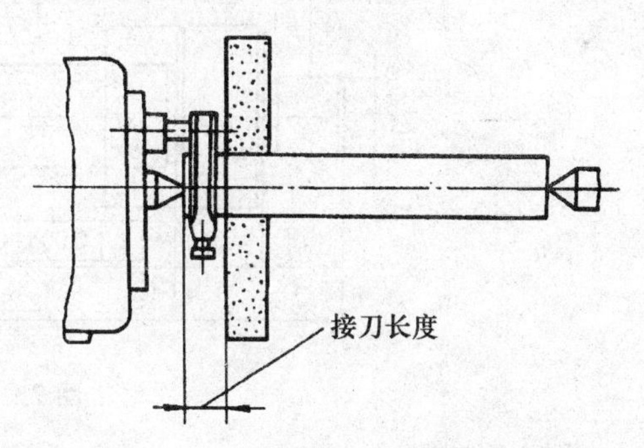

图 7-27 光轴的装夹及接刀位置

⑤ 工件轴线与纵向进给方向调平行后，用分段磨削法磨去工件右端大部分余量，留精磨余量为 0.05 mm。分段时，磨削重叠宽度取 10～15 mm。

⑥ 根据工件表面质量要求精修砂轮。

⑦ 用纵向磨削法精磨到公差范围内。

⑧ 将工件掉头装夹，粗磨接刀长度处，磨至余量为 0.05 mm 时停止进刀。

⑨ 将砂轮纵向退出工件，横向不动并停转。将磨好的一端接刀处均匀地涂上一层薄薄的色剂(印泥或红丹粉)。

⑩ 用纵向磨削法精磨接刀段，每次横向进给 0.01 mm，纵向每走完一次刀，测量接刀处尺寸，接刀处尺寸完全一致或着色变淡、消失则接刀成功。

2. 操作要领

① 色剂不能涂得太厚。

② 接刀精磨时横向进给不能大。

③ 靠近头架端外圆的直径可比靠近尾座端的直径大 0.003 mm 左右，可减小接刀痕。

④ 接刀时，为弥补锥度误差，纵向进给时在尺寸较小端可稍快些。

⑤ 为便于观察，一般不加冷却液，但要注意不烧伤工件，所以切削深度要小。

⑥ 中心孔质量要好，不能有缺陷，且与顶尖配合时不能有杂质。

⑦ 两顶尖中心线要同轴且要与纵向进给方向平行。

⑧ 顶尖与中心孔润滑要良好，顶尖不能顶得太紧。

⑨ 掉头夹持已磨表面时，要在工件上垫铜皮，以防夹伤工件。

题目 2　台阶轴磨削。

图 7-28 所示为四段轴颈不同的轴类零件，工件外圆尺寸精度要求很高，同轴度为 0.005 mm，对中心孔轴线的跳动公差为 0.01 mm，其中 ϕ70 mm 端面对基准 A 的垂直度公差为 0.005 mm，加工的关键是要保证尺寸精度的同时，还要保证好同轴度、径向跳动及端面跳动。

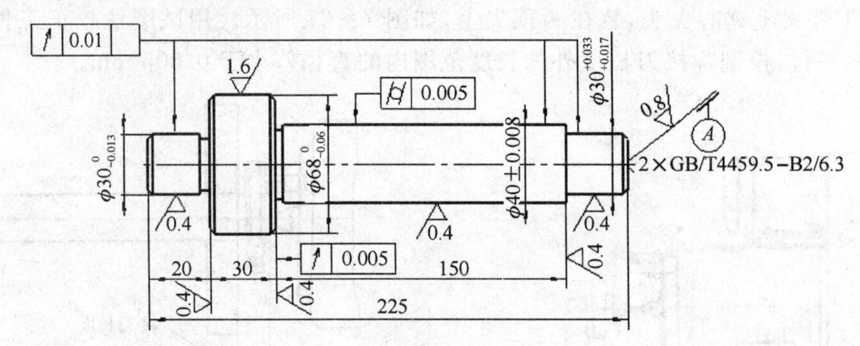

图 7-28　台阶轴

1. 操作步骤

① 校对头架、尾座的中心，如图 7-26 所示。

② 用中心孔研磨机或用细砂纸叠成锥形研磨好中心孔，并擦净，涂上干净的黄油。

③ 根据工件的长度，调整好尾座的位置，并将上工作台零位标尺对准零位。

④ 按图 7-29 所示修好砂轮左侧面，其中 H 可取 3～5 mm。

⑤ 将工件夹上鸡心夹头，在两顶尖上顶上。用试磨法磨削 ϕ40 mm 外圆，校正工件轴线与纵向进给方向平行，控制该外圆 150 mm 长度范围内的直径差，控制差值小于 0.005 mm。

⑥ 工件轴线与纵向进给方向调平行后，用分段磨削法磨去右端 ϕ40 mm 大部分余量，留精磨余量 0.05 mm，分段时，磨削重叠宽度取 10～15 mm，再用切入法粗磨 ϕ30 mm 外圆，留精磨

余量 0.05 mm。

⑦ 根据工件表面质量要求精修砂轮。

⑧ 用砂轮的左侧靠磨 ϕ40 mm 外圆右端面。

⑨ 磨端面时,砂轮横向进给到要求尺寸,用纵向磨削法将工件右移,将外圆尺寸精磨到公差范围内。

⑩ 将工件掉头装夹,磨左端外圆及端面。

2. 操作要领

① 两顶尖中心线要等高,否则端面不平,产生如图 7-30(a)左端图形所示的花纹,端面靠平后应产生图 7-30(b)所示花纹。

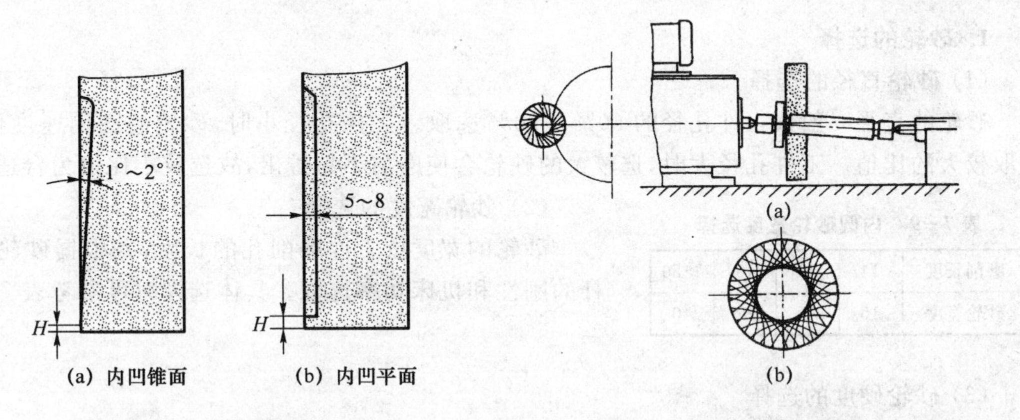

(a) 内凹锥面　(b) 内凹平面

图 7-29 砂轮端面的形状　　图 7-30 磨削端面网纹

② 砂轮左侧应修低一点,磨削部分的宽度不能太宽,否则易烧伤端面,一般取 3~5 mm。

③ 粗磨外圆后再靠磨端面,靠磨端面时径向留 0.05 mm 的余量,靠起后径向磨至尺寸,再纵向向左移动工作台,磨完全长。磨端面时,不可横向进刀磨削,可用手轻轻敲击纵向手轮磨削,以防撞坏砂轮左侧凸起部分。

④ 端面无交叉网纹时,要及时修整砂轮左侧。

⑤ 中心孔质量要好,不能有缺陷,且与顶尖配合时不能有杂质。

⑥ 两顶尖中心线要与纵向进给方向平行,不平行时最好大端在头架侧。

⑦ 顶尖与中心孔润滑要良好,顶尖不能顶得太紧。

⑧ 掉头装夹已经磨端时,要在工件上垫铜皮,以防夹伤工件。

7.9 内圆磨削

7.9.1 操作训练基本要求

产品中套类、盘套类、壳体类零件是比较常见的,其中不少是要进行孔的磨削加工,因此内圆磨削不但应用普遍而且是磨工必须掌握的基本技能之一，在训练过程中要求必须掌握以下几个基本点：

① 内圆磨床的基本操作。

② 工件的装夹和找正。

③ 砂轮的安装和修整。

④ 通孔、不通孔、台阶孔的磨削方法。

⑤ 孔的尺寸检测方法。

7.9.2　准备知识

1. 砂轮的选择

(1) 砂轮直径的选择

砂轮的直径一般按工件孔径的50％～90％选取。工件孔径小时，砂轮的圆周速度偏低，可取较大的比值。工件孔径大时，选较大的砂轮会使磨屑不易排出，故选较小比值为合适。

(2) 砂轮宽度的选择

砂轮的宽度按工件磨削孔的长度，并根据砂轮接长杆的刚性和机床功率选取。具体选择时可参考表7－9。

表7－9　内圆砂轮宽度选择

磨削长度	14	30	45	＞50
砂轮宽度	10	25	22	40

(3) 砂轮硬度的选择

内圆磨削用的砂轮通常比外圆磨削砂轮的硬度软1～2级，一般为J～L，但在磨削长度较大的小孔时，砂轮太软易使工件产生锥度，因此砂轮要选硬些。

(4) 砂轮粒度的选择

内圆磨削常用的砂轮粒度为36#、40#、60#，表面质量要求高时选大号。

(5) 砂轮组织的选择

内圆磨削所用砂轮的组织比外圆砂轮要疏松1～2号，可选6～10号。

(6) 砂轮形状的选择

内圆磨削砂轮常用平行砂轮和单面凹砂轮，磨台阶孔时必须用单面凹砂轮，如图7－31所示。

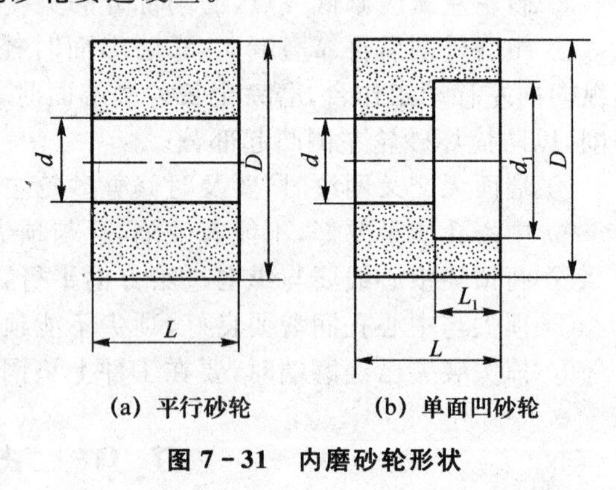

图7－31　内磨砂轮形状

2. 砂轮的安装

(1) 砂轮与接长轴的紧固

常见的紧固方式有螺纹紧固和黏结剂紧固两种方法，如图7－32所示。

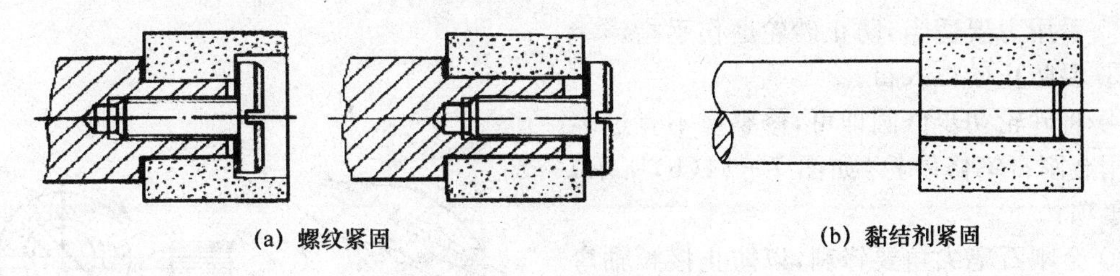

图7-32 砂轮的紧固方法

一般较大的砂轮用螺纹紧固,注意事项如下:

① 砂轮内孔与接长轴之间的间隙不要超过0.2 mm,如果过大可在两者之间加垫纸片减少间隙,防止砂轮装偏而产生震动或造成砂轮工作时松脱。

② 砂轮的两个端面必须垫上黄纸片等软性衬垫,厚度以0.2~0.3 mm为宜。

③ 承压砂轮的接长轴端面要平整,接触面不能太小,否则不能保证砂轮紧固的可靠性。

④ 紧固螺钉的承压端面要与螺纹垂直,以使砂轮受力均匀。

⑤ 紧固螺钉的旋转方向应与砂轮旋转方向相反,工作时才能保证砂轮不会自行松脱。

黏结剂紧固时的注意事项:

① 调配时须将氧化铜粉末放在瓷质容器内,渐渐注入磷酸溶液,同时不断搅拌,调均匀,浓度要适当。

② 黏结剂一定要充满砂轮孔与接长轴之间的间隙。

③ 凝固后自然放置24 h后再用,或者电炉烘干,当黏结剂出现暗绿色时就应停止烘烤,待冷却后使用,烘烤时间太长会造成砂轮胀裂。

(2) 砂轮接长轴

在磨床上按常磨孔径和长度配有一套不同规格的接长轴,当要磨削不同孔径和长度的工件时,只要更换装有砂轮的接长轴,或者在不同规格的接长轴上更换砂轮,使用起来很方便。在内圆磨床或万能外圆磨床上使用的接长轴如图7-33所示。

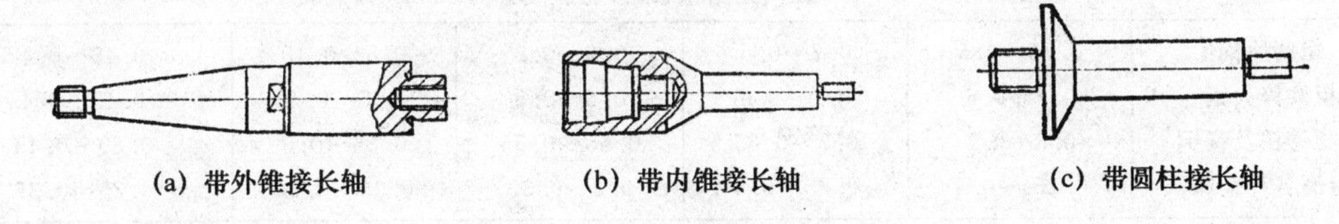

图7-33 接长轴的类型

(3) 砂轮的修整

内磨砂轮修整分粗修和精修,粗修是用报废的碳化硅砂轮对其做粗略地修整,精修时用金刚石笔修整,如图7-34所示。

用旧碳化硅修砂轮(如图7-34(a)所示)注意事项:

① 修整时手握碳化硅旧砂轮块并轻轻压向砂轮,沿砂轮轴向匀速移动。

② 手用力要适当，防止砂轮磨伤手指。

③ 要防止砂粒入目。

④ 将砂轮初步修圆即可，修整量不宜过多。

用金刚石笔修砂轮（如图 7－34（b）所示）注意事项：

① 金刚石笔尖角要锋利，以防止接长轴弯曲震动。

② 金刚石笔杆要安装牢固，不能松动。

③ 接长轴较细长时，金刚石笔修整用量应适当减小。

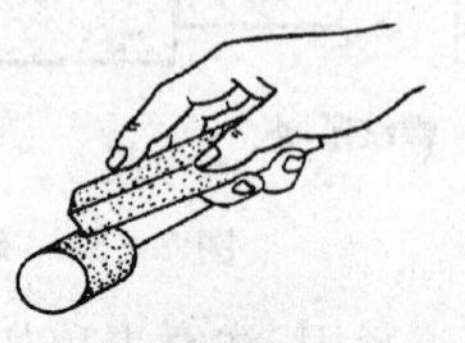

(a) 用旧砂轮修整

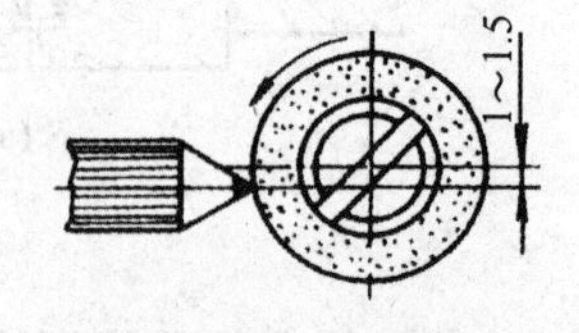

(b) 用金刚石笔修砂轮

图 7－34　砂轮修整

④ 粗修整时切深取 0.02～0.03 mm，纵向进给速度取 0.3～0.5 m/min；精修整时切深取 0.01 mm 左右，纵向进给速度取 0.2 m/min。

(4) 磨削用量

内圆磨削用量选择可参考表 7－10。

表 7－10　内圆磨削切削用量表

磨削方法及工件材料	磨孔直径/mm				
	20、40	41～70	71～150	151～200	201～300
	工作台往复一次的横向进给量/mm				
粗磨原钢	0.006～0.007	0.01～0.012	0.013～0.015	0.016～0.029	0.018～0.023
粗磨淬火钢	0.005～0.007	0.007～0.010	0.01～0.012	0.015～0.018	0.018～0.020
粗磨铸铁及青铜	0.007～0.010	0.012～0.014	0.014～0.018	0.02～0.025	0.022～0.030
精磨各种金属	0.002～0.003	0.003～0.005	0.005～0.008	0.008～0.009	0.009～0.010
磨削方法及工件材料	磨孔直径与长度之比				
	4∶1	2∶1	1∶1	1∶2	1∶3
	纵向进给量(以砂轮宽度计)/($mm \cdot$ 砂轮转$^{-1}$)				
粗磨原钢	0.75～0.6	0.7～0.6	0.6～0.5	0.5～0.45	0.45～0.4
粗磨淬火钢	0.7～0.6	0.7～0.6	0.6～0.5	0.5～0.4	0.45～0.4
粗磨铸铁及青铜	0.8～0.7	0.7～0.65	0.65～0.55	0.55～0.5	0.50～0.45
粗磨各种金属	0.25～0.4	0.25～0.5	0.5～0.35	0.25～0.35	0.25～0.35

工作速度									
工件磨削表面直径/mm	10	20	30	50	80	120	200	300	400
工件速度/($m \cdot min^{-1}$)	10～20	10～32	12～40	15～50	18～60	20～70	23～80	28～90	35～110

(5) 工件的装夹与找正

内圆磨床通用夹具一般有三爪卡盘、四爪卡盘。三爪卡盘又称三爪自定心卡盘，能够自动确定其轴心；四爪卡盘又称四爪单动卡盘，可单独调整任一卡爪以调整其轴心装夹偏心零件。两种卡盘的结构如图7－35所示。

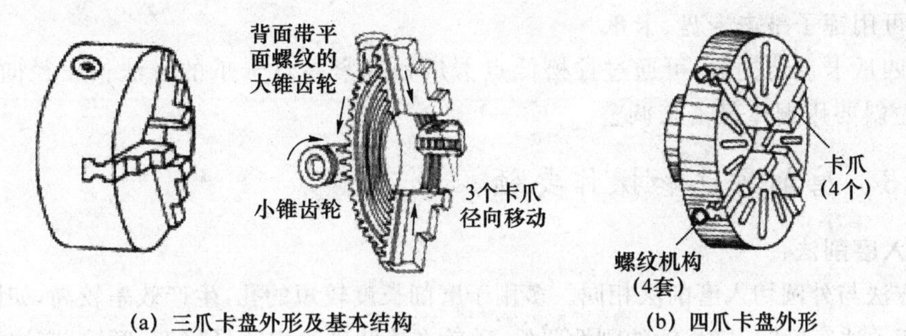

(a) 三爪卡盘外形及基本结构　(b) 四爪卡盘外形

图7－35　卡盘

根据工件的长短及待磨削孔的轴心位置其装夹方式如图7－36所示。

1）工件的找正方法

以卡盘装夹工件时须分别找正工件的外圆和端面，如图7－37所示。图7－37(a)所示是找正轴线，使其与卡盘同轴；图7－37(b)所示是找正端面，使其与卡盘轴线垂直。

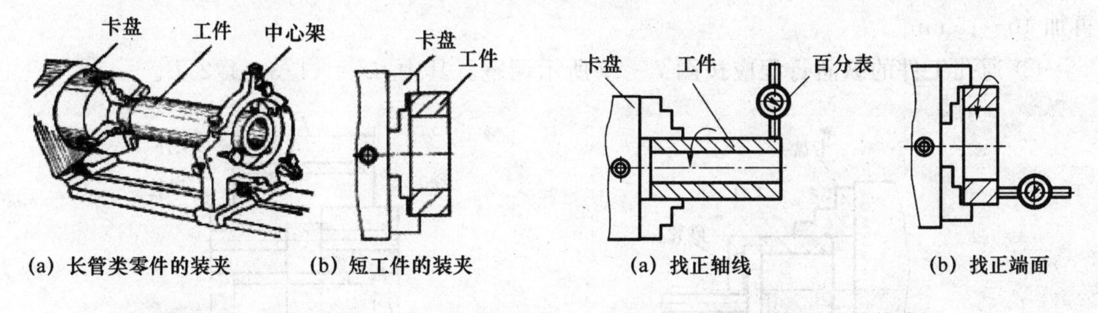

(a) 长管类零件的装夹　(b) 短工件的装夹

图7－36　工件装夹

(a) 找正轴线　(b) 找正端面

图7－37　工件的找正

2）找正步骤

① 将工件稍稍夹紧，先用划针初步找正工件外圆和端面跳动。

② 将百分表表头分别压在外圆和端面上，用手转动卡盘一周，百分表最大和最小读数的差就是要校正的量。用铜棒轻轻敲击工件最大读数值的位置，使其减少一半，然后再转动工件观察百分表读数，若还有读数差就再敲击工件，直至表的读数差消失或很小为止。

3）注意事项

① 为避免夹伤工件，可在卡爪与工件之间垫上厚度合适的铜皮。

② 长套类零件装夹时轴线容易歪斜，应分别找正工件离卡盘的远端和近端。

③ 盘形工件装夹时端面容易歪斜，应先找正端面再找正轴线。

④ 有的内磨三爪卡盘与法兰定心圆柱之间有间隙，径向找正时可稍稍松开锁紧卡盘的螺

钉,用铜棒轻轻敲击卡盘来找正。

⑤ 要求高的工件应反复进行径向和端面的跳动校正,直至满足要求。

⑥ 不可用锤子敲击卡盘、卡爪。

⑦ 用四爪卡盘装夹时,可通过拧松低点卡爪和拧紧高点卡爪的方法校正径向,但长工件远卡爪端歪斜要用铜棒敲击来调整。

7.9.3 磨削方法和操作要领

1. 切入磨削法

磨削方法与外圆切入磨削法相同。多用于磨削长度较短的孔,生产效率较高,如图 7-38 所示。采用切入法磨削时,接长轴的刚性要好,砂轮在连续进给中容易堵塞、磨钝,应注意及时修整砂轮。该方法易造成前大后小的喇叭口,精磨时应先修整砂轮一次,并采用较低的切入速度。

2. 纵向磨削法

磨削过程与外圆纵向磨削法类似。由于接长轴径向变形相对较小,在内孔磨削中被广泛采用。其操作要领如下:

① 接长轴尽可能选大直径以增加刚性,轴伸出长度为 1/3～1/2 砂轮宽度加上孔的长度再加 10～15 mm。

② 通孔工件的纵向行程应按图 7-39 所示调整。其中,$L_1=(1/3\sim1/2)B$。

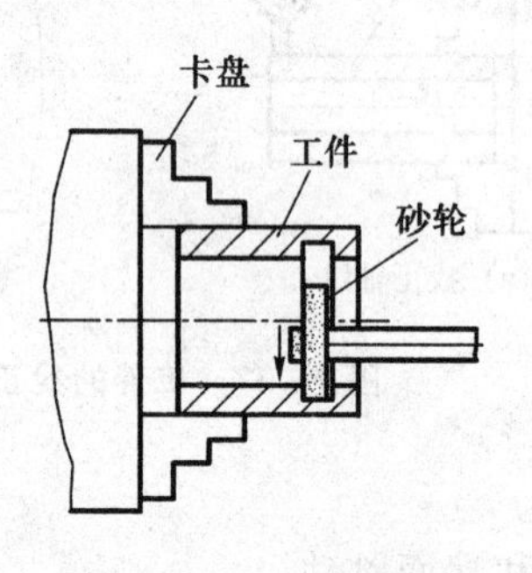

图 7-38 切入磨削法

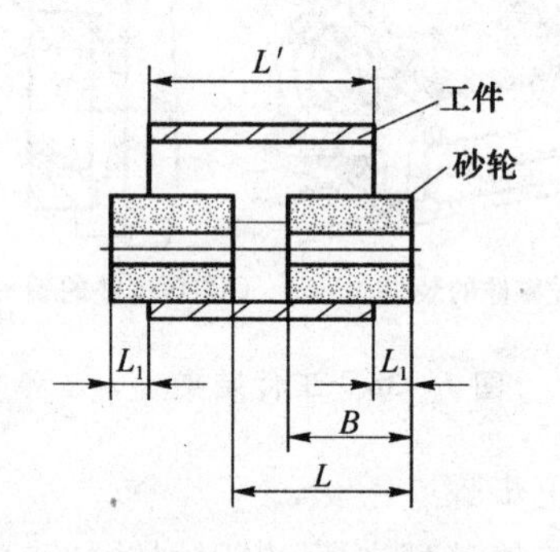

图 7-39 纵向行程

③ 由于砂轮磨钝和接长轴弯曲都会使工件产生锥度,因而锥度调整较困难,机床调整锥度时要将砂轮修得比较锋利,且在测量前无径向进给下纵向往复多走几次刀。

④ 粗磨时切削深度可大些(参照用量表),一般留精磨余量 0.04～0.06 mm 即可。

⑤ 冷却液要充分有力,利于及时冲走切屑和带走切削热。

⑥ 磨不通孔时,要经常清除孔中磨屑,以防磨屑积聚在孔中。

⑦ 台阶孔磨削,要在一次安装中完成,以保证同轴度。要特别注意行程挡块的位置,防止砂轮撞击台阶端面。内端面与孔有垂直度要求时,可选用单面凹砂轮,直径不宜过大,以保证

砂轮在工件内端面单方面接触，否则将影响内端面的平面度。

⑧ 砂轮退出内孔表面时，要先将砂轮从横向退离加工表面，然后再纵向退出，以免工件产生螺旋痕迹。

7.9.4　工件缺陷及预防措施

内圆磨削常见缺陷的产生原因及预防措施如表 7－11 所列。

表 7－11　内圆磨削常见缺陷的产生原因及预防措施

缺陷名称	产生原因	预防方法
表面有震痕，粗糙度过大，表面烧伤	① 砂轮直径小 ② 由于头架主轴松动，砂轮心轴弯曲，砂轮修整不圆等原因产生强烈震动，使工件表面产生波纹 ③ 砂轮被堵塞 ④ 散热不良 ⑤ 砂轮粒度过细、硬度高或修整不及时 ⑥ 进给量大，磨削热增加	① 砂轮直径尽量选得大些 ② 调整轴瓦间隙，最主要的是正确修整砂轮以减少跳动和震动现象 ③ 选取粒度较粗，组织较疏松，硬度较软的砂轮，使其具有自锐性 ④ 供给充分的切削液 ⑤ 选取较粗、较软的砂轮，并及时修整 ⑥ 减小进给量
喇叭口	① 纵向进给不均匀 ② 砂轮有锥度 ③ 砂轮杆细长	① 适当控制停留时间，调整砂轮杆，使其伸出长度不超过砂轮宽度的一半 ② 正确修整砂轮 ③ 根据工件内孔大小及长度合理选择砂轮杆的粗细
锥形孔	① 头架调整角度不正确 ② 纵向进给不均匀，横向进给过大 ③ 砂轮杆在两端伸出量不等 ④ 砂轮磨损	① 重新调整角度 ② 减小进给量 ③ 调整砂轮杆伸出量，使其相等 ④ 及时修整砂轮
圆度误差及内外圆同轴度误差	① 工件装夹不牢发生走动 ② 薄壁工件夹的过紧而产生弹性变形 ③ 调整不准确，内外表面不同轴 ④ 卡盘在主轴上松动，主轴和轴承间有间隙	① 固紧工件 ② 夹紧力要适当 ③ 细心找正 ④ 调整松紧量和间隙大小
端面与孔不垂直	① 工件装夹不牢 ② 找正不准确 ③ 磨端面对进给过大使工件松动 ④ 使用塞规测量时用力摇晃	① 夹紧工件 ② 细心找正 ③ 进给量要小 ④ 测量时不要用力摇晃
螺旋进刀痕迹	① 纵向进给太快 ② 磨粒钝化 ③ 接长轴弯曲	① 降低工作台速度 ② 及时修整砂轮 ③ 增强接长轴刚性

7.9.5 练习实例

题目1 通孔磨削练习。

按图7-40所示进行通孔磨削训练，要求使用纵向磨削法。磨床选M2110。

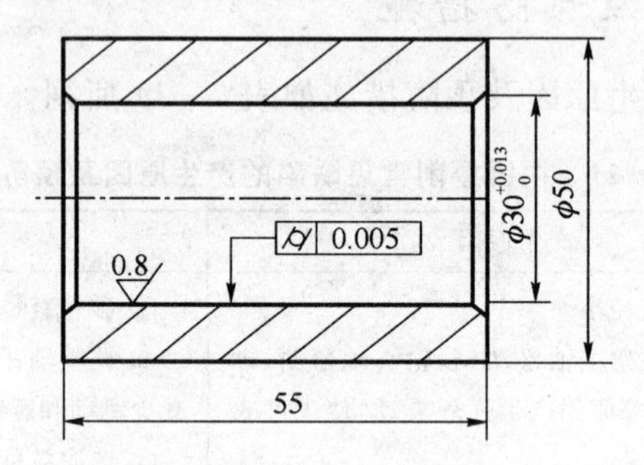

图7-40 通孔磨削练习图

(1) 加工步骤

① 根据工件并参照砂轮参数表选择砂轮。

② 选接长轴，将其与砂轮紧固好并装进主轴。

③ 将工件在三爪卡盘上找正、夹紧。

④ 调整纵向挡块位置，使砂轮纵向移动时伸出工件左、右端1/2砂轮宽度。

⑤ 使头架轴线与纵向移动方向平行，一般用试磨法磨削后测量孔径，孔锥度符合图样要求。

⑥ 粗磨内孔，留精磨余量0.05 mm。

⑦ 精磨内孔至图样要求。

(2) 注意事项

① 工件装夹时用力要适当，防止夹紧力变形。

② 砂轮的自锐性要好，并要及时修整砂轮。

③ 磨削时，砂轮伸出左右孔口的长度不能太长也不能太短，太长易产生喇叭口，太短易使孔中间大两端小。

④ 冷却液要充分，防止热变形及烧伤工件。

题目2 台阶孔磨削练习。

按图7-41所示要求进行台阶孔磨削训练。图中台阶孔的同轴度为0.01 mm，只能选择一次装夹；台阶面粗糙度 R_a 为0.8，须磨内端面。

(1) 加工步骤

① 磨 ϕ35 mm内孔至图样尺寸。

② 磨 ϕ35 mm内端面。

③ 磨 ϕ30 mm 内孔。

(2) 注意事项

① 应选单面凹砂轮，且应修整成图 7-42 所示形状。

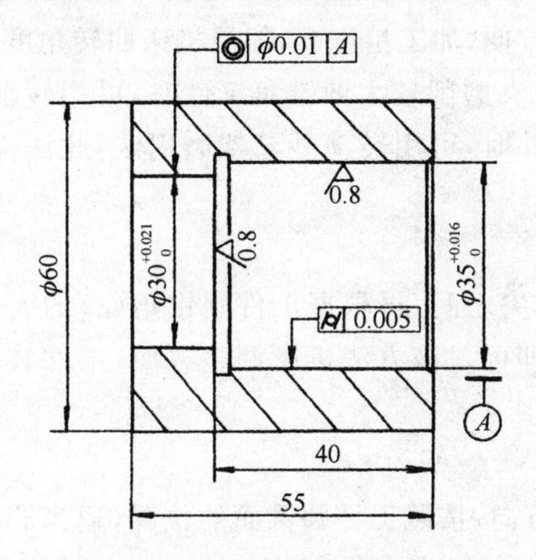

图 7-41　台阶孔磨削练习简图

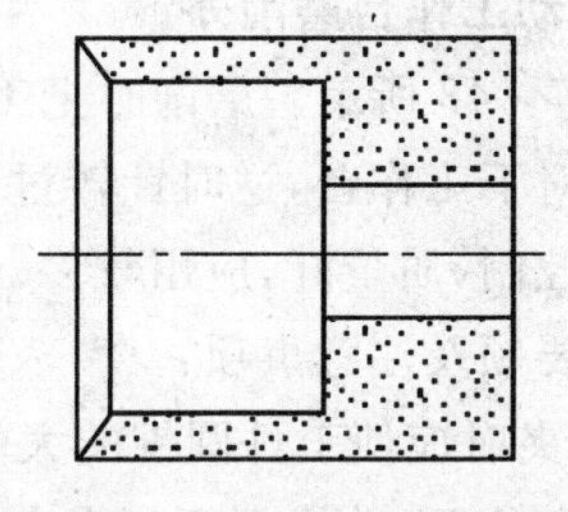

图 7-42　台阶孔砂轮修整

② 磨 ϕ35 mm 孔时，纵向挡块位置要准确，否则会撞坏工件和砂轮，砂轮纵向越过越程槽 1 mm 即可。

③ 当台阶孔直径相差较大时，可采用两根接长轴磨削。

④ 磨内端面时，砂轮要横向退出 0.20 mm 左右，纵向进给改用手动，进给量要小且均匀，观察磨削火花，待端面磨光即可。

⑤ 磨削轴向长度较短的台阶孔时，应选用宽度较小的砂轮，以免工件产生喇叭口。

⑥ 磨削时要防止在台阶孔中积聚磨屑。

7.10　圆锥面磨削

7.10.1　操作训练基本要求

锥面的磨削在磨削工作中是经常遇到的，因此锥面磨削练习是磨削加工必不可少的练习内容。在练习过程中要掌握以下基本要求：

① 会根据工件的要求修整砂轮。

② 会根据工件的锥角调整机床。

③ 掌握外圆锥面的磨削。

④ 掌握圆锥孔的磨削。

⑤ 掌握常用的锥度检测方法。

7.10.2 外圆锥面磨削

磨削外圆锥面有转动头架、转动工作台、转动砂轮架等方法，关键是使圆锥母线与砂轮轴线平行。用转动工作台法磨削外圆锥，机床调整方便，加工精度高，但受机床回转角度的限制，只能磨削圆锥半角小于9°的圆锥体。当用卡盘装夹磨削较大圆锥角工件时，可用转动头架的磨削法；当磨削圆锥素线较短且圆锥角很大的工件时，可用转动砂轮架磨削法，此法操作较复杂，一般很少采用。

1. 转动工作台磨削外锥

如图7-43所示。磨削时把工件安装在两顶尖之间，再根据工件圆锥角(α)的大小，将上工作台相对下工作台，逆时针转过圆锥半角 $\alpha/2$ 即可。该方法机床调整方便，工件装夹简单，精度容易控制，质量好，应用较多。

操作要领及注意事项：

① 装夹时应使工件圆锥的大端靠磨床头架方向，按照工件圆锥面的位置，适当调整头架、尾座的纵向位置，并检查两顶尖中心线是否同轴。

② 调整上工作台时，应先松开图7-44所示的锁紧螺钉，调毕再锁紧，以防止锥角在切削时发生变化。

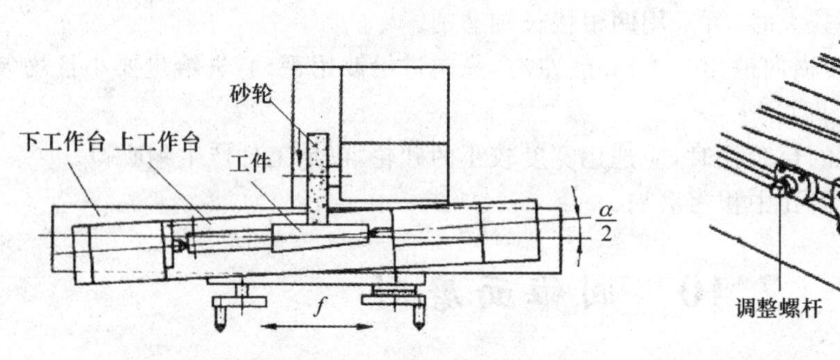

图7-43 转动工作台磨削外锥

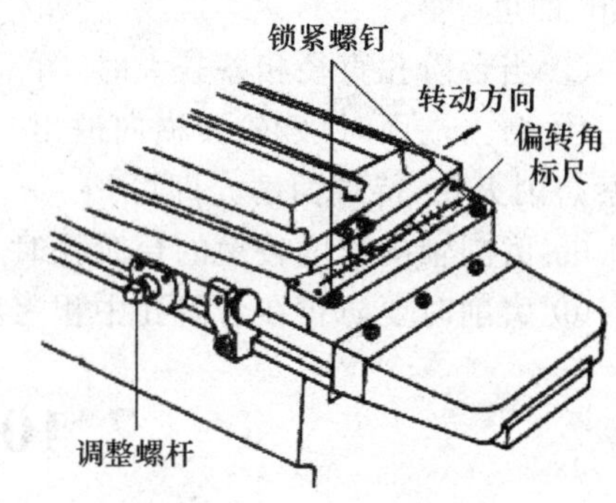

图7-44 工作台锥角调整

③ 图7-44所示工作台偏转角标尺，左边数字为锥半角，右边为锥度比，调整时可根据图样标注方式，将标尺调至相应的合适位置。如工件标注锥角 α 则将标尺粗调至 $\alpha/2$ 角度，若标注锥度比为1∶5，则粗调至右边5的位置即可，以减少换算。

④ 粗调锥角后，应在留够余量的情况下，进行试磨和精调。试磨时一般采用纵向磨削法，从余量较大端往小端进给。磨削过程中若发现磨削火花偏大，应及时退刀调整转角以防尺寸磨小。

⑤ 全长磨完后，检测工件锥角，不符合要求再微调，若锥角大于图样要求(圆锥量规涂色

法检验,大端色浅),应顺时针调整上工作台,相反则逆时针调整。

⑥ 微调时转动调整螺杆角度要小,以防调过,调过后反调要先反转螺杆一周左右,再调回到需要角度,以消除螺杆、螺母的反向间隙。

⑦ 工件锥角较小时,可用与工件等长的标准芯棒装在两顶尖上,用百分表预调,百分表读数差值 Δ,两打表点距离 L 及锥角 α 满足 $\Delta = L\tan(\alpha/2)$。

2. 转动头架磨削外锥

当工件的圆锥半角超过工作台所能回转的角度时,可采用转动头架的方法来磨削外锥体。这种方法是把工件装夹在头架卡盘中,再根据工件圆锥半角($\alpha/2$)将头架逆时针转过 $\alpha/2$,然后进行磨削,如图 7-45 所示。也可采用图 7-46 所示头架、工作台同时转动的方法磨削,原则是工件圆锥母线平行于砂轮轴线。

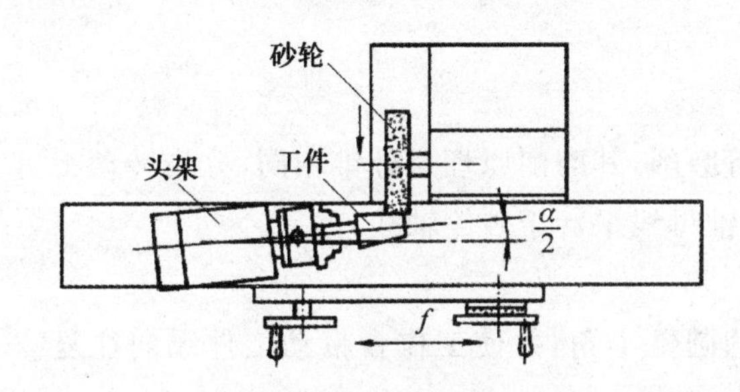

图 7-45　转动头架磨外锥

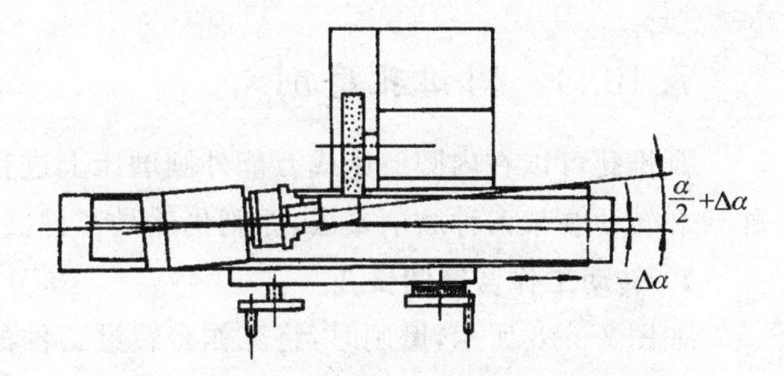

图 7-46　同时转动头架及工作台磨外锥

操作要领及注意事项:

① 调整好头架后要注意锁紧,并检查上工作台是否锁紧。

② 纵向进给用自动方式时,挡块位置要调准确,防止撞卡盘。

③ 由于头架刻度不如工作台准确,应尽量用工作台微调。

④ 当工件伸出较长,砂轮架行程不够时采用图 7-46 所示方法,一般先将头架逆时针转动 $\alpha/2+\Delta\alpha$,再将上工作台顺时针转动 $\Delta\alpha$ 来补偿。

⑤ 工作台的补偿调整量要小,用试磨法判断工作台螺杆的调整量和调整方向。

3. 转动砂轮架磨削外锥

磨削锥度较大而又较长的工件时,则只能用转动砂轮架的方法来磨削,砂轮架转过的角度等于工件的圆锥半角($\alpha/2$),如图 7-47 所示。

注意事项:

① 此种方法磨削锥度时,砂轮不能纵向移动。

② 由于砂轮不纵向进给,砂轮的形状误差容易复印给工件,因此砂轮要修整平整且要及时修整。砂轮修整时应先将砂轮架转至零位。

③ 砂轮的宽度一般要大于锥面母线长度，否则要用接刀法磨削，此时要注意接刀。

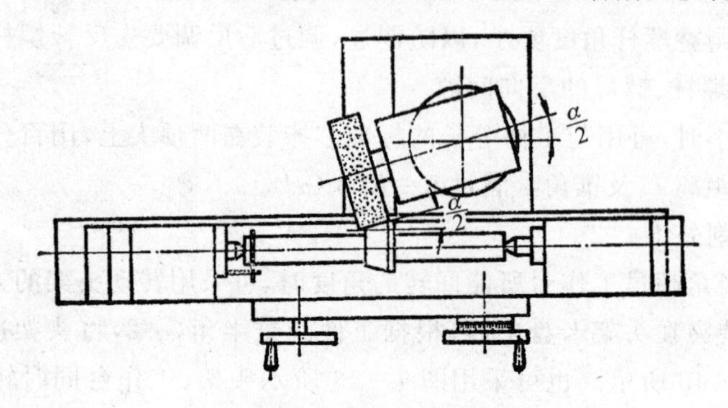

图 7-47 转动砂轮架磨外锥

7.10.3 圆锥孔磨削

圆锥孔可以在内圆磨床或万能外圆磨床上进行磨削，其磨削原理与外锥相同，分为转动工作台和转动头架两种磨削方法，原则仍然是工件圆锥母线平行于砂轮轴线。

1. 转动工作台磨圆锥孔

如图 7-48 所示，磨削时，将工作台转过工件的圆锥半角，并使工作台带动工件纵向往复运动，砂轮横向进给即可。

由于这种方法受工作台转角的限制，仅限于磨削半锥角在 18°以下且长度较长的锥孔，如磨削各种机床主轴、尾架套筒的锥孔等。

2. 转动头架磨锥孔

磨削时，将头架转过一个与工件圆锥半角相同的角度，工作台纵向往复进给，砂轮微量横向进给，如图 7-49 所示。该磨削法可以在内圆磨床上磨削各种锥度的内锥面以及在万能外圆磨床上磨削锥度较大的内锥面。由于采用纵向磨削，能使工件获得较高的精度和较小的表面粗糙度，因此，一般长度较短、锥度较大的零件都采用这种方法。

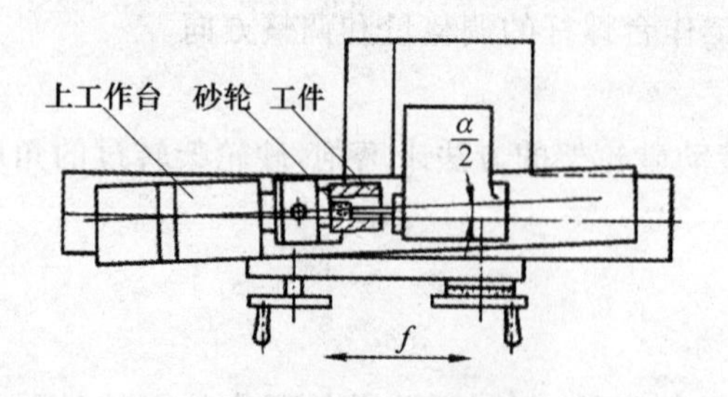

图 7-48 转动工作台磨锥孔

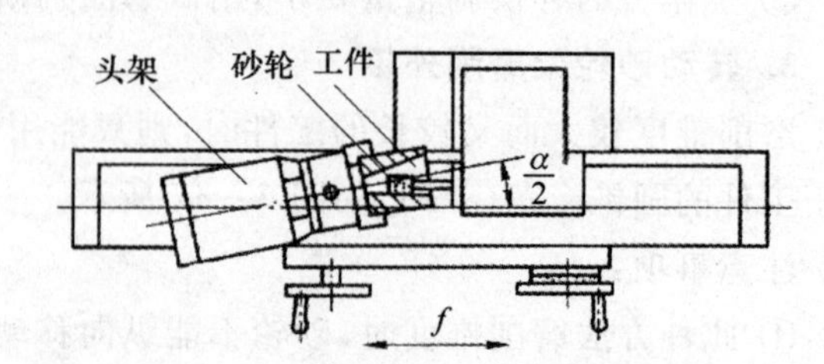

图 7-49 转动头架磨锥孔

7.10.4 工件缺陷及预防措施

磨削圆锥面产生缺陷的原因及预防措施如表7-12所列。

表7-12 产生缺陷的原因及预防措施

工件缺陷	产生原因	预防措施
锥度不正确	① 工作台、头架或砂轮架角度调整不正确或磨削时角度发生变化 ② 用圆锥量规检验时，显示剂涂得太厚或检验时摇晃造成测量误差 ③ 砂轮产生钝化，磨削时因弹性变形使锥度发生变动 ④ 磨削小而长的内锥时，由于砂轮接长杆细长，刚性差，加上砂轮圆周速度低，切削能力差而引起	① 试磨并确认工件锥度准确后要锁紧工作台、头架或砂轮架 ② 锥度量规检验时，着色要薄而均匀，测量时不能摇晃，转动角度在±30°以内 ③ 砂轮磨钝后及时修整 ④ 尽量选短而粗的砂轮接长轴、较窄的砂轮宽度，适当提高砂轮圆周速度，精磨时多光磨几次，直至火花基本消失为止
圆锥母线不直（呈双曲线误差）	工件轴线与砂轮架轴线不等高或工件旋转轴线与砂轮轴线在垂直面内不平行	修理或调整机床，使砂轮架（或内圆砂轮轴）的轴线与工件旋转轴线等高

7.10.5 练习实例

图7-50所示锥轴，其左端为莫氏4号锥体，右端为1∶20锥体，左端锥体精度要求较高，圆度公差为0.005 mm，对右端锥体轴线的跳动要求为0.005 mm。

该工件的加工步骤如下：

① 磨ϕ22至尺寸。

② 按左端莫氏4号锥体，初调工作台角度。

③ 初步试磨左端锥体，锥面全长见光后着色检验。

④ 粗磨锥体全长，留0.05 mm精磨余量。

⑤ 根据锥体着色情况精调工作台，着色面积大于75%后锁紧工作台。

⑥ 精磨锥体全长达尺寸，用锥度量规着色检验面积大于75%，百分表测量径向圆跳动不大于0.005 mm。

⑦ 工件掉头装夹，重新调整工作台角度，按工件右端锥度比调至1∶20。

⑧ 粗磨右端，锥面见光后在正弦规上测锥度。

⑨ 根据锥度误差精调工作台角度，合适后锁紧。

⑩ 粗磨右端锥全长，留精磨量0.05 mm；精磨1∶20锥体全长至尺寸，用100 mm正弦规

测量锥角。

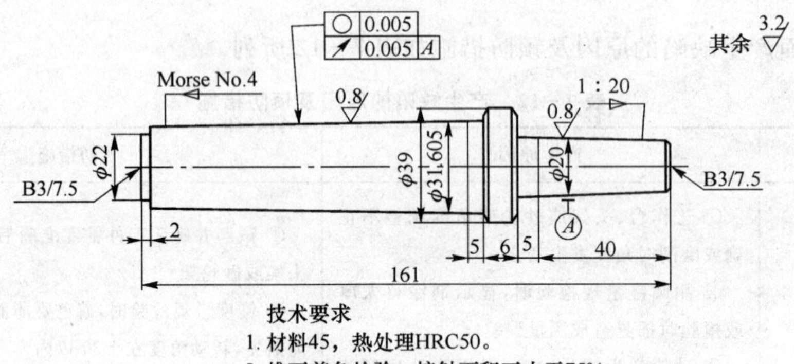

技术要求

1. 材料45，热处理HRC50。
2. 锥面着色检验，接触面积不小于75%。
3. 未注倒角1×45°。

图 7-50 锥轴

7.11 平面磨削

7.11.1 操作训练基本要求

产品零件除了回转类零件外，还有由相互平行、垂直的面或成一定角度的面组成的复合平面零件。这些零件上有的平面有很高的平面度、平行度、垂直度或斜度以及很低的粗糙度要求，加工这些平面一般都是通过平面磨削来完成。平面磨削通常在平面磨床上进行，平面磨床的外形结构如图 7-51 所示。

平面磨床亦有其他种类和各种磨削形式，根据常用的平面磨削形式，这里提出以下基本操作训练要求：

① 熟悉平面磨床的基本操作。

② 熟悉加工前的准备工作（砂轮的选择、更换和拆装，冷却液的选择、调配和更换，机床的常用调整）。

③ 掌握工件的装夹和找正，精密平口虎钳及正弦虎钳的应用。

④ 掌握平行面、垂直面、斜面以及薄板件的磨削加工。

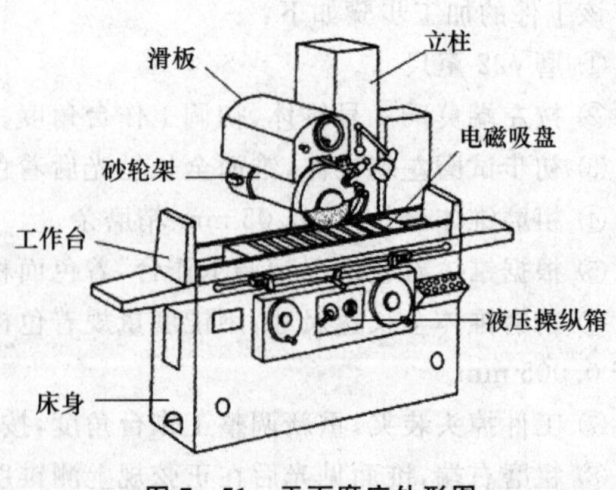

图 7-51 平面磨床外形图

7.11.2 准备知识

1. 砂轮的选择

通常选用平形的陶瓷砂轮。由于平面磨削时砂轮与工件的接触面积比外圆磨削时大，因而砂轮的硬度要比外圆磨削时软些，粒度稍粗些，常用砂轮的选择可参考表7-13。

表7-13　平面磨削砂轮的选择

工件材料		非淬火碳钢	调质的合金钢	淬火的碳钢、合金钢	铸　铁
砂轮性质	磨料	A	A	WA	C
	粒度	36～46	36～46	36～46	36～46
	硬度	L～N	K～M	J～K	K～M
	组织	5～6	5～6	5～6	5～6
	结合剂	V	V	V	V

2. 磨削用量的选择

粗磨时，横向进给量 $s=(0.1\sim0.48)B$/双行程（B 为砂轮宽度）；垂直进给量按横向进给量选择，可选0.015～0.05 mm。精磨时，$s=(0.05\sim0.1)B$/双行程，垂直进给量可选0.005～0.01 mm。

3. 工件的装夹和找正

平面磨削加工常见的装夹方式有电磁吸盘装夹、精密平口虎钳装夹和精密角铁装夹等。

(1) 电磁吸盘装夹

电磁吸盘由若干块电磁铁组成，通电后放于其上的导磁工件便被电磁力吸紧，如图7-52所示。

1) 装夹方法

① 将工件定位面去毛刺，用砂纸除去氧化皮，再用干净抹布擦净（工件初次磨削一般选较平整的面作为定位面）。

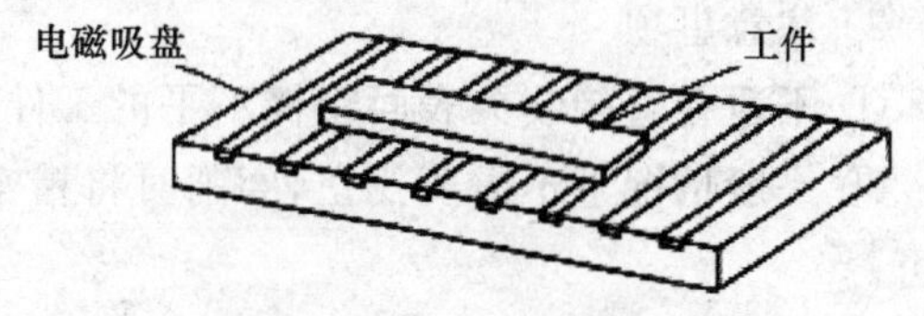

图7-52　电磁吸盘

② 擦净磁台表面，将工件放在磁台上，使工件定位面与磁台上表面贴合，较长的边与纵向运动方向大致平行。

③ 将电磁吸盘开关转向吸位置，工件便被吸紧。

④ 加工完毕将开关转向松位置，便可拆卸工件。

2) 注意事项

① 装夹工件时，工件定位表面应尽可能多地压住黄色的绝磁层，以便多通过几个磁极增加磁力，使工件装夹稳固。

② 松开时应先停止砂轮和工作台，将电磁开关转向“松”或“退磁”，卸去工件。较大工件要先用木锤敲松，擦去周边砂轮粒后再取工件，不可硬拉工件，以防拉伤工作台。

③ 较小的工件四周要加挡铁，以防磁力不够时打飞工件伤人。挡铁的高度要比工件低，一般为工件高度的1/2～2/3，如图7－53所示。

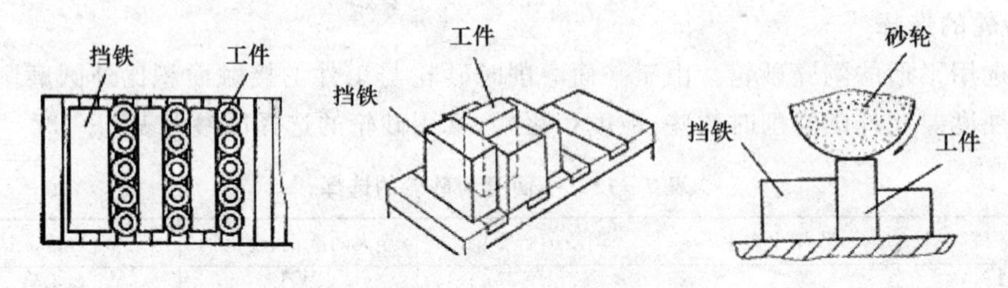

图7－53 加挡铁装夹小工件

(2) 精密平口钳装夹

磨削相互垂直的平面形工件时，要用精密平口钳装夹工件，其示例如图7－54所示。

1) 装夹步骤

① 工件装夹前，先用干净抹布擦净工作磁台和精密平口钳底面，再将精密平口钳放在磁台上。

② 将磁盘开关转向"吸"位置，精密平口钳被吸紧。

③ 擦净工件和精密平口钳装夹面，将工件放入钳口，用精密平口钳扳手顺时针转动螺杆锁紧工件。

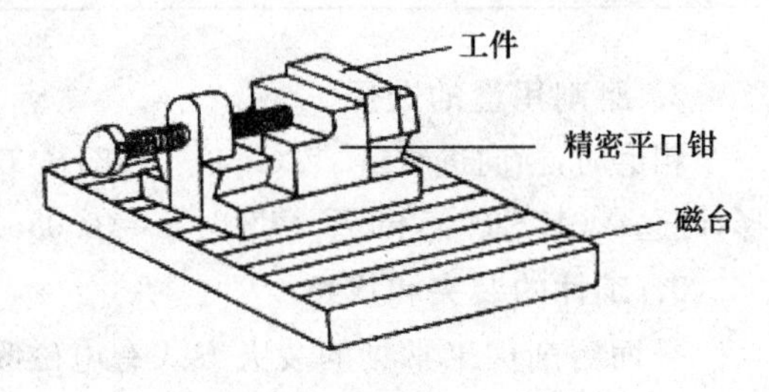

图7－54 精密平口钳装夹工件

④ 加工完毕，逆时针转动精密平口钳螺杆松开工件，然后退磁取下精密平口钳。

2) 注意事项

① 不适合直接装夹表面粗糙不平的工件。

② 一般情况下不需要找正，磨削时将精密平口钳的长边或短边与纵向运动方向平行放置即可。

③ 当要用砂轮侧面磨削工件侧面时，精密平口钳需要按工作台纵、横方向找正固定钳口。

④ 精密平口钳在工作台上要轻拿轻放，切忌砸伤工作台。

(3) 精密角铁装夹

在磨削垂直度要求很高的垂直面工件时，常用精密角铁装夹工件。工件用压板压紧在角铁上，同时需要用百分表找正，如图7－55所示。

1) 装夹步骤

① 用干净抹布擦净角铁底面和工作台面。

② 将角铁放置在磁台上，将电磁铁通电，吸紧角铁。

③ 清理好工件定位面并擦净角铁支承工件的表面，然后将工件按图示找正，并压紧在角铁上。

2) 注意事项

① 在使用精密角铁前，先检查角铁本身的垂直精度，如有超差，应找出原因，如角铁基准面与电磁吸盘台面之间混有杂质或者角铁基准面有硬点、划痕等，必须经修复精度后才能使用。

② 工件在找正时，应先稍稍夹紧工件不至于掉下为合适，待找正后再夹紧工件。

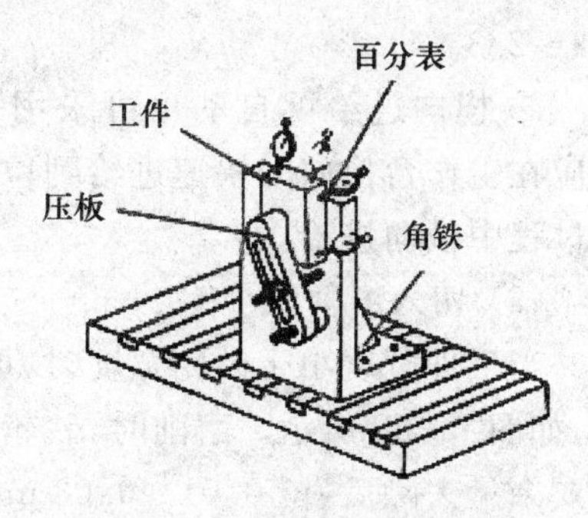

图 7-55　精密角铁装夹

③ 装夹硬度较低的工件时，应在工件夹紧平面与压板之间垫上铜皮等软质材料，以防工件被夹伤。

7.11.3　磨削方法和操作要领

1. 平行面的磨削

在矩台平面磨床上磨削平行面常用的方法有以下几种：

(1) 横向磨削法

横向磨削法是最常用的一种磨削方法。对好刀后，砂轮垂直进给一定的深度 a_p，工作台纵向往复磨削一个行程，砂轮主轴做一次横向进给(s)，待工件上第一层金属磨去后，砂轮再做垂直进给，直至切除全部余量为止，如图 7-56 所示。这种磨削方法适用于磨削长、宽大于砂轮宽度的平面工件。其特点是磨削发热较小，排屑和冷却条件较好，因而容易保证工件的平行度和平面度，但生产效率较低。其操作要领如下：

① 加工前要测量出工件的最高点，对刀时应在工件最高处对刀，否则会由于切削量过大而发生事故。

② 对好刀后再将砂轮移至横向方向的工件边缘处垂直进给。

③ 纵向行程要按图 7-57 所示调整，左右各超出 20～30 mm。

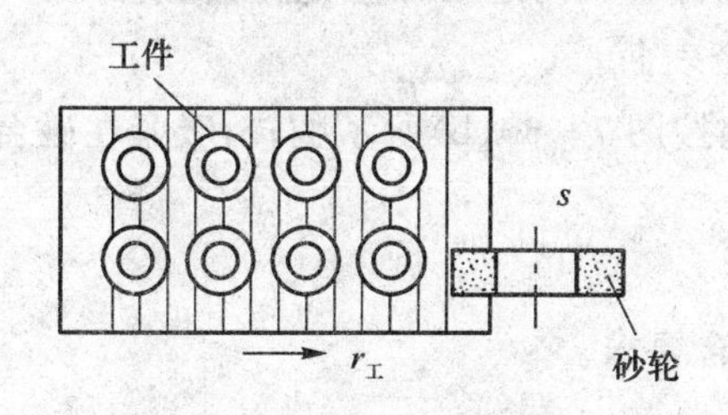

图 7-56　横向磨削示意

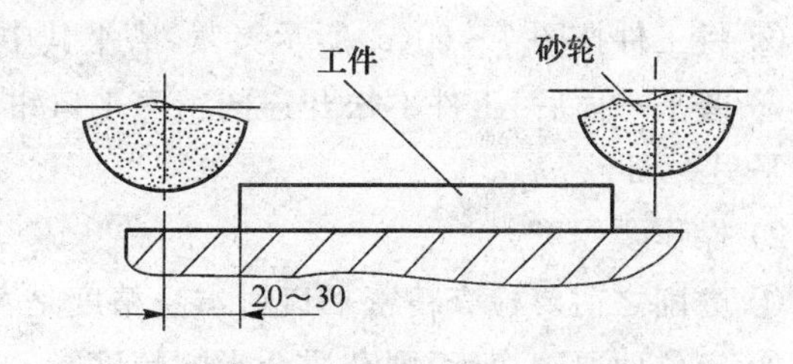

图 7-57　砂轮越程示意

④ 每一纵向行程终了后横向进给时，其进给量要比砂轮宽度小，精磨时可取砂轮宽度的

1/2～2/3。

⑤ 横向进给可自动也可采用手动，手动进给时应在工作台换向时快速进给到位，不要在砂轮磨削过程中横向进给。

(2) 切入磨削法

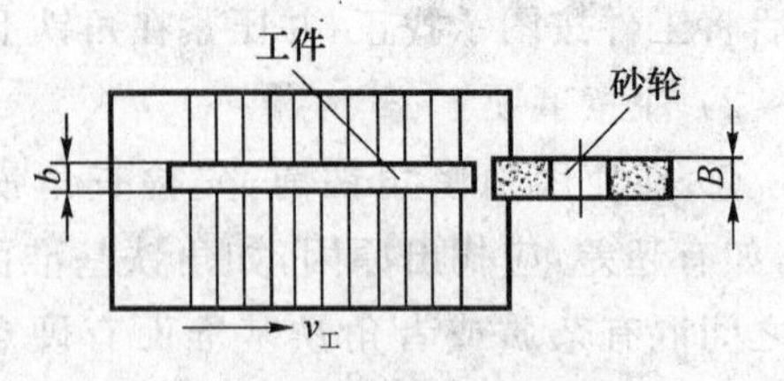

图 7－58 切入磨削法

当工件宽度小于砂轮宽度时，可采用切入磨削法，如图 7－58 所示。磨削时，砂轮不横向进给，当主要余量去除后，留 0.01～0.03 mm 用横向磨削法磨至要求的尺寸。其操作要领如下：

① 工件的较长边要与纵向移动方向平行。

② 工件数量较多又必须单件磨削时，要不时更换砂轮磨削的位置，且要及时修整砂轮，否则砂轮会将局部磨损的沟槽等缺陷复印在工件上。

③ 主要余量去除后，要横向光磨以提高精度和表面质量。

(3) 阶台砂轮磨削法

根据工件的磨削余量，将砂轮修整成阶台形，并采用较小横向进给，使其在一次难直进给中磨去较多余量或全部余量的磨削方法如图 7－59 所示。

操作要领如下：

① 一般阶台的 $a=0.05$ mm，$K_1+K_2+K_3=0.5B$。

② 运用阶台砂轮磨削法粗磨时，机床和工件必须具有较好的刚度。

③ 横向进给要小于 K 值。

2. 垂直面的磨削

平磨上常用精密平口钳和精密角铁装夹工件磨削垂直面，加工精度取决于精密平口钳和角铁的精度及找正精度。

(1) 用精密平口钳装夹磨垂直平面

1) 操作步骤

① 将精密平口钳放在工作磁台上，使固定钳口平行于纵向运动方向，上磁锁紧。

② 将工件按图 7－60(a)所示夹紧，磨平其中一个表面。

③ 磨平一面后，工件不松开连同精密平口钳一起按图 7－60(b)所示翻转，吸紧在磁台上，再磨平另一面。

2) 操作要领

① 磨削之前要检查精密平口钳本身精度是否符合要求。

② 定位面要擦净，否则杂质会影响精度。

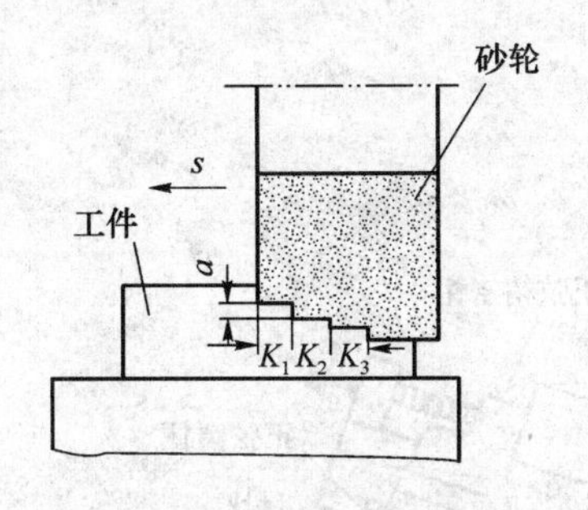

图7-59 阶台砂轮磨削法

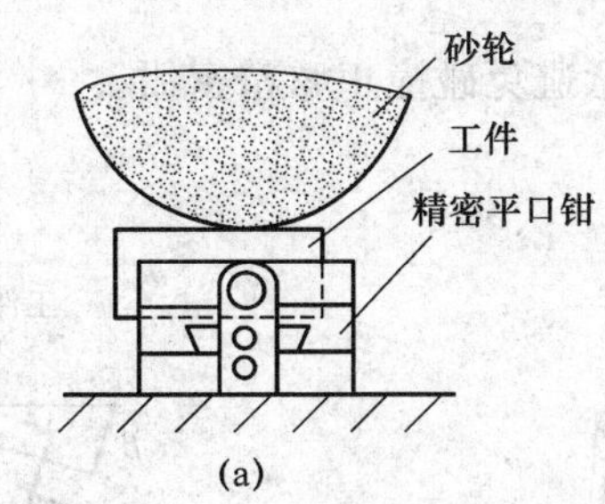

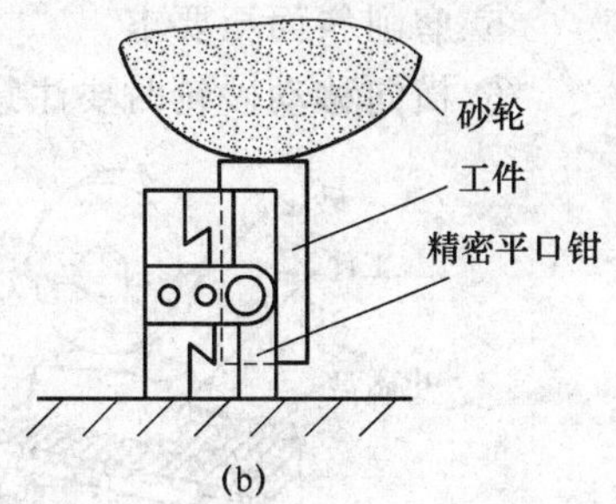

图7-60 精密平口钳装夹磨垂直面

③ 工件装夹时，工件不得伸出精密平口钳侧翻后的定位面，以防干涉。

④ 精密平口钳侧翻后磨头要及时上移，防止碰撞砂轮。

⑤ 磨削另一垂直面时工件不可松动。

(2) 用精密角铁装夹磨垂直平面

1) 磨削步骤

① 把精密角铁放到磁台面上，使角铁垂直平面与工作台运动方向平行后上磁。

② 把已精加工的面紧贴在角铁的垂直平面上，用压板和螺钉、螺母稍微压紧。

③ 用杠杆式百分表找正待加工平面，如果待加工平面与另一垂直平面也有垂直度要求，则也要找正另一垂直平面，使垂直度误差在公差范围之内。

④ 旋紧压板螺钉上的螺母，使工件紧固，并用百分表复校一次。

⑤ 调整工作台行程距离和磨头高度。

⑥ 磨削工件至图样要求。

2) 操作要领

① 磨削之前要检查角铁本身的精度是否符合要求。

② 定位面要擦净，否则杂质会影响精度。

③ 工件在找正时，夹紧力要适度，太紧了工件找正困难，太松了找正时工件容易脱落。

④ 装夹硬度较低的工件时，应在工件夹紧平面与压板之间垫上铜皮等软性材料，以防工件被压出印痕；压板与工件接触点至螺杆距离要大于螺杆至压板支承点距离。

3. 斜面的磨削

平磨加工中，斜面常用的磨削方式分别如图7-61和图7-62所示。量块高度 $H=L\sin\beta$。

磨削步骤及要领：

① 根据斜面角度计算好量块高度 H 并选好量块。

② 将工件夹在正弦精密钳上。

③ 松开正弦规锁紧螺钉，将选好的量块放置在正弦圆柱下，如图7-62所示。

④ 将正弦精密钳的固定钳口平行于工作台纵向放置。

⑤ 磨削斜面至要求。

⑥ 横向移动砂轮时要注意避免碰撞正弦精密钳。

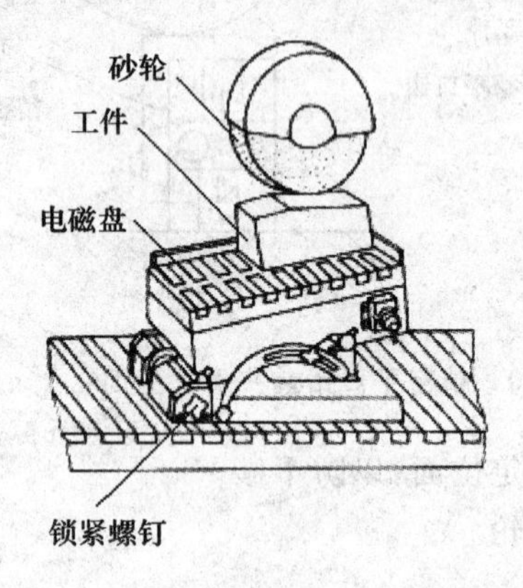

图 7-61 正弦电磁吸盘磨斜面

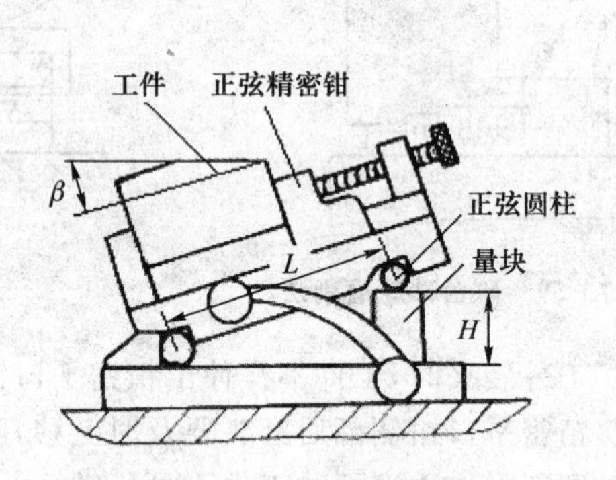

图 7-62 正弦精密钳磨斜面

7.11.4 工件缺陷、产生原因及预防措施

有多方面因素导致平面磨削中出现各种缺陷，诸如砂轮、磨削用量、操作工艺和机床调整等因素。磨削中一旦发现缺陷，应查找原因，并加以消除。常见缺陷、产生原因及其预防措施如表 7-14 所列。

表 7-14 平面磨削产生缺陷的原因及解决措施

缺陷名称		产生原因	解决措施
平面呈中凹形		① 进给量过大 ② 砂轮硬度偏高 ③ 冷却不充分	选用合适砂轮，改善砂轮的自锐性，并注意充分冷却，减小磨削热
塌角或侧面呈喇叭口		① 主轴轴承间隙过大 ② 砂轮磨钝 ③ 进给量过大	在工件两端加辅助工件一起磨削
表面波纹	① 直波纹 ② 两边波纹 ③ 菱形波纹	① 磨头系统刚性不定 ② 塞铁间隙过大 ③ 主轴轴承间隙过大 ④ 砂轮不平衡 ⑤ 砂轮硬度太硬 ⑥ 工作台换向冲击太大 ⑦ 液压系统震动 ⑧ 垂直进给量过大	找出震动部位，然后采用措施消除

续表 7-14

缺陷名称	产生原因	解决措施
线性划伤	① 冷却液太少 ② 工件表面排屑不良	加大切削液流量，调整好切削液喷嘴位置
表面进给痕迹	① 砂轮母线不直 ② 进给量过大 ③ 砂轮主轴轴承间隙过大	调整机床主轴间隙，并将金刚石安装在工作台上，精细修整砂轮

7.11.5　练习实例

磨削加工图 7-63 所示六面体。其练习步骤如下：

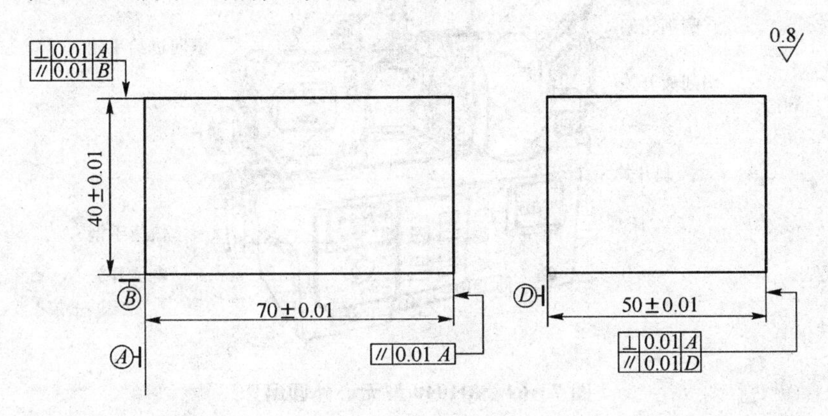

图 7-63　平面磨削实例

① 磨削 40 mm 两平面至尺寸 40±0.01 mm，保证平行度 0.01 mm。

② 用精密平口钳夹持 40 mm 两平面，磨平 50 mm 两面中的一面，磨平即可。

③ 50 mm 平面中一面磨平后，侧翻精密平口钳 90°，再磨平 70 mm 两面中一面，磨平即可。

④ 拆下工件，拿开精密平口钳，以步骤②中磨削好的面定位，放工件于磁台上，磨削对面至尺寸 50±0.01 mm，保证平行度 0.01 mm。

⑤ 以步骤③中磨削好的面定位，磨削对面至尺寸 70±0.01 mm，保证平行度 0.01 mm。

注意事项：

① 在平行面磨削好后，准备磨削垂直面时，应用油石除去平行面上的毛刺，以消除定位误差，保证垂直度。

② 在磨削 70 mm 两平面时，由于高度较高，稳定性差，所以要放置挡铁，保证安全。

7.12 无心外圆磨削

7.12.1 操作训练基本要求

外圆磨削除上述中心外圆磨削外，还有无心外圆磨削。无心外圆磨床如图 7－64 所示。操作训练基本要求：

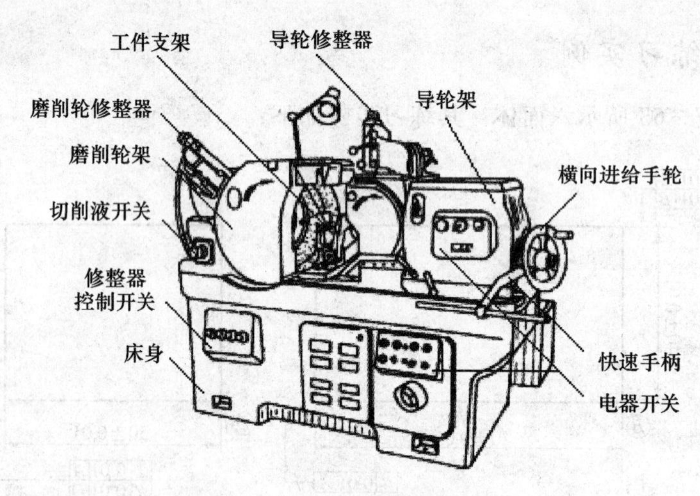

图 7－64 M1040 型无心外圆磨床

① 掌握磨床的基本操作。

② 掌握磨削轮更换和修整。

③ 掌握导轮更换和修整。

④ 熟悉工件托板的调整。

⑤ 熟悉贯穿和切入磨削法。

7.12.2 准备知识

1. 砂轮的选择

无心磨床中起磨削作用的砂轮称为磨削轮，磨削轮的特性选择主要取决于工件的材料和工件的表面粗糙度要求。在通常情况下，采用粒度适中、硬度为中软的刚玉或白刚玉砂轮，M1040 型无心外圆磨床常用型号为 7350×125×127－WA80L5V－35 的砂轮。

2. 磨削导轮的选择

导轮的作用是在磨削过程中带动工件做旋转运动和贯穿运动。导轮用橡胶结合剂制成，具有较大的摩擦因数和适当的弹性。导轮的其他特性与磨削轮基本相同，M1040 型无心外圆磨床常用的导轮型号为：7250×125×75－WA80L5－V35。

3. 磨削导轮的修整

无心外圆磨削时，为使工件实现贯穿运动，必须将导轮修整成双曲面的形状，如图 7－65 所示。修整时相关的调整参数如下：

(1) 导轮修整器金刚石滑座在水平面内的回转角

金刚石滑座的回转角度(如图 7－66 所示)α_1 可按下式计算：

$$\alpha_1=\frac{\alpha}{\sqrt{\frac{d}{D}}}$$

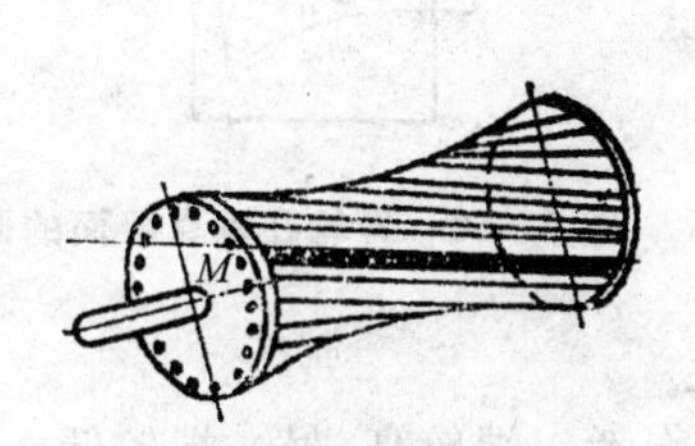

图 7－65　导轮修整后的形状

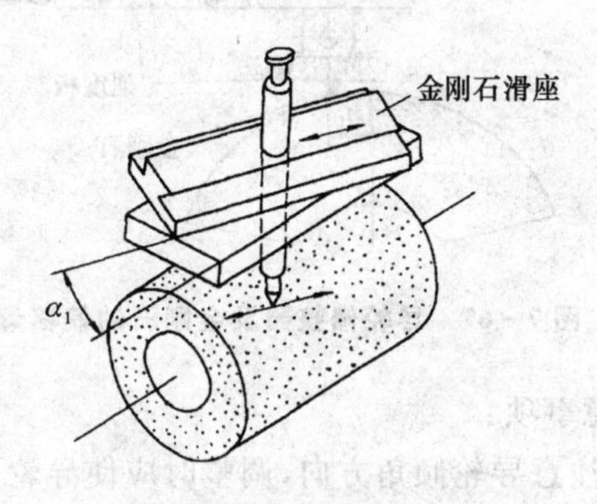

图 7－66　导轮修整器滑座回转角

式中：α——导轮在垂直平面内的倾角，°；

d——工件直径，mm；

D——导轮直径，mm。

(2) 金刚石的偏移量

金刚石的偏移量 h_1(如图 7－67 所示)可按下式计算：

$$h_1=\frac{D}{D+d}h$$

式中：h——工件安装中心高度，mm；

D——导轮直径，mm；

d——工件直径，mm。

4. 导轮的调整

(1) 导轮架在垂直平面内的倾角调整

用贯穿法磨削时，为了能使工件纵向自动进给，导轮轴线需在垂直平面内倾斜某一角度(如图 7－68 所示)。导轮的倾角 α 愈大，工件的贯穿速度愈快。工件经淬火后，往往发生弯曲变形，常常需要多次纵向贯穿才能磨直。粗磨时，为了使工件能以较大的速度通过磨削区域，

取 $\alpha=4^{\circ}$左右；精磨时，则更小，一般取 $\alpha=2^{\circ}$左右。

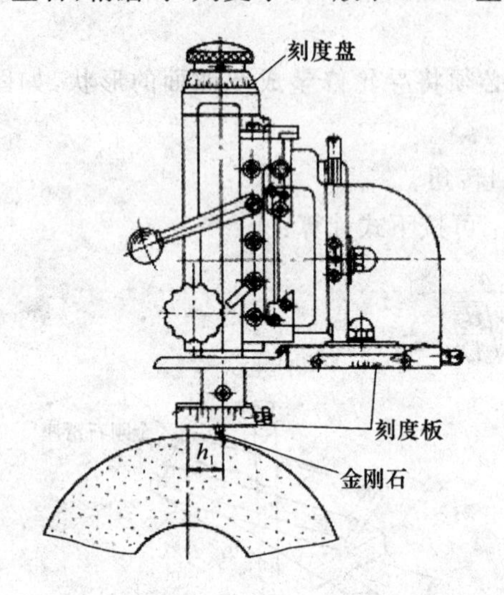

图 7-67　导轮修整器及金刚石的偏移量

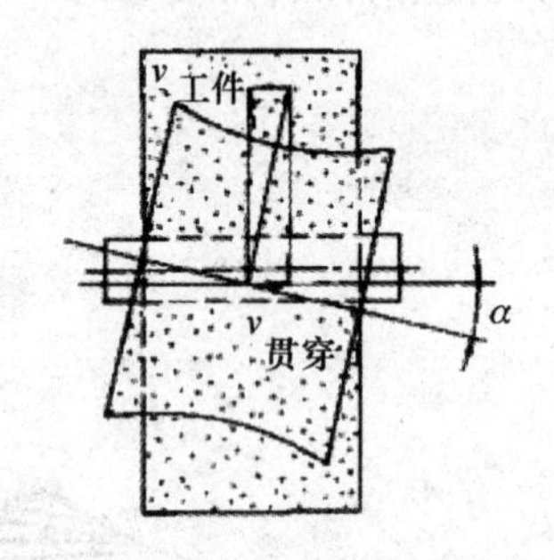

图 7-68　导轮在垂直平面的倾角

注意事项：

① 注意导轮倾角方向，调整时应使导轮主轴靠操作者一端较高，另一端较低。

② 每次调整结束，应立即锁紧导轮架。

(2) 导轮架水平转角的调整

① 切入磨削时的调整。用切入法磨削小锥度圆锥时，可将导轮架在水平面内回转适当角度。

② 贯穿磨削时的调整。用贯穿法磨削圆柱形工件时，导轮回转座应调至零位，并使工件在托片上的位置与磨削轮轴线相平行。

5. 托板的调整

(1) 托板的相关参数

图 7-69 所示为无心外圆磨床的托板，用来支承工件。

① 托板的支承斜角 ϕ 一般取 30°，支承面的平面度和表面粗糙度均有较高要求，当托板的支承斜面磨损时要及时加以修磨。

② 托板厚度影响托板的刚度和磨削过程的平稳性。一般托板厚度要比工件直径小 1.5～2 mm，以防止托板与磨削轮和导轮发生碰撞。

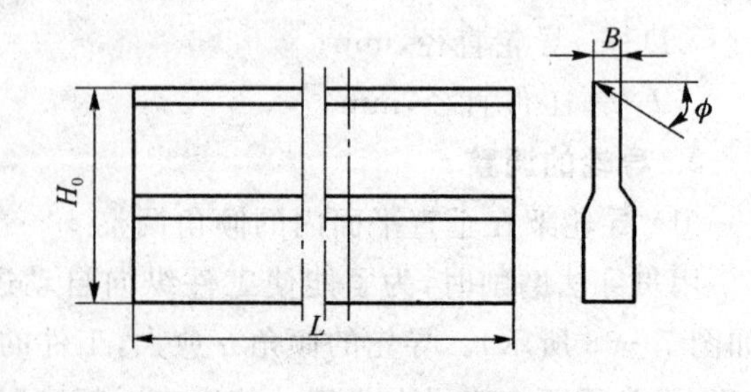

图 7-69　托板尺寸参数

(2) 托板的高度

托板的高度由工件中心高出两砂轮中心的高度 h 所决定,如图 7-70 所示。当高出量过大时,工件将在磨削区内产生跳动,使工件表面出现斑点;当高出量过小时,工件的原始形状误差不易消除。一般高出量 h 可按表 7-15 选取。托板的安装高度 H 可用下式计算:

$$H=194+h+d/2$$

式中:194——机器常数,mm。

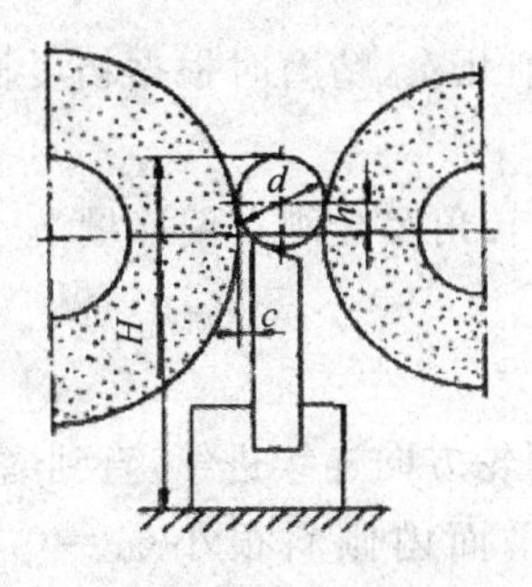

图 7-70　托板高度的调整

表 7-15　托板调整参数　　mm

工件直径 d	工件中心高	托板与磨削轮间距离 c
5～12	2.5～6	1～2.4
12～15	6～10	1.65～4.75
25～45	10～15	3.75～7.5

6. 导板的选择和调整

在磨削过程中导板用来引入、进和退出工件(如图 7-71 所示)。导板的长度根据工件长度选择,工件长度大于 100 mm 时,导板长度取工件长度的 0.75～1.5 倍,工件长度小于 100 mm 时,取工件长度的 1.5～2.5 倍。若工件长度比直径小,导板长度取大值。

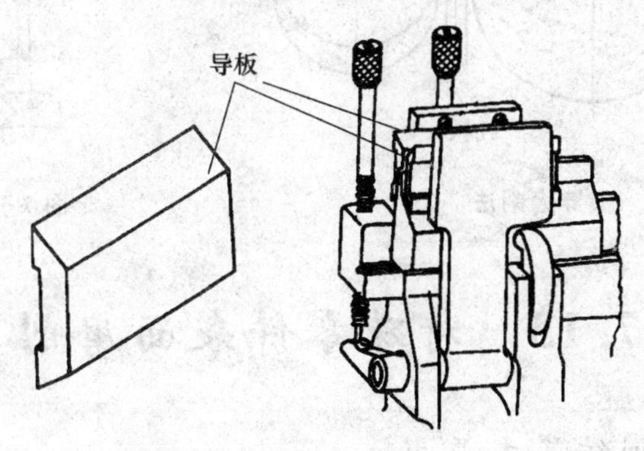

图 7-71　导板

7.12.3　磨削方法和操作要领

1. 贯穿磨削法

将工件由送料槽输入至前导板,与导轮接触后,工件一面旋转,一面由导轮带动纵向进给,最后至后导板经送料槽输入至工件盒中。这样每贯穿磨削一次,导轮进行一次横向进给,直至磨削至图样要求，如图 7-72 所示。

导轮的倾斜角 α 和背吃刀量 a_p 可按磨削要求选择。通常，粗磨时 $\alpha=2.5°\sim4°$，$a_p=0.02\sim0.03$ mm；精磨时 $\alpha=1.5°\sim2.5°$，$a_p=0.005\sim0.01$ mm。

注意事项：

① 粗磨时导轮的倾角要稍大些，以提高生产效率。精磨时导轮的倾角稍小，以保证表面质量。

② 磨削次数按加工余量分配，粗磨时余量大应多贯穿磨削几次，精磨时根据精度而定，一般不少于 2 ~3 次。

③ 及时修整砂轮和导轮，修整导轮时，要适当修正导轮回转角及金刚石偏移量。

④ 切削液要充分。

2. 切入磨削法

切入磨削时，工件不穿过磨削区，它一面旋转，一面向磨削轮方向连续进给，直到磨去全部余量为止；然后导轮后退，取出工件。磨削时导轮在垂直平面内倾斜很小（$\alpha=0.5°$），如图 7-73所示，以使工件靠紧挡块，并在轴向定位。

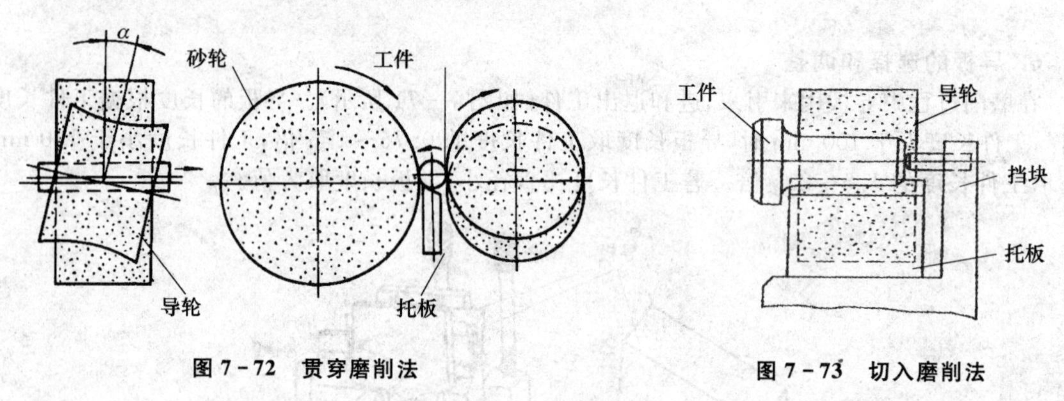

图 7-72 贯穿磨削法

图 7-73 切入磨削法

7.13 特殊零件表面磨削

7.13.1 操作训练基本要求

① 了解细长轴、深孔、薄壁和薄片件等中等复杂工件的特性。

② 掌握细长轴、深孔、薄壁和薄片件等工件的特殊装夹方法及减少工件应力和变形的措施。

③ 掌握磨削操作步骤和基本操作要领。

7.13.2　细长轴的磨削

细长轴通常是指长径比大于 10 的轴。细长轴刚性差、易变形。磨削的关键问题是如何减小磨削力和提高工件的支承刚度，减小工件变形。

1. 准备知识

(1) 砂轮的选择

应选择粒度较粗、硬度较软、组织较松、厚度较薄的砂轮，以提高砂轮的自锐性，减小磨削抗力，以避免砂轮阻塞为主要考虑因素。

(2) 磨削用量的选择

磨削时，由于工件细长易弯曲，砂轮应间断磨削。粗磨时，背吃刀量要小，防止挖刀或让刀，工作台速度要慢，工件的转速要低；精磨时，采用极小的背吃刀量，更低的工件转速，防止震动。磨削工件全长时，在靠近轴的两端可用稍大的进给量，在磨削中间部位时，进给量应小一些，并可适当增加进给次数。细长轴的磨削用量如表 7－16 所列。

表 7－16　磨削细长轴时的磨削用量

磨削方式 / 磨削用量	粗　磨	精　磨
背吃刀量 a_p/mm	0.005～0.015 6	0.002 5～0.005
纵向进给量 $f/(mm \cdot r^{-1})$	$0.5B$	$(0.2～0.3)B$
工件圆周速度 $v_w/(m \cdot min^{-1})$	3～6	2～5
砂轮圆周速度 $v_o/(m \cdot s^{-1})$	25～30	30～40

注：B 为砂轮宽度，mm。

(3) 工件的装夹与找正

当工件长径比小于等于 13 时仍用两顶尖装夹；当工件长径比大于 13，精度要求很高时，一般采用两顶尖加中心架支承的装夹方法，如图 7－74 所示。

1) 中心架的结构

万能外圆磨床上磨削细长轴常用开式中心架支承，其结构如图 7－75 所示。中心架的架体用螺钉固定在磨床工作台上，工件由垂直支承块和水平支承块支承着，水平支承块可用捏手经螺杆和套筒调整到需要的位置，垂直支承块可用捏手经螺杆套筒和双臂杠杆调整到需要位置。水平支承块和垂直支承块用尼龙或硬木块制成。

2) 中心架支承的装夹调整

① 在两顶尖之间顶好工件，调整好尾座顶尖的顶紧力，顶紧力要适度，用手转动工件稍有摩擦感即可。

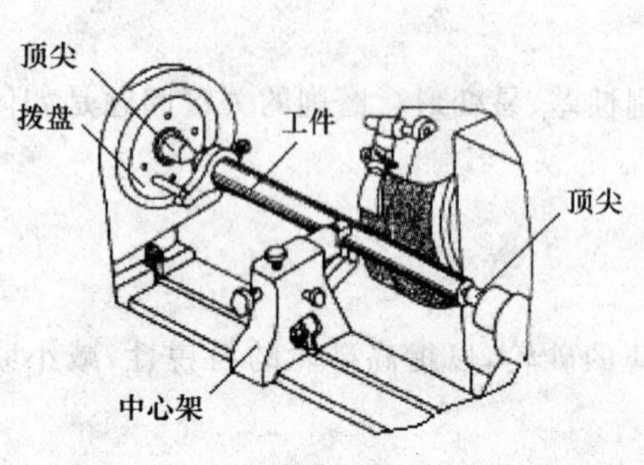

图 7-74 用中心架支承磨细长轴

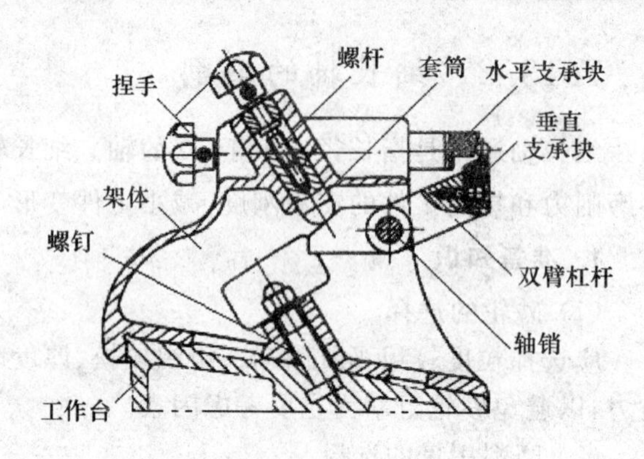

图 7-75 开式中心架结构

② 按图 7-76 所示磨削支承处外圆。支承外圆通常选在细长轴的中间部位。磨削时采用切入法，切入速度要慢，切削液供应要充分。其外圆的径向圆跳动误差不大于 0.003～0.005 mm，表面粗糙度 R_a 为 0.8～0.4 μm。分粗、精磨两次完成。粗磨时可留 0.05～0.07 mm余量，精磨时可磨至尺寸公差上限，或留 0.005 mm 的余量。

③ 调整中心支承架。中心架固定后，用色剂涂在工件上，调整支承块与工件接触，使工件支承外圆与支承块均匀接触，防止歪斜，歪斜时按图 7-77 所示调整。用百分表来控制水平支承块和垂直支承块的移动量，分别调整两个捏手，使百分表分别在图示两位置的指针跳动量在±1 格之间，随后锁紧螺杆上的螺母。

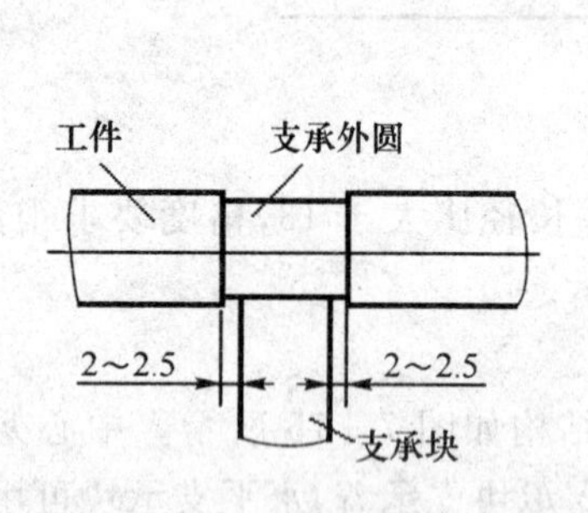

图 7-76 支承外圆磨削宽度

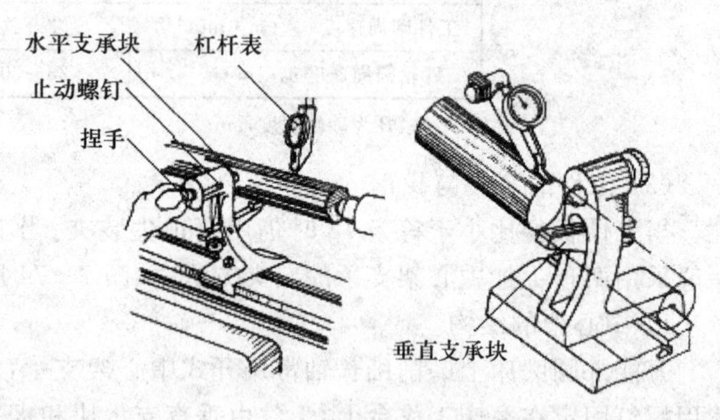

图 7-77 中心支架支承块调整

(4) 其他减少工件变形的措施

① 采用特殊结构的顶尖。采用如图 7-78 所示的顶尖，减小尾座顶尖的压力，以减少工件变形。

② 将砂轮修整成凹形。为了减小磨削时的切削力，可将砂轮修成图 7-79 所示的凹形，以减小工件的受力变形。修整后砂轮的磨削宽度只有原来的 1/3，故磨削径向力可大为减小

(图中 B 为砂轮宽度)。

③ 用双拨杆拨盘夹持工件,双拨杆拨盘可使工件受力均衡,以减小震动和圆度误差。

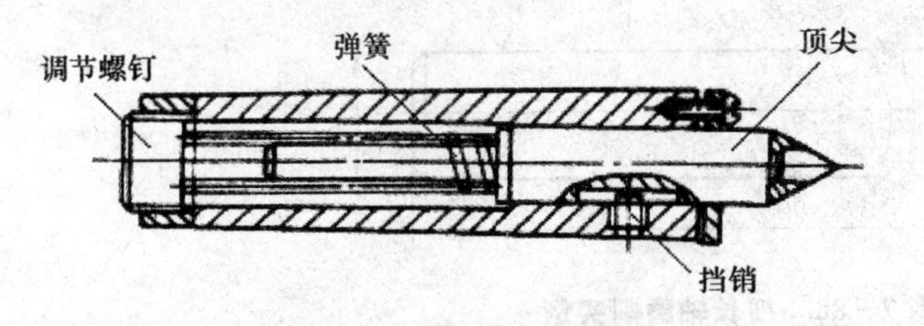

图 7-78　特殊结构顶尖

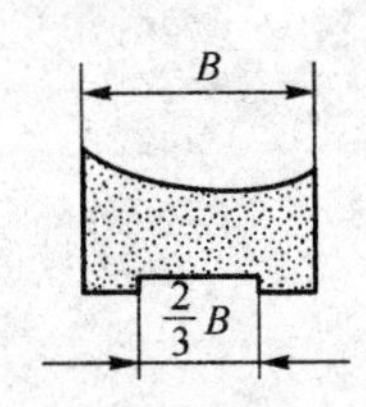

图 7-79　砂轮特殊结构

2. 磨削方法和操作要领

细长轴磨削有两种方法,一种与磨削普通轴类工件相似,另一种则是针对较长工件采用中心架支承进行磨削。采用中心架磨削的步骤如下:

① 用拨盘夹持工件,调节顶尖顶紧力,修整砂轮。

② 磨削工件支承段外圆装上中心架,调整好水平支承块和垂直支承块。

③ 以 0.01～0.02 mm 的背吃刀量进行初磨,根据初磨的情况调整磨床,调整后,进行试磨,直至能均匀磨去 0.005 mm 再进行粗磨。

④ 粗磨后再进行半精磨,全面检查工件精度,并随之进行针对性调整,调整后试磨,能均匀磨去 0.003 mm 后进行精磨。

⑤ 快到尺寸时,做 1～3 个行程的光磨达图样要求。

操作要领:

① 工件的中心孔是定位基准,一定要研磨好,要求与顶尖对研着色,着色率要达 80%以上。

② 顶尖顶紧力度要合适,防止过松和过紧。

③ 砂轮要及时修整随时保持锋利,否则易造成挖刀或让刀。

④ 中心架必须周期性调整,随着工件直径被不断磨小,支承圆必须重新磨削,中心架也要不断调整,以适应半精磨和精磨的需要。在磨削操作中必须注意预防和控制由磨削力特别是径向磨削力使工件可能产生的变形。

⑤ 切削液要充分。

3. 练习实例

图 7-80 所示为一细长光轴,材料为 40Cr,热处理调质至 235HBS,尺寸及精度如图 7-80 所示。该工件长径比为 30,刚性较差,磨削时易产生震动和弯曲变形,且工件的形状公差较小,须采用中心架支承,以减小工件受力变形。

加工步骤:

① 选择砂轮。选特性为 WA、46# ～60# 、K、V 的平形砂轮。用大颗粒的尖角金刚石修整

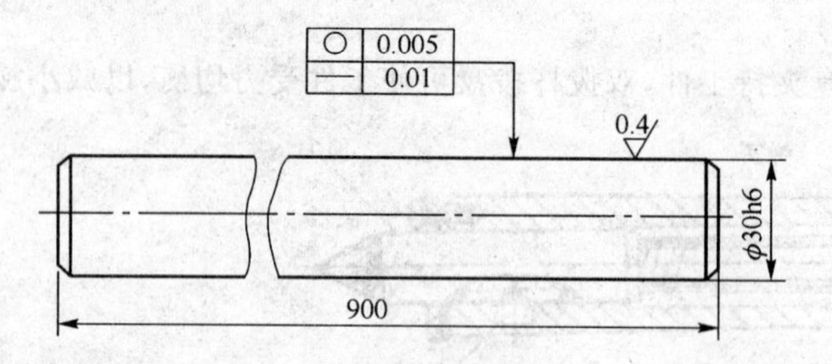

图 7-80 细长轴磨削实例

好砂轮。将砂轮宽度修成 25 mm 左右。

② 检查、修整中心孔，调整两顶尖至同一轴线。装上鸡心夹头，将工件装夹于两顶尖之间。调整尾座顶尖顶紧力。顶尖与中心孔接触面应不小于 80%。

③ 用切入法磨削工件支承圆至 $\phi30^{+0.06}_{+0.01}$，圆度误差不大于 0.005 mm，宽度为 30 mm。

④ 用切入法粗磨右端外圆至 $\phi30^{+0.06}_{+0.01}$，圆度误差不大于 0.005 mm，宽度为 50 mm。

⑤ 调头装夹，找正已磨外圆径向圆跳动误差不大于 0.005 mm。

⑥ 架设中心架并调整支承块支承工件，调整尾座顶尖顶紧力。

⑦ 粗磨外圆，留 0.05～0.07 mm 余量。圆度误差不大于 0.005 mm。

⑧ 校直工件，时效处理工件，弯曲误差不大于 0.03 mm。

⑨ 用切入法半精磨尾座顶尖端外圆 $\phi30_{0}^{+0.04}$，宽度为 50 mm。

⑩ 调头装夹用中心架支承并仔细调整。调整尾座顶尖的顶紧力。

⑪ 半精磨外圆，留 0.025～0.04 mm 精磨余量，圆度误差不大于 0.005 mm，直线度误差不大于 0.01 mm，表面粗糙度 R_a 为 0.4 μm。

⑫ 退出中心架支承块。

⑬ 精修整砂轮。

⑭ 用切入法精磨尾座顶尖端外圆至 $\phi30h6(_{-0.013}^{0})$，圆度误差不大于 0.005 mm，表面粗糙度 R_a 为 0.4 μm。

⑮ 精磨支承圆至 $\phi30h6_{-0.005}^{0}$，表面粗糙度 R_a 为 0.4 μm，圆度误差不大于 0.005 mm。

⑯ 调头装夹调整中心架支承和尾座顶尖顶紧力。

⑰ 精磨外圆至 $\phi30h6_{-0.013}^{0}$，直线度误差小于 0.01 mm，圆度误差小于 0.005 mm，表面粗糙度 R_a 小于 0.4 μm。磨削时须注意与鸡心夹头装夹段已磨外圆的接刀磨削。

⑱ 光磨。进行无背吃刀量纵向进给，光磨 1～3 个行程。

7.13.3 薄壁和薄片件的磨削

薄壁和薄片都是刚性较差、加工时容易产生变形的工件。因此，其磨削的关键是如何防止和减少工件的变形。

1. 薄壁工件的磨削

(1) 薄壁工件的特点

薄壁工件一般指孔壁厚度为孔径的 1/8～1/10 的工件。薄壁工件常因夹紧力、磨削力和内应力等因素的影响而产生变形，从而造成加工误差。图 7－81 所示为工件在三爪自定心卡盘上装夹时所产生的变形情况。

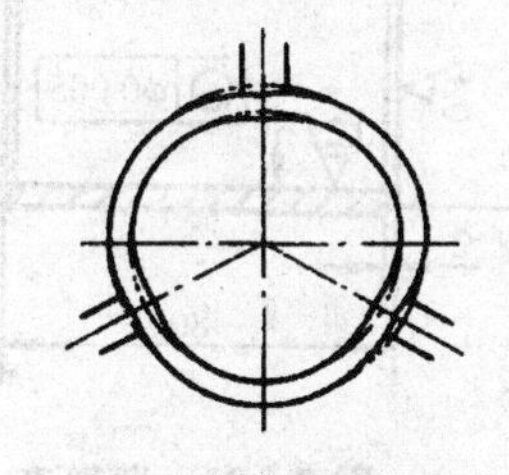

(a) 磨削前的工件变形

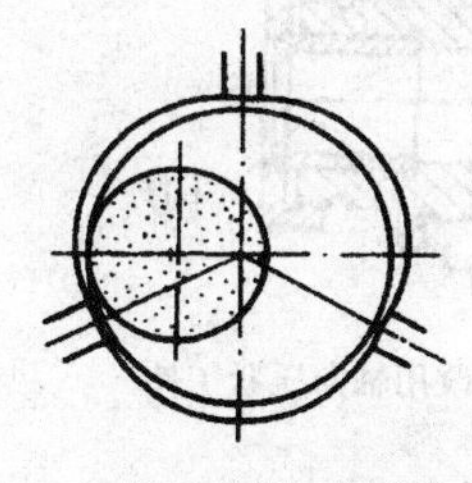

(b) 磨削后的工件形状

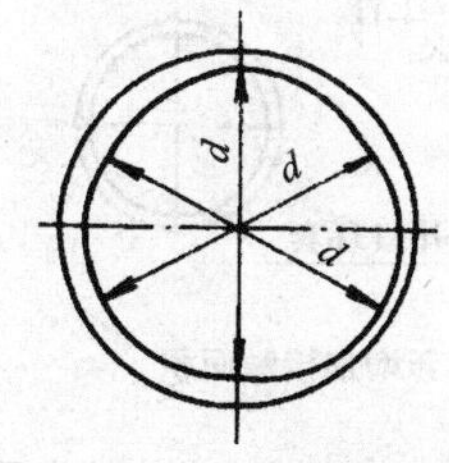

(c) 拆下卡盘以后的工件

图 7－81　薄壁工件的变形

(2) 减少磨削变形的措施

1) 改进工件的装夹方法

为了改变薄壁孔件的装夹变形，可采用开口环套（软爪）和轴向夹紧的专用夹具夹持工件，如图 7－82 所示。

2) 减少磨削力和磨削热变形

① 选用粒度较粗、硬度较软的砂轮磨削。

② 采用粗磨、半精磨和精磨的方式，逐步提高工件的加工精度。

③ 充分冷却，以减小工件的热变形。

(3) 磨削实例

图 7－83 所示为薄壁套工件，材料为 60SiMn，热处理淬硬至 HRC 62，尺寸及精度如图 7－82 所示，ϕ105 mm 端面的表面粗糙度 R_a 为 0.1 μm，内、外圆的表面粗糙度 R_a 均为 0.2 μm。

1) 砂轮选用

选砂轮特性：磨料为 WA(PA)，粒度为 36# ～46#，硬度为 J～K，结合剂为 V。

2) 磨削方法

磨削的工件批量不同磨削方法应有所不同，批量生产时，一般采用专用夹具，作为训练，一般为单件或小批量生产，故用开口环套装夹，用接刀磨削法先磨出外圆，再磨内圆。磨外圆前先在平磨上磨平两端面。

3) 磨削步骤

① 在 M7120A 型磨床上平磨两端面，磨光即可，平行度误差不大于 0.02 mm。

② 在 M1432A 型磨床上，用开口环套套住件直径为 ϕ105 mm 一侧，在四爪单动卡盘上装夹。找正端面与外圆，端面圆跳动误差不大于 0.01 mm，外圆径向圆跳动误差小于 0.005 mm。

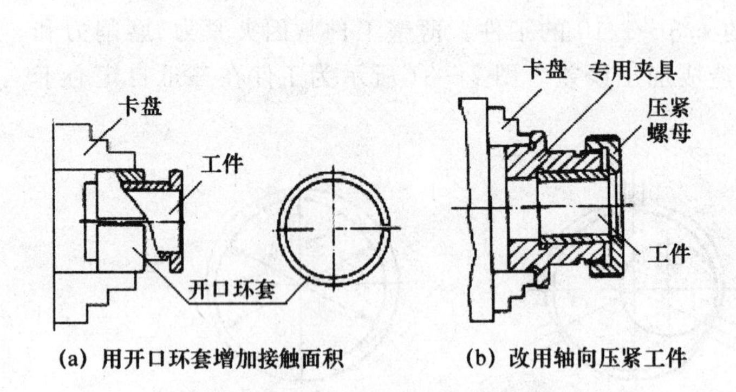

(a) 用开口环套增加接触面积　(b) 改用轴向压紧工件

图 7-82　减小夹持变形的装夹方式

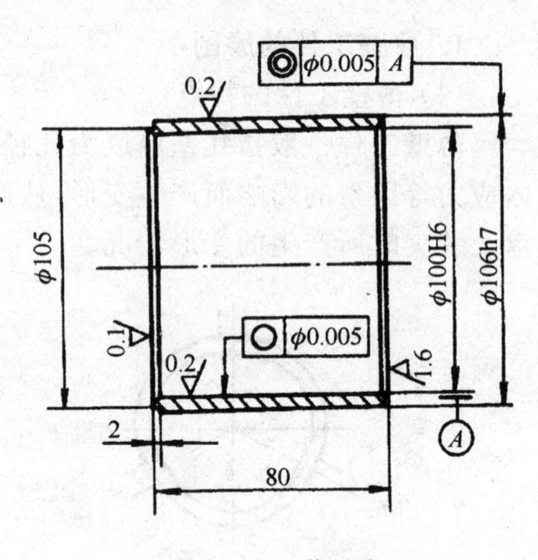

图 7-83　薄壁套

③ 修整内圆砂轮。

④ 调整工作台行程挡铁，控制砂轮越出孔口长度。

⑤ 粗磨内圆。留 0.04～0.07 mm 精磨余量，圆度误差不大于 0.005 mm，粗糙度 R_a 为0.2 μm以内。

⑥ 用专用心轴装夹，装夹前找正轴外圆，径向圆跳动误差不大于 0.005 mm，如图 7-84 所示。

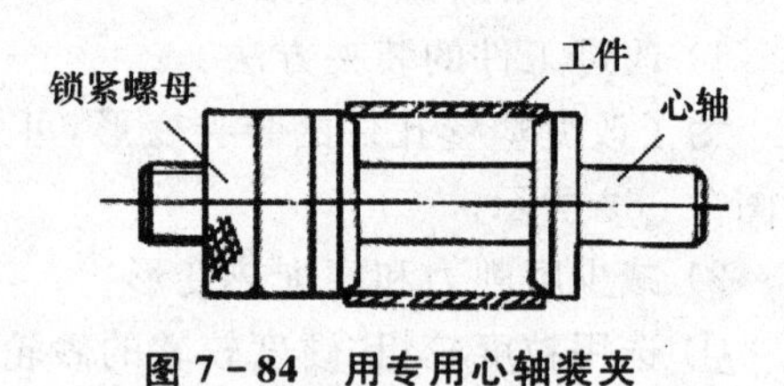

图 7-84　用专用心轴装夹

⑦ 修整外圆砂轮。

⑧ 调整工作台行程挡铁，控制磨削长度。

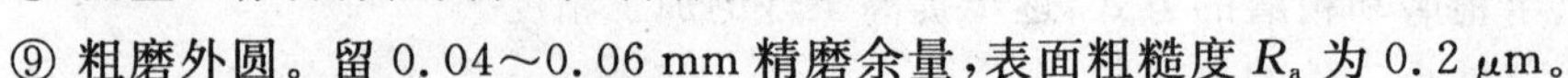

⑨ 粗磨外圆。留 0.04～0.06 mm 精磨余量，表面粗糙度 R_a 为 0.2 μm。

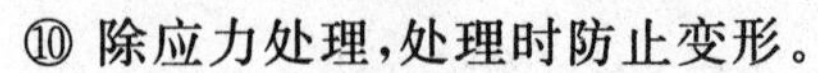

⑩ 除应力处理，处理时防止变形。

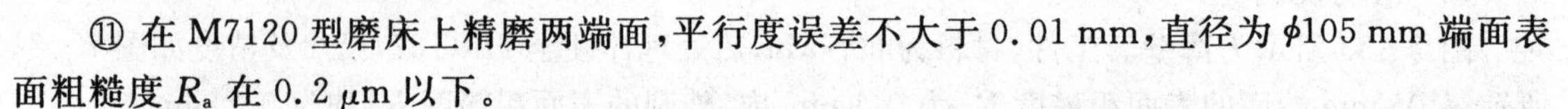

⑪ 在 M7120 型磨床上精磨两端面，平行度误差不大于 0.01 mm，直径为 ϕ105 mm 端面表面粗糙度 R_a 在 0.2 μm 以下。

⑫ 研磨直径为 ϕ105 mm 端面，平面度误差不大于 0.003 mm，表面粗糙度 R_a 为 0.1 μm。

⑬ 在 M1432A 型磨床上，用开口环套，以 105 mm 端面为基准装夹工件。

⑭ 精修整内圆砂轮。

⑮ 精磨内圆 ϕ100H6 至要求尺寸，圆度误差不大于 0.005 mm，表面粗糙度 R_a 为 0.2 μm。

⑯ 用专用心轴装夹，校正。

⑰ 精修整外圆砂轮。

⑱ 精磨外圆 ϕ106h7 至要求尺寸，同轴度误差不大于 0.005 mm，表面粗糙度 R_a 为 0.2 μm。

2. 薄片工件的磨削

(1) 薄片工件的特点

一般将厚度不超过最小横向尺寸 1/5 的片(板)状工件称为薄片(板)。常见的薄片(板)工件如垫圈、摩擦片、垫板及镶钢导轨的镶钢片等。工件变形情况如图 7－85 所示。

(a) 磁台未通电时的工件　(b) 上磁后工件被磨平　(c) 磁台松磁后的工件

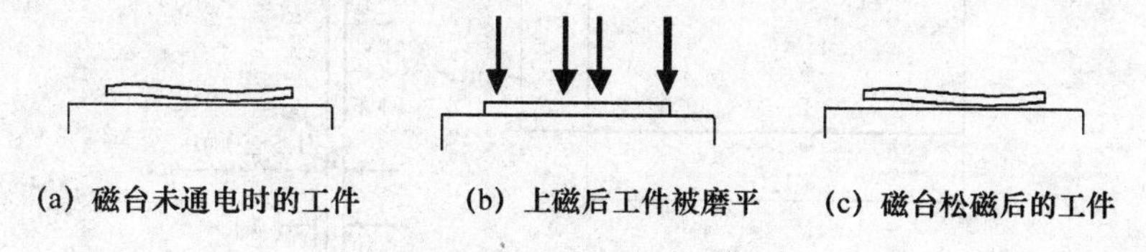

图 7－85　薄片工件的变形

(2) 减小薄片工件磨削变形的措施

1) 减少热变形或磨削应力变形

选用硬度较软的砂轮，并及时修整保持其锋利；采用较小的背吃刀量和较高的工作台纵向速度；供应充分的切削液等。

2) 改变工件装夹方法

一般工件磨削前变形大的要先进行校直，无法校直的可采用空隙处加垫或改变夹紧方向及减小磁力的方法来防止磨削前因磁力而变形。具体方法如图 7－86、图 7－87、图 7－88 所示。

(a) 磁台未上磁　(b) 磁台上磁后工件磨平　(c) 空隙处涂白蜡　(d) 空隙处垫纸

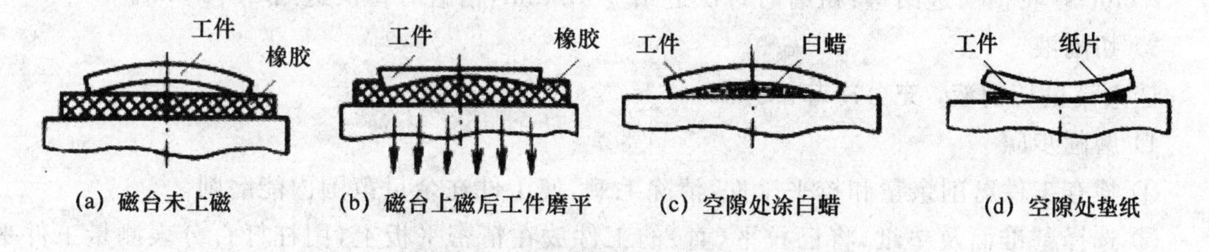

图 7－86　用加软垫的方法装夹工件

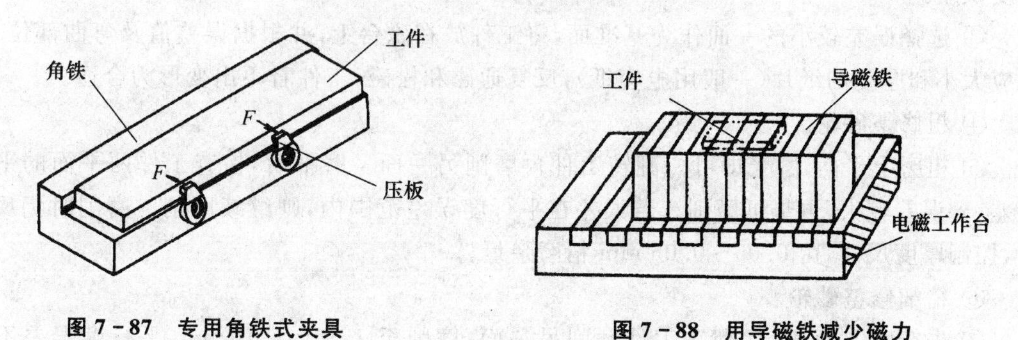

图 7－87　专用角铁式夹具

图 7－88　用导磁铁减少磁力

(3) 磨削实例

图 7－89 所示为尺寸较大的薄片零件，材料为 45 钢。尺寸及技术要求如图 7－89 所示。

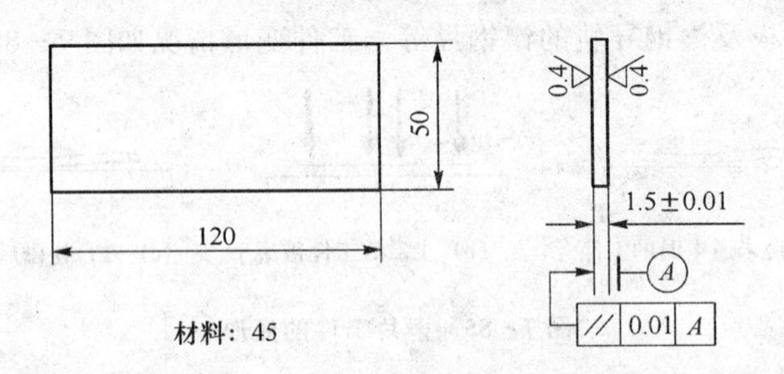

图 7-89 薄片工件磨削实例

1）装 夹

该工件通常用电磁吸盘装夹，由于其厚度小，磨削时易产生弯曲变形，磨削后在电磁吸盘松开时，会产生翘曲现象。对于这种较大尺寸的薄片工件，可在磨削前先进行校平（直），然后用垫纸法装夹在电磁吸盘上磨削。

2）切削参数选择

砂轮垂直进给量 a_p（背吃刀量）：粗磨时每次不超过 0.01 mm，精磨时每次不超过 0.005 mm。砂轮横向进给量：粗磨时每次进给 3～5 mm，精磨时每次进给 2～3 mm。

3）切削液

选大流量切削液，充分冷却。

4）磨削步骤

① 检查工件磨削余量和校平工件，清除毛刺，使工件在余量范围内能磨削。

② 选择基准面及垫纸，将已校平（直）的工件放在精密平板上，用杠杆百分表测量工件平面度误差。

③ 选择误差较小的一面作为基准面，将工件放在磁台上，并根据误差值及弯曲部位，垫入相应大小和厚度的纸片（一般用电容纸），反复通磁和松磁，工件看不出变形为合适。

④ 粗修整砂轮。

⑤ 粗磨上平面，磨光即可。翻转工件再磨削另一面。磨平后，检查工件两平面的平面度误差，若误差较大，再垫纸磨削。若误差在平行度误差范围内，则继续磨削。磨削时仍反复翻转，控制厚度尺寸，留 0.05～0.06 mm 精磨余量。

⑥ 精细修整砂轮。

⑦ 先精磨一面，然后翻转工件磨削另一面，磨削至 1.5±0.01 mm，平行度误差不大于 0.01 mm，表面粗糙度 R_a 为 0.4 μm。

7.13.4 偏心工件的磨削

几何中心和旋转中心不重合的工件称为偏心工件，常见的偏心工件有偏心轴和偏心套两种。偏心工件是一种较复杂的工件，磨削偏心工件主要是解决装夹问题。

1. 偏心工件在磨削中应达到的技术要求

① 保证偏心距的尺寸精度。

② 保证偏心部分几何轴线与工件旋转轴线间的平行精度。

③ 保证偏心部分的位置精度。

2. 偏心工件装夹方法

① 用两顶尖装夹。如图7－90所示，工件两端分别作三对中心孔，磨削1、4圆柱面时顶住中心孔$B—B'$，磨削偏心圆柱2时，顶住中心孔$A—A'$，磨削偏心圆柱3时，顶住中心孔$C—C'$。

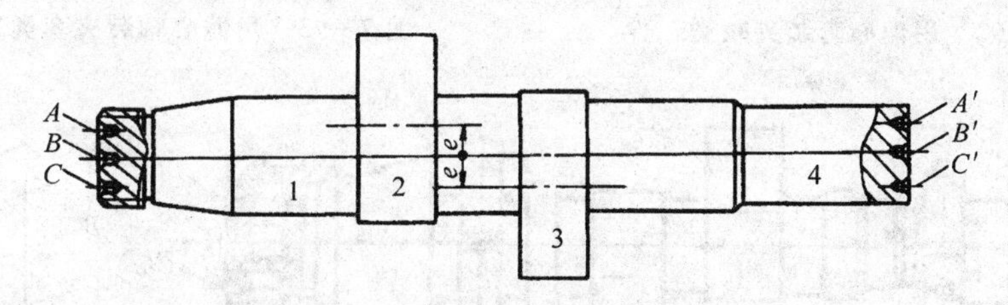

图7－90　用两顶尖装夹磨削偏心轴

② 用四爪卡盘找正偏心距装夹工件。如图7－91所示，磨削工件内孔，将工件装夹在四爪卡盘上，用百分表找正工件，1、3卡爪对称，2、4卡爪偏移一个工件偏心距e值，使磨削孔与回转中心同心，从而便可磨削出偏心距为e的内孔。

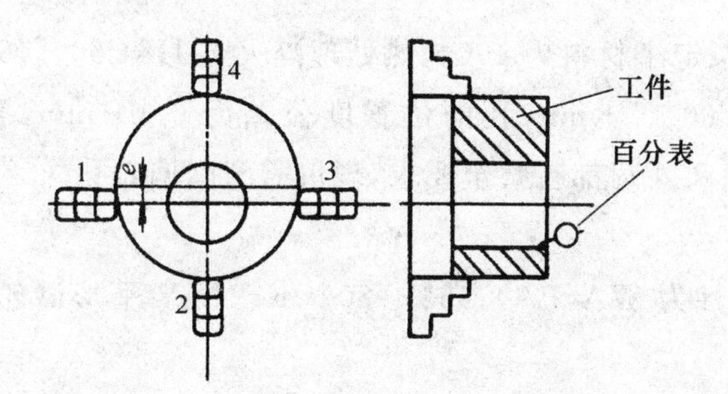

图7－91　用四爪卡盘找正工件偏心距

③ 三爪卡盘上利用偏心套、偏心轴装夹工件如图7－92、图7－93所示。

④ 用专用夹具装夹。如图7－94所示，磨削时顶尖顶在相应的中心孔中便可磨削不同的偏心轴径。

⑤ 用花盘装夹。当偏心工件较大、较重且偏心量大而又不规则时，可采用花盘装夹。找正被磨偏心孔的轴线与头架旋转轴线重合，并在花盘上加配重，以保证被磨孔的精度。

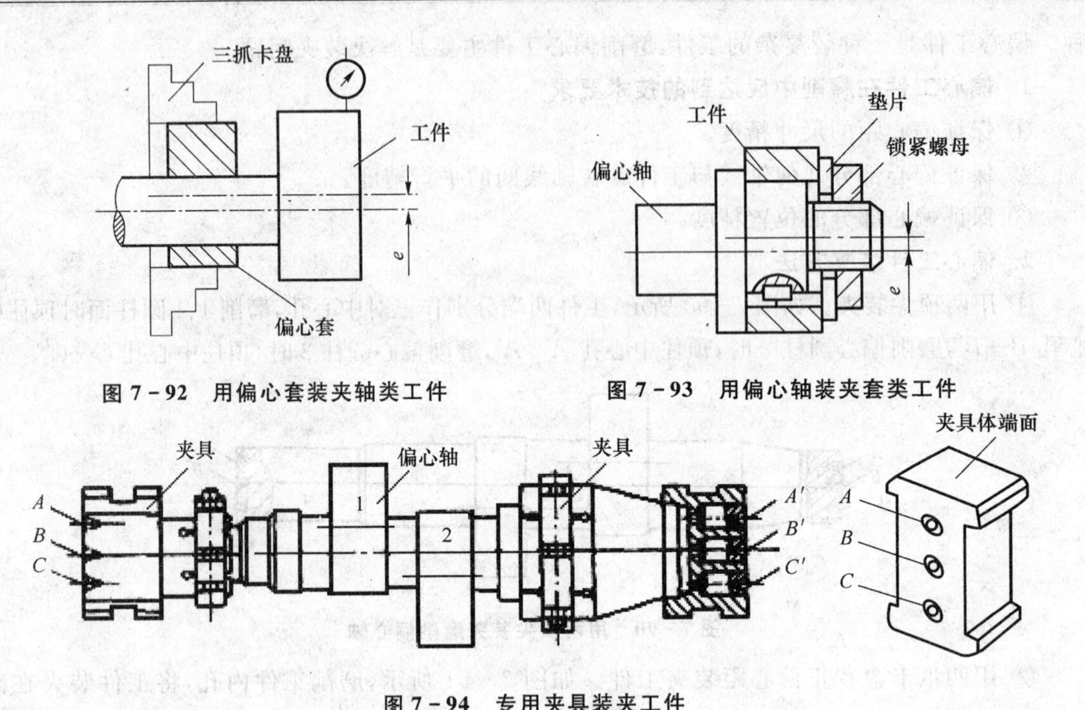

图 7-92　用偏心套装夹轴类工件

图 7-93　用偏心轴装夹套类工件

图 7-94　专用夹具装夹工件

7.13.5　磨削实例

图 7-95 所示定量泵定子材料为 40Cr，热处理淬火至 HRC60。$\phi60^{+0.018}_{0}$ mm 偏心孔的偏心距为 1.8±0.2 mm，$\phi60^{+0.018}_{0}$ mm 孔的位置度公差为 0.01 mm，孔的表面粗糙度 R_a 为 0.4 μm。该工件两端平面和外圆都已磨至要求，现仅需磨削偏心孔。

(1) 磨削前准备

① 选择砂轮。选特性为 WA(PA)、46#～80#、K～L、V 平形砂轮，砂轮外径为 ϕ50 mm，宽为 25 mm。

② 确定工件装夹方法。工件用四爪卡盘装夹。轻轻地将工件夹住后，先用划针找正内孔，分别移动 4 个卡爪，使工件形成偏心，且偏心孔的中心线和头架的旋转中心重合。找正时，先用百分表找正端面圆跳动误差不大于 0.01 mm，再找正 $\phi60^{+0.018}_{0}$ mm 孔，径向圆跳动误差不大于 0.01 mm。

③ 选乳化液作为切削液。

(2) 磨削方法

用纵向磨削法磨内孔，先粗磨内孔，后精磨到图样要求。粗磨后，要拆卸工件，用百分表和精密 V 形架测量偏心距实际尺寸。精磨前，找正端面圆跳动误差不大于 0.01 mm，并用百分

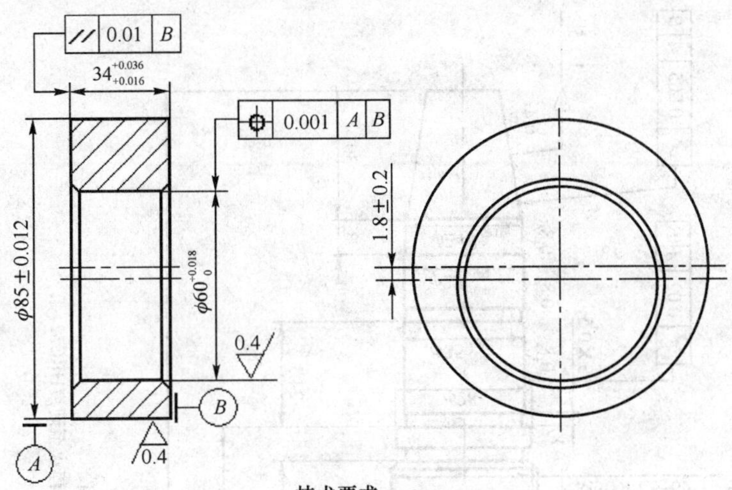

图 7－95　偏心工件磨削实例

表测量外圆，使其读数最大误差为偏心距尺寸的两倍。若不符合要求，则调节卡爪位置，找正至符合要求为止。

(3) 磨削步骤

① 操作前检查工件余量和实际偏心量。用四爪卡盘装夹工件，在卡爪和工件间垫上等厚的铜垫片，调整卡爪使工件形成偏心。找正端面和内孔径向圆跳动误差均不大于 0.01 mm。

② 粗磨内孔，留 0.07～0.10 mm 余量。

③ 拆卸工件检查内孔偏心距实际尺寸，重新装夹工件，并找正。

④ 半精磨内孔，留 0.03～0.05 mm 余量，表面粗糙度 R_a 为 0.8～0.4 μm。

⑤ 精修整砂轮。

⑥ 精磨内孔至 $\phi60^{+0.018}_{0}$，保证偏心距为 1.8±0.20 mm，内孔轴线对直径为 φ85±0.012 mm 外圆和 B 端面的位置度误差小于 φ0.01 mm，表面粗糙度 R_a 为 0.4 μm。

7.14　综合训练

7.14.1　综合练习题

图 7－96 所示为 MQ6025A 型万能工具磨床磨头主轴，要求根据图样分析零件的磨削特点并提出零件的工艺路线。

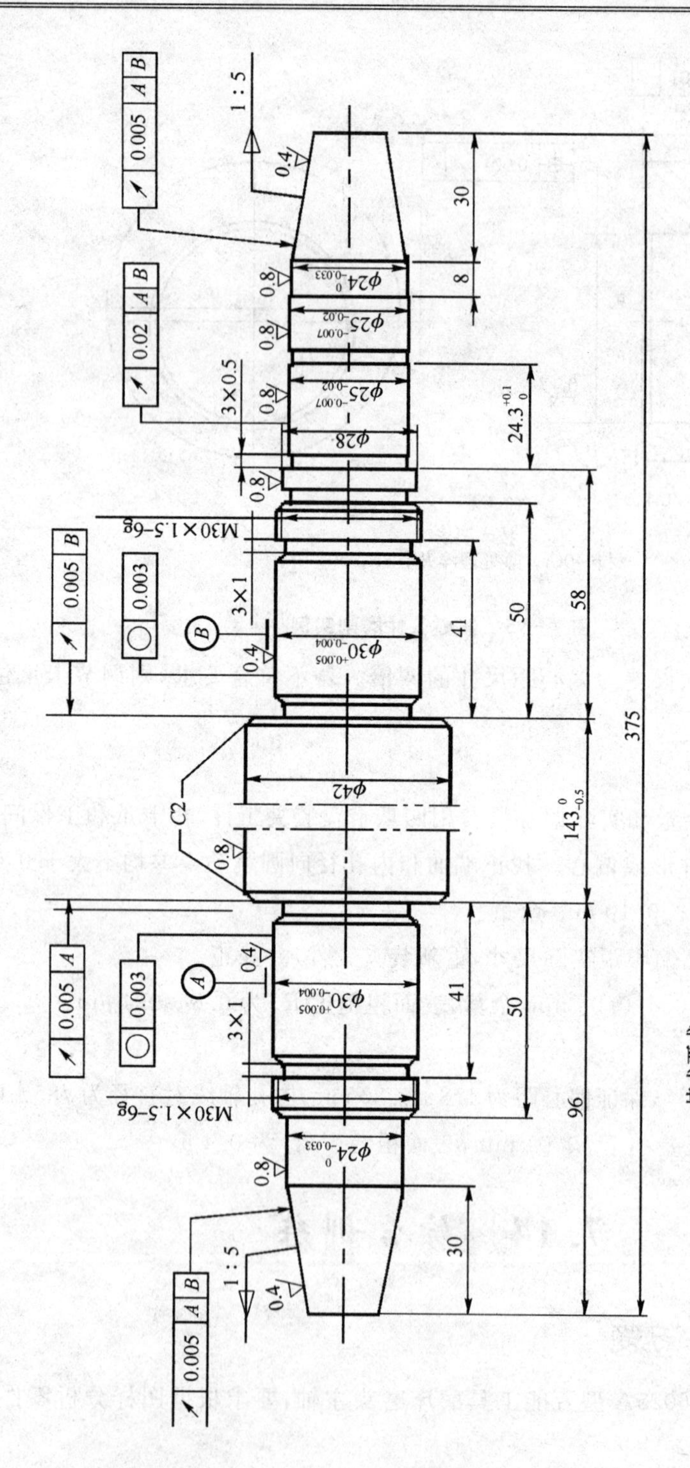

技术要求

1. 1∶5锥体用涂色法检验，接触面积不少于75%，且接触靠近大端。
2. 材料40Cr，热处理退火至硬度HRC250，两端尺寸30和41处高频淬火至硬度HRC52。

图 7-96 MQ6025A型万能工具磨床磨头主轴

1. 零件特点分析

① 该零件为典型的轴类零件，轴径数较多，尺寸精度较高，其中 $\phi30^{+0.005}_{-0.004}$ 达到 IT5 级。

② 形位精度很高，与轴承配合处圆度公差为 0.003 mm，两处端面跳动为 0.005 mm，两端锥面对两 $\phi30^{+0.005}_{-0.004}$ 轴心线跳动为 0.005 mm。

③ 表面质量要求高，与轴承配合处及锥面配合处 R_a 为 0.4 μm。

因此，加工时对机床的精度、砂轮的特性、工件中心孔精度都有较高的要求，且要尽可能减少装夹次数，以提高加工精度。磨削时要分粗、精磨，为使磨削后工件尺寸稳定，粗磨后要对工件进行时效处理。

2. 磨削工艺路线

(1) 研磨中心孔，使表面粗糙度 R_a 为 0.8 μm，接触面积大于 70%。

(2) 粗磨。粗磨各外圆，留 0.2～0.25 mm 精磨余量。

(3) 时效。进行热处理时效，消除工件内应力。

(4) 研磨中心孔。表面粗糙度 R_a 为 0.8 μm，接触面积大于 75%。

(5) 精磨。

① 磨外圆 $\phi42$ mm 至尺寸。

② 半精磨外圆 $\phi30^{+0.005}_{-0.004}$，留 0.05 mm 精磨余量。

③ 磨两端面至尺寸 $143_{-0.5}^{0}$。

④ 磨外圆 $\phi28$ mm 至要求尺寸。

⑤ 磨外圆 $\phi25^{-0.007}_{-0.02}$ mm 至要求尺寸。

⑥ 磨外圆 $\phi24_{-0.033}^{0}$ mm 至要求尺寸。

⑦ 磨两端 1∶5 外锥体至要求尺寸。

⑧ 精磨外圆 $\phi30^{+0.005}_{-0.004}$ mm 至要求尺寸。

7.14.2 技能鉴定模拟题

鉴定模拟题训练要求：

① 分析零件加工特点，并拟出磨削加工工艺路线。

② 依照给出的工具准备清单(略)加工零件，并按评分标准自我评分。

1. 初级磨工技能鉴定模拟题

题目 1　磨削锥轴。零件图样如图 7-97 所示，按图 7-98 所示准备毛坯，表 7-17 为评分表。

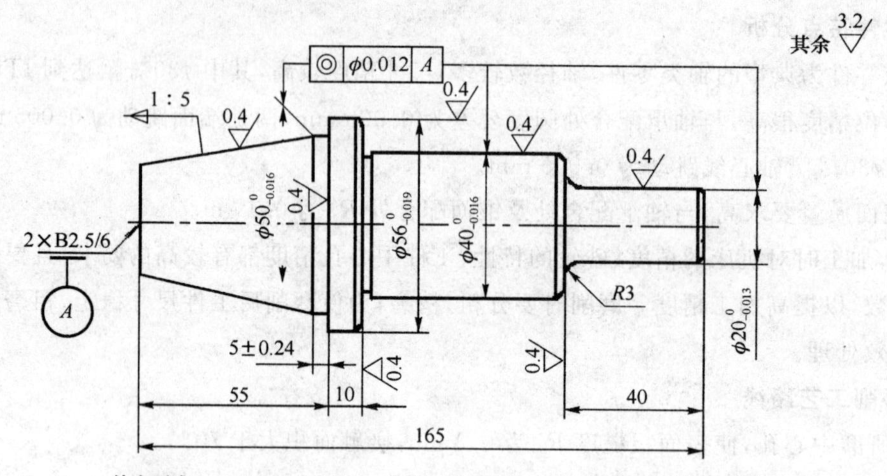

技术要求
1. 圆锥角11°25′16″±2′。
2. 未注公差尺寸按IT12。

技术等级	名 称	图 号	材 料	工 时
初级	锥轴	CMJ01	45	180 min

图 7-97 初级磨工技能鉴定模拟题 1——锥轴

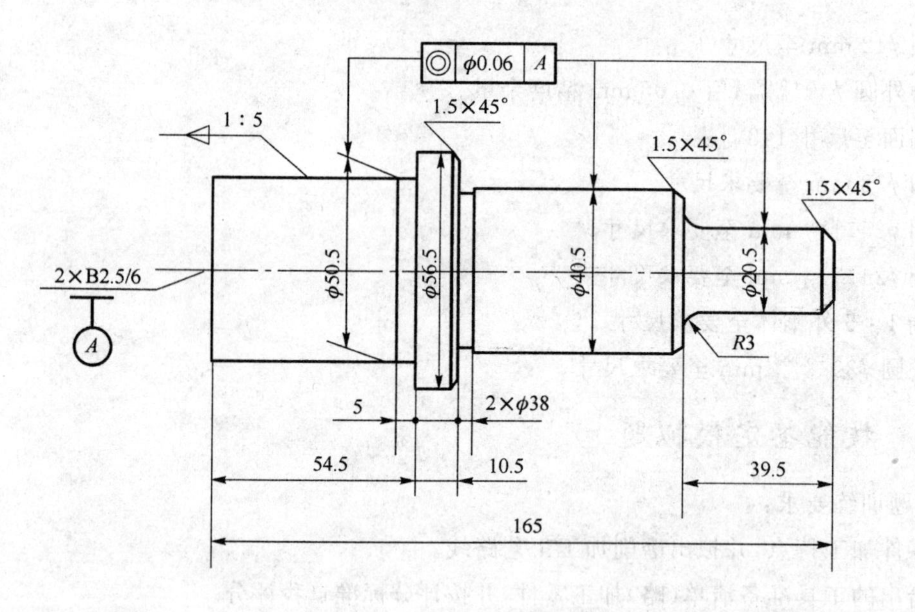

1. 锥角11°25′16″±5′。
2. 未注公差尺寸按IT11。

毛坯图号		材料	45	数量	1

图 7-98 锥轴毛坯

表 7－17　初级磨工技能鉴定模拟题 1(锥轴)评分表

序　号	考核要求	配分(T/R_a)	评分标准	量　具	得　分
1	$\phi50_{-0.016}^{\ 0}$　$R_a0.4\ \mu m$	12/3	尺寸超差不得分 粗糙度每降一级扣 1 分	外径千分尺	
2	$\phi56_{-0.019}^{\ 0}$　$R_a0.4\ \mu m$	12/3	尺寸超差不得分 粗糙度每降一级扣 1 分	外径千分尺	
3	$\phi40_{-0.016}^{\ 0}$　$R_a0.4\ \mu m$	12/3	尺寸超差不得分 粗糙度每降一级扣 1 分	外径千分尺	
4	$\phi20_{-0.013}^{\ 0}$　$R_a0.4\ \mu m$	12/3	尺寸超差不得分 粗糙度每降一级扣 1 分	外径千分尺	
5	$11°25'16''\pm2'$　$R_a0.4\ \mu m$	17/3	角度超差不得分 粗糙度每降一级扣 1 分	万能量角尺	
6	(5 ± 0.24)mm　$R_a0.8\ \mu m$	3/2	尺寸超差不得分 粗糙度每降一级扣 1 分	游标卡尺	
7	◎ $\phi0.012$ A　3 处	15	每超差一处扣 5 分	百分表	
8	未列尺寸及 R_a'		每超差一处扣 1 分	游标卡尺	
9	外　观		毛刺、损伤、畸形等扣 1～5 分 未加工或严重畸形另扣 5 分	目测	
10	安全文明生产		酌情扣 1～5 分，严重者扣 10 分	考场记录	
	合　计	100			

题目 2　磨削滑块。零件图样如图 7－99 所示，备料图样如图 7－100 所示，评分表如表 7－18所列。

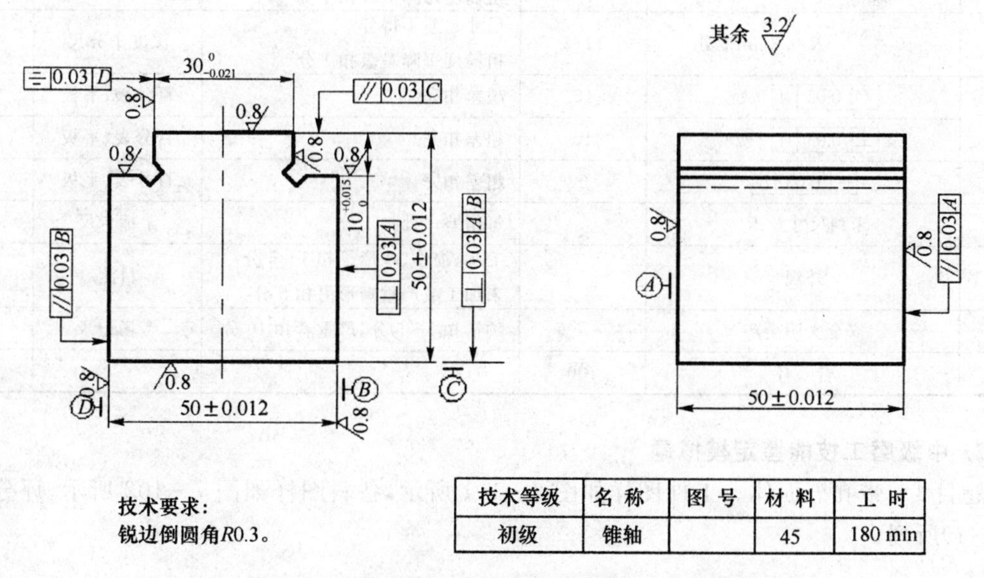

图 7－99　初级磨工技能鉴定模拟题 2——滑块

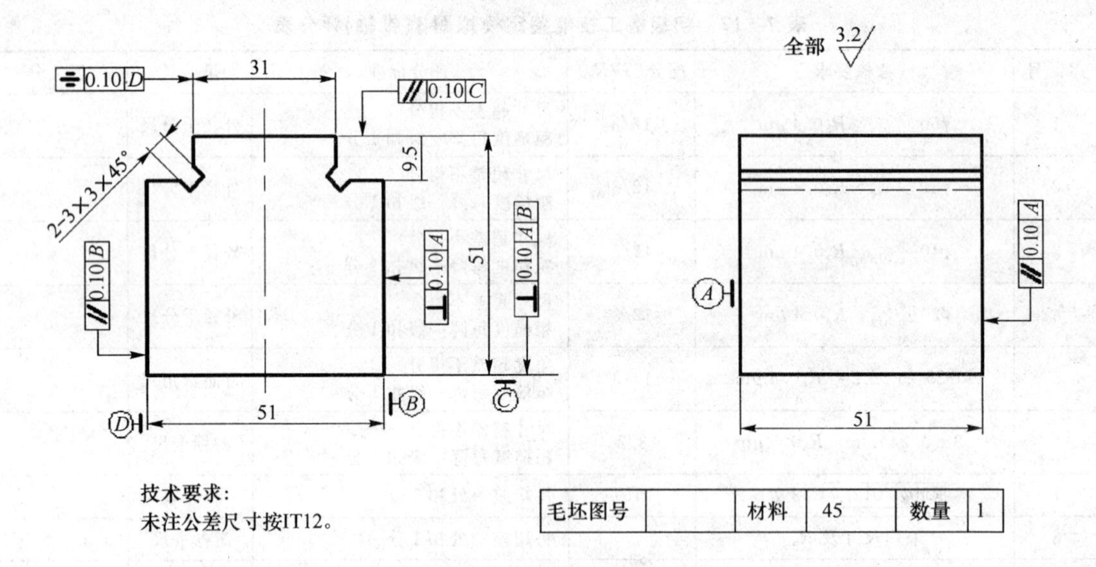

图 7-100　滑块毛坯

表 7-18　初级磨工技能鉴定模拟题 2(滑块)评分表

序　号	考核要求	配分 (T/R_a)	评分标准	量　具	得　分
1	(50±0.012)mm 3 处 R_a0.8 μm 6 处	33/9	尺寸超差不得分 粗糙度每降一级扣 1 分	外径千分尺	
2	$30_{-0.021}^{0}$　R_a0.8 μm 2 处	11/3	尺寸超差不得分 粗糙度每降一级扣 1 分	外径千分尺	
3	$10_{0}^{+0.015}$　R_a0.8 μm 2 处	11/3	尺寸超差不得分 粗糙度每降一级扣 1 分	深度千分尺	
4	// 0.03 A 3 处	15	超差扣完	百分表、平板	
5	⊥ 0.03 A 2 处	10	超差扣完	百分表、平板	
6	≡ 0.03 D	5	超差扣完	百分表、平板	
7	未列尺寸及 R_a		每超差一处扣 1 分	游标卡尺	
8	外观		毛刺、损伤、畸形等扣 1～5 分 未加工或严重畸形另扣 5 分	目测	
9	安全文明生产		酌情扣 1～5 分,严重者扣 10 分	考场记录	
	合　计	100			

2. 中级磨工技能鉴定模拟题

题目 1　带孔五面体。工件图样如图 7-101 所示,备料图样如图 7-102 所示,评分表如表 7-19所列。

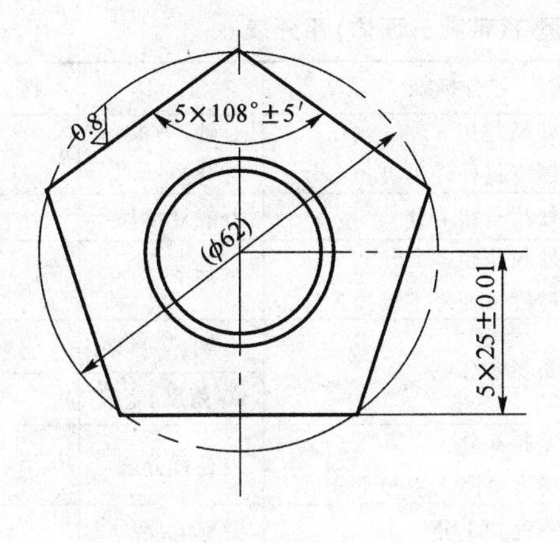

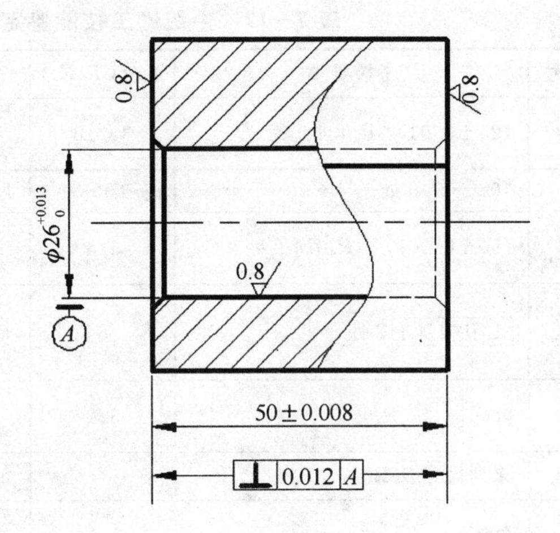

技术要求：
锐边倒角$R0.2$。

技术等级	名 称	图 号	材 料	工 时
中级	五面体		45	240 min

图 7-101　中级磨工技能鉴定模拟题 1——带孔五面体

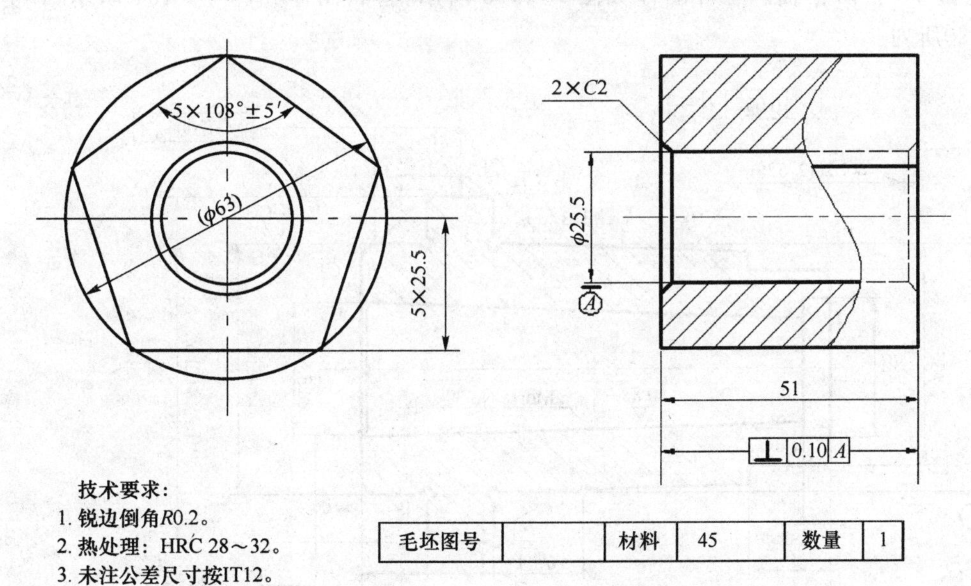

技术要求：
1. 锐边倒角$R0.2$。
2. 热处理：HRC 28～32。
3. 未注公差尺寸按IT12。

毛坯图号		材料	45	数量	1

图 7-102　带孔五面体毛坯

表 7－19　中级磨工技能鉴定模拟题 1(带孔五面体)评分表

序　号	考核要求	配分(T/R_a)	评分标准	量　具	得　分
1	(25±0.01)，R_a0.4 5 处	30/10	尺寸每处超差扣 6 分 表面粗糙度每处降 1 级扣 1 分	心轴、平板 百分表	
2	108°±5° 5 处	35	尺寸每处超差扣 7 分	万能量角尺	
3	(50±0.008)　R_a0.4 2 处	5/4	尺寸每处超差扣 2.5 分 表面粗糙度每处降 1 级扣 1 分	外径千分尺	
4	⊥ 0.012 A 2 处	8	每处超差扣 4 分	心轴、V 形架 90°角尺、塞尺	
5	$\phi26^{+0.013}_{0}$　R_a0.4	6/2	尺寸超差扣 6 分 表面粗糙度每降 1 级扣 1 分	内径百分表	
6	未列尺寸及 R_a		每超差一处扣 1 分	游标卡尺	
7	外观		毛刺、损伤、畸形等扣 1～5 分 未加工或严重畸形另扣 5 分	目测	
8	安全文明生产		酌情扣 1～5 分，严重者扣 10 分	考场记录	
	合　计	100			

题目 2　台阶锥轴。工件图样如图 7－103 所示，备料图样如图 7－104 所示，评分表如表 7－20所列。

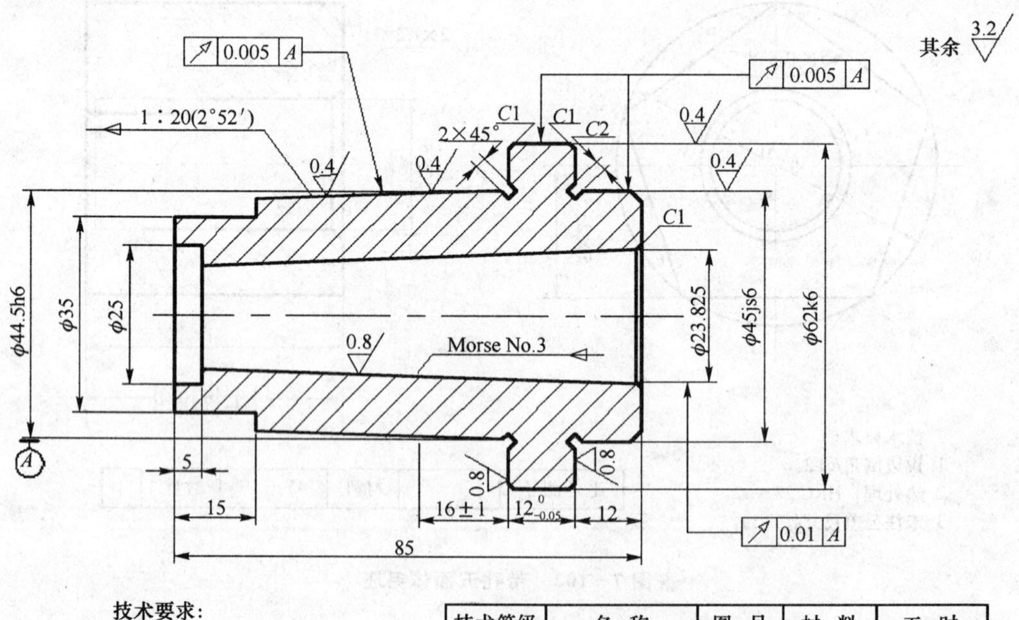

技术要求：
1. 心轴自制。
2. 热处理：HRC42～48。

技术等级	名　称	图　号	材　料	工　时
中级	带台阶的锥套		45	240 min

图 7－103　中级磨工技能鉴定模拟题 2——台阶锥轴

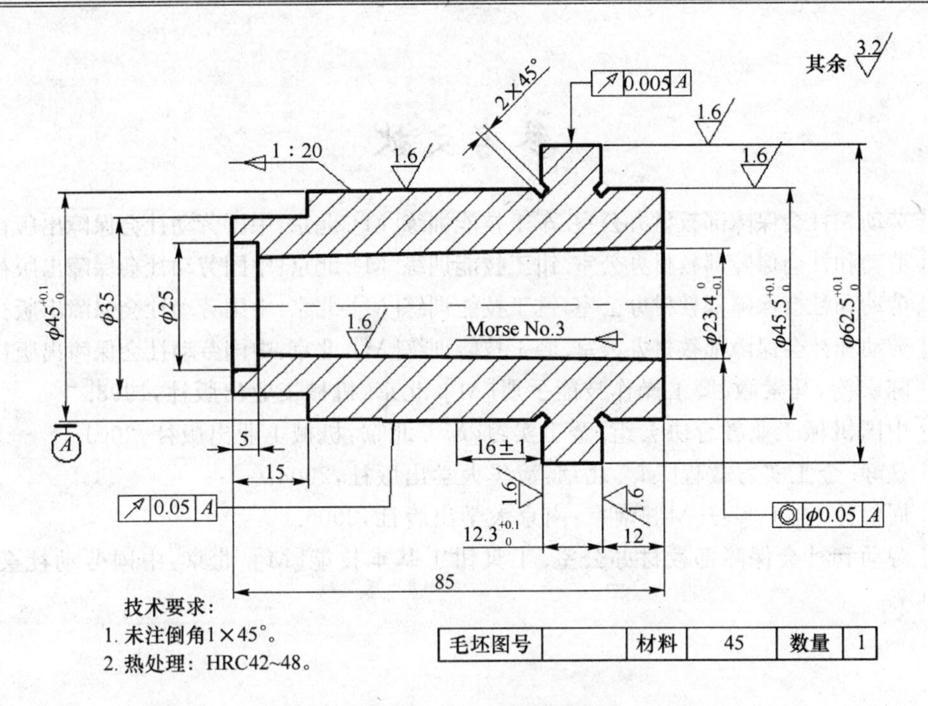

图 7-104　台阶锥轴毛坯

表 7-20　中级磨工技能鉴定模拟题 2(台阶锥轴)配分表

序　号	考核要求	配分(T/R_a)	评分标准	量　具	得　分
1	$\phi 62_{-0.05}^{0}$　$R_a 0.4\ \mu m$	10/2	尺寸超差不得分,粗糙度每降一级扣 1 分	外径千分尺	
2	$\phi 45 \pm 0.008$　$R_a 0.4\ \mu m$	10/2	尺寸超差不得分,粗糙度每降一级扣 1 分	外径千分尺	
3	$\phi 44.5_{-0.016}^{0}$　$R_a 0.4\ \mu m$	10/2	尺寸超差不得分,粗糙度每降一级扣 1 分	外径千分尺	
4	莫氏三号内锥　$R_a 0.8\ \mu m$	23/2	塞规着色面积小于 75%不得分,粗糙度每降一级扣 1 分	锥度塞规	
5	锥度比 1∶20　$R_a 0.4\ \mu m$	18/2	锥两远点误差大于 0.02 mm 不得分,粗糙度每降一级扣 1 分	正弦规	
6	$12_{-0.05}^{0}$　$R_a 0.8\ \mu m$	7/4	尺寸超差不得分,粗糙度每降一级扣 1 分	游标卡尺	
7	↗ 0.005 A　3 处	8	每超差一处扣 5 分	百分表	
8	未列尺寸及 $R_a{}'$		每超差一处扣 1 分	游标卡尺	
9	外观		毛刺、损伤、畸形等扣 1～5 分,未加工或严重畸形另扣 5 分	目测	
10	安全文明生产		酌情扣 1～5 分,严重者扣 10 分	考场记录	
	合　计	100			

参考文献

[1] 劳动和社会保障部教材办公室.车工技能训练[M].北京:中国劳动社会保障出版社,2005.

[2] 劳动和社会保障部教材办公室.钳工技能训练[M].北京:中国劳动社会保障出版社,2005.

[3] 劳动和社会保障部教材办公室.铣工技能训练[M].北京:中国劳动社会保障出版社,2005.

[4] 劳动和社会保障部教材办公室.磨工技能训练[M].北京:中国劳动社会保障出版社,2005.

[5] 陈宏钧,马素敏.磨工操作技能手册[M].北京:机械工业出版社,1998.

[6] 中国机械工业教育协会组.金工实习[M].北京:机械工业出版社,2001.

[7] 魏峥.金工实习教程[M].北京:清华大学出版社,2004.

[8] 周伯伟.金工实习[M].南京:南京大学出版社,2006.

[9] 劳动和社会保障部教材办公室.工具钳工基本技能[M].北京:中国劳动社会保障出版社,2007.